"十五"国家科技攻关计划小城镇科技发展重大项目之重点研究课题
（编号 2003BA808A09）

# 小城镇规划及相关技术标准研究

Standard study for planning and interrelated technology of towns

课题研究主持单位：中国城市规划设计研究院

中国建筑工业出版社

图书在版编目（CIP）数据

小城镇规划及相关技术标准研究/中国城市规划设计研究院.—北京：中国建筑工业出版社，2009
ISBN 978-7-112-10613-4

Ⅰ.小… Ⅱ.中… Ⅲ.城镇-城市规划-研究-中国
Ⅳ.TU984.2

中国版本图书馆CIP数据核字（2009）第000439号

本书是国家科技攻关计划重点课题小城镇规划标准及相关技术纵深层次理论研究与应用实践的主要成果，涵盖当前我国小城镇规划急需解决的12个方面规划标准和规划相关技术的11个方面热点专题。全书内容包括：综合研究、小城镇用地分类与规划用地标准及土地资源合理利用研究、小城镇交通道路规划标准研究、小城镇基础设施规划建设标准研究、小城镇公共设施规划建设标准研究、小城镇生态环境规划建设标准研究6大部分。

本书作为小城镇规划建设管理重要实用工具书，有其广泛的实用价值和指导意义。全书集知识系统性、先进性、实用性于一体，可供从事小城镇规划建设研究、设计、管理等人员使用，也可供大专院校相关专业师生参考使用。

\* \* \*

责任编辑：胡明安　姚荣华
责任设计：董建平
责任校对：关　健　王金珠

---

"十五"国家科技攻关计划小城镇科技发展重大项目之重点研究课题
（编号2003BA808A09）

## 小城镇规划及相关技术标准研究

Standard study for planning and interrelated technology of towns
课题研究主持单位：中国城市规划设计研究院

\*

中国建筑工业出版社出版、发行（北京西郊百万庄）
各地新华书店、建筑书店经销
北京红光制版公司制版
北京蓝海印刷有限公司印刷

\*

开本：787×1092毫米　1/16　印张：28¼　插页：4　字数：718千字
2009年4月第一版　　2009年4月第一次印刷
印数：1—2500册　　定价：**70.00**元
ISBN 978-7-112-10613-4
（17544）

**版权所有　翻印必究**
如有印装质量问题，可寄本社退换
（邮政编码100037）

# 前　言

我国小城镇规划研究起步晚基础比较薄弱，不能适应自20世纪90年代以来小城镇快速发展的形势。近些年来国家较大投入小城镇特别是小城镇规划相关标准导则课题研究的力度。中国城市规划设计研究院主持完成了上述多项课题研究任务，其中"十五"国家科技攻关计划小城镇科技发展重大项目课题九"小城镇规划及相关技术标准研究"（课题编号2003BA808A09），被列为该重点科研项目的重点研究课题。本书是这一课题理论研究和实践的主要成果，课题成果还包括限于本书篇幅未收入的成果应用综合示范。

## 一、课题研究重点

本课题研究小城镇的主要载体是县城镇、中心镇和一般建制镇。其中县城镇、中心镇是课题研究的重点，主要基于：

1. 农村经济社会发展主要接受县城镇和中心镇的辐射带动作用

一般来说，县城镇中心镇都具有一定的经济社会发展基础，有较大的规模，县城镇是县域政治、经济、文化中心，中心镇是县域中一定区域的经济文化中心，其相关的县域城镇体系规划、区域规划更能指导县域或其辐射带动区域的其他小城镇规划。

2. 以县城镇、中心镇为重点，本课题研究更具有科学性、合理性和实用性

"十五"期间提出我国发展小城镇的目标，力争经过10年左右的努力，将一部分基础较好的小城镇建设成为规模适度、规划科学、功能健全、环境整洁，具有较强辐射能力的农村区域性经济文化中心，其中少数具备条件的小城镇要发展成为带动能力更强的小城市，使全国城镇化水平有一个明显的提高。就整体而言或就同一地区而言，上述一部分基础较好的小城镇主要集中在县城镇和中心镇，并且较多数量县城镇和中心镇能率先实现前述小城镇发展目标；同时，县城镇和中心镇是综合型小城镇，人口规模，经济社会发展空间布局、用地规划、公共设施和基础设施配套考虑更全面，也更能代表有较大发展潜力小城镇的相关规划要求。

3. 课题任务要求突出的全国1887个重点镇多数是县城镇和中心镇

2003年原建设部会同国家发展改革委员会、民政部、国土资源部、农业部、科学技术部确定全国1887个重点镇。其中，约有三分之二左右是县城镇，三分之一左右是中心镇。本课题突出研究上述全国重点镇，使课题研究与中央小城镇重点工作有机结合，从而，课题研究与标准制定更有针对性，实用性和可操作性，也使课题研究成果更好为政府决策和制订相关政策法规服务，突出课题研究重点县城镇中心镇与上述突出中央关于小城镇建设发展的重点是完全一致的。

## 二、课题成果特色

1. 课题成果有扎实的理论研究和实践基础

本课题与前研究的小城镇规划标准研究、小城镇规划标准体系研究两个相关课题共调

查收集了21个省（直辖市、自治区）800多个小城镇建设现状规划资料与实地调查资料，标准稿征求了22个省（直辖市、自治区），100多个规划标准使用和管理部门的意见。同时吸纳了20多位全国高层专家分组分标准论证、预评审、终评审的意见，标准建议稿和专题研究成果又落实了10个不同地区、不同代表性的全国重点镇成果应用综合示范，在示范中同时实践检验印证完善课题成果。

2. 前相关课题的纵深层次研究和横向深层次研究的补充、拓展

本课题根据科学技术部、原建设部要求，不仅标准是相关纵深层次研究和横向深层次新的补充研究，而且是规划相关技术新的11个纵深层次专题研究。

3. 多方面的实用创新

（1）根据我国小城镇特点，研究提出小城镇规划及相关技术标准的分级分类指导原则与方法。

（2）根据我国小城镇特点，研究提出不同地区、不同规模、不同类别小城镇基础设施规划建设标准及其主要合理水平和定量化技术指标。

（3）研究提出小城镇用地适宜性、经济性评价系统；提出共同适用土地管理部门和城乡规划管理部门的小城镇用地分类标准；提出破解不同小城镇与工业型经济强镇的用地平衡和节约用地难题的技术方法。

（4）首次对小城镇道路交通规划的主要内容和技术方法作了规定，并从规划控制和管理等方面提出解决小城镇过境交通等难题的指导性技术方法。

（5）首次研究提出小城镇综合防灾减灾规划标准，研究提出小城镇防灾减灾环境综合评价等技术方法。

（6）首次研究提出小城镇生态建设规划标准，研究提出小城镇生态环境规划技术指标体系与质量技术评价指标体系。

（7）提出结合成果试点应用示范的标准分类、分项、分条实践检验和集成技术试点应用条例落实在总体规划编制中赋有法律效力的实施技术方法。

**三、课题成果作用意义、应用范围与应用前景**

本课题成果涵盖小城镇用地、道路交通、基础设施、公共设施、生态环境规划建设各个方面急需的11个标准建议稿，1个标准研究稿，为我国小城镇规划建设提供重要价值的指导性文件。在标准正式报批、批准颁布前可作为现阶段编制小城镇规划的主要标准性技术参考依据。

本课题成果作为一项十分重要的小城镇规划建设标准方面科技基础性研究，在当前我国小城镇规划建设中有其广泛的现实指导意义。同时在我国小城镇合理利用自然资源和保护建设生态环境、空间合理布局、基础设施、公共设施统筹规划优化布局、资源共享、节约用地保护耕地，以及改善投资环境、创造良好的人居环境，提高农民物质、文化生活水平和健康水平等方面都将起到重要作用。

本课题成果应用范围为城乡规划中的小城镇规划领域，并有广泛应用前景：

1. 在提升为相关标准前，标准建议稿和专题研究作为相关正式标准的主要技术支撑与内容，可作为小城镇各项规划与建设、管理急需的指导性技术依据和规划指引。

2. 成果作为相关基础性技术文件，应用于小城镇规划建设管理。

3. 成果作为研究文献应用于相关小城镇研究。

**四、其他说明**

1. 本课题研究成员单位：浙江大学
   中国土地勘察规划院
   华南理工大学
   其他主要参加单位：北京工业大学
   主要协作单位：中国建筑设计研究院等
2. 全书统稿：汤铭潭

小城镇规划标准及相关技术研究课题组

2009.1

# 课题研究分工

**课题负责**：王静霞、汤铭潭、谢映霞

**综合研究**
**专题负责人**：王静霞、汤铭潭
**执　　笔**：汤铭潭
**参　　编**：王静霞、谢映霞

**小城镇用地分类与规划用地标准及土地资源合理利用研究**
**专题负责人**：沈 迟、郑伟元、汤铭潭
一、小城镇用地分类与规划用地标准（建议稿）
　　主要起草人：汤铭潭、郑伟元、沈迟
　　前相关课题用地研究标准起草人：邵爱云、任世英
二、研究报告：
　　1. 小城镇土地资源现状调查与评价技术研究
　　　　执笔：孔凡文　汤铭潭
　　2. 小城镇节约用地优化模式和途径研究
　　　　执笔：郑伟元　孔祥斌　邓红蒂　肖霖　刘康
　　3. 小城镇土地用途管制制度研究
　　　　执笔：郑伟元　孔祥斌　邓红蒂　肖霖　刘康

**小城镇交通道路规划标准研究**
**专题负责人**：汤铭潭、张肖宁
一、小城镇道路交通规划标准（建议稿）
　　主要起草人：汤铭潭、张肖宁、靳文舟、张全、全波
二、研究报告
　　1. 小城镇内外道路交通规划及优化研究
　　　　执笔：张全　汤铭潭　张肖宁　靳文舟
　　2. 小城镇交通道路规划技术指标体系研究
　　　　执笔：汤铭潭　张全　张肖宁　靳文舟
　　3. 小城镇公共交通系统与停车场研究
　　　　执笔：张全　汤铭潭　张肖宁　靳文舟

**小城镇基础设施规划建设标准研究**
**专题负责人**：汤铭潭
一、小城镇给水系统工程规划建设标准（建议稿）

主要起草人：汤铭潭、赵玉华、蒋白懿

二、小城镇排水系统工程规划建设标准（建议稿）

主要起草人：汤铭潭、蒋白懿、赵玉华

三、小城镇供电系统工程规划建设标准（建议稿）

主要起草人：汤铭潭

四、小城镇通信系统工程规划建设标准（建议稿）

主要起草人：汤铭潭、唐叔湛、叶载霞、黄标

五、小城镇防灾减灾工程规划标准（建议稿）

主要起草人：马东辉、汤铭潭、苏经宇、郭小东、李洪泉

六、小城镇供热系统工程规划建设标准（建议稿）

主要起草人：汤铭潭、赵立华、孟庆林

七、小城镇燃气系统工程规划建设标准（建议稿）

主要起草人：汤铭潭、焦文玲、吴建军

八、小城镇环境卫生工程规划标准（建议稿）

主要起草人：汤铭潭、蒋白懿

九、小城镇基础设施区域统筹规划与规划技术指标研究报告

执笔：汤铭潭

## 小城镇公共设施规划建设标准研究

专题负责人：王士兰

一、小城镇公共设施规划建设标准（建议稿）

主要起草人：汤铭潭、王士兰、杜白操、游宏滔

二、研究报告

1. 小城镇公共设施配置与布局研究

   执笔：游宏滔、孔德智、王士兰

2. 小城镇中心区公共建筑设施、空间形态与城市设计研究

   执笔：游宏滔、钟惠华、王士兰

3. 小城镇公共设施用地控制及其指标研究

   执笔：汤铭潭、郁枫、黄高辉、龚斌

## 小城镇生态环境规划建设标准研究

专题负责人：谢映霞

一、小城镇生态环境规划建设标准（研究稿）

主要起草人：汤铭潭、谢映霞

二、研究报告

小城镇生态环境建设标准研究报告

执笔：王宝刚　谢映霞

## "十五"国家科技攻关计划小城镇技术集成明城镇综合试点示范（限本书篇幅内容略）

项目负责人：汤铭潭、李永洁

# 目 录

## 专题一 综合研究

1 课题研究任务与背景、需求分析 ·········································································· 3
   1.1 课题研究任务 ····················································································· 3
      1.1.1 本课题与相关前期研究课题的关系 ························································· 3
      1.1.2 课题任务目标与成果考核指标 ······························································ 4
   1.2 课题研究背景分析 ··············································································· 5
      1.2.1 适应我国小城镇快速发展形势，走中国特色城镇化道路和建设社会主义新农村的
           需要 ····················································································· 5
      1.2.2 适应城乡统筹，城乡建设全面、协调、可持续发展和加强城乡规划监督管理的
           需要 ····················································································· 6
      1.2.3 适应城乡规划新形势的需要 ································································· 6
   1.3 课题的需求分析 ·················································································· 7

2 课题研究的重点、主要内容、关键技术与方法 ·························································· 8
   2.1 课题研究载体与重点 ············································································ 8
      2.1.1 小城镇的界定 ··················································································· 8
      2.1.2 主要小城镇名词解释 ·········································································· 9
      2.1.3 课题研究的重点小城镇 ······································································· 9
   2.2 课题研究主要内容与关键技术 ······························································· 10
      2.2.1 小城镇用地分类与规划用地标准及土地资源合理利用研究 ······················· 10
      2.2.2 小城镇交通道路规划标准研究 ···························································· 10
      2.2.3 小城镇基础设施建设标准研究 ···························································· 11
      2.2.4 小城镇公共设施规划建设标准研究 ····················································· 12
      2.2.5 小城镇生态环境规划建设标准研究 ····················································· 12
   2.3 课题研究方法 ···················································································· 13
      2.3.1 课题研究技术路线 ··········································································· 13
      2.3.2 课题研究分级指导 ··········································································· 13
      2.3.3 课题研究专题设置 ··········································································· 17
      2.3.4 研究阶段 ························································································ 18
      2.3.5 课题成果的试点应用实践检验印证方法 ·············································· 18
   2.4 课题执行情况及评价 ·········································································· 18

3 课题研究成果及其创造性与先进性 ····································································· 20
   3.1 课题主要研究成果概要 ········································································ 20
      3.1.1 主要研究成果 ················································································· 20

  3.1.2 队伍建设成果 ········· 21
  3.1.3 课题成果创新 ········· 21
 3.2 专题、示范应用成果及创新 ········· 22
4 课题成果同类技术比较、作用意义及推广应用前景 ········· 31
 4.1 课题成果与国内外同类技术比较 ········· 31
 4.2 课题成果作用意义 ········· 31
 4.3 成果应用的范围、条件、前景以及存在的问题和改进意见 ········· 31
5 成果推广应用和小城镇规划建设相关政策建议 ········· 32
 5.1 成果试点应用经验与推广应用建议 ········· 32
  5.1.1 成果试点应用经验 ········· 32
  5.1.2 成果推广应用建议 ········· 32
 5.2 规划建设相关政策措施建议 ········· 33
  5.2.1 小城镇建设和发展的根本活力在于创新，最重要是政策创新 ········· 33
  5.2.2 小城镇基础设施公共设施建设模式与机制创新建议 ········· 33
  5.2.3 小城镇建设资金的融投资模式机制和政策创新建议 ········· 34
6 附录 ········· 38
 附录1：小城镇标准体系基础标准、通用标准、专用标准组成 ········· 38
 附录2：课题专家跟踪检查第一次会议纪要 ········· 39

## 专题二 小城镇用地分类与规划用地标准及土地资源合理利用研究

**小城镇用地分类与规划用地标准（建议稿）** ········· 43
 1 总则 ········· 43
 2 名词术语 ········· 43
 3 用地分类 ········· 44
 4 小城镇用地计算 ········· 47
 5 规划建设用地选择及标准 ········· 49
  5.1 一般规定 ········· 49
  5.2 人均建设用地指标 ········· 49
  5.3 建设用地构成比例 ········· 50
  5.4 建设用地选择与平衡 ········· 50
 6 土地用途分区 ········· 51
 本标准用词用语说明 ········· 52

**小城镇用地分类与规划用地标准（建议稿）条文说明** ········· 53
 1 总则 ········· 53
 2 名词术语 ········· 54
 3 用地分类 ········· 54
 4 小城镇用地计算 ········· 55
 5 规划建设用地选择及标准 ········· 56

## 5.1 一般规定 ·················································· 56
## 5.2 人均建设用地指标 ········································ 56
## 5.3 建设用地构成比例 ········································ 57
## 5.4 建设用地选择与平衡 ······································ 57
## 6 土地用途分区 ·················································· 58

# 小城镇土地资源现状调查与评价技术研究 ························· 59
## 1 我国小城镇土地资源现状 ······································ 59
### 1.1 我国小城镇用地现状 ······································ 59
### 1.2 小城镇用地存在的主要问题 ································ 61
## 2 小城镇土地资源评价技术 ······································ 65
### 2.1 小城镇用地条件评定与用地选择 ···························· 65
#### 2.1.1 自然环境条件分析与评定 ···························· 65
#### 2.1.2 防灾建设用地适宜性评价 ···························· 71
#### 2.1.3 建设条件分析与评定 ································ 72
#### 2.1.4 小城镇用地选择 ···································· 73

# 小城镇节约用地优化模式和途径研究 ······························ 75
## 1 小城镇的定位及其历史发展 ···································· 75
### 1.1 内涵 ···················································· 75
### 1.2 城镇的形成 ·············································· 75
### 1.3 解放后中国城市化的发展 ·································· 76
### 1.4 小城镇发展的动力 ········································ 76
## 2 小城镇与城市、农村用地比较 ·································· 77
### 2.1 小城镇与城市用地比较分析 ································ 77
### 2.2 小城镇与农村的用地的比较分析 ···························· 78
### 2.3 小结 ···················································· 79
## 3 当前我国小城镇土地利用现状 ·································· 79
### 3.1 我国城市化道路及小城镇战略 ······························ 79
### 3.2 我国小城镇土地利用中存在的问题 ·························· 80
#### 3.2.1 用地粗放，土地利用效率偏低 ························ 80
#### 3.2.2 大量占用耕地 ······································ 80
#### 3.2.3 小城镇用地重平面扩张，轻内部挖潜 ·················· 81
#### 3.2.4 小城镇用地流转现象较为普遍，但缺乏相关法律依据给予引导 ··· 81
#### 3.2.5 用地结构不合理，建筑布局凌乱 ······················ 81
## 4 小城镇节约用地优化模式 ······································ 83
### 4.1 小城镇类型的划分 ········································ 83
### 4.2 全国小城镇用地模式的划分及其特点 ························ 83
#### 4.2.1 工业带动型 ········································ 84
#### 4.2.2 市场带动型 ········································ 84
#### 4.2.3 外向带动型 ········································ 84

　　　　4.2.4　农业产业化推动型 …………………………………………………… 85
　　　　4.2.5　旅游带动型 ……………………………………………………………… 85
　　4.3　小城镇节约用地的优化模式 …………………………………………………… 85
　　　　4.3.1　不同小城镇发展模式的建设用地结构指标配置 ………………………… 85
　　　　4.3.2　小城镇节约用地优化的内涵及必要性 …………………………………… 86
　　　　4.3.3　小城镇节约用地的优化模式 ……………………………………………… 86
5　小城镇节约用地优化的途径 …………………………………………………………… 89
　　5.1　小城镇建设中土地利用优化的政策 …………………………………………… 89
　　　　5.1.1　编制科学的规划体系规划是建设的龙头 ………………………………… 89
　　　　5.1.2　积极推进产业聚集、实行集约用地 ……………………………………… 89
　　　　5.1.3　构建土地有形市场，推动土地资源的市场配置 ………………………… 90
　　　　5.1.4　完善相关配套政策 ………………………………………………………… 90
　　5.2　解决小城镇发展与耕地保护矛盾的途径 ……………………………………… 90
　　　　5.2.1　加强宣传 …………………………………………………………………… 90
　　　　5.2.2　改进规划手段 ……………………………………………………………… 90
　　　　5.2.3　从严控制居住用地 ………………………………………………………… 91
　　　　5.2.4　改革现有的"先立项、后审批"的用地审批制度 ……………………… 91
　　　　5.2.5　严格控制农地自发入市 …………………………………………………… 91
　　　　5.2.6　加强旧区改造工作 ………………………………………………………… 91
　　　　5.2.7　加大现行土地管理体制和规划体制的改革力度 ………………………… 91
　　5.3　实施农地整理 …………………………………………………………………… 91
　　5.4　实施小城镇整理 ………………………………………………………………… 91
　　　　5.4.1　以区域为背景的小城镇整理 ……………………………………………… 91
　　　　5.4.2　以发展趋势为背景的小城镇整理 ………………………………………… 92
　　　　5.4.3　以区域城镇化为背景的小城镇整理 ……………………………………… 92
　　　　5.4.4　环境突变背景下的小城镇整理 …………………………………………… 92

**小城镇土地用途管制制度研究** …………………………………………………………… 94
1　土地用途管制的内涵 …………………………………………………………………… 94
　　1.1　土地用途管制的含义 …………………………………………………………… 94
　　1.2　土地用途管制产生的背景 ……………………………………………………… 94
　　1.3　土地用途管制的目的 …………………………………………………………… 94
　　1.4　土地用途管制的意义 …………………………………………………………… 95
2　土地用途管制的基本内容 ……………………………………………………………… 95
3　小城镇土地利用的特点 ………………………………………………………………… 96
　　3.1　小城镇急剧扩张 ………………………………………………………………… 96
　　3.2　小城镇土地利用的土地数量结构不合理 ……………………………………… 96
　　3.3　小城镇土地利用的空间分布不均衡 …………………………………………… 96
4　国外土地利用分区规划的理论研究、实践及其对我们的启示 ……………………… 97
　　4.1　国外土地利用分区规划的理论研究 …………………………………………… 97

   4.1.1 国外土地利用规划的新理念 ……………………………………… 97
   4.1.2 土地利用规划的创新理论 ………………………………………… 97
  4.2 国外土地用途分区的类型 ……………………………………………… 97
  4.3 国外土地利用分区规划的实践 ………………………………………… 97
   4.3.1 美国 ………………………………………………………………… 97
   4.3.2 德国 ………………………………………………………………… 98
   4.3.3 法国 ………………………………………………………………… 98
   4.3.4 日本 ………………………………………………………………… 98
   4.3.5 韩国 ………………………………………………………………… 99
   4.3.6 欧美各国 …………………………………………………………… 99
  4.4 国外（地区）土地利用分区的保证措施 ……………………………… 99
  4.5 国外土地利用分区规划的理论研究实践的启示 ……………………… 100
   4.5.1 通过改革，完善农村土地产权制度来保护耕地，控制建设用地 …… 100
   4.5.2 土地利用分区管制的实施要有具体的、切实可行的措施，各种手段并用 …… 100
   4.5.3 用集约利用城市土地的方法进行耕地保护 ……………………… 100
   4.5.4 制定切实可行的公众参与措施 …………………………………… 100
   4.5.5 合理吸收，有扬有弃 ……………………………………………… 100
5 小城镇的土地用途管制分区 …………………………………………………… 100
  5.1 小城镇土地用途分区确定的原则 ……………………………………… 100
  5.2 小城镇土地用途管制分区的社会目标 ………………………………… 101
   5.2.1 保护耕地，控制建设用地 ………………………………………… 101
   5.2.2 提高土地利用效率，克服土地利用的负外部效应 ……………… 101
   5.2.3 保护和改善生态环境 ……………………………………………… 101
  5.3 小城镇土地用途管制分区确定的方法（见表1） ……………………… 101
  5.4 国内大城市土地利用分区的实践（见表2） …………………………… 102
6 小城镇土地用途管制分区、类型及其规则 …………………………………… 103
  6.1 小城镇用途管制分区类型 ……………………………………………… 103
   6.1.1 农地区 ……………………………………………………………… 103
   6.1.2 林地区 ……………………………………………………………… 104
   6.1.3 城镇建设区、村庄建设区和独立工矿用地区 …………………… 104
   6.1.4 自然保护区、风景名胜旅游保护区 ……………………………… 104
   6.1.5 专用区 ……………………………………………………………… 104
  6.2 小城镇用途管制区规则 ………………………………………………… 105
   6.2.1 土地的规划用途 …………………………………………………… 105
   6.2.2 基本农田保护区的土地用途分区管制规则 ……………………… 106
   6.2.3 城镇建设区的土地用途分区管制规则 …………………………… 106
   6.2.4 自然保护区的土地用途分区管制规则通则 ……………………… 106
7 加强土地用途管制的对策 ……………………………………………………… 107
  7.1 充分调动地方各级政府的积极性 ……………………………………… 107

7.2　在技术上实现"分级限额审批"到"土地用途管制"的转换 …………………… 107
　　7.3　建立、完善服务于土地用途管制的政策体系和管理体制 …………………… 108
　　7.4　建立、完善土地监察网络，增大土地执法力度 ………………………………… 108
　　7.5　加大教育经费投入，培养一支高素质的土地管理队伍 ……………………… 108
8　支持用途管制的配套制度及其制度保障 …………………………………………… 108
　　8.1　配套制度 ……………………………………………………………………… 108
　　　　8.1.1　规划公示和动态管理制度 ………………………………………………… 108
　　　　8.1.2　建设项目立项预审制 ……………………………………………………… 108
　　　　8.1.3　建设用地规划审核制 ……………………………………………………… 109
　　　　8.1.4　土地用途转用许可制 ……………………………………………………… 109
　　8.2　制度保障 ……………………………………………………………………… 109

## 专题三　小城镇交通道路规划标准研究

**小城镇道路交通规划标准（建议稿）** …………………………………………………… 113
1　总则 ………………………………………………………………………………… 113
2　名词术语 …………………………………………………………………………… 113
3　镇区道路系统 ……………………………………………………………………… 114
　　3.1　一般规定 ……………………………………………………………………… 114
　　3.2　小城镇道路网布局 …………………………………………………………… 115
4　小城镇对外交通 …………………………………………………………………… 117
　　4.1　一般规定 ……………………………………………………………………… 117
　　4.2　客、货运道路与过境公路 …………………………………………………… 117
　　4.3　对外交通组织 ………………………………………………………………… 117
5　小城镇公共交通 …………………………………………………………………… 118
　　5.1　一般规定 ……………………………………………………………………… 118
　　5.2　公共交通线路网 ……………………………………………………………… 118
　　5.3　公共交通站场 ………………………………………………………………… 118
6　自行车交通 ………………………………………………………………………… 119
　　6.1　一般规定 ……………………………………………………………………… 119
　　6.2　自行车交通 …………………………………………………………………… 119
7　步行交通 …………………………………………………………………………… 119
　　7.1　一般规定 ……………………………………………………………………… 119
　　7.2　商业步行区 …………………………………………………………………… 119
8　小城镇道路交通设施 ……………………………………………………………… 120
　　8.1　公共运输站场 ………………………………………………………………… 120
　　8.2　小城镇公共停车场 …………………………………………………………… 120
　　8.3　公共加油站 …………………………………………………………………… 121
9　交通管理设施 ……………………………………………………………………… 121
10　道路绿化 ………………………………………………………………………… 121

本标准用词用语说明 ·················································································· 122
**小城镇道路交通规划标准（建议稿）条文说明** ······················································ 123
　1　总则 ································································································· 123
　2　名词术语 ·························································································· 124
　3　镇区道路系统 ···················································································· 124
　　3.1　一般规定 ···················································································· 124
　　3.2　小城镇道路网布局 ········································································ 124
　4　小城镇对外交通 ················································································ 125
　　4.1　一般规定 ···················································································· 125
　　4.2　客、货运道路与过境公路 ······························································· 125
　　4.3　对外交通组织 ·············································································· 125
　5　小城镇公共交通 ················································································ 125
　　5.1　一般规定 ···················································································· 125
　　5.2　公共交通线路网 ··········································································· 126
　　5.3　公共交通站场 ·············································································· 126
　6　自行车交通 ······················································································· 126
　　6.1　一般规定 ···················································································· 126
　　6.2　自行车交通 ················································································· 126
　7　步行交通 ·························································································· 126
　　7.1　一般规定 ···················································································· 126
　　7.2　商业步行区 ················································································· 127
　8　小城镇道路交通设施 ·········································································· 127
　　8.1　公共运输站场 ·············································································· 127
　　8.2　小城镇公共停车场 ········································································ 127
　　8.3　公共加油站 ················································································· 127
　9　交通管理设施 ···················································································· 128
　10　道路绿化 ························································································ 128
**小城镇内外道路交通规划及优化研究** ·································································· 129
　1　交通组织方式及合理性 ······································································· 129
　　1.1　对外交通组织 ·············································································· 129
　　1.2　镇区交通组织 ·············································································· 131
　2　道路交通管理 ···················································································· 132
　3　路网布置及优化 ················································································ 133
　　3.1　小城镇道路交通的特点 ·································································· 133
　　3.2　小城镇道路系统规划 ····································································· 134
　　　3.2.1　小城镇道路系统规划的基本要求 ················································ 134
　　　　3.2.1.1　满足、适应交通运输的要求 ·················································· 134
　　　　3.2.1.2　结合地形、地质和水文条件，合理规划道路网走向 ···················· 135

3.2.1.3 满足小城镇环境的要求 …………………………………… 136
3.2.1.4 满足小城镇景观的要求 …………………………………… 136
3.2.1.5 有利于地面水的排除 ……………………………………… 137
3.2.1.6 满足各种工程管线布置的要求 …………………………… 137
3.2.1.7 满足其他有关要求 ………………………………………… 137
3.2.2 小城镇道路系统的形式 ………………………………………… 137
4 道路绿地布局与景观规划 ……………………………………………………… 139
  4.1 道路绿地布局 …………………………………………………………… 139
  4.2 道路绿化景观规划 ……………………………………………………… 140
  4.3 树种和地被植物选择 …………………………………………………… 140
  4.4 道路绿带设计 …………………………………………………………… 140
    4.4.1 分车绿带设计 …………………………………………………… 140
    4.4.2 行道树绿带设计 ………………………………………………… 141
    4.4.3 路侧绿带设计 …………………………………………………… 141
  4.5 交通岛、广场和停车场绿地设计 ……………………………………… 141
    4.5.1 交通岛绿地设计 ………………………………………………… 141
    4.5.2 广场绿化设计 …………………………………………………… 142
5 道路与道路两侧用地布置 ……………………………………………………… 142

## 小城镇交通道路规划技术指标体系研究 …………………………………………… 144
1 相关小城镇道路需求分析和交通量预测 ……………………………………… 144
  1.1 小城镇道路需求分析 …………………………………………………… 144
  1.2 远期交通量的预测 ……………………………………………………… 145
2 小城镇道路横断面设计及技术指标 …………………………………………… 146
  2.1 道路宽度的确定 ………………………………………………………… 146
  2.2 道路横断面的综合布置 ………………………………………………… 150
  2.3 道路的横坡度 …………………………………………………………… 152
3 小城镇道路交叉口类型及技术指标 …………………………………………… 152
4 小城镇道路的分类和分级指标 ………………………………………………… 154
  4.1 县（市）域和小城镇公路分类与分级 ………………………………… 155
  4.2 小城镇道路分类与分级 ………………………………………………… 155
5 小城镇静态交通技术指标 ……………………………………………………… 156

## 小城镇公共交通系统与停车场研究 ………………………………………………… 157
1 小城镇公共交通系统 …………………………………………………………… 157
2 道路和道路两侧停车场的需求与设置及规划研究 …………………………… 157
  2.1 停车需求预测方法 ……………………………………………………… 157
    2.1.1 产生率模型 ……………………………………………………… 157
    2.1.2 多元回归分析模型 ……………………………………………… 158
    2.1.3 出行吸引模型 …………………………………………………… 158
  2.2 路边停车及其规划 ……………………………………………………… 158

|     |       | 2.2.1 路边停车的特性 | 158 |
| --- | ----- | ------------------ | --- |

        2.2.1 路边停车的特性 …………………………………………… 158
        2.2.2 路边停车场设置与规划 ………………………………… 159
   2.3 路外停车场规划 ………………………………………………… 160
   2.4 小城镇静态交通技术指标 ……………………………………… 160
        2.4.1 机动车停车场主要指标 ………………………………… 160
        2.4.2 机动车辆停放方式 ……………………………………… 162
        2.4.3 停车发车方式 …………………………………………… 162
        2.4.4 非机动车停车场主要指标 ……………………………… 162
        2.4.5 停车场面积指标 ………………………………………… 163
        2.4.6 停车场的选址与设计原则 ……………………………… 163

## 专题四 小城镇基础设施规划建设标准研究

**小城镇给水系统工程规划建设标准（建议稿）** ……………………………… 167
  1 总则 ………………………………………………………………… 167
  2 规划内容、范围、期限 …………………………………………… 167
  3 水资源、用水量及其供需平衡 …………………………………… 168
  4 水质、水源选择与水源保护 ……………………………………… 169
  5 给水系统 …………………………………………………………… 170
      5.1 一般规定 …………………………………………………… 170
      5.2 水厂设置 …………………………………………………… 170
      5.3 输配水及管网布置 ………………………………………… 170
  6 水源地与水厂、泵站 ……………………………………………… 171
  附录A：小城镇给水系统工程规划建设标准中小城镇三个规模等级层次、两个发展阶段
      （规划期限） ……………………………………………………… 172
  附录B：生活饮用水水质指标一级指标，见附录B表1-1，生活饮用水水质指标二级指标见
      附录B表1-2 ………………………………………………………… 172
  本标准用词用语说明 ………………………………………………… 174

**小城镇给水系统工程规划建设标准（建议稿）条文说明** ………………… 175
  1 总则 ………………………………………………………………… 175
  2 规划内容、范围、期限 …………………………………………… 176
  3 水资源、用水量及其供需平衡 …………………………………… 176
  4 水质、水源选择与水源保护 ……………………………………… 178
  5 给水系统 …………………………………………………………… 179
      5.1 一般规定 …………………………………………………… 179
      5.2 水厂设置 …………………………………………………… 179
      5.3 输配水及管网布置 ………………………………………… 179
  6 水源地与水厂、泵站 ……………………………………………… 179

**小城镇排水系统工程规划建设标准（建议稿）** ……………………………… 181
  1 总则 ………………………………………………………………… 181

  2 规划内容、范围、期限与排水体制 ································ 181
  3 排水量 ······························································ 182
   3..1 一般规定 ····················································· 182
   3.2 污水量 ························································· 182
   3.3 雨水量 ························································· 182
   3.4 合流水量与排水规模 ········································ 183
  4 排水系统 ··························································· 183
   4.1 一般规定 ······················································ 183
   4.2 废水受纳体 ··················································· 183
   4.3 系统布局及优化 ·············································· 183
   4.4 排水管网 ······················································ 184
  5 排水泵站、污水处理厂 ·········································· 184
  6 污水处理与雨污水综合利用 ···································· 185
   6.1 污水处理 ······················································ 185
   6.2 雨污水综合利用及排放 ····································· 186
 附录 小城镇排水系统工程规划标准中小城镇三个规模等级层次、两个发展阶段
  （规划期限）······················································ 186
 本标准用词用语说明 ··················································· 186

**小城镇排水系统工程规划建设标准（建议稿）条文说明** ········· 187
 1 总则 ································································· 187
 2 规划内容、范围、期限与排水体制 ····························· 189
 3 排水量 ······························································ 189
  3.1 一般规定 ······················································ 189
  3.2 污水量 ························································· 190
  3.3 雨水量 ························································· 191
  3.4 合流水量与排水规模 ········································ 191
 4 排水系统 ··························································· 191
  4.1 一般规定 ······················································ 191
  4.2 废水受纳体 ··················································· 191
  4.3 系统布局及优化 ·············································· 192
  4.4 排水管网 ······················································ 192
 5 排水泵站、污水处理厂 ·········································· 192
 6 污水处理与雨污水综合利用 ···································· 192
  6.1 污水处理 ······················································ 192
  6.2 雨污水综合利用及排放 ····································· 193

**小城镇供电系统工程规划建设标准（建议稿）** ···················· 194
 1 总则 ································································· 194
 2 规划内容、范围与期限 ·········································· 194
 3 用电负荷 ··························································· 194

|   |   |   |
|---|---|---|
| 4 | 电源规划与电力平衡 | 195 |
| 5 | 电压等级选择与电力网规划 | 196 |
|   | 5.1 电压等级选择 | 196 |
|   | 5.2 电力网规划 | 196 |
| 6 | 变电站设施及用地 | 197 |
| 7 | 电力线路及敷设 | 197 |

附录 A：小城镇电力系统工程规划标准中小城镇三个规模等级层次、两个发展阶段（规划期限） 199

附录 B：小城镇架空电力线与地面道路行道树之间的最小垂直距离 199

附录 C：小城镇直埋电力电缆之间及其与控制电缆、通信电缆、地下管沟、道路、建筑物、构筑物、树木之间安全距离 200

本标准用词用语说明 200

## 小城镇供电系统工程规划建设标准（建议稿）条文说明 202

| 1 | 总则 | 202 |
|---|---|---|
| 2 | 规划内容、范围与期限 | 203 |
| 3 | 用电负荷 | 203 |
| 4 | 电源规划与电力平衡 | 205 |
| 5 | 电压等级选择与电力网规划 | 206 |
|   | 5.1 电压等级选择 | 206 |
|   | 5.2 电力网规划 | 206 |
| 6 | 变电站设施及用地 | 207 |
| 7 | 电力线路及敷设 | 207 |

## 小城镇通信系统工程规划建设标准（建议稿） 209

| 1 | 总则 | 209 |
|---|---|---|
| 2 | 规划内容、范围、期限 | 209 |
| 3 | 用户预测 | 209 |
| 4 | 局所规划与相关本地网规划 | 210 |
| 5 | 传输网规划和接入网规划 | 211 |
| 6 | 通信线路与通信管道 | 212 |
| 7 | 邮政规划与广播电视规划 | 215 |

附录 A：小城镇通信系统工程规划标准中小城镇三个规模等级层次、两个发展阶段（规划期限） 216

本标准用词用语说明 216

## 小城镇通信系统工程规划建设标准（建议稿）条文说明 217

| 1 | 总则 | 217 |
|---|---|---|
| 2 | 规划内容、范围、期限 | 218 |
| 3 | 用户预测 | 218 |
| 4 | 局所规划与相关本地网规划 | 219 |

|     |     |     |
| --- | --- | --- |
| 　　5 | 传输网规划和接入网规划 | 219 |
| 　　6 | 通信线路与通信管道 | 220 |
| 　　7 | 邮政规划与广播电视规划 | 221 |

## 小城镇防灾减灾工程规划标准（建议稿） ……222

 1 总则 ……222
 2 术语 ……222
 3 规划编制内容与基本要求 ……223
 4 灾害综合防御 ……223
  4.1 灾害环境综合评价 ……223
  4.2 用地适宜性 ……224
  4.3 避灾疏散 ……224
 5 地质灾害防御 ……225
 6 洪灾防御 ……225
 7 震灾防御 ……226
  7.1 一般规定 ……226
  7.2 建设用地抗震评价与要求 ……226
  7.3 地震次生灾害防御 ……228
 8 防风减灾 ……228
  8.1 一般规定 ……228
  8.2 风灾危害性评价 ……229
  8.3 风灾防御要求和措施 ……229
 9 火灾防御 ……229
 附录一：小城镇防灾减灾工程规划编制模式分类与编制工作区级别划分 ……230
 附录二：小城镇建设用地防灾适宜性评价与避洪设施安全超高 ……231
 附录三：地质灾害危险性评价 ……232
 附录四：建设工程和基础设施的抗震评价和要求 ……234
 本标准用词用语说明 ……235

## 小城镇防灾减灾工程规划标准（建议稿）条文说明 ……236

 1 总则 ……236
 2 术语 ……237
 3 规划编制内容与基本要求 ……237
 4 灾害综合防御 ……238
  4.1 灾害环境综合评价 ……238
  4.2 用地适宜性 ……238
  4.3 避灾疏散 ……239
 5 地质灾害防御 ……240
 6 洪灾防御 ……244
 7 震灾防御 ……245

|     | 7.1 一般规定 | 245 |
| --- | --- | --- |
|     | 7.2 建设用地抗震评价与要求 | 245 |
|     | 7.3 地震次生灾害防御 | 245 |
| 8   | 防风减灾 | 246 |
|     | 8.1 一般规定 | 246 |
|     | 8.2 风灾危害性评价 | 246 |
|     | 8.3 风灾防御要求和措施 | 246 |
| 9   | 火灾防御 | 247 |

**小城镇燃气系统工程规划建设标准（建议稿）** 248

| 1 | 总则 | 248 |
| --- | --- | --- |
| 2 | 名词术语 | 248 |
| 3 | 规划内容、范围、期限 | 249 |
| 4 | 燃气气源选择 | 249 |
| 5 | 用气量预测及供用气平衡 | 250 |
| 6 | 输配系统 | 251 |
| 7 | 输配主要设施及场站 | 252 |

附录 A 小城镇燃气质量指标 253

附录 B 小城镇地下燃气管道、构筑物或相邻管道之间的水平净距见表1、地下燃气管道与构筑物或相邻管道之间垂直净距见表2、三级地区地下燃气管道与建筑物之间的水平净距见表3 254

附录 C 城镇燃气管道地区的等级划分 256

本标准用词用语说明 256

**小城镇燃气系统工程规划建设标准（建议稿）条文说明** 257

| 1 | 总则 | 257 |
| --- | --- | --- |
| 2 | 名词术语 | 258 |
| 3 | 规划内容、范围、期限 | 258 |
| 4 | 燃气气源选择 | 259 |
| 5 | 用气量预测及供用气平衡 | 259 |
| 6 | 输配系统 | 260 |
| 7 | 输配主要设施及场站 | 262 |

**小城镇供热系统工程规划建设标准（建议稿）** 264

| 1 | 总则 | 264 |
| --- | --- | --- |
| 2 | 规划内容、范围、期限 | 264 |
| 3 | 热源及其选择 | 264 |
| 4 | 热负荷预测 | 265 |
| 5 | 供热管网及其布置 | 266 |
| 6 | 供热设施规模及其用地 | 267 |

本标准用词用语说明 268

## 小城镇供热系统工程规划建设标准（建议稿）条文说明 ………………………… 269
  1 总则 ……………………………………………………………………………… 269
  2 规划内容、范围、期限 ………………………………………………………… 270
  3 热源及其选择 …………………………………………………………………… 270
  4 热负荷预测 ……………………………………………………………………… 271
  5 供热管网及其布置 ……………………………………………………………… 272
  6 供热设施规模及其用地 ………………………………………………………… 273

## 小城镇环境卫生工程规划建设标准（建议稿） …………………………………… 274
  1 总则 ……………………………………………………………………………… 274
  2 术语 ……………………………………………………………………………… 274
  3 规划内容与规划原则 …………………………………………………………… 275
  4 生活垃圾量、工业固体废物量预测及粪便清运量预测 ……………………… 275
  5 垃圾与粪便收运、处理及综合利用 …………………………………………… 275
  6 环境卫生公共设施和工程设施 ………………………………………………… 277
    6.1 一般规定 …………………………………………………………………… 277
    6.2 公共厕所 …………………………………………………………………… 277
    6.3 生活垃圾收集点与废物箱 ………………………………………………… 277
    6.4 垃圾转运站、垃圾填埋场、化粪池、贮粪池、粪便处理厂 …………… 277
    6.5 其他环境卫生设施与环卫机构 …………………………………………… 278
  附录A 小城镇环境卫生工程规划标准设定的三种不同经济发展地区、三个规模
      等级层次、两个发展阶段（规划期限） ……………………………………… 279
  附录B 小城镇垃圾处理方法综合比较 ……………………………………………… 279
  附录C 卫生填埋场用地面积计算参考 ………………………………………………… 280
  本标准用词用语说明 ……………………………………………………………………… 281

## 小城镇环境卫生工程规划建设标准（建议稿）条文说明 ………………………… 282
  1 总则 ……………………………………………………………………………… 282
  2 术语 ……………………………………………………………………………… 283
  3 规划内容与规划原则 …………………………………………………………… 283
  4 生活垃圾量、工业固体废物量预测及粪便清运量预测 ……………………… 283
  5 垃圾与粪便收运、处理及综合利用 …………………………………………… 284
  6 环境卫生公共设施和工程设施 ………………………………………………… 286
    6.1 一般规定 …………………………………………………………………… 286
    6.2 公共厕所 …………………………………………………………………… 286
    6.3 生活垃圾收集点与废物箱 ………………………………………………… 286
    6.4 垃圾转运站、垃圾填埋场、化粪池、贮粪池、粪便处理厂 …………… 286
    6.5 其他环境卫生设施与环卫机构 …………………………………………… 287

## 小城镇基础设施区域统筹规划与规划技术指标研究 ……………………………… 288
  1 我国小城镇基础设施区域统筹规划 …………………………………………… 288

|   |   |   |
|---|---|---|
| | 1.1 | 我国小城镇基础设施的特点分析 ·············· 288 |
| | | 1.1.1 小城镇基础设施的分散性 ············· 288 |
| | | 1.1.2 小城镇基础设施的明显区域差异性 ········· 288 |
| | | 1.1.3 小城镇基础设施的规划布局及其系统工程规划的特殊性 ··· 288 |
| | | 1.1.4 小城镇基础设施的规划建设超前性 ·········· 289 |
| | 1.2 | 结合小城镇分布、形态，小城镇发展依托的基础设施条件分析 ····· 289 |
| | 1.3 | 小城镇跨区基础设施的区域统筹规划与优化配置资源共享 ······ 290 |
| | | 1.3.1 基础设施优化配置应考虑最佳的区域共享范围 ······ 290 |
| | | 1.3.2 城镇区域基础设施网络本身要求区域统筹规划合理布局 ·· 290 |
| | | 1.3.3 统筹规划、优化配置、联合建设、资源共享是小城镇基础设施规划建设的一条重要原则 ··········· 290 |
| | 1.4 | 小城镇跨区基础设施统筹规划的相关区域范围 ··········· 291 |
| | | 1.4.1 "近郊紧临型"小城镇基础设施统筹规划的区域范围 ···· 291 |
| | | 1.4.2 "远郊、密集分布型"小城镇基础设施统筹规划的区域范围 ·· 291 |
| | 1.5 | 小城镇基础设施规划的适宜共享范围 ··············· 292 |
| 2 | 小城镇基础设施规划技术指标研究 ·············· 293 |
| | 2.1 | 合理水平和定量化指标的相关因素 ················ 294 |
| | 2.2 | 合理化水平和定量化指标探讨的小城镇分级 ··········· 294 |
| | 2.3 | 主要编制与研究 ·········· 295 |
| | | 2.3.1 给水、排水工程设施 ·········· 296 |
| | | 2.3.2 供电、通信工程设施 ·········· 298 |
| | | 2.3.3 防洪和环境卫生工程设施 ·········· 301 |

## 专题五 小城镇公共设施规划建设标准研究

**小城镇公共设施规划建设标准（建议稿）** ··············· 307
1 总则 ··················· 307
2 名词术语 ··················· 307
3 小城镇公共设施规划布局及优化 ·············· 308
4 小城镇公共设施公共服务设施的分级配置 ··········· 309
5 小城镇公共设施用地面积 ················ 312
本标准用词用语说明 ··················· 313

**小城镇公共设施规划建设标准（建议稿）条文说明** ·········· 315
1 总则 ··················· 315
2 名词术语 ··················· 316
3 小城镇公共设施规划布局及优化 ·············· 316
4 小城镇公共设施公共服务设施的分级配置 ··········· 317
5 小城镇公共设施用地面积 ················ 318

**小城镇公共设施配置与布局研究** ················ 320
1 小城镇公共设施配置标准研究背景及存在问题 ·········· 320

|      | 1.1 宏观研究背景 | 320 |
|---|---|---|
|      | 1.2 小城镇公共设施建设中不合理的因素 | 320 |
| 2 | 小城镇公共设施配置标准研究的意义 | 320 |
|      | 2.1 对我国解决宏观层次方面问题的意义 | 320 |
|      | 2.2 对小城镇公共设施建设方面的意义 | 321 |
|      | 2.3 对小城镇公共设施规划方面的意义 | 321 |
| 3 | 小城镇公共设施配置标准研究的内容、方法和框架 | 321 |
|      | 3.1 研究内容 | 321 |
|      | 3.2 研究方法 | 322 |
|      | 3.3 研究框架 | 322 |
| 4 | 小城镇公共设施需求分析 | 323 |
|      | 4.1 按城镇总体定位进行需求分析 | 323 |
|      | 4.2 按小城镇自身结构进行需求分析 | 323 |
| 5 | 小城镇公共设施的分类、分级 | 324 |
|      | 5.1 小城镇公共设施分类、分级原则及依据 | 324 |
|      | 5.2 小城镇公共设施公共建筑分类 | 325 |
|      | 5.3 小城镇公共设施公共建筑项目内容 | 325 |
| 6 | 我国各个层次居民点的公共设施配置规范 | 325 |
|      | 6.1 城市公共设施配置的相关规范 | 325 |
|      | 6.2 村镇公共设施配置的相关规范 | 325 |
|      | 6.3 城市居住区公共设施配置的相关规范 | 326 |
| 7 | 探索我国小城镇公共设施项目配置模式 | 326 |
|      | 7.1 小城镇公共设施项目的基本配置 | 326 |
|      | 7.2 小城镇特殊公共设施项目的配置 | 328 |
| 8 | 小城镇公共设施的优化组合与合理布局 | 329 |
|      | 8.1 小城镇公共设施组合形式与综合布局 | 329 |
|      | 8.2 具有特殊功能的小城镇公共设施组合与布局 | 330 |
|      | 8.3 具有特殊地理环境的小城镇公共设施组合与布局 | 330 |

**小城镇中心区公共建筑、空间形态与城市设计研究** ································ 334

| 1 | 我国小城镇中心区分类 | 334 |
|---|---|---|
| 2 | 小城镇中心区公共建筑、空间形态与城市设计的现状 | 335 |
|      | 2.1 我国小城镇中心区公共建筑的定义及现状 | 335 |
|      | 2.2 我国小城镇中心区空间形态与城市设计的现状 | 336 |
| 3 | 小城镇中心区公共建筑研究 | 337 |
| 4 | 小城镇中心区公共建筑设施的空间形态和城市设计研究 | 339 |
|      | 4.1 现代城市设计理论相关内容研究 | 339 |
|      | 4.2 小城镇中心区城市设计的特点与设计定位 | 342 |
|      | 4.3 小城镇中心区城市设计理论与方法 | 343 |
|      | 4.4 小城镇中心区公共建筑设施的城市设计成果 | 352 |

|    4.5 小城镇中心区公共建筑设施的评价和实证 ……………………………………… 354

**小城镇公共设施用地控制及其指标研究** ………………………………………………… 363
1  小城镇公共设施用地相关调查分析及其占建设用地比例控制 ………………………… 363
2  小城镇公共设施用地控制方法及其用地面积控制指标制定分析 ……………………… 364
 2.1 小城镇公共设施用地控制的主要方法 ……………………………………………… 364
 2.2 小城镇分类公共设施用地面积控制指标制定的相关因素分析 ………………… 365
 2.3 小城镇分类公共设施用地面积指标的制定及分析 ……………………………… 365
  2.3.1 小城镇分类公共设施用地面积指标的制定 …………………………………… 365
  2.3.2 小城镇分类公共设施用地面积指标的主要制定分析 ………………………… 366
3  小城镇公共设施建筑面积控制指标 ……………………………………………………… 368
4  小城镇公共服务设施用地控制 …………………………………………………………… 368

## 专题六　小城镇生态环境规划建设标准研究

**小城镇生态环境规划建设标准（研究稿）** ……………………………………………… 373
1  总则 ………………………………………………………………………………………… 373
2  术语 ………………………………………………………………………………………… 373
3  生态规划内容与基本要求 ………………………………………………………………… 374
4  生态规划主要技术指标 …………………………………………………………………… 374
5  环境保护规划内容与基本要求 …………………………………………………………… 376
6  环境质量技术标准选择 …………………………………………………………………… 377
本标准用词用语说明 ………………………………………………………………………… 380

**小城镇生态环境规划建设标准（研究稿）条文说明** ………………………………… 381
1  总则 ………………………………………………………………………………………… 381
2  术语 ………………………………………………………………………………………… 382
3  生态规划内容与基本要求 ………………………………………………………………… 382
4  生态规划主要技术指标 …………………………………………………………………… 383
5  环境保护规划内容与基本要求 …………………………………………………………… 384
6  环境质量技术标准选择 …………………………………………………………………… 385

**小城镇生态环境建设标准研究报告** ……………………………………………………… 386
1  小城镇自然生态与人文生态规划研究 …………………………………………………… 386
 1.1 概述 …………………………………………………………………………………… 386
 1.2 小城镇分类综述 …………………………………………………………………… 386
 1.3 体现小城镇生态环境特点的分类方式 …………………………………………… 387
  1.3.1 基于演绎思维模式的分类思路 ………………………………………………… 387
  1.3.2 因素指标确定及分类 …………………………………………………………… 387
  1.3.3 分类结果 ………………………………………………………………………… 388
 1.4 小城镇建成区生态环境特点 ……………………………………………………… 389
  1.4.1 用地布局不合理引发生态环境问题 …………………………………………… 389

|　　　1.4.2　工业企业污染严重 ……………………………………………………… 389
|　　　1.4.3　基础设施发展滞后引发生态环境问题 …………………………………… 389
|　1.5　小城镇分系统生态环境特点 ……………………………………………………… 389
|　　　1.5.1　农业生态环境特点 ………………………………………………………… 389
|　　　1.5.2　大气环境特点 ……………………………………………………………… 390
|　　　1.5.3　水环境特点 ………………………………………………………………… 390
|　　　1.5.4　声环境特点 ………………………………………………………………… 390
|　　　1.5.5　公共卫生环境特点 ………………………………………………………… 390
2　小城镇生态环境的主要影响因素及评价方法研究 ………………………………………… 390
　2.1　小城镇生态环境的主要问题 ……………………………………………………… 390
　　　2.1.1　资源的滥采乱伐破坏了小城镇的生态环境 ……………………………… 390
　　　2.1.2　小城镇生态环境污染加剧 ………………………………………………… 391
　　　2.1.3　农业生态环境脆弱，人均资源占有量逐渐缩小 ………………………… 391
　　　2.1.4　小城镇居民的生态环境仍未改善 ………………………………………… 391
　　　2.1.5　生物多样性面临威胁 ……………………………………………………… 392
　2.2　小城镇生态环境的主要影响因素分析 …………………………………………… 392
　　　2.2.1　资源因素 …………………………………………………………………… 392
　　　2.2.2　资源及再生资源的开发利用 ……………………………………………… 393
　　　2.2.3　社会经济因素 ……………………………………………………………… 394
　　　2.2.4　城镇建设 …………………………………………………………………… 395
　　　2.2.5　工农业生产 ………………………………………………………………… 396
　　　2.2.6　生态环境建设 ……………………………………………………………… 396
　　　2.2.7　管理机制 …………………………………………………………………… 397
3　小城镇生态环境功能区划研究 ……………………………………………………………… 398
　3.1　生态环境功能区划的概念与目的 ………………………………………………… 398
　3.2　生态环境功能区划的原则 ………………………………………………………… 399
　3.3　小城镇生态环境功能区划的依据 ………………………………………………… 399
　　　3.3.1　自然环境的客观属性 ……………………………………………………… 399
　　　3.3.2　社会经济发展需求 ………………………………………………………… 400
　　　3.3.3　相关规划或区划 …………………………………………………………… 400
　3.4　生态环境功能区划的方法及类型 ………………………………………………… 401
　　　3.4.1　生态环境功能的确定 ……………………………………………………… 401
　　　3.4.2　小城镇生态功能区划要尊重自然生境特点，保持生态系统的完整性 … 401
　　　3.4.3　小城镇生态功能区划与经济发展相结合 ………………………………… 401
　　　3.4.4　小城镇生态功能区划要满足居民的生活生产需求 ……………………… 402
　　　3.4.5　坚持理论与实践相结合 …………………………………………………… 402
　　　3.4.6　区划指标选择应强调其可操作性 ………………………………………… 402
4　小城镇生态环境规划实施的保障措施 ……………………………………………………… 403
　4.1　法律和制度保障 …………………………………………………………………… 403

   4.1.1 法律法规保障 ……………………………………………………… 403
   4.1.2 政策制度保障 ……………………………………………………… 404
  4.2 组织和管理保障 ………………………………………………………… 404
   4.2.1 建立与完善规划的组织机构 ……………………………………… 404
   4.2.2 健全规划实施的管理体系 ………………………………………… 405
  4.3 资金和技术保障 ………………………………………………………… 406
   4.3.1 规划实施的资金保障 ……………………………………………… 406
   4.3.2 新技术手段在规划实施中的应用 ………………………………… 407
5 小城镇生态环境规划指标体系与生态环境标准研究 ……………………… 407
  5.1 小城镇生态环境规划指标体系 ………………………………………… 407
  5.2 小城镇生态环境规划标准 ……………………………………………… 408
  5.3 小城镇生态环境规划指标体系及生态环境标准说明 ………………… 409
  5.4 小城镇生态环境质量评价方法与评价指标体系研究 ………………… 415
   5.4.1 研究目的 …………………………………………………………… 415
   5.4.2 小城镇生态环境质量评价指标体系的总体设计 ………………… 416
  5.5 小城镇生态环境质量评价方法 ………………………………………… 420
   5.5.1 评价指标计算的数学模型 ………………………………………… 420
附表：小城镇生态环境质量评价调查表 ……………………………………… 422
参考文献

# 专题一 综合研究

# 综合研究

**专题负责人**：王静霞、汤铭潭

**执　　笔**：汤铭潭

**参　　编**：王静霞、谢映霞

**承担单位**：中国城市规划设计研究院

③编制《小城镇道路交通规划标准》(建议稿)。

3) 小城镇基础设施建设标准研究

①小城镇给水系统设施规划建设技术标准(建议稿);

②小城镇排水系统设施规划建设技术标准(建议稿);

③小城镇供电系统设施规划建设技术标准(建议稿);

④小城镇通信系统设施规划建设技术标准(建议稿);

⑤小城镇防灾减灾设施规划建设标准(建议稿);

⑥小城镇环卫设施规划建设技术标准(建议稿);

⑦小城镇供热设施规划建设技术标准(建议稿);

⑧小城镇燃气系统设施规划建设标准(建议稿)。

4) 小城镇公共设施规划建设标准研究

①小城镇公共设施分级分类标准;

②小城镇公共设施规划建设标准(建议稿);

③小城镇公共建筑设施空间形态与相关景观风貌设计、城市设计研究。

5) 小城镇生态环境规划建设标准研究

①小城镇生态环境规划指标体系;

②小城镇生态建设环境保护规划标准(研究稿);

③小城镇环境保护措施与环境综合整治技术研究。

## 1.2 课题研究背景分析

### 1.2.1 适应我国小城镇快速发展形势,走中国特色城镇化道路和建设社会主义新农村的需要

1) 发展小城镇和建设社会主义新农村的需要

我国有 13 亿人口,9 亿人口在农村。解决农业、农村、农民问题,即"三农"问题是国家经济社会发展中具有重要和深远意义的战略问题。2004 年以来,我国连续第三个以农业、农村和农民为主题的中央"一号文件",显示了我国领导人解决三农问题的决心。"三农"问题的核心是增加农民收入,促进农民持续增收,而从根本上看,一方面只有减少农民,才能富裕农民,只有把农业富余劳动力从土地上逐步转移出去,才能大幅度提高农业的劳动生产率和综合经济效益,才能缩小城乡差别和工农差别,提高我国的城镇化建设水平和农村建设水平,整个经济社会才能有更大飞跃;另一方面,建设社会主义新农村是中国现代化进程中的重大历史任务。农村人口多是中国的国情,只有发展好农村经济,建设好农民的家园,让农民过上宽裕的生活,才能保障全体人民共享经济社会发展成果,才能不断扩大内需和促进国民经济持续发展。

2) 党的"十六大"提出"全面繁荣农村经济、加快城镇化进程",要求坚持城乡经济、社会统筹发展的原则,促进小城镇健康快速发展,特别是要将全国重点镇健康发展作为农村全面建设小康社会的重要任务。努力把全国重点镇建设成为促进农业现代化,加快农村经济社会发展和增加农民收入的重要基地。中央要求各地区、各部门加强科学规划,指导和监督全国重点镇严格按规划进行建设,推进制度创新,积极消除不利于城镇发展的体制和政策障碍,实施小城镇规划编制、审批、实施管理改革。

发展小城镇，规划是龙头。当前小城镇规划建设存在着许多问题，主要是：

（1）小城镇规划标准很不完善，甚至规划建设无章可循。

（2）小城镇规划水平普遍较低，规划编制内容深度达不到要求，规划套用指标或千篇一律或各自为政，缺乏切合实际的分类指导和科学分析。

（3）小城镇规模多数偏小，严重影响小城镇集聚和辐射功能发挥。

（4）普遍缺乏县（市）域城镇体系规划，造成城镇体系网络、层次不清，城镇职能难以正确定位。

（5）小城镇人均建设用地偏高，各地差别很大。

（6）基础设施、公共设施滞后，配套混乱。

（7）小城镇规划建设缺乏特色塑造。

（8）生态环境意识淡薄，一些小城镇环境污染严重。

（9）防灾减灾能力薄弱，一些小城镇发生灾害频繁。

上述小城镇规划建设最突出和最迫切需要解决的问题是规划标准问题。

解决小城镇快速发展和规划建设缺乏标准依据的矛盾是本课题研究的重要背景之一。

小城镇规划及相关技术标准研究是适应我国小城镇发展形势，走小城镇和大中小城市协调发展的城镇化道路和建设主义新农村的需要。

### 1.2.2 适应城乡统筹，城乡建设全面、协调、可持续发展和加强城乡规划监督管理的需要

改革开放以来，我国城乡建设发展很快，城乡面貌发生显著变化，但近年来，在城乡规划和建设中也出现了一些不容忽视的问题，一些地方不顾当地经济发展水平和实际需要，城乡建设、小城镇建设互相攀比、急功近利，搞脱离实际、劳民伤财的所谓"形象工程"、"政绩工程"；对历史文化名城、名镇和风景名胜区重开发轻保护，在建设管理方面。违反城乡规划管理有关规定，擅自批准开发建设等。这些问题严重影响城乡建设的健康发展，城乡规划建设是社会主义现代化建设的重要组成部分，为了进一步加强城乡规划对城市建设的引导和调控作用，健全城乡规划建设的监督制度，促进城乡建设健康有序发展，2002年5月21日国务院印发《国务院关于加强城乡规划监督管理的通知》（国发［2002］13号）文件，随后建设部等八部委印发了《关于贯彻落实〈国务院关于加强城乡规划监督管理的通知〉的通知》（建规［2002］204号）文件。

国务院的［2002］13号文件还特别指出发展小城镇，首先要做好规划，要以现有布局为基础，重点发展县城和规模较大的建制镇，防止遍地开花。地方各级人民政府要积极支持与小城镇发展密切相关的区域基础设施建设，为小城镇发展创造良好的区域条件和投资环境。

党的十六届三中全会通过的《决定》中，提出的五个统筹以及科学发展观对如何搞好城乡规划、建设小城镇规划建设提出更高要求。

适应新形势下城乡统筹，城乡建设全面、协调、可持续发展和加强城乡规划监督管理的需要，也是本课题研究的重要背景之一。

### 1.2.3 适应城乡规划新形势的需要

改革开放以来，随着我国政治、经济体制改革的逐步深入和我国小城镇的快速发展、城镇化水平提高，我国城乡规划正面临新的形势和许多新的挑战。特别是党的十四大首次

提出建立社会主义市场经济体制以来，我国从计划经济到市场经济，从经济成分、经济主体到社会生活方式、组织形态、就业岗位、就业形式都发生了深刻的变化。新形势下市场对资源配置起基础性作用，投资主体多元化，政府在城乡建设中的职能发生根本变化，从计划经济年代，通过城市规划的"国民经济计划的延续和在空间上的落实"，突出政府对资源配置的主要作用和实际运作责任到市场经济新形势下，通过城乡规划改革突出政府在城乡建设中的宏观调控作用，政府依照法定程序制定城乡规划，通过行使行政权力，推动规划实施，通过规划实施，协调近期利益与长远利益、局部利益与整体利益的关系，保护生态与自然环境，保护与合理利用资源，统筹安排城乡建设空间布局和保护城乡建设过程中公正与公平。

适应城乡规划新形势是当前我国城乡规划法修订，城乡规划编制办法改革的重要背景，也是本课题的重要背景和考虑出发点之一。

## 1.3 课题的需求分析

我国地域辽阔，小城镇量大、面广，小城镇规划建设必需的小城镇规划建设标准有广泛的应用需求和开阔的应用前景。

（1）发展小城镇，规划是龙头。不同地区，不同类型，不同层次，众多小城镇规划编制必须有小城镇规划标准作为编制依据。

（2）我国正处小城镇快速发展时期，1978年，我国建制镇仅有2173个，1998年底发展到19216个，增长7.8倍，2002年底增长到20021个（其中县城镇1646个，其他建制镇18375个），小城镇规划编制及其相关的规划建设标准应用市场日益开阔。

（3）我国目前小城镇规划建设管理队伍力量薄弱，整体水平不高，小城镇规划水平较低，规划编制与管理缺乏科学合理规范，难以适应当前小城镇建设快速发展。小城镇规划建设标准的应用培训也越来越受到各地政府及其主管部门的重视，据不完全统计，全国广东、江苏、河北、广州等许多省市都已经或正在十分重视这方面的培训工作，其中也包括镇长的相关知识培训。

（4）课题成果在指导小城镇建设和相关产业开发中均有很好应用需求。

## 2 课题研究的重点、主要内容、关键技术与方法

### 2.1 课题研究载体与重点

#### 2.1.1 小城镇的界定

目前，我国关于小城镇的界定并没有统一。不同学科、不同行政管理部门对小城镇各有不同说法。

(1) 不同学科的小城镇释义

1) 行政管理学

从行政管理角度来说，建制镇与非建制镇在经济统计、财政税收，户籍管理等诸多方面都有明显的区别，小城镇一般只限建制镇地域行政范畴。

2) 社会学

从社会学角度来说，小城镇是由非农人口为主组成的社区这样一种社会实体。费孝通先生在他的《小城镇大战略》文章中，把"小城镇"定义为"一种比乡村社区更高一层的社会实体"，"这种社会实体是从一批并不从事农业生产劳动的人口为主体组成的社区。无论从地域、人口、经济、环境等因素看，它们都既具有乡村相异的特点，又都与周围乡村保持着不可缺少的联系。我们把这样的社会实体用一个名字加以概括，称之为'小城镇'。"同时指出，小城镇"是个新型的正在从乡村性社区变成许多产业并存的向着现代化城市转变中的过渡性社区。它基本上已脱离乡村社区的性质，但没有完成城市化的过程。"

3) 地理学

从地理学的角度来说，将小城镇作为一个区域城镇体系的基础层次，或作为乡村聚落中最高级别的聚落类型，认为小城镇包括建制镇和自然集镇。

4) 经济学

从经济学的角度来说，小城镇是乡村经济与城市经济相互渗透的交汇点，具有独特的经济特征，是与生产力水平相适应的一个特殊的经济集合体。

(2) 不同行政管理部门的小城镇释义

不同行政管理部门从不同行政管理职能考虑，对小城镇有不同说法，较多的两种解释，其一是建制镇，其二是建制镇和集镇（或乡镇）。此外，还有一种解释是把县级市也列入小城镇的范畴，比如国家体改办对小城镇的界定。

上述小城镇释义虽然各不相同，但对小城镇的基本解释有许多是共同的，如：小城镇是"城之尾、乡之道"，是城乡结合部的社会综合体；小城镇是介于城市与乡村居民点之间的，处于城镇体系尾部，兼有城与乡特点的一种过渡型居民点，是由部分从事非农业劳动人员聚居而形成一定服务功能的社区；小城镇是其辐射所及之乡村，也即县（市）区域经济、政治、文化中心或其主要辐射所及的一定农村区域的经济、文化中心，发挥上连城市，下引农村的社会和经济功能。

上述不同释义中，小城镇主要是建制镇的基本解释是小城镇规划及其标准研究的共同基点所在，从这一基本分析出发，并从小城镇规划及相关技术标准衔接设市城市和联系村镇的研究角度考虑，小城镇规划及相关技术标准研究界定小城镇载体为由县城镇、中心镇和一般镇（包括各种功能分类小城镇）构成的建制镇，也包括规划期将发展为建制镇的集

镇。同时明确,作为课题研究对象,上述载体上、下可酌情适当延伸。

小城镇规划及相关技术标准研究的上述小城镇界定,既从我国小城镇的现状、特点考虑,又充分考虑了小城镇的发展趋势的要求。

**2.1.2 主要小城镇名词解释**

县城镇:县人民政府驻地建制镇。

中心镇:一般指在县(市)域内一定农村片区中,位置相对居中,与周边村镇有密切联系,有较大经济辐射和带动作用的小城镇,是其主要辐射区域的农村经济、文化中心。

重点镇:具有发展潜力,基础条件较好,在相关政策上,重点扶持发展的小城镇。

全国重点镇是当地县域经济的中心,承担着加快城镇化进程和带动农村地区发展任务,在全国具有较好重点发展潜力和基础条件,并有代表性的县城镇或中心镇。

一般镇:县城镇、中心镇外的县(市)域其他建制镇。

**2.1.3 课题研究的重点小城镇**

(1) 县城镇、中心镇是小城镇规划及相关技术标准研究的重点

1) 县城镇、中心镇是小城镇发展的重点,农村经济发展主要接受县城镇、中心镇的辐射带动作用

①我国地域辽阔,不同地区小城镇自然条件、历史基础、产业结构不同,经济发展很不平衡;不同性质、不同规模、不同类别小城镇差别很大。

②一般而言,县城镇都有一定的经济社会发展基础,有相对较大的规模,又是县域经济、政治、文化中心。

③一个县一般只设1~2个或2~3个中心镇,是县(市)域中一定区域的农村经济、文化中心,而对西部经济欠发达地区,小城镇建设基础薄弱的县抓中心镇建设,实际上就是抓县城镇建设。

④县域村镇经济、社会发展主要接受县城镇、中心镇的辐射带动作用。把县城镇、中心镇作为小城镇规划标准及体系研究的重点,有利于抓好县城镇、中心镇,带动县域其他村镇建设和县域农村发展;同时,也有利于考虑和缩小我国不同地区小城镇经济发展差别,符合我国的国情。

2) 以县城镇、中心镇为重点,小城镇规划及相关技术标准研究更具有科学性、合理性、实用性

我国走小城镇与大、中、小城市协调发展的中国特色的城镇化道路,发展小城镇的目标是,力争经过10年左右的努力,将一部分基础较好的小城镇建设成为规模适度,规划科学、功能健全、环境整洁、具有较强辐射能力的农村区域性经济文化中心,其中少数具备条件的小城镇要发展成为带动能力更强的小城市,使全国城镇化水平有一个明显的提高。就整体而言或就同一地区而言,上述一部分基础较好的小城镇主要集中在县城镇和中心镇,就整体或同一地区来说,较多数量县城镇和中心镇能率先实现前述小城镇发展目标;同时,县城镇和中心镇是综合型小城镇,人口规模,经济社会发展,用地布局,公共设施和基础设施配套均更具规划建设的代表性、典型性,也更能代表一般小城镇,特别是有较大发展潜力小城镇的发展要求。以县城镇、中心镇为重点,小城镇规划及相关技术标准研究更具有科学性、合理性、实用性和可操作性。

(2) 小城镇规划及相关技术标准研究突出全国1887个重点镇和50个试点示范镇

按照《中共中央、国务院关于做好农业和农村工作的意见》(中发［2003］3号)和《国务院办公厅关于落实中共中央、国务院做好农业和农村工作意见有关政策措施的通知》(国办函［2003］15号)的要求，原建设部会同国家发展和改革委员会、民政部、国土资源部、农业部、科技部确定了全国1887个重点镇。其中，约有2/3是县城镇，1/3左右是中心镇。可见上述全国重点镇不但是全国小城镇的重点，而且也是县城镇和中心镇重点中的重点。

中央6部委共同提出全国重点镇，力争经过5~10年的努力实现前述小城镇发展目标的要求。

科技部即将推出的50个全国试点示范镇是进一步抓好小城镇试点示范的重点。

小城镇规划及相关技术标准研究突出上述全国重点镇和试点示范镇，更好把课题研究与中央小城镇重点工作有机结合，将使课题研究和规划标准及体系制定更有针对性、实用性及可操作性，也将使课题研究及成果更好为政府决策和制订相关政策法规服务，突出中央关于抓小城镇建设发展的重点。

## 2.2 课题研究主要内容与关键技术

### 2.2.1 小城镇用地分类与规划用地标准及土地资源合理利用研究

(1) 主要研究内容

1) 小城镇土地资源现状调查与适用性、经济性评价技术研究

调查分析小城镇土地资源的现状，并对不同地区、不同种类的小城镇用地进行适用性、经济性评价，协调土地资源在农业与非农产业之间的配置，为小城镇土地资源的合理利用提供依据。

2) 小城镇用地的分类标准研究

小城镇的用地按其使用的主要性质进行划分，明确用地的归类，以利于对各类用地的现状使用进行统计分析，并进一步为规划建设的合理用地创造条件。

3) 小城镇规划建设节约用地研究。

研究小城镇规划建设节约用地的方法和途径。

4) 小城镇建设用地规划指标制订

依据不同的地区、不同类别、不同规模小城镇不同需求和实际情况，制定小城镇的建设用地标准，确定人均建设用地指标，以及各个规划阶段中用地指标的调整幅度。

5) 建设用地构成比例研究

对于不同类型、不同层次、不同规模的小城镇的建设用地构成比例研究分析，制订各项建设用地的合理构成比例。

(2) 关键技术

1) 农用地适用性评价和经济性评价技术，基本农田划定及占补平衡的评价技术；

2) 旧镇区用地的合理利用与改造规划措施的技术保证；

3) 各种不良地质地段选作建设用地的评定标准，以及整治工程的技术措施；

4) 不同类型小城镇，建设用地合理构成比例的确定。

### 2.2.2 小城镇交通道路规划标准研究

(1) 主要研究内容

1) 小城镇交通道路规划标准综合研究

适用范围和道路交通规划分类及规划原则要求；小城镇交通需求预测，交通量生成及相关因素分析；小城镇道路功能及分类；小城镇交通道路规划内容研究；主要交通设施与交通管理研究。

2）县（市）域城镇体系交通道路规划标准研究

镇际、镇域公路、水路及铁路交通组织的方式和合理性研究；道路网布置及优化；道路等级划分；货、客运主要交通设施。

3）小城镇镇区交通道路规划标准研究

小城镇道路的等级划分；小城镇道路规划技术指标。

4）县城镇、中心镇交通道路规划布局及标准的研究

对外客、货运交通组织方式与交通工具合理性研究；过境交通与道路出入口研究；镇区道路系统；交通道路景观体系研究。

5）一般镇交通道路规划标准研究

内外交通组织方式与交通工具的合理性研究；道路等级划分及技术指标。

（2）关键技术

1）小城镇交通需求分析和预测方法研究；

2）道路网布局规划和交通组织方式优化研究；

3）县城镇、中心镇的渠化交通、过境交通研究；

4）小城镇绿色交通研究；

5）不同地区、不同类别小城镇交通道路规划技术指标的合理性研究。

### 2.2.3 小城镇基础设施建设标准研究

（1）主要研究内容

1）小城镇给水系统工程规划建设标准研究

小城镇给水系统工程规划建设原则与规划内容研究；小城镇给水水质与水源选择、水源保护研究；小城镇用水量预测及供需平衡研究；小城镇给水系统水厂设置、输水管线、配水管网及其规划优化研究；水源地与水厂、泵站用地研究。

2）小城镇排水系统工程规划建设标准研究

小城镇排水系统工程规划建设原则与规划内容研究；小城镇设计排水量、设计排水流量的计算及排水体制选择标准；小城镇废水受纳体、排水系统布局及优化、排水管网研究；小城镇排水泵站、污水处理厂及其用地研究；小城镇污水处理与雨污水综合利用研究。

3）小城镇供电系统工程规划建设标准研究

小城镇供电系统工程规划建设原则与规划内容研究；小城镇供电源选择研究；小城镇用电负荷预测与电力平衡研究；小城电压等级选择与电力网规划优化研究；小城镇供配电设施建设和用地标准研究；小城镇电力线路敷设方式标准研究。

4）小城镇通信系统工程规划建设标准研究

小城镇通信系统规划建设原则与规划内容研究；小城镇通信用户预测技术标准研究；小城镇局所规划与相关本地网规划标准研究；小城镇传输网与接入网规划标准研究；小城镇通信线路与通信管道规划标准研究；小城镇邮政规划与广播电视规划标准研究。

5）小城镇防灾、减灾工程规划建设标准研究

小城镇防灾减灾工程规划建设原则与规划内容研究、小城镇灾害综合防御标准研究；小城镇地质灾害防御标准研究；小城镇洪灾防御标准研究；小城镇震灾防御标准研究；小城镇防风减灾标准研究；小城镇火灾防御标准研究。

6) 小城镇供热系统工程规划建设标准研究

小城镇供热系统工程规划建设原则与规划内容研究；小城镇热源选择研究；小城镇集中供热规划优化研究；小城镇供热设施建设和用地建设标准研究；小城镇供热管道敷设方式标准研究。

7) 小城镇燃气系统工程规划建设标准研究

小城镇燃气系统工程规划建设原则与规划内容研究；不同地区小城镇燃气供应模式优化；小城镇燃气系统工程规划优化研究；小城镇燃气供应设施建设和用地标准；小城镇燃气管道敷设方式、标准研究。

8) 小城镇环境卫生工程规划建设标准研究

小城镇环境卫生工程规划建设原则与规划内容研究；小城镇环境卫生和污染控制规划研究；小城镇固体废物处理设施布局研究；小城镇固体废物综合管理体系研究；小城镇环卫设施建设和用地标准研究。

(2) 关键技术

1) 小城镇给水排水、供电、通信、供热、燃气系统的优化；

2) 小城镇给水、排水、供电、通信、供热、燃气设施建设的标准化；

3) 防灾减灾工程防护技术；

4) 小城镇固体废物收集、储运、处理系统设施优化。

### 2.2.4 小城镇公共设施规划建设标准研究

(1) 主要研究内容

1) 小城镇公共设施分级、分类标准与优化组合研究

小城镇公共设施分级、分类标准研究；不同地区、不同类别、不同层次小城镇公共设施的优化组合、合理布局研究。

2) 小城镇公共设施需求及其配置标准研究

不同地区、不同类别、不同层次、公共设施的需求及其量化规律研究；不同小城镇的公共设施配置标准研究。

3) 小城镇公共设施用地标准研究

小城镇公共设施规划用地指标研究。

4) 小城镇中心区公共建筑空间形态与景观设计、城市设计研究

(2) 关键技术

1) 小城镇公共建筑的空间形态特征研究；

2) 小城镇公共设施规划用地控制指标研究；

3) 小城镇中心区公共建筑形态与景观风貌设计研究。

### 2.2.5 小城镇生态环境规划建设标准研究

(1) 主要研究内容

1) 小城镇自然、经济、社会复合生态系统规划研究

研究适应小城镇自然环境基础上建立的人工生态系统规划内容与方法。

2)小城镇生态环境的主要影响因子及评价方法研究

研究确定小城镇生态环境的主要影响因子、小城镇生态环境状况综合分析及评价的方法。

3)小城镇生态环境预测与生态区划以及环境功能区的划分与合理布局研究

包括小城镇生态环境的变化趋势预测；小城镇生态区划研究；小城镇环境功能区划分标准与合理布局研究。

4)小城镇生态环境规划的实施方案及其保障措施研究

研究小城镇生态环境规划的实施方案，包括经费概算、实施计划，提出实现规划目标的组织、政策、技术、管理等保障措施，及经费筹措渠道。

5)小城镇生态环境指标体系与环境标准研究

研究制定小城镇生态环境指标体系，包括主要污染物排放总量控制指标、工业污染防治指标、城镇环境保护指标、生态环境保护指标、农村环境保护指标等。在国家相关环境保护标准的基础上完善小城镇环境标准和技术规范，制订环境标志产品和环境管理体系标准。

(2) 关键技术

1) 小城镇生态环境的主要影响因子及评价方法；
2) 小城镇生态环境预测方法、生态区划环境功能区划分方法；
3) 小城镇生态环境规划的实施与计划的制定；
4) 小城镇生态规划指标体系与环境标准的制定。

## 2.3 课题研究方法

### 2.3.1 课题研究技术路线

(1) 从我国小城镇量大面广，不同地区小城镇的人口规模、自然条件、历史基础、经济社会发展差别很大的实际情况出发，在课题调查面和调查点上尽量考虑较大的覆盖范围和各种类型小城镇的典型性和代表性。

(2) 课题中间成果在发函征求 22 个省市 100 多个单位意见的同时，采用信息技术手段，网上更广泛地征求全国标准管理和使用部门意见，并通过信息网广泛收集课题国内外相关研究资料。

(3) 标准研究与编制充分考虑不同地区、不同类别、不同层次的不同特点、不同情况和不同要求。

(4) 采取宏观与微观相结合，建设与规划相结合，城镇纵向体系与横向对比相结合，整体研究与专题分析相结合，定性分析与量化研究相结合，理论与实践相结合。

(5) 实例调查→趋势预测→综合分析→纵横对比→方案筛选→专家论证→修改完善。

(6) 同时考虑课题研究的关联行动相关研究项目的衔接与协调。

### 2.3.2 课题研究分级指导

小城镇不同于城市，不仅在于它是"城之尾，乡之首"，是城乡结合部的社会综合体，而且在于我国地域辽阔，小城镇量大面广，不同地区、不同类型的小城镇差异性很大；不仅在于它是加快我国城镇化步伐的主要动因，而且在于它是在国家经济社会发展中，解决具有极为重要和深远意义的"三农"战略问题的主要载体和根本基础。

因此，小城镇的规划建设在诸多方面如理论、方法及标准、标准体系也与城市有诸多不同。

我国小城镇上述特点决定小城镇规划及相关技术标准研究必须遵循分级与分类指导的原则。

（1）从我国不同地域小城镇不同分布形态和发展趋势考虑分类指导

不同分布形态类别的小城镇在规划模式与发展格局上有很大的差别，不同地域小城镇的分布形态基本可分为三大类：

第一类是位于城市规划区范围内，大中城市次区域的建制镇，由于依托中心城市，直接受中心城的辐射和带动，城镇发展与城市发展相对差别较小，原大中城市中心城郊区县城镇和中心镇多数成为中心城的卫星城，每个卫星城又辐射带动周围若干个小城镇，形成布局合理的城镇体系。

这一类小城镇及其规划是城市规划区及城市规划的组成部分，其现状和发展趋势多为城市，但在规模、发展速度、功能布局上与中心城尚有许多不同，应在按城市规划模式和方法整体规划的同时，区分其与中心城的差别、规划标准也应考虑上述原则。

第二类是距中心城市相对较近，沿主要交通干线等较集中分布的小城镇。如东部的长江三角洲、珠江三角洲、京津唐地区、辽东半岛、山东半岛、闽东南和浙江沿海等城镇密集地区；中部的江汉平原、湘中地区、中原地区等城镇密集区和长春—吉林、石家庄—保定、呼和浩特—包头等省域城镇发展核心区；西部的四川盆地、关中地区等城镇密集区的小城镇。

上述小城镇处于城镇发展核心区、密集区或连绵区，并一般位于城镇发展历史较长、发育程度较高的沿海地区或平原地区，往往依托区域内重要综合交通走廊和水、电、通信等重要区域基础设施，经济社会发展较快。其主要地带将形成省、市农村区域经济发展中心。

其东部地带将成为我国农村区域城镇化和现代化推进最快的地区，由于其区域经济社会的超常规发展，远期各类基础设施，配套服务设施的高度完备，有望在我国率先出现一批"都市化小城镇"。

西部地区的四川盆地、关中地区等城镇密集区的小城镇，处于我国西部开发前哨，是城镇超常发展核心区的重要组成部分。西部开发给西部小城镇发展带来了千载难逢的良好契机；同时，小城镇——大战略融入西部大开发大战略之中，西部小城镇发展也将有力推进西部大开发。

这一类小城镇规划应侧重考虑其作为一定农村区域经济发展中心的特点及其与城市规划的较大区别；在经济发展上侧重城乡一体化区位优势发挥和小城镇特色产业培育；在用地和基础设施布局上侧重区域整体规划指导，统筹规划、联合建设资源共享；在规划标准上应在考虑与城市区别的同时，考虑处于城镇发展核心区、密集区的先进性的较高要求。

第三类是相对独立、分散的小城镇，我国现有独立形态分布的小城镇有较多数量，其中偏远城市独立分散的小城镇主要分布在山区、边远地区、中西部一般地区。这类小城镇依托区域和城市基础设施困难，经济发展相对落后，城镇化和现代化水平较低。加快交通网络和信息网络的建设对促进这类小城镇发展尤为重要。

这类小城镇规划较多体现农村区域城镇联系相对疏松小城镇的特点，在规划理论方法上与城市规划有更大不同，应侧重考虑县域城镇体系规划的指导和因地制宜原则，重视基础设施建设。规划及相关技术标准应侧重考虑合理水平、技术指标的较大差别与远期发展可能缩小的差别。

（2）从小城镇的不同类别考虑分类指导

小城镇按功能分类一般可分为：

综合型小城镇：一般为政治、经济、文化中心的小城镇。

特色产业型小城镇：利用当地特色资源，形成主导产业的小城镇。

工业主导型小城镇：工业主导地位的小城镇。

商贸流通型小城镇：包括以工贸为主的工贸型、以边贸为主的边贸型等类型小城镇。

小城镇按功能详细分类可按表1划分。

**小城镇按功能的分类** 表1

| 大类 | 小类 | 特征 |
|---|---|---|
| 作为社会实体的小城镇 | 行政中心小城镇 | 一定区域内的政治、经济、文化中心。县政府所在地的县城镇，镇政府所在地的建制镇，乡政府所在地的集镇。城镇内的行政机构和文化设施较齐全 |
| 作为经济实体的小城镇 | 工业型小城镇 | 产业结构以工业为主，在农村社会总产值中，工业产值占的比重大，从事工业生产的劳动力占劳动力总数的比重大。工农关系密切，镇乡关系密切。乡镇工业有一定规模，生产设备和生产技术有一定水平，产品质量、品种能够占领市场。工厂设备、仓储库房、交通设施比较完善 |
| | 农业型小城镇 | 产业结构以第一产业为基础，多数是我国商品粮、经济作物、禽畜等生产基地，并有为其产前、产中、产后服务的社会服务体系 |
| | 渔业型小城镇 | 沿江河、湖海的小城镇，以捕捞、养殖、水产品加工、储藏等为主导产业 |
| 作为经济实体的小城镇 | 牧业型小城镇 | 以保护野生动物、饲养、放牧、畜产品加工为主导产业，主要分布在我国的草原地带和部分山区，同时又是牧区的生产生活、交通服务中心 |
| | 林业型小城镇 | 分布在江河中上游的山区林带，由森林开发、木材加工基地转化为育林和生态保护区，以森林保护、培育、木材综合利用为主导产业，同时也是林区生产生活、流通服务中心 |
| | 工矿型小城镇 | 随着矿产资源的开采与加工逐渐形成，基础设施建设比较完善，商业、运输业、建筑业、服务业等也随之发展 |
| | 旅游观光型小城镇 | 具有名胜古迹或自然风景及人文资源，以发展旅游业及为其服务的第三产业或无污染的第二产业为主。交通方便、游乐服务、饮食业等都比较发达 |
| 作为物资流通实体的小城镇 | 交通型小城镇 | 具有位置优势，多位于公路、铁路、水运、海运的交通中心，能形成一定区域内的客流、物流中心 |
| | 流通型小城镇 | 以商品流通为主，运输业和服务业比较发达，多由传统的农副产品集散地发展而来，服务半径一般在15～20km，设有贸易市场或专业市场、转运站、客栈、仓库等 |
| | 口岸型小城镇 | 位于沿海、沿江河的港口口岸，以发展对外商品流通为主，也包括那些与邻国有互贸资源和互贸条件的边境口岸的小城镇，这些小城镇多以陆路或界河的水上交通为主 |
| 其他类型小城镇 | 历史古镇文化名镇 | 历史悠久，有些从12世纪的宋朝或14世纪的明朝开始就已经聚居了上千人口。具有一些代表性的、典型民族风格的或鲜明地域特点的建筑群，有历史价值、艺术价值和科学价值的文物，"文、古"特色显著 |

小城镇按功能分类也可分为以下9类：
1) 工业主导型；
2) 流通贸易型（集镇、农村区域商贸中心）；
3) 旅游观光型；
4) 主导产业型（有特色专长的产业）；
5) 龙头企业型（依靠大企业）；
6) 出口创汇型；
7) 科技示范型；
8) 合作组织带动型；
9) 行政文化中心型。

小城镇还可按前述空间分布形态不同分类，以及按经济发达地区、经济发展一般地区、经济欠发达地区不同分类和按人口、用地规模的不同分类。

不同分类小城镇之间会存在很大差别，按其不同地区、不同性质、功能、不同规模对规划用地布局及其各项规划标准有不同的要求，规划也有不同的侧重。

综合型的小城镇一般为县域政治、经济、文化中心的县驻地镇或农村一定区域经济、文化中心的中心镇。其对规划及其标准各项要求和其他小城镇不同，一般都有较高起点、较高标准，以满足其中心城镇发展要求。

利用当地资源形成特色主导产业的特色产业型小城镇，规划往往与其产业要求有很大关系。如生态旅游型小城镇对其侧重的生态环境规划、旅游规划，以及景观网貌规划、城市设计都有较高要求，对交通、通信、环保、环卫基础设施标准会有更高要求。

工业起主导地位的工业主导型小城镇，用地布局，用地平衡，往往对工业用地规划有更高要求，对交通、水电、通信等基础设施有超前发展、更高的要求。

商贸流通型小城镇，对集市贸易、商业服务、邮电金融一类公共设施和交通、通信等基础设施规划及其标准会有更高的要求。

小城镇的众多不同分类及其存在差异决定其规划与标准必须按不同类别分类指导，不能简单套用城市的规划模式与要求。

(3) 不同层次规划的分级指导

遵循小城镇不同层次规划有分级指导原则是指导好各项小城镇规划的重要保证。

不同层次的小城镇规划及其分级指导相互关系主要反映在以下方面：

1) 县（市）域城镇体系规划

县（市）域城镇体系规划在小城镇规划中占有重要地位，一方面落实上一层次城镇体系规划的总体要求，另一方面指导小城镇和集镇总体规划，以及镇域规划的编制。县域城镇体系规划涉及的城镇应包括建制镇、独立工矿区和集镇。

县（市）域城镇体系规划综合评价县（市）域小城镇和集镇发展条件；制订县（市）域小城镇集镇发展战略；预测县（市）域人口增长和城镇化水平；拟定各相关小城镇、集镇的发展方向与规模；协调小城镇、集镇发展与产业配置的时空关系；统筹安排区域基础设施和社会设施；引导和控制区域小城镇的合理发展与布局；指导小城镇、集镇总体规划的编制。

小城镇规划编制分为总体规划和详细规划两个阶段。现行县（市）域城镇体系规划包含在县（县城镇）或县级市总体规划编制中。

2）小城镇总体规划

小城镇总体规划主要指县城镇、中心镇和一般镇为主要载体的建制镇总体规划。

小城镇总体规划主要综合研究和确定小城镇性质、规模、容量、空间发展形态和空间布局，以及功能区划分，统筹安排规划区各项建设用地，合理配置小城镇各项基础设施，保证小城镇每个阶段发展目标、发展途径、发展程序的优化和布局结构的科学性，引导城市合理发展。

小城镇总体规划指导小城镇详细规划的编制。

3）小城镇详细规划

小城镇详细规划分为小城镇控制性详细规划和小城镇修建性详细规划。

小城镇控制性详细规划主要以小城镇总体规划为依据，详细规定建设用地的各项控制指标和其他规划管理要求，强化规划的控制功能，指导修建性详细规划的编制。

小城镇控制性详细规划

小城镇控制性详细规划体现具体的相应规划法规，是小城镇具体规划建设管理的科学依据，也是小城镇总体规划和修建性规划之间的有效过渡和衔接。

小城镇修建性详细规划

小城镇修建性详细规划是以小城镇总体规划和小城镇控制性详细规划为依据，对小城镇当前拟建设开发地区和已明确建设项目的地块直接做出建设安排的更深入的规划设计。

小城镇修建性详细规划可直接指导小城镇当前开发地区的总平面设计及建筑设计。

4）其他小城镇规划

其他小城镇规划与相关规划还有小城镇镇域规划，小城镇居住小区规划，小城镇工业区规划，小城镇中心区规划，小城镇城市设计和景观风貌规划，小城镇生态环境规划，小城镇基础设施专项规划，小城镇绿地规划等等。

上述其他规划与相关规划也同样有不同层次的分级指导关系，并主要分别体现在其相关层次（同一层次或上一层次）的城镇体系规划、总体规划、详细规划的指导关系上。

除上述三方面对规划标准的分类指导外，对于小城镇规划内容和规划标准条款，尚应考虑刚性和非刚性、强制性和指导性的分类指导。

### 2.3.3 课题研究专题设置

本课题研究专题设置基本按任务书的要求，为有利于小城镇规划标准及标准体系统一于城乡规划标准及标准体系，有利于小城镇规划标准与现有城市规划标准，村镇规划标准（或村庄、集镇标准）的衔接与协调，作了以下适当调整考虑：

（1）在调查分析与专家论证的基础上和保持任务书研究内容要求不变的前提下，原专题——小城镇土地资源利用与规划用地标准研究改为小城镇用地分类与规划用地标准及土地资源合理利用研究，改名后专题研究的标准名称与相关城市标准名称及村镇规划标准的相关标准内容一致，更有利于相关标准之间的比较、衔接，有利于规划期内有条件的上升为小城镇的集镇相关规划和有条件的上升为城市的小城镇相关规划按比照相关标准执行的有机过渡。同时，明确土地资源利用研究内容着重对规划建设和对用地分类与规划用地标准研究的技术支撑。

（2）从城乡规划标准体系及其小城镇规划标准体系要求，以及小城镇规划建设实际考虑，在主要突出规划标准要求的同时，按任务书适当考虑建设要求的相关标准内容。

按任务书要求和基于上述考虑，本课题专题设置分为一个综合研究和五个专题研究，即：

综合研究；

专题一　小城镇用地分类与规划用地标准及土地资源利用研究；

专题二　小城镇交通道路规划标准研究；

专题三　小城镇基础设施规划建设标准；

（按任务书，含给水、排水、供电、通信、防灾、供热、燃气、环卫 8 个基础设施工程规划建设标准研究）

专题四　小城镇公共设施规划建设标准研究；

专题五　小城镇生态环境规划建设标准研究。

### 2.3.4　研究阶段

本课题研究工作主要分以下 7 个阶段：

2003 年 9 月前　课题前期研究准备与申请立项阶段；

2003 年 10 月～2004 年 3 月　在前相关课题研究广泛调研基础上，有重点的补充调研阶段；

2004 年 3 月～2004 年 9 月　专题研究和 12 个标准及主要技术指标编制研究阶段；

2004 年 10 月～2005 年 2 月　中间成果专家论证与 22 省、直辖市、自治区建委、规委，100 多个标准使用部分与单位意见征求、反馈、分析阶段；

2005 年 3 月～2005 年 11 月　专题研究协调和中间成果完善阶段；

2005 年 11 月～2006 年 3 月　核心成果高层专家论证预审，最后成果完善验收鉴定阶段；

2005 年 6 月～至今　课题成果试点应用示范和推广应用阶段。

### 2.3.5　课题成果的试点应用实践检验印证方法

课题在中间成果专家论证，进一步完善之后即落实并开展在典型、有代表性的全国重点镇中选择的示范镇试点应用，并以科技部农村技术开发中心经专家论证批准的小城镇集成技术明城镇综合试点示范为重点，采取实践—理论—实践的技术路线对 12 个标准核心成果，分类、分项、分条示范与调查应用分析研究，在标准先进性、适用性、可操作性的检验与印证的同时，进一步修改完善课题研究的最后成果。

## 2.4　课题执行情况及评价

（1）课题调研

本课题在小城镇标准研究课题调查 21 个省（直辖市、自治区）600 多个小城镇的建设现状资料与规划资料并实地调查 80 多个镇，小城镇规划标准体系补充调研 112 个小城镇和 54 个省市规划主管部门和设计部门基础上，在建设部和国土资源部支持下开展课题和专题针对性的大量补充调研，重点补充调研广东、福建、浙江、江苏、河北、河南、湖北、安徽、四川、青海、内蒙、北京、天津、辽宁 14 个省、直辖市、自治区 120 个左右小城镇实地调查和规划建设现状资料分析研究。与由建设厅、规划局、规划院组织的领导专家及小城镇基层征求意见专题座谈 28 次。从而保证标准编制有来自实践的更好基础。

(2) 实施课题研究与成果的专家意见征询与跟踪，检查各专题研究计划执行情况，探讨课题与专题研究亮点，交流各专题研究成果，协调专题与专题、专题与课题之间相关研究。课题组4次召开研究工作会议，10多次专题协调座谈会议，两次向项目联合办作重点课题工作汇报。

(3) 2004年9月中国城市规划设计研究院作为课题负责单位在建设部的大力支持下，落实了5个标准初稿和7个标准主要技术指标中间成果的发函与网上意见征求工作，共征求了22个省、直辖市、自治区，100多个规划标准使用和管理部门的意见，这项工作的完成与落实，争取了课题研究按计划进行的主动权。至2005年初共收回近40个规划标准使用和管理部门的意见，其中包括广东、江苏、湖北、北京、上海、辽宁、安徽、青海省建设厅（委）和南京、青岛、广州、大连等一些城市规划局、规划院意见。课题组及时分析、采纳反馈意见。这些反馈意见对标准成果的完善起到了重要作用。

(4) 选择有代表性省、市小城镇补充调研，与若干省建设厅等领导、专家座谈、广泛征求对课题中间成果的意见。

在课题中间成果研究及分析的基础上，课题组对我国东、中、西部有代表性的省、市小城镇进行实地考察和补充调研，并分别与省建设厅、省规划院、市建委、市规划局、市规划院、镇长等领导、专家座谈，广泛征求意见。

(5) 结合课题研究，积极开展对内、对外学术交流和考察调研活动

对外学术交流包括课题组成员赴日本的抗震、消防、防风等防灾工程，交通与工程管线、隧道工程的考察，也包括小城镇公共设施与生态环境的考察。

国内学术交流包括与重庆大学小城镇基础设施课题交流，与北京工业大学、大连理工大学负责的相关规划标准研究学术交流。

(6) 选择并开展广东明城镇、北京长沟镇、浙江店口镇、河南新县镇、辽宁沈阳白塔堡镇5个全国重点镇成果试点示范，在示范中同时检验印证标准。

(7) 组织由20多位高层专家、学者组成标准评审组，对11个标准建议稿、1个标准研究稿逐个论证与评审，进而确保标准编制质量。

# 3 课题研究成果及其创造性与先进性

## 3.1 课题主要研究成果概要

### 3.1.1 主要研究成果

本课题在对大量典型、有代表性的小城镇调研，以及小城镇规划标准与小城镇规划标准体系两课题研究的基础上，针对我国不同地区、不同类别、不同规模、小城镇的不同特点、不同需求、不同发展条件、发展趋势和水平，着重介绍小城镇用地分类和规划用地标准；小城镇基础设施建设标准（包括给水系统设施、排水系统设施、供电系统设施、通信系统设施、防灾、减灾设施、环卫设施、燃气设施、供热设施等建设标准）；小城镇交通道路规划建设标准；小城镇公共服务设施规划建设标准；小城镇生态环境规划建设标准等12个标准核心成果研究。本课题在原标准研究课题调查分析 21 个省、直辖市、自治区 600 多个小城镇的建设现状资料与规划资料基础上，有重点地开展东部、中部、西部 15 个省、直辖市 120 个左右小城镇实地调查和规划建设现状资料分析研究；与建设厅、规划局、规划院组织的领导专家专题座谈征求意见 25 次；征询 22 个省、直辖市，100 多个规划标准使用和管理部门的意见，分析、概括、采纳相关标准建议和意见几十条（处）；标准建议稿同时吸纳了 20 多位全国高层专家分组分标准预审和论证的许多好的建议，形成的建议稿具有较好代表性、先进性、实用性和可操作性。同时，开展对外学术交流和国内学术交流，包括课题组成员赴日本的抗震消防防风等防灾工程、交通与工程管线、隧道工程的考察，也包括小城镇公共设施与生态环境的考察；国内学术交流包括与重庆大学小城镇基础设施课题交流，与北京工业大学、大连理工大学负责的相关规划标准研究学术交流，拓展研究视野。在上述基础上完成的主要研究成果有：

（1）综合研究报告。分析小城镇规划及其相关技术标准研究的载体与重点，提出分级分类指导以及成果提升、推广应用相关政策措施的建议。

（2）当前急需的 12 个小城镇规划与建设标准（11 个建议稿、1 个研究稿）。上述标准分别为：

1) 小城镇用地分类与规划用地标准（建议稿）；
2) 小城镇道路交通规划标准（建议稿）；
3) 小城镇给水系统工程规划建设标准（建议稿）；
4) 小城镇排水系统工程规划建设标准（建议稿）；
5) 小城镇供电系统工程规划建设标准（建议稿）；
6) 小城镇通信系统工程规划建设标准（建议稿）；
7) 小城镇防灾减灾工程规划标准（建议稿）；
8) 小城镇燃气系统工程规划建设标准（建议稿）；
9) 小城镇供热系统工程规划建设标准（建议稿）；
10) 小城镇环境卫生工程规划标准（建议稿）；
11) 小城镇公共设施规划建设标准（建议稿）；
12) 小城镇生态环境规划建设标准研究。

（3）研究报告 13 个。奠定标准制定基础，同时也是规划建设指导的重要技术支撑。

研究报告分别为：
1) 小城镇土地资源现状调查与评价技术研究；
2) 小城镇节约用地优化模式和途径研究；
3) 小城镇土地用途管制制度研究；
4) 小城镇内外道路交通规划及优化研究；
5) 小城镇交通道路规划技术指标体系研究；
6) 小城镇公共交通系统与停车场研究；
7) 小城镇基础设施区域统筹规划与规划技术指标研究；
8) 小城镇公共设施配置与布局研究；
9) 小城镇中心区公共建筑设施、空间形态与城市设计研究；
10) 小城镇公共设施用地控制及其指标制定研究；
11) 小城镇生态环境建设标准研究报告；
12) 小城镇相关技术标准研究的载体与重点剖析；
13) 小城镇规划及相关技术标准编制分级分类指导研究。
(4) 发表课题相关论文41篇，出版相关著作133.5万字。
(5) 试点示范应用成果。
"十五"国家科技攻关计划小城镇集成技术明城镇综合试点应用示范，说明书及图纸。

### 3.1.2 队伍建设成果

(1) 在课题成员单位中加强了小城镇研究技术骨干队伍建设。各成员单位都有一批从事小城镇研究多年，在近些年小城镇攻关课题中作出重要贡献的技术骨干。

(2) 课题成员单位结合课题研究和专题研究已培养和在培养博士9人（已培养3人），其中华南理工大学5人、浙江大学2人、中国城市规划设计研究院协助培养1人、北京工业大学1人；已培养和在培养硕士25人（已培14人），其中华南理工大学10人、中国城市规划设计研究院6人、浙江大学4人、北京工业大学2人、中国土地勘测规划院与加拿大女皇大学联合培养3人。

### 3.1.3 课题成果创新

(1) 根据我国小城镇特点，研究提出小城镇规划及相关技术标准的分级分类指导原则与方法。

(2) 根据我国小城镇特点，研究提出不同地区、不同规模、不同类别的小城镇基础设施规划建设标准及其主要合理水平和定量化技术指标。

(3) 研究提出小城镇用地适宜性、经济性评价系统；提出适用不同规划的小城镇用地分类标准；提出破解不同小城镇与工业型经济强镇的用地平衡和节约用地难题的技术方法。

(4) 首次对小城镇道路交通规划的主要内容和技术方法作了规定，并从规划控制和管理等方面提出解决小城镇过境交通等难题的指导性技术方法。

(5) 首次研究提出小城镇综合防灾减灾规划标准，研究提出小城镇防灾减灾环境综合评价等技术方法。

(6) 首次研究提出小城镇生态建设规划标准，研究提出小城镇生态环境规划技术指标体系与质量技术评价指标体系。

（7）提出结合成果试点应用示范的标准分类、分项、分条实践检验和集成技术试点应用条例落实在总体规划编制中赋有法律效力的实施技术方法。

## 3.2 专题、示范应用成果及创新

（1）综合研究报告

1）成果主要内容

①课题研究任务与背景研究；

②课题研究载体与重点及关键技术分析；

③规划及相关技术标准的分级分类指导研究；

④主要研究成果及其国内外同类技术比较与创新；

⑤成果集成技术试点及推广应用前景分析；

⑥成果推广应用及规划建设相关政策措施建议。

2）成果创新

①研究提出小城镇规划及相关技术标准研究的载体与重点。

②研究提出小城镇规划及相关技术标准研究的分级分类指导原则与方法。

③提出小城镇基础设施建设模式与融投资等相关政策与措施建议。

（2）小城镇用地分类和规划用地标准及土地资源合理利用研究

1）成果及主要内容

①小城镇用地分类与规划用地标准（建议稿）

本标准包括总则、名词术语、小城镇用地分类、用地计算、规划建设用地标准、土地用途分区及用词用语说明等7部分内容。其中规划建设用地部分包括一般规定、人均建设用地指标、建设用地构成比例、建设用地选择。

②小城镇土地资源现状调查与评价技术研究报告

本研究报告第一部分侧重分析1990～2004年用地现状和我国小城镇镇区平均用地面积和人均用地面积增长趋势，以及我国东、中、西部小城镇的上述用地差别，并与城市、村镇相关标准作比较分析，指出：用地粗放、盲目扩张，用地布局结构不合理、浪费、利用率低和综合效益差、环境污染严重，以及政策法规不完善是我国小城镇用地存在的主要问题。

第二部分研究论述小城镇自然环境条件。包括：工程地质、水文地质、气候等。在调查分析基础上，综合各项自然环境条件的适用性和准备用地在工程技术上的可能性与经济性，按照规划与建设需要对用地的自然环境条件进行质量评价，确定用地适用程度的用地自然环境条件评定方法、生态防灾建设用地适宜性评价方法，同时根据小城镇既有的布局对小城镇发展的影响，论述包括建设现状条件、工程准备条件以及外部环境条件在内的小城镇建设条件分析与评价，以及对小城镇用地所涉及的政治、文化、地域生态分析，提出对小城镇用地综合评价的方法、技术和用地选择基本原则要求。

③小城镇节约用地优化模式和途径研究报告

本研究报告论述了我国小城镇发展的历史，客观分析了小城镇土地利用现状及存在的问题，并对小城镇用地与城市、农村用地情况进行比较分析，提出了把我国小城镇按工业带动型、市场带动型、外向带动型、农村产业化推动型和旅游带动型等用地模式，进而深入分析了小城镇节约用地的内涵、不同发展模式的建设用地结构特点，在此基础上，提出小城镇节约用地的优化模式。

本研究报告另一个重点是深入研究了小城镇节约用地优化布局的途径，研究提出了小城镇建设中的土地利用优化的政策建议，提出解决小城镇发展与耕地保护矛盾的途径，并深入研究了通过实施农地整理和小城镇建设用地整理，达到促进小城镇节约用地优化布局的具体措施。

④小城镇土地用途管制制度研究报告

本研究报告阐述了土地用途管制的内涵，包括土地用途管制的含义、产生的背景、目的和意义，研究了土地用途管制的基本内容，明确了土地用途管制的主体、客体、目的、手段和范围，通过深入研究国外土地用途管制的理论和实践、土地用途管制分区类型及保证措施，提出了国外土地用途管制对我国的启示，结合我国城镇土地利用的特点，提出小城镇土地用途管制分区的原则、目标和方法，提出小城镇土地用途管制分区的类型和管制规则，并提出加强土地用途管制的对策以及有关配套制度建设建议。

⑤结合本课题研究清华大学博士论文

\*空间重构与社会转型——探索我国中部地区村镇聚落变迁的互动机制

在当前快速城镇化及农业产业化的背景下，我国村镇聚落处于剧烈社会转型的过程中，而空间重构的过程也呈现出加速的迹象，这其中既有理性的改进，也浮现出"建设性破坏"的无序躁动。通过对我国中部地区村镇聚落的社会转型和空间重构的表象进行分析，探究其内在的相互关系，并通过多个案例村镇的比较研究，解析空间重构与社会转型的互动机制，构建一些评价方法。提出，空间重构应成为社会转型的推动力、而非绊脚石，并从建筑学与城市规划专业角度，对空间重构如何适应和促进社会转型提出了一些建议。

2）成果创新

①根据我国小城镇的特点，提出不同地区小城镇用地分类方法和建设用地标准、土地用途管制分区标准。

②根据我国小城镇的特点，提出小城镇用地适宜性、经济性评价系统。在小城镇自然环境条件各要素的调查分析基础上综合各项自然环境条件的适用性和整备用地在工程技术上的可能性与经济性，确定用地质量与适用程度的用地自然环境条件评定方法和生态防灾建设适宜性评价方法，提出小城镇建设条件分析与评价，以及小城镇用地综合评价技术方法和原则。

③提出破解不同小城镇与工业型经济强镇的节约用地和用地平衡难题的技术方法。

④根据我国小城镇的特点，提出我国小城镇用地模式的类型划分、不同模式的小城镇用地结构比例配置建议，并从小城镇用地功能分区、布局、产业结构和用地结构调整、土地使用制度改革等方面，提出小城镇节约用地的模式、途径和对策。

（3）小城镇交通道路规划建设标准研究

1）成果主要内容

---

\* 结合课题博士论文：郁枫（清华大学），指导：单德启（清华大学），协助指导：汤铭潭（中规院）。

①小城镇道路交通规划标准（建议稿）

本标准（建议稿、建议稿条文说明）包括：总则，术语，小城镇对外交通，小城镇公共交通，自行车交通，步行交通，镇区道路系统，小城镇道路交通设施，交通管理，道路绿化等 10 个部分。其中小城镇对外交通部分包括：一般规定、客、货运道路与过境道路、对外交通组织；小城镇公共交通部分包括：一般规定、公共交通线路网、公共交通车站；自行车交通部分包括：一般规定、自行车道路；步行交通部分包括：一般规定、商业步行区；镇区道路系统部分包括：一般规定、小城镇道路网布局；小城镇道路交通设施部分包括：公共运输站场、小城镇公共停车场、公共加油站。

②小城镇内外道路交通规划及优化研究报告

根据我国小城镇道路交通特点，本研究报告侧重以下几方面小城镇内外道路交通规划及优化研究：

a. 内外交通组织方式及合理性。

b. 道路交通管理。

c. 路网布置及优化。

包括小城镇道路交通特点、规划的基本要求和道路系统形式。

d. 道路绿地布局与景观规划

包括道路绿地布局、道路绿化景观规划、树种和地被植物选择、道路绿带设计、交通岛、广场和停车场绿地设计。

e. 道路与道路两侧用地布置

③小城镇交通道路规划技术指标体系研究报告

根据我国小城镇交通道路特点，本研究报告侧重以下方面小城镇交通道路规划技术指标体系研究：

a. 相关小城镇道路需求分析和交通量预测

包括小城镇道路需求分析、远期交通量的预测。

b. 小城镇道路横断面设计及技术指标

包括道路宽度的确定、道路横断面的综合布置、道路的横坡度。

c. 小城镇道路交叉口类型及技术指标

d. 小城镇道路的分类和分级指标

包括县（市）域和小城镇公路分类与分级、小城镇道路分类与分级。

e. 小城镇静态交通技术指标

④小城镇公共交通系统与停车场研究报告

根据我国小城镇道路交通特点，本研究报告侧重以下几方面小城镇公共交通系统与停车场研究：

a. 小城镇公共交通系统

b. 道路和道路两侧停车场的需求与设置及规划研究

包括停车需求预测方法、路边停车及其规划、路外停车场规划、小城镇静态交通技术指标。

2）成果的创新

①研究提出小城镇交通需求预测和交通量生成及相关因素分析方法；

②研究提出小城镇道路等级划分标准和道路规划技术指标体系；

③研究提出小城镇内外交通道路优化方法；

④研究提出处理小城镇过境交通问题的交通组织方式和规划方法；

⑤研究提出小城镇道路出入口规划布局方法和渠化交通方式及小城镇道路交通管理方法；

⑥研究提出以镇际公共交通为主的小城镇公共交通系统相关规划标准；

⑦研究提出小城镇停车需求预测方法和静态交通组织方式。

(4) 小城镇基础设施标准研究

1) 成果主要内容

①小城镇给水系统工程规划建设标准（建议稿）

本标准（建议稿、建议稿条文说明）包括：总则，规划内容、范围、期限，水资源、用水量及供需平衡，水质，水源选择与水源保护，给水系统，水源地与水厂、泵站，附录，本标准用词用语说明等 8 个部分。其中给水系统部分包括：一般规定、水厂设置及输配水及管网布置。

②小城镇排水系统工程规划建设标准（建议稿）

本标准（建议稿、建议稿条文说明）包括：总则，规划内容、范围、期限与排水体制，排水量，排水系统，排水泵站、污水处理厂，污水处理与雨污水综合利用，附录，本标准用词用语说明等 8 部分。其中，排水量部分包括：一般规定、污水量、雨水量、合流水量与排水规模；排水系统部分包括：一般规定、废水受纳体、系统布局及优化、排水管网；污水处理与雨污水综合利用部分包括：污水处理、雨污水综合利用及排放。

③小城镇供电系统工程规划建设标准（建议稿）

城镇供电系统工程规划建设标准（建议稿条文说明）

本标准（建议稿、建议稿条文说明）包括：总则，规划内容、范围、期限，用电负荷，电源规划与电力平衡，电压等级选择与电力网规划，变电站设施及用地，电力线路及敷设，附录，本标准用词用语说明等 9 个部分。其中电压等级选择与电力网规划部分包括：电压等级选择、电力网规划。

④小城镇通信系统工程规划建设标准（建议稿）

本标准（建议稿、建议稿条文说明）包括：总则，规划内容、范围、期限，用户预测，局所规划与相关本地网规划，传输网规划和接入网规划，通信线路与通信管道，邮政规划与广播电视规划，附录，本标准用词用语说明等 9 个部分。

⑤小城镇防灾减灾工程规划标准（建议稿）

本标准（建议稿、建议稿条文说明）包括：总则，术语，规划编制内容与基本要求，灾害综合防御，地质灾害防御，洪灾防御，震灾防御，防风减灾，火灾防御，附录，本标准用词用语说明等 11 个部分。其中灾害综合防御部分包括：灾害环境综合评价、用地适宜性、避灾疏散；震灾防御部分包括：一般规定、建设用地抗震评价与要求、地震次生灾害防御；防风减灾部分包括：一般规定、风危害性评价、风灾防御要求和措施。

⑥小城镇燃气系统工程规划建设标准（建议稿）

本标准（建议稿、建议稿条文说明）包括：总则，名词术语，规划内容、范围、期限，燃气资源和气源选择，用气量预测及供用气平衡，输配系统，输配主要设施及场站，附录，本标准用词用语说明等 9 个部分。

⑦小城镇供热系统工程规划建设标准（建议稿）

本标准（建议稿、建议稿条文说明）包括：总则，规划内容、范围与期限，热源及其选择，热负荷预测，供热管网及其布置，供热设施规模及其用地，本标准用词用语说明等 7 个部分。

⑧小城镇环境卫生工程规划标准（建议稿）

本标准（建议稿、建议稿条文说明）包括：总则，术语，规划内容和原则要求，生活垃圾量、工业固体废物量预测及粪便清运量预测，垃圾与粪便收运、处理及综合利用，环境卫生公共设施和工程设施，附录，本标准用词用语说明等 8 个部分。其中环境卫生公共设施和工程设施包括：一般规定、公共厕所、生活垃圾收集点与废物箱、垃圾转运站、垃圾填埋场、化粪池、贮粪池、粪便处理厂、其他环境卫生设施与环卫机构。

⑨小城镇基础设施区域统筹规划与规划技术指标研究报告

本研究报告通过对城镇密集地区小城镇跨区基础设施的特点和小城镇发展依托的基础设施条件分析，以及基础设施区域统筹规划与优化配置、资源共享的内在关系论述，对我国城镇密集地区小城镇跨区基础设施的优化配置与资源共享进行探讨，同时，提出小城镇跨区基础设施统筹规划的区域范围和适宜共享范围。

我国小城镇基础设施规划及标准研究基础薄弱，目前，基础设施规划没有统一标准和科学、规范的合理水平与定量化指标，问题突出。

在对我国不同地区、不同类型、有代表性的小城镇大量相关调查和研究基础上，本研究报告论述了小城镇基础设施合理水平和定量化指标的相关因素、相关的小城镇适宜分级和主要编制研究，提出其编制研究的理论方法基础；研究提出当前小城镇基础设施规划建设急需的供水、排水、供电、通信、防洪和环境卫生等设施规划的主要合理水平和定量化指标，对相关国家标准编制与研究作了深入理论与实践探讨。

2）成果的创新

①研究提出小城镇给水、排水、供电、通信、防灾减灾、供热、燃气、环卫系统工程规划建设技术标准；

②研究提出不同地区、不同类别、不同规模小城镇给水、排水、供电、通信、防灾减灾、供热、燃气、环卫工程系统规划建设定量化技术指标体系和规划建设合理水平；

③研究提出不同分布形态小城镇基础设施规划原则与方法；提出不同于城市的小城镇基础设施工程系统概念及基础设施区域统筹规划理论与实践联建共享原则与方法；

④研究提出小城镇给水、排水、供电、通信、供热、燃气管网设施布置和线路敷设规划建设因地制宜的优化原则与方法；

⑤研究提出分别适合小城镇防灾减灾规划与其专项规划的小城镇防灾减灾工程灾害环境综合评价、灾害危险性评价、用地适宜性、避灾疏散与地质灾害、洪灾、震灾、风灾、火灾及次生灾害防御要求、建设用地抗震评价与要求，同时提出小城镇防灾减灾专项规划编制模式分类与工作区级别划分、建设工程和基础设施的抗震评价要求等；

⑥研究提出小城镇给水、排水、供电、通信、防灾减灾、供热、燃气、环卫系统工程采用被科学试验和生产实践证明的先进而经济的新技术、新工艺、新材料和新设备的原则要求。

(5) 小城镇公共设施建设标准研究

1) 成果主要内容

①小城镇公共设施规划建设标准（建议稿）

本标准（建议稿、建议稿条文说明）包括：总则，术语，小城镇公共设施规划布局及优化，小城镇公共设施公共服务设施的分级配置，小城镇公共设施用地面积，本标准用词用语说明等6个部分。

②小城镇公共设施配置与布局研究报告

通过小城镇公共设施需求分析得出不同类型的小城镇公共设施项目配置模式，并探讨了小城镇公共设施的优化组合与合理布局。在小城镇公共设施需求方面分为按城镇总体定位和按自身结构分析不同的需求。总体定位将小城镇分为中心职能型、卫星城镇型、旅游服务型、工业开发型、历史文化型和交通枢纽型，自身结构则分析了城镇体系、城镇本级、城镇次级等不同级别的内容。对小城镇公共设施分类和分级配置进行探讨，小城镇公共设施配置分为基本公共设施配置和特殊公共设施配置。基本公共设施配置具体包括县级公共设施配置和镇级公共设施配置，并对我国不同人文、自然条件的地区作不同的分析，对应区分为东部、中部和西部地区。特殊公共设施配置则是专门针对一些具有特殊职能的小城镇，如卫星城镇、风景旅游城镇、工业开发城镇、历史文化名镇和交通枢纽城镇。在小城镇公共设施的优化组合与合理布局方面除了概括一般性的小城镇综合布局与组合外，还具体分析了具有特殊职能和特殊地理条件的小城镇公共设施组合与布局。小城镇公共设施综合布局是对各类公共设施以及它们之间的布置关系进行阐述。特殊地理条件的小城镇公共设施布局主要论述了山地小城镇和水乡小城镇与普通小城镇之间公共设施布局的差别。

③小城镇中心区公共建筑设施、空间形态与城市设计研究报告

规划和建筑设计之间的断层在小城镇中心区建设中非常明显，建筑空间不能有机地形成地方特色中心，迫切需要一种能整体协调中心区公共建筑设施、空间形态的方法和手段，而城市设计就是这样一种纽带。本研究报告对小城镇中心区公共建筑设施、空间形态与城市设计进行相关研究，在一般性研究论述的基础上，重点以旅游服务型小城镇中心区公共建筑设施、空间形态和城市设计为研究模型，进行应用研究。并在研究和实践的基础上，结合与城乡建设有关的工程建设标准强制性条文，尝试建立适合旅游服务型小城镇特点的中心区公共建筑设施、空间形态与城市设计的规划导则。作为其他类型小城镇的相关导则制定的参考范本。

本研究报告进行以下尝试性的研究：

a. 小城镇中心区公共建筑设施与城市设计研究；

b. 小城镇中心区的空间形态与城市设计研究。

第一部分通过分析现状，剖析各类中心区公共建筑设施的分类及空间形态，进行城市设计研究。第二部分通过研究现代城市设计理论，提炼创新出适合小城镇中心区的城市设计理论，城市设计方法用同样思路进行研究。最后得出研究和设计的成果，并附实例。

④小城镇公共设施用地控制及其指标制定研究报告

小城镇公共设施用地控制及其指标研究是小城镇公共设施规划建设标准制定的重要技术支撑与主要难点所在。

本研究报告主要基于我国不同地区、不同规模、不同类别小城镇的大量相关调查研究和小城镇行政管理、教育科技、文化娱体、医疗卫生、商业金融、集市贸易等类公共设施用地需求相关因素的综合分析研究，提出和论述采用小城镇公共设施用地占建设用地的比例和公共设施分类用地面积控制指标互配互补、宏观控制、中观调控的控制公共设施用地方法；同时提出和论述通过小城镇公共设施建筑项目的合理选址与布局，及其分类和同类项目的中观、微观层面优化组合，达到小城镇公共设施合理配置、高效利用、控制用地、节约用地的方法。

本研究报告对我国小城镇公共设施用地控制和指标制定进行进一步研究。

2）成果的创新

①研究提出不同地区、不同类别、不同性质规模小城镇公共设施需求分析；

②研究提出不同地区、不同类别、不同性质规模小城镇公共设施、公共建筑的优化组合与合理布局原则与方法；

③研究提出小城镇公共设施用地控制办法和不同类别小城镇公共设施用地占建设用地比例及各类公共设施用地控制技术指标；

④研究提出小城镇中心区公共建筑形态特征分析和景观风貌城市设计要求，以及适合小城镇中心区的城市设计理论，制订适合小城镇中心区设计导则。

(6) 小城镇生态环境规划建设标准研究

1）成果主要内容

①小城镇生态环境规划建设标准（研究稿）

本标准（研究稿、研究稿条文说明）包括：总则，术语，生态规划内容与基本要求，生态规划主要技术指标，环境保护规划内容与基本要求，环境质量技术标准选择，附录等7部分。

②小城镇生态环境建设标准研究报告

本研究报告提出和分析小城镇生态环境的主要影响因素，从资源环境、社会经济、城镇建设、管理机制等几方面进行了深入探讨，同时提出小城镇生态环境功能区划的原则与方法。

研究报告还对小城镇生态环境规划指标体系和生态环境标准进行了研究，并提出了小城镇生态环境质量评价方法，包括评价指标计算的数学模型。最后通过实例剖析，提出了小城镇规划实施的主要保障措施。

③课题延伸研究报告：城市化进程和城乡规划中的生态环境研究

解决好城乡规划建设中的"人口—资源—环境"的协调问题，直接与科学发展观、城乡统筹、可持续发展及和谐社会构建密切相关，因此，生态环境研究是我国城市化进程与城乡规划中备受社会关注的重要、热点研究课题。

我国城乡规划以前只重视环境规划，现在开始重视生态规划，但尚属起步阶段。应该说，生态规划相关研究基础相当薄弱；本课题延伸研究报告对我国城市化进程和城乡规划中的若干生态环境问题进行探讨。主要内容包括：

  a. 城乡规划中的生态规划；

  b. 城镇建设中的生态问题分析；

  c. 城镇生态建设理论基础；

d. 生态系统评价；
e. 生态方面的规划；
f. 城市化中生态环境问题及其评价；
g. 环境影响评价；
h. 城市生态规划案例分析。

2）成果的创新

①首次研究提出小城镇生态建设规划标准；
②研究提出小城镇环境保护规划标准；
③研究提出小城镇生态建设、环境保护技术指标体系与质量技术评价指标体系；
④研究提出生态环境影响因素分析与生态环境功能区划方法及生态环境规划设施的保障措施。

(7)"十五"国家科技攻关计划小城镇技术集成明城镇综合试点示范

1）主要成果内容

①明城镇小城镇技术集成综合试点示范概况

主要内容包括：明城镇基本情况和规划建设发展概况；示范条件与基础；示范任务及研究、实施阶段；示范特色与意义；示范项目市场分析与预期效果。

②明城镇小城镇技术集成综合试点示范内容与指标

主要内容包括：小城镇规划及相关技术 12 个标准（11 个建议稿、1 个研究稿）试点示范与应用分析；污水处理应用技术示范；以及融投资应用示范。

③明城镇小城镇技术集成综合试点示范实施

主要内容包括：示范实施的组织保证和技术保证以及实施条例。

④图纸

明城镇用地现状图；
明城镇空间布局结构图；
明城镇用地规划图；
明城镇道路交通规划图；
明城镇基础设施分布综合图；
明城镇公共设施分布综合图；
明城镇绿地系统规划图。

本项目任务的示范有以下特色：

①示范内容侧重于小城镇规划及相关技术标准及融资政策等一些明城镇关注和需要解决的实际问题的相关课题成果示范；
②基于"珠三角"边缘经济次发展地区工业型全国重点镇和远期有条件发展为中小城市的小城镇的综合试点示范；
③旧镇建设改造规划标准试点示范侧重于小城镇相关标准，新城建设规划标准试点示范侧重于远期规划与城市相关规划标准的衔接；
④规划标准应用侧重于结合明城镇的特点和建设发展实际情况，特别是一些具有典型性和代表性，可以取得推广应用经验的试点示范应用，例如用地规划标准应用侧重于工业用地规划指标及其用地平衡等。

本项成果适用于指导明城镇规划建设和综合试点示范,同时也可提供作为本课题成果在同类小城镇中推广应用的借鉴。

2) 成果的创新

本项目示范应用成果结合典型、有代表性的小城镇规划建设实际,侧重于小城镇规划及相关技术 12 个标准成果示范应用,在以下几方面体现成果创新性与先进性:

①通过实践—理论—实践的标准分类、分项、分条示范与调查应用分析反馈技术方法,完善课题研究成果和检验与印证标准适用性、可操作性的创新。

②示范应用实施条例结合到总体规划编制中,经主管部门批准将赋予法律效力,为示范实施提供切实保证的示范实施技术方法创新。

# 4 课题成果同类技术比较、作用意义及推广应用前景

## 4.1 课题成果与国内外同类技术比较

本课题前一课题小城镇规划标准研究课题成果经中国科学技术信息研究所,通过国际联机检索和国内联机检索查找与小城镇规划标准研究课题有关的国内外文献及专利,根据检索结果和对比研究作出结论:"未发现有与本课题主要内容相同的文献报道,也未见对小城镇规划标准(12个)进行全面系统研究的文献报道。";"……发达国家的城市多为规范化管理,各项标准、规范已然成熟。但是,国外设市(镇)标准、城镇类型、规模层次等与国内有较大差异,就标准规范而言似无多大的可比性";"本课题为保证小城镇的规划建设具有科学性、规范性,使之得以健康、合理有序的发展,针对目前我国小城镇建设中存在的一些突出问题,通过对小城镇的系统研究,提出一套适合中国国情、国力的、比较完整的技术基础性文件,为制订小城镇规划标准提供技术支撑"。

本课题是中国城市规划设计研究院主持完成的上述小城镇规划标准研究课题的延续研究课题,在前一课题的基础上,首次完成了涵盖面更广的、层次更深的11个小城镇规划建设标准建议稿和1个标准研究稿,以及作为标准研究主要技术支撑的13个研究报告。本课题标准建议稿成果,根据任务书要求,在内容深度与广度上都较前面作为基础的研究课题有更多突破和创新,同时按小城镇国家"十五"攻关课题项目联合办要求,重点完成明城镇等综合试点示范,突出12个标准规划指导和应用示范同时,通过试点示范调查和应用分析实践比较,更系统、全面检验和印证了各项规划标准的合理性、适用性和可操作性。

## 4.2 课题成果作用意义

本课题成果涵盖小城镇用地、道路交通、基础设施、公共设施、生态环境规划建设各个方面急需的11个标准建议稿,1个标准研究稿,为我国小城镇规划建设提供具有重要价值的指导性文件。在标准正式报批、批准颁布前,可作为现阶段编制小城镇规划的主要标准性技术参考依据。

本课题成果是一项十分重要的小城镇规划建设标准方面科技基础性研究,在当前我国小城镇规划建设中有广泛的现实指导意义。同时在我国小城镇合理利用自然资源和保护建设生态环境、空间合理布局、基础设施、公共设施统筹规划优化布局、资源共享、节约用地保护耕地,以及改善投资环境、创造良好的人居环境,提高农民物质、文化生活水平和健康水平等方面都将起到重要作用。

## 4.3 成果应用的范围、条件、前景以及存在的问题和改进意见

本课题成果应用范围为城乡规划中的小城镇规划领域。

(1) 在提升为相关标准前,标准建议稿和专题研究作为相关正式标准的主要技术支撑与内容,可作为小城镇各项规划与建设,管理急需的指导性技术依据和规划指引。

(2) 成果作为相关基础性技术文件,可应用于小城镇规划建设管理。

(3) 成果作为研究文献可应用于相关小城镇研究。

# 5 成果推广应用和小城镇规划建设相关政策建议

## 5.1 成果试点应用经验与推广应用建议

### 5.1.1 成果试点应用经验

小城镇的发展，规划是龙头。如何按中央提出的城乡统筹和科学发展观指导、解决当前小城镇面临急需解决的规划建设的理论和实践问题。这些问题不仅涉及社会经济，还涉及规划标准、政策法规、城镇和用地布局、生态、人居环境、产业结构、基础设施、公共设施、防灾减灾、规划编制与审批，以及规划实施监督等方方面面。其中规划标准、规划理论方法、规划管理不能适应当前小城镇发展是最为突出的问题，也是我们城乡规划界面临需要解决和完成的首要任务之一。

近年来，国家更加重视和加大小城镇科技支撑力度。鉴于我国小城镇规划研究基础十分薄弱的现状，国家科技部、住房和城乡建设部高度重视小城镇规划标准相关研究，在近几年列出的有限的国家小城镇课题研究中，小城镇规划标准、标准体系、规划导则的小城镇重点研究课题和国家攻关研究课题就有5项。这也充分说明了规划标准、标准体系和导则，在当今小城镇规划建设发展中的重要地位和作用。

本课题作为"十五"国家科技攻关计划，小城镇重大发展项目的重点研究课题，选择明城镇、店口镇、长沟镇等5个镇试点示范应用，特别是明城镇是在2005年中国城市规划设计研究院主持完成的小城镇标准体系研究课题试点应用基础上，综合试点示范。此前，广东省还在明城镇召开小城镇试点示范现场会，取得较好的成功经验，主要是：

（1）小城镇政府和上级地方政府高度重视，提供很好的试点示范组织保证。

（2）由承担课题的科研单位规划设计单位提供试点示范切实的技术保证。

（3）示范镇选点不但有很好的典型性、代表性，而且有很好试点示范基础。

（4）规划标准、标准体系和导则等同一类紧密相关课题的成果形成的小城镇相关集成技术用于直接指导小城镇规划；成果的试点示范内容落实在总体规划中，结合总体规划实施，以便经政府主管部门批准，赋有法律效力。

（5）本课题的基础设施规划建设标准结合小城镇发展重大项目中重庆大学主持的小城镇基础设施关键技术和哈尔滨工业大学主持的小城镇融投资政策研究等相关课题成果技术集成试点应用示范，加大科技成果试点应用示范的作用力度。

### 5.1.2 成果推广应用建议

本课题成果推广应用基于前述小城镇试点应用示范取得的经验，除前述5条经验用于推广应用的建议外，尚提出以下建议：

（1）本课题成果为标准建议稿，必须完善成为正式标准才有其法规作用，而后面工作标准编制主管部门尚需视新的城乡规划法颁布情况确定。在目前情况下，前述试点应用按前述经验第（4）条做法较易实施。

（2）在正式标准未能出台的情况下，项目联合办曾向课题组建议能否先编制条例以便应用，从中受到启示，建议一些主要规划原则要求和技术指标能结合并落实到规划导则中，因为导则是规划指导而不是标准、法规，没有像标准法规那样严格，经批准规划导则能直接作为非法规性指导性文件指导规划，又能反映标准的一些基本要求，而不需等正式标准颁布。

（3）近些年小城镇相关课题研究成果可按相关分类技术集成，以便相关分类技术成果配套推广应用和实施。

（4）组织试点应用示范项目的示范实施及其成效跟踪，以利进一步完善课题研究成果和更好推广应用。

（5）分批扩大试点应用示范范围，使不同经济发展地区、不同分类小城镇试点应用示范均有代表性，以利推广应用的分类指导。

## 5.2 规划建设相关政策措施建议

### 5.2.1 小城镇建设和发展的根本活力在于创新，最重要是政策创新

制定和完善小城镇建设的一系列相关政策和措施是促进小城镇健康发展的重要保证。市场经济条件下的小城镇发展的根本活力在于创新，包括政策创新、组织创新、科技创新、管理创新等，其中最重要的还是政策的创新。

### 5.2.2 小城镇基础设施公共设施建设模式与机制创新建议

（1）现状调查与分析

小城镇基础设施是小城镇生存和发展所必须具备的工程基础设施和社会基础设施的总称，通常指工程基础设施。工程基础设施指能源供应、给水、排水、交通运输、邮电通信、环境保护、防灾安全等工程设施。小城镇社会基础设施主要指行政管理、教育科技、文化娱体、医疗卫生、商业金融、集市贸易及其他类公共设施。

在对我国大量有代表性的小城镇及其基础设施现状调查分析基础上，得出：

我国小城镇基础设施建设发展很不平衡，不同地区小城镇基础设施差别很大。东部沿海经济发达地区一批小城镇基础设施建设颇具规模，有的甚至接近邻近城市水平，如广东中山市小榄镇，深圳市龙岗镇、浙江台州市路桥镇，温州市龙港镇等；我国小城镇基础设施规划建设现状整体水平普遍不高，道路缺乏铺装，给水普及率和排水管线覆盖率低，基础设施建设普遍滞后、"欠账"严重，建设不配套，环境质量下降；基础设施工程规划一是缺乏城镇基础设施统筹规划，各镇为政，自我一统，水厂等设施重复建设严重，未能建立起区域性（城镇群）大配套的有效供给体系；二是县（市）域城镇体系规划起步晚，县（市）域基础设施规划水平低，不能充分发挥其对县（市）域小城镇基础设施建设的指导作用。

小城镇公共设施配套大多不完善，未能形成完整的配套体系，并且公共设施档次多数偏低。

（2）建设模式与机制创新

1）小城镇规划建设应考虑小城镇合适规模。

通过迁村并点政策引导、户籍管理制度改革，吸引务工经商农民到小城镇定居，实施地处高山、地理条件恶劣、人民生活低下村落"下山脱贫"计划以及加速行政区划调整等政策措施扩大小城镇规模，有利提高小城集聚辐射能力，有利小城镇基础设施配套建设、降低基础设施投资成本和运行费用，以及提高效益。

2）小城镇区域基础设施依据和按照相应区的域统筹规划应在相应一级城镇规划行政主管部门组织协调下实行政府投资及集体、个人股份也包括外资股份在内多元组合的多种

投资融资渠道的共建共享开发模式。

小城镇区域基础设施配置首先应考虑在统筹规划基础上的资源共享，这也是避免重复建设、减少投资、提高效益、有利资源保护和合理开发利用及维护运行管理，并为实践证明行之有效的重要原则，在统筹规划、资源共享、政府协调前提和基础上，可灵活采取不同的建设模式。

3）小城镇公共设施可采取公有制的"公益型"和私有制的"民营型"以及股份制的股份型等不同投资和建设经营方式，但必须强调统筹规划、合理布局的前提要求。

4）应赋予小城镇根据自身不同条件和实际情况，在规划统一布局下，对其特色塑造和建设水平等有更多的选择自主权，以充分发挥小城镇人们的主观能动性和建设家园的积极性，也有利创建和发挥社会各种投资建设渠道的作用。

5）有条件小城镇建设应因地制宜探索高起点、高标准、超常规发展模式和建设机制。

### 5.2.3 小城镇建设资金的融投资模式机制和政策创新建议

（1）现状调查与分析

小城镇建设必须有资金保证。小城镇建设资金的融投资政策是在我们对我国东、中、西部有代表性小城镇规划建设及成果试点应用相关调查中镇一级政府最为关注、要求最为迫切的共性问题。

1）西部经济欠发达地区建设资金严重缺乏，西部小城镇的发展需要有特别扶植政策。

我国西部经济欠发达地区小城镇多数尚属农村经济型，处于农业经济向工业经济，传统社会向现代社会的过渡阶段，发展受环境制约明显，大多数城镇分布稀疏，经济发展基础落后。

我国西部大开发战略为西部经济欠发达地区小城镇发展提供了千载难逢的发展契机。国家投资西部的资源开发、交通网和信息网络的区域性基础设施建设，东部大中城市产业扩散和对口支援为西部小城镇发展解决了一批发展关键的区域基础设施和部分建设项目资金。西部小城镇发展，重点应在西部县城镇和交通区位条件优越、资源丰富、腹地广阔、建设条件较好的建制镇。建议对西部小城镇发展采取与西部大开发相适应的特别扶植政策，以促进项目资金、技术、人才、信息向西部的合理流动，有利于西部小城镇的发展，有利于以中心城市为依托，点、线、面相结合，不同层次，不同特色的西部小城镇网络的形成。

以对四川绵阳地区三台县北坝镇3个镇调研为例，三镇对城镇自身快速发展都有非常迫切的要求，但面临困难重重，条件最好北坝镇作为三台县新县城和经济开发新区，山水环境和土地自然资源得天独厚，但建设资金十分紧缺，2000亩左右可转让土地，由于缺乏配套基础设施的环境条件，每亩地转让价格很低，不能很好地通过转让返还资金支持小城镇建设；另一方面由于基础设施建设落后也严重影响投资环境、改善和招商引资，前述通过与西部大开发相适应的特别扶植政策，促进项目、资金、技术、人才、信息向这些地区小城镇的合理流动，同时，根据西部小城镇的特点，研究创立适合西部小城镇自身发展良性互动的建设资金投融资机制和模式是当务之急。

2）东部经济发达地区小城镇创建多元化投融资模式与机制试点示范更有必要，也更有条件。

以浙江省十强镇店口镇为例，近些年店口镇国民经济在高起点上保持了持续快速增长的势头，综合经济实力居浙江省第4位，全国百强镇第47位，经济总量居浙江省最发达镇乡第2位。店口镇经济发展尤以民营企业蓬勃发展为主要特色。店口镇现有工业企业2995家，企业结构日趋合理，形成了以大企业为龙头、中小企业为骨干、千家万户为基础的企业群体，出现了一批行业龙头企业。如中国海亮集团是国内铜加工行业龙头企业、世界铜加工第五大企业，总资产31亿元，2005年营业总收入107.6亿元，自营出口13189万美元，利润2.62亿元、上缴税收9510万元的大型民营企业集团，位列中国企业500强、中国大型工业企业500强、中国民营企业100强、中国最具竞争力的民营企业50强、中国成长企业100强，并荣登绍兴市民营企业50强第一位。

店口镇的经济发展模式是浙江省内比较典型的一种发展模式，是一种具有创新意义的经济运行模式，具有四个鲜明的特征：一是企业集团化经营。股份合作制企业制度创新进一步推动了民营企业不断做大做强，推动了民营经济成为店口经济快速发展的支柱力量。二是管理理性化。众多民营企业相继实现现代企业管理制度，清晰的产权关系和"权责利内在统一"的机制，及全面引入市场经济竞争机制。三是营销网络化。四是发展创新化。实现观念上与技术上的双重创新。民营企业构成了店口的经济基础，民间资本成为店口新一轮财富充分集聚、涌动的依托与载体。

近些年来，店口镇经济的腾飞与其在投融资资金积累上取得的成功是分不开的。

近些年来，店口镇通过土地转让，特别是经营性用地招标出让筹集了大量资金，在道路桥梁冠名权有偿出让筹集建设资金等方面取得了成功，积累了较好的经验，店口镇在投融资方面有适合其经济建设和经济发展的模式和特色。同时店口镇在投资建设项目优选和融资可行性及其财务评价也都积累了较好的经验。

店口镇基础设施建设资金来源有以下四个方面：

①土地转让收入、投入基础设施建设资金约占总建设资金的15%；

②土地返还收入，投入基础设施建设资金约占总建设资金的53%；

③基础设施配套费，约占总建设资金的25%；

④其他收入、投入基础设施建设资金约占总建设资金的7%。

店口镇工业用地一般是协议出让的，价格16万元一亩（其中包括土地初征费2.45万元、报批费7万元、基础设施配套费6.55万元）；商业、住宅用地均通过招、挂、拍的方式出让。上述两种用地出让年限分别为50年和70年。

店口镇从国家和上级政府获得的资金主要是土地返还收入和税收返还收入。后者数额和占总建设资金比例较小（一般一年1000万左右）。

店口镇1992年开始通过卖地筹集资金约3.99亿元，占基础设施资金的86%。

基础设施建设资金1992年曾有过民间无偿捐款，而后店口镇企业基本不负担基础设施建设资金，但一些大中型企业，如海亮集团等通过办教育和建设高档宾馆等直接参与镇区公共设施建设。这本身也是店口镇基础设施建设重要资金来源。

店口镇主要依靠土地转让收入和土地返还收入及基础设施配套费的融资集资模式，从发展来看存在诸多不足和限制，近年受国家宏观调控及土地后备资源本身不足的影响，融资已十分困难，今后向中小城市过渡的城镇建设会面临更大压力。

店口镇的融投资调研中发人深省的一个问题是，像店口镇这样实力雄厚的工业经济强镇，同样面临城镇建设融投资的巨大压力，研究其原因，一是近年来店口镇基础设施建设摊子铺得太大，建设时序安排超出政府筹划资金能力；二是投资模式没有放开，缺乏政府、民营企业、个人等多元多渠道的融投资模式；三是土地转让返还可用于小城镇基础设施建设的比例偏低等反映相关政策支持力度不够。

综上所述，我国东部沿海有代表性的一些经济强镇在经济快速发展的同时也在建设资金融投资模式作了一些成功探索，并积累了一定经验，这些探索和经验对我国中西部地区小城镇建设与发展也有其重要借鉴作用。同时东部经济强镇也面临建设更高起点的要求和融投资面临更大的压力和挑战。这就要求在上述基础上作融投资模式、机制不断实践探索和相关政策的创新。借东部经济发达地区小城镇的小城镇集成技术试点示范，在东部经济发达地区小城镇创建多元化投融资模式与机制试点示范对促进小城镇发展有其重要的现实意义。

3) 中部崛起中国小城镇建设投融资机制与模式在借鉴东部同时，更需探索

中部地区包括山西、河南、湖北、湖南、安徽、江西，我们重点调查河南、湖北、安徽三省小城镇，东部地区大多为经济一般地区，中部地区小城镇之间也有很大差别，如调查中的湖北陈贵镇是以工矿为的主经济强镇，经济发展并不亚于东部地区，但多数小城镇是介于东部与西部之间，中部地区小城镇发展也不乏有成功的案例，如革命老区河南新县，其县城镇是河南省搞得最好的示范小城镇，2005年河南省小城镇示范现场会就在新县召开，新县是老区更是山区，经济贫困基础比较落后，但县城镇规划建设搞得不错，解决贫困地区小城镇建设资金更需要建设融投资机制与模式创新。

我国部署中部崛起的战略，强调东中西互动、优势互补、相互促进、共同发展，中部地区有其区位、资源、产业、人才等综合优势，中部地区小城镇建设应借国家中部崛起战略推进体制机制创新，发挥市场配置资源的基础性作用，加快建设，缩小与东部的差别，其建设投融资在借鉴东部的同时，更需要结合自身特点探索、创新适合自身发展的模式与机制。

(2) 国外小城镇基础设施融投资方式借鉴

日本政府主要对小城镇基础设施建设采取以下扶持性措施：

1) 提供财政和政策性金融担保，以降低非国有经济进入基础设施领域的风险；

2) 开拓特殊债券市场；实行长期金融债券，开拓居民储蓄用于基础设施建设的渠道；

3) 以筑巢引凤式和联合投资式进行直接投资引导。

韩国政府在小城镇基础设施建设上推出了以下投资组合方式：

1) 通过设立国民投资基金把非国有资本低成本、有效地用于基础设施建设；

2) 制定吸引非国有经济的政策法规；财政向银行贴息。法国小城镇基础设施建设资金来源包括市镇税收、经营开发与分摊税、城乡规划税和开发税、国家拨款、银行贷款、企业投资、发行机构投资、发行长期债券以及保险公司、老年保险等基金投资。法国公用事业价格管理包括中央政府管理的价格和地方政府管理的价格两类？这保障了私营企业所得报酬，从而激励了小城镇基础设施融资。

国外融资实践表明：基础设施有较大应用潜力的融资方式主要有市政债券融资、企业证券融资、银行贷款融资，其中一个共同的特点是引入市场竞争机制。以项目融资来说，BOT（Build Operate Transfer）是近20年来国际上普遍采用的融资方式。这种融资方式涉及保险、供应、建设众多的参与方。因而，有利于建设和融资风险的分散。将原政府负

责建设运营的项目转交给个人、集体投资建设，取得一定的利润回报。

(3) 相关政策建议

1) 尽快建立市场经济条件下的多渠道、多形式的小城镇基础设施投资体系与管理模式，基础设施建设走计划与市场相结合的道路。

我国城镇基础设施建设的投资主体一直是以城镇政府为主。进入20世纪90年代，随着我国逐渐开始建立社会主义市场经济体制和市政公用设施投资、建设、管理体制的一系列改革，基础设施建设多渠道投融资框架在大中城市基本形成，但是由于小城镇的经济活力、相关的引资机制远不及大中城市，从而制约了小城镇基础设施的建设。

2) 改革小城镇建设的投融资体制，充分运用市场机制，更多地发挥民间投资的作用，建立以政府投入为导向，主要依靠社会资金建设小城镇的多元投资和建设体制。以"谁投资、谁所有、谁受益"的原则，鼓励企业、个人及外商以多种方式参与建设、经营和管理，使其产业化。通过建立市政设施有偿使用和合理的收费制度，解决投资者投资回报问题。

3) 建立和逐渐完善城镇基础设施建设资金多元化格局。建立起适合社会主义市场经济制度的基础设施投融资体制。

4) 进一步拓宽市场投资渠道，积极稳妥地尝试一些新的投融资方式。在基础设施的有偿使用制度、合作经营和集团化经营等诸多方面均应进行实践和探索。从实践中尽快总结出解决小城镇基础设施资金短缺的途径和方法，加快小城镇基础设施的建设速度。

5) 分离政府投资管理和项目管理职能，推进小城镇基础设施特别是公用事业政事、政资、政企分开，把政府财政预算内、预算外资金及土地出让收入等统筹起来，作为小城镇基础设施投资公司的资本金投入，并以公司为载体进行资金融通、项目建设、资本运作、综合开发等一系列产业化经营，逐步形成以降低成本、提高效益为中心，以集团化发展、规模化经营、企业化管理为特征的基础设施自我积累和自我发展的新机制，提高运营服务水平。

6) 改善投融资政策环境包括政府职能转换、市场环境营造和经营小城镇理念。

依据市场规律，发挥政府投入的示范效用和对非国有经济的带动作用，以政府杠杆资金吸引社会资金的广泛参与，努力实现建设资金来源多渠道、筹集多形式、投入多层次，并按市场原则实行资金要素的合理流动。

7) 增加小城镇资产，包括盘活小城镇存量资产、扩大小城镇增量资产和激活小城镇无形资产。如小城镇出租车经营权、路桥冠名权、小城镇户外广告发布权等进行招标拍卖，使小城镇的无形资产转化为有形资产。

8) 拓宽民间资本进入小城镇基础设施的领域。

最大限度地开放小城镇基础设施的投资市场，放宽民间投资的准入领域，同时，增强对民间资本投资小城镇基础设施的信贷支持力度。

# 6 附录

## 附录1：小城镇标准体系基础标准、通用标准、专用标准组成

表1.6.1、表1.6.2、表1.6.3分别为小城镇规划技术标准体系框架表的基础标准、通用标准和专用标准。

**基础标准**　　　　　　　　　　　　　　　　　　　表1.6.1

| | 标准名称 | 相关现行标准 | 备注 |
|---|---|---|---|
| 术语标准： | 《城乡规划术语标语》 | 城市规划基本术语标准 GB/T 50280—98 | 整体合编 |
| 图形标准： | 《城乡规划制图标准》 | 《城市规划制图标准》 CTT/T 97—2003 | 统编，在编 |
| 分类标准： | 《城镇用地分类与规划建设用地标准》 | 《城市用地分类与规划建设用地标准》GBJ137—90 | 城镇合编 |
| | 《城镇用地分类代码》 | 《城市用地分类代码》 CTT46—91 | 城镇合编 |
| | 《城乡规划基础资料搜集规程》 | | 统编，可合列城市、小城镇、村镇规划共同部分，分列不同部分 |

**通用标准**　　　　　　　　　　　　　　　　　　　表1.6.2

| 标准名称 | 相关现行标准 | 备注 |
|---|---|---|
| 《小城镇与村庄规划标准》 | 《村镇规划标准》 | 与村镇规划标准合编 |
| 《小城镇体系规划规范》 | | |
| 《小城镇与村庄用地评定标准》 | 《城市用地评定标准》（在编） | 与村镇用地评定标准 |
| 《历史文化名城名镇保护规划规范》 | 《历史文化名城保护规划规范》（在编） | 名城保护为主，补充名镇 |
| 《小城镇中心区城市设计规程》 | 《城市设计规程》（待编） | |

**专用标准**　　　　　　　　　　　　　　　　　　　表1.6.3

| 标准名称 | 相关现行标准 | 备注 |
|---|---|---|
| 《小城镇居住用地规划规范》 | 《城市居住区规划设计规范》GB 50180—93 | |
| 《小城镇道路交通规划规范》 | | |
| 《小城镇基础设施标准》 | | 含给水、排水、电力、通信、供热、燃气、环卫工程规划规范 |
| 《小城镇公共建筑用地用地规划规范》 | 《村镇公共建筑用地规划规范》CT7/T 87—2000 | 可与《村镇公共建筑用地规划规范》合编 |
| 《小城镇生态环境保护规划规范》 | | |
| 《小城镇防灾规划规范》 | | 可与村镇规划相关规范合编 |
| 《小城镇生产与仓储用地规划规范》 | | 可与村镇规划相关规范合编 |
| 《小城镇绿地规划规范》 | | |

## 附录 2：课题专家跟踪检查第一次会议纪要

**"十五"国家攻关计划 小城镇科技发展重大项目**
**"小城镇规划及相关技术标准研究"课题**
**第一次课题研究工作会议纪要**

"十五"国家科技攻关计划小城镇科技发展重大项目课题九"小城镇规划及相关技术标准研究"第一次课题研究工作会议，于 2004 年 4 月 5 日在北京召开。出席会议的有科技部农村与社会发展司、建设部科技司、城乡规划司、标准定额司领导和建设部、北京大学、中国科学院、中国水利科学院、国家环保总局等专家 13 人；课题主持和参加单位：中国城市规划设计研究院、浙江大学、中国土地勘测规划院、中国建筑设计研究院、华南理工大学代表 12 人；会议由课题负责人、课题主持单位中国城市规划设计研究院院长王静霞主持。

会上科技部农村社会发展司金逸民处长、建设部规划司李兵弟副司长、科技司柴文忠处长作了重要讲话，并就课题研究的方向、目标提出了明确要求，课题主持单位作了前期准备工作和研究计划安排的汇报，专家和建设部科技司张福麟副处长，标准定额司吴路阳处长等对课题研究的内容提出了很多重要的指导性、建设性意见，现就会议研讨的情况形成纪要如下：

（1）强调本课题研究的重要性，充分肯定本课题研究的前期工作和工作基础。

（2）向课题研究单位提出下列要求：

1）应进一步研究、明确本课题研究的小城镇界定。

2）课题研究应基础性、应用性结合，现有工作基础与研究目标结合，专家与管理部门结合，与 50 个全国试点示范镇、1887 个重点镇结合，突出课题研究重点，加强标准研究和制定的针对性、实用性及可操作性。

3）根据我国小城镇的特点，标准研究和制定应区分经济发达地区、一般地区、欠发达地区和不同类别、不同规模、不同发展阶段小城镇的不同情况，符合分类指导原则；同时区分刚性控制执行和非刚性指导性执行的分题指导原则。

4）课题研究应同时为政府决策和制定相关政策法规服务。

5）在前"小城镇规划标准研究"的基础上，进一步广泛征求意见、深入调研，进行印证评价分析，成果应达到标准建议稿的深度。

（3）会议同时向课题主管部门提出下列建议：

1）课题研究应立足于小城镇规划的标准研究及编制，相关技术标准不作本次课题的主要研究与编制内容。

2）结合标准规范主管部门的近期任务，对本课题符合条件的预期标准研究成果，同时立项为标准编制任务。

3) 生态规划标准因缺乏大量相关资料和技术积累，成果宜为标准研究，其余规划标准成果宜为标准建议稿。

附与会代表名单（略）。

中国城市规划设计研究院<br>2004 年 4 月 7 日

---

上报：科技部农村与社会发展司
　　　建设部科技司、规划司、标准定额司
抄送：课题成员单位：浙江大学、中国土地勘测规划院、中国建筑设计研究院、华南理工大学

# 专题二 小城镇用地分类与规划用地标准及土地资源合理利用研究

# 小城镇用地分类与规划用地标准及土地资源合理利用研究

**专题负责人：** 沈　迟　教授级城市规划师、硕导、副所长
　　　　　　郑伟元　研究员、所长、博士
　　　　　　汤铭潭　教授级高级工程师、研究生导师

一、小城镇用地分类与规划用地标准（建议稿）
　　主要起草人：汤铭潭、郑伟元、沈迟
　　前相关课题用地研究标准起草人：邵爱云、任世英
二、研究报告：
　　（1）小城镇土地资源现状调查与评价技术研究
　　　　执笔：孔凡文　汤铭潭
　　（2）小城镇节约用地优化模式和途径研究
　　　　执笔：郑伟元　孔祥斌　邓红蒂　肖霖　刘康
　　（3）小城镇土地用途管制制度研究
　　　　执笔：郑伟元　孔祥斌　邓红蒂　肖霖　刘康

**承担单位：** 中国城市规划设计研究院
　　　　　　中国土地勘测规划院
**协作单位：** 沈阳建筑大学

# 小城镇用地分类与规划用地标准
## （建议稿）

## 1 总则

**1.0.1** 为指导小城镇用地分类和土地用途分区，统一小城镇用地分类标准和用途分区标准，合理利用土地资源，特制定本标准。

**1.0.2** 本标准适用于县城镇、中心镇、一般镇的小城镇总体规划、土地利用规划及其他相关规划。

**1.0.3** 规划期内有条件发展为城市的小城镇总体规划的编制，应比照执行《城市用地分类与规划建设用地标准》。

**1.0.4** 规划期内有条件成为建制镇的乡（集）镇总体规划编制应比照本标准执行。

**1.0.5** 本标准用地分类中若干小类划分和土地用途分区主要适用于小城镇土地利用规划；小城镇总体规划应考虑与土地利用规划有关标准规定的衔接与协调。

**1.0.6** 编制小城镇总体规划和土地利用规划除执行本标准相关条款外，尚应符合国家现行的有关标准与规范要求。

## 2 名词术语

**2.0.1** 小城镇

本标准所指的小城镇是包括县城镇、中心镇、一般镇的建制镇。

**2.0.2** 县城镇

指县（自治县、旗）驻地建制镇。

**2.0.3** 中心镇

指在县（县级市、自治县、旗）域内的一定区域范围，与周边村镇有密切联系，并有较大经济辐射和带动作用，作为该区域范围农村经济文化中心的小城镇。

**2.0.4** 一般镇

指县城镇、中心镇之外的建制镇。

**2.0.5** 工业型小城镇

以工业为主导产业的小城镇。

**2.0.6** 旅游型小城镇

以旅游为主导产业的小城镇。

**2.0.7** 完全旅游型小城镇

指生态环境保护要求高，不宜安排工业，仅以旅游为主导产业的小城镇。

**2.0.8** 小城镇用地

指小城镇规划区内的各项用地的总称，包括现状用地、发展用地和规划需要控制的用地。

**2.0.9*　小城镇土地用途分区**

指将规划范围内的土地划分为特定的区域，并规定不同的土地用途管制规则，以对土地利用实行控制和引导的措施。土地用途分区应当依据上级规划的要求、本地土地资源特点和社会经济发展需要划定。

**2.0.10*　覆盖度**

指一定面积上或林业调查标准样地上，植被垂直投影面积占总面积的百分比。

**2.0.11*　郁闭度**

指一定面积上，林冠投影面积与林地面积的比值。

**2.0.12*　附属用地**

指与主体相关和毗连的配套设施用地。

## 3　用地分类

**3.0.1**　小城镇用地应按土地用途和使用的主要性质进行分类。

**3.0.2**　小城镇用地分类体系可分为10个大类，38个中类；用地的类别应采用字母与数字结合的代号表示。

**3.0.3**　小城镇用地分类大类和中类及其代号应符合下列要求和表3.0.3的规定。

**3.0.3.1**　镇区居住用地与村庄宅基地应为各类居住建筑和附属设施及其间距和内部小路、场地、绿化等用地；不包括路面宽度等于和大于6m的道路用地。

**3.0.3.2**　公共设施用地应为各类公共建筑物及其附属设施、内部道路、场地、绿化等用地。

**3.0.3.3**　生产设施用地应为独立设置的工业、工矿、农产品加工等生产性建筑及其设施和内部道路、场地、绿化等用地。

**3.0.3.4**　仓储用地应为物资的中转仓库、专业收购和储存建筑、堆场及其附属设施、道路、场地、绿化等用地。

**3.0.3.5**　对外交通用地应为小城镇对外交通的各种设施用地。

**3.0.3.6**　道路广场用地应为规划用地范围内的道路、广场、停车场等设施用地。

**3.0.3.7**　工程设施用地应为各类公用工程和环卫设施以及防灾设施用地，包括其建筑物、构筑物及管理、维修设施等用地。

**3.0.3.8**　绿化用地应为各类公园绿地、防护绿地；不包括各类用地内部的绿化用地。

**3.0.3.9**　特殊用地应为特殊性质用地。

**3.0.3.10**　水域和其他用地应为规划范围内的水域、农林种植地、牧草地、闲置地、各类保护区和特殊用地等。

**3.0.4**　编制小城镇规划可酌情参照国土部门的土地分类标准，表3.0.3的中类商业金融用地、道路用地、水域、农林用地、草地和养殖用地、未利用地中类又可分为表3.0.4的27个小类。

---

\* 名词主要用于土地利用规划。

## 小城镇用地大、中类划分 表 3.0.3

| 类别代号与名称 | | 范围 |
|---|---|---|
| 大类 | 中类 | |
| R 镇区居住用地与村庄宅基地 | R1 一类居住用地 | 以低层为主的住宅建筑和附属设施及其间距内的用地，含宅间绿地、宅间路用地；不包括宅基地以外的生产性用地 |
| | R2 二类居住用地 | 以多层为主的住宅建筑和附属设施及其间距、宅间路、组群绿化用地 |
| | R3 其他居住用地 | 属于 R1、R2 以外的居住用地，如独立设置的公寓及其附属设施用地 |
| | R4 村庄宅基地 | 镇区外村民居住的宅基地及其附属用地 |
| C 公共设施用地 | C1 行政管理用地 | 政府、团体、经济、社会管理机构等用地 |
| | C2 教育机构用地 | 幼儿园、托儿所、小学、中学及各类高、中级专业学校、成人教育机构等用地 |
| | C3 文体科技用地 | 文化、图书、科技、展览、娱乐、体育、文物、纪念、宗教等设施用地 |
| | C4 医疗保健用地 | 医疗、防疫、保健、休疗养等机构用地 |
| | C5 商业金融用地 | 商城、各类商业服务业的店铺，银行、信用、保险等机构，及其附属设施用地 |
| | C6 集贸设施用地 | 集市贸易的专用建筑和场地；不包括临时占用街道、广场等设摊用地 |
| | C7 其他公共设施用地 | 福利院、养老院、孤儿院等福利救助用地及其他公共生活用地 |
| M 生产设施用地 | M1 一类工业用地 | 对居住和公共环境基本无干扰、无污染的工业，如缝纫、工艺品制作等工业用地 |
| | M2 二类工业用地 | 对居住和公共环境有一定干扰和污染的工业，如纺织、食品、小型机械等工业用地 |
| | M3 三类工矿用地 | 对居住和公共环境有严重干扰和污染的工业，如采矿、采石、采砂（沙）场、盐田、砖瓦窑等地面生产用地及尾矿堆放地和冶金、化学、造纸、制革、建材、大中型机械制造等工业用地 |
| | M4 其他生产设施用地 | 如农产品加工用地 |
| W 仓储用地 | W1 普通仓储用地 | 以库房建筑存放一般物品的仓储用地 |
| | W2 危险品仓储用地 | 存放易燃、易爆、剧毒等危险品的仓储用地 |
| | W3 其他仓储用地 | 如露天堆放货物为主的仓库用地 |
| T 对外交通用地 | T1 公路交通用地 | 规划用地范围内的路段、公路站场、附属设施等用地 |
| | T2 其他交通用地 | 铁路、水路及其他对外交通在规划用地范围内的路段、站场和附属设施等用地 |
| S 道路广场用地 | S1 道路用地 | 规划用地范围内路面宽度等于和大于 6.0m 以上的各种道路、交叉口等用地不包括各类用地中的单位内部道路 |
| | S2 广场用地 | 公共活动广场、停车场用地 |
| | S3 社会停车场地 | 公共使用的停车场库用地；不包括各类用地内部的场地 |
| U 工程设施用地 | U1 公用工程用地 | 给水、排水、供电、邮政、通信、燃气、供热、殡仪等设施用地 |
| | U2 交通设施用地 | 公交、货运及交通管理、加油、维修等设施用地 |
| | U3 环卫设施用地 | 公厕、垃圾站、环卫场、粪便和生产垃圾处理设施等用地 |
| | U4 防灾设施用地 | 各项防灾设施的用地，包括消防、防洪、抗震、防风等 |
| G 绿化用地 | G1 公园绿地 | 面向公众、有一定游憩设施的绿地，如公园、路旁或临水宽度等于和大于 5m 的绿地 |
| | G2 生产绿地 | 提供苗木、草皮、花卉的圃地 |
| | G3 防护绿地 | 用于安全、卫生、防风等的防护绿地 |

| 类别代号与名称 | | 范 围 |
|---|---|---|
| 大类 | 中类 | |
| D 特殊用地 | D1 军事用地 | 军事设施用地 |
| | D2 保安用地 | 监狱、拘留所、劳改场所和安全保卫部门等用地，不包括公安、消防机构用地 |
| E 水域和其它用地 | E1 水域 | 江河、湖泊、水库、沟渠、池塘、滩涂等水域；不包括公园绿地中的水面和滞洪区平均每年能保证收获一季的已垦滩地和海涂中的耕地、林地、居民点、道路等 |
| | E2 农林用地 | 以生产为目的的农林种植地，如农田、菜地、园地、林地、苗圃、打谷场以及农业生产建筑等 |
| | E3 草地和养殖用地 | 生长各种牧草的土地及各种养殖场等 |
| | E4 保护区 | 文物保护区、风景名胜区、自然保护区等 |
| | E5 墓地 | |
| | E6 未利用地 | 规划建设尚未利用的土地 |
| | E7 特殊用地 | 军事、保安等设施用地；不包括部队家属生活区、公安消防机构等用地 |

**小城镇主要用地小类划分**　　　　　　　　　表 3.0.4

| 类别代号与名称 | | 范 围 |
|---|---|---|
| 中类 | 小类 | |
| C5 商业金融用地 | C51 商品营销用地 | 商品批发、零售的场所及其相应附属用地。包括商场、商店、各类批发（零售）市场，加油站等 |
| | C52 住宿餐饮用地 | 住宿、餐饮服务场所及其相应附属用地。包括宾馆、酒店、饭店、旅馆、招待所、度假村、餐厅、酒吧等 |
| | C53 商务金融用地 | 企业、服务业等办公用地及经营性的办公场所。包括写字楼、商业性办公楼、店铺、银行、信用、保险等金融活动场所和企业厂区外独立的办公楼等用地 |
| | C54 其他商服用地 | 上述用地外的其他商业、服务业用地。包括洗车场、洗染店、废旧物资回收站、维修网点、照相馆、理发店、洗浴场所等服务设施用地 |
| S1 道路用地 | S11 街道用地 | 镇区、村庄内公用道路及行道树用地，包括公共停车场、汽车客货运输站点及其停车场等用地 |
| | S12 农用道路 | 南方宽度≥1.0m，北方宽度≥2.0m 的村庄之间、地块之间的道路（含机耕道） |
| E1 水域 | E11 河流水面 | 天然形成或人工开挖河流常水位岸线的水面，不包括被堤坝拦截后形成的水库水面 |
| | E12 湖泊水面 | 天然形成的积水区常水位岸线以下的水面 |
| | E13 水库水面 | 人工拦截汇集而成的水库正常蓄水位以下的水面 |
| | E14 坑塘水面 | 人工开挖或天然形成的坑塘常水位以下的水面 |
| | E15 滩涂 | 沿海大潮高潮位与低潮位之间的潮浸地带河流、湖泊常水位至洪水位之间的滩地时令湖、河洪水位以下的滩地；水库、坑塘的正常蓄水位与最大洪水位间的滩地。不包括已利用的滩涂 |
| | E16 沟渠 | 人工修建，南方宽度≥1.0m、北方宽度≥2.0m 用于排灌的渠道，包括渠槽、渠堤、取土坑、护堤林带 |
| | E17 冰川及永久积雪 | 表层被冰雪常年覆盖的土地 |

续表

| 类别代号与名称 | | 范围 |
|---|---|---|
| 中类 | 小类 | |
| E2 农林用地 | E21 水田 | 种植水稻、莲藕等水生农作物的耕地。包括实行水稻、旱生农作物轮种的耕地 |
| | E22 水浇地 | 有水源保证和灌溉设施，在一般年景能正常灌溉，种植旱生农作物的耕地。包括种植蔬菜的非工厂化的大棚用地 |
| | E23 平川旱地 | 平川主要依靠天然降水种植旱生农作物的耕地，包括靠引洪淤灌的耕地 |
| | E24 山地旱地 | 山区主要依靠天然降水种植旱生农作物的耕地，包括陡坡、缓坡、梯田、台地、塬地上的旱地 |
| | E25 果园 | 种植果树的园地 |
| | E26 茶园 | 种植茶树的园地 |
| | E27 其他园地 | 种植桑树、橡胶、可可、咖啡、油棕、胡椒、药材等其他多年生作物的园地 |
| | E28 有林地 | 树木郁闭度≥0.2 的天然、人工林地 |
| | E29 灌木林地 | 生长灌木，覆盖度≥40%的林地 |
| | E210 疏林地 | 树木郁闭度为≥0.1 但<0.2 的林地 |
| | E211 未成林地 | 造林成活率大于或等于合理造林数的 41%，尚未郁闭但有成林希望的新造林地（一般指造林后不满 3～5 年或飞机播种后不满 5～7 年的造林地） |
| | E212 迹地 | 森林采伐、火烧后，5 年内未更新的土地 |
| | E213 苗圃 | 固定的林木育苗地 |
| E3 草地和养殖用地 | E31 天然牧草地 | 以天然草本植物为主，未经改良，用于放牧或割草的草地 |
| | E32 改良牧草地 | 采用围栏、灌溉、排水、施肥、松耙、补植等措施进行改良的草地 |
| | E33 人工牧草地 | 人工种植牧草的草地 |
| | E34 荒草地 | 树木郁闭度<0.1，表层为土地质，生长草本植物为主，不用于畜牧业的草地 |
| | E35 其他草地 | 人工种植草本植物，不用于畜牧业的草地 |
| | E36 养殖用地 | 各种养殖场用地 |
| E6 未利用地 | E61 盐碱地 | 表层覆盖盐碱物质，或以天然耐盐植物为主盐碱聚集的土地 |
| | E62 沼泽地 | 经常积水或渍水，一般生长沼生、湿生植物的土地 |
| | E63 沙地 | 表层为沙覆盖、基本无植被的土地。不包括滩涂中的沙地 |
| | E64 裸地 | 表层为土质，基本无植被覆盖的土地；或表层为岩石、石砾，其覆盖面积≥70%的土地 |
| | E65 其他未利用土地 | 上述未包含还未利用的土地。包括高寒荒漠、苔原等 |

# 4 小城镇用地计算

**4.0.1** 小城镇现状和规划用地，应统一以小城镇总体规划的规范区范围进行统计计算。

**4.0.2** 分片布局的小城镇用地应先分片统计计算，再汇总。

**4.0.3** 小城镇用地应按平面投影面积进行计算，计量单位应为公顷（$hm^2$），统计计算数字精确度应按图纸比例确定：1∶10000～1∶25000 的图纸应取值到个位数；1∶5000 的图纸应取值到小数点后一位，1∶1000～1∶2000 的图纸应取值到小数点后两位。

**4.0.4** 小城镇总体规划用地的数据计算应按表 4.0.4 的格式进行汇总。

小城镇总体规划用地的数据统计格式　　　　　表 4.0.4

| 代码 | 用地名称 | 现状　　年 面积 (hm²) | 比例 (%) | 人 人均 (m²/人) | 规划　　年 面积 (hm²) | 比例 (%) | 人 人均 (m²/人) |
|---|---|---|---|---|---|---|---|
| R | | | | | | | |
| R1 | | | | | | | |
| R2 | | | | | | | |
| R3 | | | | | | | |
| C | | | | | | | |
| C1 | | | | | | | |
| C2 | | | | | | | |
| C3 | | | | | | | |
| C4 | | | | | | | |
| C5 | | | | | | | |
| C6 | | | | | | | |
| C7 | | | | | | | |
| M | | | | | | | |
| M1 | | | | | | | |
| M2 | | | | | | | |
| M3 | | | | | | | |
| M4 | | | | | | | |
| W | | | | | | | |
| W1 | | | | | | | |
| W2 | | | | | | | |
| W3 | | | | | | | |
| T | | | | | | | |
| T1 | | | | | | | |
| T2 | | | | | | | |
| S | | | | | | | |
| S1 | | | | | | | |
| S2 | | | | | | | |
| S3 | | | | | | | |
| U | | | | | | | |
| U1 | | | | | | | |
| U2 | | | | | | | |
| U3 | | | | | | | |
| U4 | | | | | | | |
| G | | | | | | | |
| G1 | | | | | | | |
| G2 | | | | | | | |
| G3 | | | | | | | |

续表

| 代码 | 用地名称 | 现状 面积(hm²) | 年比例(%) | 人人均(m²/人) | 规划 面积(hm²) | 年比例(%) | 人人均(m²/人) |
|---|---|---|---|---|---|---|---|
| D | | | | | | | |
| D1<br>D2 | | | | | | | |
| | 镇区建设用地 | | | | | | |
| E | | | | | | | |
| E1<br>E2<br>E3<br>E4<br>E5<br>E6 | | | | | | | |
| | 规划区总用地 | | | | | | |

**4.0.5** 小城镇土地利用规划的土地计算应同时考虑表 3.0.4 用地分类中的小类。

# 5 规划建设用地选择及标准

## 5.1 一般规定

**5.1.1** 小城镇规划的建设用地指标，应包括人均建设用地指标、建设用地构成比例和建设用地选择三部分。

## 5.2 人均建设用地指标

**5.2.1** 小城镇人均建设用地指标应为规划范围内的建设用地面积除以常住人口数的平均数值，人口计算范围必须与用地计算范围相一致，人口数应以常住人口数为准。

**5.2.2** 小城镇人均建设用地指标应结合当地实际情况，按以下要求选用人均建设用地指标：

**5.2.2.1** 按表 5.2-1 规定的 4 级指标选取。

**小城镇人均建设用地参照指标分级**　　表 5.2-1

| 级别 | 一 | 二 | 三 | 四 |
|---|---|---|---|---|
| 人均建设用地指标(m²/人) | >70<br>≤80 | >80<br>≤100 | >100<br>≤120 | >120<br>≤140 |

**5.2.2.2** 新建小城镇的规划，其人均建设用地指标宜按表 5.2-1 中的第一、二级选取。

**5.2.2.3** 现有小城镇规划，其人均建设用地指标应以现状建设用地的人均建设用地为基础，比照表 5.2-2 规划人均建设用地指标级别和允许调整幅度选择确定。

**小城镇人均建设用地参照指标**　　表 5.2-2

| 现状人均建设用地(m²/人) | 规划人均建设用地指标级别 | 允许调整幅度(m²/人) |
|---|---|---|
| 70.0～80 | 一、二 | 可增 0～10 |
| 80.1～100 | 一、二 | 可增、减 0～10 |

续表

| 现状人均建设用地（m²/人） | 规划人均建设用地指标级别 | 允许调整幅度（m²/人） |
|---|---|---|
| 100.0~120 | 二、三 | 可减 0~10 |
| 120.0~140 | 三、四 | 可减 0~20 |
| >130 | 四 | 应减至130以内 |

注：允许调整幅度是指规划人均建设用地指标对现状人均建设用地水平的增减数值。

**5.2.2.4** 省、直辖市、自治区必要的地方标准可结合实际对上述指标作适当调整。

## 5.3 建设用地构成比例

**5.3.1** 小城镇规划基本建设用地的居住用地、公共设施用地、道路广场用地及绿化用地中公共绿地占建设用地的比例宜符合表5.3.1的规定。

小城镇基本建设用地构成比例　　　　表 5.3.1

| 类别代号 | 用地类别 | 占建设用地比例（％） | |
|---|---|---|---|
| | | 县城镇、中心镇 | 一般镇 |
| R | 居住用地 | 25~37 | 30~42 |
| C | 公共设施用地 | 12~20 | 10~17 |
| S | 道路广场用地 | 11~18 | 8~15 |
| G1 | 公共绿地 | 6~12 | 4~8 |
| | 四类用地总和 | 60~75 | 62~78 |

**5.3.2** 通勤人口和流动人口较多的县城镇、中心镇和商贸型小城镇，其公共设施用地所占比例可选取规定幅度内的较大值。

**5.3.3** 风景旅游型小城镇，其公共绿地所占比例可大于表5.3-1的规定。

**5.3.4** 小城镇生产设施用地不在表5.3-1中规定，但非工业型、旅游型小城镇生产设施用地占建设用地比例一般情况可按10％~25％控制。

## 5.4 建设用地选择与平衡

**5.4.1** 小城镇建设用地应在综合地质条件分析和用地适宜性评价的基础上选择；小城镇建设用地应避开山洪、风口、滑坡、泥石流、洪水淹没、地震断裂带等易发生自然灾害的地区、地段，并应避开自然保护区和有开采价值的地下采空区。

**5.4.2** 小城镇建设用地的选择应依据地理区域位置、自然条件、占地的数量和质量、现有建筑和工程设施的拆迁和利用、交通运输条件、建设投资和经营费用、环境质量和社会效益等因素，经过技术经济比较，择优选定。

**5.4.3** 小城镇建设用地应充分利用原有用地，调整挖潜；并同基本农田保护区相关规划相协调；当需要扩大用地规模时，宜选在水源充足、水质良好、便于排水、通风、向阳和地质条件适宜的地段。

**5.4.4** 小城镇建设用地选择应避免被铁路、重要公路和高压输出电线路所穿越。

**5.4.5** 区域性工业基地的工业型小城镇经省、地级市城市规划行政主管部门和国土行政主管部门批准，其中区域性大型工业企业用地可不在小城镇规划范围用地平衡，酌情在较大相关区域范围内用地平衡，并应符合区域建设用地总量控制的要求。其规划范围用地平衡的工业用地占建设用地比例按不大于30％控制。

5.4.6 完全旅游型小城镇不应安排工业用地，现有工业应整合到相邻或所在城镇区域的工业型小城镇，小城镇区域用地平衡应考虑上述相关因素。

## 6 土地用途分区

6.0.1 小城镇规划编制中，可划定以下 11 种土地用途区，并应符合相应规定：

6.0.1.1 基本农田保护区：对耕地进行特殊保护和管理划定的土地用途区。

6.0.1.2 一般农地区：基本农田保护区以外，为农业生产发展需要划定的土地用途区。

6.0.1.3 林业用地区：为林业发展需要划定的土地用途区。

6.0.1.4 牧业用地区：为畜牧业发展需要划定的土地用途区。

6.0.1.5 小城镇建设用地区：为城镇（城市和建制镇，下同）发展需要划定的土地用途区。

6.0.1.6 村庄、集镇建设用地区：镇域规划村庄、集镇发展需要划定的土地用途区。

6.0.1.7 村庄、集镇建设控制区：为控制农村居民点建设需要划定的土地用途区。

6.0.1.8 工矿用地区：独立于小城镇、村庄、集镇建设用地区之外，为工矿发展需要划定的土地用途区。

6.0.1.9 风景旅游用地区：具有一定游览条件和旅游设施，为人们进行观赏、休憩、娱乐、文化等活动需要划定的土地用途区。

6.0.1.10 自然和人文景观保护区：为对自然、人文景观进行特殊保护和管理划定的土地用途区。

6.0.1.11 其他用途区：根据实际管制需要划定的其他土地用途区，其命名按管制目的确定，如水源保护区、陵园墓地等。

6.0.2 小城镇可根据实际需要，在上述一级土地用途分区的基础上，划分二级区类型：

6.0.2.1 生态林区：在林业用地区内为保护和改善生态环境，对林地进行特殊保护和管理划定的土地用途区。

6.0.2.2 基本草地保护区：在牧业用地区内为保护和改善生态环境，对牧草地进行特殊保护和管理划定的土地用途区。

6.0.2.3 城镇近期建设用地区：在城镇建设用地区内为城镇近期发展需要划定的土地用途区。

6.0.3 小城镇土地用途区确定后，应制定土地用途分区管制规则：

6.0.3.1 基本农田保护区、一般农地区、林业用地区、牧业用地区等区内土地主要用作耕地等农用地和直接为农业生产服务的农村道路、农田水利、农田防护林及其他农业设施，不得破坏、污染和荒芜，区内非农建设用地和其他零星农用地应当整理、复垦或调整为耕地等农用地。

6.0.3.2 不得在基本农田保护区内建窑、建房、建坟、挖沙、采石、取土、采矿、堆放固体废弃物或者进行其他破坏基本农田的活动。

6.0.3.3 严格控制农用地转为建设用地，占用基本农田进行非农建设必须依法报经国务院审批。

6.0.3.4 城镇建设用地区内土地主要用于小城镇建设，村庄、集镇建设用地区内土地主要用于村庄、集镇建设，城镇、村庄、集镇建设应优先利用现有建设用地、闲置地和废弃地，节约集约利用土地。

6.0.3.5 村庄、集镇建设控制区内建设用地应逐步整理复垦为农用地，规划期间确实不能整理、复垦的可保留现状用途，但不得扩大面积，需要更新时，应集中到村镇建设用地区或城镇建设用地区内建设。

6.0.3.6 工矿用地区内土地主要用于采矿业以及不宜在居民点内配置的工业用地，因生产建设挖损、塌陷、压占的土地应及时复垦。

6.0.3.7 城镇建设用地区、村庄集镇建设用地区和工矿用地区等区内农用地在批准改变用途前，应当按原用途使用，不得荒芜。

6.0.3.8 风景旅游用地区内土地主要用于旅游、休憩及相关文化活动，允许使用区内土地进行不破坏景观资源的农业生产活动和适度的旅游设施建设，影响景观保护和游览的土地用途，应在规划期间调整为适宜的用途，严禁占用区内土地进行破坏景观、污染环境的生产建设活动。

6.0.3.9 自然和人文景观保护区内土地主要用于保护具有特殊价值的自然和人文景观，影响景观保护的土地用途，应在规划期间调整为适宜的用途，不得占用保护区核心区的土地进行新的生产建设活动，原有的各种生产、开发活动应逐步停止。

6.0.3.10 其他用途区内土地用途管制规则按照特定用途需要制定。

## 本标准用词用语说明

1. 为了便于在执行本标准条文时区别对待，对要求严格程度不同的用词说明如下：

1）表示很严格，非这样做不可的用词：

正面词采用"必须"；反面词采用"严禁"。

2）表示严格，在正常情况下均应这样做的用词：

正面词采用"应"；反面词采用"不应"或"不得"。

3）表示允许稍有选择，在条件许可时首先这样做的用词：

正面词采用"宜"；反面词采用"不宜"；

表示有选择，在一定条件下可以这样做的，采用"可"。

2. 标准中指定应按其他有关标准、规范执行时，写法为："应符合……的规定"或"应按……执行"。

# 小城镇用地分类与规划用地标准
## （建议稿）
## 条 文 说 明

## 1 总则

**1.0.1～1.0.2** 阐明本标准（建议稿）编制的目的及适用范围。

本标准（建议稿）所称小城镇是国家批准的建制镇中县驻地镇和其他建制镇，以及在规划期将发展为建制镇的乡（集）镇。根据城市规划法建制镇属城市范畴；此处其他建制镇，在《村镇规划标准》中又属村镇范畴。

小城镇是"城之尾、乡之首"，是城乡结合部的社会综合体，发挥上连城市、下引农村的社会和经济功能。县城镇和中心镇是县域经济、政治、文化中心或县（市）域中农村一定区域的经济、文化中心。

小城镇用地分类和用地规划与城市不同与村镇也不尽相同，而且，我国小城镇量大、面广，不同地区小城镇的人口规模、自然条件、历史基础、经济发展差别很大，用地差别也较大。此外不同类别小城镇在用地分类和用地规划上侧重点也有不少差别。针对上述情况，单独编制小城镇用地分类与规划用地标准作为其规划的标准依据是必要的，也是符合我国小城镇实际情况的。

**1.0.1** 条阐述了本标准编制的宗旨，1.0.2条规定了本标准适用范围。根据任务书要求，本标准的编制宗旨和适用范围包括了小城镇总体规划、土地利用规划两个方面涉及的1.0.1～1.0.2条款提出的要求。

本标准由中国城市规划设计研究院和国土资源部中国土地勘测设计研究院在中国城市规划设计研究院、中国建筑设计研究院、沈阳建筑工程学院共同完成的相关课题研究和国土资源部相关课题研究的基础上，共同作了本课题的大量补充调研分析论证，根据任务书的要求，从也适用国土部门土地利用规划考虑，修改、补充、完善原小城镇规划标准研究、标准体系研究等课题的相关内容，根据小城镇总体规划与土地利用规划的不同特点，本标准编制按总体规划与土地利用规划两方面要求条款采取有分有合，有详有略；既考虑与城市、村镇标准的协调，又考虑建设管理部门与国土管理部门相关标准的协调。

本标准及技术指标的中间成果征询了22个省、直辖市、自治区建设厅、规委、规划局和100多个规划编制、管理方面的规划标准使用单位的意见，同时，标准建议稿采纳了专家论证预审时提出的许多好的建议。

**1.0.3～1.0.4** 分别提出规划期内有条件发展为中小城市的小城镇和有条件发展为建制镇的乡（集）镇相关规划宜执行的标准基本原则要求。

考虑到部分有条件的小城镇远期规划可能上升为中、小城市，也有部分有条件的乡（集）镇远期规划有可能上升为建制镇，上述小城镇规划的执行标准应有区别。但上述升级涉及到行政审批，规划不太好掌握，所以1.0.3条、1.0.4条款强调规划应比照上一层次标准执行。

**1.0.5** 提出本标准用地分类中若干小类划分和土地用途分区内容的主要适用范围。

考虑到1.0.1～1.0.2条提出本标准（建议稿）编制的目的及适用范围具有的一定特殊性，以及建设部门与国土部门分别主管的总体规划与土地利用规划两者的不同之处以及相互间的衔接要求，在总则中，明确提出本条上述相关要求，增加标准执行的可操作性。

**1.0.6** 本标准编制多有依据相关规范或有涉及相关规范的某些共同条款。本条款体现小城镇用地分类和用地规划标准与相关规范之间应同时遵循规范的统一性原则。

本标准主要相关法律、法规与技术标准有：

《中华人民共和国城市规划法》；

《城市规划编制办法》；

《城市规划编制办法实施细则》；

《村镇规划编制办法》；

《城市用地分类与规划建设用地标准》GBJ 137—1990。

## 2  名词术语

**2.0.1～2.0.12** 为便于在小城镇总体规划的用地布局规划以及土地利用规划中正确理解和运用本标准，对本标准涉及的主要名词作出解释。其中：

**2.0.1～2.0.4** 是对小城镇及其本规划标准中的3个主要适用载体县城镇、中心镇、一般镇作出解释。

**2.0.5～2.0.7** 是对本标准中涉及较多的不同类别小城镇：工业型小城镇、旅游型小城镇、完全旅游型小城镇作出基本解释。

**2.0.8** 是对本标准小城镇用地专有名词作出解释。

**2.0.9～2.0.12** 是对小城镇土地利用规划中较多涉及的主要名词：小城镇土地用途分区、覆盖度、郁闭度、附属用地作出解释。

## 3  用地分类

**3.0.1** 提出小城镇用地的依据和基本要求。

小城镇用地分类的依据与城市、村镇用地分类依据相同，即主要依据土地的用途和使用的主要性质分类。但由于小城镇一方面与城市相比，规模要小得多，土地用途和使用性质没有城市复杂，另一方面小城镇量大、面广，东、中、西部不同地区小城镇经济发展差别很大；更由于小城镇按其功能划分有许多不同类别，不同类别小城镇，如工业型、工贸型小城镇与旅游型、商贸型小城镇在对小城镇土地用途和使用性质上会有不同要求，并有较大差别。而村镇标准不包括县城镇，一些有条件小城镇，主要是县城镇、中心镇远期有可能上升为中、小城市，所以这部分的规划还有一个与城市规划如何更好相衔接的问题，也即涉及到适用于这部分小城镇的相关标准与城市相关标准的衔接问题，同样也有一个与村镇相关标准的衔接，这一些也就是本标准所要考虑的侧重点，也是小城镇用地分类与城市、村镇既有共同之处又有不同之处的原因所在。

**3.0.2** 规定小城镇用地的类别应采用字母与数字结合的代号表示，代号并可用于小城镇规划的图纸和文件。

此条同城市、村镇相关标准。

**3.0.3** 提出小城镇用地分类体系，并对小城镇用地分类和代号作出内容解释和相关规定。

2001年中国城市规划设计研究院、中国建筑设计研究院、沈阳建筑工程学院完成的小城镇规划标准研究提出小城镇用地分类体系划分9大类28小类。本标准（建议稿）按任务书要求，为更好适应小城镇总体规划与土地利用规划的需要，并从基于小城镇规模较小，规划宜适当细一点以及同时适应镇域用地规划的需要考虑，提出小城镇用地划分10大类（其中9大类为建设用地）、38中类。中类是主要在原2001年小城镇建设用地标准制订及节约用地途径研究提出的28个小类基础上，结合本标准研究和国土资源部相关分类等增加的。

值得指出：

（1）小城镇总体规划主要考虑上述大类和中类。

（2）小城镇用地分类中的几种情况说明：

1）土地使用性质单一时，可明确某一分类。

2）一个单位的用地内，兼有两种以上性质的建筑和用地时，要分清主从关系，按其主要使用性能归类。如镇区工厂内附属的办公、招待所等不独立对外时，则划为工业用地；中学运动场，晚间、假日为居民使用，仍划为教育机构用地；镇属体育场兼为中小学使用，则划为文体科技用地。

3）一幢建筑内具有多种功能，该建筑用地具有多种使用性质时，要按其主要功能的性质分类。

4）一个单位或一幢建筑具有两种使用性质，而不分主次时，采用一是在平面上按可划分地段界线分别归类；二是若在平面上相互重叠，不能划分界限，则按地面层的主要使用性能，作为用地分类的依据。

**3.0.4** 提出划分商业金融用地、道路用地、水域、农村用地、草地和养殖用地、未利用地中类的27个小类。

划分上述小类，主要是适应编制小城镇土地利用规划的需要，同时考虑有利小城镇其他规划与小城镇土地利用规划的衔接、协调。

小城镇用地分类内容主要考虑小城镇特点和实际情况，以及小城镇与城市、村镇之间，小城镇总体规划与土地利用规划之间的衔接、协调。

# 4 小城镇用地计算

**4.0.1** 提出小城镇现状和规划用地统计计算范围。

以往规划统计用地中，现状用地多按建成区范围统计，而规划用地则按规划范围统计，由于建成区与规划区范围不同，统计范围不一致，不能确切反应新增建设用地的使用功能和变化情况。

本条规定小城镇现状用地和规划用地统一按规划范围进行统计，有利对规划期内规划范围土地利用的变化进行分析比较，也有利规划方案的比较。

**4.0.2** 强调分片布局的小城镇用地应先分片统计，然后汇总。

对于分片布局的小城镇了解分片用地对小城镇整体规划、分片规划都是必需的，因此，强调先分片统计计算用地再汇总是必要的。

**4.0.3** 规定小城镇用地面积的计算要求和计量单位，以及根据图纸比例尺寸确定统计的精确度。

小城镇用地面积应按平面图测算。山地、坡地应按平面投影面积计算，而不以表面积进行计算。

**4.0.4** 规定小城镇总体规划用地的数据计算格式要求。

小城镇用地计算统一表式，以利不同小城镇用地间的对比分析。

**4.0.5** 规定小城镇土地利用规划的土地计算应考虑用地分类的小类。

此条规定与3.0.4用地分类条款一致。

## 5 规划建设用地选择及标准

### 5.1 一般规定

**5.1.1** 规定小城镇规划建设用地指标的基本组成要求。

小城镇建设用地主要通过建设用地指标控制。小城镇建设用地指标与科学、合理用地、节约用地与投资、优化环境直接相关。

小城镇规划建设用地标准不但应包括反映合理、节约用地的量化标准，还应包括反映规划建设合理性的定性标准。指标通常应包括人均建设用地指标、基本建设用地构成比例和建设用地选择。

人均建设用地指标主要用于按小城镇人口规模、控制小城镇规划用地规模。

建设用地构成比例是人均建设用地标准的辅助指标，直接反映规划用地内容各项用地比例的合理性。小城镇应根据不同情况，调整各类建设用地比例，使其能够满足合理的比例要求。

建设用地选择是小城镇建设用地择优选择的标准规定要求，直接反映建设用地选择的合理性。

### 5.2 人均建设用地指标

**5.2.1** 规定小城镇人均建设用地指标计算及其相关人口计算和用地计算的基本要求。

关于相关人口计算，本条款提出以常住人口数为准，主要参照城市和村镇相关标准的目前有关规定。小城镇镇区的常住人口和流动人口与城市有较大差别，不同地区小城镇也有较大差别，涉及的相关部门和政策较多，问题也比较复杂，对此有关部门仍在研究中。

**5.2.2** 提出小城镇人均建设用地指标选择的基本原则要求。

我国小城镇量大面广，小城镇既不同于城市，又不同于村庄、集镇。不但不同地区小城镇自然环境、生产条件、风俗习惯、经济社会发展差别很大，而且由于长期缺乏规划指导，自发建设，造成全国小城镇现状人均建设用地水平差异很大，如果不按标准在规划建设中严格控制，一些用地存在问题较大的小城镇很难在规划期内，建设用地能够合理调整。因此，一方面是必须制订小城镇用地标准，另一方面根据自1999年开始的几个相关课题研究的大量有代表性小城镇及规划调查研究分析，同时综合专家意见，认为鉴于我国小城镇具体情况和特点，很难制定一个统一人均用地指标适用全国小城镇，特别是地多人少的西部一些边远地区小城镇和山地小城镇；而目前北京、广东、湖北、浙江、河南、深圳等一些省、市都已经制定或着手制定相关标准和导则，在不同地区小城镇用地差别很大的情况下，提出省、直辖市、自治区必要的地方标准可对本条规定的技术指标作适当调整，以更适合一些省、直辖市、自治区小城镇的实际情况。本条基于几个相关课题研究，提出全国层面小城镇人均用地指标编制的技术性指导依据。

## 5.3 建设用地构成比例

**5.3.1** 规定小城镇规划基本建设用地的居住用地、公共设施用地、道路广场用地及绿化用地中公共绿地占建设用地比例的基本要求。

建设用地比例是小城镇建设用地指标组成之一，小城镇规划应调整各类建设用地的构成比例以求用地合理。本条是1999年以来中国城市规划设计研究院主持的几个相关课题在大量有代表性小城镇调研和规划建设实例的用地资料分析基础上，本课题研究又征询了22个省、直辖市、自治区，100多个规划标准使用部门、单位意见，并在综合专家意见后对原相关比例作出适当修改。同时，也进一步确认表5.3-1小城镇四类用地所占比例具有的一定规律性。上述四类用地比例在确保小城镇规划建设用地结构合理性上能起到重要作用，而其他类用地比例由于不同地区特别是不同类别小城镇差异和变化幅度大，而按不同情况分别确定为宜。

**5.3.2** 提出通勤人口和流动人口较多的县城镇、中心镇和商贸型小城镇公共设施所占比例可选表5.3-1规定幅度内的较大值。

上述小城镇公共设施服务由于跨镇域辐射范围大，服务人口多，其规模较大，因此公共设施所占比例较大是合适的。

**5.3.3** 提出风景旅游型小城镇公共绿地所占比例可大于表5.3-1的规定。

风景旅游型小城镇一般来说，山、水、林、园自然景观条件优越，而且规划建设对绿化和公共绿地要求也更高，所以提出本条规定是合适的。

**5.3.4** 提出非工业型、旅游型小城镇生产设施占建设用地比例的一般控制要求。

我国较多小城镇生产设施用地占有一定比例，但不同类别小城镇对生产设施用地要求差别可能会很大，如同5.3.1条文解释这一类用地所占比例宜按不同情况分别确定。同时，考虑到节约用地要求和综合专家意见，认为小城镇生产设施用地所占比例还是应该有一个控制要求。本条采取对相关用地差别相对小一些的一般小城镇生产设施用地占建设用地比例，在相关调查比较分析基础上提出一定幅度的控制指标是可以的，而上述相关用地差别较大的工业型、旅游型小城镇则按5.3.1条原则按不同情况分别确定也是必需的。

## 5.4 建设用地选择与平衡

**5.4.1～5.4.4** 提出小城镇建设用地选择的基本原则要求。其中：

**5.4.1** 本条为符合地质条件和用地适宜性评价的基本要求。本条与确保小城镇规划建设选址的安全要求关系十分密切，因此更为重要。

**5.4.2** 本条为区位、自然条件、交通运输条件、建设投资、环境质量等技术经济比较选定的基本要求。

**5.4.3** 本条为节约用地、保护农田、建设条件等方面的基本要求。

**5.4.4** 本条为用地选择避免被铁路、重要公路和高压输电线路穿越的基本要求。

**5.4.5～5.4.6** 提出小城镇建设用地平衡相关的基本原则要求。其中：

**5.4.5** 对有其工业特别优势的工业型小城镇开发区或其区域工业基地提出单独用地占补平衡，但同时强调省、地级市城市规划行政主管部门和国土行政主管部门的监督审批作用，以既严格用地控制，又有利产业发展。

**5.4.6** 提出完全旅游型小城镇不宜安排工业用地的规定。

对于生态条件十分优越，自然景观等旅游资源十分丰富的可完全以旅游为主导产业的小城镇不需安排工业用地，更不应考虑有损环境的工业用地（我们在课题相关调研中发现较多存在此类问题），其不适宜发展的工业应整合到相邻或所在城镇区域的工业型小城镇，并在小城镇区域用地平衡中考虑上述因素是适宜的。

## 6 土地用途分区

### 6.0.1 提出土地用途区的划分和基本要求

根据土地用途管制的需要，按照土地主导用途划分土地用途区，其命名主要依据管制目的，如为加强基本农田保护和管制，划分以基本农田为主导用途的土地用途区，并命名为基本农田保护区，其他如此类推。

从我国目前土地用途管制和土地管理的实践要求出发，大致可以划分 11 种土地用途区。在小城镇规划编制中，各地可根据实际情况和需要，划出其中几种，亦可根据情况，作适当归并。特别需要说明的是，其他用途区是在其他 10 种土地用途区之外，根据实际需要划分的，并不要求必须划分其他用途区，且其命名要根据具体目的，如水源地保护区等。

土地用途区的划分主要根据土地用途管制的需要，并不一定要在土地上全覆盖。

### 6.0.2 提出可根据实际情况划分土地利用二级区

如在林地面积较大并以生态保护为主要目的地方，可在林业用地区内划分生态林区；在牧业用地区内可划分基本草地保护区；在城镇面积较大的地方也可根据需要划分城镇近期建设用地区等等。

### 6.0.3 规定土地用途区管制规则

划分土地用途区后，根据土地用途管制的要求，规定土地用途管制基本规则。

# 小城镇土地资源现状调查与评价技术研究

## 1 我国小城镇土地资源现状

### 1.1 我国小城镇用地现状

近年来,我国小城镇发展速度加快,用地数量也在不断增加。但由于统计部门和统计口径不一,目前尚缺乏统一的小城镇用地面积数据。根据建设部门统计资料,2004 年,全国共有建制镇(不含县城关镇)17785 个,镇区用地面积 2236030 公顷,镇区平均用地 125.73 公顷,镇区人均用地面积 155.26$m^2$(详见表1)。

全国建制镇用地概况　　　　　　　　　　表1

| 年份 | 建制镇数量（个） | 镇区用地面积（$hm^2$） | 镇区人口（万人） | 镇均用地面积（$hm^2$/镇） | 人均用地面积（$m^2$/人） |
|---|---|---|---|---|---|
| 1990 | 10126 | 825083 | 6114.92 | 81.48 | 134.93 |
| 1991 | 10309 | 870498 | 6551.81 | 84.44 | 132.86 |
| 1992 | 11985 | 974888 | 7225.1 | 81.34 | 134.93 |
| 1993 | 12948 | 1118673 | 7861.93 | 86.4 | 142.29 |
| 1994 | 14293 | 1188071 | 8669.72 | 83.12 | 137.04 |
| 1995 | 15043 | 1386292 | 9295.91 | 92.16 | 149.13 |
| 1996 | 15779 | 1437306 | 9852.89 | 91.09 | 145.88 |
| 1997 | 16535 | 1553221 | 10440.39 | 93.94 | 148.77 |
| 1998 | 17015 | 1629690 | 10919.89 | 95.78 | 149.24 |
| 1999 | 17341 | 1675298 | 11635.48 | 96.61 | 143.98 |
| 2000 | 17892 | 1819797 | 12267.58 | 101.71 | 148.34 |
| 2001 | 18090 | 1971536 | 12979.98 | 108.98 | 151.89 |
| 2002 | 18375 | 2032391 | 13663.56 | 110.61 | 148.75 |
| 2004 | 17785 | 2236030 | 14402.08 | 125.73 | 155.26 |

从表1可以看出,十余年来,我国小城镇(不含县城关镇)数量从1990年的10126个发展到2004年的17785个,增加了75.6%;镇区用地总面积由825038公顷增加到2236030公顷,增加了171.0%;镇区平均用地面积由81.48公顷增加到125.73公顷,增加了54.3%;人均用地面积由134.93$m^2$增加到155.26$m^2$,增加了15.1%。小城镇及其用地增长趋势分别见图1、图2。

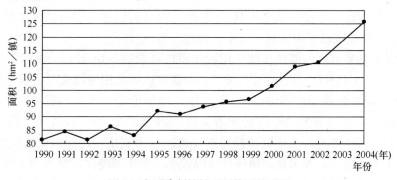

图1　全国建制镇镇区平均用地面积

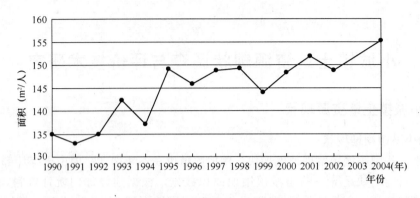

图 2 全国建制镇镇区人均用地面积

我国东中西部地区城市化发展水平存在差异，根据建设部统计资料分析，从建制镇发展数量上看，东部地区占 44％，中部地区占 31％，西部地区占 25％。东中西部地区建制镇用地水平也有不同（详见表 2 和图 3、图 4）。

东中西部地区建制镇用地概况　　　　　　　　　　　　　表 2

| 年份 | 镇区平均用地面积（hm²） | | | 人均用地面积（m²/人） | | |
|---|---|---|---|---|---|---|
| | 东部 | 中部 | 西部 | 东部 | 中部 | 西部 |
| 1990 | 79.15 | 104.89 | 46.63 | 124.83 | 167.7 | 95.11 |
| 1991 | 82.81 | 105.54 | 50.05 | 126.9 | 156.3 | 91.24 |
| 1992 | 85.37 | 105.89 | 39.07 | 131.05 | 161.67 | 90.31 |
| 1993 | 86.79 | 104.83 | 41.04 | 133.18 | 161.04 | 90.33 |
| 1994 | 91.36 | 104.5 | 39.82 | 139.39 | 157.86 | 91.25 |
| 1995 | 99.75 | 108.49 | 52.02 | 151.46 | 154.58 | 113.32 |
| 1996 | 96.56 | 109.17 | 51.39 | 146.38 | 157.81 | 111.87 |
| 1997 | 101.14 | 111.88 | 53.04 | 151.89 | 159.79 | 112.34 |
| 1998 | 103.44 | 112.82 | 54.12 | 151.63 | 160.16 | 111.99 |
| 1999 | 110.89 | 113.54 | 55.94 | 152.19 | 159.13 | 110.74 |
| 2000 | 119.16 | 105.74 | 74.15 | 154.31 | 144.41 | 141.96 |
| 2001 | 127.71 | 109.64 | 86.1 | 154.48 | 145.44 | 155.47 |
| 2002 | 133.87 | 112.24 | 82.88 | 152.41 | 145.05 | 146.93 |
| 2004 | 167.40 | 124.21 | 73.56 | 171.73 | 149.05 | 120.16 |

从表 2 和图 3、图 4 可以看出，在建制镇镇区用地规模上，总体看来，中部地区每个建制镇镇区用地规模大约比东部地区高 10 公顷，但目前已基本相等，镇区平均用地规模 110 多公顷。西部地区镇区用地规模较小，目前只有 50 多公顷，为东中部地区的一半。从东中西部地区本身来看，东部地区镇区用地规模扩展较快，由 1990 年的 79.15 公顷扩展到 2004 年的 167.40 公顷，增加了 111.5％；中部地区镇区用地规模发展较平稳，从 1990 年的 104.89 公顷扩展到 2004 年的 124.21 公顷，增加了 18.4％；西部地区镇区用地规模也有一定扩展，从 1990 年的 46.63 公顷增加到 2004 年的 73.56 公顷，增加了 57.8％。由此可以说明，我国中部地区土地资源相对东部地区较为宽裕，建制镇镇区规模一直较大。东部地区人地矛盾突出，原来建制镇镇区规模较小，但东部地区经济发展较快，小城镇建设和发展迅速，其建制镇镇区规模也已赶上了中部地区。西部地区虽然可以说是地广人

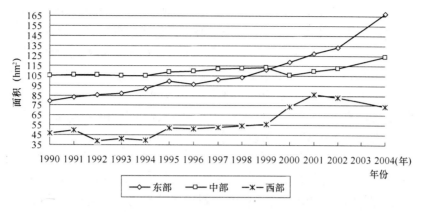

图 3　我国东中西部地区建制镇镇区平均用地面积

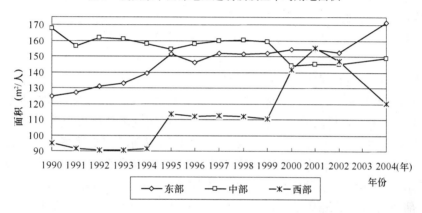

图 4　我国东中西部地区建制镇镇区人均用地面积

稀，但由于经济发展落后，城镇化水平低，建制镇镇区用地规模较小。

从建制镇镇区人均用地面积状况看，与镇区用地规模相似，也呈现出中部地区建制镇镇区人均用地面积大，东部地区次之，西部地区较小的特点。其中，中部地区镇区人均用地面积一直在 160m² 左右；东部地区镇区人均用地面积由 1990 年的 124.83m² 增加到 2004 年的 171.73m²，增加了 37.6%；西部地区镇区人均用地面积由 1990 年的 95.11m² 增加到 2004 年的 120.16m²，增加了 26.3%。东部地区随着镇区面积的快速外延，镇区人均用地面积也在较快增大。东部和中部地区的镇区人均用地面积达 150～160m²，即超过了我国现行的城市人均建设用地最高 120m² 的规划标准，也超过了村镇人均建设用地最高 150m² 的规划标准。

## 1.2　小城镇用地存在的主要问题

近几年来，随着我国工业化、城市化进程的加快，乡镇企业的异军突起，小城镇得到了迅速发展。与此同时，也出现了耕地锐减、用地效益低下等现象。据调查，大部分小城镇发展都是在增量土地上进行的，而且在这些小城镇新区中，大部分用地是通过征用小城镇周围的优质耕地而建成的，由此造成了小城镇发展中土地利用的许多问题。

（1）用地粗放，盲目扩张

由于缺少有效的节约用地和合理的调控、约束手段，小城镇土地长期不能被作为一种重要的经济资源来对待，过多采用粗放式外延扩张的用地模式，不合理地占用和浪费土地现象十分普遍，出现了多征少用，多占少用，早征迟用，甚至征而不用，占而不用，好地劣用的粗放性用地模式，极大地浪费了土地资源。这种只进行外延平面式扩张，忽视内涵立体的综合开发与利用的土地利用方式，使小城镇建设用地总量和人均水平都有了较大幅度的提高。2004年全国建制镇镇区用地总面积2236030公顷，是1990年825038公顷的2倍多。一些小城镇原来一般不足1km², 不到几年时间，就发展到1~2km², 有的发展到3~4km²。南方某市有一个城镇，总人口为2700人，总面积143km², 原有镇区面积0.6km², 居然规划到2010年，把镇区面积扩大到50km², 即用10年的时间把辖区内35%的土地"化"为城镇❶。另据联合国开发计划署（UNDP）"中国小城镇可持续发展"项目专家对湖北漯口、安徽荻港和浙江新登三个试点镇的考察，三镇现有镇区面积均在2km²以上，但根据其修编的土地利用总体规划和建设规划，三镇的规划面积分别是现有镇区面积的8.5倍、3.6倍、2.6倍。以其小城镇整个镇域现有人口和人口自然增长率以及每年吸纳外来人口估算，再加上基础设施建设的压力及考虑保护耕地的重要性等，专家认为这是一个缺乏依据的规划。最后通过各方专家讨论，三个镇都修订了规划，除新登外，规划区面积压缩了50%~60%❷。

小城镇用地粗放还表现在人均用地面积过大。根据《城市用地分类与规划建设用地标准》（GBJ 137—90）和《村镇规划标准》（GB 50188—93），城市人均建设用地指标分为4级，最低的每人60m², 最高的每人120m²。村镇人均建设用地指标分为5级，最低的每人50m², 最高的每人150m²。然而大多数城市在编制规划时都是就高不就低，根据现状人均建设用地水平所允许的调整幅度也都是只取上限，不取下限，造成人均建设用地指标增幅过大，使城镇用地规模急剧扩张。从上述分析看，1999年我国建制镇人均用地面积144m², 东部地区和中部地区达150~160m²。在全国31个省、直辖市和自治区中，有50%以上的省份（直辖市、自治区）建制镇人均用地面积在150m²以上，其中内蒙古、黑龙江、辽宁、海南、吉林等7个省、直辖市、自治区建制镇人均用地面积在200m²以上（详见表3）。

另据江苏省调查，江苏人多地少，属建设用地偏紧的省份。根据规定，全省小城镇人均占地标准应为二、三级，即人均60~80m²和80~100m²。从江苏经济发达增长较快的实际出发，将全省小城镇建设的远期规划标准定为上限100m²。但实际情况是，改革开放以来苏南乡镇工业的崛起推动了乡镇建设的快速发展，许多乡镇建成区面积翻了两番，而地理形势决定了城郊的大量优质农田被蚕食。

**全国省份建制镇人均用地面积分组情况** 表3

| 人均用地面积 (m²) | <100.0 | 100.0~120.0 | 120.1~150.0 | 150.1~180.0 | 180.1~200.0 | >200.0 | 合　计 |
|---|---|---|---|---|---|---|---|
| 省份个数 | 6 | 3 | 6 | 7 | 2 | 7 | 31 |
| % | 19.4 | 9.7 | 19.4 | 22.6 | 6.5 | 22.6 | 100.0 |

（2）用地结构不合理，土地利用效率低

---

❶ 严金明，蔡运龙：小城镇发展与合理用地，《农业经济问题》，2000.1。
❷ 叶剑平：建立小城镇土地可持续发展利用新机制，《中国土地》，2000.4。

城市和小城镇各类用地应有一个合理的结构比例。我国《城市用地分类与规划建设用地标准》规定，编制和修订城市总体规划时，居住工业、道路广场和绿地四大类用地占建设用地的比例应符合表4。同时，据有关资料表明，国外城市用地理想结构如表5❶。

**城市规划建设用地结构**　　　　　　　　　　　　　　　　　　　　　　　表4

| 类别名称 | 占建设用地的比例（%） | 类别名称 | 占建设用地的比例（%） |
|---|---|---|---|
| 居住用地 | 20～32 | 道路广场用地 | 8～15 |
| 工业用地 | 15～25 | 绿地 | 8～15 |

**国外城市用地理想结构**　　　　　　　　　　　　　　　　　　　　　　　表5

| 用地种类 | 工 业 | 商业服务业 | 住 宅 | 交 通 | 市 政 |
|---|---|---|---|---|---|
| 比重（%） | 15～17 | 15～20 | 20～25 | 18～20 | 10～12 |

我国小城镇用地结构缺乏统一规定，用地结构随意性很大，由于各地情况不同，小城镇用地结构也有较大差别。普遍存在的问题是：工业用地和居住用地比重过大，公共设施用地和绿化用地比重偏小，城镇布局分散，道路建设不规范，建筑布局零乱等。

例如，据有关调查，某些小城镇现状用地中，居住用地约占60%左右，公共设施用地约占10%，生产性用地约占7%，道路用地约占12%，其他为绿地、空闲地、坑塘等。从这个结构看，公共设施用地和生产用地占的比例偏低，居住用地偏高，绿地太少。一定的用地结构反映了一定社会经济的发张水平，即从发展的眼光看，一些公共服务设施还不完善，工业生产落后，生态环境较差。

另据深圳市的小城镇用地情况统计，深圳市的宝安区与龙岗区19个小城镇的建成区总用地中，工商用地高达53%；住宅用地占38%；而公建用地只有9%，最低的镇仅4.4%，人均公建用地只有6.8m$^2$。这是在没有统一规划的情况下造成的不合理的用地结构。利润率高的工商、住宅用地大量开发，而没有公建用地的很好配套。在这些城镇中，公共设施和基础设施极端缺乏，供排水系统只有少数镇中心区有，污水和垃圾处理设施基本没有，公共绿地、公共图书馆和公共体育场馆都没有，甚至连电影院、医院都极少❷。

此外，小城镇内部用地布局零碎，功能分区混乱，土地利用无序。从土地用途看，有工业、仓储、教育、公司、行政、商业服务、市政交通、商住和其他类型，相互混杂，布局不合理。从土地利用空间看，工业、行政、商业、交通、仓储等各类土地相互穿插、交错，相互影响和干扰。

（3）乡镇企业分散，用地浪费

城市大工业对农村剩余劳动力排斥和分割的户籍制度、福利制度等尤其是我国的农村土地集体所有制严格的将大量农民限制在农村，"离土不离乡"的乡镇企业应运而生，但这也从一开始就决定了乡镇企业不能以集聚的方式进入城镇。所有制分割使得集体办的乡镇企业在发展中乡办乡有，村办村有，各自在其范围内布点办企业，直接造成了乡镇企业的过度分散。国家统计局曾经调查的结果表明，乡镇企业办在村里的占92%，办在镇上的只占7%，办在县城里的仅占1%。特别是东南沿海经济发达地区，乡镇企业、村庄和小

---

❶ 李云才：《小城镇经济学概论》，湖南人民出版社，2000.11。
❷ 孟晓晨：小城镇发展中的土地利用及管理问题探讨，《中国土地科学》，1996.5。

城镇尤如满天散落的星斗。以江苏省江阴市为例。1996年镇办工业单位数811个，村办2317个，平均每个镇28个镇办企业，80个村办企业，这还不包括散布在各镇各村的私营小企业。这种分散布局增加了乡镇企业对道路、供水、供电、供气等基础实施占地的总体需求。据有关专家调查测算，由于分散建设这个主导因素，乡镇企业人均用地比城市职工多出了3倍以上，这无疑加大了江苏人多地少的矛盾[1]。

另外，乡镇企业内部的土地利用率也不尽人意，乡镇企业用地大多数超过产业用地标准。例如，在厂区内兴建工厂小花园、亭台楼阁以及其他服务性保障用地都进一步扩大了占地面积。一些乡镇企业关停下马造成土地闲置等。据调查，江苏省每个乡镇企业平均占地10.9亩，实际利用率为75%，用地较粗放。

目前，乡镇企业向小城镇集中仍是有许多困难：一是投入渠道少。国家财政投入小城镇建设的资金每年只有5000万元，各省财政的投入平均每年也只有1000万元，远远不能满足小城镇建设的需要，因此小城镇不得不向进驻的乡镇企业收取有关费用，造成"门槛"过高。二是土地政策的制约。三是小城镇规划滞后。

(4) 环境污染严重，土地利用综合效益差

我国小城镇建设和发展过程中的一个突出问题是环境污染得不到有效治理。当前小城镇的环境污染主要来自两方面，一是工业污染；二是生活污染。由于当前小城镇的产业结构普遍层次较低，越来越多的耕地被高能耗、高污染、劳动密集型的工业占用，工业污染正在加重，逐渐成为主要的污染源。加上农民的乱扔垃圾的习惯和管理不到位，如今不少小城镇到处都可见垃圾遍地、蚊蝇到处飞的景象，出现了"房子越来越漂亮，村子越来越肮脏"的奇怪现象。

同时，我国小城镇土地开发利用没有按照经济效益、社会效益与环境效益相统一的要求来选择产业配置，一些地方偏好于新区的开发，对旧城改造和城镇土地的再利用缺乏足够的人、财、物的投入，对城镇规划和城镇土地利用计划的实施缺乏硬约束，造成城镇功能的分区与城镇土地的实际用途不相契合，无法体现出综合效益。

(5) 土地利用管理政策法规不完善

目前，小城镇土地利用管理政策法规有许多不完善之处，主要包括：

第一，土地规划衔接政策。首先是城镇总体规划与土地利用规划没有衔接好。例如，以城镇总体规划的规划审批代替土地利用总体规划的建设用地审批，其直接后果是违法用地，查处起来很困难；城镇总体规划与土地总体规划的着眼点存在差异。城镇总体规划的着眼点是提高城镇化水平，推进城镇化发展，因而偏重于增大城镇数量，扩大城镇规模，强调外延发展。而土地利用总体规划着眼于保护耕地，节约用地，控制城镇规模，强调内涵挖潜。其次是与基本农田保护区规划没有衔接好。例如，小城镇用地规模过大，对保护耕地不利，小城镇用地规模过小，则不利于城镇化水平的提高，不能形成有规模的聚集效应。另外，有的地方基本农田保护区面积划定不切实际，保护率90%甚至95%以上，没有发展余地等。更主要的是城镇空间是集中成片，而土地利用规划中基本农田的布局是分散的，按照行政区划分割的，这与城镇空间的选择必然产生矛盾。

---

[1] 余庆年：江苏小城镇用地问题及对策，《中国土地》，2000.2。

第二，土地供应政策。一是用地主体多元化与供地方式单一化的矛盾，供地方式单一化制约了外来人员对用地的需求，影响城镇化的发展；二是城镇供地数量有限与城镇居民建房用地需求猛增的矛盾；三是个别小城镇加速发展与建设用地指标不足的矛盾；四是单一的供地方式激化了城郊集体土地的非法交易。

第三，宅基地使用政策。小城镇发展中，宅基地的管理使用是土地政策的一个很重要的内容。当前的主要问题有：一是一户两基问题，不少进镇的农民由于不同原因至今仍保留农村的旧宅基地；二是小城镇上的老居民和新迁入的居民新建住宅宅基地的使用面积标准问题；三是城镇居民购买城郊农户住房问题，一些本地居民和外来务工经商者购买城郊农户住房虽然未曾到土地部门办理手续，但却都办理房产过户手续，形成了"房产交易合法，土地交易非法"的被动局面；四是农民进镇建房用地成本太高问题。

第四，承包地去留政策。农民进镇后，是允许保留承包地还是应该放弃承包的土地，保留承包地怎样交纳有关提留税费，放弃承包地是否应该进行补偿，以及怎样进行补偿。进镇农民承包地流转制度的建立等问题。

第五，土地置换政策。土地置换包括权属和非权属性置换两大类。从运作的情况看，目前存在以下几个问题：一是置换的范围不明确，哪些单位和个人用地可以置换，哪些土地不可以置换，目前的政策规定相当含糊，各地做法也极不统一。二是置换的内涵不明确，例如进镇农民原有的宅基地可否置换镇上的国有土地，置换后的土地还要不要缴纳土地补偿费等。三是置换的程序不清楚。四是土地置换后的产权界定问题。

第六，土地收益分配政策。土地收益分配政策是加强土地管理、切实保护耕地的一个经济手段。但现行土地分配收益不利于小城镇的发展，主要问题：一是新增建设用地的土地有偿使用费留成比例不合理，土地所在地的小城镇土地有偿使用费留成比例及留与不留没有明确规定；二是土地出让金等有偿使用收益按有关规定只可用于城市的基础设施建设，没有留给镇级财政，没有规定可用于小城镇的有关建设；三是如耕地开垦费、闲置土地费等其他土地收益分配也存在不少问题。

小城镇用地存在的上述问题，必然制约和影响着小城镇建设与发展。因此，需要认真研究，采取政策、法律、经济、行政、技术等多项措施，逐步加以解决。

## 2 小城镇土地资源评价技术

### 2.1 小城镇用地条件评定与用地选择

小城镇建设用地的条件评定是在调查收集各项自然环境条件、建设条件等资料的基础上，按照规划与建设的需要，以及整备用地在工程技术上的可能性与经济性，对用地条件进行综合的质量评价，以确定用地的适用程度，为小城镇发展用地的选择与功能组织提供科学的依据。

用地条件评价包括多方面的内容，主要体现在用地的自然环境条件、建设条件和其他条件（如社会、经济等条件）等三方面。这三方面条件的分析与评价不能孤立地进行，必须用全面、系统的思想和方法综合做出。

#### 2.1.1 自然环境条件分析与评定

（1）自然环境条件分析

自然环境条件与城镇的形成与发展关系十分密切，它不仅为城镇建设提供了必需的用地条件，同时也对城镇布局结构形式和城镇功能的健康运转起着很大的影响作用。城镇建设用地的自然环境条件分析主要在工程地质、水文、气候和地形等几个方面进行，见表6。

自然环境条件对规划建设的影响分析表　　　　　　表6

| 自然环境条件 | 分析因素 | 对规划与建设的影响 |
| --- | --- | --- |
| 地　质 | 土质、风化层、冲沟、滑坡、溶岩、地基承载力、地震、崩塌、矿藏 | 规划布局、建筑层数、工程地基、防震设计标准、工程造价、用地指标、城镇规划、工业性质 |
| 水　文 | 江河流量、流速、含沙量、水位、洪水位、水质、水温，地下水水位、水量、流向、水质、水温、水区、泉水 | 城镇规模、工业项目、城镇布局、用地选择、给排水工程、污水处理、堤坝、桥涵、港口、农业用水 |
| 气　候 | 风象、日辐射、雨量、湿度、气温、冻土深度、地温 | 城镇工业分布、居住环境、绿地、郊区农业、工程设计与施工 |
| 地　形 | 型态、坡度、坡向、标高、地貌、景观 | 城镇布局与结构、用地选择、环境保护、道路网、排水工程、用地标高、水土保持、城镇景观 |
| 生　物 | 野生动植物种类、分布，生物资源，植被，生物生态 | 用地选择、环境保护、绿化、郊区农副业、风景规划 |

**1）工程地质条件**

①建筑土质与地基承载力。在小城镇建设用地范围内，由于地层的地质构造和土质的自然堆积情况存在差异，加之受地下水的影响，地基承载力大小相差悬殊。全面了解建设用地范围内各种地基的承载能力，对城镇建设用地选择和各类工程建设项目的合理布置以及工程建设的经济性，都是十分重要的。此外，有些地基土质常在一定条件下改变其物理性质，从而对地基承载力带来影响。例如湿陷性黄土，在受湿状态下，由于土壤结构发生变化而下陷，导致上部建设的损坏。又如膨胀土，具有受水膨胀、失水收缩的性能，也会造成对工程建设的破坏。选择这些地段进行城镇建设时，应妥善安排建设项目，并采取相应的地基处理措施。

②地形条件。不同的地形条件，对小城镇规划布局、道路的走向和线型、各项基础设施的建设、建筑群体的布置、小城镇的形态、轮廓与面貌等，都会产生一定的影响。结合自然地形条件，合理规划小城镇各项用地和各项工程建设，无论是从节约土地和减少平整土石方工程投资，还是从管理、景观等方面来看，都具有重要的意义。

从宏观尺度说，地形一般可分为山地、丘陵和平原三类；在小地区范围，地形还可进一步划分为多种形态，如山谷、山坡、冲沟、盆地、谷道、河漫滩、阶地等。为了便于城镇建设与运营，多数城镇选择在平原、河谷地带或低丘山岗、盆地等地方修建。平原大都是沉积或冲积地层，具有广阔平坦的地貌，建设城镇较为理想；山区由于地形、地质、气候等情况较为复杂，城镇布局困难较多；丘陵地区当然也可能有一些棘手的工程问题，但在一些低丘地区，若能恰当地选择用地、合理布局，也可以取得良好的效果。

就小城镇各项工程设施建设对用地的坡度要求来说，如在平地一般要求不小于0.3%，以利于地面水的汇集、排除；但在山区若地形过陡则将出现水上冲刷等问题，对道路的选线、纵坡的确定及土石方工程量的影响尤为显著，一般认为坡度大于20%的地区不宜作为城镇建设用地。

对丘陵地区或山区中地形比较复杂的城镇，地形分析是一项重要工作。为直观、简洁地表达、分析地形特点，可以采取比较简单的地貌分析法在图纸上进行这项工作：

将原地形图的等高线加以简化，以便对地形的主要特点有一个了解；

按照建设用地分类规定的坡度，划出各类用地坡度的范围；

分析地形的空间特点，标明制高点、分水脊线、沟谷、洼地，以及分析景观视野角度范围等。

③冲沟。冲沟是由间断性流水在地层表面冲刷形成的沟槽。冲沟切割用地，使土地的使用受到影响，需要增加工程设施及投资。尤其在冲沟发育地区，水土流失严重，往往损害耕地、建筑、道路和管道，给工程建设带来困难。所以规划前应弄清冲沟的分布、坡度、活动状况，以及冲沟的发育条件，以便规划时尽可能避免此类用地或及时采取必要的治理措施，如对地表水导流或通过绿化、保护水土等方法防止水土流失。

④滑坡与崩塌。滑坡是由于斜坡上大量滑坡体（土体或岩体）在风化、地下水以及重力作用下，沿一定的滑动面向下滑动而造成的，常发生在山区或丘陵地区。因此，山区或丘陵地区的城镇，在利用坡地或紧靠崖岩进行建设时，需要了解滑坡的分布及滑坡地带的界线、滑坡的稳定性状况。不稳定的滑坡体本身，处于滑坡体下滑方向的地段，均不宜作为城镇建设用地。如果无法回避，必须采取相应工程措施加以防治。崩塌的成因主要是由山坡岩层或土层的层面相对滑动，造成山坡体失去稳定而塌落。当裂隙比较发育，且节理面顺向崩塌方向时，极易发生崩落。另外，不恰当的人工开挖，也可能导致坡体失去稳定而造成崩塌。

⑤岩溶。地下可溶性岩石（如石灰岩、盐岩等）在含有二氧化碳、硫酸盐、氯等化学成分的地下水的溶解与侵蚀之下，岩石内部形成空洞（地下溶洞），这种现象称为岩溶，也叫喀斯特现象。地下溶洞有时分布范围很广、洞穴空间高大，若工程建筑物和水工构筑物不慎选在地下溶洞之上，其危险性是可以想见的。特别是有的岩溶发生在地下深处，在地面上并不明显。因此，小城镇规划时要查清溶洞的分布、深度及其构造特点，而后确定小城镇布局和地面工程建设的内容。条件适合的溶洞，还可以考虑作为城镇库房或游览场所。特别需要指出的是，因矿藏开采而形成的地下采空区，犹如地下空洞，不仅对地面的建筑和设施的荷载有限制，严重时会使地面塌陷。因此矿区附近的小城镇，在规划布局和建设时应高度重视地质条件的勘察和分析，避免采空矿层对地面建设的不利影响。

⑥地震。地震是一种自然地质现象，对城镇建设有极大的危害性。我国又是地震多发区，所以在进行地震设防地区的小城镇规划时，要高度重视、充分考虑地震的影响。由于大多数地震是由地壳断裂构造运动引起的，因此了解和分析当地的地质构造非常重要。在有活动断裂带的地区，最易发生震害；而在断裂带的弯曲突出处或断裂带的交叉处往往又是震中所在。因此城镇布局和重要建设应尽量避开断裂破碎地段，断裂带上一般可设置绿化带，不要布置设防要求较高的建筑或设施，以减少地震时可能发生的破坏。

地震震级是衡量地震释放能量大小的尺度，地震烈度则表示地震对地表和工程结构影响的强弱程度。一次地震只有一个震级，但由于距离震中远近的不同和地质构造的差异，地震烈度可能不一样。地震烈度分为12度，在6度和6度以下地区，地震对城镇建设的影响不大；在7～9度地区进行建设，应考虑防震工程措施；9度以上地区，一般不宜作为城镇建设用地。

在地震设防地区建设城镇，除应严格按设防标准对各项建设工程实施防震措施外，城镇上游不宜修建水库，以免震时水库堤坝受损，洪水下泄而危及城镇；有害的化工工厂或仓库不宜布置在居民密集地区的附近或上风、上游地带，以免直接威胁居民生命安全；城镇还应避免利用沼泽地区或狭窄的谷地，城镇重要设施和建筑不宜布置在软地基、古河道或易于塌陷的地区，以减轻地震可能带来的破坏和损失；为减少次生灾害的损失，小城镇规划时还必须充分考虑震后疏散和救灾等问题，建筑不宜连绵成片，对外交通联系要保证畅通，供水、供电、通信等要有多套应急供应的措施和网络，各种疏散避难的通道和场所要通畅、近便和充足。

2）水文及水文地质条件

①水文条件。江河湖泊等地表水体，不仅是城镇生产、生活用水的重要水源，而且在城镇水运交通、排水、美化环境、改善气候等方面具有重要作用。但某些水文条件也可能给城镇带来不利影响，如洪水侵袭、水流对沿岸的冲刷、河床泥砂淤积等等。特别是我国许多沿江沿河的城市和小城镇，水利设施落后，常常受到洪水的威胁。为防范洪水带来的严重影响，规划时应采用不同的洪水设防标准，处理好用地选择、总体布局以及堤防工程建设等方面的问题。另一方面，城镇建设也可能造成对原有水系的破坏，如过量取水、排放大量污水、改变水道与断面、填埋河流等均能导致水文条件的变化，产生新的水文问题。因此，在长期的小城镇规划和建设过程中，需要经常对水体的流量。流速、水位、水质等水文资料进行调查分析，随时掌握水情动态，研究规划对策。

②水文地质条件。水文地质条件一般是指地下水的存在形式、含水层的厚度、矿化度、硬度。水温以及水的流动状态等条件。地下水常常用作城镇的水源，特别是在远离江河湖泊或地面水水量不足或水质不符合卫生要求的地区，地下水往往是最主要的城镇水源。因此调查并探明水文地质条件对城镇用地选择、城镇规模确定、城镇布局和工业项目的建设等都有重要作用。由于地质情况和矿化程度不一，地下水的水质、水温、水位等对城镇水源和建筑工程都会产生不利影响，应特别关注它们的适用性。

地下水并不是取之不尽，用之不竭的，应根据地下水的蕴藏量和补给速度合理确定开采量。倘若地下水被过量开采，就会使地下水位大幅度下降，形成"漏斗"。漏斗外围的污染物质极易流向漏斗中心，使水质变坏，严重的还会造成水源枯竭，引起地面沉陷，从而对城镇的供水、防汛、排水、通航以及地面建筑和管网工程产生不利影响或造成破坏。小城镇规划布局时，还应根据地下水的流向和地下水与地面水的补给关系来安排城镇各项建设用地，特别要注意防止地下水的水源地受到污染。

3）气候条件

气候条件对小城镇规划与建设有着多方面的影响，尤其在为城镇居民创造一个舒适的生活环境。防止污染等方面，关系更为密切。影响小城镇规划与建设的气象因素主要有：太阳辐射、风象、气温、降水、湿度等几个方面，其中风象对小城镇总体规划布局影响最大。

风是由空气的运动而形成的，用风向与风速两个量来表示。风向就是风吹来的方向，表示风向最基本的特征指标是风向频率。风向频率一般分 8 个或 16 个方位观测，累计某一时期内各个方位风向发生的次数，并以占该时期内不同风向总次数的百分比来表示。风速是指单位时间内风所移动的距离，表示风速最基本的特征指标是平均风速。平均风速是按每个风向的风速累计平均值来表示的。根据城镇多年风向、风速观测记录汇总表可绘制风向频率图和平均风速图，又称风玫瑰图。

进行小城镇用地规划布局时，为了减轻工业排放的有害气体对小城镇，尤其是生活居住区的危害，通常把工业区按当地盛行风向（又称主导风向，即最大频率的风向）布置于生活居住区的下风位或一侧，但应同时考虑最小风频风向、静风频率、各盛行风向的季节变换及风速等关系。有害气体排放对下风向污染的程度，除与风向及频率有关外，还与风速、排放口高度、大气稳定度等有关。污染程度与风向频率成正比，与风速成反比。它们的关系可用下式表示：

$$污染系数 = \frac{风向频率}{平均风速}$$

因此，从减轻污染的角度出发，有害气体排放的污染工业应布置在污染系数最小的方位上，同时还应特别注意静风、局部环流等对环境的不利影响。总体布局中的绿地组织和道路系统规划也应充分结合盛行风向，加强自然通风效果。

除风向外，太阳辐射也具有重要的卫生价值。分析研究城镇所在地区的太阳运行规律和辐射强度，对建筑日照标准、建筑朝向、建筑间距的确定，以及建筑物遮阳和各项工程采暖设施的设置，都将提供重要依据。

随着纬度的变化，地球表面所接受的太阳辐射强度不一，气温也发生变化。另外由于海陆位置不同，海陆气流变化对温度也有较大影响。气温差异对小城镇建筑形式、居住形态、工业布局以及降温、采暖设施的配置等都有直接影响。温度影响还表现在由于气温日差较大而引起的"逆温层"等不利气温变化，它对小城镇的工业发展和环境保护有较大的制约，应在小城镇用地分析与布局规划时予以足够重视。

降水也是重要的自然环境条件之一，小城镇所在地区雨量的多少和降雨强度，是城镇地面排水工程规划设计的主要依据；山洪的形成、江河汛期的威胁等也给城镇用地的选择和城镇防洪工程建设带来直接影响。此外，湿度的大小不但对某些工业生产工艺有所影响，同时对居住区的居住环境是否舒适也有一定的关系。

（2）小城镇用地的自然条件评定

小城镇用地的自然条件评定是在调查分析自然环境条件各要素的基础上，综合各项自然环境条件的适用性和整备用地在工程技术上的可能性与经济性，按照规划与建设的需要，对用地的自然环境条件进行质量评价，以确定用地的适用程度，为正确选择和合理组织小城镇建设和发展用地提供依据。

小城镇用地的自然环境条件评定一般可分为三类。

1) 一类用地

一类用地，即适于修建的用地。这类用地一般具有地形平坦、规整、坡度适宜，地质条件良好，没有被洪水淹没的危险，自然环境条件比较优越等特点，能适应各项城镇设施的建设需要。这类用地一般不需或只需稍加工程措施即可用于建设。其具体要求是：

①地形坡度在10%以下，符合各项建设用地的地形要求；
②土壤地基承载力满足一般建筑物对地基的要求；
③地下水位低于一般建筑物、构筑物的基础埋置深度；

④没有被百年一遇洪水淹没的危险；

⑤没有沼泽现象，采取简单的工程措施即可排除地面积水；

⑥没有冲沟、滑坡、崩塌、岩溶等不良地质现象。

2) 二类用地

二类用地，即基本上适于修建的用地。这类用地由于受某种或某几种不利条件的影响，需要采取一定的工程措施加以改善后，才适于建设。它对城镇各项设施的建设或工程项目的布置有一定的限制。其具体状况是：

①地质条件较差，修建建筑物时需对地基采取人工加固措施；

②地下水位较高，修建建筑物时需降低地下水位或采取排水措施；

③属洪水轻度淹没区，淹没深度不超过 $1\sim1.5m$，需采取防洪措施；

④地形坡度较大，修建建筑物时，除要采取一定的工程措施外，有时还要实施较大的土石方工程；

⑤地表面有较严重的积水现象，需要采取专门的工程措施加以改善；

⑥有轻微的、非活动性的冲沟、滑坡、岩溶等不良地质现象，需采取一定的工程准备措施。

3) 三类用地

三类用地，即不适于修建的用地。这类用地条件极差，往往要采取特殊工程措施才能使用。其具体状况是：

①地基承载力小于 60kPa，存在厚度在 2m 以上的泥炭层或流砂层，需要采取很复杂的人工地基和加固措施才能修建建筑；

②地形坡度超过 20%，布置建筑物很困难；

③经常被洪水淹没，且淹没深度超过 1.5m；

④有严重的活动性冲沟、滑坡、岩溶、断层带等不良地质现象，若采取防治措施需花费很大工程量和工程费用；

⑤具有很高农业生产价值的丰产农田；

⑥具有其他限制条件，如具有开采价值的矿藏，给水水源卫生防护地段，存在其他永久性设施和军事设施等。

我国地域辽阔，各地情况差异明显，城镇用地自然环境条件评定的用地类别划分应根据各地区的具体条件相对确定，类别的多少也可根据环境条件的复杂程度和规划要求灵活确定，不必强求统一。如有的城镇用地类别可分为四类或五类，也有的城镇则可分为两类。因此，用地条件的评定应具有较强的地方性和实用性。

特别需要指出的是，小城镇用地的自然环境条件评定，不应只是各项环境条件单项评定的简单累加，而要考虑它们相互的作用关系综合鉴别。特别是要根据不同城镇的具体情况，抓住对用地影响最突出的主导环境要素，因地制宜地进行重点分析与评价。例如，平原河网地区的城镇必须重点分析水文和地基承载力的情况；对于山区和丘陵地区的城镇，地形、地貌条件则往往成为评价的主要因素。又如，位于地震设防区内的城镇，对地质构造情况的分析和评定就显得十分重要；而矿区附近的城镇发展必须首先弄清地下矿藏的分布、开采等情况。同时，小城镇用地的自然环境条件评定还要尽可能地预计城镇建设过程中人为影响给自然环境条件可能带来的变化、对建设的可能影响等。另外，用地评定虽然以自然环境条件为主,但仍然需要同时考虑其他社会、经济因素。如是否是农业生产价值较高的良田,尤其是先期经济和时间投入均较高的高效蔬菜田,是用地条件评定的一项重要衡量指标。

用地自然环境条件评定的成果包括图纸和文字说明。评定图可以按评定的项目内容(如地基承载力、地下水等深浅、洪水淹没范围、坡度等等)分项绘制,也可以综合绘制于一张图上。无论采取何种方式,评定图均应标明最终评定的分类等级和范围界限,它可以单独成为一张图纸,也可以标注在综合图上,以表达清晰明了为目标。

## 2.1.2 防灾建设用地适宜性评价

小城镇用地条件评定与用地选择应考虑防灾建设用地适宜性评价。小城镇防灾建设用地适宜性评价可在自然环境综合地质条件分析基础上,按下表评价。

**小城镇防灾建设用地适宜性评价表**      表7

| 用地类别 | 地质、地形、地貌 |
|---|---|
| 防灾适宜建设用地 | 满足下列条件的用地可划分为适宜建设用地:<br>(1) 属稳定基岩或坚硬土或开阔、平坦、密实、均匀的中硬土等场地稳定、土质均匀、地基稳定的用地;<br>(2) 地质环境条件简单,无地质灾害破坏作用影响;<br>(3) 无明显地震破坏效应;<br>(4) 地下水对工程建设无影响;<br>(5) 地形起伏虽较大但排水条件尚可 |
| 防灾较适宜建设用地 | (1) 属中硬土或中软土场地,场地稳定性尚可,土质较均匀、密实,地基较稳定;<br>(2) 地质环境条件简单或中等,无地质灾害破坏作用影响或影响轻易于整治;<br>(3) 虽存在一定的软弱土、液化土,但无液化发生或仅有轻微液化的可能,软土一般不发生震陷或震陷很轻,无明显的其他地震破坏效应;<br>(4) 地下水对工程建设影响较小;<br>(5) 地形起伏虽较大但排水条件尚可 |
| 防灾较不适宜建设用地 | (1) 中软或软弱场地,土质软弱或不均匀,地基不稳定;<br>(2) 场地稳定性差:地质环境条件复杂,地质灾害破坏作用影响大,较难整治;<br>(3) 软弱土或液化土较发育,可能发生中等程度及以上液化或软土可能震陷且震陷较重,其他地震破坏效应影响较小;<br>(4) 地下水对工程建设有较大影响;<br>(5) 地形起伏大,易形成内涝 |
| 防灾不适宜建设用地 | (1) 场地不稳定:动力地质作用强烈,环境工程地质条件严重恶化,不易整治;<br>(2) 土质极差,地基存在严重失稳的可能性;<br>(3) 软弱土或液化土发育,可能发生严重液化或软土可能震陷且震陷严重;<br>(4) 条状突出的山嘴、高耸孤立的山丘,非岩质的陡坡、河岸和边坡的边缘,平面分布上成因、岩性、状态明显不均匀的土层(如故河道、疏松的断层破碎带、暗埋的塘滨沟谷和半填半挖地基)等地质环境条件复杂,地质灾害危险性大;<br>(5) 洪水或地下水对工程建设有严重威胁;<br>(6) 地下埋藏有待开采的矿藏资源 |

续表

| 用地类别 | 地质、地形、地貌 |
| --- | --- |
| 危险地段 | (1) 可能发生滑坡、崩塌、地陷、地裂、泥石流等的场地；<br>(2) 发震断裂带上可能发生地表位错的部位；<br>(3) 不稳定的地下采空区；<br>(4) 地质灾害破坏作用影响严重，环境工程地质条件严重恶化，难以整治 |

注：1. 表未列条件，可按其场地工程建设的影响程度比照推定。
  2. 划分每一类场地工程建设适宜性类别，从适宜性最差开始向适宜性好推定，其中一项属于该类即划为该类场地，依次类推。

### 2.1.3 建设条件分析与评定

小城镇用地的建设条件是指组成小城镇各项物质要素的现有状况，它们的服务水平与质量以及它们在近期内建设或改进的可能。与建设用地的自然条件评价相比，小城镇用地的建设条件评价更强调人为因素所造成的方面。除了新建城镇之外，绝大多数城镇发展都不可能脱离现有建设的基础，所以，城镇既存的布局往往对城镇进一步发展的方向具有十分重要的影响。小城镇的建设条件包括建设现状条件，工程准备条件以及外部环境条件等。

（1）建设现状条件

小城镇用地的建设现状条件的分析与评价包括以下几个方面：

1) 用地布局结构方面

小城镇的布局现状是历史发展过程的产物，有着一定的稳定性。对小城镇用地布局结构的评价，应着重在如下几个方面：

①小城镇用地布局结构是否合理；

②小城镇用地布局结构能否适应发展；

③小城镇用地布局结构对生态环境的影响；

④小城镇内外交通结构的协调性、矛盾与潜力；

⑤小城镇用地布局结构是否满足小城镇性质的要求，或是否反映出小城镇特定自然地理环境和历史文化积淀的特色等。

2) 市政设施和公共服务设施方面

对小城镇市政设施和公共服务设施的建设现状的分析和评价，应包括数量、质量、容量、布局以及进一步改造利用的潜力等，这些都将影响到用地的选择、土地开发利用的可能性与经济性、以及小城镇的发展方向等。

市政设施方面，包括现有道路、桥梁、给水、排水、供电、电信、煤气、供暖等的管网、厂站的分布及其容量等，它们是土地开发的前提条件。是否具备上述基础设施，或者使其具备上述基础设施的难易程度，都极大地影响小城镇建设用地的选择和小城镇的发展格局。

公共服务设施方面，包括商业服务、文化教育、医疗卫生等设施的分布、配套和质量等，它们作为用地开发的环境，是土地适用性评价的重要衡量条件。尤其是在居住用地开发方面，土地利用的价值往往取决于各种公共服务设施的配套程度和质量。

3) 社会、经济构成方面

影响土地利用的社会构成状况主要表现在人口数量、结构及其分布的密度，小城镇各项物质设施的分布、容量同居民需求之间的适应性等。在城镇人口密集地区，为了改善设施和环境，强化综合功能，常常需要选择新的用地，以疏散人口、扩张功能。但高密度人口地区的改建，又会带来动迁居民安置困难、开发费用昂贵等问题。因此人口分布的疏密将直接影响土地利用的强度和效益，进而左右开发用地的评价和开发方式的选择。

小城镇经济的发展水平、产业结构和相应的就业结构对小城镇用地选择、用地结构和功能组织的影响更为明显。不同的经济发展阶段，会采取新区开发或旧城改建的不同方式；不同的经济实力，理解开发利用土地经济性的角度也不同；不同的产业结构，对小城镇用地的要求自然更不同。因此，小城镇的经济条件直接影响着用地分析与选择的价值判断标准。

（2）工程准备条件

分析与选择小城镇建设用地时，为了能顺利而经济地进行工程建设，以较少的资金投入获得较大的经济社会效益，总是倾向于选择有较好工程准备条件的用地。用地的工程准备视用地自然状态的不同而不同，常用的有地形改造、防洪、改良土壤。降低地下水位、制止侵蚀和冲沟的形成、防止滑坡等。一般而言，现代工程技术拥有几乎所有用地的工程准备手段，只要用地的各种条件调查清楚，任何用地经过改造都能适应城镇建设要求，关键是看经济综合实力、科技发展水平和社会、经济与环境的综合效益。小城镇建设的用地准备应尽可能减少对自然环境的大规模破坏，避免过大的经济投入，以实现小城镇建设与土地资源、自然环境的可持续发展。

小城镇用地选择和发展方向的确定还要看所选择的用地方向是否具备充足的用地数量，能否满足城镇的长远发展需要，为城镇的进一步发展留有余地。同时，拟发展范围内农田质量和分布情况也是建设条件的重要分析因素，它对城镇发展方向和城镇规划布局有着重要影响。

（3）外部环境条件

小城镇用地建设条件的分析与评定，还需要充分考虑小城镇建设地区外部环境的技术经济条件，主要包括：

1）经济地理条件

小城镇与区域内城镇群体的经济联系、资源的开发利用以及产业的分布等。

2）交通运输条件

小城镇对区域内外的交通运输条件，如铁路。港口、公路等交通网络的分布与容量，以及接线接轨的条件等。

3）能源供应条件

主要是供电条件，包括区域供电网络、变电站的位置与容量等。

4）供水条件

小城镇所在区域内水源分布及供水条件，包括水量、水质、水温等方面与城乡、工农业等各部门用水需求间的矛盾分析等。

### 2.1.4 小城镇用地选择

小城镇在选择其建设发展用地时，除需要对用地的自然环境条件、建设条件等进行用地适用性的分析与评定外，还应对小城镇用地所涉及的其他方面，如社会政治方面（城乡关系、工农关系、民族关系、宗教关系等)、文化方面(历史文化遗迹、小城镇风貌、风景旅游及革命胜地、各种保护区等)、以及地域生态等方面的条件进行分析。这是因为这些条件都作为小城镇用地的环境因素客观存在着,并对用地适用性的综合评定产生影响,进而影响着小城镇用地的选择和组织。

小城镇用地选择是小城镇总体规划的重要工作内容。对新建小城镇而言,用地选择是合理选择和确定小城镇的位置和范围;对现有小城镇,则主要是合理选择和确定小城镇用地的发展方向。它是在用地条件综合分析与评定的基础上,根据小城镇各项功能对用地环境的要求和小城镇用地组织与规划布局的需要进行的。小城镇用地选择的一般原则为:

(1) 符合国家有关法律、法规和有关城镇建设、土地利用的方针政策,尽量少占农田、不占保护耕地、节约用地。

(2) 尽可能满足城镇各项设施在土地使用、工程建设以及对外界环境方面的要求,充分考虑现有条件的利用,考虑与现状的关系,考虑规划的合理性和经济性。

(3) 尽量避免不同功能用地之间的相互干扰,避免新发展用地与原有用地之间的相互干扰。特别是在选择工业用地时,必须结合工业自身特点,充分考虑它与其他用地、尤其是生活居住用地的布局关系,避免工业对其他用地的负面影响。

(4) 用地选择时,应多方案比较、综合评定,尽可能采用先进的科学方法和技术手段,力求用地选择和功能组织的科学性。

此外,由于小城镇的特殊性,以下几方面也是小城镇用地选择时应该注意的。

(1) 小城镇的发展用地应有良好的建设条件

由于小城镇的技术、经济条件有限,用地选择应尽可能避开不利的自然条件,使小城镇建设最大限度地经济、适用、安全。小城镇建设用地宜选择在水源充足、水质良好、便于排水、向阳通风以及地质条件适宜的地段;应避开山洪、风口、滑坡、泥石流、洪水淹没、地震断裂带等自然灾害影响地段;避开自然保护区、有开采价值的地下资源或地下采空区;尽量避免铁路、重要公路和高压输电线路穿越城镇。

(2) 小城镇用地应位置适中,交通方便

小城镇的形成受行政区划影响较大,它们一般都是区、乡(镇)人民政府的所在地,从而也是区。乡(镇)的政治、经济、文化中心,承担着为周围地区服务的职能。为了便于管理、联系,小城镇的位置宜相对居中。同时,交通运输条件既是小城镇赖以产生和生存的基础,又是促进小城镇繁荣、推动小城镇发展的动力。因此,交通的方便与否,是小城镇用地选择的重要标准之一。

(3) 资源丰富,市场广大,能源供应等基础设施齐备

资源和市场是小城镇经济发展的两大支柱,因而也是影响小城镇用地选择的重要因素。再者,小城镇一般势单力薄,无力、往往也不适合单独建设供水、供电等大型基础设施,因此用地选择尽可能接近水源、或能源供应设施,是小城镇用地选择的重要原则之一。

# 小城镇节约用地优化模式和途径研究

## 1 小城镇的定位及其历史发展

### 1.1 内涵

"小城镇"一词是在20世纪80年代,我国农村经济蓬勃发展,村庄、集镇日新月异的形势下出现的。最早的关于发展小城镇的政府文件当属1984年民政部给国务院的《关于调整建制镇标准的报告》。在这个报告中,将小城镇定位在建制镇范畴内,并为了促进小城镇建设,建议放宽1955年和1963年国务院关于设镇的标准,即建议:(1)凡县级地方国家机关所在地,均设镇;(2)总人口2万人以下的乡,乡政府驻地非农业人口超过2000人的,可以建镇;总人口2万人以上的乡,乡政府驻地非农业人口占全乡人口10%以上的,也可以建镇;(3)少数民族地区、人口稀少的边远地区、山区、小型工矿区、小港口、风景旅游区、边境口岸等地,非农业人口虽不足2000人,如确有必要,也可以建镇。文件规定,撤乡建镇后,实行镇管村的体制。国务院同意了民政部《关于调整建制镇标准的报告》,并批准试行。

按照《中华人民共和国城市规划法》的规定,建制镇属于城市范畴。依此推论,小城镇属于城市。但《中华人民共和国城市规划法》中小城市的概念是指市区和近郊区非农业人口不满20万人的城市。那么,小城镇是属于"小小城市"了。按照《村庄和集镇规划建设管理条例》(1993年6月29日中华人民共和国国务院令第116号发布),集镇是乡人民政府所在地和经县级人民政府确认由集市发展而成的作为农村一定区域经济、文化和生活服务中心非建制镇。集镇属于农村居民点的范畴,农村居民点体系包括村庄和集镇。

实际上,民政部《关于调整建制镇标准的报告》中关于设镇标准的非农业人口标准已经低于1955年和1963年国务院关于设镇的标准。所以,这些年新批准的建制镇的非农业人口规模,是低于原来建制镇非农业人口规模的。在国务院批转民政部的《关于调整建制镇标准的报告》后,到1996年,仅10多年间,新增建制镇1万多个,这些新增建制镇中的大多数就是原来的农村集镇。从这个方面看,小城镇又介于农村集镇和镇之间。小城镇与一定范围内的广大农村有密切的联系。一方面,每一个小城镇都有其自身的吸引范围,即农村腹地;另一方面,一定的农村居民点组合必然促使形成一个集镇或者是小城镇。因此,小城镇和农村居民点在一定区域内成为一个有机整体。

综上所述,本文对小城镇的定义是介于农村与城市之间的一种体系,与两者有着密切的联系。

### 1.2 城镇的形成

城镇是社会生产力进步、劳动分工的结果。在原始社会,生产力水平极其低下,人们只能依靠狩猎、采集野果来维持最简单的生活,也没有固定的居住地点。人类在和自然界长期的斗争中,逐渐发现并发展了种植业,于是渔、牧业与农业分离开来,这就是人类历史上的第一次社会大分工,它使农业得到了迅速发展,因此以农业生产为主的固定居民点就出现了。这以后,生产工具的不断改进和生产力的不断提高又导致了剩余产品的出现,当人们把这部分劳动产品用于交换时，商业、贸易和手工业便开始出现，于是形成了第二次社会大分工，居民点也相应分化，形成了以农业生产为主的农村居民点和以商业、手工业为主的集镇。

## 1.3 解放后中国城市化的发展

虽然城市在中国起源很早（夏代），但解放前的几千年中，城市发展却十分缓慢，到1949年，中国各类城市总共只有116座。这是商品经济不发达，生产力发展迟缓的结果。

解放后，由于生产力的解放和发展，城市化的步伐大为加快，但也出现波折，经历了一个曲折过程。从1949年至今，中国城市化的发展，大体上经历了三个大的阶段。

1949～1960年是我国城市化发展的正常时期。1949年全国获得解放，通过"土地改革运动"，在全国农村，农民实现了"耕者有其田"，农业生产力获得解放和发展。这个期间在城市也进行了恢复性的建设，城市数量有了较快增长。1953年我国开始第一个五年计划的经济建设，并把经济运行逐步纳入计划管理的轨道。1960年城市数量已达183座。但是，由于经济发展的某些失误和自然灾害及前苏联的逼债，被迫进行了经济调整，从1960年下半年开始大量缩减城市人口，动员城市人口返乡务农，城市数量也缩减了，城市发展出了现波折。

1961～1978年是我国城市发展的滑坡和停滞时期。1960～1963年是中国经济发展的困难时期，这期间对城市人口进行大量缩减，动员了3515.2万人返乡务农，城市数量也减少16个。1964～1978年的15年间，是中国城市发展的缓慢时期，15年增加城市15座，城市化率仅为17.9%，尚未达到调整之前的水平。这期间尽管第二、第三个五年计划仍在制定和执行，但由于"文化大革命"的干扰，城乡居民隔绝的二元户籍制度，生产要素不能自由流动的机制，加上动员知识青年上山下乡插队劳动，使城市化发展十分缓慢，城市化率没有提高。

1978～1996年是我国城市快速发展时期。1978年以后，由于中国实行了改革开放的方针，经济得到快速发展，经济的发展带动了城市人口的增加和规模的扩大，城市化进程加快。依据国家统计局的数据，城市数量从1978年的182座，增至1996年666座，净增484座；建制镇由1978年的2851个增加到17000个，这17000个建制镇都可称为"小城镇"。另外，还有5万多个未设建制的农村集镇。我国城市人口已达3.5亿多，城市化率接近30%。

## 1.4 小城镇发展的动力

现代中国小城镇的产生可以说是农村剩余劳动力转移、乡镇企业发展集聚的结果。20世纪70年代末期。由于人口的大量增加，农民人均占有的耕地迅速减少，尽管当时实行的家庭联产承包责任制使农民可以自主支配劳动力，但由于城乡隔绝的户籍制度，农民不能进城就业收入随之减少。另一方面，广大农民迫切寻求致富的道路。正是在这种农村巨大就业压力和农民强烈实现富裕愿望的情况下，中国特色的乡镇企业现象应运而生。在初期，它曾大量吸纳农村剩余劳动力，但后来，这种农民在自家门口经营，所谓的离土不离乡的现象暴露了很多缺陷，如形不成规模，发挥不了聚集效应，经济效益低下，吸纳劳动力的能力随之下降。

乡镇企业布局的分散性，不能为第三产业的发展创造条件，客观上造成了第三产业发展落后于农村工业的发展。第三产业发展的条件是工业企业和人口集聚。没有这两个条件就不可能使第三产业获得正常的发展。乡镇企业的分散布局，就影响了人口的聚集，从而就白白损失了在相同的工业规模、人口集中条件下本来可以获得的一大批第三产业就业岗位。正是在这种背景下，以原来的农村集镇为依托，分散在乡村中的部分工业企业在此聚集起来，带动了第三产业的发展，许多农民进镇做工、经商，从而大大增加了对农村剩余劳动力的吸纳能力，促进了我国农村城市化进程。乡镇企业的集中，农民的进镇，第三产业的发展，使农村集镇发展为小城镇。它为实现中国农村的城市化闯出了一条新路子。因为城市化水平提高的重要标志之一就是农村剩余劳动力就业向第二、第三产业转移。

纵观我国小城镇的历史，是伴随农村城市化的进程而产生、发展的。农村城市化作为农业生产力高度发展的一种象征，是农村工业化和农业现代化发展的必然。

## 2 小城镇与城市、农村用地比较

小城镇建设与节约用地的关系应针对不同情况进行具体分析，相对大城市用地而言，小城镇建设多占用了土地。但相对农村村庄用地而言，小城镇建设又会节约用地。因此，在城镇化发展过程中，适当提高人口和经济的聚集规模，对正确处理城镇化发展和节省土地、保护耕地的关系有积极的作用。

### 2.1 小城镇与城市用地比较分析

随着城镇化的发展，城镇用地呈现增加的趋势，由此造成耕地数量的减少。根据1978～1994年16年间全国有关统计资料表明，城镇化水平每增加1个百分点，可使耕地减少41万公顷，日本和韩国乃至我国的台湾地区在实现城市化过程中每年耕地面积递减率为1.2%～1.4%。

但发展小城镇相对发展大城市而言，小城镇建设会占用更多的土地。通过下表可以看出，随着城市规模的增加，人均用地面积逐渐减少。小城镇的人均用地，与不同规模的城市相比，是最为粗放的。见表1。

**不同规模城市与小城镇人均用地面积表**（1996年） 表1

| 城市规模（万人） | <20 | 20～50 | 50～100 | 100～200 | >200 | 小城镇 |
|---|---|---|---|---|---|---|
| 人均用地（m²） | 131.6 | 105.3 | 99 | 86.2 | 66.2 | 145 |
| 用地比较（倍） | 1.1 | 1.4 | 1.5 | 1.7 | 2.2 | 1 |

资料来源：根据《中国城市统计年鉴》（1997年）；小城镇人均用地，来自原建设部。

其主要原因是：大城市土地资源紧缺，人地关系矛盾突出，房价地价很高，这一特征决定了大城市发展必须提高土地开发强度，增加容积率，同时大的经济实力和技术力量也能建造大量的高层建筑，从而达到降低开发成本，增加土地产出率的目的。1998年，我国城市的平均容积率为0.34，而上海、北京、重庆、沈阳、深圳、福州等市的容积率达0.5～0.6，明显高于其他类型的城市，从而节约更多的用地。

1998年，全国36个区域中心城市（区域中心城市指一个较大区域范围内具有综合职能的政治、经济、文化中心。除了北京、上海、天津、重庆4个直辖市和大连、宁波、厦门、青岛、深圳计划单列市之外，还包括省会城市和自治区的首府，共36个。其数量虽少，因绝大多数都是经济实力雄厚、区域辐射力强的大城市，建成区面积大，它们的用地水平对全国城市人均用地面积具有重要的影响，人均建设用地83.6m²，比全国城市同期人均建设用地面积低 20m²。其中最低的沈阳市为 56.5m²/人；人均 70m² 以下的城市还有南京、武汉、重庆、济南、深圳；北京、天津、青岛的人均用地面积也低于 80m²。此外，上海 1990 年人均用地面积只有 32.1m²，是当时我国大陆用地最少的城市。

因此，就人均用地而言，特大城市用地最集约，城市越小，用地越粗放。这是因为人口越密集，经济效益越高，土地的产出率也越高，地价随之上升，导致土地利用的集约化。若单纯从节约用地考虑，不宜过多发展小城镇，应当加速发展大城市。特别是长江三角洲地区和珠江三角洲地区，人口密度密集，无论是大城市、还是小城市周围都良田沃土，选择把多数城镇人口集中在大城市里，还是分散在广大小城镇里，从节约用地角度来说，结论是不言而喻的。但是决定我国城市发展和布局方针的因素是多方面的，不能单就人均用地这一因素来确定。由于我国人口众多，特别是农村人口众多，且大城市人口压力已经较大，吸纳农村人口的能力有限，新兴建大城市既受多种因素制约，又对解决农村人口城镇化的程度有限。因此，从我国国情出发，中央提出"小城镇，大战略"，把发展小城镇作为发展我国城镇化的重要途径。

## 2.2 小城镇与农村的用地的比较分析

虽然与城市相比，小城镇在人均用地上较为粗放，但与农村居民点相比，它确有着节约土地的作用，其主要节约途径如下：

首先，通过发展建设小城镇，可使小城镇基础建设和生活服务设施用地统一规划安排，避免分散重复建设，节约土地资源。

其次，节约乡镇企业用地。我国大多数乡镇企业是以原来的自然村落为依托发展起来的，具有明显的地域属性，它们零散地分布于农村，占地面积大，经济效益差。通过小城镇的发展可以把乡镇企业集中到小城镇，形成新的工业小区，可以共用基础设施，降低建设成本，改善企业生产的基础条件，这不仅可以改变当前乡镇企业"村村点火，家家冒烟"的分散格局，而且可使乡镇企业废物的统一排放和综合治理成为现实，避免乡镇企业因分散无序造成大面积的环境污染和生态恶化，同时可以腾出在农村中占用的土地，用于农业生产。根据江苏省昆山的调查，乡镇企业相对集中、连片发展后，可以节约 5%～10% 的用地和 10%～15% 的基础设施资金。

第三，通过发展建设小城镇，提高农民生活水平，改善农民生活方式和居住方式，由宅院式向多层楼房式发展，大大减少居住用地数量。小城镇的发展使得人均住房建设用地面积大大减少，节约了大量的土地资源。理论与实践证明，居民聚集的规模与人均建设用地的面积成反比，城镇规模越大，人均用地面积越少，单位土地面积的使用价值越高。按居民点的类型分析，村庄人均占地面积最大，依次是集镇、建制镇、县城，设市城市人均建设用地面积最小。

如山东省建委的一项调查显示：1000 个村庄的人均建设用地为 194.80m²，几个小城镇人均建设用地为 146.15m²。再如，从江苏省人均占地情况来看，村庄比小城镇高出约 1/3。通过发展小城镇，吸引农村人口向小城镇集中，迁村并点，可以大量节约住宅用地。以江苏省的昆山镇为例，其镇房屋建设开发公司兴建的农民住宅楼平均每户占地 5～6 厘，只相当于农村建房每户 3 分宅基地的 1/5 到 1/6。可见，通过发展小城镇吸纳农村人口，对节省农村宅基地，实现土地的集约化有重要意义。

在小城镇发展建设实践中，许多小城镇通过统一规划，实行"三位一体改造"，达到了节约土地资源，提高土地利用效益，完善城镇基础建设，提高城镇现代化程度，改善土地资源环境等多重目标。所谓"三位一体改造"，就是在小城镇规划建设中，统一规划布局村和镇，并同乡镇企业改造，自然村庄的合并改造相结合。其具体做法是：首先，在建设与完善镇基础建设的基础上，将各村乡镇企业集中于小城镇周围开辟的"工业小区"；第二是在集中乡镇企业的同时，将零散的自然村庄进行合并改造，将村庄集中在新建的"农民新村"，并将原宅基地复耕还田，增加耕地面积；第三，重点建设集镇，特别是建制镇，在改造旧镇的同时，相对集中建设新居区，安置进镇农民，使镇区人口相对集中，加快农村城市化进程。"三位一体改造"实际上是通过土地整理，实现合理、节约利用土地，加快小城镇建设，促进城镇化发展的目的。这种"三位一体改造"模式在全国各地都有不同形式的存在。

如湖北襄阳县黄渠河镇依托小城镇建设，在城镇规划区内建设居住小区，将一些村庄整个搬入集镇，黄渠河村10组100户人家，原占宅基地16.67公顷，搬迁到集镇后，新建宅基地仅4.67公顷，腾出土地12公顷，复耕为农田。芜湖市大桥镇，在城镇规划区内新辟工业小区，采取以地换地的形式，让其他村庄的企业进驻工业小区，腾出了企业原来的用地复耕，既节约了土地，也发挥了企业的集聚效益。

## 2.3 小结

由于小城镇人口密度的提高，人均用地较农村少，加上生产和居住较为集中，将会产生聚集效应，有利于合理利用土地，提高土地利用集约水平，节约大量土地资源。同时，小城镇建设有利于小城镇镇区土地及周边农地价格的增值，地价水平的大幅度上升也提高了土地使用者节约用地的积极性。

当然，发展小城镇是否节约土地，一方面要搞好规划，在积极发展小城镇的同时，就要严格控制小城镇的人均用地标准，从一开始就要引导小城镇走集约利用的道路，只有这样才有利于合理控制小城镇的总用地规模，达到节约用地的目的；另一方面还决定于进镇农民的原宅基地和进镇企业原用地是否能复耕或农用，只要处理好有关问题，特别是农村宅基地和房屋的产权问题，考虑农民的利益，解决好进镇农民生活、就业和社会保障等问题，使进镇农民的农村居住点旧宅基地和进镇企业原用地复耕或农用，就可以节约更多的土地。

另外，小城镇建设过程中，由于诸多因素的影响，其土地利用状况并不乐观，存在许多不合理之处，成为制约小城镇土地集约利用与节约用地的一个障碍。

小城镇用地相比农村居民点主要表现在它的住宅用地的节省上，与大城市比较，用地的粗放主要表现在内部结构的不合理等。

## 3 当前我国小城镇土地利用现状

### 3.1 我国城市化道路及小城镇战略

发展小城镇是党中央、国务院关于实现社会和农村经济发展的大战略。然而，我国人多地少，人均自然资源相对贫乏。21世纪我国总人口达到16亿～18亿人。全国现有1/3的县（区、市）人均耕地不足1亩，有1/3的县（区、市）人均耕地低于联合国规定的0.8亩警戒线。因此，围绕着中国特色的城市化道路，长期以来学术界存在着广泛的争论，代表性的如"大都市圈模式"、"大城市模式"、"县级城关镇模式"、"30万人口左右小城镇模式"、"120万～400万人口的大城市模式"等，但对重点发展小城镇的道路已普遍取得共识。

## 3.2 我国小城镇土地利用中存在的问题

### 3.2.1 用地粗放，土地利用效率偏低

我国小城镇在土地利用方面存在粗放现象。特别是在具有一定历史的旧镇区，不仅存在大量的闲置宅基地，而且还有不少不景气的企事业废弃的用地，而且这些用地长期处于闲置或低效利用状态。例如，在计划经济体制下建设的供销社、食品站、粮管所等单位占用土地面积较大，在国家经济体制转轨后，这些单位的经营状况不够理想，土地利用率很低。在新开发的新镇区，也常常出现"征而不用，多征少用"的粗放用地现象。

在被调查的24个小城镇中，人均建设用地平均为$142.1m^2$，其中，江苏官林镇最高，达$171.0m^2$；江西潭口镇最低，为$103.7m^2$，都超过了城镇人均用地$100m^2$的国家标准。对被调查小城镇镇区用地进行初步估算，其土地闲置率约为5%；若以新建镇区正常用地效益作为标准，那么整个镇区可盘活的用地潜力在30%以上。

小城镇建设中缺乏科学合理的统一规划，盲目追求超规模，在缺乏项目、资金和第二、第三产业集聚规模的情况下，必然导致粗放用地。1995年我国17万个建制镇用地$15194.7km^2$，是1990年1万个建制镇用地$8250.83km^2$的1.86倍。村镇人均建设用地$155m^2$，建制镇$149m^2$，分别为设市城市现状人均用地水平的1.53倍和1.47倍，城镇人均建设用地远远大于设市城市。此外，全国城市中，人均城市建设用地$100m^2$以下的城市占38%，人口占全国设市城市人口的63%，人均建设用地高于$120m^2$的城市占46%，人口占全国设市城市人口的24%。这其中77%为小城市，占全部小城市数量的60%。从城镇内部土地的容积率来看，目前我国城镇用地的平均容积率仅为0.3，远远低于发达国家水平。

小城镇的土地利用比较粗放。目前大多数地区，小城镇镇区范围内持农业户口的居民建房仍延用农村宅基地的划拨标准，人均为$41～55m^2$。由于农民自建住宅以平房和独立式楼房为主，不仅建筑本身占地多，配套设施用地也相应较多。目前我国城镇与农村居民点用地2.87亿亩，人均$158m^2$，这比国家规定的人均用地$100m^2$的最高指标多出了50%多。据粗略估算，这其中约有1.05亿亩土地的潜力可以挖潜。在城镇规划中对于工业、商业、住宅等各功能区分布不合理，混杂现象很普遍。对生态和环境保护重视不够，生活环境反而较大城市差。

### 3.2.2 大量占用耕地

在小城镇的发展进程中，无论是城市人口比重日益增加或集聚程度达到城市规模的居民点数目增加，还是城市自身规模的扩大，都必然伴随着城镇建成区的扩大和耕地面积的减少。另一方面，我国小城镇的发展绝大多数依靠农民自发形成，城镇建设资金的严重匮乏是制约小城镇发展的首要因素，在小城镇发展初期，只能采取低成本扩张政策，以地生财，以大量占用耕地为代价。根据1978～1994年16年间国家有关资料统计，城镇化水平每增加1%可增加工业总产值726亿元，安排就业比重上升0.76%，第三产业产值比重上升0.69%，城市建城区面积扩大$162km^2$（24.3万亩），耕地则减少44.8万公顷（672万亩）。这种重外延、轻内涵的小城镇发展模式，使小城镇的用地规模无限制地向外扩张，耕地占用面积迅速新增加。据统计，近年来，我国迅猛发展的小城镇新增建设用地80%以

上为扩展周围用地，60%以上的面积为良田沃土。

### 3.2.3 小城镇用地重平面扩张，轻内部挖潜

进入20世纪90年代后，我国小城镇的规模扩大主要以平面扩张为主，其用地规模扩大很快，特别是位于交通要道、社会经济区位条件优越的小城镇，其规模成倍增长。

例如，江西小松镇镇区用地规模现已达 $1.4km^2$，比1992年设镇时的 $0.5km^2$ 增加了 $0.9km^2$，增幅近2倍。小城镇建设中的平面过度扩张直接导致两个不良后果：一是大量耕地被占用，使人地矛盾更加突出。在被调查的小城镇新增镇区面积中，有75%的新增土地占用的是耕地，个别小城镇占用的耕地甚至高达90%，而且被占用的耕地大部分是良田沃土。

二是忽视了旧镇区的改造开发，存量土地难以盘活。在同一个镇上，形成了贫富两个区域，出现了现代与落后相互对应的现象。例如，镇区外围新楼房林立，宽街道，大马路，基础设施配套齐全，一片现代村镇的面貌；而内部旧镇区却破旧零乱，建筑密度大，街道狭窄，房屋年久失修，大量土地低效利用甚至闲置。

### 3.2.4 小城镇用地流转现象较为普遍，但缺乏相关法律依据给予引导

我国绝大部分小城镇是经民政部门审批后由集镇改为建制镇的，镇区内还存在大量的农村集体建设用地。目前，对于这些集体建设用地的流转，没有建立起相关制度、法规，也缺乏相应的政策指导。但在实际生活中，小城镇集体土地的流转很普遍。调查发现，目前集体建设用地流转主要有两种形式：一是国有单位或私有企业通过入股等形式与集体合作，土地权属还保持集体性质不变。这样，国有单位或私有企业可用比城镇土地出让价格低得多的成本获得土地使用权，而集体每年也可获得一定的经济收益，双方互惠互利。二是私人之间以房带地的交易。这种交易一般只限于住宅用地，且交易对象多在亲戚、朋友之间。由于交易双方非常熟悉，因此，多用传统的契约作为交易的凭证。如果双方不是很熟悉，买方常要求办理登记手续。在这种情况下，政府则按违规处置，除了要求交易者补交相关手续费外（主要包括交易评估费、契税、营业税和土地增值税四项），还要给予一定数量的处罚，其处罚金额一般相当于补办有偿出让的费用。各种上交费用总计在成交价的15%以上，居民对此难以接受。

土地权属管理混乱，管理制度不健全。在农村和小城镇中土地市场不完善，市场行为极不规范，不仅土地征用和出让的一级市场没管好，土地出让随意减免，资产流失严重，而且在具体的土地管理工作中行政干预过多。在工业化和城市化发展的初期，城镇发展都会经历一个自发、盲目的过程。这样，盲目的发展会造成生态和环境破坏、城镇用地结构不合理等问题。针对这些情况，各国政府都从不同角度提出建立"田园式小城市"。20世纪70年代以来，建设了几百个人口从1万人到城镇的土地利用方式。我国的土地整理正是在这个大背景下提出的。在城镇化城镇建设用地的集约程度，缓解日益突出的人地矛盾。尤其在我国实行严格的工业化和农村现代化的重要手段。日本在20世纪60年代以后，通过第三次国土整理人、设施齐备、环境优美、交通发达、居住便利的小城镇，并通过都市整理不懈的阶段，开展土地整理不仅可以扩大小城镇的人口规模，增强凝聚力，而且可政策的前提下，土地整理是既能够保证城镇发展对建设用地的需求，又能推进乱

### 3.2.5 用地结构不合理，建 龙山、浙江慈城、西塘、吉林新立城、范家屯，安徽 对江苏官林，黑龙江

获港，江西小松、潭口，湖北太平店，北京马坡等 12 个小城镇的镇区建设用地结构数据的分析表明（见表2）。

部分小城镇各类用地所占比重（%）　　　　　　　　　表 2

| 小城镇 | 居住用地 | 工业用地 | 公共设施用地 | 对外交通用地 | 道路广场用地 | 绿地 | 市政用地 | 仓储用地 |
|---|---|---|---|---|---|---|---|---|
| 江西小松 | 65.08 | 4.53 | 4.98 | 3.46 | 11.05 | 5.1 | 0 | 5.80 |
| 吉林范家屯 | 49.87 | 12.66 | 13.73 | 3.69 | 13.11 | 1.09 | 0.7 | 5.15 |
| 江西潭口 | 67.52 | 3.41 | 16.68 | 1.27 | 9.14 | 0.57 | 0.24 | 1.17 |
| 北京马坡 | 45 | 16.99 | 2.01 | 6.54 | 6.39 | 19.32 | 0.95 | 0.79 |
| 黑龙江土龙山 | 46.29 | 1.41 | 10.6 | 1.06 | 13.43 | 8.83 | 0.71 | 7.07 |
| 湖北太平店 | 42.17 | 11.81 | 19.89 | 6.32 | 9.68 | 4.76 | 0.8 | 4.57 |
| 江苏官林 | 42.5 | 34.21 | 7.99 | 2.1 | 7.55 | 3.85 | 0.39 | 1.41 |
| 黑龙江水师营 | 71.06 | 9.47 | 5.18 | 1.87 | 4.51 | 7.43 | 0.08 | 0 |
| 浙江慈城 | 48.31 | 18.51 | 12.52 | 6.2 | 3.88 | 3.29 | 6.25 | 1.04 |
| 吉林新立城 | 45.79 | 6.26 | 2.42 | 2.98 | 10.18 | 28.95 | 0 | 1.41 |
| 安徽荻港 | 38.1 | 23.73 | 15.59 | 0.43 | 19.42 | 1.17 | 0.53 | 1.03 |
| 浙江西塘 | 45.39 | 19.82 | 18.64 | 2.82 | 6.73 | 3.25 | 0.97 | 2.38 |
| 平　均 | 50.59 | 13.57 | 10.85 | 3.23 | 9.59 | 7.3 | 0.97 | 2.65 |

从这个结构看：一是居住用地偏高，平均 50.59% 的居住用地比例远远高于（GBJ 137）中规定的城镇居住用地所占比重 20%～32% 的标准，这是造成小城镇土地利用相对粗放的很重要的原因。另外，公共设施用地和绿地所占比例偏低，这在一定程度上反映了小城镇公共服务设施还不完善。从土地利用空间来看，布局混乱现象很普遍，功能分区不明显，工业、行政、商业、居住、仓储等各类用地相互穿插、交错，相互影响和干扰，特别是一些污染严重的工厂混杂在居住用地之间，脏、乱、差问题突出。

因此，小城镇的节约用地可以从以上几个方面进行。主要是内部用地结构的调整。同时，挖潜也是一个很重要的内容。

二是用地结构不合理，小城镇应有的作用不能发挥。据统计，全国小城镇现状用地中，居住用地约占60%左右，公共设施用地约占10%，生产性用地约占70%，道路用地约占12%，其他为绿地、空闲地等。从用地结构看，居住用地偏高，公共设施用地和生产性用地比例偏低，绿地太少等。乡镇企业、村庄和小城镇布局分散，正如有的人所说："走了一村又一村，村村是……了一镇又一镇，镇镇是农村"。目前，全国乡镇企业80%分布在自然村，只有20%分布在建制镇。这使得小城镇不能发挥其应有的辐射作用和集聚效应。结果是不仅没有实现发展目标，带动本地区经济的设想，而且由于缺乏长远发展的眼光，使得小城镇建设规模过大，混乱等，造成拆了小厂建大厂，修好路面挖管道。这样不仅造成人财物的大量浪费，……镇居民及周边农民债台高筑，生活陷入困境。

## 4 小城镇节约用地优化模式

### 4.1 小城镇类型的划分

通过对小城镇的形成、历史演变以及发展动力可以看出，小城镇是区域经济发展到一定阶段的产物，小城镇的发展是区域经济发展在空间上的综合体现。在小城镇发展过程中，由于小城镇所处的自然条件和地理区位条件的优劣，社会经济发展水平的不平衡，小城镇的发展存在着明显的阶段性、区域差异性和等级体系特征。不同阶段的小城镇遵循不同的客观发展规律，对应不同的土地政策和土地利用模式，如不同阶段的小城镇用地指标，应根据小城镇发展的用地需求特征区别对待，不宜搞"一刀切"。

从区位因素分析，目前我国城镇可以归纳为位于大中城市郊区的"城郊型"，如四川郫县犀浦镇、四川绵阳市安县花亥镇、上海市嘉定镇、河南汉川县双柳树镇；位于重要交通干线或重要交通干线交叉部位的"交通型"，如四川广元市宝轮镇、四川峨眉山市桂化桥镇、云南保山市蒲缥镇；以及若干类型兼而有之的"复合型"，如四川郫县犀浦镇、上海市松江区小昆山镇等五种类型。

从形成的动因分析，有乡镇企业崛起而逐步发展起来的"乡镇企业型"，如四川郫县犀浦镇、四川温江县万春镇、江苏苏南地区；有通过外来加工发展起来的"加工贸易型"，如我国的珠江三角洲地区的小城镇；有商业贸易集散地发展起来的"商贸集散地型"，如四川广元市宝轮镇、四川峨眉山市桂花桥镇、浙江的温州地区的小城镇；还有依托发达的工业或支柱产业发展起来的"支柱产业型"，如四川绵阳市安县花亥镇的"长虹工业园区"、山西晋城市南村镇的煤炭铸造业等。对珠江三角洲的外来加工型企业和苏南地区的乡镇企业而言，外来人口占相当大比重，若单纯考虑常驻人口总数供地，不能客观地反映小城镇的用地需求，而应按照流动人口的总人口数供地，则供地指标存在一定程度的不确定性。

按其功能可分为旅游观光农业型、工矿型、农业型、商贸型和交通型五种。如重庆大足县的龙岗镇、宝顶镇为旅游观光农业型小城镇；龙水镇、玉龙镇、拾万镇属工矿型；中敖、宝兴、三驱、石马、金山、回龙、雍溪、国梁、珠溪、龙石、铁山、季家、高升、弥陀、复隆15镇为农业型；万古镇为商贸型；邮亭镇为交通型。

按其分布的地貌条件又可以将大足县的小城镇分为山区型、丘陵型和平坝型三种。山区型的小城镇有重庆大足县的雍溪、万古、玉龙、中敖、高升、铁山、宝顶；属平坝型的有龙水镇、珠溪镇；其余的为丘陵型小城镇。山区型的小城镇由于受地貌条件的限制，小城镇的用地难度较大，用地规模一般较小；而丘陵和平坝的小城镇用地规模较大。

从不同的角度，小城镇可以分为不同的类型，但区位以及形成动因这些因素都不容易量化，因此，本文试着从发展模式的角度提出小城镇发展的类型。

### 4.2 全国小城镇用地模式的划分及其特点

全国各地在推进小城镇发展过程中，因地制宜地创造了多种发展模式，并不断向高层次发展。以费孝通教授为首的研究者总结出各具特色的发展模式，如"苏南模式"、"温州模式"、"珠江模式"、"侨乡模式"、"宝鸡模式"、"民权模式"、"耿车模式"、"阜阳模式"、"诸城模式"等。到目前为止，笔者收集到的见诸全国各地报刊的乡镇发展模式有20多种。如果舍去这些模式的行政区划名称，从探求其最基本的特征入手并划分为若干基本类型，那么，对全国小城镇发展模式的考察将更具有典型意义。具体地说，一是起步时，将挖掘要素资源优势及其组合方式作为主要依据；二是发展进程中，将产业结构的进一步优化作为轴心；三是将相应的经营形式、企业制度等体制性特征变化作为基本出发点。据此，可将前面提到的20多种模式分成五个基本类型。

### 4.2.1 工业带动型

工业型小城镇主要是乡镇企业的生产基地，有的原来就有一定的工业基础。改革开放后，乡镇企业的工业实力更加雄厚。新兴工业小城镇或者是由乡镇企业带动起来的，或者是乡镇企业的逐渐集中而扩展成的。当然，它们并不是不存在第三产业，只不过是在工业发展的基础上，带动了第三产业的发展。这一模式的基础是乡镇企业的集中连片发展。乡镇企业相对集中连片的地区，从多方面促进和推动了小城镇的发展。(1) 加快了小城镇的基础设施建设。乡镇企业为适应生产的发展，必然要扩建和完善基础设施，从而增加了小城镇的建设资金。(2) 促进了小城镇经济的发展特别是第三产业的发展。小城镇的乡镇企业多，从业人员也多，所需的商品与服务的数量和种类随之增加，自然需要兴办商业、餐饮、维修、交通、金融信息以及文教卫生等第三产业，吸纳了更多的农村剩余劳动力，完善了小城镇的功能。目前，由于我国乡镇企业发展较快，工业带动型小城镇发展模式具有较强的适用性和推广性。苏南地区城镇化的轨迹，是工业带动型的典范。苏南地处东南沿海金三角地区，地理位置优越，历史上工业经济较发达，接受大中型工业城市的经济、技术辐射能力强。十一届三中全会后，中央政府下放给地方相当一部分的管理权，苏南地区借助行政、经济的力量，动员区域内的人力、财力、物力等资源，以发展集体乡镇企业为突破口，大力发展非农产业，率先打破城乡企业传统分工。1993年，苏州、无锡、常州三市的乡镇工业产值达2000亿元，占江苏省乡镇工业总产值的70%，乡镇企业与本地城市工业的比例由1980年初的3：7变为7：3。三市430多个乡镇有90%以上成为亿元乡镇，还有一批亿元村和亿元企业，促进了苏南地区小城镇的发展。

### 4.2.2 市场带动型

近年来，相当数量小城镇的兴起在很大程度上归因于商品流通职能的释放。以名、优、特商品资源为背景的专业市场是汇集信息、沟通城乡、繁荣农村经济的场所。在此基础上形成和扩大的小城镇对商品流通有了更高层次的需求，以获得规模效益与科技、信息、资金、服务、基础设施等配套支持。例如，绍兴市的柯桥镇为全国著名的纺织品集散交汇中心；张家港的庙桥镇为全国毛线衣集散地与贸易市场；湖州市的南浔镇为苏浙边境地区最大的家具市场；河北省沧州市的泊头镇成为华北地区的钢材、木材交易市场；广东的顺德、中山等一些小城镇成为全国有名的家用电器生产与贸易中心，也是全国有名的饼干、糖果生产中心。这种以商品市场的发展推动小城镇的建设在浙江省的温州市最有代表性。透析温州市中小城镇的发育发展过程，多与市场建设有关。乐清市虹桥农贸市场、瑞安市城关工业品市场、平阳村编织袋市场、苍南宜山再生腈纺织品市场、苍南县钱库综合商品批发市场、鹿城区干鲜果市场、乐清北白家建材市场等贸易市场中，10多万来自全国各地的个体经营户把温州各县、区、乡、村之间的经济活动和全国大市场联系起来。由此可见，"小商品、大市场，小城镇、大战略"是推进城镇化进程的一种可行思路。

### 4.2.3 外向带动型

外向带动型小城镇具有地缘优势，或毗邻经济中心，或地处沿海沿江沿边区，易于利用外部市场引进技术发展加工贸易，从而带动小城镇的发展。我国东南沿海地区特别是广东、福建沿海地区就毗邻港澳地区，是著名的侨乡。改革开放后，这里的人们可以依托侨乡优势，利用侨资和外资发展外向型经济，带动一批城镇的兴起和繁荣。例如，福建石狮市曾是晋江的一个镇，它依靠自身和附近几个乡的侨资建起服装加工厂，建立了全国闻名的服装市场，一跃成为近百万人的小城市。

### 4.2.4 农业产业化推动型

农业产业化推动型模式的关键是龙头企业建设和市场建设。它的龙头建在镇、市场建在镇，农业产业化中的龙头企业及相关的生产经营企业向小城镇集中，推动了小城镇的发展。在生产力水平较高的传统农业区，大多依托镇域内较好的农业自然资源基础、农耕文明历史悠久、农副产品丰富等优势，大力发展这一模式。这类模式有工农业协调发展的特征，以发展商品性农业为基础，以市场适销对路的骨干产品为龙头，外联市场，内联生产，发展农业产业化经营，使生产、加工、销售有机结合，带动以农业产业化龙头企业为天然载体和依托的小城镇的发展。山东的生产煎饼的新泰市楼德镇、从事食品加工的莱阳市龙旺庄镇、从事工艺品纺织的诸城市林家村镇、从事木鱼石茶具加工的泰安市万德镇等就属于农业产业化推动型的小城镇发展模式。

### 4.2.5 旅游带动型

发展模式依靠旅游业的连锁效应，形成小城镇，发育成各种要素聚集地。据专家测算，旅游业每直接增加1个就业人员，社会就能增加5个就业机会；旅游收入每年增加1个单位，当地GNP相应增加4个单位。因此，旅游业的兴起，能很快带动当地交通、住宿、餐饮等一系列服务行业的繁荣，增加更多的就业岗位，拉动周边地区人口的聚集，完成从农村到城镇的"蜕变"。黄山市、武夷山市及上饶地区的弋阳、三清山、婺源等城镇的发展都是旅游开发推动而形成的。

## 4.3 小城镇节约用地的优化模式

### 4.3.1 不同小城镇发展模式的建设用地结构指标配置

国外小城镇大多数为大城市的卫星城镇，受大城市影响，其经济发达、规划超前、建设水平高、居住环境好，其建设用地结构比较合理。一般地，居住用地占小城镇总用地的25%～35%，生产及仓储用地占15%～20%，公共服务及其商业用地占10%～20%，道路交通用地占10%～15%，绿化广场用地占10%～15%，公用工程用地占3%～5%，其他用地约占5%，在这种用地结构比控制下，小城镇社会经济形态比较协调稳定，城镇居住密度适当，道路宽阔，生活便利。

借鉴国内外发达小城镇的建设用地结构，依据现行建设用地标准管理体系规定的各类用地控制性结构比，结合小城镇未来发展趋势，不同特性的小城镇，其各类建设用地的最佳结构比应略有差异，小城镇各类建设用地最佳结构比例见表3。

小城镇各类建设用地最佳结构比例表　　表3

| 城市类型 | 居住建筑用地 | 工业仓储用地 | 公共服务及商业用地 | 道路交通用地 | 广场绿化用地 | 公用工程用地 | 其他建设用地 |
| --- | --- | --- | --- | --- | --- | --- | --- |
| 农业产业化推动型 | 40%～50% | 10%～15% | 10%～15% | 5%～10% | 10%～15% | 2%～5% | 2%～5% |
| 工业带动型 | 30%～40% | 20%～30% | 10%～15% | 5%～10% | 10%～15% | 2%～5% | 2%～5% |

续表

| 城市类型 | 居住建筑用地 | 工业仓储用地 | 公共服务及商业用地 | 道路交通用地 | 广场绿化用地 | 公用工程用地 | 其他建设用地 |
|---|---|---|---|---|---|---|---|
| 旅游型带动型 | 30%~40% | 5%~10% | 15%~20% | 5%~10% | 20%~25% | 2%~5% | 2%~5% |
| 市场带动型 | 30%~40% | 10%~15% | 20%~25% | 5%~10% | 10%~15% | 2%~5% | 2%~5% |
| 外向带动型 | 30%~40% | 15%~20% | 15%~20% | 5%~10% | 10%~15% | 2%~5% | 2%~5% |

### 4.3.2 小城镇节约用地优化的内涵及必要性

小城镇节约用地优化是指将一定的土地利用方式与土地利用的生态适宜性、社会经济性进行适当的组合，从而形成良好的土地利用结构和追求土地利用的三态效益的最大化的过程。由于土地资源本身具有位置的固定性、质量的差异性和经济供给上的稀缺性等特点，小城镇用地优化的目的就是在不同的部门、不同的用途之间分配有限的土地资源，并在微观层次上与其他的经济资源有机结合，使得地尽其用。土地利用系统是在人类活动的持续或周期性的干预下，进行土地自然再生产和经济再生产的复杂的生态经济系统，小城镇的节约用地优化必须从整个土地利用系统出发，当系统的某些要素发生变化时，土地利用优化的动力机制、优化标准就会发生变化，因而小城镇节约用地优化是一个动态和渐进的社会过程，它是土地利用活动过程的优化而不是终极目标的优化。一般而言，小城镇土地利用是否处于优化状态，主要可以从土地数量结构的合理性、土地利用空间布局的均衡性、土地用途的相对稳定性和土地利用的可持续性这四个方面来衡量。

小城镇土地利用的优化，一方面是我国在资源特别是耕地资源相对短缺条件下的现实选择，另一方面是由当前小城镇建设中土地利用不合理的现状决定的。根据1996年我国土地利用现状调查表明，现有耕地1.3亿公顷，人均耕地0.106公顷。联合国制订的人均耕地警界线为0.053公顷，而在我国2000多个县中，就有666个县人均耕地小于该数，其中463个县人均耕地不足0.033公顷。小城镇建设主要集中在县域内，其用地扩展主要以城镇周边的优良耕地为主，仅1999年，我国耕地净减高达43.7万公顷，这与加速基础设施建设与全面实施小城镇发展战略有关。这种耕地流转的现状与当前耕地保护的现实极不协调。而通过土地利用优化，充分挖掘小城镇存量土地潜力，就能实现小城镇建设与耕地保护之间的协调发展。目前我国农村居民点用地多达1640万公顷，居民人均高达185$m^2$，如果将我国城乡居民居住人均用地降到120$m^2$，可腾出573万公顷土地，可以充分满足小城镇建设对土地的需求。

### 4.3.3 小城镇节约用地的优化模式

（1）非农产业结构优化

非农产业结构的转换是农业产业推动型小城镇土地利用优化的主要优化模式。小城镇发展的真正动力在于经济发展、产业支撑。尤其是乡镇企业和专业市场的发展。在改革开放初期，乡镇企业多是以家庭小作坊来进行生产，因而其分布较为分散，且规模小，企业素质普遍不高，企业竞争力不强。随着国有企业结构调整的逐步展开，乡镇企业市场萎缩，经济效益普遍下滑，小城镇的发展也受到产业发展的限制，使得其规模小、质量低、功能不完善、集聚力不强。面对日益激烈的市场竞争，乡镇企业正从最初的小规模、分散化、低技术含量向专业化、集团化和高技术化的方向发展，这种发展趋势带来了小城镇产业的集聚发展。与这种产业结构的调整升级相应的是土地利用结构的调整优化和土地集约使用，通过产业结构的优化特别是乡镇企业向工业小区聚集，小城镇土地利用表现出明显的功能分区，土地利用结构正逐渐趋向合理。

(2) 土地使用制度优化

土地使用制度改革是小城镇土地利用优化的契机。土地有偿使用制度改革，有力地推动了小城镇建设。实行土地有偿使用，各个小城镇初步建立了土地市场，企业的用地需求受到了预算的硬性约束，市场对土地的优化配置起到了基础性作用。小城镇也从土地出让金中获得了巨大的建设资金。但当前还存在着许多制约小城镇建设土地的政策因素，诸如土地的供给政策，征地报批政策，承包地的流转问题，宅基地问题，土地收益分配问题等，这些问题解决的好坏直接关系到小城镇土地利用的合理性。有些小城镇针对这些问题进行了有益的探索：逐步推行土地租赁制，降低了企业进城的资金门槛；实行土地置换或土地入股，实现土地的有偿流转。以土地使用制度改革为契机，小城镇的土地资源和资产也在不断地进行调整、优化、重组。

(3) 小城镇功能分区优化

小城镇镇区用地功能分区，就是根据各类建筑物和设施的不同性质和用途，分别组合成为功能不同的用地区。功能分区的好处是：能把居民点内功能相同的部分组合在一起，进行合理布局，使各部分用地紧凑、功能明确，既能避免不同功能间的相互干扰和影响，又可共同利用公共设施，减少基建费用，节约土地。

小城镇镇区用地功能分区的原则是：1) 各功能区之间，应有方便的联系；2) 经济利用土地，各区用地布局力求紧凑，外形力求整齐，并为今后发展留有余地；3) 充分考虑居民对各种公共设施、动力设备的综合利用，为组织生产、方便生活创造条件；4) 有利于卫生、防疫、防火，有利于环境保护。

粗略划分，镇区用地功能区可分为两大部分——生活区和生产区。生活区内集中布置住宅建筑及公共建筑；生产区内集中布置生产性建筑，有时根据实际需要，在生活区内可布置为居民服务的或污染较小的生产性建筑，在生产区内也可以设置某些管理性建筑和宿舍等。

也可以根据不同用地功能的作用将用地区分为基本功能区和辅助功能区。基本功能即与生产和生活直接相关的最基本的需求：如住宅、工业、商业、办公用地等。辅助功能即与生产和生活间接发生作用的表达舒适程度的需求：如交通设施、休闲设施、绿地等。

不同功能用地区可以进行合理巧妙的组合，从而大大提高土地利用能力，增强用地的科学性、合理性和经济性。

小城镇用地功能分区是否合理、正确，对镇区各项用地结构将产生直接而深远的影响。功能分区科学、合理，就能使各项用地结构得到合理布局，使之有利生产，方便生活。反之，功能分区不合理，将给居民点造成不良后果；环境受到污染，影响居民健康；交通不便，影响生产；造成土地浪费；增加建设投资等等。因此，功能分区正确与否，是评价镇区建设规划的重要标志之一。

(4) 小城镇合理布局优化

小城镇镇区用地合理布局，就是把小城镇镇区内的各项用地，按其性质和功能（作用）以及相互间的联系等，有机地组合在一起，使之成为一个统一的整体，从而为居民的生活和生产创造良好的环境条件。小城镇镇区用地合理布局的主要任务是对镇区内部的用地结构、街道网、公共建筑用地、居住建筑用地、生产建筑用地以及绿地系统、给水系统、排水系统、供电系统等的用地进行合理组织、统一安排，对各部分用地的详细规划起控制和指导作用。其主要内容包括：

1) 小城镇镇区功能分区；
2) 公共中心和街道网布局；
3) 主要公共建筑用地和住宅用地的布局；
4) 绿化、供水、排水、供电系统等设施的用地布局等。

小城镇镇区用地合理布局内容的详度与深度，取决于小城镇镇区的性质、类型、规模、自然条件及小城镇镇区建设的现状等。同时，小城镇镇区规划所依据的基础资料的完备程度也影响着总体布局。在资料依据不足的情况下，为便于安排部分包于建设的项目，指导建设项目用地的详细规划，可以先概略地做出功能分区和各项用地的合理布局，布置街道网和确定近期建设用地，然后再逐步完善。

小城镇合理布局优化的原则：

1) 节约用地原则。贯彻执行"十分珍惜、合理利用土地和切实保护耕地"的基本国策，在用地布局和选址中不占或少占良田，保护、开发土地资源，制止非法占用土地的行为。尽量采用先进技术和有效措施，使土地达到充分合理的利用。

2) 符合功能分区要求原则。总体布局的合理与否，首先要看功能分区是否合理。功能分区是对总体布局中各组成项目规划的控制和指导。

3) 保证小城镇镇区各组成要素在空间上的合理配置原则。小城镇镇区各组成要素及其自然因素，构成一个环境，它不仅是一个平面概念，而且是一个立体概念。在进行总体布局时，不仅要使各组成要素在平面布局上合理，还要使它们在空间上相互协调。因此，小城镇镇区总体布局要在充分考虑镇区的地形、地物、自然特点及建筑形式的基础上编制。

4) 坚持"适用、经济，在可能条件下注意美观"的原则。小城镇镇区中的建筑群及公共设施的规划，不仅要考虑适用、经济，同时也要考虑建筑形式和布局的艺术和美观。

5) 既要突出重点，又要留有余地的原则。小城镇镇区总体布局的重点是功能分区、公共中心和主干街道的布置。居民点的各组成要素，通过功能分区构成一个完整的统一体。在总体布局中，对全部组成要素的布局要统一考虑，且留有发展的余地。

小城镇用地合理布局的基本要求：

1) 使用要求。为生产生活等用地使用提供方便、合理的外部环境，处理好各组成部分之间客观、必然联系和矛盾。这是小城镇镇区用地布局最基本的要求。镇区土地的使用要求是多方面的，既包括适应功能要求和使用者行为的建筑平面组合，也包括满足人们室外休息、交通、活动等要求的外部空间组织及相应配建设施等，以及确保实现上述功能的有关工程设施及相应技术要求等。

2) 节约要求。节约用地也是镇区用地布局时必须考虑的一个重要问题，这不仅是国家的重要国策要求，同时也具有明显的经济意义，特别是在土地有偿使用的情况下，节约用地可以减少用地成本。在建筑群体组合中，适当缩小建筑间距、提高建筑密度则可充分挖掘土地利用潜力，达到节约土地的目的。

3）卫生要求。镇区用地应形成卫生、安静的外部环境。其中，正确的选址，是确保镇区用地避免环境污染侵害的关键。场地及其周围的主要污染源有：具有污染危害的工厂、锅炉房、废弃物的排放与清运、车辆交通等。为防止和减少这些污染源对场地环境的污染，镇区用地总体布局必须合理。

4）安全要求。镇区用地总体布局除需满足正常情况下的使用要求和卫生要求外，还必须能够适应某些可能发生的灾害，如火灾、地震等情况，因而必须分析可能发生的灾害情况，并按有关规定采取相应措施，以防止灾害的发生、蔓延或减少其危害程度。

5）经济要求。镇区用地总体布局必须注意建筑的经济性，使之与经济发展水平相适应，并以一定的投资获得最大的经济效益。总体布局工作应结合场地的地形、地貌、地质等条件力求土石方量最小，合理确定室外工程的建设标准和规模，恰当处理经济适用与美观的关系，有利于施工的组织与经营，从而降低场地建设的造价。

6）美观要求。镇区用地布局不仅要满足使用的要求，而且应取得某种艺术效果，为使用者创造出优美的空间环境，满足人们的精神和审美要求。用地的总体布局，应当充分协调各建筑单位之间的关系，把建筑群体及其附属设施作为一个整体来考虑，并与周围环境相适应，才能形成明朗、整洁、优美的空间环境。

## 5  小城镇节约用地优化的途径

### 5.1  小城镇建设中土地利用优化的政策

当前我国正面临着经济体制和结构的转轨，市场机制在资源配置中发挥着越来越重要的基础性作用。土地作为重要的生产要素，其优化配置也必须以市场机制为主，市场机制和政府引导相联动：以内涵发展为主，外延发展与内涵发展相结合：以提高小城镇土地利用的经济效益为主，生态效益与社会效益、经济效益相均衡，从而形成与小城镇产业结构相适应的土地利用结构，推动小城镇的健康持续发展。

#### 5.1.1  编制科学的规划体系规划是建设的龙头

小城镇土地利用优化，需要科学合理的规划作为指导。首先要从区域的角度来规划城镇体系，根据不同的区位优势、资源条件、人口规模和经济发展水平，严格控制小城镇发展的数量，形成合理的小城镇区域布局。对于相对落后的地区，通过"撤乡并镇"，适当扩大这些小城镇的管理权限，并采取优惠的用地、税收、户籍、信贷政策等，吸引农民向小城镇集中。对于发达地区的小城镇带，可以通过合并来提升其地位，赋予其小城市功能。其次，要编制科学合理的土地利用规划。小城镇的建设是一个动态的过程，要结合经济发展的预期对小城镇的规模、发展方向、发展时序作出统筹安排，因而规划不仅要有预期性、还要有弹性，为小城镇的发展留有余地。通过规划的实施，引导小城镇各业用地的优化配置，形成良好的功能分区和与经济发展相适应的土地利用结构。

#### 5.1.2  积极推进产业聚集、实行集约用地

产业聚集是指主导小城镇发展的第二、第三产业的多个生产部门集中于某一区域，共同投资建设，形成较大的产品供需市场，从而带动就业人口的聚集和相关投资、服务与消费活动的集聚。产业聚集可以带来经济规模的增加和劳动生产率的提高，降低交易费用，其过程实质上是用地集约的过程。集约用地是当前小城镇发展既定的战略选择，也是实施可持续发展战略的必然选择。一方面，针对乡镇企业劳动力过剩、资本短缺和技术老化等

矛盾，积极引导、推进产业结构的调整、升级，发展城镇第二、第三产业，使其向工业小区和商业区集中，从而发挥其规模和协同效益。另一方面，在主导产业的选择上，注重与当地的自然资源优势相结合，与国家大项目的建设相结合，使其产业保持持续的经济活力，充分发挥小城镇的极化效应，推进各种要素的聚集，从而实现土地利用的调整优化。

### 5.1.3 构建土地有形市场，推动土地资源的市场配置

在市场经济条件下，市场对土地资源的配置起着基础性的作用。优化小城镇土地资源的优化配置，必须强化土地市场的作用。随着小城镇建设逐步升温，用地主体呈现多元化的发展趋势，除本乡本土的人员外，还有大量的外来人员需要土地，用于居住、经商或办企业。要实现土地优化配置的公平与效益的统一，必须建立起有形的土地市场，公开各种用地信息，使得用地者做出正确的决策。对于闲置未用或利用效率不高的存量土地，通过收购储备机制进入土地市场进行交易，通过政府行为引导合理的土地置换和土地流转，优化产业结构和土地利用结构。对于增量土地，要严格控制其进入市场的规模，确保项目和资金被用于城镇建成区。土地有偿使用的方式也应结合城镇具体实际，采用灵活的配置方式，可以招标、拍卖，也可以是租赁方式。

### 5.1.4 完善相关配套政策

小城镇土地利用优化的顺利开展，必须要有相应的政策措施与之配套。首先要改革现有的城镇行政管理体制，适当扩大小城镇的行政管理权限，按照"政企分开、政事分开"的原则来定位政府的角色。政府在规划、计划、城镇建设等方面只进行宏观调控，尽量减少繁琐的审批手续及其相关费用，减少土地利用优化的社会成本。其次要完善各种土地政策。在当前耕地保护的严峻形势下，小城镇建设用地不能像过去那样走分散化、粗放利用的模式，而是应在控制用地总量的基础上，挖掘小城镇内部潜力，盘活存量土地，实行集约用地。集中利用城镇非农用地指标，可以实行小城镇住宅用地指标周转，通过压缩分散的农村宅基地建设指标，集中到小城镇进行居住区、工业区的建设。再次，完善社会保障制度。在当今社会急剧变化的情况下，未来变得越来越不可预期，农民进城的动机受到生活保障能力的影响。因而，要逐步建立适应小城镇发展的社会保障制度，包括社会养老保险制度、社会医疗制度和社会福利救济制度，为人口向城镇的聚集提供必要的社会保障。

## 5.2 解决小城镇发展与耕地保护矛盾的途径

### 5.2.1 加强宣传

增强领导干部的耕地保护意识和集约利用土地的意识在目前和将来仍是必要的。当然，这还需要和改善干部考核制度结合起来，切实将耕地保护以及城镇土地生产率作为衡量地方领导干部政绩的主要指标。并将耕地保护情况、土地集约利用情况与干部的任免升迁挂钩，从而使地方领导不仅有集约利用土地的意识，还要有压力。

### 5.2.2 改进规划手段

在小城镇规划编制过程中，应严格按照住房和城乡建设部有关规定，以历史上的人口机械增长和自然增长为依据预测人口的增长，将规划人口控制在合理的范围内。严格控制规划人均建设用地。按照住房和城乡建设部规定的规划指标和允许调整幅度来确定用地标准、应尽可能地采用下限，而不是上限。在规划编制和实施过程中，土地管理部门和规划管理部门应通力合作、互通情报，加强沟通和交流，合作编制城镇发展控制区和基本农田保护区。在土地管理体制未理顺之前。建议两个部门之间建立合署办公制度。

### 5.2.3 从严控制居住用地

对于建制镇，必须严格控制居住用地，使之符合住房和城乡建设部有关规定；从严控制"遍地开花"的工业小区和开发区，降低工业用地在城镇土地中的比重；从严控制新征行政办公用地。尤其在撤乡并镇过程中，更应防止花园式办公楼出现。

### 5.2.4 改革现有的"先立项、后审批"的用地审批制度

城镇建设用地审批应在土地利用总体规划、年度建设用地计划和城镇规划指导下进行。

### 5.2.5 严格控制农地自发入市

严格按照《房地产管理法》有关条款的规定。从严控制农地自发入市。

### 5.2.6 加强旧区改造工作

采取一定的倾斜政策，鼓励地方政府以及房地产开发商积极参与旧区改造。提高城镇存量土地的配置效率和利用效率，挖掘城镇存量土地的开发利用潜力。

### 5.2.7 加大现行土地管理体制和规划体制的改革力度

现行土地管理体制必须加以改革，真正实现土地的统一管理。提高政府对小城镇发展中土地利用行为的调控能力。当然，土地管理体制改革由于涉及到多个部门之间的利益调整，阻力较大，必将是渐进的过程。在规划体制改革中，规划编制职能则必须与规划实施职能相分离。建议在各级人大常委会设立规划委员会，负责土地规划和城镇规划的编制工作，并监督土地管理。

## 5.3 实施农地整理

我国农业发展面临的主要问题是资源的紧约束与土地使用权高度分散的小农村经济。影响我国农业产业化的重要障碍是大量的农村富余劳动力被束缚在农村，土地生产率很高，而劳动生产率很低。一方面是大量农村劳动力的富余，另一方面是小城镇人口规模偏小，这就为开展农地整理提供了广大的空间。通过开展"三集中"模式农地整理，即通过迁村并点，逐步使农民住宅向中心村或小城镇集中；通过搬迁改造，使乡镇企业逐步向城镇工业园区集中；通过归并零散地块，使农田逐步走向规模经营，为农业产业化和小城镇的发展提供了巨大的活力。通过农地整理，实现农村田、水、路、林、村的综合整治，提高农业生产效率。同时可以结合生态重建对小流域进行统一规划，综合整治，通过退耕还林、还湖、还草，提高和改善区域生态环境。

## 5.4 实施小城镇整理

小城镇的整理应当从两个层面实施。第一层面是从区域的角度构建区域内城镇间及城镇与区域间的新型秩序；第二层面是小城镇内部的物质更新、功能更新和结构更新，小城镇性质不同，整理途径也不同，根据小城镇的类型区划进行整理的分类指导，可以防止盲目性。

### 5.4.1 以区域为背景的小城镇整理

城镇体系结构整理，首先应形成合理的规模体系；其次应形成合理的空间体系；第三是构建合理的产业体系。县域内小城镇的产业体系构造可选择两种策略：一是构建产业内合理的分工体系，使县域形成一个单一产业的强势集聚综合体。二是形成产业间有序的分工体系，使县域各镇形成各具特色的产业优势。对城镇—区域关系整理，实现区域协同的城乡一体化是城镇—区域关系进化的目标。为此，小城镇和腹地间应加强产业结构调整的

连锁度,成为农业产业化的基本地域单元。

### 5.4.2 以发展趋势为背景的小城镇整理

衰落型城镇的整理。确定衰落的根源,以大区域为背景,重新确定其发展方向,果断调整功能结构。功能转型是这类城镇再开发成功的关键。少数城镇的衰落是历史必然(如山区矿业镇),此类小城镇则应妥善疏导人员、转移资产,重新调整行政区划,尽快消除城镇衰亡的负面效应。成长型城镇的整理。确定成长的动因,尽快建立起新的主导产业和产业体系,高起点规划城镇空间,制定合理的人口政策和产业发展政策。妥善处理与相邻城镇间的竞争关系,搞好内部社区建设。

### 5.4.3 以区域城镇化为背景的小城镇整理

灰色区域城镇整理。McGee 提出的灰色区域(Desa-KotaRegion)理论对解释发展中国家特殊的城镇化过程作了有益的尝试。灰色区域实质是一类急剧变动的农村地域,城镇更新时刻都在发生。重点是做好产业发展战略规划、空间发展战略规划,确定与大城市连接的方式与途径,为大城市的产业扩散确定统一的功能区,目标是促进大城市或城市群形成都市连绵区和全球城市。点状区域的城镇整理。在区域经济发展的边缘地域里,存在大量以单个城镇为核心组织的经济单元。这类小城镇更新的重点是强化城镇的经济、行政、文化的核心地位,促进城镇与区域的和谐,注意与周边城镇的分工与协调,突出经济特色,加大与上一级区域中心的联系,构建起外向型通道,防止封闭发展而导致与区域中心和主流空间脱落。

### 5.4.4 环境突变背景下的小城镇整理

区位变异型城镇的整理。区位变异对城镇发展来说要么是机遇,要么是灾难。但无论如何都需要在功能、结构等方面对小城镇实施更新,以适应新的区位条件。最常见的区位变异是交通路网的变化造成的。交通线过境时,小城镇的空间布局需重新规划,区域城镇体系的空间结构需重新调整;小城镇的产业构成不应仅仅立足于地方区域,必须构建起外向型产业体系,重新确定与沿线相邻城镇的分工与合作。相反,若失去了良好的交通区位,原有的市场空间被袭夺则是必然的,重新调整产业发展方向并调整城镇功能结构,是谋求可持续发展的前提。功能变异型的城镇整理。引起小城镇功能变异的因素主要有三种:一是新资源的开发;二是大型建设项目落户;三是地方行政中心的搬迁。功能变异实质上已经指明了城镇新的主导产业及相关产业链的发展方向,相应地,物质更新及土地利用调整都是以主导产业为依据的。

### 参 考 文 献

[1] 孔凡文. 小城镇建设与节约用地的关系. 农业经济. 2004, 04
[2] 傅应铨, 小城镇建设中土地利用探讨. 财经科学. 2000, 05
[3] 张凤荣. 土地规划与村镇建设. 北京:中央广播电视大学出版社, 1999
[4] 蒋一军. 土地整理与小城镇建设. 小城镇建设. 2001, 03
[5] 陈修颖. 小城镇整理:中国农村城镇化可持续发展的战略选择. 衡阳师范学院学报. 2002, 04
[6] 蒋一军. 城镇化进程中的土地整理. 农业工程学报. 2001, 04
[7] 陈美球. 我国小城镇土地利用问题剖析及其对策探讨. 中国农村经济. 2002, 04
[8] 余珍明. 关于我国小城镇建设中土地利用优化的思考. 农业现代化研究. 2002, 02

[9]  王德胜. 小城镇规划建设一定要以保护耕地为基本原则. 规划师. 1999, 01
[10] 汪小宁. 论全国小城镇发展德模式类型. 宁夏社会科学. 2004, 04
[11] 吴伟. 我国小城镇的基本类型. 城乡建设. 1996, 03
[12] 韩亮. 小城镇土地资源优化配置指标体系研究. 国土经济. 2001, 06
[13] 姜炳三. 小城镇发展中节约用地问题的研究. 经济地理. 1997, 03
[14] 王兴利. 小城镇镇区功能分区与用地合理布局. 辽宁行政学院院报. 2003, 01
[15] 祁华清. 推进小城镇使用制度改革. 经济论坛. 2002, 02
[16] 孔凡文. 小城镇用地技术指标与用地规模问题研究. 中国土地科学. 2002, 05
[17] 戴宗辉. 城市更新中土地利用优化动力研究. 当代建设. 1999, 01
[18] 王英. 小城镇空间经济结构优化与土地节约. 小城镇建设. 1999, 02
[19] 解晓红. 村镇住宅建设节约用地措施的探讨. 陕西建筑. 2003, 04

# 小城镇土地用途管制制度研究

## 1 土地用途管制的内涵

### 1.1 土地用途管制的含义

据有关资料考证,土地用途管制手段最早是用来解决社会问题。1573年西班牙国王菲利普颁布法令强制把在南美洲新开拓地上的屠宰场迁至城市外围地区。1875年德国柏林政府采用分区方法,把城市划为若干区,使工人居住的公寓分散布局其中,使工人接近工厂。1916年纽约市政府制定土地区划,划定城市工业区、商业区、居住区,并限制其建筑密度、容积率、空地率等。

我国专家对土地用途管制这项制度,从不同角度进行了分析,并做出定义。沈守愚等专家认为,从法学角度来看,土地用途管制是国家为了保护土地资源和耕地,确立土地利用的约束机制,防止土地滥用、土地投机、土地垄断和在土地上谋取非法利益而对土地利用进行严格控制的一项具有财产所有权性质的法律制度。王万茂教授认为,从经济学角度来看,"土地用途管制系由行政机关进行的对土地利用主体的限制"。而从管理学视角而言,"土地用途管制的实质就是政府为促进社会整体协调发展,采取各种方式对土地利用活动进行调节控制的过程,是国家管理公共物品(土地)的重要措施。"综合以上定义,我们可以看出,作为一项世界各国普遍接受的制度,土地用途管制可定义为国家通过制订土地利用计划、土地区划、土地规划、土地重划与整理、制订法律政策等公共措施,对土地资源利用的组织和管理,引导、限制和控制。

随着我国土地利用问题尤其是建设占用耕地和保护林地问题的日益严峻性,中共中央、国务院1997年4月15日在《关于进一步加强土地管理切实保护耕地的通知》(中发[1997] 11号)中提出"对农地和非农地实行严格的用途管制",全国人大常委会1998年8月29日新修订的《中华人民共和国土地管理法》第四条明确规定"国家实行土地用途管制制度",这是加强土地利用国家控制、科学配置和合理利用土地资源的一项重要措施。

### 1.2 土地用途管制产生的背景

土地用途管制制度是在特定的人地关系背景下产生的。人口增长和经济发展对土地产生多种需求。一定地域内各种用地之间数量比例关系或称之为土地利用结构,与其社会经济发展水平相适应。一定地域内土地总面积为常数,势必造成各产业活动之间土地资源的竞争使用。就土地利用比较利益而言,农地改作非农地使用后的土地收益能力远远大于农地收益能力。根据竞争使用原则,任何优良农地都可能改变为非农使用。若从社会整体利益着想,则必须保护优质土地尤其是耕地限作农业生产利用。在准与不准变更使用的前提下,就会造成土地所有权人之间经济收益上的极大反差。这种情况,单纯依靠经济杠杆调节是无能为力的,于是土地用途管制制度也就应运而生。在我国实施土地用途管制制度既符合我国的国情,又与国际惯例接轨。

### 1.3 土地用途管制的目的

实行土地用途管制的主要目的有三:

（1）依据土地利用规划规定土地用途，以行政、经济和法律手段来规范土地利用行为，引导合理利用土地，从而强化国家宏观调控土地的职能，避免土地利用管理中的政府失控；

（2）通过土地用途的严格管制，使土地利用结构与布局得以最优化方案配置，农业用地特别是耕地和林地得到有效保护，非农业建设用地得到有效控制，土地质量、土地利用率和产出率逐步有所提高，土地资源得以可持续利用；

（3）通过对土地利用方式的优化控制，充分协调人与自然、经济社会与生态环境等关系，逐步创造一个良性、高效的生态环境，满足可持续发展的需要。

### 1.4 土地用途管制的意义

土地用途管制的意义：

（1）实施土地用途管制制度，是保证有限的土地资源实现可持续利用的途径，是缓解人地矛盾的重要手段。

（2）实施土地用途管制制度，严格限制农用地转为建设用地，可限制城市空间的过度扩张，保护生态环境。

（3）实施土地用途管制制度，能有效地利用城市存量土地，引导城市土地的高效、可持续利用。

## 2 土地用途管制的基本内容

土地用途管制是旨在严格保护耕地，有效地配置土地资源，提高土地利用集约水平等一系列的行为过程。在这个行为过程中，必然会出现土地用途管制的主体、客体、目标、手段等构成其基本要素。

土地用途管制的主体是国家，其主要的表现形式是政府。修订后的《土地管理法》加强中央和省级政府的土地管理职能。土地利用总体规划编制的审批权、土地利用年度计划审批权、农用地转用批准权、土地征用权在中央和省两级政府。与此同时，在已经批准的农用地转用范围内，具体项目的用地交由市、县政府审批。在土地用途管制行为过程中体现强化国家管理土地的权力，是实现土地用途管制的重要保证。

土地用途管制的客体是已确定用途、数量、质量和位置的土地。也就是说纳入用途管制的客体必须确定用途、数量、质量和位置的土地，这些资料有赖于土地利用总体规划提供。这就对土地利用总体规划的科学性和实践性提出了更高的要求。管制客体信息要全面，是实现土地用途管制的重要依据，说明土地利用总体规划是土地用途管制的重要技术保障。土地用途管制的目标是严格限制农用地转为建设用地，控制建设用地总量，对耕地实行特殊保护，确保管辖区内耕地总量不减少。

土地用途管制的目标是严格限制农用地转为建设用地，控制建设用地总量，对耕地实行特殊保护，确保管辖区内耕地总量不减少。

土地用途管制的手段是编制土地利用总体规划、规定土地利用年度计划，划分土地利用区、实行分区管制。将土地分为农用地、建设用地和未利用地。改变土地用途，要对土地用途实施农用地转用审批制度。在各土地利用区内制订土地使用规则，按土地利用总体规划规定的用途使用土地。与此同时，土地行政主管部门要对管制行为过程实行动态监测，加大违法批地用地的查处手段（价格、税收等）来调节和控制土地利用。

除此以外，土地用途管制范围包括农村和城市，形成城市土地用途管制和农村土地用途管制区域系统，相互补充，融为一体。土地用途管制客体信息包含用途、数量、质量和位置，做到信息四统一和图、数相符。土地用途管制的深度是实现分区管制（划分土地利用区）和类型管制（划定土地利用类型）并重。

## 3 小城镇土地利用的特点

小城镇是在传统的城乡分割的二元经济结构下出现的，它的发展过程是自下而上的城市化过程，是一种诱致性的制度变迁，因而在小城镇的形成和发展过程中，具有很大程度的自发性。但这个过程还在以粗放经营为特征的外延扩展阶段，因而其土地利用活动具有盲目性，主要表现在。

### 3.1 小城镇急剧扩张

从 1984~1998 年，全国的建制镇由 5698 个增加到 1.9 万个，建制镇的总用地规模达到 17161.1km²，小城镇的人均建设用地分别为特大城市和大城市的 1.9 倍和 1.6 倍，与之形成鲜明对比的是用地效率极其低下，闲置浪费现象严重。据估算，闲置土地占小城镇总面积的 5%~8%。小城镇单位土地提供的 GDP 仅相当于全国平均水平的 33%，相当于 200 万人口以上大城市的 3%。

### 3.2 小城镇土地利用的土地数量结构不合理

小城镇由于其发展的诱因不同，其土地利用结构表现不一致。其土地利用结构不尽合理，主要表现在居住用地比重过大，公共设施用地和绿化用地比重偏少，公共服务设施配套不完善。据浙江瑞安市东部六镇建成区用地结构统计数据表明，居住用地占 76%，人均达 89m²，而公共设施用地和绿化用地的比例仅占 0.3%、0.4%，人均不足 0.5m²。

### 3.3 小城镇土地利用的空间分布不均衡

小城镇土地利用的空间分布是小城镇职能和空间分布土地资源的结果。一般而言，小城镇土地利用的空间分布主要表现在两个层次：宏观和微观层次。宏观层次指的是小城镇体系的空间分布，受地方局部利益的驱动和行政区划的影响。我国小城镇体系的建设还远不完善，小城镇的设立带有一定的盲目性，它往往不是从区域经济整体出发，而是地方官员急功近利的表现，城镇人口规模普遍偏小，小城镇重复建设现象严重，产业结构趋同，集聚效益低下，生态环境恶化。微观层次指的是小城镇内部的土地利用，许多小城镇的兴起主要是依托公路发展起来的，其空间分布多为轴向发展，纵深发展不够，空间形态不合理；由于用地缺乏硬性的预算约束，地价对用地分布缺乏制约，导致各类用地混杂，特别是工业用地分布杂乱，缺乏明确的功能分区。

小城镇的土地利用现状与我国土地资源、特别是耕地资源的保护现实极不协调，国家出于生存安全考虑将加大耕地的保护力度，调整日益紧张的人地关系。小城镇空间形态的扩展方式将由方向的外延发展为主向内涵发展为主的方向转变，因而优化小城镇土地利用、合理配置各种经济要素，是促进小城镇建设走可持续发展的必由之路。

# 4 国外土地利用分区规划的理论研究、实践及其对我们的启示

## 4.1 国外土地利用分区规划的理论研究

### 4.1.1 国外土地利用规划的新理念

（1）理性发展的理念。理性发展作为一种与市场机制相对应的政府宏观调控职能，主要是通过法律、财政、金融、税收等手段对城市开发和城市土地利用的过程与模式进行管理，强调环境、社会和经济的共同发展，强调对现有社区的改建和对现有设施的利用，强调生活品质与发展的联系，提倡一种较为紧凑、集中、高效的发展模式。

（2）以人为本的理念。人的价值越来越受到重视，人的需要是各种活动的导向，可以说现代社会是一个以人为本的社会。土地利用规划当然也不例外，以人为本成为当前各国（地区）土地利用规划思想的主流。

（3）公众参与的理念。公众参与是"以人为本"思想的重要体现，公众参与是法律赋予人民的权力，公众参与是"医治"行为主体失灵的发展必然。国外的规划十分强调公众参与。

### 4.1.2 土地利用规划的创新理论

（1）整体结构性规划理论

20世纪60年代以来，英国提出了"结构性规划"，美国则有活动规划，澳大利亚称为战略规划，新加坡则叫概念规划。规划的名称尽管不同，其共同特征都是要求淡化规划期，而要对城市的长远发展作出轮廓的、更有弹性的部署。而且，强调传统规划应从单纯物质规划的困囿中解脱出来，研究更高层次的结构性问题，而将各种具体目标和空间组织留给下一层次的地区规划去解决。因此，这样的结构规划往往以文本为主，图纸都是图解式的，没有表明精确的界限，以保留足够的机动性。

（2）表性分区理论

过分的功能分区往往带来城市生活的割裂，再考虑到土地用途具有兼容性，西方有些专家提出了"表性规划"的理论。也就是说，不再以使用功能分区划分地块，而是根据各种建设活动对外界的影响作用来进行划分。

## 4.2 国外土地用途分区的类型

具有明显地域特点的分区种类主要有计划单元开发制、财政分区制、排斥性分区制、功能分区制、鼓励性分区制、滚动分区制、时间分区制等。土地利用分区管制规则、管制措施是土地利用分区的重要组成部分土地用途管制是世界上一些国家和地区广泛采用的土地管理制度。

## 4.3 国外土地利用分区规划的实践

### 4.3.1 美国

城市增长线、农地保护分区和分区分期发展

分区制是美国各地方政府土地利用控制的最主要的方法。在城市，分区一般按居民区、商业区和工业区划分。乡村则重点保护农田，力求避免城市的无限制蔓延。分区规划逐步发展为细分控制以加强土地利用管理。分区规划一经确定，就具有法律性质。

（1）分区情况

城市增长线，或城市发展边界（UGB），即在地图上标出的显示规划中的城市发展最

大极限的边界线。

增长线以内又分为城市土地、可城市化地区、和城市发展地区。

城市增长线（UGB）以外的农业或林业土地，包括农场、林地、港湾资源、滨海土地、沙滩等被通称为资源土地（resourceland）。资源土地都要参加农场专用地分区。农业用地分区有两种类型：非排他性的和排他性的。

例外情况（Exception）。在规划中设有例外条款，符合这些例外条款的土地可以保持原状或作他用，例外条款的标准可变。

（2）重要的分区管制措施

分期分区发展、税收鼓励计划、通过征收地点价值税来减少城市空地、农场权利法、发展权转移。

### 4.3.2 德国

优势区规划、混合地域的含义和专门的详细管制规划。

在德国，土地利用规划（简称F规划）以土地用途管制分区为主要内容，地区详细规划（简称B规划）则详细规定了土地利用的具体方式、公共设施位置、有关建筑的限制（建筑率、容积率等），并依此进行分区管制。

优势区这一概念是德国区域规划中作为生态平衡的一种规划手段而提出来的。优势区的五种职能：（1）农业和林业生产；（2）闲暇和休养；（3）长期保障用水供应；（4）特殊的生态平衡功能；（5）原料和矿产的采集。

### 4.3.3 法国

禁止利用土地区域的划分和农地的权属政策。

法国用政策限制农地转让，其政策核心是土地权属问题。此类政策包括：小块土地合并和限制农用地分割政策；规定私有农地必须用于农业经营，不准弃耕、劣耕和在耕地上建房屋；成立"土地整治和农村安置公司"，收购小农自愿出让的农田卖给那些有经营能力的农民手中。

### 4.3.4 日本

把管制措施上升到法律的高度以及严格细致的耕地保护分区。

土地利用规划范围内的土地被分为城市区、农业区、森林区、自然公园区、自然保护区五个大区，每个大区的土地利用都按照与该区域有关的法律进行管理，大区下又划分亚区。要实行最严格的耕地保护制度就应该借鉴日本的做法，针对每个分区都要制定一部相应的专业法律法规，如城市区的管理有都市规划法，农业区有农业振兴地区整备法，森林区有森林法等等，使管制规则上升到更权威的高度。日本农业土地利用计划中的地域划分及管制法律见表1。

**日本农业土地利用计划中的地域划分及管制法律**　　　　　　　　　　　　　　表1

| 分　区 | 城市区 | 农业区 | 森林区 | 自然公园区 | 自然保护区 |
|---|---|---|---|---|---|
| 对应法律 | 都市规划法 | 农业振兴地区整备法 | 森林法 | 自然公园法 | 自然环境保护法 |

日本将农地划分为市街化（即城市化）调整区域以外的农地和市街化调整区域内的农地两大类。市街化调整区域以外的农地分为三种。市街化调整区域内的农地分为甲种农地和乙种农地。农业用地不能被任意侵占，不同农业用地也不许任意转用。

### 4.3.5 韩国

准城市地域、准农林地域的划分及按限制程度的细分。

按照韩国《国土利用管理法》,全国国土分为 5 大地域,即城市地域、准城市地域、农林地域、准农林地域、自然环境保全地域,并就每个地域的土地利用行为加以限制规定,使其符合各用途地域的指定目的。

### 4.3.6 欧美各国

土地利用规划的公众参与。

西方国家规划公众参与具有以下特点。第一,公众参与具有法律保障。第二,参与方式多样。第三,公众参与面广、程度深。欧美四国城市规划过程中公众参与的比较见表2。

欧美四国城市规划过程中公众参与的比较　　　　　表 2

| 国家 | 法律保障 | 参与方式 | 参与组织、个人 | 规划师的作用 | 决策实体、要素 | 执行监督实体 |
|---|---|---|---|---|---|---|
| 英国 | 城乡规划法 | 公众审核、调查会,公众审查和现场接待等 | 社区组织、市民团体、各区规划局和委员会等 | 资料意见收集分析、规划编制、民主协商和意见处理汇总等 | 环境事务大臣、公众审查、地方规划局和相关人员等 | 环境事务大臣、监察人员、法院、听证会等 |
| 德国 | 建设法典 | 公告、宣传册、市民会议等 | 相邻区政府代表、公共管理部门和公共利益团体等 | 规划决定、方案宣传、方案编制、组织座谈和意见处理反馈等 | 社区管理机构官员、上级管理机构和市民意见书等 | 法院、上级规划管理部门等 |
| 美国 | 高速公路法 | 问题研究会、邻里会议、听证会和比赛模拟等 | 特别小组、机动小组、企业团体和居民顾问委员会等 | 激发公众参与、选择合适的参与方式、公众教育和协调各方的利益等 | 城市规划委员会、市议会、公众会议和听证会等 | 公众听证会和法院等 |
| 加拿大 | 官方自治条例 | 讨论会议、图形手册、设想展示会和热线等 | 讨论小组、专题研究小组等 | 鼓励公众全面参与、公众教育、组织意见和设想可视化模拟和规划反馈等 | 市议会和反馈建议等 | 法院和上级规划管理部门等 |

### 4.4 国外（地区）土地利用分区的保证措施

国外土地利用分区的保证措施有很多方面,如法律、经济、行政等。各国土地用途分区管制的实施,或依土地用途分区条例进行,或依专门法律进行,均具有法定效力。法律措施表现在以下几个方面：对土地的产权主体加以限制、有法可依、执法必严。我国应该借鉴国际经验,建立和完善我国的土地用途管制分区制度,进一步加深土地用途分区管制的立法和执法工作,尽快制定土地用途分区条例及其相关经济措施。

行政措施主要包括建立完善的土地利用规划管理体制、实行严格的许可制、进行严格的监督检查等。

租、税、金融等间接的诱导性政策,如土地租税政策、投资政策等经济的手段来诱导社会的土地利用方向：

另外还有其他措施,如土地登记、土地整理、土地储备制度等措施来保证土地利用分区及管制的实施。

### 4.5 国外土地利用分区规划的理论研究实践的启示

**4.5.1 通过改革,完善农村土地产权制度来保护耕地,控制建设用地**

借鉴法国农村土地的权属政策。

完善农民集体土地产权的重要内容就是要承认和保护农民集体土地所有权,另外还要积极探索农民集体土地所有权交易的问题、农村集体土地内部转让问题等。要进行一系列的政策设计来达到保护耕地的目的。

**4.5.2 土地利用分区管制的实施要有具体的、切实可行的措施,各种手段并用**

应吸取国外的经验,在分区管制制度实施过程中,应加强其他措施和手段的应用,如建立和完善土地开发许可制度、土地交易许可制度、土地登记制度、土地征用制度、土地租税费制度、土地整理制度、土地储备制度等,以这些措施相结合的方法,来促进土地资源的合理分配和有效利用。

**4.5.3 用集约利用城市土地的方法进行耕地保护**

美国的城市增长线概念。

美国俄勒冈州通过划定"城市增长线",鼓励在城市增长线(城市发展界线)内的密集型市区开发,以帮助保护农用地,尤其是大块农用地,取得了很大的进展,停止了跳跃式的发展,提高了在城市增长线以内的土地利用的效率。

比较我国的城市建设和发展的实践,应坚持走内涵式为主的发展路子。对当前过分依靠外延式为主的发展模式,应引起高度重视。美国的城市增长线概念与我国的土地利用规划中对建设用地和农业用地的划分有异曲同工之处。

根据我国的国情,可以考虑进行分级管理。比如可进行三级管理:一级红色警戒线、二级基本保护线、三级基本控制线。一级红色警戒线就是高压线,一碰就死;二级基本保护线,占用后需要补充同样数量和质量的土地;三级基本控制线的土地需要经过法定程序报批。

**4.5.4 制定切实可行的公众参与措施**

要重视规划编制过程中的公众参与,在公众参与的内容、方法、程序和制度上进行积极的探索。

**4.5.5 合理吸收,有扬有弃**

国外及中国台湾土地资源利用配置中起主导作用的是市场机制,不能不顾及其形成背景而不加选择的照搬过来在中国大陆运用。因此,在实施土地分区管制制度时,应该对这种制度的历史背景和形成过程有明确的认识,并结合我国国情正确灵活地运用,才能真正发挥其在土地资源合理配置中的作用。

## 5 小城镇的土地用途管制分区

### 5.1 小城镇土地用途分区确定的原则

土地用途分区是市场经济条件下,控制土地利用空间布局的方法,依据土地主导用途的不同划分用地区域,从而控制土地的数量、用途和功能。土地用途分区的原则有:

(1)土地适宜性原则。土地适宜性决定土地的主导用途,土地用途分区以此为基础。

（2）以供定需的原则。以土地可供量为基础，依据各类用地需求量，综合平衡用地数量，协调分区面积和土地利用结构调整指标。以供给制约和引导需求，满足社会经济的发展。

（3）保持耕地总量动态平衡的原则。优先安排耕地，严格控制非农建设用地。

（4）分区界线明显的原则。分区划线尽量利用明显的道路等线状地物或河流等自然地物。

## 5.2 小城镇土地用途管制分区的社会目标

### 5.2.1 保护耕地，控制建设用地

耕地资源是人类社会发展的基础支持系统，保护耕地即保护我们的生命线，耕地保护体现的是以公益性目标为主的社会效益。土地用途管制分区作为宏观调控手段，应以公益性目标为主，突出对耕地资源的保护。

### 5.2.2 提高土地利用效率，克服土地利用的负外部效应

土地用途管制分区的内涵，即采取社会控制的手段将对他人造成损害的土地用途类型和受损害的土地用途类型从空间上严格分离，防止土地利用的负外部效益的发生和解决用地矛盾，协调社会、个人目标，以解决"市场失灵"问题和保障国家目标的实现。土地用途管制分区的主要目的即国家加强土地利用控制，土地利用控制主要包括土地数量配置的控制、土地用途空间定位的控制和土地资源在不同时段间的数量及空间分配控制，因此，优化土地利用结构布局和提高土地利用的经济效益是土地用途管制分区的重要社会目标之一。

### 5.2.3 保护和改善生态环境

实行土地用途管制分区制度有利于加强耕地保护和农地转用管制及环境保护。通过规定和限制各用途区土地利用方式，使本区域土地得到综合整治，对过度开垦、围垦的土地退耕还林、还草、还湖，加强生态环境建设，创造优美、舒适、有序、和谐的人类居住环境，实现保护和改善生态环境的社会目标。

## 5.3 小城镇土地用途管制分区确定的方法（见表1）

国内不同划区方法的比较与评价　　表1

| 类型 | 定性方法（特尔菲法） | 定量方法 | | |
|---|---|---|---|---|
| | | 叠图法 | 聚类法 | 指标法 |
| 划分依据操作要点 | 依靠专家及技术人员的经验，在主导因素与综合分析相结合、因地制宜原则下选择一些因素进行分析、研究，确定土地的最佳用途 | 运用各部门、各类有关的规划图件进行叠加，优先确定完全重叠界线，而后解决不重叠界线的问题 | 对各类分区因子的指标应用数学模型进行计算、归类，根据聚类结果进行分区划线 | 划分单元，选择与土地用途有关的土地结构和质量指标及各指标所占的权重，经计算划分土地用途区 |
| 划区方法评价 | 方法简单易行，便于操作。但缺少大量的定量指标作依据，靠人们的经验来划分，分区结果不可避免地带有片面性 | 方法简便，但在实际工作中常遇困难，有的界线叠加后不重叠，争议多，处理工作量大 | 依据充分，计算科学，分区结果可靠 | 计算指标越多，分区结果的准确性越高。但土地质量指标难以掌握，土地利用结构变动较大 |

续表

| 类型 | 定性方法<br>(特尔菲法) | 定量方法 | | |
|---|---|---|---|---|
| | | 叠图法 | 聚类法 | 指标法 |
| 适宜地区 | 土地利用区域差异明显，主导用途突出，界线易于确定，分区者熟悉当地土地利用状况 | 基础工作扎实，各类图件齐全、规范的地区 | 基础资料齐全，技术条件较好的地区 | 指标体系齐全，有一定技术条件的地区 |
| 应注意问题 | 参与分区的专家要有较高的土地利用理论水平，且熟悉当地土地资源利用情况 | 图件认真检查，叠加时经纬网点及明显地物套合要准确 | 分区人员熟悉数学模型，计算认真，指标、权重选择合理 | 选取的分区指标能较好地反映各自的土地用途，有代表性、稳定性 |

## 5.4 国内大城市土地利用分区的实践（见表2）

各省市土地利用分区情况　　　　　表2

| | 地域分区原则 | 地域分区 | 用地分区 |
|---|---|---|---|
| 南京市 | 土地利用条件相似性、土地利用结构类似性、土地开发利用方向一致性、乡镇行政界限完整性等原则 | (1) 北部丘陵岗地农业土地利用区；(2) 中部江河沿岸平原谷地农业土地利用区；(3) 西南及东部丘陵岗地农业土地利用区；(4) 南部丘岗坪区农业土地利用区；(5) 中部城市土地利用区 | (1) 耕地区；(2) 农用非耕地区；(3) 城镇建设用地区；(4) 村镇建设用地区；(5) 独立工矿用地区；(6) 其他建设用地区；(7) 未利用土地区；(8) 自然和人文景观保护区 |
| 上海市 | | 中心城区、浦西九区、浦东新区、近郊区、淀山湖区、杭州湾北区、三岛区 | |
| 武汉市 | | 北部东北部林农多种经营及旅游发展、中部综合农业生产区、主城城市建设及近郊蔬菜副食品生产区、南部农林水产多种经营及旅游发展区 | |
| 重庆市 | 土地资源分布地域差异性、位置固定性、社会经济条件、土地利用的特征和建设途径、发展方向的相对一致性、保护乡镇行政界线的完整性 | (1) 城市建设发展区；(2) 三峡移民开发区；(3) 丘陵农业区；(4) 山地林农牧区 | |
| 南昌市 | 根据南昌市的自然、地理环境和社会经济条件的相似性、发展方向的一致性及保持行政区划的相对完整性原则 | (1) 中部城市土地利用区；(2) 东北部鄱阳湖平原土地利用区；(3) 中南部赣抚平原土地利用区；(4) 西都低山丘陵土地利用区；(5) 东南部岗丘土地利用区 | |

续表

| | 地域分区原则 | 地域分区 | 用地分区 |
|---|---|---|---|
| 广东省 | （1）区内土地利用的自然和社会经济发展条件的类似性；（2）经济联系与布局的密切性；（3）土地利用结构的一致性；（4）行政区域完整性 | （1）珠江三角洲区；（2）东部沿海区；（3）西部沿海区；（4）北部山区 | （1）基本农田保护区；（2）一般耕地区；（3）林、园、牧业用地区；（4）城乡居民点建设用地区；（5）独立工矿及特殊用地区；（6）自然人文景观保护区 |
| 浙江省 | （1）土地资源特点的相对类似性；（2）利用方向的相对一致性；（3）集中连片，保持行政区域的完整性；（4）以地貌类型与土地利用结构为主导因素，结合参照产业结构布局和经济发展水平等辅助因素 | （1）浙北平原区；（2）浙东南沿海丘陵区；（3）浙中盆地丘陵区；（4）浙西北丘陵山区；（5）浙西南山地丘陵区；（6）沿海岛屿区 | |
| 云南省 | 根据各市县的自然条件、土地利用结构、社会经济条件、土地利用方向、土地开发利用措施等的相似性和差异性，保持各市县行政界线完整 | （1）滇东北中山山原农林牧土地利用区；（2）滇中高原湖盆农林业土地利用区；（3）滇东南中低山岩溶山原林农牧业土地利用区；（4）滇西北高山高原峡谷林牧业土地利用区；（5）滇西南中低山盆谷农林热作土地利用区 | |
| 湖北省 | | 鄂北岗地区、鄂中丘陵岗地区、鄂中南平原区、鄂东沿江平原岗地区、鄂东北丘陵低山区、鄂东南丘陵低山区、鄂西南山区、鄂西北山区、神农架自然保护区 | |

# 6 小城镇土地用途管制分区、类型及其规则

结合我国小城镇用地的特点及城市用地分类，并借鉴国内外相关土地用途管制研究的成果，确定了小城镇土地用途管制分区、类型及其规则。

## 6.1 小城镇用途管制分区类型

### 6.1.1 农地区

农地区分为基本农田保护区、基本草牧场区和一般农用地区。

（1）基本农田保护区

我国人多地少，耕地总体质量不高的基本国情和耕地保护的严峻形势决定了我们必须严格保护耕地，保障国家粮食安全，国家制定了《基本农田保护条例》，从法律的角度加以规定，对生产条件较好、规模较大的粮、棉、油和名、优、特、新农产品基地和经过土地整理的农田实行特殊保护，并采取相应的保护措施。因此，以土地利用总体规划所确定的基本农田为主导用途，并考虑自然立地条件，划分基本农田保护区，对基本农田保护区

内土地实行用途管制，并制定相应的土地用途管制措施。

（2）基本草牧场区

我国草地退化形势严峻，为有效保护草地，国家对《草原法》作了进一步修改和完善，实行基本草原保护制度，对发展畜牧业生产所需要的大面积生产条件较好的野生草本植物和灌木丛生的土地区域以及改良草地和人工草地实行特殊保护，划为基本草牧场区，并采取相应的管理措施。为执行《草原法》，以所划分的基本草场为主导用途，确定基本草牧场区，制定基本草牧场区土地用途管制措施。

（3）一般农用地区

在扩大内需，加快农村经济发展，提高农民收入的宏观政策下，我国加大了对农业内部结构调整的力度；同时，为防止水土流失，保护生态环境，我国对过度开垦和过度围垦及生态环境脆弱地区的陡坡地全面实行生态退耕。为实现国家目标和突出市场机制引导农业用地内部结构调整，增加土地用途分区管制的弹性，将未划入基本农田保护区、林地区和基本草牧场区内的其他农用地归为一类，划为一般农用地区，对区内土地制定合理的土地用途管制措施。

### 6.1.2 林地区

林地区分为生态林区和生产林区。

我国生态环境脆弱，进行生态环境建设的任务艰巨，为防止水土流失和遏止森林的破坏，国家严格实行《森林法》，为我国的森林保护提供法律基础。因而，为满足国家对森林保护的要求，对林地实行用途管制，以林地为主导用途划分林地区。在林地区内，其中以保护为目的，以生态林为主导用途划分生态林区；以生产为目的，以生产林为主导用途划分生产林用途区，在各区内制定管制措施，规定其保护的措施和林业生产的限制条件。

### 6.1.3 城镇建设区、村庄建设区和独立工矿用地区

严格限制农用地转为建设用地，控制建设用地的规模，是我国实行土地用途管制制度的核心。我国的建设用地主要分为三大类：城镇建设用地、村庄建设用地和工矿建设用地。针对以往以用地现状分类进行分区，分区结果比较零碎的问题，以建设用地的三大类为主导用途，根据土地利用总体规划所确定的城镇建设用地、村庄建设用地和工矿建设用地规模，分别划定城镇建设区、村庄建设区和独立工矿用地区三个用途区。

### 6.1.4 自然保护区、风景名胜旅游保护区

为加强自然保护区、风景名胜旅游保护区的保护，国家制订了《自然保护区条例》和《风景名胜区管理暂行条例》等有关法律和法规，国家、省（自治区）、市人民政府分别划定了国家级、省级、市级等自然保护区、风景旅游保护区。为保护自然保护区和风景名胜旅游保护区自然资源，依据所划定的各级、各类保护区范围划分自然保护区、风景名胜旅游保护区，并根据需要在自然保护区内划分核心区和外围区，对各区土地实行用途管制。

### 6.1.5 专用区

专用区是考虑地方实际情况，根据地方自然资源的特点和社会经济发展、生态环境保护的要求以及需要特殊保护的地区所划定的一个未加限定名称的区域。如军事用地区、陵园区和环境敏感地区，考虑加强水源地保护，可设立水源地保护区，若需加强脆弱生态环境的保护和水土流失的治理，可设立脆弱生态环境特别保护区等。

## 6.2 小城镇用途管制区规则

土地用途管制分区的主要内容包括两方面，一方面是进行土地用途管制分区类型划分；另一方面是制定分区管制规则，制定每个用途区内土地的限制条件和非限制条件，并对每个用途区内土地的主导用途和允许用途进行规定。

### 6.2.1 土地的规划用途

土地规划用途类型主要用于土地用途分区管制规则主导用途和允许用途的规定，使得分区管制规则更为具体和详细，土地用途分区管制更具有操作性。土地规划用途类型、各类土地用途管制区规定的主导用途、非允许用途、零星用地的允许用途和准许现状使用的土地用途见表3。

各类用途区规定主导用途、非允许用途和零星用地允许用途表　　　　表3

| 类 型 | 农地区 | | | 林地区 | | 城镇建设区 | | 乡村建设区 | | 工矿建设用地区 | | 自然保护区 | | 风景名胜旅游保护区 |
| --- | --- | --- | --- | --- | --- | --- | --- | --- | --- | --- | --- | --- | --- | --- |
| | 基本农田保护区 | 基本草牧场区 | 一般农用地区 | 生态林区 | 生产林区 | 建成区 | 规划发展区 | 建成区 | 规划发展区 | 工业用地区 | 矿业用地区 | 核心区 | 外围区 | |
| 基本农田 | △ | ○ | ✓ | ○ | ○ | × | ○ | × | ○ | ○ | ○ | ○ | ○ | ✓ |
| 种植园地 | ✓ | ○ | ✓ | ○ | ○ | ✓ | ○ | ✓ | ○ | ○ | ○ | ○ | ○ | ✓ |
| 生态林地 | ✓ | ✓ | ✓ | △ | ○ | ✓ | ✓ | ✓ | ✓ | ✓ | ✓ | △ | △ | △ |
| 生产林地 | ○ | ○ | ✓ | ○ | △ | × | ○ | ✓ | ○ | ○ | ○ | × | × | × |
| 基本草原 | ○ | △ | ○ | ○ | | ×○ | × | | ○ | ○ | ○ | ○ | ○ | |
| 一般农用地 | ○ | ○ | △ | ○ | ○ | ○ | ○ | ○ | ○ | ○ | ○ | ○ | ○ | ○ |
| 特定生态用地 | ✓ | ✓ | ✓ | ✓ | ✓ | ✓ | ✓ | ✓ | ✓ | ✓ | ✓ | ✓ | ✓ | ✓ |
| 城镇用地 | × | × | × | × | × | △ | △ | ✓ | ✓ | ✓ | ✓ | × | × | × |
| 农村居民点用地 | × | × | ✓ | × | ✓ | ✓ | ✓ | △ | △ | ✓ | ✓ | × | × | ○ |
| 独立居住建筑用地 | × | × | ✓ | × | ✓ | ○ | ○ | ○ | ○ | × | × | × | × | ○ |
| 工矿建筑用地 | × | × | × | × | ✓ | × | × | ✓ | ✓ | △ | △ | × | × | × |
| 农业建筑用地 | ✓ | ✓ | ✓ | ✓ | ✓ | ✓ | ✓ | ✓ | ✓ | ✓ | ✓ | × | ✓ | ✓ |
| 其他建筑用地 | ○ | ○ | ✓ | ○ | ○ | ✓ | ✓ | ✓ | ✓ | △ | △ | × | ✓ | ✓ |
| 盐田 | × | × | ○ | × | × | × | × | ✓ | ✓ | △ | △ | × | ✓ | × |
| 旅游用地 | × | × | ✓ | ○ | ✓ | ✓ | ✓ | ✓ | ✓ | × | × | × | ✓ | △ |
| 军事用地 | ○ | ○ | ○ | ○ | ○ | ○ | ○ | ○ | ○ | ○ | ○ | ○ | ○ | ○ |
| 墓地 | × | × | ○ | × | × | × | × | × | × | × | × | × | × | × |
| 古迹保存用地 | ✓ | ✓ | ✓ | ✓ | ✓ | ✓ | ✓ | ✓ | ✓ | ✓ | ✓ | ✓ | ✓ | ✓ |
| 养殖场用地 | × | × | × | × | × | ○ | ○ | ✓ | ✓ | × | × | × | × | ○ |
| 水源地 | ✓ | ✓ | ✓ | ✓ | ✓ | ✓ | ✓ | ✓ | ✓ | ✓ | ✓ | ✓ | ✓ | ✓ |
| 水利设施用地 | ✓ | ✓ | ✓ | ✓ | ✓ | ✓ | ✓ | ✓ | ✓ | ✓ | ✓ | × | ✓ | ✓ |
| 交通用地 | ✓ | ✓ | ✓ | ✓ | ✓ | ✓ | ✓ | ✓ | ✓ | ✓ | ✓ | × | ✓ | ✓ |

注：△：主导用途；✓：允许零星用地使用用途；×：不允许使用用途；○：准许为现状用途使用，鼓励向主导用途转变。

### 6.2.2 基本农田保护区的土地用途分区管制规则

包括通则和细则两方面内容。农地区土地用途管制通则：(1) 区内农用地不得闲置、荒芜。应培肥地力，防止污染，保证其质量不降低，并不断提高其质量。与土地有关的其他自然资源（植物、水）的利用，不应当造成农业用地面积缩小及土质恶化和肥力下降。(2) 鼓励区内影响农业生产的其他用地或现状用途不适宜的其他用地，调整到适宜的土地用途类型区。(3) 因特殊需要，允许在本区内安置或建造天然气加压站、天然气管道、高压线、变电站、地下管线等小型公共基础设施和水井、油井等的钻勘建设。(4) 基本农田保护区土地用途分区管制规则细则：(1) 依据《基本农田保护条例》等有关法律规定的保护措施来保护基本农田保护区内耕地。(2) 不允许在基本农田保护区内进行城镇、村镇、开发区、工业小区建设，不得安排新建非农建设项目；国家能源、交通、水利等重点建设应尽量避开基本农田保护区；各类非农业建设用地因特殊情况确需占用基本农田保护区内的农用地的，按照《基本农田保护条例》进行审批。(3) 允许区内的农业建筑用地、水利设施用地、交通用地、水源地、古迹保存用地和特定生态用地，以及用于基本农田和为其服务的农田水利、农田防护林和农业建设用地。区内现有其他各类非农建筑物、构筑物不允许改建或扩建，鼓励其搬迁。建筑物、构筑物废弃拆除的，其土地要及时复垦为耕地。(4) 允许区内现有其他零星用地，鼓励进行整治转变为基本农田。

### 6.2.3 城镇建设区的土地用途分区管制规则

通则：(1) 依据《城市规划法》、《城市房地产管理法》等有关法律规定的管理和保护措施进行城镇建设区内土地的利用。(2) 城镇建设区内的土地主要用于城镇建设和开发区建设，严格执行城镇总体规划及分区规划。(3) 城镇建设必须贯彻城镇用地外延扩展与内部挖潜相结合的原则，严格执行城市用地分类与规划建设用地标准。(4) 因特殊需要，允许在本区内安置或建造天然气加压站、天然气管道、高压线、变电站、地下管线等小型公共基础设施和水井、油井等的钻勘建设。(5) 保护和改善城镇生态环境。(6) 区内土地利用符合城市环境质量标准和噪声标准。

城镇建设建成区土地用途分区管制规则细则：(1) 建成区内人均建设用地标准不超过土地利用总体规划所确定的人均城镇建设用地标准。(2) 建成区内居住、工业、道路广场和绿地4大类主要用地人均指标分别控制在 $18\sim28m^2$/人、$10\sim25m^2$/人、$7\sim15m^2$/人和不小于 $9m^2$/人。(3) 建成区内居住、工业、道路广场和绿地4大类主要用地比例分别控制在 20%～32%、15%～25%、8%～15% 和 8%～15%。

城镇建设规划发展区土地用途分区管制规则细则：(1) 充分利用现有建设用地和空闲地，确需扩大的，应当首先利用非耕地或劣质耕地。(2) 原有农用地可随建设用地的开发逐步退出。禁止破坏和荒芜土地。废弃撂荒土地，能耕种的必须及时恢复耕种。(3) 禁止建设占用规划确定的永久性绿地、菜地和基本农田。

### 6.2.4 自然保护区的土地用途分区管制规则通则

(1) 自然保护区内的土地依据《自然保护区条例》和《自然保护区土地管理办法》、《环境保护法》等法律、法规保护区内自然环境和自然资源。严格执行自然保护区总体规划。(2) 国家自然保护区禁止作经济之用，只用于环境保护、科学研究和文化教育的目的。不允许在区内进行任何经营活动。只允许在对其进行科学研究工作的计划范围内进行勘察。(3) 不允许在区内进行开垦、开矿、采石、挖沙、砍伐、放牧、涉猎、捕捞、采药、烧荒等活动；但是法律、行政法规另有规定的除外。(4) 为保证自然保护区的公共价值，在区内限制土地使用者的权利，土地使用者必须固定生产生活活动范围，在不破坏自然资源的前提下，从事现状用地的种植业、养殖业。(5) 不允许在区内及外围保护地带建立污染、破坏或者危害区内自然环境和自然资源的设施。(6) 因特殊需要，允许在本区内安置或建造天然气加压站、天然气管道、高压线、变电站、地下管线等小型公共基础设施和水井、油井等的钻勘建设。(7) 自然保护区内的土地受到破坏并能够复垦恢复的，有关单位和个人应当负责复垦，恢复利用。(8) 区内影响自然环境和自然资源保护的其他用地或现状用途不适宜的其他用地，应按要求调整到适宜的用途类型区。

核心区土地用途分区管制规则细则：(1) 任何人不允许进入其核心区。确需进入者，需经有关部门批准。(2) 不允许在核心区建设生产设施和与自然保护区无关的人为设施，原有生产、开发活动应逐步停止。(3) 不允许在核心区建设交通设施，不允许机动车进入核心区。

外围区土地用途分区管制规则细则：(1) 外围区用于自然保护的科研观测教学活动、珍稀动植物的驯化繁育和适度参观考察、旅游，不允许其他一切生产、开发活动；原有生产、开发活动应逐步停止。(2) 允许在外围保护地带的古迹保存用地、水利设施用地、交通用地和水源地。

## 7 加强土地用途管制的对策

针对土地用途管制实施中的难点，拟采取以下对策。

### 7.1 充分调动地方各级政府的积极性

土地用途管制能否取得成效，在很大程度上取决于中央和地方政府两个积极性。目前，中央有很大的积极性，所以，关键是调动地方政府，特别是市、县政府的积极性。

调动地方政府对土地用途管制的积极性，首先要转变旧的用地观念。变"千方百计占用耕地"为"想方设法保护耕地，合理用地"，变"要我保护耕地"为"我要保护耕地"。只有保护耕地，保护农用地成为地方政府的自觉行动时，耕地、农用地，才能真正保护住。

合理分配土地收益，建立保护耕地的激励机制。将用于土地保护的经费与土地出让、土地征用等脱钩，改为与耕地保护，土地整理，复垦开发等挂钩，并强化激励机制。对地方政府政绩考核，除经济发展指标外，还应增加保护耕地，环境改良等指标。

### 7.2 在技术上实现"分级限额审批"到"土地用途管制"的转换

要使土地利用总体规划真正成为土地用途管制的依据。必须努力做到：

(1) 明确界定现有土地用途。只有明确界定现有土地用途，才能有效地控制土地用途变更。现有土地用途的明确界定是指在实地有明确的位置和边界，在土地利用现状图上有相应的标示。

(2) 规划期的土地用途的位置和边界应明确标示在规划图上。为此，必须开展乡、村土地利用规划，并要求制作清晰、易读的大比例尺土地利用规划图，以作为农用地用途转用和征地审批的依据。

(3) 将土地利用规划实施与土地用途管制有机结合起来。要改变过去重规划轻实施的状况。农用地用途转用和征地后的土地用途必须与土地利用规划用途一致，否则不予批准。土地利用规划实施过程也就是土地用途管制过程。同时又通过土地用途管制来促进土地利用规划的实施。

### 7.3 建立、完善服务于土地用途管制的政策体系和管理体制

制定有关土地产权主体，管理者之间的利益分配政策，使之有利于耕地保护。正确处理中央政府与地方政府，国家与农民集体之间的利益分配关系，是顺利实施土地用途管制的关键，为此，应建立合理的租税费体系。制定耕地易地开发主体与土地产权主体或当地政府之间的利益合理分配政策，是保障耕地易地开发成功的重要环节。对农民集体土地产权主体实施土地登记、发证制度，以明晰每个具体农民集体土地所有权主体是乡（镇）农民集体或是村农民集体，或是村民小组农民集体，以激励农民合理用地，保护土地的积极性。

在管理体制上，应将国土资源管理机构的双重领导改变为垂直领导，以保障国土资源管理部门职能，特别是土地用途管制职能的顺利履行。

建立土地保护定期公告制度，充分发挥新闻媒体的舆论监督作用。

### 7.4 建立、完善土地监察网络，增大土地执法力度

从国土资源部、省、市、县到乡（镇）土地管理所，应形成严密的土地监察网络，对违反土地法律、法规的行为进行监督、检查，监察工作要具有相对的独立性，不受同级政府的干预，以提高土地监督工作的效率和公正性。目前，新《土地管理法》已经公布，关键是加大执法力度。罚则要适度，过轻，则不易收效。对于擅自改变土地用途，破坏耕地，越权批地等行为要严格依法追究法律责任。

### 7.5 加大教育经费投入，培养一支高素质的土地管理队伍

实施土地用途制，需要一批政治、业务素质高的土地管理专门人才，因此，通过各种形式的教育，提高现有土地管理人员的法学、经济学、规划学水平，以及遥感、计算机技能，是顺利实施土地用途管制的重要保证。

总之，我们要建立全新的发展观和用地观，实行从保障建设用地供给到保护耕地转变，从外延粗放型到内涵集约型土地利用方式的转变，最大限度地发挥土地用途管制的效力。

## 8 支持用途管制的配套制度及其制度保障

### 8.1 配套制度

实行土地用途管制制度是土地管理方式改革的核心，也是实施规划的重要手段。实行土地用途管制除要依据上述条款式土地使用规则管制土地利用外，还应在日常工作中从规划管理和计划管理角度建立健全下列制度。

#### 8.1.1 规划公示和动态管理制度

土地利用总体规划编制要求公众参与，成果应向全社会公布，对土地利用的许可、限制和限制性许可的各种规则也应作为规划内容公示。经批准规划执行接受全社会的监督。同时也作为审核城市规划、交通规划等部门规划的依据。土地利用总体规划实施的重点是近期规划，要根据规划的时效适时作修编，重点建设项目经批准占用基本农田或其他农地后，也要及时调整规划。规划管理具有动态性。

#### 8.1.2 建设项目立项预审制

土地管理部门依据土地利用总体规划和年度土地利用计划审核项目能否在本地区立

项，根据年度计划确定项目用地可供应量和供地时间；根据规划分析项目布局合理性。在项目建议书阶段或可研报告评审阶段提出土地部门的初审意见。

### 8.1.3 建设用地规划审核制

土地利用规划审核制度应该作为建设用地审批的重要内容，主要审核项目用地是否在建设用地区内，用途是否符合规划安排，是否占用该区耕地；如果占用的是耕地区或其他农地区，要求项目重新选址或经有关部门批准后修订规划。经规划审核后方可办理土地征拨、出让手续。

### 8.1.4 土地用途转用许可制

用途的转用应符合规划，符合各分区的土地使用规则。主要审查是否向主导用途转用，是否符合土地利用结构调整的方向。用途转用应取得《土地用途转用许可证》，并作为可办理用地手续的凭证。

## 8.2 制度保障

以土地用途管制制度代替旧有的分级限额审批制度是土地管理方式的一项重大变革，为保障这一制度的有效实施，还应建立健全以下制度：

（1）农地转用许可制度。为了保证土地利用总体规划的实施，对占用农用地进行建设的，实行农用地占用的许可制度，用途的转变应符合规划，符合各分区的土地使用规则，然后才能予以许可，并取得《土地用途转用许可证》。

（2）严格有效的土地管理制度。按照现行《土地管理法》，在用地审批问题上，只要符合本级政府的用地审批限额，就是合法的。今后应当把擅自改变土地用途纳入土地违法行为。用地单位和个人没有按照土地利用规划确定的用途使用土地的，地方政府对不符合土地利用规划确定的用途的用地进行了审批的，都是违法行为。

（3）完善的土地利用规划制度。本文前面已经对此有所论述，此外，还应建立规划公示制度。土地利用总体规划要求公众参与，成果应以法律条款形式向全社会公布，对土地利用的许可、限制和限制性许可的各种规则也应公示，便于全社会监督和自觉执行。对历史形成的与土地利用总体规划不符合的土地，也应当实施有效的用途管制，例如不符合规划用途的乡镇企业用地、宅基地，就只能维持现状而不能改、扩建，否则就必须迁至规划确定的建设用地区。在土地管理程序上，必须对不符合土地利用总体规划的修改程序作出严格规定，缩小变通执行权。

# 专题三 小城镇交通道路规划标准研究

# 小城镇交通道路规划标准研究

**专题负责人**：汤铭潭　教授级高级工程师、研究生导师
　　　　　　　张肖宁　教授、博导

一、小城镇道路交通规划标准（建议稿）
　　主要起草人：汤铭潭、张肖宁、靳文舟、张全、全波
二、研究报告：
　　1. 小城镇内外道路交通规划及优化研究
　　　　执笔：张全　汤铭潭　张肖宁　靳文舟
　　2. 小城镇交通道路规划技术指标体系研究
　　　　执笔：汤铭潭　张全　张肖宁　靳文舟
　　3. 小城镇公共交通系统与停车场研究
　　　　执笔：张全　汤铭潭　张肖宁　靳文舟

**承 担 单 位**：中国城市规划设计研究院
　　　　　　　　华南理工大学

# 小城镇道路交通规划标准
## （建议稿）

## 1 总则

1.0.1 为科学、合理地进行小城镇道路交通规划、优化小城镇用地布局和交通网络，提供安全、便利、经济、舒适的交通条件，制定本标准。

1.0.2 本标准适用于编制建制镇为主体的小城镇道路交通规划。

1.0.3 小城镇道路交通规划应以镇区交通规划设计为主，同时应在交通研究的基础上处理好小城镇对外交通与镇内交通的衔接，以及县（市）域范围内的小城镇与县（市）驻地城镇的交通联系。

1.0.4 小城镇道路交通规划是小城镇总体规划的重要组成部分，应满足城镇建设发展和土地使用对交通运输的需求，发挥道路交通对本地经济社会发展和土地开发的引导和控制作用。

1.0.5 不同类别小城镇道路交通规划内容和深度在满足基本要求的前提下，应有不同要求。本标准未强调的一般镇的标准条款，可酌情比较县城镇、中心镇、大型一般镇的相关条款执行。

1.0.6 城市规划区内小城镇道路交通规划应结合其所在区域城市交通规划统筹规划。

1.0.7 位于城镇密集区的小城镇道路交通规划应结合其区域道路交通规划统筹规划。

1.0.8 分散、独立分布小城镇道路交通规划应同时依据和结合县（市）域城镇体系道路网规划。

1.0.9 规划期内有条件成为城市的县城镇、中心镇的道路交通规划可比照城市相关标准规范执行。

1.0.10 规划期内有条件成为建制镇的乡（集）镇道路交通规划可比照本标准执行。

1.0.11 小城镇道路交通规划除应执行本标准的规定外，尚应符合国家现行的有关标准、规范的规定。

## 2 名词术语

2.0.1 小城镇

本标准所指的小城镇包括县城镇、中心镇、一般镇的建制镇。

2.0.2 县城镇

县驻地建制镇。

2.0.3 中心镇

指在县（市）域内的一定区域范围与周边村镇有密切联系，有较大经济辐射和带动作用，作为该区域范围农村经济文化中心的小城镇。

2.0.4 大型一般镇

镇区人口规模大于3万的非县城镇、中心镇的一般建制镇。

**2.0.5 道路红线**

小城镇规划道路用地的边界线。

**2.0.6 公共交通线路网密度**

每平方公里城镇用地面积上有公共交通线路经过的道路中心线长度,单位为 $km/km^2$。

**2.0.7 公共停车场**

为社会公众存放车辆而设置的免费或收费的停车场地,也称社会停车场。

**2.0.8 过境道路**

经过小城镇规划区境内的国道、省道等区域性道路。

过境道路规划建设不应穿越镇区。

**2.0.9 渠化交通**

渠化交通是指为提高交叉口行车通行能力和行车安全,采用划线或设置导向岛组织交叉口交通,使交叉车流自动调节成可沿环岛路段连续行驶的合流和分流的一种交通形式。

**2.0.10 道路绿地率**

道路绿地率是道路用地内绿地所占比例。道路绿地率可用道路红线范围内各种绿带宽度之和占道路宽度的百分比表示。

**2.0.11** 小城镇干路:连接小城镇主要居住区、工业区、集市、商业区和其他大型公共设施的道路。小城镇干路道路红线宽度一般在16～32m,行车速度30～40km/h。

**2.0.12** 小城镇支路:连接小城镇主要居住区、工业区、集市、商业区和其他大型公共设施的内部道路与干路之间的道路。小城镇支路道路红线宽度一般在4～14m,行车速度20km/h以下。

## 3 镇区道路系统

### 3.1 一般规定

**3.1.1** 小城镇镇区道路系统规划应满足客、货车流和人流的安全与畅通,反映小城镇风貌、历史和文化传统;为地上、地下工程管线和其他市政公用设施提供空间,满足小城镇救灾、避难和日照通风的要求。

**3.1.2** 县城镇、中心镇和大型一般镇道路交通规划应符合人与车交通分行,机动车与非机动交通分道的要求。

**3.1.3** 小城镇道路广场用地占建设用地比例,县城镇、中心镇宜控制在10%～19%,一般镇宜控制在10%～17%。

**3.1.4** 小城镇道路分级应符合表3.1-1规定。

小城镇道路分级 表3.1-1

| 镇等级 | 人口规模 | 道路分级 | | | |
|---|---|---|---|---|---|
| | | 干路 | | 支(巷)路 | |
| | | 一 | 二 | 三 | 四 |
| 县城镇 | 大 | ● | ● | ● | ● |
| | 中 | ● | ● | ● | ● |
| | 小 | ● | ● | ● | ● |

续表

| 镇等级 | 人口规模 | 道路分级 | | | |
|---|---|---|---|---|---|
| | | 干路 | | 支（巷）路 | |
| | | 一 | 二 | 三 | 四 |
| 中心镇 | 大 | ● | ● | ● | ● |
| | 中 | ● | ● | ● | ● |
| | 小 | — | ● | ● | ● |
| 一般镇 | 大 | ○ | ● | ● | ● |
| | 中 | — | ● | ● | ● |
| | 小 | — | ○ | ● | ● |

注：其中●—应设；○—可设。

**3.1.5** 小城镇道路规划应根据预测的交通量确定相应的道路级别和布局，技术指标应符合表 3.1-2 规定。

小城镇道路规划技术指标　　表 3.1-2

| 规划技术指标 | 道路级别 | | | |
|---|---|---|---|---|
| | 干路 | | 支（巷）路 | |
| | 一级 | 二级 | 三级 | 四级 |
| 计算行车速度（km/h） | 40 | 30 | 20 | — |
| 道路红线宽度（m） | 24～32<br>(25～35) | 16～24 | 10～14<br>(12～15) | ≥4～8 |
| 车行道宽度（m） | 14～20 | 10～14 | 6～7 | 3.5～4 |
| 每侧人行道宽度（m） | 4～6 | 3～5 | 2～3.5 | — |
| 道路间距（m） | 500～600 | 350～500 | 120～250 | 60～150 |

注：1. 表中一、二、三级道路用地按红线宽度计算，四级道路按车行道宽度计算。
2. 一级路、三级路可酌情采用括号值，对于大型县城镇、中心镇道路，交通量大、车速要求较高的情况也可考虑三块板道路横断面，增加红线宽度，但不宜大于 40m。

## 3.2 小城镇道路网布局

**3.2.1** 小城镇道路网规划应适应小城镇用地扩展，并考虑机动化的发展；道路网的形式和布局，应根据用地规划，客货交通源和集散点的分布，交通流量流向，并结合地形、地物、河流走向、沿线铁路位置和原有道路系统因地制宜地确定。

**3.2.2** 小城镇道路网的道路间距应符合表 3.1-2 规定的指标要求，土地开发的强度应与道路网的通行能力相匹配。

**3.2.3** 县城镇、中心镇和大型一般镇主要出入口每个方向应有两条以上对外联系的道路。其他一般镇主要出入口每个方向宜有两条对外联系的道路。

**3.2.4** 河网地区小城镇道路网应符合下列规定：

**3.2.4.1** 道路宜平行或垂直于河道布置。

**3.2.4.2** 对跨越通航河道的桥梁，应满足桥下通航净空要求，并应与滨河路的交叉口统筹考虑。

**3.2.4.3** 桥梁的车行道和人行道宽度应与两端相连道路的车行道和人行道等宽，桥梁建设应满足市政管线敷设的要求。

3.2.4.4 客货流码头和渡口的交通集散应与小城镇道路统一规划。码头附近的民船停泊和岸上农贸市场的人流集散和公共停车场车辆出入，均不得干扰小城镇干路的交通。

3.2.5 山区小城镇道路网规划应符合下列规定：

3.2.5.1 道路网应基本与等高线平行设置，并应考虑防洪要求。干道宜设在谷地或坡面上。双向通行的道路宜分别设置在不同的标高上。

3.2.5.2 地形高差特别大的地区，宜设置人、车分离的两套系统。

3.2.6 当旧镇道路网改造时，应统筹兼顾旧镇的历史、文化、地方特色和原有道路网形成的历史；对有历史文化价值的街道应加以保护。

3.2.7 小城镇道路应避免设置错位 T 形交叉路口。已有的错位交叉路口，在规划时应改造。

3.2.8 小城镇应根据相交道路的等级、分向流量、公共交通站点设置、交叉口周围用地性质，确定交叉口的形式及其用地范围。

3.2.8.1 小城镇相关道路交叉口形式应符合表 3.2-1 规定。

小城镇道路交叉口形式　　　　　　　　　　　　　　　表 3.2-1

| 镇等级 | 规 模 | 相交道路 | 干 路 | 支 路 |
|---|---|---|---|---|
| 县城镇中心镇 | 大 | 干路 | C、D、B | D |
|  |  | 支路 |  | E |
|  | 中、小 | 干路 | C、D、E | E |
| 一般镇 | 大、中 | 干路 | D、E | E |
|  |  | 支路 |  | E |
|  | 小 | 支路 |  | E |

注：B 为展宽式信号灯管理平面交叉口；
　　C 为平面环形交叉口；
　　D 为信号灯管理平面交叉口；
　　E 为不设信号灯，但有明显标志标识的平面交叉口。

3.2.8.2 小城镇道路平面交叉口用地宜符合表 3.2-2 规定。

小城镇道路平面交叉口规划用地面积（万 $m^2$）　　　　表 3.2-2

|  | T 字形交叉口 | 十字形交叉口 | 环形交叉口 | | |
|---|---|---|---|---|---|
|  |  |  | 中心岛直径（m） | 环道宽度（m） | 用地面积（万 $m^2$） |
| 干路与干路 | 0.25 | 0.40 | 30～50 | 16～20 | 0.8～1.2 |
| 干路与支路 | 0.22 | 0.30 | 30～40 | 14～18 | 0.6～0.9 |
| 支路与支路 | 0.12 | 0.17 | 25～35 | 12～15 | 0.5～0.7 |

3.2.9 小城镇干路上机动车与非机动车宜分道行驶，交叉口之间分隔机动车与非机动车的分隔带宜连续。

3.2.10 小城镇支路规划应符合下列要求：

3.2.10.1 支路应与二级干路和居住小区、镇中心区、市政公用设施用地、交通设施用地等内部道路相连接。

**3.2.10.2** 三级支路应满足公共交通线路行驶的要求。

**3.2.11** 小城镇道路规划，应与小城镇防灾规划相结合，并应符合下列规定：

**3.2.11.1** 抗震设防小城镇，应保证震后镇区道路和对外公路的畅通，并应符合下列要求：

(1) 干路两侧的高层建筑应由道路红线后退 10～15m；
(2) 路面宜采用柔性路面。
(3) 道路网中宜设置小广场和空地，并应结合道路两侧的绿地，划定疏散避难用地。

**3.2.11.2** 山区或河网地带易受洪水侵害的小城镇，应设置通向高地的防灾疏散道路，并适当增加疏散方向的道路网密度。

# 4 小城镇对外交通

## 4.1 一般规定

**4.1.1** 小城镇对外交通量预测应以小城镇经济社会发展和小城镇总体规划及县（市）域城镇体系规划为依据。

**4.1.2** 小城镇对外交通包括小城镇对外客运交通和对外货运交通。

**4.1.3** 小城镇对外交通运输方式主要为公路、铁路、水路，并应结合自然地理和环境特征等因素合理选择。

## 4.2 客、货运道路与过境公路

**4.2.1** 小城镇所辖地域范围内的道路，按主要功能和使用特点应分为公路和城镇道路两类。

**4.2.2** 小城镇所辖地域范围内的可涉及的公路按其在公路网中地位分干线公路和支线公路，并可分国道、省道、县道和乡道；按技术等级划分可分为高速公路、一级公路、二级公路、三级公路和四级公路。

**4.2.3** 小城镇客运、货运道路应能满足小城镇客运、货运交通的要求以及救灾和环境保护的要求，并与客运、货运流向相一致。

**4.2.4** 小城镇内的主要客运交通和货运交通应各成系统，货运交通不应穿越城镇中心区和住宅区，并应与对外交通系统有方便的、直接的联系。

**4.2.5** 小城镇过境公路应遵循下列原则：

**4.2.5.1** 小城镇过境公路应与镇区道路分开布置，过境公路不得穿越镇区。

**4.2.5.2** 小城镇过境公路选线应结合小城镇远期规划，在小城镇镇区之外，规划区边缘设置。

**4.2.5.3** 对原穿越镇区的过境公路段应采取合理手段改变穿越段道路的性质与功能。在改变之前应按镇区道路的要求控制两侧用地布局。

## 4.3 对外交通组织

**4.3.1** 小城镇道路应尽量减少与公路的交叉，以保证公路交通的畅通、安全和有序。

**4.3.2** 小城镇过境交通应尽可能与城镇内交通分离，互不干扰又有机联系。

**4.3.3** 小城镇的铁路场站、水运码头和公路场站等客货集散点应与城镇对外路网和镇区路网、交通组织有机结合。

## 5 小城镇公共交通

### 5.1 一般规定

**5.1.1** 小城镇公共交通方式主要为公共汽车，县城镇、中心镇公共交通方式也包括出租汽车。

**5.1.2** 小城镇公共交通规划应主要考虑镇际公共交通，同时也考虑镇到中心村的公共交通。县城镇、中心镇和大型一般镇公共交通规划应同时考虑镇区公共交通。

**5.1.3** 小城镇公共交通规划应根据小城镇发展规模、用地布局、所属县（市）城镇体系布局和道路网规划，并在客流预测基础上，确定公交车辆数、线路网、换乘和场站设施布局用地。

**5.1.4** 县城镇、中心镇公共汽车的规划拥有量不宜小于每1500～3000人一辆标准车。

**5.1.5** 小城镇镇际公共交通规划在客运高峰时，单程最大出行时耗宜小于80min；镇域内单程最大出行时耗宜小于25min。

**5.1.6** 10万人口以上县城镇、中心镇出租汽车规划拥有量，根据其经济社会发展实际情况确定，每千人不宜小于0.4辆。

### 5.2 公共交通线路网

**5.2.1** 小城镇公共交通系统应由镇区线、枢纽、镇际线、车场四部分组成。

**5.2.2** 小城镇公共交通线路网应综合考虑，并应设置公交客运枢纽，以便镇区线、镇际线的衔接。各线的客运能力应与客流量相协调。线路的走向应考虑均衡服务性和客流的主流向，满足客流量的要求。

**5.2.3** 镇中心区的公共交通线路网规划密度应达到2～3km/km$^2$，在非中心区应达到1.5～2.5km/km$^2$。镇与镇之间应有适当密度的公共交通线路，镇域内中心村与镇区之间、中心村之间应有公共交通线路。

**5.2.4** 小城镇公共交通平均换乘系数不应大于1.3。

**5.2.5** 小城镇镇域内公共交通线路非直线系数不应大于1.4。

### 5.3 公共交通站场

**5.3.1** 县城镇、中心镇、大型一般镇镇区公共交通站距宜按400～800m设置，镇际线按相邻镇公交站设置。

**5.3.2** 县城镇、中心镇、大型一般镇镇区公共交通站的设置应符合下列规定：

**5.3.2.1** 在小城镇路段上，同向换乘距离不应大于50m，异向换乘距离不应大于100m；对置设站，应在车辆前进方向迎面错开30m。

**5.3.2.2** 在小城镇道路平面交叉口上设置的车站应设在交叉口出口道外50m外，换乘距离不宜大于150m，不得大于200m，不得影响交叉口交通组织。

**5.3.2.3** 小城镇长途客运汽车站、火车站、客运码头主要出入口50m范围内应设公共交通车站。

**5.3.3** 小城镇公共汽车首末站规划应设置在镇区道路以外的用地上，单独设置公共汽车首末站每处用地面积可按1000～1400m$^2$预留。

**5.3.4** 小城镇公共交通停车场、车辆保养场、公共交通调度中心等场站设施应综合布置，并与公共交通发展规模相匹配，可与临近城镇统筹安排。

# 6 自行车交通

## 6.1 一般规定

**6.1.1** 自行车交通应为小城镇居民个体出行的主要交通方式之一。

## 6.2 自行车交通

**6.2.1** 小城镇自行车道路网应由镇区道路两侧的自行车道、镇区支路和住区道路组成,在必要地段,可设置自行车专用路。

**6.2.2** 小城镇自行车专用路应按设计速度20km/h的要求进行线型设计。

**6.2.3** 小城镇自行车道路的交通环境设计中,应考虑安全、照明、标识、遮荫等设施的设置。

**6.2.4** 小城镇自行车道路面宽度应取自行车带的倍数自行车车带数应按自行车高峰小时交通量确定。每条自行车车带宽度宜为1m,靠路边的和靠分隔带的一条车带侧向净空宽度应加0.25m。自行车道双向行驶的最小宽度宜为3.5m,混有其他非机动车的单向行驶的最小宽度设置为4.5m。

**6.2.5** 小城镇自行车道路的通行能力计算比照《城市道路交通规划设计规范》确定。

**6.2.6** 小城镇客流聚集量较大的地段应设置自行车停车场。

# 7 步行交通

## 7.1 一般规定

**7.1.1** 小城镇步行交通系统规划应遵循以人为本的原则,以步行人流的流量和流向为基本依据。并应根据小城镇集市贸易等特点,因地制宜地采取各种有效措施,满足行人活动的要求,保障行人的交通安全和交通连续性,避免无故中断和任意缩减人行道。

**7.1.2** 小城镇人行道、商业步行街、滨河步道或林荫道,应与居住区内步行系统镇区车站、广场等步行区构成完整的城镇步行系统。

**7.1.3** 小城镇步行交通设施应考虑无障碍交通的要求。

**7.1.4** 小城镇人行道宽度应结合人行流量按人行带的倍数计算,并应满足工程管线敷设要求。最小宽度不得小于1.5m。人行带的宽度和通行能力应符合表7.1-1的规定。

人行带宽度和最大通行能力　　　　　　　表7.1-1

| 所在地点 | 人行带宽度（m） | 最大通行能力（人/h） |
|---|---|---|
| 小城镇道路上 | 0.75 | 1800 |
| 车站、码头、公园等路 | 0.90 | 1400 |

## 7.2 商业步行区

**7.2.1** 县城镇、中心镇、大型一般镇商业步行区道路应满足送货车、清扫车和消防车等专用车辆通行的要求并设有紧急疏散口和紧急疏散系统。道路宽度可采用7.5~10m,不宜过宽。

**7.2.2** 小城镇商业步行区距小城镇二级干路的距离不宜大于200m,步行区进出口距公共交通停靠站的距离不宜大于100m。

**7.2.3** 小城镇商业步行区内出入口附近应布置小型休闲广场和人流集散广场,出入口附近应布置相应规模的机动车和非机动车停车场或多层停车库，其距步行区进出口的距离不宜大于100m，并不得大于200m。

## 8 小城镇道路交通设施

### 8.1 公共运输站场

**8.1.1** 小城镇应设置公路长途汽车客运站，并综合考虑公路客运站和公交站场合理布局，县城镇和中心镇应设长途客运站1~2个，人口5万人以上的镇区至少应有1个4级或4级以上长途客运站；一般镇宜设1个长途客运站。

**8.1.2** 小城镇应按不同类型、不同性质规模的货运要求，设置综合性汽车货运站场或物流中心，以及其他经过车辆集中经营场所。

**8.1.3** 小城镇公路汽车客运站、汽车货运站场等公共运输站场预留用地面积，停车场的规模应按照服务对象的要求、车辆到达与离去的交通特征、高峰日平均吸引车次总量、停车场地日有效周转次数，以及平均停放时间和车位停放不均匀性等因素，结合小城镇交通发展规划确定。

### 8.2 小城镇公共停车场

**8.2.1** 县城镇、中心镇公共停车场应分为过境机动车停车场、镇内机动车停车场和镇内非机动车停车场三类，其用地面积可按规划镇区人口每人 $0.5 \sim 0.9 m^2$ 计算，其中县城镇、中心镇可按规划的镇区人口每人 $0.8 \sim 0.9 m^2$ 计算。三类停车场中机动车停车场的用地比例宜为70%~85%，非机动车停车场用地比例宜为15%~30%。

**8.2.2** 小城镇过境、外来机动车公共停车场，应设置在过境道路和镇区出入口道路附近，主要停放货运车辆，同时配套相应的服务设施。

**8.2.3** 小城镇镇内机动车停车场停车位数的分布：在镇中心区应为全部停车位数的50%~60%；在小城镇对外道路的出入口地区应为全部停车位数的5%~10%，在小城镇内其他地区应为全部停车位的30%~40%。

**8.2.4** 小城镇镇内公共机动车停车场和非机动车停车场宜结合镇区中心及公共设施设置，居住小区内的停车设施宜结合实际需要设置，不计入停车用地。

县城镇、中心镇和大型一般镇公共停车场的服务半径，在镇中心区不应大于250m，一般地区不应大于400m；非机动车停车场的服务半径宜为100~200m，并不得大于300m。

**8.2.5** 小城镇机动车公共停车场的设置应符合下列规定：

**8.2.5.1** 出入口应符合行车视距的要求，并应右转出入车道；

**8.2.5.2** 出入口应距离交叉口、桥隧坡道起止线50m以远，距离干路交叉口80m以远，距离支路交叉口50m以远。

**8.5.2.3** 少于50个停车位的停车场可设一个出入口，其宽度宜采用双车道；多于50个停车位（50~300个停车位）停车场，应设两个出入口。

**8.2.6** 小城镇非机动车公共停车场应符合下列规定：

**8.2.6.1** 长条形停车场宜分成15~20m长的段，每段应设一个出入口，其宽度不得小于3m；

**8.2.6.2** 500个车位以上的停车场，出入口数不得少于两个。

## 8.3 公共加油站

**8.3.1** 小城镇公共加油站宜结合镇区对外出入口道路和镇区内主要交通干路设置。加油站的选址应符合现行国家标准《小型石油库及汽车加油站设计规范》的有关规定。

**8.3.2** 小城镇公共加油站用地面积应符合表 8.3-1 规定。

小城镇公共加油站的用地面积（万 $m^2$） 表 8.3-1

| 昼夜加油车次数 | 300 | 500 |
|---|---|---|
| 用地面积（万 $m^2$） | 0.12 | 0.18 |

## 9 交通管理设施

**9.0.1** 县城镇、中心镇、大型一般镇中心区设置行人过街设施时应遵循如下原则：

**9.0.1.1** 县城镇、中心镇、大型一般镇中心区行人过街设施主要为人行横道，一般设置在干路或连接干路的交叉口处；

**9.0.1.2** 在小城镇的一级和二级干路的路段上，人行横道或过街通道的间距不宜大于 300m。

**9.0.2** 小城镇道路交通标志标线的设置应符合国家标准《道路交通标志标线》（GB 5769—1999），设置时应全盘考虑，整体布局，重点设置在小城镇干路、连接干路的交叉口和连接对外交通的道路上。

**9.0.3** 小城镇道路信号控制设施应遵循如下原则：

**9.0.3.1** 设置道路信号控制设施前，宜先采用停车标志（或让路标志）来管理交叉口的车辆运行，当次要道路交通量接近停车（让路）标志管制下的通行能力，次要道路车辆拥挤严重时，方考虑设置道路信号控制设施；

**9.0.3.2** 道路信号控制设施的设置应综合考虑车流量、人流量、学童过街、交通事故记录等因素，设置在合理位置；

**9.0.3.3** 小城镇道路信号控制设施宜设置在干路或连接干路的交叉口上；

**9.0.3.4** 当机动车与非机动车、行人混行较为严重时，应配备交通疏导指挥人员，配合道路信号控制设施进行管理。

**9.0.4** 县城镇、中心镇、大型一般镇的渠化交通规划设计应遵循如下原则：

**9.0.4.1** 应对交叉口的通行能力和道路安全性进行全面分析，然后再确认是否应进行渠化；

**9.0.4.2** 渠化交通应使交叉口的点面积适当缩小，应通过渠化岛和渠化带明确车辆的行驶位置，渠化后交通流应不再有锐角冲突，渠化后分流或合流的角度应尽可能小，并应避免分流、合流点集中；

**9.0.4.3** 渠化交通后的车道宽度设计要合理，不应过宽，渠化交通所设置的交通岛、安全岛的面积要合适且数量不宜过多。

## 10 道路绿化

**10.0.1** 小城镇道路绿化规划应包括道路两侧的绿色景观、绿色视线走廊，分隔机动车道与非机动车道的绿荫带，以及人行道，园林景观道路和交叉口绿化等方面内容。

**10.0.2** 小城镇应选择适合本地区生长的植物对道路进行绿化，近期新建、改建道路的道路绿地率宜为15%~25%，远期至少应在20%~30%内考虑。

**10.0.3** 县城镇中心镇、大型一般镇中心区的道路绿化规划标准，应比较《城市道路绿化规划与设计规范》(CJJ 75—1997)确定。

**10.0.4** 县城镇、中心镇、大型一般镇的非中心区和其他一般镇道路绿化规划标准，可结合本地实际情况，比较《城市道路绿化规划与设计规范》(CJJ 75—1997)确定，并宜留有余地以供未来发展。

## 本标准用词用语说明

1. 为了便于在执行本标准条文时区别对待，对要求严格程度不同的用词说明如下：

1) 表示很严格，非这样做不可的用词：

正面词采用"必须"；反面词采用"严禁"。

2) 表示严格，在正常情况下均应这样做的用词：

正面词采用"应"；反面词采用"不应"或"不得"。

3) 表示允许稍有选择，在条件许可时首先这样做的用词：

正面词采用"宜"；反面词采用"不宜"；

表示有选择，在一定条件下可以这样做的，采用"可"。

2. 标准中指定应按其他有关标准、规范执行时，写法为："应符合……的规定"或"应按……执行"。

# 小城镇道路交通规划标准
## （建议稿）
## 条 文 说 明

## 1 总则

**1.0.1～1.0.2** 阐明本标准（建议稿）编制的目的及适用范围。

本标准（建议稿）所称小城镇是国家批准的建制镇中县驻地镇和其他建制镇，以及在规划期将发展为建制镇的乡（集）镇。根据城市规划法建制镇属城市范畴；此处其他建制镇，在《村镇规划标准》中又属村镇范畴。

小城镇是"城之尾、乡之首"，是城乡结合部的社会综合体，发挥上连城市、下引农村的社会和经济功能。县城镇和中心镇是县域经济、政治、文化中心或县（市）域中农村一定区域的经济、文化中心。

小城镇道路交通规划与城市不同，与村镇也不尽相同，我国小城镇量大、面广，不同地区小城镇的人口规模、自然条件、历史基础、经济发展等差别很大，用地差别也较大。此外，不同类别的小城镇在道路交通规划上侧重点也有不少差别。针对上述情况，单独编制小城镇道路交通标准作为其规划的标准依据是必要的，也是符合我国小城镇实际情况的。

本标准及技术指标的中间成果征询了22个省、直辖市、自治区建设厅、规委、规划局和100多个规划编制、管理方面的规划标准使用单位的意见，同时，标准建议稿吸纳了专家论证预审的许多好的建议。

**1.0.3～1.0.5** 根据小城镇道路交通的作用和特点，提出规划重点、基础和不同类别小城镇道路交通规划的不同要求。一般情况中、小型一般镇与县城镇、中心镇、大型一般镇的道路交通及规划要求有较大差别，其未强调的标准可酌情比较县城镇、中心镇、大型一般镇的相关条款执行。

**1.0.6～1.0.8** 分别提出不同区位、不同分布形态小城镇道路交通规划标准执行的原则要求。

**1.0.9～1.0.10** 分别提出规划期内有条件发展为中小城市的小城镇和有条件发展为建制镇的乡（集）镇相关规划宜执行的标准基本原则要求。

考虑到部分有条件的小城镇远期规划可能上升为中、小城市，也有部分有条件的乡（集）镇远期规划有可能上升为建制镇，上述小城镇规划的执行标准应有区别。但上述升级涉及到行政审批，规划不太好掌握，所以1.0.9条、1.0.10条款强调规划应比照上一层次标准执行。

**1.0.11** 本标准编制多有依据相关规范或有涉及相关规范的某些共同条款。本条款体现小城镇道路交通规划标准与相关规范之间应同时遵循规范的统一性原则。

本标准主要相关法律、法规与技术标准有：

《中华人民共和国城市规划法》；

《城市规划编制办法》；

《城市道路交通规划设计规范》（GB 50220—1995）；

《城市道路设计规范》（CJJ 37—1990）；

《城市道路绿化规划与设计规范》（CJJ 75—1997）。

## 2 名词术语

**2.0.1～2.0.12** 为便于在小城镇总体规划的交通道路规划中正确理解和运用本标准，对本标准涉及的主要名词作出解释。其中：

**2.0.1～2.0.4** 是对小城镇及其本规划标准中的3个主要适用载体县城镇、中心镇、一般镇以及交通道路规划内容涉及较多的大型一般镇名词作出解释。

**2.0.5～2.0.9** 是对本标准小城交通道路规划的专有名词作出解释。

**2.0.10** 是对小城镇交通道路规划和总体规划涉及的道路绿地率名词作出解释。

**2.0.11～2.0.12** 是对小城镇道路规划技术指标的干路、支路名词作出解释。

## 3 镇区道路系统

### 3.1 一般规定

**3.1.1～3.1.2** 根据小城镇的特点，提出小城镇区道路系统规划基本要求和县城镇、中心镇、大型一般镇道路交通规划基本要求。

**3.1.3** 小城镇道路广场用地占建设用地比例，基本参照科技部《小城镇规划标准研究》课题提出相关技术指标。

**3.1.4** 提出小城镇道路分级。

不同等级的小城镇应该有其相应的道路等级结构以适应小城镇发展，既不能等级过高导致浪费，也不能等级过低影响交通畅通。小城镇的道路主要分为干路和支（巷）路两种，每种道路又各分两个等级。

**3.1.5** 提出小城镇道路规划技术指标。

小城镇道路规划技术指标，应注意与城市道路规划技术指标的衔接：（1）机动车设计速度对道路线形和交通组织的要求起决定性作用。道路网骨架和线形一旦定局，将长期延续下去。另外，如果小城镇的行驶车速规定与大城市不符，则城市车辆一进小城镇就很难适应，影响小城镇交通效率的发挥。因此，条文中干路和支路的计算行车速度，小城镇与城市应保持一致；（2）原标准稿采用道路网密度的干路和支路的取值，根据专家论证意见改用相关道路间距指标；（3）道路宽度上括号值提供不同小城镇不同要求的适宜选择，同时提出一些县城镇、中心镇交通量大、车速要求高的情况，宜加宽路幅的指标值。

### 3.2 小城镇道路网布局

**3.2.1～3.2.3** 结合小城镇特点，参照《城市道路交通规划设计规范》提出小城镇道路网规划布局基本要求。

同时考虑防灾等要求，县城镇、中心镇、大型一般镇主要出入口每个方向道路按城市要求，其他一般镇宜根据小城镇实际情况比较执行。

**3.2.4～3.2.5** 结合河网地区小城镇和山区小城镇特点，分别提出河网地区小城镇和山区小城镇道路网规划的基本规定。

**3.2.6** 结合小城镇旧镇改造和历史文化名镇、历史文化街区保护，提出小城镇旧镇道路网改造要求。

**3.2.7** 针对小城镇道路现状存在问题，提出避免和改造错位 T 字形路口的要求。

**3.2.8** 根据小城镇及其道路的特点，考虑县城镇、中心镇道路与城市道路的衔接，参照《城市道路交通规划设计规范》（GB 50220—1995），提出确定小城镇道路交叉口形式、用地范围的依据，以及交叉口形式选择和用地面积要求。

道路交叉口形式在正在编制的《城市道路交叉口规划设计规范》中会有新的要求，该条内容在相应上述规范定稿并颁布实施后应作相应的新规定。

**3.2.9～3.2.10** 根据小城镇特点，提出小城镇干路和支路规划要求。

**3.2.11** 结合小城镇防灾减灾特点，提出小城镇道路规划相关规定。

## 4 小城镇对外交通

### 4.1 一般规定

**4.1.1** 阐明小城镇对外交通量预测依据。

**4.1.2～4.1.3** 阐明小城镇对外交通组成、运输方式及其合理选择。

### 4.2 客、货运道路与过境公路

**4.2.1～4.2.2** 阐明小城镇地域范围内的道路划分。

本条款指的是小城镇所辖地域范围内可涉及道路的分级，不涉及道路的归属。根据目前我国道路交通的管理体制，公路基本不归小城镇管理，小城镇仅能管理所辖地域范围内的镇区道路。

**4.2.3** 提出小城镇客运、货运道路及其交通的基本要求。

**4.2.5** 提出小城镇过境公路交通应遵循的主要原则和处理现状过境公路问题的方法。

我国许多小城镇一开始往往依靠公路，并沿着公路两边逐渐发展的。常常是公路和城镇道路不分设，它既是城镇的对外公路，又是城镇的主要道路，两侧布置有大量的商业服务设施，行人密集，车辆来往频繁，相互干扰很大。由于过境交通穿越，分隔城镇生活居住区，不利于交通安全，也影响居民生活安宁。因此，在处理小城镇过境公路时，最基本的原则就是要使过境公路与城镇道路分开，过境公路不得穿越镇区；对原穿越镇区的过境公路段应采取合理手段改变穿越段公路的性质与功能，在改变之前应按镇区道路的要求控制两侧用地布局，并重新规划建设过境公路。

### 4.3 对外交通组织

**4.3.1～4.3.2** 提出小城镇对外交通组织的主要规定。

小城镇规划和建设中对城镇内外交通应进行恰当的组织，使各类交通系统分明，功能作用分清，形成合理的交通运输网络，基本的思路是尽量减少小城镇道路与公路交叉、过境交通与镇内交通分离。

**4.3.3** 提出小城镇的铁路场站、水运码头和公路场站等客货集散点，应与城镇对外路网和镇区路网、交通组织有机结合的布局基本要求。

## 5 小城镇公共交通

### 5.1 一般规定

**5.1.1** 提出小城镇公共交通主要方式。

根据我国小城镇的特点和实际情况，小城镇中，主要的公共交通方式应为公共汽车，一些县城镇、中心镇出租汽车作为公共交通方式补充。

**5.1.2** 提出小城镇公共交通规划应包括镇际公共交通与镇到中心村的公共交通，县城镇、中心镇和大型一般镇应同时考虑镇区公共交通。

**5.1.3** 提出小城镇公共交通规划依据、基本内容和步骤。

**5.1.4～5.1.6** 参考《城市道路交通规划设计规范》，根据小城镇性质、规模、经济发展和居民生活水平，提出小城镇公共汽车和出租汽车规划拥有量、公共交通单程最大出行时耗。

## 5.2 公共交通线路网

**5.2.1** 根据我国小城镇特点和实际情况，提出小城镇公共交通线路网规划的基本要求。

**5.2.2～5.2.4** 结合小城镇实际，提出县城镇、中心镇、大型一般镇中心区和非中心区线路网规划密度的不同要求；提出平均换乘系数和公交线路非直线系数基本要求。考虑小城镇的客流情况差异很大，对发车频率等运营指标不作规定。

## 5.3 公共交通站场

**5.3.1** 根据小城镇特点和实际情况调查，提出县城镇、中心镇、大型一般镇公交镇区线公交站设置和站距的基本要求，以及小城镇公交镇际线公交站设置和站距原则考虑。

**5.3.2～5.3.3** 提出县城镇、中心镇、大型一般镇公交站设置基本规定及首、末站用地要求。

**5.3.4** 根据小城镇特点和实际调查，提出小城镇公共交通站场配套设施的统筹安排和规划原则，以及基本要求。

# 6 自行车交通

## 6.1 一般规定

**6.1.1** 根据小城镇及其交通特点，提出自行车交通应为小城镇居民个体出行的主要交通方式之一。

## 6.2 自行车交通

**6.2.1** 提出小城镇自行车道路网规划要求。

**6.2.2～6.2.5** 提出小城镇自行车道路规划的基本规定与要求。

根据小城镇自行车行驶和自行车道路的特点，参照《城市道路交通规划设计规范》确定。

# 7 步行交通

## 7.1 一般规定

**7.1.1** 提出小城镇步行交通系统规划基本依据。

小城镇集市贸易对步行交通系统影响较大，提出因地制宜采取有效措施，对保障行人的交通安全和交通连续性是很有必要的。

**7.1.2** 提出小城镇完整的步行系统规划构成。

**7.1.3** 提出小城镇步行交通设施的要求。

**7.1.4** 人行道是城镇道路的基本组成部分。它的主要功能是满足步行交通的需要，同时也应满足绿化布置、地上杆柱、地下管线、护栏、交通标志和信号，以及消防栓、清洁箱、邮筒等公用附属设施布置安排的需要。人行道宽度取决于道路类别、沿街建筑物性质、人流密度和构成（空手、提包、携物等）、步行速度，以及在人行道上设置灯杆和绿化种植带，还应考虑在人行道下埋设地下管线及备用地等方面的要求。一条步行带的宽度一般为0.75m；在火车站、汽车站、客运码头以及大型商场（商业中心）附近，则采用0.90m为宜。人行带的条数取决于人行道的设计通行能力和高峰小时的人流量。一般干道、商业街的通行能力采用800~1000人/h；支路采用1000~1200人/h，这是因为干道、商业街行人拥挤，通行能力降低。由于影响行人交通流向、流量变化的因素错综复杂，远期高峰小时的行人流量难以准确估计，通常多根据城镇规模、道路性质和特点来确定步行带的宽度。在调查综合分析基础上，提出小城镇人行带的宽度要求。

## 7.2 商业步行区

**7.2.1** 提出县城镇、中心镇、大型一般镇商业步行区道路基本要求。

小城镇的商业步行区，通常以一条商业街为主体，从集中人气带旺商铺的角度考虑，道路宽度不宜过宽；同时，由于小城镇商业步行区的规模有限，故未对小城镇商业步行区的道路网密度提出标准，但要求设有紧急疏散口和紧急疏散系统。

**7.2.2~7.2.3** 从小城镇商业步行区经商和购物活动特点和方便考虑，提出小城镇商业步行区与二级干路、公交站的距离及停车场库、步行区进出口等要求。

# 8 小城镇道路交通设施

## 8.1 公共运输站场

**8.1.1~8.1.3** 在各类有代表性的小城镇调查分析基础上，参照交通部的相关规定，提出小城镇公路汽车客运站、汽车货运站站场设置及其用地一般规定。

## 8.2 小城镇公共停车场

**8.2.1** 小城镇公共停车场是指在道路外独立地段，为社会机动车和非机动车（主要为自行车）设置的露天或室内的公共停车场。公共建筑和住宅区的配建停车场也兼有为社会车辆服务的功能，但其用地面积应单独计算。标准中给出的人均用地面积，是根据我国小城镇的现状和未来发展的要求总结出来的。

**8.2.2~8.2.3** 根据小城镇的特点及其调查分析，提出小城镇过境与外来机动车公交停车场的设置相关要求，以及镇内机动车停车位分布要求。镇中心区的停车需求高于镇的其他地区，且以客车为主，有50%~60%的机动车停车位，应基本满足镇中心区的停车需要。

**8.2.4** 根据小城镇特点和相关调研分析，提出小城镇内机动车停车场和非机动车停车场设置及其服务范围的要求。

**8.2.5~8.2.6** 根据小城镇的特点和相关调研分析，参考《城市道路交通规划设计规范》提出小城镇机动车公共停车场和非机动车公共停车场的设置规定和要求。

## 8.3 公共加油站

**8.3.1~8.3.2** 提出小城镇公共加油站设置选址要求，以及用地面积要求。

根据相关调查分析，小城镇公共加油站用地面积宜按城市公共加油站用地面积的较小值考虑，但在同时位于交通干线和经济特别发达地区的小城镇公共加油站可适当调高标准。

## 9 交通管理设施

**9.0.1** 根据小城镇特点和相关调查分析，提出县城镇、中心镇、大型一般镇行人过街设施要求，其他镇可酌情比较执行。

一般来说，小城镇没有必要设置人行天桥或地道，行人过街设施主要为人行横道，而且主要设置在小城镇的干路或连接干路的交叉口上，人行横道的间距可比城市标准稍高。个别经济发达的小城镇，达到设置人行天桥或地道的标准要求时，可按国家相应标准设置。

**9.0.2** 提出小城镇道路交通标志标线的设置要求。

小城镇道路交通标志标线的设置应符合国家标准《道路交通标志标线》的要求，以形成全国统一的道路交通标志标线系统，有利于交通统一管理，保障交通安全，具体设置时，应重点设置在干路或连接干路的交叉口，以及连接对外交通的道路上。设置的标志标线的种类和设置方法，均按国家标志《道路交通标志标线》执行。

**9.0.3** 提出小城镇道路信号控制的基本原则。

小城镇道路的信号控制设施不能盲目设置，因为信号控制设施对交通的作用有两面性：正确的设置可以提高交通效率和安全；错误的设置可以增加交通延误引发交通事故。所以，在进行信号控制设施设置时，一定要综合考虑各种因素，并在停车（让路）标志管制能力接近饱和的情况下，才能进行信号控制设施的设置。在小城镇中，机动车与非机动车混行相互干扰的情况特别严重，此类情况仅仅依靠信号控制设施往往控制不了，需配备相应的交通疏导指挥人员在适当的地点配合信号控制设施的使用。

**9.0.4** 提出县城镇、中心镇和大型一般镇的渠化交通原则。

小城镇渠化交通通过渠化分流、合流处理，确保交叉口通行能力和通行安全。从道路交通的运行原理上来说，小城镇渠化交通与城市的渠化交通并无不同，并应遵循共同原则。因为小城镇交叉口形式多样，对应的交通情况又各不相同，所以标准中给出的只是定性的原则。在渠化交通规划设计和实施时，应根据原则要求作出合理的方案。

## 10 道路绿化

**10.0.1～10.0.4** 提出小城镇道路绿化规划内容；道路绿化率和县城镇、中心镇、一般镇的中心区、非中心区，以及其他一般镇的道路绿化规划标准要求。

我国大多数小城镇的道路绿化率比较低，在一些小城镇中，由于旧街过窄，人行道宽度还成问题，因而道路绿化率更低，而且行道树生长也不良，这些都亟待改善。结合我国小城镇用地实际情况，及加大考虑绿化的可能性，一般近期对新建、改建道路的绿化率宜为15%～25%，远期至少应20%～30%。在实施具体的道路绿化标准时，可参考《城市道路绿化规划与设计规范》执行，其中县城镇、中心镇、大型一般镇的中心区按城市相关标准规划设计，非中心区可适当调低标准，其他一般镇可比较上述标准执行。

# 小城镇内外道路交通规划及优化研究

小城镇道路交通可分为外部道路交通和内部道路交通，前者主要是县（市）域范围小城镇镇际与镇城间道路交通，后者则为镇区道路交通。

## 1 交通组织方式及合理性

小城镇交通在地域上可分为城镇对外交通和城镇内部交通两个系统。内外交通通过交通换乘、转运相互衔接，以实现乘客出行和货物运输的全过程。通过交通运输的合理组织，使城镇的内外交通便捷，客货运交通在城镇中均匀分布，流动有序。

### 1.1 对外交通组织

小城镇对外交通运输是指以小城镇为基点，与小城镇外部进行联系的各类交通运输的总称。它是小城镇存在与发展的重要条件，也是构成小城镇不可缺少的物质要素，它把小城镇与其他地区城镇联系起来，促进了它们之间的政治、经济、科技、文化交流，为发展工农业生产、提高人民生活质量服务。小城镇的对外交通方式一般包括公路、水路、铁路三项，其中公路与小城镇的关系最为密切。

（1）对外交通对小城镇的形成和发展影响

1) 小城镇对外交通对小城镇的形成和发展影响很大。改革开发后首先发展起来的是沿陆路交通线（包括公路、铁路）、沿水上交通线（包括江、海）的城镇，形成城镇发展轴。历史上形成的城镇也大多位于水陆交通的枢纽。

2) 对外交通运输设施的布置、线路走向，很大程度上影响到小城镇的工业仓储、居住用地的位置，影响到小城镇的发展方向和建设用地的选择。

3) 对外交通还影响到小城镇的道路系统和交通组织。小城镇对外交通的车站、码头是小城镇内部交通的衔接点，它必须通过小城镇道路与小城镇的各用地功能组成部分取得方便的联系。所以，对外交通的变化也必将带来小城镇道路系统的调整。

（2）公路对小城镇的布局的影响

公路运输几乎在所有的小城镇都存在，它对小城镇的总体布局，尤其是道路系统的布局影响甚大。在小城镇范围内的公路，有的是小城镇道路的组成部分，有的是小城镇道路的延续。在进行小城镇规划时，应结合小城镇的总体布局合理地选定或调整公路的走向及其站场的位置。

我国许多小城镇一开始往往是依靠公路、沿着公路两边逐渐发展形成的，常常是公路和小城镇道路不分设，它既是小城镇的对外公路，又是小城镇的主要道路，两侧布置有大量的商业服务设施，行人密集，车辆来往频繁，相互干扰很大。由于过境交通穿越，分割小城镇建设用地，既不利交通安全，又影响小城镇人居环境和风貌，给小城镇人们工作和生活带来很大干扰，对小城镇发展也带来很大影响。

（3）过境交通——正确处理过境公路交通穿越的矛盾

合理组织小城镇对外交通，一个重要问题是从规划布局等方面综合考虑，解决过境公路穿越小城镇的问题。

小城镇交通组织的原则，是从路口综合治理与调整分清道路功能入手，采取治标与治本相结合。从实际出发，因地制宜，合理地处理好过境交通穿越和停车场、站布置不当及用地不足问题。

分清道路功能，消除或减少过境交通对镇内主要街道的穿越、干扰是调整、改善小城镇路网、合理组织交通所需要解决的问题。鉴于我国小城镇大小规模、地理环境差异较大，过境公路等级与交通流量也不一致。因此，不宜生搬硬套中小城市的一般处理方法，从规划布局上一律采用修建新的过境公路从规划镇区边缘切向绕城通过。为此，从不同小城镇现状实际出发，结合交通预测发展需求，区别不同情况，采取合理得当的组织交通方式来处理过境交通。

1）穿越通过。当公路为县级公路，且途经规模较小一般镇时可准许暂时保留现状，但应注意从规划建设上控制，凡是今后新建吸引人流量大的公建、影剧院等均应沿公路一侧安排；对集贸市场与大型公建宜后退红线安排必要停车用地，容许主街过境公路暂时共用的布局。

2）切线绕越通过。当公路系省道或国道远期规划过境道路改线，穿越镇区路段应改为镇区道路，且途经较大规模小城镇时，对过境公路与主街合一的路段，需在路网规划调整方案中，采取规划新的公路线段，从小城镇规划区边缘切向或绕越通过；从而使镇内主街得以利用现有公路逐步建成全镇性干道。

3）专线联系。当公路属于高等级公路或重要国道时，集镇规划发展区最好控制背离公路干线一侧发展。即通过不设新的出入镇干道与公路干线联结，从而彻底避免过境交通穿越镇中，妨碍国家干线公路交通。在这种布局中，必须严格控制在公路一侧与镇区间保留至少大于100m的农田隔离带。对高等级公路由于全线系封闭式，对大型集镇有可能准许留有出入口时，其布设的专线应有足够与之相适应的加减速段长；有的需在交会处布置立交工程。

4）局部路段隔离穿越。当过境公路穿越镇区主要干道，而暂时难以迁出时，可对途经临街建筑、人流密集段，采取布设分隔金属护栏，并在该段两端的路口设置顺公路向卵形环岛，或必要时，加设简易交通信号灯等措施，来制止行人任意横穿过街及自行车左转进入商店。

5）局部拓宽过境公路一侧，实行路街交通并行分流。当过境公路与集镇主街车流合一混行时，可考虑采取沿公路外侧拆迁拓宽，作为过境交通通道用，而将原来的公路规划组织成为主街机非车并行道。这种交通组织方式，对山区、丘陵地带的中小城镇是比较现实经济可行的。

（4）道路出入口

小城镇出入口道路系统是小城镇道路系统的有机组成部分，也是小城镇对外交通的重要组成部分。出入口道路介于城镇道路与公路之间，而城镇道路与公路又是两种性质、功能、任务、特点和环境不同的系统；同时，随着小城镇用地的向外扩展，出入口道路临近地区的部分也就变成了小城镇道路，因此，小城镇出入口道路具有小城镇道路和小城镇对外交通的双重功能。它必须满足小城镇与对外交通发展的需要，适应小城镇的发展，保证小城镇与其邻近城镇的交通联系，并在小城镇道路和公路之间起协调作用，使进出小城镇的汽车安全、方便、迅速，过境车流能以较高车速顺畅通过，并对小城镇无干扰影响。同时，出入口道路规划也应和小城镇道路规划一样留有适当的余地。

小城镇出入口道路规划首先应考虑小城镇的客货运交通源的分布、客货运集散点的分布、交通的流量流向，出入口道路应能将小城镇镇区周围主要的交通源、集散点和镇区联系起来，出入口道路的布局、走向、级别应尽量和预测的汽车交通的流量流向相一致；同时，小城镇出入口道路规划还应综合考虑小城镇的性质（农业性、工业性、风景游览性、山区和矿区等）、城镇的发展和总体布局、其他运输方式情况、自然环境条件（包括地理位置、地形、地质、地貌、水系等）、城镇道路网、区域公路网、城镇规模等诸因素的影响进行。

出入口道路是小城镇道路的延伸发展，因此，出入口道路两侧的永久性建筑应退后道路红线一定距离，留有发展余地。同时，小城镇道路网对出入口道路规划布局影响很大。对于棋盘式道路网，出入口道路一般是小城镇道路网中纵横向道路的延伸和发展；对于放射环式城镇道路网，出入口道路多为放射道路的延伸和发展；对于自由式城镇道路网，由于城镇道路网及城镇总体布局主要受地形、地质、水系等的限制，出入口道路规划布局多采用结合地形、地质、水系和城镇道路网，呈自由状态；对于混合式城镇道路网，出入口道路多为纵、横向道路和放射道路的延伸和发展。

出入口道路规划布局还应与区域公路网的布局协调，使之能顺直地将城镇道路网和区域公路网联接起来。

## 1.2　镇区交通组织

（1）小城镇规划和建设中对城镇交通应进行恰当的组织，使各类交通系统分明，功能作用分清，形成一个合理的交通运输网络。

1）过境交通与城镇交通分流。公路应在城镇外部边缘通过，不应穿越城镇中心。通过交通分流，从而形成城镇内部交通和过境交通两大系统。

2）客运交通与货运交通分流。城镇内主要的客运交通和货运交通流应各成系统，货运交通不应穿越城镇中心区和住宅区，应与对外交通系统有方便的、直接的联系。

3）在城镇中心区等人流较多的地区，应考虑适当的人车分流。

实行交通分流，可以避免交通混杂、冲突和拥塞；使交通各从其类，各行其道，互不干扰，同时交通安全也有保障。

（2）渠化交通——实施路口综合治理与局部拓宽渠化

1）渠化方式

小城镇路口由于以往缺乏合理规划，导致传统的"十字街"口成为机、非、人车混行的交通阻塞咽喉。建议结合路口现状、机非车流量与转向人流量大小，采取综合治理的方针。有的可采取局部拓宽转角地带，保证必要车速所需的最低视距与缘石半径要求；有的可增设人行护栏，实施人车分隔并控制不合理的摊点占道。当转向车流量较大时，可实施路口局部拓宽分流渠化，以体现各向车流各行其道，与机非分隔行驶。不论是哪种方式组织交通，均应结合现状与改造可能性，经论证确定。

2）渠化原则

小城镇渠化交通的处理思路，从道路交通的运行原理上来说，与大城市的渠化交通并无不同，都要遵循相同的原则，即：

①应对交叉口的通行能力和道路安全性进行全面分析，然后再确认是否应进行渠化；

②渠化交通应使交叉口的点面积适当缩小，应通过渠化岛和渠化带明确车辆的行驶位置，渠化后交通流应不再有锐角冲突，渠化后分流或合流的角度应尽可能小且避免分流、合流点集中；

③渠化交通后的车道宽度设计要合理，不应过宽，渠化交通所设置的交通岛、安全岛的面积要合适且数量不宜过多。

因为交叉口形式多样，对应的交通情况又各不相同，所以标准中给出的只是定性的原则。在实施具体的渠化交通方案时，还应根据原则做出合理的设计。

小城镇镇内客运交通主要由步行、自行车、公交车、出租车等方式构成。

## 2 道路交通管理

当前我国小城镇的道路交通管理人员少，体制不健全，交通标志、交通指挥信号等设施缺乏，致使交通混乱，一些交通繁忙道路常常受阻。因此，小城镇的道路交通管理，主要从交通标志标线、行人过街设施、交叉口渠化、交通指挥信号设置等方面着手，同时明确管理主体，健全管理体制。

对于行人过街设施的设置，主要采用人行横道的形式。大多数小城镇没有必要设置人行天桥或地道，小城镇中心区的行人过街设施主要应位人行横道，而且主要设置在小城镇中心区的干路或连接干路的交叉口上，人行横道的间距可比城市标准稍高。个别经济发达的小城镇，达到设置人行天桥或地道的标准要求时，可按国家相应标准设置。

对于交通标志标线，小城镇道路交通标志标线的设置应符合国家标准《道路交通标志标线》，从而形成全国统一的道路交通标志标线系统，有利于提高交通小路，保障交通安全，具体设置时，应重点设置在干路或连接干路的交叉口以及连接对外交通的道路上。设置的标志标线的种类和设置方法，都按国家标志《道路交通标志标线》执行。

对于交通指挥信号设施，小城镇道路的信号控制设施不能盲目设置，因为信号控制设施对交通的作用有两面性：正确的设置可以提高交通效率和安全；错误的设置可以增加交通延误，引发交通事故。所以，在进行信号控制设施设置时，一定要综合考虑各种因素，并在停车（让路）标志管制能力接近饱和的情况下才能进行信号控制设施的设置。在小城镇中，机动车与非机动车混行相互干扰的情况特别严重，此类情况仅仅依靠信号控制设施往往控制不了，需配备相应的交通疏导指挥人员在适当的地点配合信号控制设施的使用。

对于交叉口的渠化问题，小城镇渠化交通的处理思路，从道路交通的运行原理上来说，与大城市的渠化交通并无不同，都要遵循相同的原则，即：

（1）应对交叉口的通行能力和道路安全性进行全面分析，然后再确认是否应进行渠化；

（2）渠化交通应使交叉口的点面积适当缩小，应通过渠化岛和渠化带明确车辆的行驶位置，渠化后交通流应不再有锐角冲突，渠化后分流或合流的角度应尽可能小且避免分流、合流点集中；

（3）渠化交通后的车道宽度设计要合理，不应过宽，渠化交通所设置的交通岛、安全岛的面积要合适且数量不宜过多。

因为交叉口形式多样，对应的交通情况又各不相同，所以标准中给出的只是定性的原则。在实施具体的渠化交通方案时，还应根据原则做出合理的设计。

## 3 路网布置及优化

### 3.1 小城镇道路交通的特点

随着改革开放的深入，我国小城镇的各项建设也有了长足的发展，小城镇与小城镇之间、小城镇与城市之间的政治、经济、文化、科技等方面的交流也日趋增多，产生了大量的客流和物流。小城镇道路既是小城镇中行人和车辆交通来往的通道，也是布置小城镇公用管线、街道绿化，安排沿街建筑、消防、卫生设施和划分街坊的基础，并在一定程度上关系到临街建筑的日照、通风和建筑艺术造型的处理；同时，对小城镇的布局、发展方向及有效发挥小城镇功能均能起着重要作用。小城镇道路是小城镇中各组成部分的联系网络，是整个小城镇的骨架和"动脉"，是小城镇规划和建设的重要内容之一。

小城镇道路交通特点是小城镇道路规划、设计的重要依据。在规划、设计道路时，需要研究新世纪小城镇交通的特点，认识和掌握它的规律，使得小城镇道路设计有可靠的科学依据。

小城镇道路交通的主要特点有下列 6 个方面。

（1）交通运输工具类型多、行人多

小城镇道路上的交通工具主要有卡车、拖挂车、拖拉机、客车、小汽车、吉普车、摩托车等机动车，还有自行车、三轮车、平板车和一定数量的兽力车等非机动车，这些车辆的大小、长度、宽度差别大，特别是车速差别很大，在道路上混杂行驶，相互干扰大，对行车和安全均不利。小城镇居民外出除使用自行车外，大部分为步行，这更加造成了交通的混乱。

（2）道路基础设施差

小城镇往往由于历史的原因，大部分是自然形成的，或近期曾进行过规划，也往往是"长官规划"，缺乏科学的总体规划设计，其道路性质不明确，道路断面功能不分，技术标准低，往往是人行道狭窄，或人行道挪作它用，甚至根本未分人行道，致使人车混行。由于小城镇的建设资金有限，在道路建设中过分迁就现状，尤其是在地段复杂的小城镇中，道路平曲线、纵坡、行车视距和路面质量等，很多不符合规定的标准。有些小城镇还有过境公路穿越中心区，这样不但使过境车辆通行困难，而且加剧了小城镇中心的交通混乱。

（3）人流、车流的流量和流向变化大

随着市场经济的深入，乡镇企业发展迅速，小城镇居民以及迅速增多的"离土不离乡"亦工亦农的非在册人口，使得小城镇中行人和车辆的流量大小在各个季节、一周和一天中均变化很大，各类车辆流向均不固定，在早、中、晚上下班时造成人流、车流集中，形成流量高峰时段。

（4）交通管理和交通设施不健

小城镇中交通管理人员少，体制不健全，交通标志、交通指挥信号等设施缺乏，致使交通混乱，一些交通繁忙道路常常受阻。

（5）缺少停车场，道路违章建筑多

小城镇中缺少专用停车场，加之管理不够，各种车辆任意停靠，占用了车行道与人行道，造成道路交通不畅。道路两侧违章搭建房屋多，以及违章摆摊设点、占道经营多，造成交通不畅。

（6）车辆增长快，交通发展迅速

随着社会主义市场经济深入持久的发展，小城镇经济繁荣，车流、人流发展迅速，致使小城镇道路拥挤、交通混乱，同时也对小城镇道路的发展提出了更高的要求。

以上所述，反映当前我国小城镇交通的特点，表明当前交通已不能适应小城镇经济的发展。产生这些问题的原因，除了小城镇原有交通道路基础较差外，其主要原因是：

（1）对小城镇建设中的基础设施的地位认识不足，长期以来重生产建设，轻基础设施建设。认为它是服务性的，放在从属的地位上。事实证明，小城镇基础设施的建设是小城镇产业建设的基础，是基础产业之一。

（2）对小城镇规划、小城镇道路规划与治理缺乏统一的认识，缺乏有力的综合治理手段。小城镇道路交通与小城镇对外交通之间很不协调，各自为政。对小城镇的车流和人流，缺乏动态分析，难以作出符合客观实际需要的道路规划。

（3）治理小城镇交通的着眼点放在机动车上，而对小城镇大量的自行车、行人和一定数量的兽力车管理不够，忽视车辆的停放问题。

## 3.2 小城镇道路系统规划

### 3.2.1 小城镇道路系统规划的基本要求

小城镇道路系统是以小城镇现状、发展规模、用地规划及交通运输为基础，还要很好地结合自然地理条件、小城镇环境保护、景观布局、地面水的排除、各种工程管线布置以及铁路和其他各种人工构筑物等的关系，并且需要对现有道路系统和建筑物等状况予以足够的重视。在道路系统规划中，应满足下列基本要求：

#### 3.2.1.1 满足、适应交通运输的要求

规划道路系统时，应使所有道路主次分明、分工明确，并有一定的机动性，以组成一个高效、合理的交通运输系统，从而使小城镇各区之间有安全、方便、迅速、经济的交通联系，具体要求是：

（1）小城镇各主要用地和吸引大量居民的重要地点之间，应有短捷的交通路线，使全年最大的平均人流、货流能沿最短的路线通行，以使运输工作量最小，交通运输费用最省。例如，小城镇中的工业区、居民区、公共中心以及对外交通的车站、码头等都是大量吸引人流、车流的地点，规划道路时应注意使这些地点的交通畅通，以便能及时地集散人流和车流。这些交通量大的用地之间的主要连接道路，就成为小城镇的主干道，其数量一般为一条或两条。交通量相对小，不贯通全小城镇的道路称为次干道。主、次干道网也就成了小城镇规划的平面骨架。

路线短捷的程度，可用曲度系数来衡量。曲度系数亦称非直线系数，是指道路始、终点间的实际交通距离与其空间直线距离之比。

在小城镇中交通运输费用大致与行程远近成比例，因而这个系数也可作为衡量行车费用的经济指标之一。不同形式的干道网，有不同的曲度系数。对于一条干道，衡量其路线是否合理，一般要求其曲度系数在 1.1~1.2 之间，最大不能超过 1.4；对次干道的曲度系数也不能超过 1.4，即不出现反向迂回的路线。对山区、丘陵地区的干道，因地形复杂，展线需克服地形高差，曲度系数可适当放宽。

（2）小城镇各分区用地之间的联系道路应有足够而又恰当的数量，同时要求道路系统

尽可能简单、整齐、醒目，以便行人和行车辨别方向和组织交叉口的交通。

通常以道路网密度作为衡量道路系统的技术经济指标。所谓道路网密度是指道路总长（不含居住小区、街坊内通向建筑物组群用地内的通道）与小城镇用地面积的比值。

确定小城镇道路网密度一般应考虑下列因素：

道路网的布置应便利交通，居民步行距离不宜太远。

交叉口间距不宜太短，以避免交叉口过密，降低道路的通行能力和降低车速。

适当划分小城镇各区及街坊的面积。

道路网密度越大，交通联系也越方便；但密度过大，势必交叉口增多，影响行车速度和通行能力，同时也会造成小城镇用地不经济，增加道路建设投资和旧村（镇）改造拆迁工作量。特别是干道的间距过小，会给街坊、居住小区临街住宅带来噪声干扰和废气污染。

小城镇干道上机动车流量不大，车速较低，且居民出行主要依靠自行车和步行。因此，其干道网与道路网（含支路，连通路）的密度可较小城市为高，道路网密度可达 $8\sim13\text{km}/\text{km}^2$，道路间距可为 $150\sim250\text{m}$；其干道密度可为 $5\sim6.7\text{km}/\text{km}^2$，干道间距可为 $300\sim400\text{m}$。实际规划中应结合现状、地形环境来布置，不宜机械规定，但是道路与支路（连通路）间距至少也应大于 $100\text{m}$，干道间距有时也达 $400\text{m}$ 以上。对山区道路网密度更应因地制宜，其间距可考虑 $150\sim400\text{m}$。

干道网密度一般从小城镇中心地区向近郊，从建成区到新区逐渐递减，建成区大一些，近郊及新区低一些，以适应居民出行流量分布变化的规律。我国小城镇建成区道路网既密而路幅又窄，因此，在旧小城镇扩建、改建过程中应注意适当放宽路幅，打通必要卡口、蜂腰，并将某些过密、过窄的街道改为禁止机动车通行的内部道路，以及从机动车行驶考虑，封闭某些与干道垂直相交的胡同、街坊路，来控制道路网密度与道路间距，提高道路网通行能力显然是有益的。

（3）为交通组织管理创造良好条件。

道路系统应尽可能简单、整齐、醒目，以便行人和行驶的车辆辨别方向，易于组织和管理道路交叉口的交通。一个交叉口上交汇的街道不宜超过 $4\sim5$ 条，交叉角不宜小于 $60°$ 或不宜大于 $120°$。一般情况下，不要规划星形交叉口，不可避免时，宜分解成几个简单的十字形交叉。同时，应避免将吸引大量人流的公共建筑布置在路口，增加不必要的交通负担。

### 3.2.1.2 结合地形、地质和水文条件，合理规划道路网走向

小城镇道路网规划的选线布置，既要满足道路行车技术的要求，又必须要结合地形、地质水文条件，并考虑到与临街建筑、街坊、已有大型公共建筑的出入联系要求。道路网尽可能平而直，尽可能减少土石方工程，并为行车、建筑群布置、排水、路基稳定创造良好条件。

在地形起伏较大的小城镇，主干道走向宜与等高线接近于平行布置，避开接近垂直切割等高线，并视地面自然坡度大小对道路横断面组合作出经济合理安排。当主、次干道布置与地形有矛盾时，次干道及其他街道都应服从主干道线形平顺的需要。一般当地面自然坡度达 $6\%\sim10\%$ 时，可使主干道与地形等高线交成一个不大的角度，以使与主干道相交叉的一般其他道路不致有过大的纵坡；当地面自然坡度达 $12\%$ 以上时，采用之字形的道路

线形布置，曲线半径不宜小于 13～20m，且曲线两端不应小于 20～25m 长的缓和曲线。为避免行人在之字形支路上盘旋行走，常在垂直等高线上修建人行梯道。

在道路网规划布置时，应尽可能绕过不良工程地质和不良水文工程地质，并避免穿过地形破碎地段。这样虽然增加了弯路和长度，但可以节省大量土石方和大量建设资金，缩短建设周期，同时也使道路纵坡平缓，有利于交通运输。

确定道路标高时，应考虑水文地质对道路的影响，特别是地下水对路基路面的破坏作用。

### 3.2.1.3 满足小城镇环境的要求

小城镇道路网走向应有利于小城镇的通风。我国北方小城镇冬季寒流主要受来自于西伯利亚冷空气的影响，所以冬季寒流风向主要是西北风，寒冷往往伴随风沙、大雪，因此，主干道布置应与西北方向成垂直或成一定的偏斜角度，以避免大风雪和风沙直接侵袭小城镇；对南方小城镇道路的走向应平行于夏季主导风向，以创造良好的通风条件；对海滨、江边、河边的道路应临水避开，并布置一些垂直于岸线的街道。

道路走向还应为两侧建筑布置创造良好的日照条件，一般南北向道路较东西向好，最好由东向北偏转一定角度。从交通安全来看，街道最好能避免正东西方向，因为日光耀眼会导致交通事故。事实上，小城镇干道有南北方向，也必须有与其相交的东西方向干道，以共同组成小城镇干道系统，不可能所有干道都符合通风和日照的要求。为此，干道的走向最好取南北和东西方向的中间方位，一般取南北子午线成 30°～60°的夹角为宜，以兼顾日照、通风和临街建筑的布置。

随着小城镇经济的不断发展，交通运输也日益增长，机动车噪声和尾气污染也日趋严重，必须引起足够的重视。一般采取的措施有：合理地确定小城镇道路网密度，以保持居住建筑与交通干道间有足够的消声距离；过境车辆一律不得从小城镇内部穿过；控制货车进入居住区；控制拖拉机进入小城镇；在街道宽度上考虑必要的防护绿地来吸收部分噪声、二氧化碳和放出新鲜空气；沿街建筑布置方式及建筑设计作特殊处理，如宜使建筑物后退红线、建筑物沿街面作封闭处理或建筑物山墙面对街道等。

### 3.2.1.4 满足小城镇景观的要求

小城镇道路不仅用作交通运输，而且对小城镇景观的形成有着很大的影响。所谓街道的造型即通过线形的柔顺、曲折起伏、两侧建筑物的进退、高低错落、丰富的造型与色彩、多样的绿化，以及沿街公用设施与照明的配置等等，来协调街道平面和空间的组合，同时还把自然景色（山峰、水面、绿地）、历史古迹（塔、亭、台、楼、阁）、现代建筑（纪念碑、雕塑、建筑小品、电视塔等）贯通起来，形成统一的街景，对体现整洁、舒适、美观、大方、丰富多彩的现代化小城镇面貌起着重要的作用。

干道的走向应对向制高点、风景点（如：高峰、水景、塔、纪念碑、纪念性建筑物等），使路上行人和车上乘客能眺望如画的景色。对临水的道路应结合岸线精心布置，使其既是街道，又是人们游览休息的地方。当道路的直线路段过长，使人感到单调和枯燥时可在适当地点布置广场和绿地，配置建筑小品（雕塑、凉亭、画廊、花坛、喷水池、民族风格的售货亭等），或作大半径的弯道，在曲线上布置丰富多彩的建筑。

对山区小城镇，道路竖曲线以凹形曲线为赏心悦目，而凸形曲线会给人以街景凌空中断的感觉。这样的情况，一般可在凸形顶点开辟广场、布置建筑物或树木，使人远眺前方景色，有不断新鲜、层出不穷之感。

但必须指出，不可为了片面的追求街景，把主干道规划成错位交叉、迂回曲折，致使交通不畅。

#### 3.2.1.5 有利于地面水的排除

小城镇街道中心线的纵坡应尽量与两侧建筑线的纵坡方向取得一致，街道的标高应稍低于两侧街坊地面的标高，以汇集地面水，便于地面水的排除。主干道如沿汇水沟纵坡，对于小城镇的排水和埋设排水管是非常有益的。

在作干道系统竖向规划设计时，干道的纵断面设计要配合排水系统的走向，使之通畅地排向江海河。由于排水管是重力流管，管道要具有排水纵坡，所以街道纵坡设计要与排水设计密切配合。因为街道纵坡过大，排水管道就需要增加跌水井；而纵坡过小，则排水管道在一定路段上又需设置泵站，显然，这些都将增加工程投资。

#### 3.2.1.6 满足各种工程管线布置的要求

随着小城镇的不断发展，各类公用事业和市政工程管线将越来越多，一般都埋在地下，沿街道敷设。但各类管线的用途不同，其技术要求也不同。如电讯管道，它要靠近建筑物布置，且本身占地不宽，但它要求设较大的检修人孔；排水管为重力流管，埋设较深，其开挖沟槽的用地较宽；煤气管道要防爆，须远离建筑物。当几种管线平行敷设时，它们相互之间要求有一定的水平间距，以便在施工时不影响相邻管线的安全。因此，在小城镇道路规划设计时，必须摸清道路上要埋设哪些管线，考虑给予足够的用地，且给予合理安排。

#### 3.2.1.7 满足其他有关要求

小城镇道路系统规划除应满足上述基本要求外，还应满足：

（1）小城镇道路应与铁路、公路、水路等对外交通系统密切配合，同时要避免铁路、公路穿过小城镇内部。对已在公路两侧形成的小城镇，宜尽早将公路移出或沿小城镇边缘绕行。

对外交通以水运为主的小城镇，码头、渡口、桥梁的布置要与道路系统互相配合。码头、桥梁的位置还应注意避开不良地质。

（2）小城镇道路要方便居民与农机通往田间，要统一考虑与田间道路的相互衔接。

（3）道路系统规划设计，应少占田地，少拆房屋，不损坏重要历史文物。应本着从实际出发，贯彻以近期为主，远、近期相结合的方针，有计划、有步骤地分期发展、组合实施。

### 3.2.2 小城镇道路系统的形式

小城镇道路系统规划是小城镇平面规划的基础，它不仅要满足上述基本要求，而且在几何形状上也要有正确合理的布置。否则，它会直接影响着整个小城镇的布局、未来建设的发展和居住环境卫生的好坏。道路系统的图形一经确定，就使整个小城镇交通运输系统、建筑布置、居民点及街区规划大体上也被固定。每个小城镇道路系统的形式，都是在一定历史条件和自然条件下，根据当地政治、经济和文化发展的需要，逐渐演变而形成的。因此，规划或调整道路系统时，采用的基本图形也应根据当地的具体条件，本着"有利于生产，方便生活"的原则，因地制宜，合理的、灵活的选择，决不能单纯为了追求整齐平直和对称的几何图形等来生搬硬套某种形式。一般街道密度应根据街坊布置综合考虑，以每隔 100～200m 设置一个交叉口为宜，不要太稀，也不宜太密。

目前常用的道路系统可归纳成四种类型：方格网式（也称棋盘式）、放射环式、自由式、混合式。前三种是基本类型，混合式道路系统是由几种基本类型组合而成。

（1）方格网式（棋盘式）

方格网式道路系统最大特点是街道排列比较整齐，基本呈直线，街坊用地多为长方形，用地经济、紧凑，有利于建筑物布置和识别方向；从交通方面看，交通组织简单便利，道路定线比较方便，不会形成复杂的交叉口，车流可以较均匀地分布于所有街道上；交通机动性好，当某条街道受阻车辆绕道行驶时其路线不会增加，行程时间不会增加。为适应汽车交通的不断增加，交通干道的间距宜为 400～500m，划分的小城镇用地就形成功能小区，分区内再布置生活性的街道。

这种道路系统也有明显的缺点，它的交通分散，道路主次功能不明确，交叉口数量多，影响行车畅通。同时，由于是长方形的网格道路系统，因此，使对角线方向交通不便，行驶距离长，曲度系数大，一般为 1.27～1.41。

方格网式道路系统一般适用于地形平坦的小城镇，规划中应结合地形、现状与分区布局来进行，不宜机械地划分方格。为改善对角线方向上的交通不便，在方格网中常加入对角线方向的道路，这样就形成了方格对角线形式的道路系统，与方格网式道路系统相比，对角线方向的道路能缩短 27%～41%的路程，但这种形式易产生三角形街坊，而且增加了许多复杂的交叉口，给建筑布置和交通组织上带来不利，故一般较少采用。

（2）放射环式

放射环式道路系统就是由放射道路和环形道路组成。放射道路担负着对外交通联系，环形道路担负着各区域间的运输任务，并连接放射道路以分散部分过境交通。这种道路系统以公共中心为中心，由中心引出放射道路，并在其外围地区敷设一条或几条环形道路，像蜘蛛网一样，构成整个小城镇的道路系统。环形道路有周环，也可以是半环或多边折线式；放射道路有的从中心内环放射，有的可以从二环或三环放射，也可以与环形道路切向放射。道路系统布置要顺从自然地形和小城镇现状，不要机械地强求几何图形。

这种形式的道路系统优点是使公共中心区和各功能区有直接通畅的交通联系，同时环形道路可将交通均匀地分散到各区。路线有曲有直，较易于结合自然地形和现状。曲度系数平均值最小，一般在 1.10 左右。

其明显的缺点是容易造成中心交通拥挤、行人以及车辆的集中，有些地区的联系要绕行，其交通灵活性不如方格网式好。如在小范围内采用此种形式，道路交叉会形成很多锐角，出现很多不规则的小区和街坊，不利于建筑物的布置，另外道路曲折不利于辨别方向，交通不便。

放射环式道路系统适用于规模很大的小城镇。对一般的小城镇而言，从中心到各区的距离不大，因而没有必要采取纯粹的放射环式。为克服中心拥挤的问题，对放射性道路的布置应采取终止于中心区的内环路或二环路上，严禁过境车辆进入中心区。也可利用旧小城镇中心和新发展区，布置两个甚至两个以上中心，以改善中心交通拥挤的状况。

（3）自由式

自由式道路系统是以结合地形起伏、道路迁就地形而形成，道路弯曲自然，无一定的几何图形。

这种形式道路系统优点是充分结合自然地形，道路自然顺适，生动活泼，可以减少道路工程土石方量，节省工程费用。其缺点是道路弯曲、方向多变，比较紊乱，曲度系数较大。由于道路曲折，形成许多不规则的街坊，影响建筑物的布置，影响管线工程的布置。同时，由于建筑分散，居民出入不便。

自由式道路系统适用于山区和丘陵地区。由于地形坡差大，干道路幅宜窄，因此多采用复线分流方式，借平行较窄干道来联系沿坡高差错落布置的居民建筑群。在这样的情况下，宜在坡差较大的上下两平行道路之间，顺坡面垂直等高线方向，适当规划布置步行梯道或梯级步行商业街，以方便居民交通和生活。

（4）混合式

混合式道路系统是结合小城镇的自然条件和现状，力求吸收前三种基本形式的优点，避免其缺点，因地制宜规划布置小城镇道路系统。

事实上在道路规划设计中，不能机械地单纯采用某一类形式，应本着实事求是的原则，立足地方的自然和现状特点，采用综合方格网式、放射环式、自由式道路系统的特点，扬长避短，科学、合理地进行小城镇道路系统规划布置。如小城镇能在原方格网基础上，根据新区及对外公路过境交通的疏导，加设切向外环或半环，则改善了方格网式的布置。

以上四种形式的道路系统，各有其优缺点，在实际规划中，应根据小城镇自然地理条件、现状特点、经济状况、未来发展的趋势和民族传统习俗等综合考虑，进行合理的选择和运用，绝对不能生搬硬套搞形式主义。

## 4 道路绿地布局与景观规划

### 4.1 道路绿地布局

（1）在道路绿带中，分车绿带所起的隔离防护和美化作用突出，分车带上种植乔木，可以配合行道树，更好地为非机动车道遮荫。1.5m 宽的绿带是种植和养护乔木的最小宽度，故种植乔木的分车绿带的宽度不得小于 1.5m。

在 2.5m 宽度以上的分车绿带上进行乔木、灌木、地被植物的复层混交，可以提高隔离防护作用。主干路交通污染严重，宜采用复层混交的绿化形式，所以主干路上的分车绿带宽度不宜小于 2.5m。此外，考虑公共交通开辟港湾式停靠站也应有较宽的分车带。

行道树种植和养护管理所需用地的最小宽度为 1.5m，因此行道树绿带宽度不应小于 1.5m。

（2）主、次干路交通流量大，行人穿越不安全；噪声、废气和尘埃污染严重，不利于身心健康，故不应在主、次干路的中间分车绿带和交通岛上布置开放式绿地。

（3）道路红线外侧其他绿地是指街旁游园、宅旁绿地、公共建筑前绿地、防护绿地等。路侧绿带与其他绿地结合，能加强道路绿化效果和绿化景观。

（4）道路两侧环境条件差异较大，主要是指如下两个方面：其一，在北方小城镇的东西向道路的南北两侧光照、温度、风速等条件差异较大，北侧的绿地条件较好；其二，濒临江、河、湖、海的道路，靠近水边一侧有较好的景观条件。将路侧绿带集中布置在条件较好的一侧，可以有利于植物生长，更好地发挥绿化景观效果及游憩功能。

## 4.2 道路绿化景观规划

（1）道路绿化是小城镇绿地系统的重要组成部分，它可以体现一个城市的绿化风貌与景观特色。园林景观路是道路绿化的重点，主干路是城市道路网的主体，贯穿于整个城市。因此，应在城市绿地系统规划中对园林景观路和主干路的绿化进行整体的景观特色规划。园林景观路的绿化用地较多，具有较好的绿化条件，应选择观赏价值高的植物，合理配置，以反映城市的绿化特点与绿化水平。主干路贯穿于整个城市，其绿化既应有一个长期稳定的绿化效果，又应形成一种整体的景观基调。主干路绿地率较高，绿带较多，植物配置要考虑空间层次，色彩搭配，体现城市道路绿化特色。

（2）同一条道路的绿化具有一个统一的景观风格，可使道路全程绿化在整体上保持统一协调，提高道路绿化的艺术水平。道路全程较长，分布有多个路段，各路段的绿化在保持整体景观统一的前提下，可在形式上有所变化，使其能够更好地结合各路段环境特点，景观上也得以丰富。

（3）同一条路段上分布有多条绿带，各绿带的植物配置相互配合，使道路绿化有层次、有变化、景观丰富，也能较好地发挥绿化的隔离防护作用。

（4）城市中绝大部分是建筑物、构筑物林立的人工环境，山、河、湖、海等自然环境在城市中是十分可贵的。城市道路毗邻自然环境，其绿化应不同于一般道路上的绿化，要结合自然环境，展示出自然风貌。

## 4.3 树种和地被植物选择

（1）小城镇道路环境受到许多因素影响，不同地段的环境条件可能差异较大，选择的植物首先要适应栽植地的环境条件，使之能生长健壮，绿化效果稳定。其次，在满足首要条件的情况下，宜优先选用一些能够体现城市绿化风貌的树种，更好发挥道路绿化的美化作用。

（2）落叶乔木在冬季可以减少对阳光的遮挡，提高地面温度，在北方寒冷地区可使地面冰雪尽快融化。

（3）落果对行人不会造成危害的树种是指行道树的落果不致砸伤树下行人和污染行人衣物。

## 4.4 道路绿带设计

### 4.4.1 分车绿带设计

（1）分车绿带靠近机动车道，其绿化应形成良好的行车视野环境。分车绿带绿化形式简洁、树木整齐一致，使驾驶员容易辨别穿行道路的行人，可减少驾驶员视觉疲劳。相反，植物配置繁乱，变化过多，容易干扰驾驶员视线，尤其在雨天、雾天影响更大。

分车带上种植的乔木，其树干中心至机动车道路缘石外侧距离不宜小于 0.75m 的规定，主要是从交通安全和树木的种植养护两方面考虑。

（2）在中间分车绿带上合理配置灌木、灌木球、绿篱等枝叶茂密的常绿植物能有效地阻挡对面车辆夜间行车的远光，改善行车视野环境。具体数据引自《环境绿地》一书。

（3）分车绿带距交通污染源最近，其绿化所起的滤减烟尘、减弱噪声的效果最佳。两侧分车绿带对非机动车有庇护作用。因此，两侧分车带宽度在 1.5m 以上时，应种植乔木，并宜乔木、灌木、地被植物复层混交，扩大绿量。

道路两侧的乔木不宜在机动车道上方搭接，是避免形成绿化"隧道"，有利于汽车尾气及时向上扩散，减少汽车尾气污染道路环境。

（4）分车绿带端部采取通透式栽植，是为穿越道路的行人或并入的车辆容易看到过往车辆，以利行人、车辆安全。具体执行时，其端部范围应依据道路交通相关数据确定。

### 4.4.2 行道树绿带设计

（1）行道树绿带绿化主要是为行人及非机动车庇荫，种植行道树可以较好地起到庇荫作用。在人行道较宽、行人不多或绿带有隔离防护设施的路段，行道树下可以种植灌木和地被植物，减少土壤裸露，形成连续不断的绿化带，提高防护功能，加强绿化景观效果。

当行道树绿带只能种植行道树时，行道树之间采用透气性的路面材料铺装，利于渗水通气，改善土壤条件，保证行道树生长，同时也不妨碍行人行走。

（2）行道树种植株距不小于 4m，是使行道树树冠有一定的分布空间，有必要的营养面积，保证其正常生长，同时也是便于消防、急救、抢险等车辆在必要时穿行。树干中心至路缘石外侧距离不小于 0.75m，是利于行道树的栽植和养护管理，也是为了树木根系的均衡分布、防止倒伏。

（3）快长树胸径不得小于 5cm，慢长树胸径不宜小于 8cm 的行道树种植苗木的标准，是为了保证新栽行道树的成活率和在种植后较短的时间内达到绿化效果。

### 4.4.3 路侧绿带设计

（1）路侧绿带是道路绿化的重要组成部分。同时，路侧绿带与沿路的用地性质或建筑物关系密切，有些建筑要求绿化衬托；有些建筑要求绿化防护；有些建筑需要在绿化带中留出入口。因此，路侧绿带设计要兼顾街景与沿街建筑需要，应在整体上保持绿带连续、完整、景观统一。

（2）路侧绿带宽度在 8m 以上时，内部铺设游步道后，仍能留有一定宽度的绿化用地，而不影响绿带的绿化效果。因此，可以设计成开放式绿地，方便行人进入游览休息，提高绿地的功能作用。开放式绿地中绿化用地面积不得小于 70% 的规定是参照现行行业标准《公园设计规范》（CJJ 48—1992）制定的。

## 4.5 交通岛、广场和停车场绿地设计

### 4.5.1 交通岛绿地设计

（1）交通岛起到引导行车方向、渠化交通的作用，交通岛绿化应结合这一功能。通过在交通岛周边的合理种植，可以强化交通岛外缘的线形，有利于诱导驾驶员的行车视线，特别在雪天、雾天、雨天可弥补交通标线、标志的不足。沿交通岛内侧道路绕行的车辆，在其行车视距范围内，驾驶员视线会穿过交通岛边缘。因此，交通岛边缘应采用通透式栽植，具体执行时，其边缘范围应依据道路交通相关数据确定，当车辆从不同方向经过导向岛后，会发生顺行交织。此种情况下，导向岛绿化应选用地被植物栽植，不遮挡驾驶员视线。

（2）中心岛外侧汇集了多处路口，尤其是在一些放射状道路的交叉口，可能汇集 5 个以上的路口。为了便于绕行车辆的驾驶员准确快速识别各路口，中心岛上不宜过密种植乔木，在各路口之间保持行车视线通透。

（3）立体交叉绿岛常有一定的坡度，绿化要解决绿岛的水土流失，需种植草坪等地被植物。绿岛上自然式配置树丛、孤植树，在开敞的绿化空间中，更能显示出树形自然形态，与道路绿化带形成不同的景观。

### 4.5.2 广场绿化设计

(1) 广场绿化应配合广场的主要功能，使广场更好地发挥其作用。广场绿地布置和植物配置要考虑广场规模、空间尺度，使绿化更好地装饰、衬托广场，改善环境，利于游人活动与游憩。城市广场周边环境各有不同，有大型建筑物围合的，有依山的，有傍水的。广场绿化应结合周边的自然和人造景观环境，协调与四周建筑物的关系，同时保持自身的风格统一。

(2) 公共活动广场一般面积较大，周边种植高大乔木，能够更好地衬托广场空间。广场中集中成片的绿地比率规定是参照现行行业标准《城市道路设计规范》(CJJ 37—1990) 制定的，本规范只规定下限，不约束广场绿地向高标准发展。广场中集中成片的绿地辟为开放式绿地，供行人进入游憩，可以提高广场的利用率。集中成片的绿地采用疏朗通透的植物配置，能保持广场与绿地的空间渗透，扩大广场的视域空间，丰富景观层次，使绿地能够更好地装饰广场。

## 5 道路与道路两侧用地布置

道路是用地功能划分的边界，小城镇各级道路应成为划分城市各分区、组团、各类城镇用地的分界线。比如城镇一般道路和次干道可能成为划分小街坊或小区的分界线；城镇次干道和主干道可能成为划分大街坊或居住区的分界线；城镇交通性主干道及两旁绿带可能成为划分城镇分区或组团的分界线。

小城镇用地是产生交通，吸引交通的根源。城镇道路系统的基本要求是，满足组织城市各部分用地布局的骨架要求；满足城镇交通运输的要求；道路功能必须同毗邻道路的用地的性质相协调，在规划上应避免用地功能分区中用地性质单一，以免产生高峰潮汐交通。

小城镇道路不仅是为两侧邻近的用地服务，同时，随着道路等级的提高，其服务范围也相应扩大，不同等级的道路其服务范围是不同的。比如支路主要为它相邻的地块服务，而主干道则要为道路两侧约各 300m 左右（视主干道间距而定）的用地服务，道路间距小，道路服务于用地的关系较紧密，使用方便；道路间距大，道路服务于用地的关系则薄弱，使用不便。然而在实际应用上，往往忽视了这一点，比如在离规划边界很近的地方规划了与道路服务范围不相称的道路（次干道或主干道），使其只为一侧用地服务，或主要为一侧用地服务；甚至在紧靠公路、快速路或高速公路的一侧或两侧规划了城镇次干道或主干道，完全忽视了公路以及两侧的绿化隔离带本身已起到的分隔或划分城市用地的功能。从道路功能而言，是变为划分道路及绿化带与城镇用地的分界线。这样规划的结果，在路网间距相同的情况下，往往道路网密度比规范规定的道路等级路网指标偏大，总的道路长度较大，相应的道路等基础设施投入也较大；如果加大道路间距，以适应规范规定的指标，则使相应道路的服务范围加大，对于周边城镇用地的服务效率较弱，使道路往往以牺牲对周边用地服务的方便程度为代价。

在相同的道路间距的情况下，用地周边的道路服务范围基本上在道路一侧（如周边用地是非规划区或非城市建设用地的话），其路网密度指标可相差 30% 以上。如果这种情况发生在规划城镇中的某一地区，由于道路另一侧也是城市用地，道路本身还要为相邻的规划边界外的用地服务，是比较合理的；而在城镇边缘地区或相对独立的地区，规划边界外为非城镇建设用地，规划路网中的周边道路的一侧为非城镇建设用地或城市建设用地很少，这样道路网指标就会较大，相应的城镇基础设施的投入较大，因而造成浪费，而且在城镇边缘地区，城镇用地往往靠近公路或高等级公路，并且规划用地边界有相当长的距离与公路接近或重合，在这种情况下，如果规划一条干道紧靠边界，相应等级的干道网指标就更大，这样造成的投资浪费是相当大的。同时，在实际规划中，以公路或高速公路为规划的用地边界时，距用地边界很近的城镇道路，经常在公路沿线地带造成交叉口改造的困难，尤其是在高等级公路或快速路作为用地分界线时，情况更严重。

假如随着小城镇的发展，公路将改造成为小城镇干道，这样两条平行的小城镇干道之间的用地只有原来公路两旁的绿化带了，这样在公路两侧绿化带另一侧规划一条城镇道路显然是缺乏长远的和可持续发展的观点。同时，这样对高速公路或快速路与相交道路将来的立交设置也会带来困难。从大多数的城镇发展来看，城镇向外的扩展往往沿公路向外围发展，因此从道路功能分类上来说，不仅城镇道路，而且公路（包括高速公路）也是划分城镇各分区、组团、各类城镇用地的分界线，当然其他如河流铁路等也是各类用地的分界线，城镇干道尤其是主干道以上的道路都不宜离这类分界线太近，而影响今后随着交通的发展对道路进行改造和设置立交，不符合可持续发展，这类例子在老城镇里是很多的。

# 小城镇交通道路规划技术指标体系研究

我国小城镇量大面广，按不同功能划分，不同经济发展地区、不同类别、不同规模小城镇经济、社会发展差别很大，反映在不同小城镇道路交通现状和经济社会发展对道路规划建设的要求差别也很大。因此，小城镇道路交通规划技术指标体系必须从我国小城镇的特点及其道路交通的内在联系和规律考虑，既要与城市、村庄集镇相关标准相衔接，又不能盲目套用相关标准，而应侧重体现小城镇的不同需求和特点。

小城镇道路交通规划的技术指标体系，主要由道路分类与宽度、道路横断面组成、道路面积指标、道路网络密度、道路间距和静态交通用地指标构成。

## 1 相关小城镇道路需求分析和交通量预测

道路规划要预估小城镇交通的发展，为此，首先要研究小城镇交通的产生，要研究机动车、非机动车出行的增长；工农业生产、小城镇生活物资供应；居民上下班、生活上购物、教育与文化娱乐等各种活动形式的不同出行。要统计小城镇用地分区中有关交通源之间分布、相互联系线路的布置、现有出行数量，预估各分区出行数量的增长，新规划地区产生的出行也需作出预估。其次，要研究采用的交通方式和所占比例，考虑汽车、自行车和行人出行在小城镇用地分区之间分布和出行流量的形式。最后，确定主、次干道的性质、选线、走向布置与红线宽度、断面组合，以及交叉口形式、中心控制坐标方位、桥梁的位置等。

### 1.1 小城镇道路需求分析

小城镇居民的交通方式按采用的交通工具分为机动车交通、非机动车交通和步行交通三种。居民在考虑交通方式时的基本要素是交通距离。影响交通距离与交通方式的相关关系的因素有体能、交通时间和交通费用三项。不同的人在其选择时对三类因素考虑的侧重点是不同的。对老年人、儿童和青少年来说，选择交通方式时体能是最主要的考虑因素；对低收入者来说，费用是其选择交通方式的主要方面；对高收入者来说，可能时间对他来说价值最高。但是，在绝大部分情况下，在比较短的距离内（一般为500～1000m），步行是大部分小城镇居民首选的交通方式，因为方便，体力能够承受，且不发生任何费用。对距离较长的出行（一般在7km以上），应采取机动车作为交通工具。在1～7km的范围内，自行车交通将会是大部分拥有自行车的小城镇居民的主要交通方式。

考虑到我国小城镇的通常镇区面积，在镇区内，主要的居民出行交通方式，还是以自行车和步行为主，因此在做小城镇镇区的道路规划时，应特别重视对步行交通系统和自行车交通系统的规划。

而机动车方面的增长，应注意摩托车的迅速发展。因为摩托车价格便宜，其行驶速度、出行距离范围都较为适合小城镇，随着我国经济的发展，小城镇内摩托车的数量必然会有较快速度的增长。由于摩托车有极强的机动性，其安全性比小汽车等其他机动车差，在进行小城镇道路规划时，需要对摩托车交通进行特别考虑，否则容易引起交通混乱和交通事故上升。

小城镇的私人小汽车发展速度相对摩托车来说比较缓慢，镇区交通中汽车的增长量主要受小城镇工业发展的刺激，多数属于生产性需要。在道路规划时，因考虑小城镇的经济发展速度，工业种类等重点规划好对外的货运交通系统。

## 1.2 远期交通量的预测

在原有小城镇道路的规划改造设计中，道路的远期交通量一般可按现有道路的交通量进行预测；对新建的小城镇，道路的远期交通量可参考规模相当的同级小城镇进行预测。对小城镇，目前一般还没有条件进行复杂的理论推算，下面介绍几种简单的预测方法。

（1）按年平均增长量估算

可用小城镇道路上机动车历年高峰小时（或平均日）交通量，来预测若干年后高峰小时（或平均日）交通量。该方法考虑了不同交通区的不同交通发生量的增长情况，并假定各区之间远景的出行分布模式与现在是一样的。该方法适用于土地利用因素变化不大的小城镇。即

$$N_{远} = N_0 + n \times \Delta N$$

式中 $N_{远}$——远期 $n$ 年高峰小时（平均日）交通量；

$N_0$——最后统计年度的高峰小时（平均日）交通量；

$\Delta N$——年平均增长量；

$n$——预测年数（年）。

（2）按年平均增长率估算

如缺少历年高峰小时（或平均日）交通量的观测资料，则可以采用按年平均增长率来估算远期交通量。年平均增长率可以参照规模相当的同级小城镇的观测资料，并分析考虑随着经济发展及小城镇、道路网和扩充后可能引起该道路上交通量的变化，来选择确定一个合适的年平均增长率，也可以参照工农业生产值的年平均增长率（一般来说，交通量的年平均增长率与工农业生产值的年平均增长率是相一致的）来确定。

$$N_{远} = N_0(1 + nK)$$

式中 $N_{远}$——远期 $n$ 年高峰小时（平均日）交通量；

$N_0$——最后统计年度的高峰小时（平均日）交通量；

$K$——年平均增长率（%）；

$n$——预测年数（年）。

这里必须指出，上述两种方法算出的远期高峰小时交通量，不能直接用于道路的横断面设计。因为按高峰小时交通量设计的路面宽度，在其他时间内必然嫌宽，尤其当有些道路的高峰小时交通量与其他小时交通量相差悬殊的情况下，更要注意，否则将使路面设计过宽，造成浪费。一般做法是将此数据乘上一个折减系数作为设计高峰小时交通量。系数的大小，视高峰小时交通量与其他时间交通量的相差幅度而定，相差大的取小值，相差小的取大值，一般为 0.8～0.93。

（3）按车辆的年平均增长数估算

小城镇一般都有机动车辆增长的历史资料，可以用来估算道路交通量的增长。但车辆增长与交通量增长不成正比，因为车辆多了，车辆的利用率就低，因此，估算时可将车辆增长率打折扣，作为交通增长率。

以上介绍的三种方法，只是把交通量的增长看成单纯的数字比率，而均未很好地考虑

小城镇的性质,以及经济发展的方向和速度的不同在小城镇规划中对道路设计所起的影响,因而不能全面地反映客观的实际情况。不过,在没有详细的小城镇各用地出行调查资料和交通运输规划的情况下,这种根据现况观测资料,考虑可能的发展趋势来确定一定的增长率,在一定程度上还能应用到当前的规划设计需要上。

(4) 按生成率估算

根据出行生成率计算新增交通量。

对非机动车的交通量也可以参照机动车的方法来估算。但对自行车的利用率,却不会随自行车的增长而降低,这同它的使用特点有关。自行车的增长量同交通增长量是一致的,在小城镇道路规划中,应特别注意自行车的增长趋势,因为这是小城镇的主要交通工具。

三轮车、板车、兽力车是小城镇重要的运输工具,它们在小城镇交通运输中所占比例与小城镇的性质、地理位置、自然条件、经济发展程度等有关。目前我国有些小城镇的某些路段上这些车辆所占比重还很大,在一定时期内仍有增长的趋势,在进行远期交通量预测时,应根据实际情况正确估算。

在商业街、生活性道路上,行人是主要的交通量,因此在远期交通量预测时应注意到,一是随着小城镇居民物质文化水平的提高,出行次数将会增加,二是农民进入小城镇,增加了行人数量。行人交通量的估算,应参考观测资料及人口增长数来计算。

## 2 小城镇道路横断面设计及技术指标

道路横断面是指沿着道路宽度、垂直于道路中心线方向的剖面。小城镇道路横断面设计的主要任务是根据道路功能和建筑红线宽度,合理地确定道路各组成部分的宽度及不同形式的组合、相互之间的位置与高差。对横断面设计的基本要求为:

保证车辆和行人交通的畅通和安全,对于交通繁重地段应尽量做到机动车辆与非机动车辆分流、人车分流,各行其道;

满足路面排水及绿化、地面杆线、地下管线等公用设备布置的工程技术要求,路幅综合布置应与街道功能、沿街建筑物性质、沿线地形相协调;

节约小城镇用地,节省工程费用,减少由于交通运输所产生的噪音、扬尘和废气对环境的污染;

必须远近期相结合,以近期为主,又要为小城镇交通发展留有必要的余地。做到一次性规划设计,如需分期实施,应尽可能使近期工程为远期所利用。

### 2.1 道路宽度的确定

道路横断面的规划宽度,称为路幅宽度,它通常指小城镇总体规划中确定的建筑红线之间的道路用地总宽度,包括车行道、人行道、绿化带以及安排各种管(沟)线所需宽度的总和。

(1) 车行道的宽度

车行道是道路上提供每一纵列车辆连续安全按规定计算行车速度行驶的地带。车行道宽度的大小以"车道"或"行车带"为单位。所谓车道,是指车辆单向行驶时所需的宽度,其数值取决于通行车辆的车身宽度和车辆行驶中在横向的必要安全距离。车身宽度一般应采用路上经常通行的车辆中宽度较大者为依据,对个别偶尔通过的大型车辆可不作为计算标准。常用车辆的外轮廓尺寸，见表1。

**各种车辆宽度和车道宽度**（m） 表1

| 车辆名称 | 机动车 | 自行车 | 三轮车 | 大板车 | 小板车 | 兽力车 |
|---|---|---|---|---|---|---|
| 车辆宽度 | 2.5 | 0.5 | 1.1 | 2.0 | 0.9 | 1.6 |
| 车道宽度 | 3.5 | 1.5 | 2.0 | 2.8 | 1.7 | 2.6 |

车辆之间的安全距离取决于车辆在行驶时横向摆动与偏移的宽度，以及与相邻车道或人行道侧石边缘之间的必要安全间隙，其值与车速、路面类型和质量、驾驶技术、交通规划等有关。在小城镇道路上行驶车辆之间的最小安全距离可为 1.0~1.5m，行驶中车辆与边沟（侧石）距离为 0.5m。

车行道宽度计算公式为

$$N = (A+B)M + C$$

式中 $A$——车辆距边沟（侧石）的最小安全距离（m）；

$B$——车辆宽度（m）；

$C$——两车错车时的最小安全距离（m）；

$M$——车道数。

车行道的宽度是几条车道宽度的总和。以设计小时交通量与一条车道的设计通行能力相比较，确定所需的车道个数，从而确定车行道总宽度。对我国小城镇，一条车道的平均通行能力可参考表2数值论证分析确定。

**各种车道的通行能力**（辆/h） 表2

| 车辆名称 | 机动车 | 自行车 | 三轮车 | 大板车 | 小板车 | 兽力车 |
|---|---|---|---|---|---|---|
| 通行能力 | 300~400 | 750 | 300 | 200 | 380 | 150 |

应当注意，车道总宽度不能单纯按公式计算确定。因为这样既难以切合实际，又往往不经济。实际工作中应根据交通资料，如车速、交通量、车辆组成、比例、类型等，以及规划拟定的道路等级、红线宽度、服务水平，并考虑合理的交通组织方案，加以综合分析确定。如小城镇道路上的机动车高峰量较小，一般单向一个车道即可。在客运高峰小时期间，虽然机动车较少，为了交通安全也得占用一个机动车道，而此时自行车交通量增大，可能要占用 2~3 个机动车道。这样货运高峰小时所要求的车道宽度往往不能满足客运高峰小时的交通要求，所以常常以客运高峰小时的交通量进行校核。

小城镇的客运高峰期一般有三个：第一个是早上 8 点前的上班高峰；第二个是中午的上下班高峰；第三个是下午 5 点至 6 点的下班高峰。这三个高峰以中午的高峰最为拥挤。因在此高峰期间不但有集中的自行车流，还有一定数量的其他车流和人流。因此，以中午客运高峰小时的交通量进行校核较为恰当。

（2）人行道的宽度

人行道是小城镇道路的基本组成部分。它的主要功能是满足步行交通的需要，同时也应满足绿化布置、地上杆柱、地下管线、护栏、交通标志和信号，以及消防栓、清洁箱、邮筒等公用附属设施布置安排的需要。

人行道宽度取决于道路类别、沿街建筑物性质、人流密度和构成（空手、提包、携物等）、步行速度，以及在人行道上设置灯杆和绿化种植带，还应考虑在人行道下埋设地下管线及备用地等方面的要求。

一条步行带的宽度一般为 0.75m；在火车站、汽车站、客运码头以及大型商场（商业中心）附近，则采用 0.85~1.0m 为宜。步行带的条数取决于人行道的设计通行能力和高峰小时的人流量。一般干道、商业街的通行能力采用 800~1000 人/h；支路采用 1000~1200 人/h，这是因为干道、商业街行人拥挤，通行能力降低。

由于影响行人交通流向、流量变化的因素错综复杂，远期高峰小时的行人流量难以准确估计，因此，通常根据小城镇规模、道路性质和特点来确定步行带的宽度，表 3 为小城镇道路、人行道宽度的综合建议值。

小城镇道路人行道宽度建议值（m）　　表 3

| 道路类别 | 最小宽度 | 步行带最小宽度 | 道路类别 | 最小宽度 | 步行带最小宽度 |
| --- | --- | --- | --- | --- | --- |
| 主干道 | 4.0~4.5 | 3.0 | 车站、码头、公园等路 | 4.5~5.0 | 3.0 |
| 次干道 | 3.5~4.0 | 2.25 | 支路、街坊路 | 1.5~2.5 | 1.5 |

（3）道路绿化与分隔带

道路绿化是整个小城镇绿化的重要组成部分，它将小城镇分散的小园地、风景区联系在一起，即所谓绿化的点、线、面相结合，以形成小城镇的绿化系统。

在街道上种植乔木、绿篱、花丛和草皮形成的绿化带，可以遮阳，为行人防晒，也延长黑色路面的使用期限，同时对车辆驶过所引起的灰尘、噪声和振动等能起到降低作用，从而改善道路卫生条件，提高小城镇交通与生活居住环境质量。绿化带分隔街道各组成部分可限制横向交通，能保证行车安全和畅通，体现"人车分隔、快慢车分流"的现代化交通组织原则。在绿地下敷设地下管线，进行管线维修时，可避免开挖路面和不影响车辆通行。如果为街道远期拓宽而预留的备用地可近期加以绿化。若街道能布置林荫道和滨河园林，可使街道上空气新鲜、湿润和凉爽，给居民创造一个良好的休息环境。

我国大多数小城镇的街道绿化占街道总宽度的比例还比较低，在某些小城镇中，由于旧街过窄，人行道宽度还成问题，因而道路绿化比重更小，行道树生长也不良，更亟待改善。结合我国小城镇用地实际及加强绿化的可能性，一般近期对新建、改建道路的绿化所占比例宜为 15%~25%，远期至少应在 20%~30% 内考虑。

人行道绿化布置。人行道绿化根据规划横断面的用地宽度可布置单行或双行行道树。行道树布置在人行道外侧的圆形或方形（也有用长方形）的穴内，方形坑的尺寸不小于 1.5m×1.5m，圆形直径不小于 1.5m，以满足树木生长的需要。街内植树分隔带兼作公共车辆停靠站台或供行人过街停留之用，宜有 2m 的宽度。

种植行道树所需的宽度：单行乔木为 1.25~2.0m；两行乔木并列时为 2.5~5.0m，在错列时为 2.0~4.0m。对建筑物前的绿地所需最小宽度：高灌木丛为 1.2m；中灌木丛为 1.0m；低灌木丛为 0.8m；草皮与花丛为 1.0~1.5m。若在较宽的灌木丛中种植乔木，能使人行道得到良好的绿盖。

布置行道树时还应注意下列问题：

行道树应不妨碍街侧建筑物的日照通风，一般乔木要距房屋5m为宜。

在弯道上或交叉口处不能布置高度大于0.7m的绿丛，必须使树木在视距三角形范围之外中断，以不影响行车安全。

行道树距侧石线的距离应不小于0.75m，便于公共汽车停靠，并需及时修剪，使其分枝高度大于4m。

注意行道树与架空杆线之间的干扰，常采用将电线合杆架设以减少杆线数量和增加线高度。一般要求电话电缆高度不小于6m；路灯低压线高度不小于7m；馈线及供电高压线高度不小于9m；南方地区架线高度宜较北方地区提高0.5～1.0m，有利于行道树的生长。

树木与各项公用设施要保证必要的安全间距（见表4），宜统一安排，避免相互干扰。

行道树、地下管线、地上杆线最小安全距离（m）   表4

| 树木杆线名称＼管线名称 | 建筑线 | 电力管道沟边 | 电讯管道沟边 | 煤气管道 | 上水管道 | 雨水管道 | 电力杆 | 电讯杆 | 污水管道 | 侧石边缘 | 挡土墙陡坡 | 围墙（2m以上） |
|---|---|---|---|---|---|---|---|---|---|---|---|---|
| 乔木（中心） | 3.0 | 1.5 | 1.5 | 1.5～2.0 | 1.5 | 1.0～1.5 | 2.0 | 2.0 | 1.0～1.5 | 1.0 | 1.0 | 2.0 |
| 灌木 | 1.5 | 1.5 | 1.5 | 1.5～2.0 | 1.0 | — | >1.0 | 1.5 | — | 1.0～2.5 | 0.3 | 1.0 |
| 电力杆 | 3.0 | 1.0 | 1.0 | 1.0～1.5 | 1.0 | — | — | >4.0 | 1.0 | 0.6～1.5 | >1.0 | |
| 电讯杆 | 3.0 | 1.0 | 1.0 | 1.0～1.5 | 1.0 | — | >4.0 | — | 1.0 | 2.0～4.0 | >1.0 | |
| 无轨电车杆 | 4.0 | 1.5 | 1.5 | 1.5 | 1.5 | — | — | — | 1.5 | 2.0～4.0 | — | — |
| 侧石边缘 | — | 1.0 | 1.0 | 1.0～2.5 | 1.5 | 1.0 | — | — | 1.0 | — | — | — |

分隔带：

分隔带又称分布带，它是组织车辆分向、分流的重要交通设施。但它与路面划线标志不同，在横断面中占有一定宽度，是多功能的交通设施，为绿化植树、行人过街停歇、照明杆柱、公共车辆停靠、自行车停放等提供了用地。

分隔带分为活动式和固定式两种。活动式是用混凝土墩、石墩或铁墩做成，墩与墩之间缀以铁链或钢管相连。一般活动式分隔墩高度为0.7m左右，宽度为0.3～0.5m，其优点是可以根据交通组织变动灵活调整。国内小城镇的一块板式干道和繁忙的商业大街，限于路幅宽度不足，则随着交通量剧增，为了保证交通安全和解决机动车、非机动车和行人混行而发生阻滞，大多采用活动式分隔带，借此来分隔机动车道和非机动车道以及人行道。固定式一般是用侧石围护成连续性的绿化带。

分隔带的宽度宜与街道各组成部分的宽度比例相协调，最窄为1.2～1.5m。若兼作公共交通车辆停靠站或停放自行车用的分流分隔带，不宜小于2m。除了为远期拓宽预留用地的分隔带外，一般其宽度不宜大于4.5～6.0m。

作为分向用的分隔带，除过长路段而在增设人行横道线处中断外，应连绵不断直到交叉口前。分流分隔带仅宜在重要的公共建筑、支路和街坊路出入口，以及人行横道处中断，通常以80～150m为宜，其最短长度不少于一个停车视距。采用较长的分隔带可避免自行车任意穿越进入机动车道，以保证分流行车的安全。

分隔带足够宽时，其绿化配置宜采用高大直立乔木为主；若分隔带窄时，限用小树冠的常青树，间以低矮黄杨树；地面栽铺草皮，逢节日以盆花点缀，或高灌木配以花卉、草皮并围以绿篱，切忌种植高度大于0.7m的灌木丛，以免妨碍行车视线。

道路边沟宽度

为了保证车辆和行人的正常交通，改善小城镇卫生条件，以及避免路面的过早破坏，要求迅速将地面雨雪水排除。根据设施构造的特点，道路的雨雪水排除方式有明式、暗式和混合式三种。

明式是采用明沟排水，仅在街坊出入口、人行横道处增设某些必要的带漏孔的盖板明沟或涵管，这种方式多用于一些村庄的道路和乡镇或临街建筑物稀少的道路，明沟断面尺寸原则上应经水力计算确定，常采用梯形或矩形断面，底宽不小于0.3m，深度不宜小于0.5m。暗式是用埋设于道路下的雨水沟管系统排水，而不设边沟。混合式是明沟和暗管相结合的排水方式，在小城镇规划中，宜从环境、卫生、经济和方便居民交通等方面综合考虑，因路因段采取适宜的排水方式。

## 2.2 道路横断面的综合布置

（1）道路横断面的基本形式

根据小城镇道路交通组织特点不同，道路横断面可分为一、二、三块板等不同形式。一块板（又称单幅路）就是在路中完全不设分隔带的车行道断面形式；二块板（又称双幅路）就是在路中心设置分隔带将车行道一分为二，使对向行驶车流分开的断面形式示；三块板（又称三幅路）就是设置两道分隔带，将车行道一分为三，中央为机动车道，两侧为非机动车道。

三种形式的断面，各有其优缺点。从交通安全上来看：三块板比一、二块板都好，这是由于三块板解决了经常产生交通事故的非机动车和机动车相互干扰的矛盾，同时分隔带还起了行人过街的安全岛作用，但三块板分隔带上所设的公共车辆停靠站，对乘客上下车穿越非机动车道较为不便。从行车速度上来看：一、二块板由于机动车和非机动车混合行驶，车速较低，三块板由于机动车和非机动车分流，互不干扰，车速较高。从道路照明上来看：板块划分越多，照明越易解决，二、三块板均能较好地处理照明杆线与绿化种植之间的矛盾，因而照度易于达到均匀，有利于夜间行车。从绿化遮阳看：三块板可布置多条绿化带，遮阳面大，因而非机动车在盛夏行车比较舒适，同时也有利于防止黑色路面发生泛油等现象。从环境质量看：三块板由于机动车道在中央，距离两侧建筑物较远，并有分隔带和人行道上的绿化带隔离，可吸尘和消声，因而有利于沿街居民保持较为宁静、良好的生活环境。从小城镇用地和建设投资上来看：在相同的通行能力下，以一块板占用土地量最少，建设投资也省，三块板由于机动车和非机动车分流后，非机动车道路面质量要求可降低些，这方面能做到一定的经济合理，但总造价仍要大一些，二块板大体介于一、三块板之间。

（2）道路横断面的选择

道路横断面的选择必须根据具体情况，如小城镇规模、地区特点、道路类型、地形特征、交通性质、占地、拆迁和投资等因素，经过综合考虑、反复研究及技术经济比较后才能确定，不能机械地规定。

一块板形式，这是目前普遍采用的一种形式。它适用于路幅宽度较窄（一般在40m以下），交通量不大，混合行驶四车道已能满足，及非机动车不多等情况。在占地困难和大量拆迁地段以及出入口较多的繁华道路等可优先考虑；还有如规定节日有游行队伍通过或备战等特殊功能要求时，即使路幅宽度较大，也可考虑采用一块板形式。三块板形式适用于路幅较宽（一般在 40m 以上，特殊情况至少 36m），非机动车多，交通量大，混合行驶四车道已不能满足交通要求，车辆速度要求高及考虑分期修建等情况。但一般不适用于两个方向交通量过悬殊，或机动车和非机动车高峰小时不在同一时间现象的道路；也不宜用于用地紧张，非机动车较少的山村道路。二块板形式适用于快速干道，如机动车辆多、非机动车辆很少及车速要求高的道路，可以减少对向行驶的机动车之间互相干扰，特别是经常有夜间行车的道路，另外在线形上有可能导致车辆相撞的路段以及道路横向高差较大或为了照顾现状、埋设高压线等，有时也可适当地考虑采用。经各地多年的实践证明，二块板形式可保障交通安全，同时车辆行驶时灵活性差，转向需要绕道，以致车道利用率降低，而且多占用地，因此此种形式近年来很少采用，对于已建的二块板道路有的也在改建。

道路横断面设计除考虑交通外，还要综合考虑环境、沿街建筑使用、小城镇景观以及路上、路下各种管线、杆柱设施的协调、合理安排。

路幅与沿街建筑物高度的协调。道路路幅宽度应使道路两侧的建筑物有足够的日照和良好的通风；在特殊情况（对应防空、防火、防震要求）下，还应考虑街道一侧的建筑物一旦发生倒塌后，仍需保证街道另一侧车道宽度能继续维持交通和进行救灾工作。

此外，路幅宽度还应使行人、车辆穿越时能有较好视野，看到沿街建筑物的立面造型，感受良好的街景。一般认为 $H : B = 1 : 2$ 左右为宜，具体实施时，东西向道路稍宽，南北向道路可稍窄。

当个别建筑物高度超出街道上多数建筑物的平均高度过多时，则应后退红线布置以形成高低错落、平面进退的有机灵活线形，既不增大整个路幅的宽度，又能丰富街景。

横断面布置与工程管线布置的协调。小城镇中的各种工程管线，由于其性能、用途各不相同，相互之间在平面、立面位置上的安排与净距要求常发生冲突和矛盾，加上现状管线和规划设计管线之间的矛盾比较错综复杂，如不加以综合协调，往往会出现道路横断面难以安排，甚至影响道路工程建筑和交通。因此，道路横断面各组成部分的宽度及其组合形式的确定，必须与管线综合规划相协调；个别情况下，路幅宽度甚至取决于管线敷设所需用地的宽度要求。

横断面总宽度的确定与远近结合。道路横断面总宽度的确定，除上述各组成部分的计算、分析与汇总结果得出所需用地宽度之外，还应根据小城镇规模及总体规划中对各类干道、支路提出的红线间路幅控制宽度的可调宽度加以组合，并尽可能做到协调一致，注意留有余地。这是因为控制红线范围是横断面总宽度设计的依据；另一方面，在进行道路间规划与红线设计时，也必须考虑横断面选型及各组成部分的必要宽度，从而使总体规划确定的各类干道红线宽度经济、合理。

有关小城镇道路的路幅宽度值，目前尚无统一规定，表 5 的数值可供参考。

道路工程建设应贯彻"充分利用，逐步改造"与"分期修建，逐步提高"的原则。因此，道路断面上各组成部分的位置，不仅要注意适应近、远期交通量组成和发展的差别，而且也要为今后路网规划布局的调整变动留有余地。对于近、远期宽度的相差部分，可用

小城镇道路路幅宽度及组成建议　　　　　　　　　　　表5

| 人口规模（万人） | 道路类别 | 车道数 | 单车道宽（m） | 非机动车道宽（m） | 红线宽（m） |
|---|---|---|---|---|---|
| >1.0~2.0 | 主干道 | 3~4 | 3.5 | 3.0~4.5 | 25~35 |
|  | 次干道 | 2~3 | 3.5 | 1.5~2.5 | 16~20 |
|  | 支　路 | 2 | 3.0 | 1.5 | 9~12 |
| 0.5~1.0 | 干　道 | 2~3 | 3.5 | 2.5~3.0 | 18~25 |
|  | 支　路 | 2 | 3.0 | 1.5或不设 | 9~12 |
| 0.3~0.5 | 干　路 | 2 | 3.5 | 2.5~3.0 | 18~20 |
|  | 支　路 | 2 | 3.0 | 1.5或不设 | 9~12 |

绿化带、分隔带或备用地加以处理。有些街道根据拆迁条件，也可采取先修建半个路幅的作法。

### 2.3 道路的横坡度

为了使道路上的地面雨雪水、街道两侧建筑物出入口以及毗邻街坊道路出入口的地面雨雪水能迅速排入道路两侧（或一侧）的边沟或排水暗管，在道路横向必须设置横坡度。

道路横坡度的大小，主要根据路面结构层的种类、表面平整度、粗糙度和吸湿性、当地降雨强度、道路纵坡大小等确定。一般地，路面愈光滑、不透水、平整度与行车车速要求高，横坡就宜偏小，以防车辆横向滑移，导致交通事故；反之，路面愈粗糙、透水且平整度差，车速要求低，横坡就可偏大。结合交通部《公路工程技术标准》，我国小城镇道路横坡度的数值可参考表6取用。

小城镇道路横坡度参考值　　　　　　　　　　　　表6

| 车道种类 | 路面结构 | 横坡度（%） |
|---|---|---|
| 车行道 | 沥青混凝土、水泥混凝土 | 1.0~2.0 |
|  | 其他黑色路面、整齐石块 | 1.5~2.5 |
|  | 半整齐石块、不整齐石块 | 2.0~3.5 |
|  | 粒料加固土、其他当地材料加固土或改善土 | 3.0~4.0 |
| 人行道 | 砖石铺砌 | 1.5~2.5 |
|  | 砾石、碎石 | 2.0~3.0 |
|  | 砂石 | 3.0 |
|  | 沥青面层 | 1.5~2.0 |
| 自行车道 |  | 1.5~2.0 |
| 汽车停车场 |  | 0.5~1.5 |
| 广场行车路面 |  | 0.5~1.5 |

## 3 小城镇道路交叉口类型及技术指标

道路与道路相交的部位称为道路交叉口，各向道路在交叉口相互联结而构成道路网。道路上各种车辆和行人在交叉口汇集、转向和穿行，互相干扰或发生冲突，不但造成车速减慢、交通拥挤阻塞，而且容易发生事故，可以说交叉口是道路交通的咽喉。因此，道路的运输效益、行车安全、车速、运营费用和通过能力等在很大程度上取决于交叉口的正确规划和良好设计。

根据交叉口交通运行的特点，为使交叉口获得安全畅通的效果，必须对交叉口的交通流进行科学的组织和控制。其基本原则是：限制、减小或消除冲突点，引导车辆安全顺畅地行驶，一般可分为平面交叉和立体交叉两大基本类型。小城镇道路上一般车速低、流量少，因此多采用平面交叉的措施，下面主要介绍道路平面交叉口的类型及其设计。

(1) 平面交叉口的类型

道路平面交叉口的类型，主要取决于相交道路的性质和交通要求（交通量及组成和车速等），还和交叉口的用地、周围的建筑物性质和交通组织方式等有关。常见的有十字形交叉、T形交叉、X形交叉、Y形交叉、错位交叉和环形交叉等形式。

十字形交叉是常见的交叉口形式，适用于相同或不同等级道路的交叉，构型简单，交通组织方便，街角建筑容易处理。

T形交叉，包括倒T形交叉，适用于次干道连接主干道或尽端式干道连接滨河干道的交叉口，这也是常见的一种形式。

X形交叉为两条道路斜交，一对角为锐角（<75°），另一对角为钝角（>105°）。这种交叉口，转弯交通不便，街角建筑难处理，锐角太小时此种形式不宜采用。

Y形交叉是道路分叉的结果，一条尽端式道路与另两条道路以锐角（<75°）或钝角（>105°）相交，要求主要道路方向车辆畅通。

错位交叉是两个相距不太远的T形交叉相对拼接，或由斜交改造而成。多用于主要道路与次要道路的交叉，主要道路应该在交叉口的顺直方向，以保证主干道上交通通畅。

环形交叉是用中心岛组织车辆按逆时针方向绕中心岛单向行驶的一种形式，多用于两条主干道的交叉。

平面交叉口类型的选择，应根据主要道路与相交道路的交通功能、设计交通量、计算行车速度、交通组成和交通控制方法，结合当地地形、用地和投资等因素综合分析进行。改善现有平面交叉口时，还应调查现有平面交叉口的状况，收集交通事故和相交道路、路网的交通量增长资料进行分析研究，作出合理的设计。

小城镇道路交叉的形式如表7所示。

小城镇道路交叉口形式　　　　　　　　　　　表7

| 镇等级 | 规模 | 相交道路 | 干路 | 支路 |
| --- | --- | --- | --- | --- |
| 县城镇<br>中心镇 | 大 | 干路 | C、D、B | D、E |
| | | 支路 | | E |
| | 中、小 | 干路 | C、D、E | E |
| 一般镇 | 大、中 | 干路 | D、E | E |
| | | 支路 | | E |
| | 小 | 支路 | | E |

注：B为展宽式信号灯管理平面交叉口；

C为平面环形交叉口；

D为信号灯管理平面交叉口；

E为不设信号灯的平面交叉口。

(2) 平面交叉口设计

平面交叉口设计的主要任务是合理解决各向交通流的相互干扰和冲突，以保证交通安全和顺畅，提高交叉口以至整个路网的通行能力。对小城镇简单平面交叉口的设计，主要解决的问题是：交叉口上行驶的车辆有足够的安全行车视距；交叉口转角缘石有适宜的半径。此外，还应合理布置相关的交通岛、绿化带、交通信号、标志标线、行人横道线、安全护栏、公交停靠站、照明设施以及雨水口排水设施等。

1) 交叉口视距。平面交叉口必须有足够的安全行车视距，以便车辆在进入交叉口前一段距离内，驾驶员能够识别交叉口的存在，看清相交道路上的车辆运行情况以及交叉口附近的信号、标志等，以便控制车辆避免碰撞。这一段距离必须大于或等于停车视距。

对于无信号控制和停车标志控制的交叉口，交叉视距可采用各相交道路的停车视距。用两条相交道路的停车视距作为直角边长，在交叉口所组成的三角形，称为视距三角形。在此三角形范围内，应保证通视，并不得有阻碍驾驶员视线的障碍物存在。

对于信号交叉口，驾驶员从认准信号到制动停车所行驶的距离与驾驶员反应、判断时间以及制动前的行车速度、路面粗糙度等有关。

视距三角形应依据最不利情况来确定。对十字形交叉口，最危险的冲突点应为靠中线的那条直行车道与最靠右的那条另一方向直行车道的轴线的交点。

2) 交叉口转角的缘石半径。为使各种右转弯车辆能以一定的速度顺利地转弯行驶，交叉口转弯处车行道边缘应做成圆曲线或多圆心曲线，以适应车轮运行轨迹。这种车行道边缘通常称为路缘石或缘石，其曲线半径称为路缘石（或缘石）半径。

缘石半径过小，会引起右转弯车辆降速过多，或导致右转弯车辆向外侵占直行车道，从而引起交通事故。据统计，街道交叉口车速为路段车速的50%左右，因此对小城镇道路交叉口的车速主干道用20~25km/h；一般道路用15~20km/h。

此外，缘石半径还应满足小城镇道路上一般车辆的最小转弯半径要求。国产主要载重汽车的最小转弯半径为8.0~11.0m；公共汽车为9.5~12.0m；小汽车为5.6~7.5m。

综上所述，小城镇道路平面交叉口缘石半径的取值对主干道可为20~25m；对一般道路可为10~15m；居住小区及街坊道路可为6~9m。另外，对非机动车可为5m，不宜小于3m。

小城镇道路平面交叉口规划用地面积如表8所示。

小城镇道路平面交叉口规划用地面积（万 m²） 表8

| | T字形交叉口 | 十字形交叉口 | 环形交叉口 | | |
| --- | --- | --- | --- | --- | --- |
| | | | 中心岛直径（m） | 环道宽度（m） | 用地面积（万 m²） |
| 干路与干路 | 0.25 | 0.40 | 30~50 | 16~20 | 0.8~1.2 |
| 干路与支路 | 0.22 | 0.30 | 30~40 | 14~10 | 0.6~0.9 |
| 支路与支路 | 0.12 | 0.17 | 25~35 | 12~15 | 0.5~0.7 |

## 4 小城镇道路的分类和分级指标

小城镇道路交通与大中城市有很大的不同，必须根据小城镇的特点，因地制宜，从本地实际情况入手，制订出切实可行的小城镇道路规划，切不可盲目套用大、中城市的有关定额、技术经济指标。对沿海较发达地区的小城镇，随着经济的繁荣、人口的增多，特别是中、远期可能升为中小城市的小城镇，其道路规划必须远近结合、留有余地。

小城镇道路规划应根据小城镇之间的联系和小城镇各项用地的功能、交通流量，结合自然条件与现状特点，确定道路系统，并有利于建筑布置和管线敷设。道路按主要功能和使用特点应划分为公路和小城镇道路两类。

## 4.1 县（市）域和小城镇公路分类与分级

公路是联系小城镇与城市之间、小城镇与小城镇之间的道路，应按现行的交通部标准《公路工程技术标准》（JTJ 01—1988）的规定来进行规划。公路按使用任务、性质和交通量大小分为两类五个等级。

（1）汽车专用公路

1）高速公路

具有特别重要的政治、经济意义，专供汽车分道高速行驶并控制全部出入的公路。一般能适应按各种汽车折合成小客车的年平均昼夜交通量为 25000 辆以上，计算行车速度为 60～120km/h。

2）一级公路。联系重要政治、经济中心，通往重点工矿区、港口、机场，专供汽车分道快速行驶并部分控制出入的公路。一般能适应按各种汽车（包括摩托车）折合成小客车的年平均昼夜交通量为 10000～25000 辆，计算行车速度为 40～100km/h。

3）二级公路。联系政治、经济中心或大工矿区、港口、机场等地的专供汽车行驶的公路。一般能适应按各种汽车（包括摩托车）折合成中型载重汽车的年平均昼夜交通量为 4500～7000 辆，计算行车速度为 40～80km/h。

（2）一般公路

1）二级公路。联系政治、经济中心或大工矿区、港口、机场等地的高运输量繁忙的城郊公路。一般能适应按各种车辆折合成中型载重汽车的年平均昼夜交通量为 2000～5000 辆，计算行车速度为 40～80km/h。

2）三级公路。沟通县以上城市，运输任务较大的一般公路。一般能适应按各种车辆折合成中型载重汽车的年平均昼夜交通量为 2000 辆以下，计算行车速度为 30～60km/h。

3）四级公路。沟通县、乡（镇）、村，直接为农业运输服务的公路。一般能适应按各种车辆折合成中型载重汽车的年平均昼夜交通量为 200 辆以下，计算行车速度为 20～40km/h。

以上五个等级的公路构成全国公路网，其中二级公路相互交叉，既有汽车专用公路，又有一般公路。

## 4.2 小城镇道路分类与分级

小城镇道路是小城镇中各组成部分的联系网络，是小城镇的骨架与"动脉"。小城镇道路按使用任务、性质和交通量大小分为四级，见表9。

对于各级道路规划的技术指标，见表10、表11。

小城镇道路分级　　　　　　　　　　　表9

| 镇等级 | 人口规模 | 道路分级 干路 一 | 二 | 支（巷）路 三 | 四 |
|---|---|---|---|---|---|
| 县城镇 | 大 | ● | ● | ● | ● |
|  | 中 | ● | ● | ● | ● |
|  | 小 | ○ | ● | ● | ● |
| 中心镇 | 大 | ● | ● | ● | ● |
|  | 中 | ● | ● | ● | ● |
|  | 小 |  | ○ | ● | ● |
| 一般镇 | 大 | ● | ● | ● | ● |
|  | 中 |  | ● | ● | ● |
|  | 小 |  | ○ | ● | ● |

注：其中●—应设；○—可设。

小城镇道路规划技术指标　　　　　　　表10

| 规划技术指标 | 道路级别 | | | |
|---|---|---|---|---|
| | 干路 | | 支（巷）路 | |
| | 一 | 二 | 三 | 四 |
| 计算行车速度（km/h） | 40 | 30 | 20 | — |
| 道路红线宽度（m） | 24～32<br>(25～35)<br>(25～35) | 16～24 | 10～14<br>(12～15) | — |
| 车行道宽度（m） | 14～20 | 10～14 | 6～7 | 3.5 |
| 每侧人行道宽度（m） | 4～6 | 3～5 | 2～3.5 | — |
| 道路间距（m） | ≥500 | 250～500 | 120～300 | 60～150 |

注：1. 表中一、二、三级道路用地按红线宽度计算，四级道路按车行道宽度计算。
    2. 一级路、三级路可酌情采用括号值，大型县城镇、中心镇道路，个别交通量大、车速要求较高的情况也可考虑三块板道路横断面，加宽路幅可考虑40m。

小城镇道路网密度规划技术指标（km/km²）　　　　　表11

| 小城镇人口规模（万人） | 干路 | 支路 | 小城镇人口规模（万人） | 干路 | 支路 |
|---|---|---|---|---|---|
| 大型>5 | 3～4 | 3～5 | 小型<1 | 5～6 | 6～8 |
| 中型1～5 | 4～5 | 4～6 | | | |

对小城镇内部道路系统的规划，要根据不同小城镇的实际情况、当地经济特点、交通运输特点等综合考虑，一般可按表4.1的要求设置不同级别的道路。个别中、远期可能升格的小城镇，在道路规划时，应注意远近结合、留有余地，如由于资金不足等问题也可分期实施，如先修建半幅路等。

## 5 小城镇静态交通技术指标

小城镇静态交通技术指标详本专题研究报告2，小城镇公共交通系统与停车场研究2.4。

# 小城镇公共交通系统与停车场研究

## 1  小城镇公共交通系统

小城镇规模与范围小,点多而面广,同一县(市)域或跨县(市)域行政区的相邻区域相邻小城镇间联系比较密切。因此,小城镇公共交通系统不同于城市公共交通系统。前者主要考虑与县(市)域内客流较多的临近镇之间镇际公共交通,县城镇、中心镇和大型一般镇公共交通系统应同时包括镇区公共交通;后者就城市而言公共交通系统主要是市区公共交通,而通往郊区公共交通则相对为次要公共交通。

小城镇公共交通系统规划应依据小城镇发展规模、用地布局、所属县(市)城镇体系布局和道路网规划,并在客流预测基础上,确定公交车辆数、线路网、换乘枢纽和场站设施用地等,并应使公共交通的客运能力满足镇区、镇际高峰客流的需要。

根据我国小城镇特点和实际调查,提出小城镇镇际公共交通系统,一般来说在客运高峰时,单程最大出行时耗小于 80min,镇域内单程最大出行时耗小于 25min 是适宜的。

小城镇交通道路规划标准结合我国小城镇实际情况,提出小城镇公共交通系统的公共交通线路网、公共交通车站相关技术指标和标准条款。

## 2  道路和道路两侧停车场的需求与设置及规划研究

一般而言,停车需求分为两大类,一类称之为车辆拥有的停车需求;另一类是,车辆使用过程的停车需求。前者所谓夜间停车需求,主要是为居民或单位车辆夜间停放服务,较易从各区域车辆注册数的多少估计出来;后者所谓日间停车需求,主要是由于社会、经济活动所产生的各种出行所形成的。

### 2.1  停车需求预测方法

#### 2.1.1  产生率模型

本方法的基本原理是建立土地使用性质与停车产生率的关系模式。我国停车需求产生率规划指标见表1。

我国停车需求产生率规划指标                         表1

| 建筑类型 | | 停车需求车位指标(标准小汽车) | |
|---|---|---|---|
| | | 机动车 | 自行车 |
| (1)商业、办公(每 100m² 建筑面积泊位数) | | | |
| 旅馆 | 大城市 | 0.08~0.20 | — |
| | 中等城市 | 0.06~0.18 | — |
| 商业场所 | | 0.30 | 7.5 |
| 办公楼 | 一类(中央、涉外) | 0.40 | 0.4 |
| | 二类(一般) | 0.25 | 2.0 |
| (2)饮食业(每 100m² 营业面积泊位数) | | 1.7 | 3.6 |

续表

| 建筑类型 | 停车需求车位指标（标准小汽车） | |
|---|---|---|
| | 机动车 | 自行车 |
| (3) 展览馆、医院（每100m² 建筑面积泊位数） | | |
| 展览馆 | 0.20 | 1.5 |
| 医院 | 0.20 | 1.5 |
| (4) 游览场所（每100m² 游览面积泊位数） | | |
| 古典园林、风景名胜 | 0.08（市区） | 0.5（市区） |
| | 0.12（郊区） | 0.20（郊区） |
| 一般性城镇公园 | 0.05 | 0.20 |
| (5) 文体场所（每100座位泊位数） | | |
| 大型体育馆（大于4000座位） | 2.5 | 20.0 |
| 体育场（大于1.5万座位） | | |
| 一般体育馆（小于4000座位） | 1.0 | 20.0 |
| 体育场（小于1.5万座位） | | |
| 省市级影剧院 | 3.0 | 15.0 |
| 一般影剧院 | 0.8 | 15.0 |
| (6) 大车站 | （机动车） | （自行车） |
| 泊位/高峰日每千旅客 | 2.0 | 4.0 |
| (7) 码头 | | |
| 泊位/高峰日每百旅客 | 2.0 | 2.0 |
| (8) 住宅（每户泊位数） | | |
| 涉外与高级 | 0.50 | — |
| 普通住宅 | — | 1.0 |

另外，还可根据各类土地的职工岗位数或居民数作为各类图例利用停车发生（吸引）的基本指标，比一般的建筑面积更贴近实际。

**2.1.2 多元回归分析模型**

停车需求与经济活动、土地使用等多因素相关，可根据小城镇实际情况分析归纳相关因素进行多元回归分析，此类模型应用时所需要资料的精度比产生率模型低，因此收集资料较容易，是一种简单易行的方法。

**2.1.3 出行吸引模型**

停车需求产生与地区的经济活动强度有关，而经济社会活动强度又与该地区吸引的出行车次多少有密切关系。此模型建立的基础条件是开展城镇综合交通规划调查。根据交通小区的车辆出行分布模型和各小区的停放吸引量建立数学模型，由此推算获得停车车次的预测资料。在此基础上，根据城镇人口规模和每一停车车次所需高峰时刻停车泊位数之间的关系来计算各交通分区高峰时间的停车泊位需求量。

## 2.2 路边停车及其规划

**2.2.1 路边停车的特性**

路边停车是将车辆就近停放于路边可供车辆行驶的道路面积内，通常占用一部分慢车道（或巷道）或人行道。路边停车的利弊特征有：
（1）方便；
（2）周转快；
（3）减少道路容量，导致交通拥挤；
（4）干扰车流、降低车速易发生交通事故。

**2.2.2　路边停车场设置与规划**

根据路边停车利弊特点，原则上在小城镇里应逐步禁止路边停车。但目前许多小城镇路外停车设施严重短缺情况下，而路边停车又给人最短步行距离、方便，故在不严重影响交通的情况下，允许开发路边停车，而对路边停车场位设置，给予详细的规划与管制。规划时应考虑交通流量；路口特性；车道数；道路宽度；单、双向交通；公共设施及两侧土地使用状况等因素。

（1）允许路边停车的最小道路宽度

若道路车行道宽度小于表 2 禁止停放的最小宽度时，不得在路边设置停车位。

**道路宽度与停车状况**　　　　　　　　　　　　　　　　　　　　表 2

| 道路类别 | | 道路宽度 | 停车状况 |
| --- | --- | --- | --- |
| 道路 | 双向道路 | 12m 以上 | 允许双侧停车 |
| | | 8～12m | 允许单侧停车 |
| | | 不足 8m | 禁止停车 |
| | 单行道路 | 9m 以上 | 允许双侧停车 |
| | | 6～9m | 允许单侧停车 |
| | | 不足 6m | 禁止停车 |
| 巷弄 | | 9m 以上 | 允许双侧停车 |
| | | 6～9m | 允许单侧停车 |
| | | 不足 6m | 禁止停车 |

（2）允许路边停车的道路服务水平

路边停车的设置应将原道路交通量换算成标准小汽车（pcu）单位，以 $V$ 表示，然后按车道布置，计算每条车道的基本容量以及不同条件下路边障碍物对车道容量的修正系数（如 3.5m 宽车道由于路边障碍物距离为 1.8m、1.2m、0.6m、0m 其车道容量修正系数分别为 1.0、0.99、0.97、0.90），获得路段的交通容量 $C$，最好根据 $V/C$ 比，当其≤0.8 时允许设置路边停车场。见表 3。

**设置路边停车场与道路服务水平关系表**　　　　　　　　　　表 3

| 服务水平 | 交通流动情形 | | | 交通流量/容量 $V/C$ | 说明 |
| --- | --- | --- | --- | --- | --- |
| | 交通状况 | 平均行驶速率（km/h） | 高峰小时系数 | | |
| A | 自由流动 | ≥50 | pHF≤0.7 | $V/C$≤0.6 | 允许路边停车 |
| B | 稳定流动（轻度耽延） | ≥40 | 0.7＜pHF≤0.8 | 0.6＜$V/C$≤0.7 | 允许路边停车 |

续表

| 服务水平 | 交通流动情形 | | | 交通流量/容量 V/C | 说明 |
|---|---|---|---|---|---|
| | 交通状况 | 平均行驶速率 (km/h) | 高峰小时系数 | | |
| C | 稳定流动（可接受的耽延） | ≥30 | 0.8<pHF≤0.85 | 0.7<V/C≤0.8 | 允许路边停车 |
| D | 接近不稳定流动（可接受的耽延） | ≥25 | 0.85<pHF≤0.9 | 0.8<V/C≤0.9 | 视情况考虑是否设置路边停车场 |
| E | 不稳定流动（拥挤、不可接受的耽延） | 约为25 | 0.9<pHF≤0.95 | 0.9<V/C≤1.0 | 禁止路边停车 |
| F | 强迫流动（堵塞） | <25 | 无意义 | 无意义 | 禁止路边临时停车 |

以上两条符合路边停车场的设置条件时，方可设置路边停车。禁停、允许停和限时停均应经详细计算然后以标志标线指示和禁令。

## 2.3 路外停车场规划

路外停车场主要包括社会停车场建筑与住宅附属（配建）停车场和各类专业停车场，其设置原则主要为：

（1）停车特性与需求：停车特性足以反映停车者的行为意愿，在规划前应有停车延时与停车目的、停车吸引量等基本调查。以此作为停车场车位与型式选择、容量设计的依据。一般拟定设计容量时，建议将高峰时间总停车需求的85%作为规划的标准。

（2）进出方便性：停车者对停车场选择往往将进出方便以及至目的地步行距离长短作为主要考虑因素。进出方便性除了出入口布置，还与邻近道路交通系统的交通负荷有关。

（3）建筑基地面积：是决定路外停车场容量与型式选择的主要因素之一。按标准车辆停车空间面积（如小汽车取宽2.5m长6.0m）再加上进出通道和回车道等。一般认为基地面积大于4000m² 以建通道式停车场较好，其面积在1500～4000m² 可视情况建通道式停车场。

（4）地价：由于小城镇中心地价比郊区地价贵，通常郊区停车场采用平面式，中心区停车场与其他公用设施（广场、绿地、学校、车站等）共用地权也是取得土地的有效途径。

（5）应在小城镇出入口或外围结合公路和对外交通枢纽设置恰当规模的停车场。

（6）应对停车场设置后附近的交通影响做评估，使建设后的邻近道路服务水平维持在D级以上。

## 2.4 小城镇静态交通技术指标

### 2.4.1 机动车停车场主要指标

（1）标准车型外形尺寸，见表4。

## 标准车型外形尺寸  表4

| 车 辆 类 型 | 总长（m） | 总宽（m） | 总高（m） |
|---|---|---|---|
| 微型汽车① | 3.2 | 1.0 | 1.8 |
| 小型汽车 | 5.0 | 1.8 | 1.6 |
| 中型汽车（含拖拉机）② | 8.7 | 2.5 | 4.0 |
| 普通汽车（含带挂拖拉机） | 12.0 | 2.5 | 4.0 |
| 铰接汽车 | 18.0 | 2.5 | 4.0 |

①微型车含微型客车、货车和机动三轮车。
②中型客车含客车、旅游车以及4t以内的货车。

标准车型的选取应根据各个地区的机动化水平和停车场的实际用途来决定。如大型公共活动场所和学校医院等，可以选小型车辆为标准车型。为大型集贸市场配备的停车场则应以中型车辆和货车作为标准车型。

（2）安全间距，见表5。

## 停放车辆间安全间距表  表5

| 净 距 | 小型车辆 | 大型或铰接车辆 |
|---|---|---|
| 车间纵向净距（m） | 2.0 | 4.0 |
| 车辆背对背尾距（m） | 1.0 | 1.5 |
| 车间横向净距（m） | 1.0 | 1.0 |
| 车辆距围墙、护栏等的净距（m） | 0.5 | 0.5 |

（3）机动车最小转弯半径，见表6。

## 部分机动车辆最小转弯半径  表6

| 国别 | 型号 | 最小转弯半径 | 国别 | 型号 | 最小转弯半径 |
|---|---|---|---|---|---|
| 国产载重汽车和小汽车 | 解放 CA10B | 9.2 | 国产自卸汽车、牵引汽车以及平拖拉机 | 黄河 QD351 | 6.7 |
| | 东风 EQ140 | 8.0 | | 上海 SH380 | 9.1 |
| | 解放 CA140 | 8.0 | | 交通 SH361 | 9.5 |
| | 解放 CA150 | 11.0 | | 汉阳 HY930 | 8.58 |
| | 交通 SH141 | 7.15 | | 汉阳 HY940A | 8.4 |
| | 北京 BJ130 | 5.7 | | 汉阳 HY870 | 12.0 |
| | 上海 JH130 | 6.0 | | 汉阳 HY881 | 11.7 |
| | 跃进 NJ130 | 7.6 | 日本 | 日野 KM420/400 | 6.5/5.2 |
| | 黄河 JN150 | 8.25 | 日本 | 依士兹 TD50A-D | 8.0 |
| | 黄河 JN151 | 8.25 | 意大利 | 菲亚特 628N3 | 7.25 |
| | 红旗 CA773 | 7.2 | 前苏联 | 格斯51 | 7.6 |
| | 上海 SH760 | 5.6 | 前苏联 | 吉斯51 | 11.2 |
| 国产农业机械 | 东方红28型拖拉机 | 3.0 | 捷 克 | 太脱拉138 | 10. |
| | 丰收27型拖拉机 | 2.6 | 捷 克 | 斯格达708R | 9.0 |
| | CT4-9A型联合收割机 | 10.0 | 前苏联 | 马斯205 | 8.5 |
| | | | 捷 克 | 太脱拉111 | 10.0 |

## 2.4.2 机动车辆停放方式

车辆的停放方式。按其与通行道的关系可分为平行式、垂直式和斜列式,如图1所示:

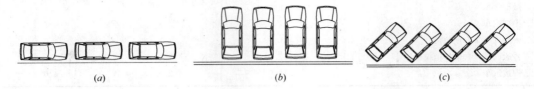

图1 车辆停放方式

(a) 平行停放;(b) 垂直停放;(c) 成一定角度停放

## 2.4.3 停车发车方式

车辆发车方式见图2。

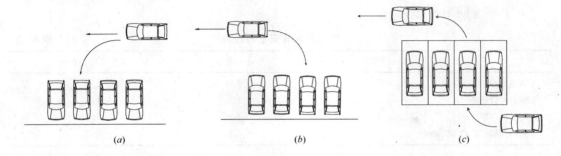

图2 车辆发车方式

(a) 前进停车,倒车发车;(b) 倒车停车,前进发车;(c) 前进停车,前进发车

## 2.4.4 非机动车停车场主要指标

目前在小城镇中使用的非机动车辆有:自行车、三轮车、大板车、小板车和兽力车等,其中是使用最多的是自行车。非机动车停车场的标准车定为自行车。

小城镇中自行车大量集中的地方都应该设置自行车停车场,如商业大街、影剧院、公园、大型体育设施以及车站码头等地,自行车尺寸见表7,自行车停车位参数见表8。

建议按照城镇自行车保有量的20%~40%来规划自行车停车场面积。

自行车尺寸  表7

| 车型 | 车长 (mm) | 车高 (mm) | 车宽 (mm) |
|---|---|---|---|
| 28 | 1940 | 1150 | 520~600 |
| 26 | 1820 | 1000 | |
| 20 | 1470 | 1000 | |

自行车停车位参数  表8

| 停靠方式 | 停车宽度 (m) | | 车辆间距 (m) C | 通道宽度 (m) | | 单位停车面积 (m²/辆) | |
|---|---|---|---|---|---|---|---|
| | 单排 A | 双排 B | | 单侧 D | 双侧 E | 单排停 (A+D)*C | 双排停 (B+E)*C/2 |
| 垂直式 | 2.0 | 3.2 | 0.6 | 1.5 | 2.5 | 2.10 | 1.71 |

续表

| 停靠方式 | | 停车宽度（m） | | 车辆间距（m）C | 通道宽度（m） | | 单位停车面积（m²/辆） | |
|---|---|---|---|---|---|---|---|---|
| | | 单排 A | 双排 B | | 单侧 D | 双侧 E | 单排停 (A+D)*C | 双排停 (B+E)*C/2 |
| 角停式 | 30 | 1.7 | 2.9 | 0.5 | 1.5 | 2.5 | 1.60 | 1.35 |
| | 45 | 1.4 | 2.4 | 0.5 | 1.2 | 2.0 | 1.30 | 1.10 |
| | 60 | 1.0 | 1.8 | 0.5 | 1.2 | 2.0 | 1.10 | 0.95 |

### 2.4.5 停车场面积指标

停车场面积指标见表9。

**停车场面积指标** 表9

| | 平 行 | 垂 直 | 与道路成45°～60°角 |
|---|---|---|---|
| 单行停车道的宽度（m） | 2.0～2.5 | 7.0～9.0 | 6.0～8.0 |
| 双行停车道的宽度（m） | 4.0～5.0 | 14.0～18.0 | 12.0～16.0 |
| 单向行车时两行停车道之间的通行道宽度（m） | 3.5～4.0 | 5～6.5 | 4.5～6.0 |
| 100辆汽车停车场的平均面积（公顷） | 0.3～0.4 | 0.2～0.3 | 0.3～0.4（小型车）<br>0.7～1.0（大型车） |
| 100辆自行车停车场的平均面积（公顷） | | 0.14～0.18 | |
| 一辆汽车所需的面积（包括通车道）<br>小汽车（m²）<br>载重汽车和公共汽车（m²） | | 22<br>40 | |

### 2.4.6 停车场的选址与设计原则

停车场的位置应尽可能在使用场所的一侧，以便人流、货流集散时不穿越道路。

停车场的出入口原则上要分开设置。

停车区和其服务的设施距离以50～150m为宜；对于风景名胜，历史文化保护区以及用地受限制的情况下，也可以为150～250m，但最大不宜超过300m。对于学校和医院等对空气和噪声有特殊要求的场所，停车场应保持足够的距离。

停车场的平面布置应结合用地规模、停车方式、合理协调安排好停车区、通道、出入口、绿化和管理等组成部分。停车位的布置以停放方便、节约用地和尽可能缩短通道长度为原则，并采取纵向或横向布置，每组停车量不超过50辆，组与组之间若没有足够的通道，应留出不少于6m的防火间距。

停车场内交通线必须明确，除注意单向行驶，进出停车场尽可能做到右进右出。利用画线、箭头和文字来指示车位和通道，减少停车场内的冲突。

停车场地纵坡不宜大于2.0%；山区、丘陵地形不宜大于3.0%，但为了满足排水要求，均不得小于0.3%。进出停车场的通道纵坡在地形困难时，也不宜大于5.0%。

停车场应注意适当考虑绿化来改善停车环境。在南方炎热地区尤其要注意利用绿化来保护车辆，以便防晒。

# 专题四　小城镇基础设施规划建设标准研究

# 小城镇基础设施规划建设标准研究

**专题负责人：** *汤铭潭*

一、小城镇给水系统工程规划建设标准（建议稿）
  主要起草人：汤铭潭、赵玉华、蒋白懿
二、小城镇排水系统工程规划建设标准（建议稿）
  主要起草人：汤铭潭、蒋白懿、赵玉华
三、小城镇供电系统工程规划建设标准（建议稿）
  主要起草人：汤铭潭
四、小城镇通信系统工程规划建设标准（建议稿）
  主要起草人：汤铭潭、唐叔湛、叶载霞、黄标
五、小城镇防灾减灾工程规划标准（建议稿）
  主要起草人：马东辉、汤铭潭、苏经宇、郭小东、李洪泉
六、小城镇燃气系统工程规划建设标准（建议稿）
  主要起草人：汤铭潭、焦文玲、吴建军
七、小城镇供热系统工程规划建设标准（建议稿）
  主要起草人：汤铭潭、赵立华、孟庆林
八、小城镇环境卫生工程规划建设标准（建议稿）
  主要起草人：汤铭潭、蒋白懿
九、小城镇基础设施区域统筹规划与规划技术指标研究
  执笔：汤铭潭

**承担单位：** 中国城市规划设计研究院
**协作单位：** 北京工业大学
     华南理工大学
     哈尔滨工业大学
     沈阳建筑大学
     唐山市燃气设计研究院

# 小城镇给水系统工程规划建设标准
（建议稿）

## 1 总则

**1.0.1** 为规范小城镇给水系统工程规划编制，提高规划编制质量及相关建设技术水平，并在规划中贯彻执行国家的有关法规和技术经济政策，促进小城镇可持续发展，制定本标准。

**1.0.2** 本标准适用于县城镇、中心镇、一般镇的小城镇规划中的给水系统工程规划与相关建设。

**1.0.3** 小城镇给水系统工程规划既应重视近期建设规划，又应满足长远发展的需要，近、远期规划相结合，统一规划，分期实施。

**1.0.4** 小城镇给水系统工程规划应结合河流流域规划、区域规划、小城镇总体规划；并应与小城镇排水系统工程、道路交通工程、竖向工程等相关专业规划相协调；给水系统工程设施规划建设应节约用地，保护耕地，应符合小城镇所在区域及小城镇可持续发展的要求，体现资源的可持续利用与生态环境的良性循环。

**1.0.5** 规划期内有条件成为城市的县城镇和中心镇的给水系统工程规划，应比照《城市给水工程规划规范》要求执行。

**1.0.6** 城市规划区内小城镇给水系统工程设施应按所在地的城市规划统筹安排。

**1.0.7** 位于城镇密集区的小城镇给水系统工程设施应按其所在区域统筹规划，联建共享。

**1.0.8** 分散、独立分布的小城镇的给水系统规划设计应在县（市）域城镇体系给水系统规划指导下，结合小城镇实际，经多方案技术经济比较确定。

**1.0.9** 规划期内有条件成为建制镇的乡（集）镇给水工程规划应比照本标准执行。

**1.0.10** 常年严重干旱缺水地区小城镇给水系统工程规划技术指标应执行地方标准；少数边远、经济欠发达地区、建设基础特别薄弱的小城镇，规划期尚不能达到下限指标和地方标准的，应在规划中先预留远期发展的规划建设用地，并选择合理、适宜的建设用地和技术过渡实施方案。

**1.0.11** 小城镇给水系统工程规划，应积极采用被科学试验和生产实践证明的先进而经济的新技术、新工艺、新材料和新设备，提高供水水质和供水安全性、可靠性，降低能耗、药耗，减少水量损失。

**1.0.12** 小城镇给水系统工程规划，除应符合本标准外，尚应符合国家现行的有关标准规范和强制性标准内容。

## 2 规划内容、范围、期限

**2.0.1** 小城镇给水系统工程规划的主要内容应包括：预测小城镇用水量；进行水资源与用水量供需平衡分析；选择水源，提出水资源保护要求和措施；确定水厂或配水厂位置、用地规模，提出给水系统布局框架；布置输水管道和配水管网。

**2.0.2** 小城镇给水系统工程规划范围与小城镇总体规划范围一致,当水源地在小城镇规划区以外时,水源地和输水管线应纳入小城镇给水系统工程规划范围。

**2.0.3** 小城镇给水系统工程规划期限应与小城镇总体规划期限一致。

## 3 水资源、用水量及其供需平衡

**3.0.1** 小城镇水资源应包括符合各种用水水质标准的淡水(地表水和地下水)、海水,及经过处理后符合各种用水水质要求的淡水(地表水和地下水)、海水、再生水等。

**3.0.2** 小城镇用水量应分两部分:

第一部分应为小城镇给水系统工程统一供给的居民生活用水、工业用水、公共设施用水、生态用水及其他用水量的总和;

第二部分应为上述统一供给以外的所有用水水量的总和,包括取自井水等非统一供给的居民生活用水,工业和公共设施自备水源供给的用水,河湖环境和航道用水、农业灌溉及畜牧业用水。

**3.0.3** 小城镇给水系统工程统一供给的综合生活用水量宜采用表 3.0.3 指标预测,并应结合小城镇地理位置、水资源状况、气候条件、经济状况、社会发展与公共设施水平、居民经济收入、生活水平及生活习惯,综合分析比较选定指标。

小城镇人均综合生活用水量指标 [L/(人·d)]　　　　表 3.0.3

| 地区区划 | 小城镇规模分级 | | | | | |
|---|---|---|---|---|---|---|
| | 一 | | 二 | | 三 | |
| | 近期 | 远期 | 近期 | 远期 | 近期 | 远期 |
| 一区 | 190~370 | 220~450 | 180~340 | 200~400 | 150~300 | 170~350 |
| 二区 | 150~280 | 170~350 | 140~250 | 160~310 | 120~210 | 140~260 |
| 三区 | 130~240 | 150~300 | 120~210 | 140~260 | 100~160 | 120~200 |

注:1. 一区包括:贵州、四川、湖北、湖南、江西、浙江、福建、广东、广西、海南、上海、云南、江苏、安徽、重庆。

二区包括:黑龙江、吉林、辽宁、北京、天津、河北、山西、河南、山东、宁夏、陕西、内蒙古河套以东和甘肃黄河以东的地区。

三区包括:新疆、青海、西藏、内蒙古河套以西和甘肃黄河以西的地区(下同)。

2. 小城镇规模分级和近期、远期按附录 A (下同)。
3. 用水人口为小城镇总体规划确定的规划人口数(下同)。
4. 综合生活用水为小城镇居民日常生活用水和公共建筑用水之和,不包括浇洒道路、绿地、市政用水和管网漏失水量。
5. 指标为规划期最高日用水量指标(下同)。
6. 特殊情况的小城镇,应根据实际情况,用水量指标酌情增减(下同)。

**3.0.4** 小城镇用水量预测可在综合生活用水量预测的基础上,按相关因素分析或类比确定的综合生活用水量与总用水量比例或其与工业用水量、其他用水量之比例,测算总用水量,其中工业用水量也可单独采用其他方法预测。

**3.0.5** 预测不同性质用地的用水量,可按不同性质用地用水量指标确定。

(1)小城镇单位居住用地用水量根据小城镇特点、居民生活水平等因素确定,并根据小城镇实际情况,选用表 3.0.5 中指标。

单位居住用地用水量指标（$10^4 m^3/km^2 \cdot d$）　　　表3.0.5

| 地区区划 | 小城镇规模分级 | | |
|---|---|---|---|
| | 一 | 二 | 三 |
| 一 区 | 1.00～1.95 | 0.90～1.74 | 0.80～1.50 |
| 二 区 | 0.85～1.55 | 0.80～1.38 | 0.70～1.15 |
| 三 区 | 0.70～1.34 | 0.65～1.16 | 0.55～0.90 |

注：表中指标为规划期内最高日用水量指标，使用年限延伸至2020年，即远期规划指标，近期规划使用应酌情减少，指标已含管网漏失水量。

（2）小城镇单位公共设施用地、工业用地及其他用地用水量指标，应根据现行国标《城市给水工程规划规范》，结合小城镇实际情况选用。

**3.0.6** 进行小城镇水资源供需平衡分析时，给水系统工程统一供水部分所要求的水资源供水量为小城镇最高日用水量除以日变化系数，再乘供水天数。小城镇的日变化系数可取1.6～2.0。

**3.0.7** 小城镇自备水源供水的工业企业和公共设施的用水量应纳入小城镇用水量中。

**3.0.8** 小城镇用水量预测也可分为生活用水量、工业用水量和生态用水量三大部分预测。

**3.0.9** 小城镇给水规模应根据小城镇给水工程统一供给的小城镇最高日用水量确定。

**3.0.10** 小城镇水资源和用水量之间应保持平衡，当小城镇之间用同一水源或水源在规划区以外时，应进行区域或流域范围的水资源和用水量的供需平衡分析。

**3.0.11** 小城镇给水系统工程规划应根据水资源供需平衡分析，提出保持平衡对策和措施。水资源匮乏地区小城镇应限制其发展规模，限制其耗水量大的工业企业及其农业发展，缺水地区小城镇应发展节水农业。

**3.0.12** 小城镇给水系统工程规划应贯彻开源节流的原则。水源合理配置、高效利用，并提倡多渠道开发水资源；宜将雨、污水处理后用作工业用水、生活杂用水及河湖环境用水、农业灌溉用水等，其水质应符合相应标准的规定，逐步实施污水资源化；同时实行计划用水，厉行节约用水。

## 4 水质、水源选择与水源保护

**4.0.1** 小城镇统一供给或自备水源供给的生活饮用水水源水质应符合现行国家标准《生活饮用水水源水质标准》的规定；供给的生活饮用水应符合现行国家标准《生活饮用水卫生标准》的规定；其他用水水质也应符合相应的水质标准。

**4.0.2** 小城镇给水处理工艺流程的确定，应根据水源水质和《生活饮用水卫生标准》，以及气候状况、设计水量规模等因素，经技术经济方案比较确定。

**4.0.3** 选择小城镇给水水源，应以水资源勘察或分析研究报告和小城镇供水水源开发利用规划、有关区域、流域水资源规划为依据，并满足小城镇用水量和水质等方面的要求。

**4.0.4** 小城镇选择地表水作为给水水源时，其枯水流量的保证率不得低于90%，受降水影响较大的季节性河流，可取用水量应不大于枯水流量的25%；饮用水水源地应位于小城镇和工业区的上游；饮用水水源地保护区应符合现行国家标准《地表水环境质量标准》（GB 3888—2002）中规定的Ⅱ类标准。

**4.0.5** 小城镇选择地下水作为给水水源时，应慎重估算可供开采的地下水储量，不得超量开采，防止造成地面沉降引起次生灾害，并应设在不易受污染的富水地段。

**4.0.6** 小城镇水源为远距离引水时，应进行充分的技术经济比较，并对由此可能引起的引入地、引出地生态环境及人文环境的影响进行充分的论证和评价。

**4.0.7** 小城镇水源为高浊度江河、感潮江河及湖泊或水库时，应按《城市给水工程规划规范》有关规定选择。

**4.0.8** 小城镇水源地应设在水量、水质有保证和易于实施水源环境保护的地段。

**4.0.9** 小城镇在合理开发利用水资源的同时，应提出水源卫生防护要求和措施，保护水资源，包括保护植被，防止水土流失，控制污染，改善生态环境。

**4.0.10** 小城镇给水系统工程规划应结合水环境污染治理规划统筹考虑。

## 5 给水系统

### 5.1 一般规定

**5.1.1** 小城镇给水系统应满足小城镇水量、水质、水压及消防、安全给水的要求，并应按小城镇空间分布形态、规划布局、地形、技术经济等因素综合评价后确定。

**5.1.2** 城市规划区范围内的小城镇和城镇密集分布的小城镇给水系统一般应为城市、城镇群统筹规划、联建共享给水系统的组成部分，而不是单独组成的一个系统。

**5.1.3** 小城镇给水系统工程应包括取水工程、净水工程和输配水工程。

### 5.2 水厂设置

**5.2.1** 小城镇的水厂设置应以小城镇总体规划和县（市）域城镇体系规划为依据，城镇密集地区的小城镇应统筹规划区域水厂，不单独设水厂的小城镇可酌情设配水厂。

**5.2.2** 小城镇给水厂厂址应选择在不受洪水威胁、工程地质条件较好、地下水位低、地基承载能力较大、湿陷性等级不高的地方。

**5.2.3** 小城镇地表水水厂的位置应根据小城镇给水系统的布局确定，并选择在交通方便、供电安全可靠、生产及废水处理方便的地方。

**5.2.4** 小城镇地下水水厂的位置应根据水源地的地点和不同的取水方式确定，宜选择在取水构筑物附近。

### 5.3 输配水及管网布置

**5.3.1** 小城镇输配水系统规划内容应包括：输水管渠、配水管网布置与路径选择，以及管网水力计算。

**5.3.2** 小城镇输水系统和配水系统应符合以下基本要求：

（1）用户所需水量的输送和分配；
（2）配水管网足够的水压；
（3）用户不间断供水；
（4）水在输配过程中不受污染。

**5.3.3** 小城镇输水管线布置应符合以下基本要求：

（1）符合区域统筹规划和小城镇总体规划要求；
（2）尽量缩短管线长度，减少穿越障碍物和地质不稳定的地段；
（3）在地形条件可利用的情况下，尽量采用重力输水或分段重力输水；
（4）输水干管一般应设两条，中间设连通管；采用一条时，必须采取保证用水安全的措施；

(5) 输水干管设计流量应根据小城镇实际情况，无调节构筑物时，应按最高日最高时用水量计算；有调节构筑物时，应按最高日平均时用水量计算，并考虑自用水量和漏失量。

(6) 当采用明渠时，应采取保护水质和防止水量流失的措施。

**5.3.4** 小城镇配水管线布置应符合以下基本要求：

(1) 符合小城镇总体规划要求，并为供水的分期发展留有充分余地；
(2) 干管的方向与供水主要流向一致；
(3) 管网布置形式应按不同小城镇、不同发展时期的实际情况分析比较确定，根据条件逐步形成环状管网；
(4) 管网布置在整个给水区域，要保证用户有足够水量与水压；
(5) 生活饮用水的管网严禁与非生活饮用水管网连接；
(6) 有消防给水要求的县城镇、中心镇和较大规模的小城镇管道最小管径宜采用100mm，其他小城镇管道最小管径可采用75mm。

**5.3.5** 小城镇给水管线敷设应符合小城镇管线综合要求，给水管线和建筑物、铁路以及其他市政管道的水平净距应符合表5.3.5的要求。

给水管线与其他管线及其他建筑物之间最小水平净距（m）　　表5.3.5

| | 建筑物 | 污水雨水排水管 | 燃气管 | | | | 热力管 | 电力电缆 | | 电缆电信 | | 乔木 | 灌木 | 地上杆柱 | | | 道路侧石边缘 | 铁路钢轨（或坡脚） |
| --- | --- | --- | --- | --- | --- | --- | --- | --- | --- | --- | --- | --- | --- | --- | --- | --- | --- | --- |
| | | | 低压 | 中压 | | 高压 | | | | | | | | | 通信照明及小于10kV | 高压铁塔 | | | |
| | | | | B | A | B | A | 直埋 | 地沟 | 直埋 | 缆沟 | 直埋 | 管道 | | | | ≤35kV | >35kV | | |
| D≤200给水管 | 1.0 | 1.0 | 0.5 | 1.0 | 1.5 | | | 1.5 | 0.5 | | 1.0 | | | 1.5 | 0.5 | 3.0 | | 1.5 | 5.0 |
| D>200给水管 | 1.0 | 1.5 | | | | | | | | | | | | | | | | | | |

# 6 水源地与水厂、泵站

**6.0.1** 小城镇水源地的用地应根据给水规模和水源特性、取水方式、调节设施大小等因素确定。

**6.0.2** 小城镇水厂用地应按规划期给水规模确定，用地控制指标应按表6.0.2，结合小城镇实际情况选定，水厂厂区周围应设置宽度不小于10m的绿化地带。

小城镇水厂用地控制指标（$m^2 \cdot d/m^3$）　　表6.0.2

| 建设规模（万$m^3$/d） | 地表水水厂 | | 地下水水厂 |
| --- | --- | --- | --- |
| | 沉淀净化 | 过滤净化 | 除铁净化 |
| 0.5~1 | | | 0.4~0.7 |
| 1~2 | 0.5~1.0 | 0.8~1.4 | 0.3~0.4 |
| 2~5 | 0.4~0.8 | 0.6~1.1 | |
| 2~6 | | | 0.3~0.4 |
| 5~10 | 0.35~0.6 | 0.5~0.8 | |

注：指标未包括厂区周围绿化地带用地。

**6.0.3** 当配水系统需设置加压泵站时,其位置宜靠近用水集中地区;泵站用地应按规划期给水规模确定,用地控制指标按《城市给水工程项目建设标准》规定,结合实际情况选定;泵站周围应设置不小于 10m 的绿化地带,并宜与小城镇绿化用地相结合。

## 附录 A:小城镇给水系统工程规划建设标准中小城镇三个规模等级层次、两个发展阶段(规划期限)

三个规模等级层次为:

一级镇:县驻地镇、经济发达地区 3 万人以上镇区人口的中心镇、经济发展一般地区 2.5 万人以上镇区人口的中心镇;

二级镇:经济发达地区一级镇外的中心镇和 2.5 万人以上镇区人口的一般镇、经济发展一般地区一级镇外的中心镇和 2 万人以上镇区人口的一般镇、经济欠发达地区 1 万人以上镇区人口县城镇外的其他镇;

三级镇:二级镇以外的一般镇和在规划期将发展为建制镇的集镇。

两个规划发展阶段为:

近期规划发展阶段;

远期规划发展阶段。

## 附录 B:生活饮用水水质指标一级指标,见附录 B 表 1-1,生活饮用水水质指标二级指标见附录 B 表 1-2

生活饮用水水质指标一级指标

附录 B 表 1-1

| 项目 | 指标值 | 项目 | 指标值 |
|---|---|---|---|
| 色度 | 1.5Pt-Comg/L | 银 | 0.05mg/L |
| 浊度 | 1NUT | 铝 | 0.2mg/L |
| 臭和味 | 无 | 钠 | 200mg/L |
| 肉眼可见物 | 无 | 钙 | 100mg/L |
| pH | 6.5~8.5 | 镁 | 50mg/L |
| 总硬度 | 450mgCaCO$_3$/L | 乐果 | 0.1$\mu$g/L |
| 氯化物 | 250mg/L | 对硫磷 | 0.1$\mu$g/L |
| 硫酸盐 | 250mg/L | 甲基对硫磷 | 0.1$\mu$g/L |
| 溶解性固体 | 1000mg/L | 除草醚 | 0.1$\mu$g/L |
| 电导率 | 400(20℃)$\mu$s/cm | 敌百虫 | 0.1$\mu$g/L |
| 硝酸盐 | 20mgN/L | 2,4,6-三氯酚 | 10$\mu$g/L |
| 氟化物 | 1.0mg/L | 1,2-二氯乙烷 | 10$\mu$g/L |
| 阴离子洗涤剂 | 0.3mg/L | 1,1-二氯乙烯 | 0.3$\mu$g/L |
| 剩余氯 | 0.3,末端 0.05mg/L | 四氯乙烯 | 10$\mu$g/L |
| 挥发酚 | 0.002mg/L | 硅 | |
| 铁 | 0.03mg/L | 溶解氧 | |
| 锰 | 0.1mg/L | 碱度 | >30mgCaCO$_3$/L |
| 铜 | 1.0mg/L | 亚硝酸盐 | 0.1mgNO$_2$/L |
| 锌 | 1.0mg/L | 氨 | 0.5mgNH$_3$/L |

续表

| 项 目 | 指标值 | 项 目 | 指标值 |
|---|---|---|---|
| 耗氧量 | 5mg/L | 三氯乙烯 | 30μg/L |
| 总有机碳 | | 五氯酚 | 10μg/L |
| 矿物油 | 0.01mg/L | 苯 | 10μg/L |
| 钡 | 0.1mg/L | 酚类（总量） | 0.002mg/L |
| 硼 | 1mg/L | 苯酚 | |
| 氯仿 | 60μg/L | 间甲酚 | |
| 四氯化碳 | 3μg/L | 2,4-二氯酚 | |
| 氰化物 | 0.05mg/L | 对硝基酚 | |
| 砷 | 0.05mg/L | 有机氯（总量） | 1μg/L |
| 镉 | 0.01mg/L | 二氯甲烷 | |
| 铬 | 0.05mg/L | 1,1,1-三氯乙烷 | |
| 汞 | 0.001mg/L | 1,1,2三氯乙烷 | |
| 铅 | 0.05mg/L | 1,1,2,2-四氯乙烷 | |
| 硒 | 0.01mg/L | 三溴甲烷 | |
| DDT | 1μg/L | 萤蒽 | |
| 666 | 5μg/L | 苯并（b）萤蒽 | |
| 苯并（a）芘 | 0.01μg/L | 苯并（k）萤蒽 | |
| 农药（总） | 0.5μg/L | 苯并（1,2,3,4d）芘 | |
| 敌敌畏 | 0.1μg/L | 苯并（ghi）芘 | |
| 对二氯苯 | | 细菌总数37℃ | 100个/mL |
| 六氯苯 | 0.01μg/L | 大肠杆菌群 | 3个/mL |
| 铍 | 0.0002mg/L | 粪型大肠杆菌 | MPN<1/100mL |
| 镍 | 0.05mg/L | | 膜法0/100mL |
| 锑 | 0.01mg/L | 粪型链球菌 | MPN<1/100mL |
| 钒 | 0.1mg/L | | 膜法0/100mL |
| 钴 | 1.0mg/L | 亚硫酸还原菌 | MPN<1/100mL |
| 多环芳烃（总量） | 0.2μg/L | 放射性（总α） | 0.1Bq/L |
| 萘 | | （总β） | 1Bq/L |

注：1. 指标取值自EC（欧共体）；
2. 酚类总量中包括2,4,6-三氯酚的，五氯酚；
3. 有机氯总量中包括1,2-二氯乙烷，1,1-二氯乙烯，四氯乙烯，三氯乙烯，不包括三溴甲烷及氯苯类；
4. 多环芳烃总量中包括苯并（a）芘；
5. 无指标值的项目作测定和记录，不作考核；
6. 农药总量中包括DDT和666。

**生活饮用水水质指标二级指标**　　　　　　　　　　　　附录B 表1-2

| 项 目 | 指标值 | 项 目 | 指标值 |
|---|---|---|---|
| 色度 | 1.5Pt-Comg/L | pH | 6.5～8.5 |
| 浊度 | 2NUT | 总硬度 | 450mgCaCO$_3$/L |
| 臭和味 | 无 | 氯化物 | 250mg/L |
| 肉眼可见物 | 无 | | |

续表

| 项　目 | 指标值 | 项　目 | 指标值 |
|---|---|---|---|
| 硫酸盐 | 250mg/L | DDT | 1μg/L |
| 溶解性固体 | 1000mg/L | 666 | 5μg/L |
| 硝酸盐 | 20mgN/L | 苯并（a）芘 | 0.01μg/L |
| 氟化物 | 1.0mg/L | 2,4,6-三氯酚 | 10μg/L |
| 阴离子洗涤剂 | 0.3mg/L | 1,2-二氯乙烷 | 10μg/L |
| 剩余氯 | 0.3，末端0.05mg/L | 1,1-二氯乙烯 | 0.3μg/L |
| 挥发酚 | 0.002mg/L | 四氯乙烯 | 10μg/L |
| 铁 | 0.03mg/L | 三氯乙烯 | 30μg/L |
| 锰 | 0.1mg/L | 五氯酚 | 10μg/L |
| 铜 | 1.0mg/L | 苯 | 10μg/L |
| 锌 | 1.0mg/L | 农药（总） | 0.5μg/L |
| 银 | 0.05mg/L | 敌敌畏 | 0.1μg/L |
| 铝 | 0.2mg/L | 乐果 | 0.1μg/L |
| 钠 | 200mg/L | 对硫磷 | 0.1μg/L |
| 氰化物 | 0.05mg/L | 甲基对硫磷 | 0.1μg/L |
| 砷 | 0.05mg/L | 除草醚 | 0.1μg/L |
| 镉 | 0.01mg/L | 敌百虫 | 0.1μg/L |
| 铬 | 0.05mg/L | 细菌总数37℃ | 100个/mL |
| 汞 | 0.001mg/L | 大肠杆菌群 | 3个/mL |
| 铅 | 0.05mg/L | 类型大肠杆菌 | MPN<1/100mL |
| 硒 | 0.01mg/L | | 膜法0/100mL |
| 氯仿 | 60μg/L | 放射性（总α） | 0.1Bq/L |
| 四氯化碳 | 3μg/L | （总β） | 1Bq/L |

注：1. 指标取值自WHO（世界卫生组织）；
　　2. 农药总量中包括DDT和666。

## 本标准用词用语说明

1. 为了便于在执行本标准条文时区别对待，对要求严格程度不同的用词说明如下：
（1）表示很严格，非这样做不可的用词：
正面词采用"必须"；反面词采用"严禁"。
（2）表示严格，在正常情况下均应这样做的用词：
正面词采用"应"；反面词采用"不应"或"不得"。
（3）表示允许稍有选择，在条件许可时首先这样做的用词：
正面词采用"宜"；反面词采用"不宜"；
表示有选择，在一定条件下可以这样做的，采用"可"。
2. 标准中指定应按其他有关标准、规范执行时，写法为："应符合……的规定"或"应按……执行"。

# 小城镇给水系统工程规划建设标准
## （建议稿）
## 条 文 说 明

## 1 总则

**1.0.1～1.0.2** 阐明本标准（建议稿）编制的目的、相关依据及适用范围。

本标准（建议稿）所称小城镇是国家批准的建制镇中县驻地镇和其他建制镇（根据城市规划法建制镇属城市范畴；此处其他建制镇，在《村镇规划标准》中又属村镇范畴），以及在规划期将发展为建制镇的乡（集）镇。

小城镇是"城之尾、乡之首"，是城乡结合部的社会综合体发挥上连城市、下引农村的社会和经济功能。县城镇和中心镇是县域经济、政治、文化中心或县（市）域中农村一定区域的经济、文化中心。我国小城镇量大、面广，不同地区小城镇的人口规模、自然条件、历史基础、经济发展、基础设施差别甚大。小城镇给水系统工程规划建设既不能简单照搬城市相关规划标准，又无法依靠村镇相关规划标准的简单条款，编制其单独标准作为其规划标准依据是必要的，也是符合我国小城镇实际情况的。

本标准（建议稿）是在中国城市规划设计研究院小城镇给水工程规划标准研究和本课题大量补充调研、分析论证的基础上，根据任务书要求，编制除修改补充外，还增加建设相关的部分标准条款；同时依据相关政策法规要求，考虑了相关标准的协调。本标准及技术指标的中间成果征询了22个省、直辖市建设厅、规委、规划局和100多个规划编制、管理方面的规划标准使用单位的意见，同时标准建议稿吸纳了专家论证预审的许多好的建议。

**1.0.3** 我国小城镇规划建设基础比较薄弱，处理好近期规划建设与远期规划的关系十分重要，也非常现实。

本条款规定上述相关原则。

**1.0.4** 城镇密集地区小城镇跨镇给水系统工程规划的水资源、水源地保护与河流流域、区域规划相关。

小城镇给水系统工程规划与排水系统工程规划之间联系紧密：用水量与排水量、水源地与排水受纳体、水厂和污水处理厂厂址选择、给水管道与排水管道管位之间协调都很重要；

同时给水系统工程管网又必须与道路交通规划、竖向规划协调。

节约用地是我国基本国策，通过规划节约用地是节约用地的重要途径。给水设施用地从选址到用地预留都应贯彻"节约用地、保护耕地"的原则。

**1.0.5～1.0.9** 分别提出不同区位、不同分布形态小城镇给水系统工程规划标准执行的原则要求。

考虑到部分有条件的小城镇远期规划可能上升为中、小城市，也有部分有条件的乡（集）镇远期规划有可能上升为建制镇，上述小城镇规划的执行标准应有区别。但上述升级涉及到行政审批，规划不太好掌握，所以第1.0.5、第1.0.9条款强调规划应比照上一层次标准执行。

**1.0.10** 我国西北一些地区常年严重干旱缺水，若考虑这些小城镇的情况，编制给水系统工程规划用水等的相关技术指标选择范围会很大，并因此会影响一般情况小城镇给水系统工程规划技术指标选择的可操作性，因此这部分小城镇规划情况宜作为特例研究，并提出以执行相关地方标准为主为宜。

**1.0.11** 我国"八五"、"九五"研制出一些适合小城镇的简易给水处理设备，"十五"国家小城镇科技专项攻关研究，其中包括给水系统优化与建设技术，这些都为采用已被科学试验和生产实践证明先进而经济的新技术、新工艺、新材料和新设备，提高供水水质和供水安全性、可靠性，降低能耗、药耗，减少水量损失提供了保证。

**1.0.12** 本标准编制多有依据相关规范或有涉及相关规范的某些共同条款。本条款体现小城镇给水系统工程规划建设标准与相关规范间应同时遵循规范的统一性原则。

本标准相关专业标准规范主要有：《城市给水工程规划规范》、《水法》、《环境保护法》、《水污染防治法》、《生活饮用水卫生标准》、《生活杂用水水质标准》、《地表水环境质量标准》、《生活饮用水水源水质标准》、《饮用水水源保护区污染防治管理规定》、《供水水文地质勘察规范》、《室外给水设计规范》、《高浊度水给水设计规范》、《含藻水给水处理设计规范》、《饮用水除氟设计规程》、《建筑中水设计规范》、《污水综合排放标准》、《城市污水回用设计规范》等。

## 2 规划内容、范围、期限

**2.0.1** 规定小城镇给水系统工程规划的主要内容。

小城镇给水系统工程规划内容既应考虑与城市给水工程规划及村镇给水工程规划的共同部分内容的一致性和协调性，同时又要突出小城镇给水系统工程规划的不同特点和要求。小城镇给水系统规划应在参照城市相关规划内容的同时，从小城镇实际出发，考虑区别于城市的一些内容。

这些不同内容着重反映在以下方面：

（1）城镇密集地区小城镇跨镇给水设施给水厂、输水管网的联建共享以及供水模式。

（2）不同地区、不同类别、分散、独立分布小城镇给水系统工程规划技术方案的因地制宜选择。

**2.0.2～2.0.3** 提出小城镇给水系统工程规划范围和期限的要求

当水源地和输水管线在小城镇规划区外时，应把水源地及输水管纳入小城镇给水工程规划范围，以便小城镇给水系统工程规划与相关规划衔接与协调；当超出小城镇辖区范围时，应和有关部门协调。

本条规定主要针对小城镇给水工程总体规划，并主要依据《城市规划编制办法实施细则》和其他相关规范的有关要求和规定。

## 3 水资源、用水量及其供需平衡

**3.0.1** 阐明小城镇水资源的内涵。

**3.0.2** 规定小城镇用水量的组成。

一般情况下，小城镇第二部分用水量即统一供给以外的所有用水量的总和占小城镇用水量的比例要比城市相对应的比例大。主要是小城镇有相当一部分分散式供水；同时小城镇农业灌溉及畜牧业用水较多；工业用水主要是乡镇工业用水，而有相当一部分乡镇工业用水采用自备水源。

上述差别应在给水工程的给水设施和管网规划中，结合小城镇实际状况，适当考虑。

**3.0.3** 规定小城镇人均综合生活用水量定量化指标，提出其幅值范围适宜值选择的考虑因素。

人均综合生活用水量指标在目前建制镇、村镇给水工程规划中作为主要用水量预测指标普遍采用。但小城镇规划因不同于城市规划不能采用《城市给水工程规划规范》的相关技术指标，而其本身又无标准可依，目前均由各规划设计单位自选规划技术指标，因为没有统一的标准，规划编制、审批缺乏规范依据。

表 3.0.3 小城镇人均综合生活用水量指标是在四川、重庆、湖北、福建、浙江、广东、山东、河南、天津 89 个小城镇（含调查镇外补充收集规划资料的部分镇）的给水现状、用水标准、用水量变化、规划指标及相关因素的调查资料收集和相关变化规律的研究分析、推算，以及对照《城市给水工程规划规范》、《室外给水设计规范》成果延伸的基础上，按全国生活用水量定额的地区区划（下称地区区划）、小城镇规模分级和规划分期编制，并征询了 22 个省、直辖市 100 多个规划编制、管理方面的标准使用单位意见和专家论证意见。

表中地区区划采用《室外给水设计规范》城市生活用水量定额的区域划分；人均综合生活用水量系指城市居民生活用水和公共设施用水两部分的总水量，不包括工业用水、消防用水、市政用水、浇洒道路和绿化用水、管网漏失等水量。上述与《城市给水工程规划规范》完全一致，以便小城镇给水工程规划应用本标准与相关规范的衔接与协调。表值相关分析研究主要是：

（1）根据按不同地区区划、小城镇不同规模分级，分析整理的若干组有代表性的现状人均综合生活用水量和时间分段的综合生活用水量年均增长率、逐步推算出规划年份的人均综合生活用水量指标，并分析比较相同、相仿小城镇的相关规划指标、选定适宜值。

（2）近期年段综合生活用水量年均增长率由调查分析近年年均增长率确定；远期规划年段年均增长率由经济发展等相关因素相当的有代表性的城镇生活用水量增长规律和类似相关研究比较分析、分段确定。

（3）根据同一区划、同一小城镇规模分级的不同小城镇生活用水量相关因素差别影响的横向、竖向分析和推算，确定不同小城镇指标适宜值的幅值范围。

（4）县驻地镇人均综合生活用水量指标的远期上限对照与《城市给水工程规划规范》相关县级市时间延伸指标的差距得出。

**3.0.4** 提出小城镇总用水量和工业用水量的预测方法。

小城镇用水量预测中，工业用水所占比重较大，而工业用水因工业的产业结构、规模、工艺的先进程度等因素不同而各不相同，在统一供给的用水量中工业用水所占比重又因乡镇工业自备水源的多少，存在较大差别，但同一小城镇的小城镇用水量与综合生活用水量之间往往有相对稳定的比例，因此，可采用其间比例预测总用水量，也可以采用综合生活用水与工业用水，其他用水之比例（比值可结合小城镇实际，比较类似小城镇比例确定）测算总用水量。

值得指出，上述小城镇用水量，在小城镇水资源平衡时，应包括自备水源的水量，而在给水工程统一给水的用水量中应不包括自备水源的水量。

**3.0.5** 提出按不同性质用地用水量指标，预测小城镇不同性质用地用水量和估算小城镇总体规划给水干管管径。

表3.0.5是结合小城镇规划标准研究专题之四提出的用地标准，按小城镇的规模分级，在《城市给水工程规划规范》、《室外给水设计规范》相关成果和小城镇居民用水量等资料的调查分析基础上推算得出。宜结合小城镇实际选用并在选用中适当调整。

居住用地用水量包括居民生活用水量及其公共设施，道路浇洒用水和绿化用水。

小城镇公共设施用地、工业用地及其他用地用水量与城市相应用地用水量共性较大，可结合小城镇实际情况的分析对比，选用《城市给水工程规划规范》的相应指标，并考虑必要的调整。

**3.0.6** 小城镇水资源供需平衡系指所能提供的符合水质要求的水量和小城镇年用水量之间的平衡。

日变化系数是最高日用水量和平均日用水量的比值，随城镇规模的扩大而递减。小城镇日变化系数根据《室外给水设计规范》、《城市给水工程规划规范》资料相关分析推算得出。选用时，应结合小城镇性质、类型、规模、工业水平、居民生活水平及气候等因素进行确定。

**3.0.7** 规定小城镇给水工程规划水源规划内容应包括对自备水源的取水源、取水量等统一规划，以确保小城镇水资源供需平衡。

**3.0.8** 根据小城镇生活、产业、生态三方面的用水组成，提出小城镇用水量预测方向，突出第三产业和生态用水。小城镇第三产业和生态用水预测指标可在小城镇相关统计调查、相关因素分析基础上确定或比较同类小城镇相关预测指标确定。

**3.0.9** 提出小城镇给水规模确定的依据。

**3.0.10～3.0.11** 提出小城镇水资源和用水量之间平衡及对策。

城镇密集地区或同一流域的城镇往往同一水源共享同一水资源，在相关区域或流域规划中水资源和用水量应在相关区域或流域范围进行水资源和用水量供需平衡分析。

水资源是城镇发展的主要制约因素。对于水资源匮乏地区小城镇，强调限制其发展规模和限制其耗水量大的乡镇企业及农业发展、发展节水农业是很有必要的。

**3.0.12** 我国水资源匮乏，水资源不足限制城镇发展。

针对小城镇水资源不足应采取"开源"和"节流"。一方面通过水源合理配置，实行多渠道开发水资源，另一方面通过将符合相应标准要求的处理后雨、污水用作工业用水、生活杂用水及河湖环境用水、农业灌溉用水等，逐步实施污水资源化，同时实行计划用水，厉行节约用水。

## 4 水质、水源选择与水源保护

**4.0.1** 规定城镇生活饮用水和其他用水水质应符合的有关标准。

**4.0.2** 提出小城镇给水处理工艺流程确定的依据和方法。

**4.0.3～4.0.8** 提出小城镇水源选择依据和要求。

根据《水法》第21条"兴建跨流域引水工程，必须进行全面规划和科学论证，统筹兼顾引出和引入流域的用水需求，防止对生态环境的不利影响"。因此，当小城镇采用外域水源或几个城镇共用一个水源时，应进行区域或流域水资源综合规划和专项规划，并与国土规划相协调以满足整个区域或流域的城镇用水供需平衡，同时满足生态环境和人文环境的相关要求。

**4.0.9～4.0.10** 提出小城镇水源保护相关要求。

水是城镇发展和人类生存的生命线，必须采取确保水资源不受破坏和污染的措施。其中包括保护植被、防止水土流失、控制污染，改善生态环境，强调小城镇给水系统工程规划建设应结合环境保护规划中的水环境污染治理规划统筹考虑。

## 5 给水系统

### 5.1 一般规定

**5.1.1～5.1.3** 提出小城镇给水系统应满足的有关要求

城镇密集地区的小城镇和城市规划区范围的小城镇应按城镇群或城市给水工程规划统筹规划跨镇水厂、输水管等联建共享给水工程设施。这种情况下小城镇镇区给水系统不是单独的一个系统，镇区给水工程侧重于镇配水厂后的给水工程设施。

### 5.2 水厂设置

**5.2.1** 提出小城镇水厂设置的依据和原则。

城镇密集地区小城镇统筹规划联建共享区域水厂，有利于克服小城镇水厂规模小、运行成本高、效益低、资源浪费、重复建设等弊病，有利经营管理、资源共享、降低运行成本和生态环境保护。这是小城镇给水工程规划一条重要原则。

以给水主要设施区域水厂为例，浙江省湖州市23个建制镇原来有20多个镇级自来水厂、规模都较小，其中最小仅 0.2 万 $m^3/d$，运行成本高、效益低，而水源也难以保护。而在市域范围城镇体系规划优化基础上，统筹规划只需建 7 个区域水厂，其余水厂均改成配水厂。

**5.2.2～5.2.4** 提出小城镇给水水厂厂址选择的原则要求。

### 5.3 输配水及管网布置

**5.3.1** 规定小城镇输配水系统规划的主要内容。

**5.3.2～5.3.5** 提出小城镇输水管线规划及配水管线布置优化的基本要求。

小城镇给水系统在有地形可供利用时，采用重力输配水系统，可充分利用水源势能（如利用山区、丘陵地区地形特点的小城镇重力输配水系统，若建有山地水厂更好）达到节能、节省投资、降低水厂运行成本的目的。

给水管线与其他管线及其他建筑物之间的最小水平净距（m）依据《城市工程管线综合规划规范》(GB 50289—1998)。

## 6 水源地与水厂、泵站

**6.0.1** 提出小城镇水源地用地确定的相关因素。

**6.0.2** 规定小城镇水厂预留用地控制指标。

表6.0.2小城镇地表水、地下水水厂的用地控制指标是结合小城镇实际，依据全国市政工程投资估算指标的相关水厂的用地控制指标的规定。

**6.0.3** 规定小城镇配水系统泵站位置选择原则和用地控制指标。

上述两条款水厂厂区周围与泵站周围设置绿化地带，有利卫生防护，降低噪声影响。

# 小城镇排水系统工程规划建设标准
（建议稿）

## 1 总则

**1.0.1** 为规范小城镇排水系统工程规划编制，提高规划编制质量及相关建设技术水平，并在规划中贯彻执行国家的有关法规和技术经济政策，促进小城镇可持续发展，制定本标准。

**1.0.2** 本标准适用于县城镇、中心镇、一般镇的小城镇规划中的排水系统工程规划与相关建设。

**1.0.3** 小城镇排水系统工程规划应贯彻"全面规划、合理布局、综合利用、保护环境、造福人民"的方针，处理好排放污水与保护水体、环境卫生的关系，建立与完善小城镇排水系统。

**1.0.4** 小城镇排水系统工程应统一规划，分期实施，既应重视近期建设规划，又应满足长远发展的需要。

**1.0.5** 小城镇排水工程规划应依据河流流域规划、区域规划、小城镇总体规划，并应与小城镇给水系统、环境保护、道路交通、竖向、水系、防洪等工程规划及其他相关专业规划相协调，排水系统工程设施规划建设应节约用地，保护耕地。

**1.0.6** 规划期内有条件成为中小城市的县城镇和中心镇的排水系统工程规划，应比照《城市排水工程规划规范》要求执行。

**1.0.7** 城市规划区内小城镇排水系统工程设施应按其所在地的城市规划统筹安排，资源共享。

**1.0.8** 位于城镇密集区的小城镇排水系统工程设施应按其所在区域统筹规划，联建共享。

**1.0.9** 规划期内有条件成为建制镇的乡（集）镇排水工程规划可比照本标准执行。

**1.0.10** 小城镇排水系统工程规划应根据不同小城镇实际情况，因地制宜采用经济、适用的排水和污水处理的新技术、新工艺、新办法。

**1.0.11** 小城镇排水系统工程规划，除应符合本标准外，尚应符合国家现行的有关标准规范和强制性标准内容。

## 2 规划内容、范围、期限与排水体制

**2.0.1** 小城镇排水系统工程规划的主要内容应包括划定排水范围，预测排水量；确定排水体制，排放标准，排水系统布置，污水处理方式和综合利用途径。

**2.0.2** 小城镇排水系统工程规划范围与小城镇总体规划范围一致，当小城镇污水处理厂或污水排出口设在规划区范围以外时，应将污水处理厂或污水排出口及其连接的排水管渠纳入小城镇排水系统工程规划范围。

**2.0.3** 小城镇排水系统工程规划期限应与小城镇总体规划期限一致。

**2.0.4** 小城镇排水体制应根据小城镇总体规划、环境保护要求、当地自然条件和废水受

纳体条件、污水量和其水质及原有排水设施情况选择，经技术经济比较确定。

**2.0.5** 小城镇排水体制原则上宜选分流制，经济发展一般地区和欠发达地区小城镇可采用不完全分流制，有条件时宜过渡到完全分流制，某些条件适宜或特殊地区小城镇宜采用截流式合流制。并应在污水排入系统前采用化粪池、生活污水净化沼气池等方法进行预处理。

## 3 排水量

### 3.1 一般规定

**3.1.1** 小城镇排水量应包括污水量和降水量。

**3.1.2** 污水量应由给水系统工程统一供水的用户和自备水源供水的用户排出的综合生活污水量和工业废水量组成。

**3.1.3** 降水量由雨水和冰雪融化水组成，主要为雨水量。

### 3.2 污水量

**3.2.1** 污水量根据小城镇综合用水量（平均日）乘以小城镇污水排放系数确定。

**3.2.2** 综合生活污水量宜根据小城镇综合生活用水（平均日）乘以小城镇综合生活污水排放系数确定。

**3.2.3** 工业废水量宜根据小城镇工业用水量（平均日）乘以小城镇工业废水排放系数确定，也可由小城镇污水量减去小城镇综合生活污水量确定。

**3.2.4** 污水排放系数可结合小城镇实际，比较城市污水排放系数（0.70～0.80）确定。

**3.2.5** 综合生活污水排放系数应根据小城镇规划的居住水平，给水排水设施完善程度与小城镇排水设施规划的普及率及公共设施配套水平确定，一般可在0.75～0.9范围比较选择确定。

**3.2.6** 工业废水排放系数应根据小城镇工业结构、生产设备与工艺先进程度及排水设施普及率，按表3.2.6比较分析确定。

小城镇工业废水排放系数  表 3.2.6

| 工业分类 | 排放系数 |
| --- | --- |
| Ⅰ | 0.8～0.9 |
| Ⅱ | 0.8～0.9 |
| Ⅲ | 0.7～0.95 |

注：1. 排水系统完善的小城镇排放系数取大值，一般小城镇取小值。
2. 工业分类系指小城镇规划工业分类。

**3.2.7** 地下水位较高地区的小城镇污水量计算应考虑10%左右地下水渗入量。

**3.2.8** 小城镇污水量计算应考虑污水量总变化系数，并按下列原则确定：

1）小城镇综合生活污水量总变化系数，应按《室外排水设计规范》有关规定确定。

2）工业废水量总变化系数，应根据小城镇的具体情况按行业工业废水排放规律分析确定，或比较相似小城镇分析确定。

### 3.3 雨水量

**3.3.1** 排水系统工程规划中雨水量计算应与小城镇防洪、排涝工程规划相协调。

**3.3.2** 雨水量应按下式计算确定：

$$Q = q \cdot \Psi \cdot F$$

式中　$Q$——雨水量（L/s）；
　　　$q$——暴雨强度 [L/(s·hm²)]；
　　　$\Psi$——径流系数；
　　　$F$——汇水面积（hm²）。

**3.3.3** 小城镇暴雨强度计算应按本地城镇暴雨强度公式，当小城镇无上述资料时，可按地理环境、气候相似的所属城市或邻近城市的暴雨强度公式计算。

**3.3.4** 小城镇径流系数可比较《城市排水工程规划规范》相关规定分析确定，一般镇区可取 0.4～0.8，镇郊可取 0.3～0.6。

**3.3.5** 雨水重现期应根据小城镇性质、规模以及汇水地区类型（广场、干道、住区）、地形特点和气候条件等因素确定，并应和道路设计相协调，在同一排水系统中可采用同一重现期或不同重现期。

重要干道、重要地区或短期积水可能引起严重后果的地区，宜采用较高的设计重现期，一般选用 2～5 年，其他地区重现期可选 0.5～3 年。

### 3.4 合流水量与排水规模

**3.4.1** 小城镇排水合流管渠的设计流量应包括生活污水量、工业废水量和雨水量三部分。其中生活污水量应按平均流量计算，工业废水量应按最大平均流量计算，雨水量按分流制雨水计算。

**3.4.2** 小城镇其他合流水量和排水规模规定同《城市排水工程规划规范》相关规定。

## 4 排水系统

### 4.1 一般规定

**4.1.1** 小城镇排水系统由污水排除系统、工业废水排除系统、雨水排除系统及合流制雨污水排除系统组成。

**4.1.2** 小城镇污水排除系统应由污水管网和污水处理设施组成。

**4.1.3** 小城镇工业废水可以排入镇区市政雨污水系统，也可由乡镇企业单独形成工业废水排除系统。

**4.1.4** 小城镇雨水排除系统应为排除降雨径流和雪融水的管渠系统。

**4.1.5** 小城镇合流制雨污水排除系统为仅有一套管渠的系统，应具有雨水口、溢流口和截流干管，以及雨污水处理设施。

### 4.2 废水受纳体

**4.2.1** 小城镇废水受纳体应包括江、河、湖、海和水库、运河等受纳水体和荒废地、劣质地、山地以及受纳农业灌溉用水的农田等受纳土地。

**4.2.2** 污水受纳水体应满足其水域功能的环境保护要求，有足够的环境容量，雨水受纳水体应有足够的排泄能力或容量；受纳土地应具有足够的环境容量，符合环境保护和农业生产的要求。

**4.2.3** 废水受纳体一般宜在小城镇规划区范围内选择，并应根据小城镇性质、规模、地理位置、自然条件，结合小城镇实际，综合分析比较确定。

### 4.3 系统布局及优化

**4.3.1** 城镇密集地区小城镇跨镇污水排除系统应统筹规划、联建共享，并根据小城镇及相关城镇群规划布局，结合竖向规划和道路布局、地形以及污水受纳体和污水处理厂位置进行流域划分和系统布局。

**4.3.2** 分散独立分布的小城镇污水排除系统的规划布局，应根据小城镇规模、布局，结合污水受纳体和污水处理厂位置、环境容量和处理后污水污泥出路，经综合评价后确定。

4.3.3 雨水排除系统应根据小城镇规划布局、地形，结合竖向规划、道路布局、坡向及废水受纳体位置，按照就近分散、直捷、自流排放的原则进行流域划分、系统布局和管网布置。

4.3.4 雨水排除系统应充分利用镇区池塘、湖泊和洼地调节雨水径流。

4.3.5 雨水自流排放困难的地方，可采用雨水泵站方式或与小城镇排涝系统相结合的方式排除雨水。

4.3.6 截流式合流制雨污水排除系统应综合雨、污水排除系统布局的要求进行流域划分和系统布局，并应重视截流干管（渠）、溢流井位置的合理布局。

4.3.7 污水排除系统布置应确定污水厂、出水口、泵站及主要管道的位置；雨水排除系统布置应确定雨水管渠、排洪沟和出水口的位置。

## 4.4 排水管网

4.4.1 排水管渠应以重力流为主，宜顺坡敷设，不设或少设排水泵站。雨水排除应充分利用地面径流和沟渠排除。

4.4.2 排水干管应布置在排水区域内地势较低或便于雨、污水汇集的地带，排水管宜沿规划道路敷设，小城镇排水管道系统布置并应符合以下要求：

(1) 根据地形特点和污水处理厂、出水口位置合理、简捷布置；
(2) 沿集水线或沿河岸敷设；
(3) 排水管宜沿规划道路敷设与道路中心线平行；
(4) 污水管道尽可能避免穿越河道、铁路、地下建筑或其他障碍，并应减少与其他管线交叉；
(5) 管道敷设符合工程管线综合规划及相关规范要求。

# 5 排水泵站、污水处理厂

5.0.1 排水泵站宜单独设置，与住宅、公共建筑间距应符合有关要求，周围宜设置宽度不小于10m的绿化隔离带；排水泵站预留用地面积应按全国市政工程投资估算指标的雨污水泵站用地一项综合指标范围，结合当地实际情况，分析、比较选定。

5.0.2 污水处理厂和出水口应选在小城镇河流的下游或靠近农田灌溉区，污水处理厂应尽可能与出水口靠近，并应位于小城镇夏季最小频率风向的上风侧，与居住小区或公共建筑物之间有一定的卫生防护地带；卫生防护地带一般采用300m，处理污水用于农田灌溉时宜采用500～1000m。

5.0.3 污水处理厂规划预留用地面积应按表5.0.3范围，结合当地实际情况，分析、比较选取。

小城镇污水处理厂用地估算面积（$m^2 \cdot d/m^3$） 表5.0.3

| 处理水量（万$m^3$/d） | 一级处理 | 二级处理（一） | 二级处理（二） |
| --- | --- | --- | --- |
| 1～2 | 0.6～1.4 | 1.0～2.0 | 4.0～6.0 |
| 2～5 | 0.6～1.0 | 1.0～1.5 | 2.5～4.0 |
| 5～10 | 0.5～0.8 | 0.8～1.2 | 1.0～2.5 |

注：一级处理工艺流程大体为泵房、沉砂、沉淀及污泥浓缩、干化处理等。
二级处理（一）工艺流程大体为泵房、沉砂、初次沉淀、曝气、二次沉淀及污泥浓缩、干化处理等。
二级处理（二）工艺流程大体为泵房、沉砂、初次沉淀、曝气、二次沉淀、消毒及污泥提升、浓缩、消化、脱水及沼气利用等。

# 6 污水处理与雨污水综合利用

## 6.1 污水处理

**6.1.1** 小城镇污水处理应因地制宜选择不同的经济、合理的处理方法；远期（2020年）70%~80%的小城镇污水应得到不同程度的处理，其中较大部分宜为二级生物处理。

**6.1.2** 不同地区、不同等级和规模、不同发展阶段的小城镇排水和污水处理系统的合理水平，应根据其经济社会发展水平、环境保护要求、当地自然条件和水体条件，污水量和水质情况等综合分析比较，按表6.1.2要求选定。

小城镇排水体制、排水与污水处理规划要求　　表6.1.2

| 分项 | | 经济发达地区 | | | | | | 经济发展一般地区 | | | | | | 经济欠发达地区 | | | | | |
|---|---|---|---|---|---|---|---|---|---|---|---|---|---|---|---|---|---|---|---|
| | 小城镇分级 规划期 | 一 | | 二 | | 三 | | 一 | | 二 | | 三 | | 一 | | 二 | | 三 | |
| | | 近期 | 远期 | 近期 | 远期 | 近期 | 远期 | 近期 | 远期 | 近期 | 远期 | 近期 | 远期 | 近期 | 远期 | 近期 | 远期 | 近期 | 远期 |
| 排水体制 | 1.分流制； 2.不完全分流制 | △ | ● | △ | ● | ● | ●₂ | △ | ●₂ | △ | ●₂ | ○₂ | ●₂ | △₂ | ●₂ | | △₂ | | △₂ |
| | 合流制 | | | | | | | | | | | | | | ○ | | 部分 | | |
| | 排水管网面积 普及率（%） | 95 | 100 | 90 | 100 | 85 | 95~100 | 85 | 100 | 80 | 95~100 | 75 | 90~95 | 75 | 90~100 | 50~60 | 80~85 | 20~40 | 70~80 |
| | 不同程度污水 处理率（%） | 80 | 100 | 75 | 100 | 65 | 90~95 | 65 | 100 | 60 | 95~100 | 50 | 80~85 | 50 | 80~90 | | 65~75 | 10 | 50~60 |
| | 统建、联建、单 建污水处理厂 | △ | ● | △ | ● | ● | ● | △ | ● | △ | ● | | ● | | △ | | | | |
| | 简单污水处理 | | | | ○ | | ○ | | ○ | | ○ | | ○ | | ○ | ○ 低水 平 | △ 较高 水平 | | |

注：1. 表中 ○—可设；△—宜设；●—应设。
　　2. 不同程度污水处理率指采用不同污水处理方法达到的污水处理率。
　　3. 统建、联建、单建污水处理厂指郊区小城镇，小城镇群应优先考虑统建、联建污水处理厂。
　　4. 简单污水处理指经济欠发达、不具备建设较现代化污水处理厂条件的小城镇，选择采用简单、低耗、高效的多种污水处理方式，如氧化塘、多级自然处理系统、管道处理系统，以及环保部门推荐的几种实用污水处理技术。
　　5. 排水体制的具体选择按上表要求外，同时应根据总体规划和环境保护要求，综合考虑自然条件、水体条件、污水量、水质情况、原有排水设施情况，技术经济比较确定。

**6.1.3** 小城镇综合生活污水与工业废水排入其污水系统的水质应符合《污水排入城市下水道水质标准》（CJ 3082）的要求。

**6.1.4** 小城镇污水处理程度应根据进厂污水的水质、水量和处理后污水的出路（利用或排放）确定。

污水利用应按用户用水的水质标准确定处理程度。

污水排入水体应视受纳水体水域使用功能的环境保护要求结合受纳水体的环境容量，按污染物总量控制与浓度控制相结合的原则确定处理程度。

**6.1.5** 小城镇污水处理厂污泥处理可按《城市排水工程规划规范》有关规定。

## 6.2 雨污水综合利用及排放

**6.2.1** 小城镇排水系统工程规划应结合当地实际情况和生态环境保护要求，考虑雨水资源和污水处理的综合利用途径。

**6.2.2** 水资源不足地区小城镇宜合理利用经处理后符合标准的污水作为乡镇工业用水、生活杂用水和河湖环境景观用水，以及农业灌溉用水等。

**6.2.3** 小城镇污水排放应符合国家《污水综合排放标准》的有关规定；污水用于农田灌溉，应符合现行的国家《农田灌溉水质标准》的有关规定。

**6.2.4** 小城镇污泥处置按《城市排水工程规划规范》执行。

## 附录　小城镇排水系统工程规划标准中小城镇三个规模等级层次、两个发展阶段（规划期限）

三个规模等级层次为：

一级镇：县驻地镇、经济发达地区 3 万人以上镇区人口的中心镇、经济发展一般地区 2.5 万人以上镇区人口的中心镇；

二级镇：经济发达地区一级镇外的中心镇和 2.5 万人以上镇区人口的一般镇、经济发展一般地区一级镇外的中心镇和 2 万人以上镇区人口的一般镇、经济欠发达地区 1 万人以上镇区人口县城镇外的其他镇；

三级镇：二级镇以外的一般镇和在规划期将发展为建制镇的集镇。

两个规划发展阶段（规划期限）为：

近期规划发展阶段；

远期规划发展阶段。

## 本标准用词用语说明

1. 为了便于在执行本标准条文时区别对待，对要求严格程度不同的用词说明如下：

（1）表示很严格，非这样做不可的用词：

正面词采用"必须"；反面词采用"严禁"。

（2）表示严格，在正常情况下均应这样做的用词：

正面词采用"应"；反面词采用"不应"或"不得"。

（3）表示允许稍有选择，在条件许可时首先这样做的用词：

正面词采用"宜"；反面词采用"不宜"；

表示有选择，在一定条件下可以这样做的，采用"可"。

2. 标准中指定应按其他有关标准、规范执行时，写法为："应符合……的规定"或"应按……执行"。

# 小城镇排水系统工程规划建设标准
## （建议稿）
## 条 文 说 明

## 1 总则

**1.0.1～1.0.2** 阐明本标准（建议稿）编制的目的、相关依据及适用范围。

本标准（建议稿）所称小城镇是国家批准的建制镇中县驻地镇和其他建制镇（根据城市规划法建制镇属城市范畴；此处其他建制镇，在《村镇规划标准》中又属村镇范畴），以及在规划期将发展为建制镇的乡（集）镇。

小城镇是"城之尾、乡之首"，是城乡结合部的社会综合体发挥上连城市、下引农村的社会和经济功能。县城镇和中心镇是县域经济、政治、文化中心或县（市）域中农村一定区域的经济、文化中心。我国小城镇量大、面广，不同地区小城镇的人口规模、自然条件、历史基础、经济发展、基础设施差别甚大。小城镇排水系统工程规划建设既不能简单照搬城市相关规划标准，又无法依靠村镇相关规划标准的简单条款，编制其单独标准作为其规划依据是必要的，也是符合我国小城镇实际情况的。

本标准（建议稿）编制基于中国城市规划设计研究院小城镇排水工程规划标准研究和本课题大量补充调研分析论证研究的基础，根据任务书要求，编制除修改补充外，还增加建设相关的部分标准条款；同时依据相关政策法规要求，考虑了相关标准的协调。本标准及其技术指标的中间成果征询了22个省、直辖市建设厅、规委、规划局和100多个规划编制、管理方面的规划标准使用单位的意见，同时标准建议稿吸纳了专家论证预审的许多好的建议。

**1.0.3** 本条规定小城镇排水系统工程规划应贯彻环境保护方面的有关方针，并执行"预防为主，综合治理"以及环境保护方面的有关法规、标准和技术政策，体现资源的可持续利用和生态环境的良性循环。

小城镇排水系统工程规划应对排水系统全面规划，对排水设施合理布局，对污水、污泥的处理处置应执行"综合利用，化害为利，保护环境，造福人民"的原则。

**1.0.4** 我国小城镇规划建设基础比较薄弱，处理好近期建设与远期规划的关系十分重要，也非常现实。

本条款规定上述相关原则。

**1.0.5** 城镇密集地区小城镇跨镇排水系统工程规划的排水受纳体、污水处理厂与河流流域、区域规划相关；排水工程与给水工程规划之间联系紧密；排水工程规划的污水量、污水处理程度、受纳水体及污水出口应与给水工程规划的用水量、回用再生水的水质、水量和水源地及其卫生防护区相协调。小城镇排水工程规划的受纳水体与小城镇水系规划、防洪规划相关，应与规划水系的功能和防洪设计水位相协调。

小城镇排水工程规划管渠多沿镇区道路敷设，应与小城镇规划的道路布局和宽度相协调。

小城镇排水工程规划中排水管渠的布置和泵站、污水处理厂位置的确定应与镇区竖向规划相协调。

节约用地是我国基本国策，通过规划节约用地是节约用地的重要途径。排水设施用地从选址到用地预留都应贯彻"节约用地保护耕地"的原则。

**1.0.6～1.0.9** 分别提出不同区位、不同分布形态小城镇排水系统工程规划标准执行的原则要求。考虑到部分有条件小城镇远期可能上升为中、小城市，部分有条件的乡（集）镇远期有可能上升为建制镇，上述规划执行标准应有区别。但上述升级涉及到行政审批，规划不太好掌握，所以1.0.6条、1.0.9条款强调规划应比照上一层次标准执行。

**1.0.10** 我国小城镇基础薄弱，不但与城市差别很大而且小城镇本身量大面广，不同类别、不同地区、不同规模小城镇之间经济基础差别也很大。因此，根据小城镇实际情况，因地制宜采用经济适用的排水和污水处理新技术符合我国国情，不但是必要的，而且也是很现实的。

我国"八五"、"九五"研制的污水处理设备，如淹没式生物膜滤池、一体化地埋式污水处理设备"十五"国家小城镇建设促进工程科技专项攻关研究，其中包括排水系统优化及其建设技术，这些都为小城镇排水系统工程规划建设采用新技术新工艺新办法提供保证。

**1.0.11** 本标准编制多有依据相关规范或有涉及相关规范的某些共同条款。本条体现小城镇排水系统工程规划标准与相关规范间应同时遵循规范统一性的原则。

相关标准和规范主要有：

(1)《城市排水工程规划规范》（GB 50318—2000）；

(2)《城市给水工程规划规范》（GB 50282—1998）；

(3)《污水综合排放标准》（GB 8978—1996）；

(4)《地表水环境质量标准》（GB 3838—2002）；

(5)《城市污水处理厂污水污泥排放标准》（CJ 3025—1993）；

(6)《生活杂用水水质标准》（GB 2501—1989）；

(7)《景观娱乐用水水质标准》（GB 12941—1991）；

(8)《农田灌溉水质标准》（GB 5084—2005）；

(9)《海水水质标准》（GB 3097—1997）；

(10)《农用污泥中污染物控制标准》（GB 4282—1984）；

(11)《室外排水设计规范》（GBJ 14—1987）；

(12)《给水排水基本术语标准》（GBJ 125—1989）；

(13)《城市用地分类与规划建设用地标准》（GBJ 137—1990）；

(14)《城市生活垃圾卫生填埋技术标准》（CJJ 17—1988）；

(15)《城市环境卫生设施规划规范》（GB 50337—2003）；

(16)《室外给水排水和煤气热力工程抗震设计规范》（TJ32—1978）；

(17)《室外给水排水工程设施抗震鉴定标准》（GBJ 43—1982）；

(18)《城市工程管线综合规划规范》（GB 50289—1998）；

(19)《污水排入城市下水道水质标准》（CJ 3082—1999）；

(20)《城市规划基本术语标准》（GB/T 50280—1998）；

(21)《城市竖向规划规范》(CJJ 83—1999)。

## 2 规划内容、范围、期限与排水体制

**2.0.1** 规定小城镇排水系统工程规划应包括的主要内容。

小城镇排水系统工程规划内容既应考虑与城市、村镇排水工程规划内容共同部分的一致性，同时又要突出小城镇排水系统工程规划的不同特点和要求。小城镇排水系统规划内容应在参照城市相关规划内容的同时，从小城镇实际出发，考虑区别于城市的一些内容，这些不同内容着重反映在以下方面：

(1) 城镇密集地区小城镇污水处理厂等跨镇排水设施的联建共享。

(2) 不同小城镇排水体制、排水方案的因地制宜选择和确定。

(3) 分散独立分布的不同地区、不同类别小城镇污水处理规划技术方案选择。

**2.0.2～2.0.3** 提出小城镇排水系统工程规划范围和期限的要求。

当水源地和输水管线在小城镇规划区外时，应把水源地及输水管纳入小城镇排水工程规划范围，以便小城镇排水系统工程规划与相关规划衔接；当超出小城镇辖区范围时，应和有关部门协调。

本条规定主要针对小城镇总体规划的排水系统工程规划并主要依据《城市规划编制办法实施细则》和其他相关规范的有关要求和规定。

**2.0.4～2.0.5** 提出小城镇排水体制选择的依据和原则。

小城镇排水体制选择应考虑小城镇的特点和不同小城镇的实际情况，因地制宜选择并经技术经济方案比较确定。

根据对四川、重庆、湖北等 9 省市小城镇有关调查，小城镇现状排水管网面积普及率约 40%～60%，排水体制合流制较多，分流制较少，且有许多小城镇尚只有明渠或简单排水渠道。由于合流制特别是直排式合流制，污水不经处理、直接就近排入水体，对水体污染严重，一般不宜采用；选择截流式合流制、雨天仍有部分混合污水，经溢流井溢出，直接排入水体，对水体污染仍较严重；而分流制适应小城镇建设发展、环境保护和卫生条件好，是小城镇排水体制的发展方向。

从小城镇远期经济社会发展和发展方向考虑，本条提出小城镇排水体制原则上一般宜选分流制，但对于经济发展一般地区和欠发达地区小城镇近期或远期可因地制宜选择不完全分流制，有条件时，过渡到完全分流制，既考虑这些小城镇一定发展时期经济发展水平和基础设施水平可能达到实际情况，又为这些小城镇创造远期、远期后社会经济发展，实施从不完全分流过渡到完全分流的有一个较便利条件。同时考虑我国小城镇差异性，对于某些条件适宜或雨水稀少特殊地区的小城镇，提出采用截流式合流制并辅以相关技术处理要求的的合理性。

## 3 排水量

### 3.1 一般规定

**3.1.1～3.1.2** 提出小城镇排水量、污水量、降水量的构成。

小城镇排水量、污水量、降水量的构成基本同城市相关构成。

由于小城镇自备水源供水量占总供水量比例相对城市来说要大一些，小城镇污水量中

由自备水源供水的用户排出的小城镇综合生活污水量相应比例也要比城市大一些。

## 3.2 污水量

**3.2.1～3.2.3** 提出小城镇污水量、综合生活污水量、工业废水量的估算方法。

小城镇污水量主要用于确定小城镇污水总规模。小城镇污水量、综合生活污水量、工业废水量的估算方法基本同《城市排水工程规划规范》相关内容。

采用本标准人均综合生活用水量指标估算小城镇综合生活污水量时，应注意根据规划小城镇的用水特点将"最高日"用水量换算成平均日用水量。

**3.2.4～3.2.6** 提出小城镇分类污水排放系数的取值原则，规定小城镇污水排放系数的取值范围。

《城市排水工程规划规范》编制分析研究指出"影响城市分类污水排放系数大小的主要因素应是建筑室内排水设施的完善程度和各工业行业生产工艺、设备及技术、管理水平以及城市排水设施普及率"。

我国小城镇建筑室内排水设施的完善程度及镇区排水设施普及率与城市尚有较大差距，经济欠发达地区一些小城镇规划期末排水设施普及率达不到100%，不能按规划期末能达到100%的城镇标准考虑，而应按规划普及率考虑。

各工业行业生产工艺、设备和技术、管理水平可根据小城镇总体规划的有关要求，对新、老工业情况进行综合评价，按先进不同等级确定相应的工业废水排放系数。

小城镇综合生活污水排放系数可根据小城镇总体规划对居住、公共设施等建筑物室内给、排水设施水平的要求，结合小城镇镇区改造保留现状，对比《城市排水工程规划规范》中城市建筑室内排水设施的完善程度三种类型划分，确定小城镇规划建筑室内排水设施完善程度后，按0.75～0.9范围比较选择确定。

小城镇工业废水排放系数应根据其工业结构、工业分类、生产设备和工艺水平，小城镇排水设施普及率等分析比较按表3.2.4选择确定。

工业废水排放系数不含石油、天然气开采业和其他矿与煤炭采选业以及电力蒸汽水产供业的工业废水排放系数，因以上三个行业生产条件特殊，其工业废水排放系数与其他工业行业出入较大，应根据当地厂、矿区的气候、水文地质条件和废水利用、排放合理确定，单独进行以上三个行业的工业废水量估算。

**3.2.7** 对地下水较高地区小城镇污水量适当考虑地下水渗入量作出规定，应用中应同时根据当地的水文地质情况，结合管道和接口采用的材料以及施工质量选择确定。

**3.2.8** 提出小城镇污水量计算中考虑总变化系数的选值原则。

小城镇综合生活污水量总变化系数主要依据《室外排水设计规范》（GBJ 14—1987）（1997年修订），可参照下表：

| 污水平均流量（c/s） | 5 | 15 | 40 | 70 | 100 | 200 | 500 | ≥1000 |
|---|---|---|---|---|---|---|---|---|
| 总变化系数 | 2.3 | 2.0 | 1.8 | 1.7 | 1.6 | 1.5 | 1.4 | 1.3 |

工业废水总变化系数应根据小城镇具体情况按行业工业废水排放规律分析，按相关标准提出的下列数值范围选择。

冶金工业：1.0～1.1　纺织工业：1.5～2.0
制革工业：1.5～2.0　化学工业：1.3～1.5

食品工业：1.5~2.0　造纸工业：1.3~1.8

上述当有两个及两个以上工厂的生产污水排入同一干管时，参考《城市排水工程规划规范》，应在各工厂的污水量相加后再乘一折减同时系数 $C$，$C$ 值可按相关标准提出的下列数值范围选取：

| 工厂数 | 折减同时系数 $C$ |
|---|---|
| 2~3 | 0.95~1.00 |
| 3~4 | 0.85~0.95 |
| 4~5 | 0.80~0.85 |
| 5以上 | 0.70~0.8 |

## 3.3 雨水量

**3.3.1** 小城镇防洪、排涝与雨水量直接相关，防洪、排涝系统是防止雨水径流危害小城镇安全的主要工程设施，也是其废水排放的受纳水体。如果小城镇防洪排涝系统不完善，只靠小城镇排水工程解决不了小城镇遭受雨洪威胁的可能，相互间应互相协调，按各自功能充分发挥作用。

本条规定小城镇排水系统工程规划中雨水量计算应与防洪、排涝规划相协调的要求，以确保小城镇排水与防洪、排涝一致性和互补性。

**3.3.2~3.3.4** 提出小城镇雨水量计算方法

雨水量的计算与《城市排水工程规划规范》相关内容相同，主要采用现行的常规计算办法也称极限强度法。

小城镇暴雨强度计算考虑到小城镇收集本地暴雨强度公式较困难，一般可按地理环境、气候相似的所属城市或邻近城市的暴雨强度公式。

小城镇径流系数主要比较《城市排水工程规划规范》相关规定分析确定。

**3.3.5** 规定小城镇雨水管渠规划重现期的选定原则和依据。

其相关分析主要参照《城市排水工程规划规范》城市雨水管渠规划重现期的选定原则和依据。

## 3.4 合流水量与排水规模

**3.4.1** 提出小城镇排水合流管渠的设计流量组成及计算。

**3.4.2** 提出小城镇其他合流水量和排水规模规定。

小城镇其他合流水量和排水规模规定同《城市排水工程规划规范》。

# 4 排水系统

## 4.1 一般规定

**4.1.1~4.1.5** 提出小城镇排水系统组成及其污水排除系统、工业废水排除系统、雨水排除系统、合流制雨污水排除系统的基本组成。

## 4.2 废水受纳体

**4.2.1~4.2.2** 提出小城镇雨水和达标污水的可选择排放受纳体及其应符合的条件。

**4.2.2** 规定小城镇污水排放污水受纳体的环境保护要求，小城镇污水排放应充分利用受纳体的环境容量，使污水排放污染物与受纳体的环境容量相平衡，保护资源改善环境。

**4.2.3** 提出小城镇废水受纳体选择范围及选择依据。

小城镇废水受纳体原则上应在小城镇规划区范围内选择，跨区选择应与当地有关部门协商解决。方案选择应充分考虑有利条件和不利条件，如受纳水体能满足污水排放环境保护要求，应尽量不采用受纳土地。

达标排放的小城镇污水，在符合环境保护条件下可考虑排入水量不足的季节性河流补充河流景观水体。

### 4.3 系统布局及优化

**4.3.1~4.3.2** 提出小城镇污水排除系统的系统布局。

城镇密集区小城镇污水排除系统应考虑统筹规划联建共享的污水排除系统，并结合城镇群规划布局、相关竖向规划、道路布局、坡向以及污水受纳体和污水处理厂位置进行流域划分和系统布局。

分散独立分布小城镇污水排除系统应在相关因素分析基础上，经方案经济技术比较综合评价后确定。

**4.3.3~4.3.5** 提出小城镇雨水排除系统流域划分、系统布局和管网布置的原则及相关要求。

**4.3.6** 提出小城镇截流式合流制雨污水排除系统布局的基本要求。

**4.3.7** 提出小城镇雨、污水排除系统规划布置的基本要求。

### 4.4 排水管网

**4.4.1~4.4.2** 提出小城镇排水管渠布置和敷设基本要求。

## 5 排水泵站、污水处理厂

**5.0.1** 提出小城镇排水泵站规划设置和预留用地面积的要求和依据。

**5.0.2** 规定污水处理厂及其出水口的规划选址要求。

**5.0.3** 提出污水处理厂规划预留用地面积的要求。

表5.0.3依据全国市政工程投资估算指标的相关污水处理厂用地估算指标。

小城镇污水处理厂规划一般为小于$1\times10^4 \mathrm{m}^3/\mathrm{d}$小型污水处理厂。

## 6 污水处理与雨污水综合利用

### 6.1 污水处理

**6.1.1** 提出小城镇污水处理方式选择和污水处理厂规划的主要原则要求。

**6.1.2** 提出不同地区、不同发展阶段小城镇排水和污水处理系统相关的合理水平及其适宜选择分析比较的相关因素。

表6.1.2是在全国小城镇概况分析的同时，重点对四川、重庆、湖北的中心城市周边小城镇、三峡库区小城镇、丘陵地区和山区小城镇、浙江的工业主导型小城镇、商贸流通型小城镇、福建的生态旅游型小城镇、工贸型等小城镇的社会、经济发展状况、建设水平、排水、污水处理状况、生态状况及环境卫生状况的分类综合调查和相关规划分析研究及部分推算的基础上得出来的，因而具有一定的代表性。

对不同地区、不同规模级别的小城镇按不同规划期提出因地因时而宜的规划不同合理水平，增加可操作性，同时表中除应设要求外，还分宜设、可设要求，以增加操作的灵活性。

**6.1.3～6.1.5** 提出小城镇综合生活污水与工业废水排入污水系统的基本要求及污水处理程度的依据和要求。

上述参照《城市排水工程规划规范》和《城市污水处理厂污水污泥排放标准》(CJ 3025—1993)。

## 6.2 雨污水综合利用及排放

**6.2.1** 提出小城镇排水规划雨水资源和污水处理综合利用的原则要求。

我国水资源缺乏，许多地方缺水逐年加剧，而污水排放量逐年增加，大量污水未经处理或未经有效处理排放，一方面污染环境，特别是水环境，另一方面加剧水资源的短缺。

我国却又是雨水资源丰富的国家，年降水量达 $61900 \times 10^8 m^3$，然而由于没有很好利用，资源浪费，许多缺水城镇一是暴雨洪涝，二是旱季严重缺水。

当今，许多国家把雨水资源化作城镇生态系统的一部分，在德国的一些地区利用雨水可节约饮用水达50%，在公共场所用水和工业用水中节约更多。并且雨水利用还有更多的经济、生态意义。

我国雨水资源和污水处理的综合利用较多用于农业，小城镇排水规划结合当地实际情况和生态保护，考虑雨水资源和污水处理的综合利用的规划原则更为重要。以干旱的新疆为例，充分利用光热资源丰富的有利条件，1994年除城市外，全区69个县城已有40个县城立项因地制宜建设稳定塘污水处理工程，初步形成污水处理稳定塘体系，经过稳定塘处理的污水，夏季多用于农田灌溉，非灌溉期的污水利用，采取秋天整地，冬天稳定塘出水取代清水压盐碱地，取得很好的效益。

**6.2.2** 强调水资源不足地区小城镇的雨污水综合利用。

**6.2.3** 提出小城镇污水排放应符合的相关标准要求。

**6.2.4** 提出小城镇污泥处置的执行标准要求。

# 小城镇供电系统工程规划建设标准
## （建议稿）

## 1 总则

**1.0.1** 为规范小城镇供电系统工程规划编制，提高规划编制质量及相关建设技术水平，制定本标准。

**1.0.2** 本标准适用于县城镇、中心镇、一般镇的小城镇规划中的供电系统工程规划与相关建设。

**1.0.3** 小城镇供电系统工程规划建设应遵循整体规划、合理布局、因地制宜、节约用地、经济适用、分期实施、实行经济效益、社会效益和环境效益统一及可持续发展的原则。

**1.0.4** 位于城市规划区内的小城镇供电工程设施应按所在地的城市规划统筹安排。

**1.0.5** 规划期内有条件成为城市的县城镇和中心镇的供电系统工程规划，应比照《城市电力工程规划规范》要求执行。

**1.0.6** 位于城镇密集区的小城镇供电系统工程设施应按其所在地的相关区域规划统筹安排，联建共享。

**1.0.7** 独立分散小城镇供电工程规划应以县（市）域城镇体系规划的电力工程规划为指导，结合小城镇经济、社会发展实际情况，做出具体安排。

**1.0.8** 规划期内有条件成为建制镇的乡（集）镇供电工程规划可比照本标准执行。

**1.0.9** 小城镇供电系统工程规划建设的合理水平、定量化指标应主要依据小城镇性质、类型、人口规模、经济、社会发展与城镇建设及居民生活水平、生活习俗等相关因素分析比较确定，并考虑供电系统工程设施规划建设的适当超前。

**1.0.10** 小城镇供电系统工程规划，除应符合本标准外，尚应符合国家现行的有关标准和规范的规定。

## 2 规划内容、范围与期限

**2.0.1** 小城镇供电工程规划的主要内容应包括用电负荷预测、电力平衡、确定电源和电压等级，电力网主网规划及主要供电设施配置（详细规划应包括中压配电网规划及其主要设施配置），确定高压线走廊，提出近期主要建设项目。

**2.0.2** 小城镇供电系统工程规划范围与小城镇总体规划范围一致，当供电小城镇的电源在规划区以外时，进镇高压输电线路应纳入小城镇供电系统工程规划范围。

**2.0.3** 小城镇供电系统工程规划期限应与小城镇总体规划期限一致。

## 3 用电负荷

**3.0.1** 小城镇用电负荷预测方法，总体规划主要选用电力弹性系数法、回归分析法、单位用地面积用电综合指标法、增长率法；详细规划主要选用单位建筑面积用电指标法、单耗法。

**3.0.2** 用电负荷预测一般应选两种以上方法预测，以其中一种以上方法为主，一种方法用于校核。

**3.0.3** 小城镇用电负荷一般宜分第一产业用电、第二产业用电、第三产业用电和市政、生活用电。

**3.0.4** 当小城镇供电总体规划采用人均市政、人均生活用电指标预测市政、生活用电时，应结合小城镇的地理位置、经济、社会发展与城镇建设水平、人口规模、居民经济收入、生活水平、能源消费构成、气候条件、生活习惯、节能措施等因素，综合分析比较，以现状用电水平为基础，对照表3.0.4指标幅值范围选定。

小城镇规划人均市政、生活用电指标 [kWh/（人·a）]　　表3.0.4

| 小城镇规模分级 | 经济发达地区 | | | 经济发展一般地区 | | | 经济欠发达地区 | | |
|---|---|---|---|---|---|---|---|---|---|
| | 一 | 二 | 三 | 一 | 二 | 三 | 一 | 二 | 三 |
| 近期 | 560～630 | 510～580 | 430～510 | 440～520 | 420～480 | 340～420 | 360～440 | 310～360 | 230～310 |
| 远期 | 1960～2200 | 1790～2060 | 1510～1790 | 1650～1880 | 1530～1740 | 1250～1530 | 1400～1720 | 1230～1400 | 910～1230 |

**3.0.5** 当采用负荷密度法进行负荷预测时，其居住、公共设施、工业三大类单位建设用地负荷指标的选取，应根据其具体构成分类及负荷特征，结合现状水平和不同小城镇实际情况，按表3.0.5分析、比较选定。

小城镇规划单位建设用地负荷指标　　表3.0.5

| 建设用地分类 | 居住用地 | 公共设施用地 | 工业用地 |
|---|---|---|---|
| 单位建设用地负荷指标（kW/ha） | 80～280 | 300～550 | 200～500 |

注：表未列的其他类建设用地的规划单位建设用地负荷指标的选取，可根据当地小城镇实际情况，调查分析确定。

**3.0.6** 当采用单位建筑面积用电负荷指标法预测用电负荷时，其居住建筑、公共建筑、工业建筑的规划单位建筑面积负荷指标的选取，应根据三大类建筑的具体构成分类及其用电设备配置，结合当地各类建筑单位建筑面积负荷现状水平，按表3.0.6分析、比较选定。

小城镇规划单位建筑面积用电负荷指标　　表3.0.6

| 建设用地分类 | 居住建筑 | 公共建筑 | 工业建筑 |
|---|---|---|---|
| 单位建设用地负荷指标（W/m²） | 15～40W/m²<br>1～4kW/户 | 30～80 | 20～80 |

注：表未列的其他类建筑用地的规划单位建设用地负荷指标的选取，可根据当地小城镇实际情况，调查分析确定。

# 4　电源规划与电力平衡

**4.0.1** 小城镇供电电源可分为接受区域电力系统电能的电源变电站和小城镇水电站、发电厂两类。

**4.0.2** 小城镇的供电电源，条件许可应优先选择区域电力系统供电，对规划期内区域电力系统电能不能经济、合理供到的地区的小城镇，应充分利用本地区的能源条件，因地制宜地建设适宜规模的发电厂（站）作为小城镇供电电源。

**4.0.3** 小城镇发电厂和电源变电站的选择应以县（市）域供电规划为依据，并应符合厂、站建设条件，线路进出方便和接近负荷中心等要求。

**4.0.4** 总体规划中小城镇供电规划应根据负荷预测（适当考虑备用容量）和现有电源变电站、发电厂的供电能力及供电方案，进行电力电量平衡，测算规划期内电力、电量的余缺，提出规划年限内需增加电源变电所和发电厂的装机总容量。

## 5 电压等级选择与电力网规划

### 5.1 电压等级选择

**5.1.1** 小城镇供电电压等级宜为国家标准电压 220kV、110kV、66kV、35kV、10kV 和 380V、220V 中选择的 3～4 级，三个变压层次，并结合所在地区规定选定电压标准。

**5.1.2** 小城镇电网中的最高一级电压，应根据其电网远期规划的负荷量和其电网与地区电力系统的连接方式确定。

**5.1.3** 小城镇电网各电压层网容量之间，应按一定的变电容载比配置，容载比应符合《城市电力网规划设计导则》及其他有关规定。

**5.1.4** 小城镇电网规划应贯彻分层分区原则，各分层分区应有明确的供电范围，避免重叠、交错。

### 5.2 电力网规划

**5.2.1** 小城镇电力网可包括 220kV、110（66）kV 高压输电网、110（66）kV、35kV 高压配电网、10（6）kV 中压配电网及 380V、220V 低压配电网。

**5.2.2** 小城镇规划中电力网规划应含以下内容：
(1) 电压等级的选择；
(2) 接线方式的选择；
(3) 变电站的布局和容量的选择；
(4) 电力网主要输配线路布置；
(5) 专项规划尚应包括无功功率补偿。

**5.2.3** 小城镇电力网规划优化应在电源选择、用电负荷预测、电力平衡、电压等级选定基础上，以远期规划为主，近期规划与远期规划结合，进行多方案经济技术比较。

**5.2.4** 小城镇电力网规划优化应同时遵循以下原则：
(1) 电网设施合理水平与小城镇经济社会发展水平相适应原则；
(2) "N-1" 电力可靠性原则；
(3) 分层分区供电，避免重叠，交错供电原则；
(4) 因地制宜经济、合理原则；
(5) 网络建设可持续发展原则。

**5.2.5** 小城镇电力网规划应根据规划区内的规划期负荷分布、负荷密度、地理条件和小区及用地地块的远期发展情况，结合现状，经方案技术经济比较划分 35kV 供电区、110kV 供电区。

**5.2.6** 小城镇电力网规划变电站布局应符合以下要求：
(1) 变电站的位置应靠近负荷中心；
(2) 综合考虑敷设送电线路的远近及其对配电网路投资的影响，由技术经济比较，确定最佳布点方案；

(3) 经济供电半径要求；
(4) 供电负荷性质及其对变电站容量的影响要求；
(5) 变电站进出线走廊及地形地质、交通、防洪要求。

## 6 变电站设施及用地

**6.0.1** 小城镇35～110kV变电站一般宜采用布置紧凑、占地较少的全户外或半户外式结构，选址应符合有关要求；小城镇35～110kV变电站应按最终规模预留用地，并应结合所在小城镇的实际用地条件，按表6.0.1分析比较选定，220kV区域变电站用地按《城市电力规划规范》有关规定预留。

小城镇35～110kV变电站规划用地面积控制指标　　　　表6.0.1

| 变压等级（一次电压/二次电压） | 主变压器容量 MVA/台（组） | 变电站结构形式及用地面积（m²） | |
|---|---|---|---|
| | | 全户外式用地面积 | 半户外式用地面积 |
| 110（66）/10kV | 20～63/2～3 | 3500～5500 | 1500～3000 |
| 35/10kV | 5.6～31.5/2～3 | 2000～3500 | 1000～2000 |

**6.0.2** 小城镇变电站主变压器安装台（组）数宜为2～3台（组），单台（组）主变压器容量应标准化、系列化；35～220kV主变压器单台（组）容量选择，应符合国家有关规定。

**6.0.3** 小城镇公用配电站的位置应接近负荷中心，其配电变压器的安装台数宜为两台，居住区单台容量一般可选630kVA以下，工业区单台容量不宜超过1000kVA。

## 7 电力线路及敷设

**7.0.1** 小城镇电力线路按敷设方法分类，应包括架空电力线路和地下电缆电力线路。

**7.0.2** 小城镇规划区架空电力线路应根据小城镇地形、地貌特点和道路网规划，沿道路、河渠、绿化带架设。

**7.0.3** 不同地区、不同类型、不同规模小城镇电力线路敷设方式应根据小城镇的性质、规模、作用地位、经济社会发展水平，结合小城镇实际情况，按表7.0.3要求选择。

小城镇电力线路敷设方式　　　　表7.0.3

| 电力线路分项 | 小城镇分级 | | | | | | | | |
|---|---|---|---|---|---|---|---|---|---|
| | 发达地区 | | | 经济一般地区 | | | 欠发达地区 | | |
| | 一 | 二 | 三 | 一 | 二 | 三 | 一 | 二 | 三 |
| | 中心区、新建居住小区 | | | | | | | | |
| 10kV、(6kV)、380/220V中、低压电力线路 | 近期电缆或架空绝缘线；远期电缆 | 近期架空绝缘线；远期电缆或架空绝缘线 | 近期架空绝缘线；远期电缆 | 远期电缆或架空绝缘线 | 远期电缆或架空绝缘线 | 远期架空绝缘线 | 远期电缆或架空绝缘线 | 远期架空绝缘线 | 远期架空绝缘线 |
| 35kV以上高压电力线路 | 1. 架空、杆塔敷设、预留高压线走廊。<br>2. 规划新建35～110kV高压架空电力线路不应穿越小城镇中心区和重要风景旅游区，上述地区和对架空裸导线有严重腐蚀性地区应采用地下电缆。<br>3. 220kV架空高压电力线路及过境220kV以上高压架空线路应在镇区外预留通道 | | | | | | | | |

注：1. 镇区非中心区、新建居住小区的10kV以下电力线路敷设方式宜根据小城镇实际情况，比较中心区、新建居住小区的要求选择。
　　2. 小城镇分级见附录B。

**7.0.4** 小城镇35kV以上高压架空电力线路走廊的宽度的确定，应综合考虑小城镇所在地的气象条件、导线最大风偏、边导线与建筑物之间的安全距离、导线最大弧垂、导线排列方式以及杆塔型式、杆塔档距等因素，通过技术经济比较后确定，镇区内单杆单回水平排列或单杆多回垂直排列的35kV以上高压架空电力线路的规划走廊宽度应结合所在地的地理位置、地形、地貌、水文、地质、气象等条件及当地用地条件，按表7.0.4要求选定。

小城镇35kV以上高压架空电力线路规划走廊宽度  表7.0.4

| 线路电压等级（kV） | 高压架空电力线路走廊宽度（m） | 线路电压等级（kV） | 高压架空电力线路走廊宽度（m） |
|---|---|---|---|
| 35 | 12～20 | 220 | 30～40 |
| 66、110 | 15～25 | | |

**7.0.5** 小城镇镇区35kV以上高压电力架空线路宜采用占地较少的窄基杆塔和多回路同杆架设的紧凑型线路结构。为满足线路导线对地面和树木间的垂直距离要求，杆塔应适当增加高度，缩小档距，在计算导线最大弧垂情况下，架空电力线路导线与地面、街道行道树之间的最小垂直距离，应符合本导则附录B的表B-1和B-2的规定。

**7.0.6** 110kV以上变电站与高压架空电力线路应注意对邻近通信交换局所等的干扰和影响，应满足其间安全距离相关标准要求，并应同时满足与电台、领（导）航台之间的安全距离要求。

**7.0.7** 小城镇架空电力杆线与建（构）筑物等的最小水平净距应符合表7.0.7的规定。

电力架空杆线与建（构）筑物及热力管线之间的最小水平净距（m）  表7.0.7

| 名　　称 | | 建筑物（凸出部分） | 道路（路缘石） | 铁路（轨道中心） | 热力管线 |
|---|---|---|---|---|---|
| 电力 | 10kV边导线 | 2.0 | 0.5 | 杆高加3.0 | 2.0 |
| | 35kV边导线 | 3.0 | 0.5 | 杆高加3.0 | 4.0 |
| | 110kV边导线 | 4.0 | 0.5 | 4/3杆高 | 4.0 |

**7.0.8** 小城镇架空电力杆线与建（构）筑物及电信、热力管线交叉最小垂直净距应符合表7.0.8的规定。

架空杆线与建（构）筑物及电信、热力管线交叉时的最小垂直净距（m）  表7.0.8

| 名　　称 | | 建筑物（顶端） | 道路 | 铁路（轨顶） | 电信线 | | 热力杆线 |
|---|---|---|---|---|---|---|---|
| | | | | | 电力线有防雷装置 | 电力线无防雷装置 | |
| 电力杆线 | 10kV及以下 | 3.0 | 7.0 | 7.5 | 2.0 | 4.0 | 2.0 |
| | 35～110kV | 4.0 | 7.0 | 7.5 | 3.0 | 5.0 | 3.0 |

**7.0.9** 小城镇地下电力电缆线路应主要采用直埋、线槽和电缆沟方法敷设。

**7.0.10** 当同一路径不同电压等级电力电缆根数不变（不超过6根）在人行道和公园绿地以及小区道路一侧等不易经常开挖的地段，宜采用直埋敷设方式。直埋电力电缆之间及直埋电力电缆与控制电缆、通信电缆、地下管沟、道路、建筑物、构筑物、树木等之间的安全距离，不应小于附录 C 表 C 的规定。

**7.0.11** 在地下水位较高的地方和不宜直埋且无机动荷载的人行道等处，当同路径敷设电缆根数不多时，可采用线槽敷设方式；当电缆根数较多或需要分期敷设而开挖不便时，宜采用电缆沟敷设方式。

**7.0.12** 小城镇地下电力电缆线路的路径选择，应符合《电力工程电缆设计规范》的有关规定，同时应结合镇区路网规划的道路走向，并保证地下电力电缆线路与镇区其他市政公用工程管线间的安全距离。

**7.0.13** 小城镇地下电力电缆线路原则上宜在道路人行道一侧，与电信电缆线路分侧布置。

**7.0.14** 采用电缆沟敷设的同一路段上的不同电压等级电力电缆线路，宜同沟敷设。

**7.0.15** 小城镇电力电缆线路通过桥梁敷设应同时满足《电力工程电缆设计规范》技术要求和桥梁设计安全消防的技术标准规定。

**7.0.16** 地下电力电缆与公路、铁路、镇区道路交叉处，或需通过小型建筑物及广场区段，当电缆根数较多时，宜采用排管敷设方式。

## 附录 A：小城镇电力系统工程规划标准中小城镇三个规模等级层次、两个发展阶段（规划期限）

三个规模等级层次为：

一级镇：县驻地镇、经济发达地区 3 万人以上镇区人口的中心镇、经济发展一般地区 2.5 万人以上镇区人口的中心镇；

二级镇：经济发达地区一级镇外的中心镇和 2.5 万人以上镇区人口的一般镇、经济发展一般地区一级镇外的中心镇和 2 万人以上镇区人口的一般镇、经济欠发达地区 1 万人以上镇区人口县城镇外的其他镇；

三级镇：二级镇以外的一般镇和在规划期将发展为建制镇的集镇。

两个规划发展阶段（规划期限）为：

近期规划发展阶段；

远期规划发展阶段（规划年限至 2020 年）。

## 附录 B：小城镇架空电力线与地面道路行道树之间的最小垂直距离

架空电力线与地面间最小垂直距离见附录表 B-1，架空电力线与道路行道树之间最小垂直距离见附录表 B-2。

架空电力线与地面间最小垂直距离（m）（在最大计算导线弧垂情况下）　附录表 B-1

| 线路经过地区 | 线路电压（kV） | | | |
| --- | --- | --- | --- | --- |
| | <1 | 1~10 | 35~110 | 220 |
| 镇区人口密集区 | 6.0 | 6.5 | 7.5 | 8.5 |
| 镇郊人口低密度区 | 5.0 | 5.0 | 6.0 | 6.5 |
| 车辆、农业机械不到达地区 | 4.0 | 4.5 | 5.0 | 5.5 |

架空电力线与道路行道树之间最小垂直距离（考虑树木自然生长高度）　　附录表 B-2

| 线路电压（kV） | <1 | 1～10 | 35～110 | 220 |
|---|---|---|---|---|
| 最小垂直距离（m） | 1.0 | 1.5 | 3.0 | 3.5 |

## 附录C：小城镇直埋电力电缆之间及其与控制电缆、通信电缆、地下管沟、道路、建筑物、构筑物、树木之间安全距离

直埋电力电缆及其与控制电缆、通信电缆、地下管沟、道路、建筑物、构筑物、树木之间安全距离见附录C。

直埋电力电缆及其与控制电缆、通信电缆、地下管沟、
道路、建筑物、构筑物、树木之间安全距离　　附录表 C

| 安全距离分项 | 安全距离（m） | |
|---|---|---|
| | 平　行 | 交　叉 |
| 建筑物、构筑物基础 | 0.50 | — |
| 电杆基础 | 0.60 | — |
| 乔木树主干 | 1.50 | — |
| 灌木丛 | 0.50 | — |
| 10kV以上电力电缆之间，以及10kV及以下电力电缆与控制电缆间 | 0.25（1.10） | 0.50（0.25） |
| 通信电缆 | 0.50（0.10） | 0.50（0.25） |
| 热力管沟 | 2.00 | 0.50 |
| 水管、压缩空气管 | 1.00（0.25） | 0.50（0.25） |
| 可燃气体及易燃液体管道 | 1.00 | 0.50（0.25） |
| 铁路（平行时与轨道、交叉时与轨底，电气化铁路除外） | 3.00 | 1.00 |
| 道路（平行时与侧面，交叉时与路面） | 1.50 | 1.00 |
| 排水明沟（平行时与沟边、交叉时与沟底） | 1.00 | 0.50 |

注：1. 表中所列安全距离，应自各种设施（包括防护外层）的外缘算起；
　　2. 路灯电缆与道路灌木丛平行距离不限；
　　3. 表中括号内数字，是指局部地段电缆穿管，加隔板保护或隔热层保护后允许的最小安全距离；
　　4. 电缆与水管、压缩空气管平行，电缆与管道标高差不大于0.5m时，平行安全距离可减小至0.5m。

## 本标准用词用语说明

1. 为了便于在执行本标准条文时区别对待，对要求严格程度不同的用词说明如下：
（1）表示很严格，非这样做不可的用词：
正面词采用"必须"；反面词采用"严禁"。
（2）表示严格，在正常情况下均应这样做的用词：
正面词采用"应"；反面词采用"不应"或"不得"。

（3）表示允许稍有选择，在条件许可时首先这样做的用词：

正面词采用"宜"；反面词采用"不宜"；

表示有选择，在一定条件下可以这样做的，采用"可"。

2. 标准中指定应按其他有关标准、规范执行时，写法为："应符合……的规定"或"应按……执行"。

# 小城镇供电系统工程规划建设标准
# （建议稿）
# 条 文 说 明

## 1 总则

**1.0.1～1.0.2** 阐明本标准（建议稿）编制的目的、相关依据及适用范围。

本标准（建议稿）所称小城镇是国家批准的建制镇中县驻地镇和其他建制镇（根据城市规划法建制镇属城市范畴；此处其他建制镇，在《村镇规划标准》中又属村镇范畴），以及在规划期将发展为建制镇的乡（集）镇。

小城镇是"城之尾、乡之首"，是城乡结合部的社会综合体发挥上连城市、下引农村的社会和经济功能。县城镇和中心镇是县域经济、政治、文化中心和县（市）域中农村一定区域的经济、文化中心。我国小城镇量大、面广，不同地区小城镇的人口规模、自然条件、历史基础、经济发展、基础设施差别甚大。小城镇供电系统工程规划建设既不能简单照搬城市相关规划标准，又无法依靠村镇相关规划标准的简单条款，编制其单独标准作为其规划标准依据是必要的，也是符合我国小城镇实际情况的。

本标准（建议稿）是在中国城市规划设计研究院小城镇供电工程规划标准研究和本课题大量补充调研、分析论证的基础上，根据任务书要求，编制除修改补充外，还增加建设相关的部分标准条款；同时依据相关政策法规要求，考虑了相关标准的协调。本标准及技术指标的中间成果征询了22个省、直辖市建设厅、规委、规划局和100多个规划编制、管理方面的规划标准使用单位的意见，同时标准建议稿吸纳了专家论证预审的许多好的建议。

**1.0.3** 本条款提出小城镇供电系统工程规划建设基本原则。

我国小城镇规划建设基础比较薄弱，按整体规划、合理布局、因地制宜、节约用地、经济适用、分期实施原则建设以及处理好近期规划建设与远期规划的关系十分重要，也非常现实。

**1.0.4** 提出位于城市规划区内的小城镇供电工程设施应按所在地的城市规划统筹规划原则。

位于城市规划区的小城镇可依托城市基础设施，其供电工程设施是所在城市供电系统的组成部分。

**1.0.5～1.0.8** 分别提出不同区位、不同分布形态小城镇供电系统工程规划标准执行的原则要求。

考虑到部分有条件的小城镇远期规划可能上升为中、小城市，也有部分有条件的乡（集）镇远期规划有可能上升为建制镇，上述小城镇规划的执行标准应有区别。但上述升级涉及到行政审批，规划不太好掌握，所以1.0.5、1.0.9条款强调规划应比照上一层次标准执行。

**1.0.9** 提出小城镇供电系统工程规划建设的合理水平定量化指标相关因素和主要依据。

**1.0.10** 本标准编制多有依据相关规范或有涉及相关规范的某些共同条款。本条款体现小城镇给水系统工程规划建设标准与相关规范间应同时遵循规范的统一性原则。

本标准相关专业标准规范主要有：《城市电力规划规范》GB 50293—1999)、《35～110kV变电所设计规范》(GB 50059—1992)、《220～500kV变电所设计技术规程》(SDJ 2—1988)、《电力工程电缆设计规范》(GB 50217—1994)、《建筑电气设计技术规程》、《架空电力线路与调幅广播收音台、站的防护距离》(GB 7495—1987)、《架空线路与监测台站的防护间距》(GB 7495—1987)、《架空电力线路、变电站对电视差转台、转播台、无线电干扰防护间距标准》(GBJ 143—1990)、《电信线路遭受强电线路危险影响允许值》(GB 6830—1986)；相关国家法规主要有《城市规划法》、《电力法》、《土地法》和《环境保护法》。

## 2 规划内容、范围与期限

**2.0.1** 规定小城镇供电工程规划的规划主要内容。主要依据《城市规划编制办法实施细则》和其他相关规范的有关要求。

小城镇供电系统工程规划内容既应考虑与城市供电工程规划及村镇供电工程规划的共同部分内容的一致性和协调性，同时又要突出小城镇供电系统工程规划的不同特点和要求。小城镇供电系统规划应在参照城市相关规划内容的同时，从小城镇实际出发，考虑区别于城市的一些内容。

这些不同内容着重反映在以下方面：

（1）城镇密集地区小城镇跨镇供电设施电厂、220kV以上变电站架空线路的联建共享；

（2）不同地区、不同类别、分散、独立分布小城镇供电系统工程规划技术方案的因地制宜选择。

**2.0.2～2.0.3** 提出小城镇给水系统工程规划范围和期限的要求。

供电小城镇的电源在小城镇规划区外时，应把进镇高压输电线路纳入小城镇供电工程规划范围，以便小城镇供电系统工程规划与相关规划衔接与协调；当超出小城镇辖区范围时，应和有关部门协调。

本条规定主要针对小城镇供电工程总体规划，并主要依据《城市规划编制办法实施细则》和其他相关规范的有关要求和规定。

## 3 用电负荷

**3.0.1～3.0.2** 提出小城镇总体规划和详细规划用电负荷预测的主要方法及其要求。

小城镇总体规划负荷预测，条文中的电力弹性系数法、回归分析法、增长率法是电力部门、电力设计单位和城市规划设计单位编制城镇供电规划常用的宏观电力负荷预测方法。主要通过收集的有关历史统计数据的分析整理，建立数学模型预测，因每种预测方法都是在一定适用条件下进行的预测，而有一定的局限性。为使预测结果达到需要的准确度，应采用上述两种以上方法预测，并同时也可选用其他预测方法预测，如考虑小城镇用地范围相对较小，可采用不同用地用电指标分类分项预测方法，并采用负荷密度法等预测方法作横向比较与校核。

小城镇详细规划用电负荷预测是微观预测，主要采用建筑面积负荷指标法预测，也可采用用地详细分类用电综合指标法等方法预测和相互校核，以使预测结果更接近规划要求。

**3.0.3** 提出便于小城镇用电负荷预测的小城镇用电负荷组成分类。

**3.0.4** 提出小城镇人均市政、生活用电负荷预测指标及其选用适宜值考虑的相关因素。

表 3.0.4 主要依据及分析研究：

（1）四川、重庆、湖北、福建、浙江、广东、山东、河南、天津等省市不同小城镇的经济社会发展与市政建设水平、居民经济收入、生活水平、家庭拥有主要家用电器状况、能源消费构成、节能措施、用电水平及其变化趋势的调查资料及市政、生活用电变化规律的研究分析。

（2）中国城市规划设计研究院城市二次能源用电水平预测课题调查及其第一、第二次研究的成果。

（3）《城市电力规划规范》中的相关调查分析。

（4）根据调查和上述有关的综合研究分析得出 2005 年不同地区、不同规模等级的小城镇人均市政、生活用电负荷基值及其 2005～2020 年分段预测的年均增长速度如下表：

小城镇人均市政、生活用电负荷基值及其 2005～2020 年分段年均增长速度预测表

| 人均市政生活用电负荷 | 经济发达地区 | | | 经济发展一般地区 | | | 经济欠发达地区 | | |
|---|---|---|---|---|---|---|---|---|---|
| | 小城镇规模分级 | | | | | | | | |
| | 一 | 二 | 三 | 一 | 二 | 三 | 一 | 二 | 三 |
| 2005 年基值 [kWh/(人·a)] | 560～640 | 515～595 | 435～520 | 445～525 | 415～475 | 340～415 | 360～440 | 315～375 | 235～300 |
| 平均年均增长率（%） | | | | | | | | | |
| 2005～2010 年 | 8.8～9.4 | | | 9.2～9.8 | | | 9.5～10.5 | | |
| 2010～2020 年 | 8.2～8.8 | | | 8.8～9.2 | | | 8.9～10.2 | | |
| 备注 | 人均市政生活用电负荷基值为有代表性的调查值或相关调查值的分析比较确定值 | | | | | | | | |

**3.0.5** 提出小城镇总体规划采用负荷密度法进行负荷预测和预测校验时，主要三类用地的负荷密度预测指标和其适宜值选用的相关因素。

表 3.0.5 指标的主要依据是：

（1）广东、福建、浙江、四川、重庆、湖北各类小城镇上述三大类用地建设及其用电的现状、发展趋势、用电变化和规划指标的调查分析。

（2）中国城市规划设计研究院、武汉钢铁设计院等常驻深圳、珠海、中山近 10 个规划设计院和四川、浙江等城乡规划设计研究院城镇三大类用地的单位建设用地负荷预测指标和经深圳供电局、深圳规划局龙岗分局结合其用电实际和规划审核，统一规定的相关负荷预测指标。

（3）《城市电力规划规范》中小城市上述三大类用地的单位建设用电负荷预测指标及其研究分析。

（4）上述综合对比分析和根据小城镇三大类用地主要构成的用电指标适宜值推算。

上述三大类用地构成及用电指标的主要考虑：

小城镇居住用地为居民住宅、村民住宅和其他住宅用地，其用电预测指标的上限，考

虑了经济发达地区县驻地镇、中心镇的部分高级住宅。

公共设施用地分行政管理、教育科技、文化娱体、医疗卫生、邮电金融、商业服务、集市贸易和其他8类用地，指标上限考虑了经济发达地区县驻地镇的部分含较高档次公共设施的整体用电水平。

工业用地主要为一、二、三类乡镇工业，指标上限考虑了工业主导型小城镇含部分耗电量大的中小型重型工业如钢厂等的整体用电水平。

**3.0.6** 提出小城镇三大类建筑的单位建筑面积用电负荷指标及其选用适宜值考虑的相关因素。

表3.0.6指标适用于小城镇详细规划按三大类建筑面积测算的用电负荷预测，除同3.0.5分析依据外，考虑了小城镇详细规划的用地面积较小，其建筑详细分类相对比较集中或单一，因而考虑指标上限较一般用于总体规划的表3.0.5相应用地用电负荷预测指标为高。

居住建筑用电负荷指标下限为经济欠发达地区建设基础薄弱的一般小城镇，随着规划期经济发展、居民生活提高、达到备有中档家用电器的用电水平；上限采用有代表性的深圳等地小城镇规划相应预测指标的适当推算值。

公共建筑单位建筑面积用电负荷指标主要在调查分析不同地区、不同小城镇8大类公共建筑的等级规模、用电设备配置的基础上、对相关的调查指标和现在采用的规划指标分析推算得出，其中指标上限考虑了经济发达地区县驻地镇的百货大楼、宾馆等较高档次公共建筑用电水平。

工业建筑的单位建筑面积用电负荷指标值，主要适用于以电子、纺织、轻工制品等工业为主的综合工业标准厂房建筑，主要依据于小城镇相关调查、有代表性的深圳等地小城镇的相关指标和《城市电力规划规范》的相关调查分析。

# 4 电源规划与电力平衡

**4.0.1** 提出适合小城镇特点的小城镇供电电源分类。

**4.0.2** 阐明小城镇供电电源选择的基本原则要求。

小城镇供电电源应因地制宜经技术经济比较选定。

区域电力系统技术先进、容量大、运行稳定、安全经济供电可靠性高、供电质量好、并能适应小城镇多种负荷迅速增长的需要，经技术经济比较，一般靠近大电网的小城镇由区域大电网供电要比其他电源优越得多，区域电力系统是上述小城镇优选的供电电源。

对于具有丰富水力资源地区的小城镇、充分利用水力廉价，没有污染的能源建设小型水电站，见效快成本低，不需建长距离的输电线路，应为有丰富水资源的山区小城镇、优选的供电电源。

对于少数规划期大电网尚未延伸到或供电不足地区的小城镇，如果当地煤炭资源丰富，经可行性论证也可因地制宜适当考虑适当规模的火电厂作为供电电源。

总之小城镇供电电源宜按大电网供电与开发当地能源相结合的原则，优先选择大电网供电和开发小水电，同时少数地方根据其地方资源特点还可适当开发火电、风力发电。

**4.0.3** 提出小城镇发电厂和电源变电站的规划和选址要求。

**4.0.4** 规定小城镇供电总体规划的电力电量平衡的原则要求。

需要指出本条是根据电力电量平衡测算规划期内电力电量余缺,提出规划年内需增加电源变电所和发电厂的装机总容量。

## 5 电压等级选择与电力网规划

### 5.1 电压等级选择

**5.1.1~5.1.2** 提出小城镇供电规划电压等级的选择原则要求。

我国小城镇电网的最高一级电压,县驻地镇、中心镇较多110kV,次级电压为10kV;而一般镇最高一级电压35kV为多,次级电压为10kV。随着小城镇的规模扩大和建设发展,用电负荷不断增加,一般镇最高一级电压110kV会明显增加,电网也由农村电网逐步向城市电网过渡。为适应负荷持续增长,减少电力建设投资和降低线损、小城镇电网规划也必须简化电压等级,减少变压层次,优化网络结构。

**5.1.3** 提出小城镇电网电压层网容量的配置原则要求。

一般小城镇变电容载比比城市可适当选小一点,但应符合有关规定和安全供电要求。

**5.1.4** 提出小城镇电网规划的分层分区原则要求。小城镇电网"分层分区"原则,有利于电网安全、经济运行和合理供电。分层分区是按电压等级分层,并在分层下,按负荷和电源地理分布特点划分供电区。

### 5.2 电力网规划

**5.2.1** 提出小城镇供电系统工程规划电力网的基本组成。

电压等级110kV以下也称电网配电电压等级(其中,66kV、6kV主要用于东北地区)。选用电压等级应符合国家标准,避免重复降压,现有的非标准电压应限制发展,合理利用,分期改造。

远期有较大电力负荷的县城镇、中心镇和大型一般镇一般需有220kV变电站,其电力网会相应涉及220kV高压输电网、110kV高压配电网;一般小城镇电源主要以110kV站、35kV站为主,电力网涉及110kV高压输电网。上述小城镇110kV、35kV高压配电网,10(6)kV中压配电网和380V、220V低压配电网是共同的。

**5.2.2** 规定小城镇电力网规划应包括的基本内容,其中无功功率补偿主要在电力专项规划中考虑。

**5.2.3~5.2.4** 提出小城镇电力网规划优化基础、原则与方法。

小城镇应因地制宜选择电源、电源规划和用电负荷预测是电力网规划的基础,也是规划中电力平衡的基础,电力网规划优化是在电力平衡基础之上的。小城镇电力规划目的是满足规划期小城镇经济社会发展对电力基础设施的需求,并从节约用地考虑在规划优化的基础上,预留电力设施电厂、变电站和高压电力线路的用地,因此强调电力网以远期规划为主和近远期规划结合是必要的。电力网规划优化遵循的原则与上述规划宗旨也是一致的。

小城镇电力网一般情况是地区电力网的组成部分。规划优化应遵循地区电力网的共同原则,同时根据小城镇特点和实际情况,应提出并强调"因地制宜、经济、合理原则"和"电网设施合理水平与小城镇经济社会发展水平相适应的原则"以及"网络建设可持续发展的原则"等要求。

**5.2.5** 提出小城镇电力网规划划分35kV、110kV供电区及其相关因素。

**5.2.6** 提出小城镇电力网规划变电站布局的基本原则要求。

## 6 变电站设施及用地

**6.0.1** 提出小城镇35kV、110kV变电所一般采用的适宜结构形式和预留用地面积的要求。

小城镇因为负荷较小，35kV、110kV变电所一般在镇区边缘布置，小城镇群的110kV、220kV区域变电所也宜在镇（负荷）之间地段布置，用地较易预留，为节省建设投资和用地，一般宜采用布置紧凑，占地较小的全户外式或半户外式结构。

预留用地面积同《城市电力规划规范》的相同变电站用地面积要求。

**6.0.2** 提出35~220kV变电所主变压器容量和台数选择的规定。并与城网相应规划保持一致。

**6.0.3** 根据小城镇负荷特点，考虑供电电压质量和经济运行，提出小城镇公用配电所位置和容量的选择要求。

## 7 电力线路及敷设

**7.0.1** 提出小城镇电力线路敷设方法分类。

**7.0.2~7.0.3** 提出小城镇规划区架空电力线路架设要求，以及不同地区、不同类型、不同规模小城镇电力线路敷设方式选择考虑因素和技术依据。

根据我国小城镇的不同性质、规模、作用地位和经济社会发展水平，结合小城镇实际情况，东、中、西部不同地区经济社会发展水平差异、不同分级小城镇镇容镇貌、景观对线路敷设方式的不同要求，并在对我国上述不同地区大量小城镇调查研究分析基础上，按小城镇的不同分级分类，提出可作选择依据的因地制宜、因级制宜的小城镇电力线路的不同敷设要求。

对于35kV以上高压电力线路，在提出共同基本要求的同时，提出一些具体的特殊要求；

对于10kV以下电力线路，强调不同小城镇对中心区、新建居住小区的不同敷设要求；

非中心区和新建居住小区可比较中心区、新建居住小区的要求选择。

小城镇分级基于《小城镇规划标准研究》基础设施规划标准相关研究。

**7.0.4** 根据小城镇的特点和实际情况，提出小城镇35kV以上高压架空电力线路走廊宽度确定的依据、方法和要求。

**7.0.5** 根据小城镇的特点和实际情况，提出小城镇35kV以上高压电力架空线路宜采用杆塔及相关要求，同时根据相关标准提出小城镇架空电力线路导线与地面、街道行道树的最小垂直距离的要求。

**7.0.6** 提出110kV以上变电站与高压架空线路对通信交换局所，电台、领（导）航台的安全距离要求。

**7.0.7~7.0.8** 根据小城镇特点和实际情况，参照相关标准，提出小城镇电力架空杆线与建筑物的最小水平净距及其与建（构）筑物及电信、热力管线交叉的最小垂直净距的规定。

**7.0.9** 根据小城镇特点和实际情况，提出小城镇地下电力电缆线路敷设的主要方法。

**7.0.10** 根据小城镇特点，参照相关标准，提出小城镇地下直埋电缆适用场合，直埋电力电缆之间及其与控制电缆、通信电缆、地下管沟、道路、建筑物、构筑物、树木等之间的安全距离要求。

**7.0.11** 根据小城镇特点和实际情况，提出小城镇电力电缆线槽敷设和电缆沟敷设的适用场合与条件。

**7.0.12** 提出小城镇地下电力电缆线路路径选择应符合《电力工程电缆设计规范》的有关规定外，尚应满足小城镇规划及其管线综合规范的相关要求。

**7.0.13~7.0.14** 根据小城镇电力线路特点和相关要求，提出小城镇地下电力电缆线路与电信电缆线路宜在道路分侧人行道上布置要求，同时提出小城不同电压及电力电缆线路应同沟敷设的要求。

**7.0.15** 提出通过桥梁小城镇电力电缆线路的相关要求。

小城镇新建桥梁工程规划设计应同时考虑电力电缆及市政管线过桥的技术和安全要求。

**7.0.16** 根据小城镇特点和实际情况，在相关调查分析基础上，提出小城镇地下电力电缆排管敷设的适宜场合和要求。

# 小城镇通信系统工程规划建设标准
（建议稿）

## 1 总则

**1.0.1** 为规范小城镇通信系统工程规划编制，提高规划编制质量及相关建设技术水平，并在规划中贯彻执行国家的有关通信法规和技术经济政策，促进小城镇可持续发展，制定本标准。

**1.0.2** 本标准适用于县城镇、中心镇、一般镇的小城镇规划中的通信系统工程规划与相关建设。

**1.0.3** 小城镇通信系统工程规划建设应遵循整体规划、合理布局、因地制宜、因时制宜、以市场需求为导向，适当超前国民经济发展及可持续发展的原则。

**1.0.4** 位于城市规划区内的小城镇通信系统工程设施应按所在地的城市规划统筹安排。

**1.0.5** 规划期内有条件成为中小城市的县城镇和中心镇的通信系统工程规划，应比照《城市通信工程规划规范》要求执行。

**1.0.6** 位于城镇密集区的小城镇通信系统工程设施应按其区域相关本地网规划、统筹安排，联建共享。

**1.0.7** 规划期内有条件成为建制镇的乡（集）镇通信工程规划应比照本标准执行。

**1.0.8** 独立分散小城镇通信系统工程规划应以县（市）域城镇体系规划的通信工程规划为指导，结合小城镇经济、社会发展实际情况，做出具体安排。

**1.0.9** 小城镇通信系统工程规划建设的合理水平、定量化指标主要依据小城镇性质、类型、人口规模、经济、社会发展与城镇建设及居民生活水平等相关因素分析比较确定，并考虑通信系统工程设施规划建设的适当超前。

**1.0.10** 小城镇通信系统工程规划，除应符合本标准外，尚应符合国家现行的有关标准和规范的规定。

## 2 规划内容、范围、期限

**2.0.1** 小城镇通信工程规划应以电信工程规划为主，同时包括邮政、广播、电视规划的主要相关内容。

**2.0.2** 小城镇电信工程规划的主要内容，总体规划应包括用户预测，局所规划，中继网规划，管道规划和移动通信规划。详细规划阶段除应具体落实规划地块涉及的上述规划内容外，尚应包括用户网优化和配线网规划。

**2.0.3** 小城镇通信系统工程规划的范围与小城镇总体规划范围一致。

**2.0.4** 小城镇通信系统工程规划期限应与小城镇总体规划期限相一致。

## 3 用户预测

**3.0.1** 小城镇电信规划用户预测，总体规划阶段以宏观预测为主，宜采用时间序列法、相关分析法、增长率法、分类普及率法等法预测；详细规划阶段以小区预测、微观预测为主，宜采用分类单位建筑面积用户指标、分类单位用户指标预测，也可采用计算机辅助预测。

**3.0.2** 电信用户预测应以两种以上方法预测，并以一种以上方法为主、一种方法可作为校验。

**3.0.3** 常用电话综合普及率，宜采用局号普及率，并应用"局线/百人"表示。

**3.0.4** 当采用普及率法作预测和预测校验时，采用的普及率应结合小城镇的规模、性质、作用和地位、经济、社会发展水平、平均家庭生活水平及其收入增长规律、第三产业和新部门增长发展规律，综合分析，按表 3.0.4 指标范围比较选定，并允许必要和适当的调整。

小城镇电话普及率预测水平（局线/百人）　　　　表 3.0.4

| 小城镇规模分级 | 经济发达地区 | | | 经济发展一般地区 | | | 经济欠发达地区 | | |
|---|---|---|---|---|---|---|---|---|---|
| | 一 | 二 | 三 | 一 | 二 | 三 | 一 | 二 | 三 |
| 远期 | 68~75 | 62~70 | 50~62 | 58~65 | 50~60 | 40~52 | 44~54 | 40~50 | 32~42 |

注：小城镇规模分级详见附录 A。

**3.0.5** 当采用单位建筑面积分类用户指标作用户预测时，其指标选取可结合小城镇的规模、性质、作用和地位、经济、社会发展水平、居民平均生活水平及其收入增长规律、公共设施建设水平和第三产业发展水平等因素，综合分析按表 3.0.5 指标范围比较选取，并允许必要和适当的调整。

按单位建筑面积测算小城镇电话需求分类用户指标（线/m²）　　　表 3.0.5

| 类型 | 写字楼办公楼 | 商店 | 商场 | 旅馆 | 宾馆 | 医院 | 工业厂房 | 住宅楼房 | 别墅、高级住宅 | 中学 | 小学 |
|---|---|---|---|---|---|---|---|---|---|---|---|
| 经济发达地区 | 1/25~35 | 1/25~50 | 1/70~120 | 1/30~35 | 1/20~25 | 1/100~140 | 1/100~180 | 1~1.2/户面积 | 1.2~2/200~300 | 4~8线/校 | 3~4线/校 |
| 经济一般地区 | 1/30~40 | 0.7~0.9/25~50 | 0.8~0.9/70~120 | 0.7~0.9/30~35 | 1/25~35 | 0.8~0.9/100~140 | 1/120~200 | 0.8~0.9/户面积 | 较高级住宅1~1.2/160~200 | 3~5线/校 | 2~3线/校 |
| 经济欠发达地区 | 1/35~45 | 0.5~0.7/25~50 | 0.5~0.7/70~120 | 0.5~0.7/30~35 | 1/30~40 | 0.7~0.8/100~140 | 1/150~250 | 0.5~0.7/户面积 | | 2~3线/校 | 1~2线/校 |

# 4　局所规划与相关本地网规划

**4.0.1** 小城镇电话网，近期多数应属所在中等城市或地区（所属地级市或地区）或直辖市本地电话网，少数属所在县（市）本地电话网，但发展趋势应属所在中等城市或地区本地电话网。

**4.0.2** 属中等城市本地网的小城镇局所规划，其中县驻地镇规划 C4 一级端局；其他镇规划 C5 一级端局（或模块局）；中远期从接入网规划考虑，应以光纤终端设备 OLT（局端设备）或光纤网络单元 ONU（接入设备）代替模块局。

**4.0.3** 属所在中等城市本地网的小城镇长途通信规划应在所属中等城市本地网的长途通信规划中统一规划。

**4.0.4** 属县本地电话网的小城镇局所规划应以县总体规划的电信规划为依据；其县驻地镇局所规划，可以长话、市话、农话合设或分设。

**4.0.5** 小城镇电信局所规划选址应考虑环境安全、服务方便、技术合理和经济实用原则，并接近计算的线路网中心，避开靠近 110kV 以上变电站和线路地点，以及地质、防灾、环保不利的地段；局所预留用地可结合当地实际情况，考虑发展余地，按表 4.0.5 分析比较选定。

小城镇电信局所预留用地　　　　　　　　　表 4.0.5

| 局所规模（门） | ≤2000 | 3000～5000 | 5000～10000 | 30000 | 60000 | 100000 |
|---|---|---|---|---|---|---|
| 预留用地面积（m²） | 1000～2000 | 2000～3000 | 4500～5000 | 6000～6500 | 8000～9000 | |

注：1. 用地面积同时考虑兼营业点用地。
　　2. 当局所为电信枢纽局（长途交换局、市话汇接局）时，2 万～3 万路端用地为 15000～17000m²。
　　3. 表中所列规模之间大小的局所预留用地，可比较、酌情预留。

**4.0.6** 小城镇移动通信规划应主要预测移动通信用户需求，并具体落实移动通信网涉及的移动交换局（端局）、基站等设施；有关的移动通信网规划一般宜在省、市区域范围统一考虑。

## 5　传输网规划和接入网规划

**5.0.1** 小城镇通信传输网应包括中继线路网（本地通话中继线网和长途通话中继线网）和用户线路网。

**5.0.2** 小城镇通信中继线路网规划及优化应依据并结合本地网规划和小城镇局所规划及小城镇总体规划。

**5.0.3** 小城镇用户线路网优化应考虑以下原则：
　　（1）通融性大、使用率高、稳定性好、整体性强、地下化和隐蔽原则；
　　（2）采用以固定交接配线，馈线与配线隔开原则；
　　（3）采用张口型便于统一安排使用的馈线系统模式原则；
　　（4）因地制宜原则；
　　（5）可持续发展原则；
　　（6）局间中线路网的安全可靠，灵活方便及技术经济合理原则。

**5.0.4** 小城镇应因地制宜发展接入网，小城镇通信网络规划优化应包括接入网络优化。小城镇接入网的模式宜结合小城镇实际，按表 5.0.4 分析比较选取。

小城镇接入网发展模式  表5.0.4

| 类型 | 局所 | 接入网网络拓扑结构 ||
|---|---|---|---|
| | | 中心区 | 居住小区 |
| 经济发达地区县城镇 | 大型县城镇2~3个电话局，中、小型县城镇1~2个电话局．光纤接入设备入局，交换区服务半径（含县郊乡镇），交换区服务半径可扩到5~15km | 星形、环形主干光缆芯数应大于24芯 | 星形，可用单模光缆，一般12芯，其中一定芯数留作保护 |
| 经济发展一般地区县城镇、经济发达地区和经济发展一般地区中心镇 | 1~2个电话局，县（镇）周边乡镇光纤接入设备入局，交换区服务半径可以扩大到5~15km | 星形、环形主干光缆芯数应大于24芯，可考虑采用单模光缆，并留一定芯数作保护 | 若与广电部门联建CATV网络，可采用同缆分纤兼顾电话与视频业务通信质量，合理选择光节点OLT和ONU |
| 经济发达地区一般镇 | 1~2个电话局，光纤接入模式引入光纤接入设备，酌情扩大交换局服务半径，优化网络 | 星形主干光缆芯数大于24芯，可考虑采用单模光缆，并留一定芯数作保护 | 联建CATV网络，通过CATV发展、带动、促进普通电话和其他电信业务发展 |
| 经济发展一般地区和欠发达地区一般镇 | 通过远端模块应用模式将光缆靠近用户，经济发展一般地区中远期酌情向光纤接入的应用模式过渡 |||

# 6 通信线路与通信管道

**6.0.1** 小城镇通信线路应以本地网（LocalNet）通信传输线路为主，同时也包括其他各种信息网线路和广播有线电视线路，小城镇通信管道也应包括上述几种线路网管道。

**6.0.2** 小城镇通信线路按敷设方式分类，应包括架空通信线路和地下通信线路。

**6.0.3** 小城镇通信线路应包括光缆线路与电缆电路，远期规划应依据通信发展，并结合小城镇实际，比较分析确定光缆线路及其管孔增加所占比例。

**6.0.4** 不同地区、不同类型、不同规模小城镇的通信线路敷设方式应根据小城镇的性质、规模和作用地位、经济社会发展水平、用户密度，结合小城镇实际情况，按表6.0.4要求选择。

小城镇通信线路敷设方式  表6.0.4

| 敷设方式 | 经济发达地区 |||||| 经济发展一般地区 |||||| 经济欠发达地区 ||||||
|---|---|---|---|---|---|---|---|---|---|---|---|---|---|---|---|---|---|---|
| | 小城镇规模分级 ||||||||||||||||||
| | 一 || 二 || 三 || 一 || 二 || 三 || 一 || 二 || 三 ||
| | 近期 | 远期 | 近期 | 远期 | 近期 | 远期 | 近期 | 远期 | 近期 | 远期 | 近期 | 远期 | 近期 | 远期 | 近期 | 远期 | 近期 | 远期 |
| 架空电缆 | | | | | | | | | ○ | | ○ | | ○ | | ○ | | | |
| 埋地管道电缆 | △ | ● | △ | ● | 部分△ | 部分● | 部分● | ● | ● | ● | △ | △ | ● | ● | △ | △ | 部分△ | 部分△ |

注：1. 表中○—可设；△—宜设；●—应设。
　　2. 表中宜设、应设埋地管道电缆，主要指县城镇、中心镇、大型一般镇中心区和新建居住小区及旅游型小城镇而言，对县城镇、中心镇、大型一般镇非中心区和新建居住小区和非旅游型小城镇，可根据小城实际情况比较表中要求选择。
　　3. 小城镇分级见附录A。

**6.0.5** 小城镇通信线路路由选择应遵循以下原则：

（1）通信线路路由应从小城镇远期发展考虑，近期规划与远期规划一致；

（2）线路路由尽量短捷、平直；

（3）主干线路路由走向尽量和配线电缆的走向一致，互相衔接，选择用户密度大的地区通过，多局制的用户主干线路应与局间中继电缆的路由一并考虑；

（4）重要主干线路和中继线路，宜采用迂回路由，构成环形网络；

（5）线路路由应符合和其他地上或地下管线以及建筑物间最小间隔距离的要求；

（6）除因地形或敷设条件限制，必须合沟或合杆外，通信线路应与电力线路分开敷设，各走一侧。

**6.0.6** 小城镇配线电缆近期规划以架空为主，中远期应在馈线电缆（馈线主干电缆和馈线分支电缆）地下化（馈线电缆容量不少于 300 对）的基础上，逐步实行配线电缆隐蔽化。

**6.0.7** 小城镇广播电视架空线路可与通信架空电缆同杆架设。

**6.0.8** 小城镇通信电缆与 10kV 以下电力线路必要时允许合杆架设，但其间应有一定的距离，与 1kV 及以上供电线路合杆，其净距不得小于 2.5m，与 1kV 以下供电线路合杆，其净距不得小于 1.5m，合杆线路上的市话架空电缆及电缆吊线每隔 200m 左右应做一次接地，要求接地电阻很小，每隔 1000m 左右做一次绝缘接头。

**6.0.9** 小城镇通信架空杆线与建筑物等的最小水平净距应符合表 6.0.9 的规定。

小城镇通信架空线路与建（构）筑物及热力管线间的最小水平净距（m） 表 6.0.9

| 名称 | 建筑物（凸出部分） | 道路（路缘石） | 铁路（轨道中心） | 热力管线 |
|---|---|---|---|---|
| 通信电缆杆线 | 2.0 | 0.5 | 4/3 杆高 | 1.5 |

**6.0.10** 小城镇通信线路之间及其与建（构）筑物、热力管线之间交叉时的最小垂直净距（m）应符合表 6.0.10 的规定。

小城镇通信线路之间及其与建（构）筑物、热力管线之间交叉时的最小垂直净距（m）

表 6.0.10

| 名称 | 建筑物（顶端） | 道路（地面） | 铁路（轨顶） | 通信线 | 热力管线 |
|---|---|---|---|---|---|
| 通信线 | 1.5 | 4.5 | 7.0 | 0.6 | 1.0 |

**6.0.11** 小城镇架空通信电缆杆路路由选择应遵循以下原则：

（1）与小城镇道路规划相一致；

（2）路由尽量采用最短直线路径，减少角杆；

（3）杆路路由和走向应尽量与地下电缆管道或直埋电缆的路由相配合，以便电缆引上，分支和向用户引入线路；

（4）路由尽量少穿铁路、公路、河流等障碍物；

（5）架空杆路应尽量减少与高压输电线的穿越，平行和接近，以避免危险和干扰影响；

（6）跨越河流应尽量选择河道狭窄、河床稳定、土质较硬、两岸地势高、地形较开阔的地方；

(7) 避开有严重腐蚀气体的地区，必要时采用其他线路建筑方式；

(8) 架空杆路与其他管线及建筑物应保持规定的间隔距离。

**6.0.12** 小城镇通信管道网规划应以用户线路网结构为主要依据，对管道路由和管孔容量提出要求。

**6.0.13** 小城镇通信管道容量应为用户馈线、局间中继线和各种其他线路对管孔需要量的总和。

**6.0.14** 小城镇通信管道管孔数应在考虑本地线路网的同时，充分考虑宽带网、互联网、数据网、广播有线电视网及其他非话业务和备用需要，应考虑各规划期的光缆比例要求。

**6.0.15** 小城镇通信管道规划管道路由的选择应考虑以下原则：

(1) 选择用户集中和有重要电缆（如中继电缆），路径短捷的路由；

(2) 通信灵活、安全，有利适应用户发展，减少架空杆路；

(3) 符合用地规划、道路网规划及工程管线综合规划的要求；

(4) 有利利用和结合原有管道设备；

(5) 尽量不沿交换区界限、铁路和河流等铺设管道；

(6) 管道路由应尽量避开：

1) 规划未定道路；

2) 有严重土壤腐蚀地段；

3) 有滑坡、地下水位甚高等地质条件不利地段；

4) 重型车辆通行和交通频繁地段；

5) 须穿越河流、桥梁、主要铁路和公路以及重要设施地段。

**6.0.16** 通过桥梁的通信管道应与桥梁规划建设同步，其管道敷设方式有管道、槽道、箱体、附架等多种方式，在桥上敷设管道时不应过多占用桥下净空，同时应符合桥梁建设的有关规范要求和管道建设其他技术要求。

**6.0.17** 小城镇的信息网络、广播有线电视线路路由宜与通信线路路由统筹规划，联合建设、资源共享、同管道敷设，但广播有线电视电缆，不宜与通信电缆共管孔敷设。

**6.0.18** 小城镇通信直埋电缆最小允许埋深应符合表 6.0.18 的规定。

小城镇通信直埋电缆的最小允许埋深（m） 表 6.0.18

| 直埋电缆敷设地段 | 最小允许埋深 | 备 注 |
| --- | --- | --- |
| 镇 区 | 0.7 | 一般土壤情况 |
| 镇 郊 | 0.7 | |
| 有岩石时 | 0.5 | |
| 有冰冻层时 | 应在冰冻层下敷设 | |

**6.0.19** 小城镇通信管道的最小允许埋深应符合表 6.0.19 的要求。

小城镇通信管道的最小允许埋深（m） 表 6.0.19

| 管道类型 | 管顶至路面的最小间距 | | |
| --- | --- | --- | --- |
| | 人行道和绿化地带 | 车行道 | 铁路 |
| 混凝土管 | 0.5 | 0.7 | 1.5 |
| 塑料管 | 0.5 | 0.7 | 1.5 |
| 钢 管 | 0.2 | 0.4 | 1.2 |

**6.0.20** 小城镇通信管道的人孔型号应根据远期管群容量大小确定，一般选用中、小型。人孔形式应根据其在管道上所处的位置按表 6.0.20 规定选用。

小城镇通信管道人孔形式　　　　表 6.0.20

| 形　　式 | | 管道中心线交角 | 备　　注 |
|---|---|---|---|
| 直通型 | | <22.5° | |
| 扇型 | 30° | 22.5°～37.5° | |
| | 45° | 37.5°～52.5° | |
| | 60° | 52.5°～67.5° | |
| 拐弯型 | | >67.5° | |
| 分岐型 | | | 用于管道分支处 |

**6.0.21** 城镇通信管道的人孔位置宜在通信电缆分支点与引上点处、管道拐弯点上、道路交叉口人行道上、地下引入线路的大建筑物旁，应与相邻市政管线的检查井错开。

**6.0.22** 城镇通信管道段长应按人孔位置而定。在直线路由上，水泥管道的段长宜为 120～130m，最长不超过 150m，塑料管道可适当增长。

**6.0.23** 城镇通信管道敷设应有一定的倾斜度，以利渗入管内的地下水流向人孔，管道坡度可为 3‰～4‰，不得小于 2.5‰。

**6.0.24** 城镇通信管道与其他市政管线及建筑物的最小净距应符合城市工程管线综合规划规范的相关要求。

# 7 邮政规划与广播电视规划

**7.0.1** 县总体规划的通信规划，其邮政局所规划主要是邮政局和邮政通信枢纽局（邮件处理中心）规划，其他镇邮政局所规划主要是邮政支局（或邮电支局）和邮件转运站规划。

**7.0.2** 县邮政通信枢纽局址除应符合通信局所一般原则外，在邮件主要依靠铁路运输情况下，应优先在客运火车站附近选址，并应符合有关技术要求，在主要靠公路和水路运输时，可在长途车站或港口码头附近选址；预留用地面积应按设计要求或类似比较确定。

**7.0.3** 邮政局所设置应按方便居民用邮和服务人口数，服务半径、业务收入确定。

**7.0.4** 小城镇邮电支局，预留用地面积应结合当地实际情况，按表 7.0.4 分析、比较选定。

邮电支局预留用地面积（m²）　　　　表 7.0.4

| 支局级别<br>用地面积<br>支局名称 | 一等局业务收入<br>1000 万元以上 | 二等局业务收入<br>500 万～1000 万元 | 三等局业务收入<br>100 万～500 万元 |
|---|---|---|---|
| 邮电支局 | 3700～4500 | 2800～3300 | 2170～2500 |
| 邮电营业支局 | 2800～3300 | 2170～2500 | 1700～2000 |

**7.0.5** 县总体规划的通信规划应在县驻地镇设电视发射台（转播台）和广播、电视微波站，其选址应符合相关技术要求。

**附录 A：小城镇通信系统工程规划标准中小城镇三个规模等级层次、两个发展阶段（规划期限）**

三个规模等级层次为：

一级镇：县驻地镇、经济发达地区 3 万人以上镇区人口的中心镇、经济发展一般地区 2.5 万人以上镇区人口的中心镇；

二级镇：经济发达地区一级镇外的中心镇和 2.5 万人以上镇区人口的一般镇、经济发展一般地区一级镇外的中心镇和 2 万人以上镇区人口的一般镇、经济欠发达地区 1 万人以上镇区人口县城镇外的其他镇；

三级镇：二级镇以外的一般镇和在规划期将发展为建制镇的集镇。

两个规划发展阶段（规划期限）为：

近期规划发展阶段；

远期规划发展阶段（规划年限至 2020 年）。

## 本标准用词用语说明

1. 为了便于在执行本标准条文时区别对待，对要求严格程度不同的用词说明如下：

1）表示很严格，非这样做不可的用词：

正面词采用"必须"；反面词采用"严禁"。

2）表示严格，在正常情况下均应这样做的用词：

正面词采用"应"；反面词采用"不应"或"不得"。

3）表示允许稍有选择，在条件许可时首先这样做的用词：

正面词采用"宜"；反面词采用"不宜"；

表示有选择，在一定条件下可以这样做的，采用"可"。

2. 标准中指定应按其他有关标准、规范执行时，写法为："应符合……的规定"或"应按……执行"。

# 小城镇通信系统工程规划建设标准
（建议稿）
## 条 文 说 明

## 1 总则

**1.0.1～1.0.2** 阐明本标准（建议稿）编制的目的、相关依据及适用范围。

本标准（建议稿）所称小城镇是国家批准的建制镇中县驻地镇和其他建制镇（根据城市规划法建制镇属城市范畴；此处其他建制镇，在《村镇规划标准》中又属村镇范畴），以及在规划期将发展为建制镇的乡（集）镇。

小城镇是"城之尾、乡之首"，是城乡结合部的社会综合体发挥上连城市、下引农村的社会和经济功能。县城镇和中心镇是县域经济、政治、文化中心或县（市）域中农村一定区域的经济、文化中心。我国小城镇量大、面广，不同地区小城镇的人口规模、自然条件、历史基础、经济发展、基础设施差别甚大。小城镇通信系统工程规划建设既不能简单照搬城市相关规划标准，又无法依靠村镇相关规划标准的简单条款，编制其单独标准作为其规划依据是必要的，也是符合我国小城镇实际情况的。

本标准（建议稿）编制基于中国城市规划设计研究院小城镇通信工程规划标准研究和本课题大量补充调研分析论证研究的基础，根据任务书要求，编制除修改补充外，还增加建设相关的部分标准条款；同时依据相关政策法规要求，考虑了相关标准的协调。本标准及其技术指标的中间成果征询了22个省、直辖市建设厅、规委、规划局和100多个规划编制、管理方面的规划标准使用单位的意见，同时标准建议稿吸纳了专家论证预审的许多好的建议。

**1.0.3** 提出小城镇通信系统工程规划建设应遵循原则，适应市场经济，我国通信体制改革打破了一家垄断、取而代之多家运行商竞争，但在突出以市场需求为导向的同时，必须强调政府协调和整体规划的重要性和必要性，只有统筹规划才能合理布局避免重复建设和建设资源、资金浪费。同时根据小城镇特点和通信技术发展，强调因地制宜、因时制宜原则。

**1.0.4～1.0.8** 分别提出不同区位、不同分布形态小城镇通信系统工程规划标准执行的原则要求。考虑到部分有条件小城镇远期可能上升为中、小城市，部分有条件的乡（集）镇远期有可能上升为建制镇，上述规划执行标准应有区别。但上述升级涉及到行政审批，规划不太好掌握，所以1.0.5、1.0.7条款强调上述规划应比照上一层次标准执行。

**1.0.9** 提出小城镇通信系统工程规划建设的合理水平和定量化指标的相关因素和主要依据。

通信工程设施是城镇主要基础设施，也是城镇信息化主要基础设施。"信息化是当今世界发展的大趋势，是推动经济社会发展和变革的重要力量"，作为信息化主要基础设施通信基础设施必须提升改造，小城镇通信系统工程设施规划建设适当超前是完全必要的。

**1.0.10** 本标准编制多有依据相关规范或有涉及相关规范的某些共同条款。本条体现小城镇通信系统工程规划标准与相关规范间应同时遵循规范统一性的原则。

## 2 规划内容、范围、期限

**2.0.1～2.0.2** 规定小城镇通信工程规划及其电信工程规划的主要内容。

电信是通信的最主要手段，明确小城镇通信工程规划应以电信规划为主，小城镇通信系统规划内容在参照城市相关规划内容的同时，应结合小城镇实际，考虑因镇而异的不同规划内容，城镇密集地区小城镇应侧重考虑跨镇通信设施的联建共享。

**2.0.3～2.0.4** 规定小城镇通信系统工程规划的范围与规划期限。

参照和依据城市规划编制办法及相关规定，上述规划范围与期限与小城镇总体规划范围和期限相同。

## 3 用户预测

**3.0.1～3.0.2** 提出小城镇电信用户预测主要方法和预测要求。

主要依据小城镇电信工程规划相关调查和城市通信规划标准的前期研究、中国城市规划设计研究院《城市电信动态定量预测与主要设施用地研究》课题成果及原邮电部相关规范规定。

**3.0.3** 规范小城镇电信工程规划的常用电话普及率。

**3.0.4** 提出不同地区不同规模等级的小城镇不同规划期电话普及率预测指标及其选用适宜值比较分析的相关因素。

表3.0.4的主要依据和相关分析研究：

（1）四川、重庆、湖北、福建、浙江、广东、山东、河南、天津等省、市不同经济发展地区、不同规模等级小城镇的现状电话普及率和有代表性的历年统计数据，以及相关因素。

（2）结合上述调查和《城市通信动态定量预测与主要设施用地研究》课题的相关电话普及率增长预测的成果，研究分析有代表性小城镇的电话普及率增长规律，据此比较分析得出不同小城镇各规划期的普及率年均增长速度和增长规律。

（3）按不同经济发展地区、不同规模等级，根据上述（1）、（2）推算有代表性的不同规划期小城镇电话普及率预测指标，并对比分析确定其幅值范围。下表是2005年基准年近期预测水平，可作近期规划、近期预测参考。

近期预测水平（线/百人）

| 小城镇规模分级 | 经济发达地区 | | | 经济发展一般地区 | | | 经济欠发达地区 | | |
| --- | --- | --- | --- | --- | --- | --- | --- | --- | --- |
| | 一 | 二 | 三 | 一 | 二 | 三 | 一 | 二 | 三 |
| 近期 | 40～45 | 35～40 | 30～35 | 35～40 | 30～35 | 25～30 | 25～30 | 23～27 | 17～22 |

注：小城镇规模分级详见附录A。

（4）上述指标与小城镇所在省、市电信部门电信规划相关普及率宏观预测指标分析比较，提出修正值作为标准推荐值。

**3.0.5** 提出小城镇电话用户小区预测的单位建筑面积分类用户预测指标及其选用适宜值比较分析的相关因素。

表 3.0.5 主要依据《城市通信动态定量预测及主要设施用地的研究》课题的研究成果，结合上述不同小城镇的相关调查研究，比较分析推算得出。

## 4 局所规划与相关本地网规划

**4.0.1** 提出小城镇电话网规划与本地网规划的从属关系及其发展趋势。

小城镇电话网多数属所在中等城市或地区或直辖市的本地电话网；少数省市一些小城镇电话网尚属县（市）本地电话网，但从有利电信新技术应用，新业务发展和经营管理考虑，中等城市地区本地电话网仍是这部分县市本地电话网的发展趋势。

**4.0.2** 提出按照我国现行的长途电话网体制结构，本地网规划不同等级小城镇不同级别局所的要求，以及远期接入网规划的相关要求。

随着电信技术迅速发展，小城镇电信系统工程规划必须考虑接入网规划及其相关要求。

**4.0.3** 提出属所在中等城市本地网的小城镇长途通信规划的原则要求。

**4.0.4** 提出属县（市）本地电话网的小城镇局所规划依据，以及其县驻地镇局所（含长话局、市话局、农话局）的设置原则。

**4.0.5** 提出小城镇电信局址规划选址的原则要求和常用规模局所的预留用地要求。

主要依据小城镇电信局所的相关调查、《城市通信动态定量预测和主要设施用地研究》课题成果及原邮电部的相关规范的有关规定。

**4.0.6** 提出小城镇移动通信规划的主要内容及相关规划原则要求。

小城镇移动通信规划主要预测移动通信用户需求，并具体落实移动通信网涉及的移动通信局（端局）、基站等设施。

近年来移动通信发展很快，随着容量不断增大和光缆网发展等，移动通信网规划由原来较多在地市本地网范围统一规划，发展更适宜在省市区域范围统一规划。以福建为例，中国联通福建分公司下设厦门、泉州、漳州、莆田、宁德、南平、三明和龙岩 8 个地市分公司，1999 年已基本建成一个覆盖全省的数字移动通信 GSM 网，总容量 80 万门，全省共建 12 个移动交换局、3 个独立的 HLR，1000 多个基站，GSM 网复盖全省县以上城市和 85% 以上的小城镇，沿海经济发达地区覆益所有县市和重点小城镇，山区经济一般地区覆盖至县市和部分重点小城镇。现其五期工程即将完成，新建交换局 1 个、HLR 1 个，基站 500 个，网络容量达 146 万门，不仅扩大在全省的覆盖范围而且扩大智能网容量，拓展移动增值业务，也为小城镇移动通信的更大发展提供保证。

## 5 传输网规划和接入网规划

**5.0.1** 提出小城镇通信传输网的组成。
**5.0.2** 提出小城镇通信中继线路网规划及优化的基本要求。
**5.0.3** 根据小城镇特点和实际情况，提出小城镇用户线路网优化的基本原则。
**5.0.4** 根据小城镇特点和相关调查研究分析，参考原邮电部规划研究院的"我国接入网规划建设若干问题的研究"，提出小城镇接入网规划模式与网络优化。

表 5.0.4 中：
OLT（Optical line terminal）：光线路终端；

ONU（Optical network unit）：光网络终端。

## 6 通信线路与通信管道

**6.0.1** 提出小城镇通信线路和管道除包括通信传输线路外，尚应包括信息网线路和广播有线电视线路。

信息社会，通信设施是信息化的主要基础设施。广义来说，通信传输主要载体通信线路应包括信息网线路和广播有线电视线路。

**6.0.2** 提出小城镇通信线路组成。远期规划应考虑主干光缆线路及其管孔的增加，其增加比例应结合通信发展和小城镇实际分析比较确定。

由于通信技术高速发展，光缆成本降低较多，使主干光缆在主干线路中所占比例有较大增加，增加的原因一是通信技术发展很快；二是我国不同地区小城镇差别很大。上述增加比例不宜提出一个标准，而应分别不同情况，结合小城镇实际分析比较确定为宜。

**6.0.3** 提出小城镇通信线路架空、地下敷设两种方式。

我国小城镇相对城市来说基础还是很落后，从小城镇实际出发，架空通信线路在相当长一段时间内不会取消。

**6.0.4** 在大量有代表性的小城镇相关调查研究分析的基础上，提出区别不同地区、不同类型、不同规模小城镇通信线路敷设方式的原则要求。

同时，强调对县城镇、中心镇、大型一般镇中心区和新建居住小区，以及旅游型小城镇管道敷设的更高要求。

**6.0.5** 根据通信线路技术要求和小城镇规划建设实际，提出小城镇通信线路路由选择基本原则要求。

**6.0.6** 根据小城镇特点和实际情况，提出小城镇配线电缆逐步实行隐蔽化、地下化的原则要求。

为适应小城镇社会经济发展，小城镇配线电缆逐步地下化、隐蔽化，有利于通信安全和镇容、镇貌整洁。

**6.0.7～6.0.8** 提出小城镇通信电缆与广播电视架空线路以及必要时与10kV以下电力线路同杆架设的基本原则要求。

**6.0.9～6.0.10** 参照相关标准，规定小城镇通信架空线路与建（构）筑物及热力管线间的最小水平净距和交叉时的最小垂直净距要求。

**6.0.11** 根据通信线路技术要求和小城镇实际情况，提出小城镇架空通信电缆杆路由选择的基本原则要求。

**6.0.12～6.0.13** 提出小城镇通信管道网规划的主要依据，以及管道容量的组成结构。

**6.0.14** 提出小城镇通信工程规划计算通信管道管孔数的方法与原则。

我国小城镇通信较城市通信有较大差距，其固定电话业务需求尚处在较快的增长阶段，但由于通信技术发展很快，小城镇其他信息网络规划期也将会有较大发展，根据通信发展规律和在大量有代表性的小城镇相关调查研究分析基础上，提出以小城镇本地线路网规划管孔计算为基础，充分考虑宽带网、互联网、数据网、广播电视网及其他非话业务和备用管孔需要，按不同小城镇不同规划期，光缆与电缆的比例计算小城镇通信管道管孔数是合理和适宜的。

**6.0.15** 根据小城镇的特点和实际情况，提出小城镇通信管道规划管道路由选择的基本原则。

**6.0.16** 提出小城镇通过桥梁通信管道规划建设的基本要求。

**6.0.17** 提出小城镇通信网、信息网、广播电视网管道统筹规划，联合建设、资源共享的规划建设原则要求。

**6.0.18～6.0.19** 提出小城镇通信直埋电缆和通信管道的最小允许埋深要求。

**6.0.20～6.0.21** 根据小城镇特点和相关通信工程标准，提出小城镇通信管道人孔型号、形式确定的相关规定以及人孔位置布置的原则要求。

**6.0.22～6.0.23** 提出小城镇通信管道段长和管道敷设倾斜度的基本要求。

**6.0.24** 提出小城镇通信管道与其他市政管线及建筑物的最小净距的相关规定。

从符合技术要求考虑，上述最小净距应同城市工程管线综合规划规范的相关要求。

## 7 邮政规划与广播电视规划

**7.0.1** 规定县驻地镇通信总体规划邮政局所规划的主要规划内容和其他镇邮政局所规划的主要内容。

小城镇邮政通信规划，主要从与小城镇总体规划及其用地规划相关考虑，着重于邮政局所与邮件处理中心规划。

**7.0.2～7.0.3** 提出县驻地镇邮政通信枢纽局址规划选择，邮政局所设置，以及预留用地的原则要求。

**7.0.4** 提出小城镇邮电支局、邮电营业支局预留用地面积指标。

主要依据不同小城镇的相关调查分析，《城市通信动态定量预测和设施用地研究》成果及原邮电部邮电支局、邮电营业支局有关建筑面积规定。

**7.0.5** 提出县驻地镇规划设置电视发射台（转播台）和广播电视微波站的原则要求。

广播、电视微波站应根据电视发射台（转播台）和人口密集区位置确定以达到最大的有效人口覆盖率。一般微波站应设在电视发射台（转播台）旁或人口密集的待建台地方，以保障主要发射台信号源，微波站选址的其他条件按有关技术规定。

中心镇等建制镇酌情并利用山顶等地形设电视转播台，并一般设有线电视台和广播站。

# 小城镇防灾减灾工程规划标准
（建议稿）

## 1 总则

**1.0.1** 为规范小城镇防灾减灾工程规划的编制，提高小城镇的综合防灾能力，最大限度地减轻灾害损失，制定本标准。

**1.0.2** 本标准适用于县城镇、中心镇、一般镇等的小城镇总体规划中防灾减灾工程规划及小城镇防灾减灾专项规划的编制。

**1.0.3** 小城镇防灾减灾规划编制应结合小城镇总体规划和所在区域防灾规划。

**1.0.4** 小城镇防灾减灾工程规划的编制应贯彻"预防为主，防、抗、避、救相结合"的方针，以人为本，平灾结合、因地制宜、突出重点、统筹规划。

**1.0.5** 规划期内有条件成为中小城市的县城镇和中心镇的防灾减灾工程规划，应比照城市防灾减灾规划标准执行。

**1.0.6** 规划期内有条件成为建制镇的乡（集）镇防灾减灾工程规划可比照本标准执行。

**1.0.7** 城市规划区内小城镇防灾减灾工程设施应按所在地的城市规划统筹安排。

**1.0.8** 位于城镇密集区的小城镇防灾减灾工程设施应按其所在区域统筹规划，联建共享。

**1.0.9** 小城镇防灾减灾工程规划应纳入小城镇总体规划一并实施。对一些特殊措施，应明确实施方式。

**1.0.10** 小城镇防灾减灾规划，除应符合本标准外，尚应符合国家现行其他标准的有关规定。

## 2 术语

**2.0.1** 场地 site

具有相似的反应谱特征的工程群体所在地，其范围相当于厂区、住宅小区和自然村或不小于 $1.0 km^2$ 的平面面积的工程群体用地。

**2.0.2** 工作区 working district

进行防灾规划编制时根据规划建设与发展特点划分的不同层次研究区域。

**2.0.3** 地震次生灾害 secondary earthquake disasters

地震造成工程结构和自然环境破坏而引发的灾害。常见的有地震次生火灾、爆炸、洪水、有毒有害物质溢出或泄漏、传染病、地质灾害（如泥石流、滑坡等）等对城镇正常功能的破坏。

**2.0.4** 避灾疏散场地 disaster site for evacuation

用作受灾人员避灾之用的疏散场地。

**2.0.5** 避灾疏散场所 disaster shelter for evacuation

用作受灾人员避灾疏散之用的场地和建筑。

**2.0.6** 地质灾害：是指由于自然产生或人为诱发的对人民生命和财产安全造成危害的地

质现象。

**2.0.7** 地质灾害危险性评估：是指工程建设可能诱发、加剧地质灾害和工程建设本身可能遭受地质灾害危害程度的估量。

## 3 规划编制内容与基本要求

**3.0.1** 小城镇防灾减灾工程规划应包括地质灾害、洪灾、震灾、风灾和火灾等灾害防御的规划，并应根据当地易遭受灾害及可能发生灾害的影响情况，确定规划的上述若干防灾规划专项。

**3.0.2** 小城镇防灾减灾工程规划应包括以下内容：
（1）防灾减灾现状分析和灾害影响环境综合评价及防灾能力评价；
（2）各项防灾规划目标、防灾标准；
（3）防灾减灾设施规划，应包括防洪设施、消防设施布局、选址、规模及用地，以及避灾通道、避灾疏散场地和避难中心设置；
（4）防止水灾、火灾、爆炸、放射性辐射、有毒物质扩散或者蔓延等次生灾害，以及灾害应急、灾后自救互救与重建的对策与措施；
（5）防灾减灾指挥系统。

**3.0.3** 小城镇防灾减灾工程专项规划内容除 3.0.1 款内容外，尚应包括以下内容：
（1）基础设施和重要工程的灾害估计；
（2）建筑工程易损性分析和破坏程度估计；
（3）工程设施建设的防灾要求；
（4）基础设施的规划布局和设防要求，防灾备用率；
（5）重要建筑、超高建筑、人员密集的教育、文化、体育等设施的布局、间距和外部通道的防灾要求，以及按照工程建设强制性标准进行鉴定与加固的要求；
（6）建成区特别是建筑密集或高易损性地区、高危害建筑类型的改造与加固要求；
（7）场地灾害影响评价及对策；
（8）建设用地适宜性评价，包括场地适宜性分区，提出用地布局要求，制定土地利用防灾规划。

**3.0.4** 编制小城镇防灾减灾工程规划应对与防灾有关的小城镇建设、地震地质、工程地质、水文地质、地形地貌、土层分布及地震活动性等情况进行深入调查研究，取得准确的基础资料，必要时应补充进行现场测试、调查、观测和专题研究。

**3.0.5** 小城镇防灾减灾工程规划的成果应包括：规划文本、说明书和综合防灾规划图纸，综合防灾规划图的比例按小城镇总体规划的要求。

**3.0.6** 编制县城镇、中心镇和大型一般镇防灾减灾工程专项规划可根据其受灾害的类别、小城镇性质、作用地位及在不同规划区域的重要性、灾害规模效应防灾要求，将规划区分为不同级别工作区，并采用不同工作模式。工作区级别划分和编制模式见附录一。

## 4 灾害综合防御

### 4.1 灾害环境综合评价

**4.1.1** 小城镇防灾减灾工程专项规划应根据小城镇防灾减灾现状、灾害危害分析和防灾能力评价等，对小城镇灾害环境进行综合评价，内容应包括：
　　1）小城镇概况和灾害影响环境综合评价；
　　2）规划区防灾减灾现状；
　　3）基础设施、重要工程灾害估计；
　　4）建筑工程破坏程度估计；
　　5）其他灾害影响及危害估计。
**4.1.2**　小城镇详细规划阶段，应根据地质灾害、地震场地破坏效应等，对建设场地进行进一步的综合评价和预测；存在场地稳定性问题时，应进行测绘与调查、勘探及测试工作，查明建筑地段的稳定性。

## 4.2　用地适宜性

**4.2.1**　小城镇防灾减灾工程专项规划应在对各灾种的灾害影响评价的基础上，进行建设用地的土地利用适宜性综合评价，提出用地适宜性与建设强度，进行避灾疏散规划安排及疏散要求和对策的制定，提出灾害综合防御要求和措施。

**4.2.2**　建设用地适宜性综合评价应以搜集整理、分析已有资料和工程地质测绘与调查为主；必要时进行勘探、测试工作，并应综合考虑各灾种的评价结果。

**4.2.3**　小城镇用地适宜性综合评价，应符合附录二表2《建设用地防灾适宜性评价》的规定。

## 4.3　避灾疏散

**4.3.1**　根据需安置避灾疏散的人口数量和分布的估计，安排避灾疏散场所与避灾疏散道路，提出规划要求和安全措施。

**4.3.2**　小城镇道路出入口数量宜符合以下要求：一类模式小城镇不少于4个，其他小城镇不少于2个；道路有效宽度不宜小于8m。

**4.3.3**　小城镇防灾减灾工程专项规划应作避灾疏散场所和避灾疏散主通道地质环境、人工环境、次生灾害防御等防灾安全评估，避灾疏散主通道的有效宽度不宜小于4m。

**4.3.4**　避灾疏散场地应考虑火灾、水灾、海啸、滑坡、山崩、场地液化、矿山采空区塌陷等其他防灾要求，根据人口疏散规划与广场、绿地等综合考虑，同时应符合下列规定：
　　1）应避开次生灾害严重的地段，并应具备明显的标志和良好的交通条件；
　　2）镇区每一疏散场地不宜小于4000$m^2$；
　　3）人均疏散场地不宜小于2$m^2$；
　　4）疏散人群至疏散场地的距离不宜大于500m；
　　5）主要疏散场地应具备临时供电、供水和卫生条件。

**4.3.5**　避灾疏散场地的其他要求应符合附录三规定。

**4.3.6**　镇区修建围埝、安全台、避水台等就地避洪安全设施时，其位置应避开分洪口、主流顶冲和深水区，其安全超高值应符合附录二、表3规定。

**4.3.7**　避灾疏散场所四周有次生火灾或爆炸危险源时，应设防火隔离带或防火树林带。
　　避灾疏散场所与周围易燃建筑或其他可能发生的火源之间应设置30～130m的防火安全带。避灾疏散场所内的避难区域应划分区块，区块之间应设防火安全带。避灾疏散场所内部应设防火设施、防火器材、消防通道、安全撤退道路。

## 5 地质灾害防御

**5.0.1** 地质灾害防治规划，应对包括自然因素或者人为活动引发的山体崩塌、滑坡、泥石流、地面塌陷、地裂缝、地面沉降等与地质作用有关的灾害以及环境地质灾害进行调查评价，进行地质灾害危险性评估，并应对工程建设遭受地质灾害危害的可能性和引发地质灾害的可能性做出评价，划定地质灾害的易发区段，提出预防治理对策。

**5.0.2** 在一级工作区，应根据出现地质灾害前兆、可能造成人员伤亡或者重大财产损失的区域和地段，划定地质灾害危险区段及危害严重的地质灾害点，并提出预防治理对策。

**5.0.3** 地质灾害防治规划应将县城镇、中心镇、人口集中居住区、风景名胜区、较大工矿企业所在地和交通干线、重点水利电力工程等基础设施作为地质灾害重点防治区中的防护重点。

**5.0.4** 地质灾害治理工程应与地质灾害形成的原因、严重程度以及对人民生命和财产安全的危害程度相适应。

**5.0.5** 提出地质灾害危险区及时采取工程治理或者搬迁避让的措施，保证地质灾害危险区内居民的生命和财产安全。

**5.0.6** 在地质灾害危险区内，禁止爆破、削坡、进行工程建设以及从事其他可能引发地质灾害的活动。

**5.0.7** 在地质灾害易发区内进行工程建设应当在可行性研究阶段进行地质灾害危险性评估，并将评估结果作为可行性研究报告的组成部分；配套的地质灾害治理工程未经验收或者验收不合格的，主体工程不得投入生产或者使用。

**5.0.8** 小城镇地质灾害危险性评价可按附录三要求。

## 6 洪灾防御

**6.0.1** 小城镇防洪工程规划应以小城镇总体规划及所在江河流域防洪规划为依据，全面规划、综合治理、统筹兼顾、讲求效益。

**6.0.2** 编制小城镇防洪工程规划除向水利等有关部门调查分析相关基础资料外，还应结合小城镇现状与规划，了解分析设计洪水、设计潮位的计算及历史洪水和暴雨的调查考证。

**6.0.3** 小城镇防洪工程规划应遵循统筹兼顾、全面规划、综合治理、因地制宜、因害设防、防治结合、以防为主的原则。

**6.0.4** 小城镇防洪工程规划应结合其处于不同水体位置的防洪特点，制定防洪工程规划方案和防洪措施。

**6.0.5** 小城镇防洪规划应根据洪灾类型［河（江）洪、海潮、山洪和泥石流］选用相应的防洪标准及防洪措施，实行工程防洪措施与非工程防洪措施相结合，组成完整的防洪体系。

**6.0.6** 沿江河湖泊小城镇防洪标准应不低于其所处江河流域的防洪标准，并应与当地江河流域、农田水利、水土保持、绿化造林等的规划相结合，统一整治河道，确定修建堤坝、圩垸和蓄、滞洪区等工程防洪措施。

**6.0.7** 邻近大型或重要工矿企业、交通运输设施、动力设施、通信设施、文物古迹和旅游设施等防护对象的镇区和村庄,当不能分别进行防护时,应按就高不就低的原则确定设防标准及设置防洪设施。

**6.0.8** 小城镇防洪、防涝设施应主要由蓄洪滞洪水库、堤防、排洪沟渠、防洪闸和排涝设施组成。

**6.0.9** 小城镇防洪规划应注意避免或减少对水流流态、泥沙运动、河岸、海岸产生不利影响,防洪设施选线应适应防洪现状和天然岸线走向,与小城镇总体规划的岸线规划相协调,合理利用岸线。

**6.0.10** 防洪专项规划,应进行洪灾淹没危险性分析和灾害影响评价,确定小城镇建筑和基础设施的灾害影响,划定灾害影响分区。

**6.0.11** 小城镇防洪专项规划应设置救援系统,包括应急疏散点、医疗救护、物资储备和报警装置等。

**6.0.12** 地震设防区小城镇防洪规划要充分估计地震对防洪工程的影响,其防洪工程设计应符合现行《水工建筑物抗震设计规范》的规定。位于蓄滞洪区内小城镇的建筑场地选择、避洪场所设置等应符合《蓄滞洪区建筑工程技术规范》(GB 50181)的有关规定。

## 7 震灾防御

### 7.1 一般规定

**7.1.1** 位于地震基本烈度为6度及以上(地震动峰值加速度值≥0.05g)地区的小城镇防灾减灾工程规划应包括抗震防灾规划的编制。

**7.1.2** 抗震防灾规划中的抗震设防标准、建设用地评价与要求、抗震防灾措施应根据小城镇的防御目标、抗震设防烈度和国家现行标准确定,并作为强制性要求。

**7.1.3** 小城镇抗震防灾应达到以下基本防御目标:

1)当遭受多遇地震("小震",即50年超越概率为63.5%)影响时,城镇功能正常,建设工程一般不发生破坏;

2)当遭受相当于本地区地震基本烈度的地震("中震",即50年超越概率为10%)影响时,生命线系统和重要设施基本正常,一般建设工程可能发生破坏但基本不影响小城镇整体功能,重要工矿企业能很快恢复生产或经营;

3)当遭受罕遇地震("大震",即50年超越概率为2%~3%)影响时,小城镇功能基本不瘫痪,要害系统、生命线系统和重要工程设施不遭受严重破坏,无重大人员伤亡,不发生严重的次生灾害。

**7.1.4** 处于抗震设防区的小城镇规划建设,应符合现行国家标准《中国地震动参数区划图》(GB 18306)和《建筑抗震设计规范》(GB 50011)等的有关规定,选择对抗震有利的地段,避开不利地段,严禁在危险地段搞住宅建设和安排其他人员密集的建设项目。

**7.1.5** 处于抗震设防区的小城镇震灾防御专项规划建筑工程和基础设施的抗震评价可按附录四规定。

### 7.2 建设用地抗震评价与要求

**7.2.1** 建设用地抗震评价主要应包括:场地类别分区,场地破坏影响分区,土地利用抗震适宜性评价。

**7.2.2** 建设用地抗震评价应充分收集和利用已有的抗震设防区划或地震动小区化成果资

料,以及现有的场地资料。建设用地抗震评价所所需要的钻孔资料应能揭示工作区主要地质地貌单元地震工程地质特性和建立地震工程地质剖面的要求。所收集的钻孔资料不满足上述要求,应进行补充勘察、测试及试验。

**7.2.3** 建设用地抗震评价场地类别分区应满足下述要求:

1) 一级工作区的场地类别划分应根据现有工程地质资料和实测钻孔资料,参照现行《建筑抗震设计规范》(GB 50011)关于场地类别划分方法进行;

2) 二、三级工作区可结合工作区地质地貌成因环境和典型勘察钻孔资料,根据表7.2.3所列地质和岩土特性进行。

场地类别地质评估                                    表 7.2.3

| 场地类别 | 主要地质和地貌单元 |
|---|---|
| Ⅰ类场地 | 松散地层小于 3~5m 的基岩分布区 |
| Ⅱ类场地 | 二级及其以上阶地分布区;风化的丘陵区;河流冲积相地层小于 50m 分布区;软弱海相、湖相地层 3~15m |
| Ⅲ类场地 | 一级及其以下阶地地区,河流冲积相地层大于 50m 分布区;软弱海相、湖相地层 16~80m 分布区 |
| Ⅳ类场地 | 软弱海相、湖相地层大于 80m 地区 |

**7.2.4** 场地破坏影响估计应包括对场地液化、地表断错、地质滑坡和震陷等影响的估计。可采用定性和定量相结合的多种方法,圈定潜在地震场地破坏效应危险区段,编制工作区场地破坏分区图件,并满足以下要求:

1) 对一级工作区,应根据工作区地震、地质、地貌和岩土特征,采用现行《建筑抗震设计规范》(GB 50011)进行设防烈度地震和罕遇地震水准下的影响估计;

2) 对其他工作区,应进行设防烈度水准下的场地破坏影响估计。

**7.2.5** 液化场地,应根据液化土层的深度和厚度等因素综合确定液化危害程度,可按现行《建筑抗震设计规范》(GB 50011)所规定的液化指数和液化等级确定设防烈度水准下的液化危害程度。

**7.2.6** 对土体坡度 25°以上、岩体坡度 45°以上的天然岩土陡坡,应结合边坡高度和气候特征、边坡岩土性质、岩体结构和潜在滑移结构面、地表和地下水活动及人类活动等,综合评价危险边坡的危害性。

**7.2.7** 软土震陷评价可按现行《岩土工程勘察规范》(GB 50021)的有关规定执行。一级工作区宜对软土进行震陷量评价。软土进行震陷量评价可采用简化分层总和法。

**7.2.8** 断裂评价可只评价全新活动断裂和发震断裂的危害性。在设防烈度为 7 度及以下时以及二级工作区,可不进行断裂错动评价。

**7.2.9** 一级工作区宜进行断裂错动评价,并可采用以下途径综合评价:

1) 根据历史强震经验,考虑地震、地质等因素采用类比法推断其断裂错动的可能性、范围和程度;

2) 根据断裂的活动形式、规模及断裂所处的基岩埋深和上覆土层性质,分析断裂错动对地表的影响。当上覆盖土层厚度达 100m 以上时,一般可不考虑断裂错动的影响。

**7.2.10** 土地利用抗震适宜性规划应满足下列要求:

1) 应根据场地类别分区和场地破坏影响分区,采用现行《建筑抗震设计规范》(GB

50011）（表 7.2.10）将场地地段划分为对建筑抗震有利地段、不利地段和危险地段；

2）综合考虑城镇功能分区、土地利用性质、社会经济等因素，进行土地利用抗震适宜性分区，提出抗震适宜性建设要求和措施。

抗震有利、不利和危险的地段划分　　　　　　表 7.2.10

| 地段类别 | 地质、地形、地貌 |
| --- | --- |
| 有利地段 | 稳定基岩，坚硬土，开阔、平坦、密实、均匀的中硬土等 |
| 不利地段 | 软弱土、液化土，条状凸出的山嘴，高耸孤立的山丘，非岩质的陡坡，河岸和边坡的边缘，平面分布上成因、岩性、状态明显不均匀的土层（如故河道、疏松的断层破碎带、暗埋的塘滨沟谷和半填半挖地基）等 |
| 危险地段 | 地震时可能发生滑坡、崩塌、地陷、地裂、泥石流等及发震断裂带上可能发生地表位错的部位 |

**7.2.11** 根据小城镇各地区地震动和场地效应的差异情况，编制小城镇发展的用地选择意见。

### 7.3 地震次生灾害防御

**7.3.1** 在进行抗震防灾规划编制时，应确定次生灾害危险源的种类和分布，并进行危害影响估计。

1）对次生火灾可采用定性方法划定高危险区，应进行危害影响估计，给出火灾发生的可能区域。

2）对小城镇周围重要水利设施或海岸设施的次生水灾应进行地震作用下的破坏影响估计；

3）对于爆炸、毒气扩散、放射性污染、海啸等次生灾害可根据实际情况选择评价对象进行定性评价。

**7.3.2** 应根据次生灾害特点，结合小城镇发展提出控制和减少致灾因素的总体对策和各类次生灾害的规划要求，提出危重次生灾害源的防治、搬迁改造等要求。

**7.3.3** 生产和储存次生灾害源单位，应采取以下措施：

1）次生灾害严重的，应迁出镇区；

2）次生灾害不严重的，应采取防止灾害蔓延的措施；

3）人员密集活动区不得建有次生灾害源的工程。

## 8 防风减灾

### 8.1 一般规定

**8.1.1** 小城镇防风减灾规划应根据风灾危害影响评价，提出防御风灾的规划要求和工程防风措施，制定小城镇防风减灾对策。

**8.1.2** 小城镇防风标准应依据城镇防灾要求、历史风灾资料、风速观测数据资料，根据现行国家标准《建筑结构荷载规范》（GB 50009）的有关规定确定。

**8.1.3** 易形成风灾地区的镇区选址应避开与风向一致的谷口、山口等易形成风灾的地段。

**8.1.4** 易形成台风灾害地区的镇区规划应符合下列规定：

1）滨海地区、岛屿应修建抵御风暴潮冲击的堤坝；

2）确保风后暴雨及时排除，应按国家和省、自治区、直辖市气象部门提供的年登陆台风最大降水量和日最大降水量，统一规划建设排水体系；

　　3）应建立台风预报信息网，配备医疗和救援设施。

## 8.2 风灾危害性评价

**8.2.1** 对于易受台风灾害影响的地区，应对台风造成的大风、风浪、风暴潮、暴雨洪灾等灾害影响进行综合评价。

**8.2.2** 风灾危害性评价可在总结历史风灾资料的基础上，分区估计风灾对建设用地、建筑工程、基础设施、非结构构件的灾害影响。

## 8.3 风灾防御要求和措施

**8.3.1** 易形成风灾地区的镇区应在其迎风方向的边缘选种密集型的防护林带。

**8.3.2** 小城镇建筑施工、室外广告的设置和绿化树种的选择应满足抵御台风正面袭击的要求。

**8.3.3** 对直接受台风严重威胁的危险房屋制定改造规划，并对居民避险安置进行规划安排。

**8.3.4** 易形成风灾地区的小城镇建筑设计除应符合现行国家标准《建筑结构荷载规范》(GB 50009)的有关规定外，尚应符合下列规定：

　　1）建筑物宜成组成片布置；

　　2）迎风地段宜布置刚度大的建筑物，体型力求简洁规整，建筑物的长边应同风向平行布置；

　　3）不宜孤立布置高耸建筑物。

# 9 火灾防御

**9.0.1** 小城镇消防规划应包括消防站布局选址、用地规模、消防给水、消防通信、消防车通道、消防组织、消防装备等内容。

**9.0.2** 结合消防，小城镇居住区用地宜选择在生产区常年主导风向的上风或侧风向；生产区用地宜选择在镇区的一侧或边缘。

**9.0.3** 小城镇消防安全布局应符合下列规定：

　　1）现状中影响消防安全的工厂、仓库、堆场和储罐等必须迁移或改造，耐火等级低的建筑密集区应开辟防火隔离带和消防车通道，增设消防水源；

　　2）生产和储存易燃、易爆物品的工厂、仓库、堆场和储罐等应设置在镇区边缘或相对独立的安全地带；与居住、医疗、教育、集会、娱乐、市场等之间的防火间距不得小于50m；

　　3）小城镇各类用地中建筑的防火分区、防火间距和消防车通道的设置，均应符合现行国家标准《村镇建筑设计防火规范》(GBJ 39)的有关规定。

**9.0.4** 小城镇消防给水应符合下列规定：

　　1）具备给水管网条件时，其管网及消火栓的布置、水量、水压应符合现行国家标准《村镇建筑设计防火规范》(GBJ 39)的有关规定；

　　2）不具备给水管网条件时，应利用河湖、池塘、水渠等水源规划建设消防给水设施；

　　3）给水管网或天然水源不能满足消防用水时，宜设置消防水池，寒冷地区的消防水池应采取防冻措施。

**9.0.5** 消防站的设置应根据小城镇的性质、类型、规模、区域位置和发展状况等因素确定，并应符合下列规定：

1) 大型镇区消防站的布局应按接到报警 5min 内消防人员到达责任区边缘要求布局，并应设在责任区内的适中位置和便于消防车辆迅速出动的地段。

2) 消防站的主体建筑距离学校、幼儿园、医院、影剧院、集贸市场等公共设施的主要疏散口的距离不得小于 50m；

镇区规模小尚不具备建设消防站时，可设置消防值班室，配备消防通信设备和灭火设施。

3) 消防站的建设用地面积宜符合表 9.0.5 的规定。

消防站规模分级　　　　　　　　　　　　　　表 9.0.5

| 消防站类型 | 责任区面积（km²） | 建设用地面积（m²） |
| --- | --- | --- |
| 标准型普通消防站 | ≤7.0 | 2400～4500 |
| 小型普通消防站 | ≤40 | 400～1400 |

**9.0.6** 消防车通道之间的距离不宜超过 160m，通道路面宽度不应小于 4m，当消防车通道上空有障碍物跨越道路时，路面与障碍物之间的净高不应小于 4m。消防车通道可利用交通道路，并应与其他公路相连通。

**9.0.7** 小城镇消防通信系统应设置由电话交换站或电话分局至消防站接警室的火警专线。大型镇区火警专线不得少于两对，中、小型镇区不得少于一对。

镇区消防站应与县级消防站、邻近地区消防站、以及镇区供水、供电、供气等部门建立消防通信联网。

**9.0.8** 对一级工作区，应根据建筑工程的易损状况、易燃物的存在与可燃性、人口与建筑物密度、引发火灾的偶然性因素、历史火灾经验等，划定火灾的高危险区，制定高危险区的防火消防改造计划和措施。

## 附录一：小城镇防灾减灾工程规划编制模式分类与编制工作区级别划分

1. 小城镇防灾减灾工程规划编制模式分类

（1）以下类型小城镇应按一类模式进行消防防灾工程专项规划编制。

1) 位于大中城市规划区范围内，紧邻其中心城区的郊区小城镇；
2) 经济发达的大型小城镇；
3) 国家级历史文化名镇。

（2）位于地震烈度 7 度及以上地区的小城镇，应按一类模式编制抗震防灾规划。

（3）位于地质灾害易发区内或其所在县（市）域范围内发生过中型及以上地质灾害的小城镇，应按一类模式编制地质灾害防治规划。

（4）位于现行《建筑结构荷载规范》(GB 50009) 所规定的重现期为 50 年的基本风压 ≥0.7kN/m² 地区的小城镇，应按一类模式编制防风减灾规划。

（5）其他情形下，小城镇应按不低于二类模式进行防灾规划编制。

2. 表 1 小城镇防灾减灾工程规划编制工作区级别划分

小城镇防灾减灾工程规划编制工作区级别的划分　　　　　　　　　　表 1

| 编制模式<br>工作区级别 | 一类模式 | 二类模式 |
|---|---|---|
| 一级 | 省级及以上开发区，自然保护区和规划区内的自然遗产、历史文化遗产、历史文化保护区 | |
| | 规划区的建成区、建设用地 | |
| 二级 | | 规划区的建成区、建设用地 |
| 三级 | 其 他 地 区 | |

注：某种灾害危害性较小时，在进行该种灾害评价和规划编制时工作区级别可按降低一级进行。

## 附录二：小城镇建设用地防灾适宜性评价与避洪设施安全超高

表 2 小城镇建设用地防灾适宜性评价。
表 3 小城镇就地避洪安全设施的安全超高。

建设用地防灾适宜性评价　　　　　　　　　　表 2

| 地段类别 | 地质、地形、地貌 |
|---|---|
| 适宜 | 满足下列条件的场地可划分为适宜建设场地：<br>（1）属稳定基岩或坚硬土或开阔、平坦、密实、均匀的中硬土等场地稳定、土质均匀、地基稳定的场地；<br>（2）地质环境条件简单，无地质灾害破坏作用影响；<br>（3）无明显地震破坏效应；<br>（4）地下水对工程建设无影响；<br>（5）地形起伏虽较大但排水条件尚可 |
| 较适宜 | 满足下列条件的场地可划分为较适宜建设场地：<br>（1）属中硬土或中软土场地，场地稳定性尚可，土质较均匀、密实，地基较稳定；<br>（2）地质环境条件简单或中等，无地质灾害破坏作用影响或影响轻易于整治；<br>（3）虽存在一定的软弱土、液化土，但无液化发生或仅有轻微液化的可能，软土一般不发生震陷或震陷很轻，无明显的其他地震破坏效应；<br>（4）地下水对工程建设影响较小；<br>（5）地形起伏虽较大但排水条件尚可 |
| 适宜性差 | 下列为防灾适宜性差场地：<br>（1）中软或软弱场地，土质软弱或不均匀，地基不稳定；<br>（2）场地稳定性差：地质环境条件复杂，地质灾害破坏作用影响大，较难整治；<br>（3）软弱土或液化土较发育，可能发生中等程度以及以上液化或软土可能震陷且震陷较重，其他地震破坏效应影响较小；<br>（4）地下水对工程建设有较大影响；<br>（5）地形起伏大，易形成内涝 |
| 不适宜 | 下列为防灾不适宜建设场地：<br>（1）场地不稳定：动力地质作用强烈，环境工程地质条件严重恶化，不易整治；<br>（2）土质极差，地基存在严重失稳的可能性；<br>（3）软弱土或液化土发育，可能发生严重液化或软土可能震陷且震陷严重；<br>（4）条状凸出的山嘴，高耸孤立的山丘，非岩质的陡坡，河岸和边坡的边缘，平面分布上成因、岩性、状态明显不均匀的土层（如故河道、疏松的断层破碎带、暗埋的塘浜沟谷和半填半挖地基）等地质环境条件复杂，地质灾害危险性大；<br>（5）洪水或地下水对工程建设有严重威胁；<br>（6）地下埋藏有待开采的矿藏资源 |

续表

| 地段类别 | 地质、地形、地貌 |
|---|---|
| 危险地段 | 下列为灾害危险不可建设地段：<br>(1) 可能发生滑坡、崩塌、地陷、地裂、泥石流等的场地；<br>(2) 发震断裂带上可能发生地表位错的部位；<br>(3) 不稳定的地下采空区；<br>(4) 地质灾害破坏作用影响严重，环境工程地质条件严重恶化，难以整治 |

注：1. 表未列条件，可按其场地工程建设的影响程度比照推定。
   2. 划分每一类场地工程建设适宜性类别，从适宜性最差开始向适宜性好推定，其中一项属于该类即划为该类场地，依次类推。

就地避洪安全设施的安全超高    表3

| 安全设施 | 安置人口（人） | 安全超高（m） |
|---|---|---|
| 围埝 | 地位重要、防护面大、安置人口≥10000的密集区 | ≥2.0 |
| | ≥10000 | 2.0～1.5 |
| | 1000～10000 | 1.5～1.0 |
| | <1000 | 1.0 |
| 安全台、避水台 | ≥1000 | 1.5～1.0 |
| | <1000 | 1.0～0.5 |

注：安全超高是指在蓄、滞洪时的最高洪水位以上，考虑水面浪高等因素，避洪安全设施需要增加的富余高度。

## 附录三：地质灾害危险性评价

### 地质灾害危险性评价

1. 一级工作区的地质灾害危险性评价应将地质灾害对规划区内工程建设的影响或危害以及工程建设是否会诱发地质灾害进行分析或专项分析。应基本查明评估区内存在滑坡、泥石流、崩塌、地面塌陷、地裂缝、地面沉降等地质灾害的类型、分布、规模及对工程建设可能产生的危害与影响，预测评价工程建设可能诱发的灾害类型及危险性。对评估区内重大地质灾害应按下述要求进行评价：

1) 滑坡的评价应查明评估区内地质环境条件、滑坡的构成要素及变形的空间组合特征，确定其规模、类型、主要诱发因素、对工程建设的危害。在斜坡地区的工程建设应评价工程施工诱发滑坡的可能性及其危害，对变形迹象明显的，宜提出进一步工作的建议。

2) 泥石流评价应查明泥石流形成的地质条件、地形地貌条件、水流条件、植被发育状况、人类工程活动的影响，确定泥石流的形成条件、规模、活动特征、侵蚀方式、破坏方式，预测泥石流的发展趋势及拟采取的防治对策。

3) 崩塌的评价应查明斜坡的岩性组合、坡体结构、高陡临空面发育状况、降雨情况、地震、植被发育情况及人类工程活动。确定崩塌的类型、规模、运动机制、危害等；预测崩塌的发展趋势、危害及拟采取的防治对策。

4) 地面塌陷的评价应查明形成塌陷的地质环境条件，地下水动力条件，确定塌陷成因类型、分布、危害特征。分析重力和荷载作用、地震与震动作用、地下水及地表水作用、人类工程活动等对塌陷形成的影响;预测可能发生塌陷的范围、危害。

5)地裂缝的评价应查明地质环境条件、地裂缝的分布、组合特征、成因类型及动态变化。对多因素产生的地裂缝,应判明控制性因素及诱发因素。评价地裂缝对工程建设的危害并提出防治对策。

除地震成因的地裂缝外,对其他诱发因素产生的地裂缝应分析过量开采地下水、地下采矿活动、人工蓄水以及不良土体地区农灌地表水入渗;松散土类分布区潜蚀、冲刷作用、地面沉降、滑坡等作用的影响。

6)地面沉降的评价应查明评估区所处区域地面沉降区的位置、沉降量、沉降速率及沉降发展趋势、形成原因(如抽汲地下水、采掘固体矿产、开采石油、天然气,抽汲卤水、构造沉降等)、沉降对建设项目的影响,以及拟采取的预防及防治措施。对评估区不均匀沉降应作为重点进行评价。

7)对人工高边坡、挡墙,应判定其危险性、危害程度和影响范围,评价对工程建设的危害并提出处理对策。

2. 二级工作区的地质灾害危险性评估可定性确定规划区内是否存在地质灾害及其潜在危险性。初步查明规划区内地质灾害的类型、分布;工程建设可能诱发的地质灾害的类型、规模、危害以及对评估区地质环境的影响。

3. 地质环境条件复杂程度分类见表4。

**地质环境条件复杂程度分类表** 表4

| 复 杂 | 中 等 | 简 单 |
|---|---|---|
| 1. 地质灾害发育强烈 | 1. 地质灾害发育中等 | 1. 地质灾害一般不发育 |
| 2. 地形与地貌类型复杂 | 2. 地形较简单,地貌类型单一 | 2. 地形简单,地貌类型单一 |
| 3. 地质构造复杂,岩性岩相变化大,岩土体工程地质性质不良 | 3. 地质构造较复杂,岩性岩相不稳定,岩土体工程地质性质较差 | 3. 地质构造简单,岩性单一,岩土体工程地质性质良好 |
| 4. 工程水文地质条件不良 | 4. 工程水文地质条件较差 | 4. 工程水文地质条件良好 |
| 5. 破坏地质环境的人类工程活动强烈 | 5. 破坏地质环境的人类工程活动较强烈 | 5. 破坏地质环境的人类工程活动一般 |

注:每类5项条件中,有一条符合较复杂条件者即划为较复杂类型。

4. 危险性评估包括现状评估、预测评估和综合评估。对于受自然因素影响的地质灾害,评估时应考虑自然因素周期性的影响。地质灾害的危险性分级见表5。

**地质灾害危险性分级表** 表5

| 确定要素<br>危险性分级 | 稳定状态 | 危害对象 | 损 失 |
|---|---|---|---|
| 危险性大 | 差 | 城镇及主体建筑物 | 大 |
| 危险性中等 | 中等 | 有居民及主体建筑物 | 中 |
| 危险性小 | 好 | 无居民及主体建筑物 | 小 |

1)现状评估是指对已有地质灾害的危险性评估。根据评估区地质灾害类型、规模、分布、稳定状态、危害对象进行危险性评价;对稳定性或危险性起决定性作用的因素作较深入的分析,判定其性质、变化、危害对象和损失情况。

2）预测评估是指对工程建设可能诱发的地质灾害的危险性评估。依据工程项目类型规模，预测工程项目在建设过程中和建成后，对地质环境的改变及影响，评价是否会诱发滑坡、泥石流、崩塌、地面塌陷、地裂缝、地面沉降等地质灾害以及灾害的范围、危害。

3）综合评估是根据现状评估和预测评估的情况，采取定性或半定量的方法综合评估地质灾害危险性程度，对土地的适宜性作出评估，并提出防治诱发地质灾害的对策。

## 附录四：建设工程和基础设施的抗震评价和要求

### 建设工程和基础设施的抗震评价和要求

1. 建筑工程的抗震评价和要求应在抗震性能评价的基础上提出重要建筑抗震防灾、新建工程抗震设防、既有建筑工程抗震加固和改造以及镇区建设和改造等抗震防灾要求。

2. 基础设施的抗震评价和要求主要包括：应结合基础设施诸系统的专业规划，针对供电、供水、供气、交通和对抗震救灾起重要作用的指挥、通信、医疗、消防、物资供应及保障等基础设施在抗震防灾中的重要性和可能的薄弱环节及功能失效影响，提出基础设施改造以及抗震规划要求。

3. 在进行建筑抗震防灾评价时，应根据建筑的重要性、抗震防灾的要求和在抗震防灾中的作用，区分重要建筑和一般建筑。

（1）重要建筑评价应包括：

1）《建筑抗震设防分类标准》中的甲类、乙类建筑；

2）党政指挥机关、防灾指挥部门的主要办公楼；

3）基础设施的骨干建筑；

4）学校、礼堂等公共建筑。

（2）一般建筑可根据抗震评价要求，考虑结构形式、建设年代、设防情况、建筑现状等，参考工作区建筑调查统计资料进行分类。

4. 建筑的抗震性能评价应包括设防烈度和罕遇地震水准下的地震破坏程度估计、伤亡和需安置避震疏散人员数量估计。

5. 重要建筑应进行单体建筑抗震性能评价。

6. 一般建筑的抗震性能评价对一级工作区宜采用分类建筑抽样调查与群体抗震性能评价的方法来进行，二级工作区可采用类比或经验判定等方法进行估计。

7. 对镇区建筑，应在抗震性能评价的基础上，找出薄弱环节，提出建成区建筑抗震防灾的改造规划。对于高密度、高危险性的城区，应根据抗震性能评价结果、防止次生灾害影响和满足避震疏散要求提出城区拆迁、加固和改造的范围、力度、避震疏散安排等。

8. 应提出新建工程的抗震设防对策和要求。对既有不符合抗震要求的建筑类型，应根据其破坏情况估计，结合城镇的发展需要，提出分期分批加固和改造要求。并应符合下列规定：

1）新建建筑物、构筑物和工程设施应按国家和地方现行的有关标准进行设防；

2）现有建筑物、构筑物和工程设施应按国家和地方现行的有关标准进行鉴定，提出抗震加固、改建和拆迁的意见。

9. 对重要建筑，应分别针对既有以及新建两种类型，分别提出抗震加固改造以及抗震建设与监测、检测要求。

10. 对供电、供水、供气、交通系统中的关键节点和主要干线应进行抗震性能评价；对一类模式宜进行功能失效影响范围的估计。

11. 对抗震救灾起重要作用的指挥、通信、医疗、消防和物资供应与保障系统的抗震救灾保障能力进行综合估计。

12. 对基础设施系统可能引发的次生灾害的影响宜进行估计。

13. 对可能引发地震次生灾害的供气等系统应提出防御建议。对于交通、消防等系统还应提出满足避震疏散等的抗震防灾要求。

14. 对基础设施和重要工程，应进行统筹规划，并应符合下列规定：
1) 道路、供水、供电等工程应采取环网布置方式；
2) 镇区人员密集的道路地段应设置不同方向的四个道路出入口；
3) 抗震防灾指挥机构应设置备用电源。

## 本标准用词用语说明

1. 为了便于在执行本标准条文时区别对待，对要求严格程度不同的用词说明如下：
1) 表示很严格，非这样做不可的用词：
正面词采用"必须"；反面词采用"严禁"。
2) 表示严格，在正常情况下均应这样做的用词：
正面词采用"应"；反面词采用"不应"或"不得"。
3) 表示允许稍有选择，在条件许可时首先这样做的用词：
正面词采用"宜"；反面词采用"不宜"；
表示有选择，在一定条件下可以这样做的，采用"可"。

2. 标准中指定应按其他有关标准、规范执行时，写法为"应符合……的规定"或"应按……执行"。

# 小城镇防灾减灾工程规划标准
## （建议稿）
## 条 文 说 明

## 1 总则

**1.0.1~1.0.2** 阐明本标准（建议稿）编制的目的及适用范围。

本标准（建议稿）所称小城镇是国家批准的建制镇中县驻地镇和其他建制镇，以及在规划期将发展为建制镇的乡（集）镇。根据城市规划法建制镇属城市范畴；此处其他建制镇，在《村镇规划标准》中又属村镇范畴。

小城镇是"城之尾、乡之首"，是城乡结合部的社会综合体，发挥上连城市、下引农村的社会和经济功能。县城镇和中心镇是县域经济、政治、文化中心或县（市）域中农村一定区域的经济、文化中心。

小城镇防灾减灾工程规划与城市不同与村镇也不尽相同，我国小城镇量大、面广，不同地区小城镇的人口规模、自然条件、历史基础、经济发展差别很大，易受灾害，灾害损失的差别也较大。不同地区小城镇防灾减灾侧重也有较大差别。针对上述情况，单独编制小城镇防灾减灾工程规划标准作为其规划依据是必要的，也是符合我国小城镇实际情况的。

1.0.1条阐述了本标准编制的宗旨，1.0.2条规定了本标准适用范围。本标准的编制宗旨和适用范围包括了小城镇总体规划中的防灾减工程规划及小城镇防灾减灾专项规划。

本标准由北京工业大学和中国城市规划设计研究院共同编制，编制中较好地考虑和处理了与小城镇总体规划及与其他规划相关标准的关系，也较好地考虑和处理了与城市防灾减灾标准、村庄集镇防灾减灾标准之间的衔接关系。

本标准及技术指标的中间成果征询了22个省、直辖市、自治区建设厅、规委、规划局和100多个规划编制、管理方面的规划标准使用单位的意见，同时，标准建议稿吸纳了专家论证预审的许多好的建议。

**1.0.3~1.0.4** 提出小城镇灾减灾规划编制的基本原则要求。

小城镇防灾减灾规划直接关系到小城镇安全，是小城镇总体规划的重要组成部分。同时，小城镇防灾减灾规划要依据小城镇总体规划确定的小城镇性质、规模以及建设和发展规划。对于小城镇防灾规划中工作量较大的有关防灾评价工作，通常可与总体规划的前期研究工作相结合进行，当情况复杂时，可提前安排专题研究。

另一方面，小城镇防灾往往又是区域防灾的组成部分，与区域防灾也有密不可分的联系，因此小城镇防灾规划尚应结合区域防灾规划为指导并互相衔接互相协调。

**1.0.5~1.0.6** 分别提出规划期内有条件发展为中小城市的小城镇和有条件发展为建制镇的乡（集）镇相关规划宜执行的标准基本原则要求。

考虑到部分有条件的小城镇远期规划可能上升为中、小城市，也有部分有条件的乡（集）镇远期规划有可能上升为建制镇，上述小城镇规划的执行标准应有区别。但上述升级涉及到行政审批,规划不太好掌握,所以1.0.3、1.0.4条款强调规划应比照上一层次标准执行。

**1.0.7～1.0.8** 分别提出城市规划区和城镇密集区的小城镇防灾减灾工程设施规划建设的原则要求。

**1.0.9** 提出小城镇防灾减灾工程规划实施

小城镇防灾减灾工程规划是其总体规划组成部分,重要防灾减灾设施是总体规划中强制性内容,纳入总体规划实施有其法律效力保证。

对防灾减灾规划中专业性较强的特殊措施可结合当地实际,明确实施方式和保障措施。

**1.0.10** 本标准编制多有依据相关规范或有涉及相关规范的某些共同条款。本条款体现小城镇防灾减灾工程规划标准与相关规范之间,包括即将出台的城市、村庄和集镇防灾减灾标准应同时遵循规范的统一性原则。

本标准主要相关法律、法规与技术标准有：

《中华人民共和国城市规划法》；
《城市规划编制办法》；
《城市规划编制办法实施细则》；
《中华人民共和国防震减灾法》；
《中华人民共和国建筑法》；
《防洪标准》(GB 50201)；
《城市防洪工程设计规范》(CJJ 50)；
《中国地震动参数区划图》(GB 18306)；
《建筑抗震设计规范》(GB 50011)；
《岩土工程勘察规范》(GB 50021)；
《建筑结构荷载规范》(GB 50009)；
《水工建筑物抗震设计规范》；
《蓄滞洪区建筑工程技术规范》(GB 50181)。

## 2 术语

**2.0.1～2.0.7** 为便于在小城镇总体规划的防灾减灾工程规划及防灾减灾专项规划中正确理解和运用本标准,对本标准涉及的主要名词作出解释。其中：

**2.0.1～2.0.2** 是对小城镇防灾减灾规划和其专项规划用地评估涉及的场地以及专项规划涉及的不同层次研究区域——工作区作出名词解释；

**2.0.3** 是针对震灾防御涉及的地震次生灾害作出解释；

**2.0.4～2.0.5** 是对避灾疏散涉及的避灾疏散场地和避灾疏散场所作出解释；

**2.0.6～2.0.7** 是对地质灾害防御涉及的地质灾害和地质灾害危险性评估作出解释。

## 3 规划编制内容与基本要求

**3.0.1** 阐明小城镇防灾减灾工程规划编制时所应包括的相应灾害种类的防灾规划专项。

**3.0.2** 阐明小城镇防灾减灾工程规划编制时所应包括的内容。

**3.0.3** 阐明小城镇防灾减灾工程专项规划编制时所应包括的内容。
**3.0.4** 提出小城镇防灾减灾工程规划及其专项规划编制的基础要求。
**3.0.5** 提出小城镇防灾减灾工程规划及其专项规划编制的成果要求。
**3.0.6** 提出编制县城镇、中心镇和大型一般镇防灾减灾工程专项规划编制的不同级别工作区和工作模式的原则要求。

由于灾害的规模效应，小城镇中的高密度开发区和其他致灾因素比较多的地区灾害易损性明显较高，在安排工作深度时需要区别对待；小城镇的建设和发展按照总体规划具有不同的发展时序和重要性，产生对防灾减灾要求的差异，从综合防灾的角度看，小城镇规划区的不同地区防灾的侧重点会有不同。划分工作区主要是考虑不同功能区域的灾害及场地环境影响特点、灾害的规模效应、工程设施的分布特点及对防灾减灾的需求重点均不相同，区分不同地区防灾工作的重要性差异、不同需求及轻重缓急。编制小城镇防灾规划时，根据灾害种类、不同区域和系统的重要性、灾害规模效应、防灾的要求等确定不同的工作区级别和工作模式。针对小城镇的特点和实际情况，防灾规划可按照灾害种类、小城镇规模和重要性、防灾的要求等情况确定灾害防预的对象及具体内容。

条款中涉及的县城镇、中心镇和大型一般镇分别为：
1）县城镇指县驻地建制镇。
2）中心镇指在县（市）域内的一定区域范围与周边村镇有密切联系，有较大经济辐射和带动作用，作为该区域范围农村经济文化中心的小城镇。
3）大型一般镇指镇区人口规模大于3万的非县城镇、中心镇的一般建制镇。

## 4 灾害综合防御

### 4.1 灾害环境综合评价

**4.1.1** 小城镇灾害环境进行综合评价是进行小城镇防灾减灾工程规划编制的主要依据，本条规定了相应的评价内容要求。
**4.1.2** 提出小城镇详细规划阶段对建设场地进行进一步综合评价和预测查明建筑地段稳定性的要求。

小城镇用地评价是保障用地安全和工程防灾可靠性的重要技术对策，因此除总体规划阶段整体评价外，在详细规划阶段要进行总体规划阶段未及的局部的、特别是重要地段的详细评价。

### 4.2 用地适宜性

**4.2.1** 提出小城镇防灾减灾工程专项规划内容的原则要求
**4.2.2** 提出小城镇防灾减灾规划建设用地适宜性综合评价的原则要求

小城镇防灾减灾工程规划编制中建设用地适宜性综合评价所需资料可以现有资料为主，通过综合分析确定。其中钻孔资料主要以收集现有的工程勘察、工程地质、水文地质等钻孔资料为主。对于场地情况复杂且钻空子缺乏的地区，可按照国家现行标准的相关规定进行补充勘察、测试及试验。在进行补充勘察方案确定时，可在满足下述要求情况下统筹布孔：

（1）对一级工作区统筹考虑地质地貌二级分区；对二级工作区则可按照地质地貌单元类型进行控制。在进行分析研究时，可适当类比引用其他工作区域上的分析结果。

(2) 在进行补充勘察钻孔布置时，考虑能全面反映工作区内地下岩土分布情况，并便于组织和编制浅层工程地质剖面。

### 4.3 避灾疏散

**4.3.1** 提出避灾疏散规划要求和安全措施及避灾疏散场所、道路的安排依据

避灾疏散是临灾预报发布后或灾害发生时把需要避灾疏散的人员从灾害程度高的场所安全撤离，集结到预定的、满足防灾安全的避灾疏散场所。

避灾疏散的安排坚持"平灾结合"的原则。避灾疏散场所平时可用于教育、体育、文娱和其他生活、生产活动，临灾预报发布后或灾害发生时用于避灾疏散。避灾疏散通道、消防通道和防火隔离带平时作为小城镇交通、消防和防火设施，避灾疏散时启动防灾机能。

避灾疏散人员包括需要避灾疏散的小城镇居民和小城镇流动人口。规划避灾疏散场所时，要考虑避灾疏散人员在小城镇的分布。

在防灾规划中需对避灾疏散场所的建设、维护与管理，避灾疏散的实施过程，避灾疏散宣传教育活动或演习，提出管理对策，并对避灾疏散的长期规划安排提出建议。

**4.3.2** 提出防灾减灾小城镇道路出入口数量要求。

**4.3.3** 提出小城镇防灾减灾工程专项规划避灾疏散场所和避灾疏散主通道的防灾安全评估要求。

本条所规定的疏散主通道有效宽度是指扣除灾后堆积物的道路实际宽度。建筑倒塌后废墟的高度可按建筑高度的1/2计算。疏散道路两侧的建筑倒塌后其废墟不应覆盖疏散通道。疏散通道应当避开易燃建筑和可能发生的火源。对重要的疏散通道要考虑防火措施。

**4.3.4～4.3.5** 提出避灾疏散场地原则要求和相关规定。

避灾疏散场所需综合考虑防止火灾、水灾、海啸、滑坡、山崩、场地液化、矿山采空区塌陷等各类灾害和次生灾害，保证防灾安全。其用地可以是各自连成一片的，也可以由比邻的多片用地构成，从防止次生火灾的角度考虑，疏散场地不宜太小。避灾疏散场所服务范围的确定可以周围的或邻近的居民委员会和单位划界，并考虑河流、铁路等的分割以及避灾通道的安全状况等。

**4.3.6** 提出小城镇镇区避洪安全设施相关要求。

**4.3.7** 防火安全带是隔离避灾疏散场所与火源的中间地带，其可以是空地、河流、耐火建筑以及防火树林带、其他绿化带等。若避灾疏散场所周围有木制建筑群、发生火灾危险性比较大的建筑或风速较大的地域，防火安全带的宽度适当增加。

防火树林带的主要功能是防止火灾热辐射对避灾疏散人员的伤害，选择对火焰遮蔽率高、抗热辐射能力强的树种，且设喷洒水的装置。依据日本的调研成果，当避灾疏散场所的四周都发生火灾时，$50hm^2$以上基本安全，两边发生火灾$25hm^2$以上基本安全，一边发生火灾$10hm^2$以上基本安全。发生火灾后避灾疏散人员可以在避灾疏散场所内向远离火源的方向移动，当火灾威胁到避灾避难人员的安全时，应从安全撤退路线撤离到邻近的或仍有收容能力的避灾疏散场所或实施远程疏散。临时建筑和帐篷之间留有防火和消防通道。严格控制避灾疏散场所内的火源。

## 5 地质灾害防御

**5.0.1** 提出小城镇地质灾害防御规划内容的基本要求。

地质灾害是指在特殊的地质环境条件（地质构造、地形地貌、岩土特征和地表地下水等）下，由内动力或外动力的作用、或两者共同作用或人为因素而引起的灾害。在工程地质和岩土工程领域中，地质灾害属不良地质现象范畴。地质灾害的发生、特点、规模和危害性不仅直接和间接地受到地质环境条件的控制，其防御和治理也要考虑地质环境条件。地质灾害的发生既有天然的因素，也更有人为因素。危害较大、比较常见的地质灾害类型有：引起边坡失稳的崩塌、滑坡、塌方和泥石流等，此类地质灾害主要发育在山区、陡峭的边坡；引起地面下沉的塌陷和沉降，在矿区和岩溶发育地区常见；引起地面开裂的断错和地裂缝等，主要发育于断裂带附近。其中，发育在山区的滑坡、塌方和泥石流等危害最突出，也是山区小城镇规划防灾的重点。地质灾害防御以避开为主，改造为辅，改造要尽量保持或少改变天然环境。要防止人为破坏和改变天然稳定的环境。

**5.0.2** 地质灾害发生和危害与地层岩性、地质构造、地形地貌、地下水活动、地震、地下矿产开采及气象等自然环境因素关系密切。在可能和必要的条件下，可由专业技术人员在上述自然环境因素调查评价的基础上，为小城镇规划提供灾害发生的环境基础资料。

**5.0.3～5.0.7** 提出进行地质灾害防御的主要规划对策和要求。

对常见的地质灾害防御通常可包括：

（1）崩塌和滑坡灾害的防御

1）在有崩塌和滑坡灾害潜在危险和危害的地区，应停止人为不合理的工程和开发活动，应当防止不适当地开挖坡脚、不适当地在坡体上方堆载、不合理的矿山开采、大型爆破和灌渠漏水等行为。

2）针对引起崩塌和滑坡灾害的主导因素，可分别采用清除崩滑体、治理地表水和地下水、减重和反压、抗滑工程等方法因地制宜进行根治。

（2）泥石流的防御

1）大型泥石流沟谷不应作为小城镇的规划场地，中型泥石流沟谷不宜作为小城镇的规划场地，必要时，应采取治理措施，工程设施、居住场所和活动场所应避开河床或大跨度跨越。在确定安全有保证的前提下，小型泥石流沟谷可利用其堆积区作为非重要建筑的规划场地，但不宜改变沟谷的状态。

2）易产生泥石流的沟谷，不宜大量弃渣或改变沟口原有供排平衡条件，防止新泥石流产生。

3）对泥石流治理宜采用综合治理，应上、中、下游全面规划，生物措施（植树造林、种植草被等）与工程措施（蓄水、引水工程、排导工程、停淤工程、改土工程等）相结合。对于稀性泥石流适宜采用治水为主的方案，对于黏性泥石流适宜采用治土为主的方案。

（3）采空区灾害的防御

采空区新建或规划建筑时，应充分掌握地表位移和变形的规律，分析地表移动和变形对建筑物的影响，选择有利的建筑场地，采取有效的建筑措施和结构措施，减小地表变形对建筑物的影响，提高建筑物抵抗地表变形引起的附加作用力的能力，保证建筑物的正常

（4）土洞灾害的防御

1）规划场地应避开土洞潜在危险场地，避开岩溶水位高又是集中流动的地带，宜选择稳定场地，对非稳定场地不宜规划重要建筑。

2）对不利于建筑的地段规划时，应提出结构措施、地基基础措施和土洞处理等基本要求。

（5）小城镇选址和规划宜选择对防治地质灾害有利的地段，避开地质灾害危险地段，对防治地质灾害不利的地段，应通过评估和采取相应防御灾害的措施。

（6）根据小城镇所处地质环境特点和地质灾害历史、类型、分布和危害等，综合考虑用地规划，提出小城镇区域服务功能区（商业区、生活区、工业区、旅游区等）综合防灾规划的合理布局、规划要求和工程技术规划措施。

（7）对不同场地地质灾害防治地段提出适用条件、指导原则和具体配套措施。制定小城镇发展用地选择原则、指导意见和具体要求。

（8）针对潜在地质灾害类型，根据适宜性评价结果，指出今后建设用地适宜建筑类型和体系以及相应具体要求。

（9）根据使用效益和风险评估，提出小城镇发展用地优先考虑序列和相应减灾对策、根据小城镇总体规划的发展要素，提出中、长期土地合理使用的减灾策略和可能场地灾害的控制策略。

**5.0.8** 提出进行地质灾害危险性评价的方法。

通常对于常见地质灾害可按下面进行地质灾害源点危害性的简单评价。

（1）崩塌和滑坡灾害是斜坡破坏和移动产生的地质灾害。按其规模分为小型（崩滑体小于 3 万 $m^3$）；中型（崩滑体 3 万～50 万 $m^3$）；大型（崩滑体 50 万～300 万 $m^3$）；巨型（崩滑体大于 300 万 $m^3$）。

在工程上，崩塌和滑坡灾害的评估属边坡稳定性评价范畴，作为小城镇规划，可采用经验的工程地质类比法。据经验，存在下列条件时对边坡稳定不利，属潜在危险地段：

1）边坡及其邻近地段已有滑坡和崩塌等地段；

2）岩质边坡中有页岩、泥岩、片岩等易风化、软化岩层或软硬交互的不利岩层组合；

3）土质边坡中网状裂隙发育，有软弱夹层，或边坡由膨胀土（或岩）构成；

4）软弱可滑动面与坡面倾向一致或交角小于 45°，且可滑面倾角小于坡角，或基岩面倾向坡外且倾角较大；

5）地层渗透性差异大，地下水在弱透水层或基岩面上积聚流动，或断层及裂隙中有承压水出露；

6）坡上有水体漏水，水流冲刷坡角或因河水位急剧升降引起岸坡内动水力的强烈作用；

7）强震区、暴雨区、大爆破施工临近区等地区。

（2）泥石流是泥和水混合流动产生的自然灾害。泥石流形成主要有三个条件：1）丰富的泥石物质供给；2）暴雨；3）存在适宜泥石的流通渠道。典型的泥石流一般分为形成区、流通区和堆积区。

泥石流的危害取决于其发生的频率和规模。高频率泥石流区每年均有发生，固体物质主要来源于沟谷的滑坡和崩塌,泥石流爆发雨强小于 2~4mm/10min。除岩性因素外,滑坡和崩塌严重的沟谷多发生黏性泥石流,规模大,反之发生的泥石流为稀性泥石流,规模小。高频率泥石流区多位于强烈抬升区,岩层破碎,风化强烈,山体稳定性差。黏性泥石流沟中,下游沟床坡度大于 4%。

低频率泥石流区泥石流爆发周期一般在 10 年以上,固体物质主要来源于沟床,泥石流发生时"揭床"现象明显,暴雨时坡面产生的浅层滑坡往往是激发泥石流形成的重要因素。泥石流爆发雨强一般大于 4mm/10min。泥石流规模一般较大,黏性和稀性泥石流均有。低频率泥石流区分布于各类构造区的山地,山体稳定性相对较好,一般无大型崩塌和滑坡活动,黏性泥石流沟中,下游沟床坡度小于 4%。泥石流规模分类见表 1。

泥石流规模分类　　　　　　　　　　　　　表 1

| 分 区 | 规 模 | 流域面积（km²） | 固体物质一次冲出量（×10⁴m³） | 流量（m³/s） | 堆积区面积（km²） |
| --- | --- | --- | --- | --- | --- |
| 高频率泥石流区 | 大 型 | >5 | >5 | >100 | >1 |
|  | 中 型 | 1~5 | 1~5 | 30~100 | <1 |
|  | 小 型 | <1 | <5 | <30 |  |
| 低频率泥石流区 | 大 型 | >10 | >5 | >100 | >1 |
|  | 中 型 | 1~10 | 1~5 | 30~100 | <1 |
|  | 小 型 | <1 | <1 | <30 |  |

(3) 地下采矿区附近的小城镇,存在由于采矿形成的采空区导致地表移动而引起的沉陷和开裂的潜在危险性。根据采空区现状,可分为老采空区、现采空区和未来采空区。地下矿层大范围开采以后,采空区上覆岩层和地表失去平衡而发生移动和变形,当采深采厚比较大时($H/m>25~30$),地表的移动和变形在空间和时间上是相对连续的,当采深采厚比较小时($H/m<25~30$),地表的移动和变形在空间和时间上是不连续的,有可能出现较大的地裂缝或塌陷,引起灾害的产生。

下列地段可视为地表变形和塌陷的潜在危险地段不可作为小城镇建设场地:
1) 在开采过程中可能出现非连续变形的地段;
2) 处于地表移动活跃阶段的地段;
3) 特厚煤层和倾角大于 55°的厚煤层露头地段;
4) 由于地表移动和变形可能引起边坡失稳和崩塌地段;
5) 地下水位深度小于建筑物可能下沉量与基础埋深之和的地段;
6) 地表倾斜大于 10（mm/m）或地表水平变形大于 6（mm/m）或地表曲率大于 $0.6×10^{-3}$/m 的地段。

下列地段为地表变形潜在非稳定地段,通过专门的适宜性研究,可作为小城镇的规划场地:
1) 采空区采深采厚比小于 30 的地段;
2) 地表变形值处于下列范围值的地段:地表倾斜 3~10mm/m,地表水平变形 2~6mm/m;地表曲率 $0.2~0.6×10^{-3}$/m;
3) 老采空区可能活化或有较大残余变形影响的地段;

4）采深小、上覆岩层坚硬和完整的地段。

下列地段为相对稳定的地段，可作为小城镇建设场地：

1）已达充分采动，无重复开采可能的地表移动盆地的中心区；

2）预计地表变形值小于下列数值的地段：地表倾斜3mm/m，地表水平变形2mm/m；地表曲率$0.2\times10^{-3}$/m。

采空区新建或规划建筑时，应充分掌握地表位移和变形的规律，分析地表移动和变形对建筑物的影响，选择有利的建筑场地，采取有效的建筑措施和结构措施，减小地表变形对建筑物的影响，提高建筑物抵抗地表变形引起的附加作用力的能力，保证建筑物的正常使用。

（4）土洞是在有覆盖土的岩溶发育地区，特定的水文地质条件使岩面以上的土体遭到流失迁移而形成土中的洞穴和洞内塌落堆积物以及引发地面变形破坏的总称。土洞是岩溶的一种特殊形态，是岩溶范畴内的一种不良地质现象。由于其发育速度快、分布密，对工程及规划场地的影响远大于岩溶。

土洞按其成因可分为地下水冲蚀（潜蚀）和地面水冲蚀形成两大类。地下水冲蚀（潜蚀）形成的土洞，又有自然和人为形成两种。地下水深埋、岩溶以垂直形态为主的山区，土洞以地面水冲蚀形成为主；地下水浅埋、略具承压性、岩溶以水平形态为主的准平原地区，土洞以地下水潜蚀形成为主。地下水潜蚀形成的土洞中，人为引起危害大，最应重视。

根据岩溶发育程度，大致可分为三类土洞潜在危险场地：危险场地、非稳定场地和稳定场地，三类土洞潜在危险场地可按表2进行。

**场地土洞潜在危险性分类表**　　　　　　　　　　　　　　　　　表2

| 场地分类 | 岩溶发育程度 | 线岩溶率K（%） | 土洞危险性出现潜在概率 |
|---|---|---|---|
| 危险场地 | 强烈发育 | >10～30 | 0.7 |
| 非稳定场地 | 中等发育 | 5～10 | 0.3 |
| 稳定场地 | 微弱发育 | <5 | 0 |

规划场地应尽量避开土洞潜在危险场地，避开岩溶水位高又是集中流动的地带，宜选择稳定场地，对非稳定场地不宜规划重要建筑。

岩溶发育区的下列部位可视为不利于建筑的地段：

（1）土层较薄，土中裂隙发育，地表无植被或为新挖方区，地表水入渗条件好，其下基岩有通道、暗流或呈负岩面的地段；

（2）石芽或出露的岩体与上覆土层的交接处，岩体裂隙发育且是地面水经常集中入渗的部位；

（3）土层下岩体中两组结构面交会，或处于宽大裂隙带上；

（4）隐伏的深大溶沟、溶槽、漏斗等地段，邻近基岩面以上有软弱土层分布；

（5）人工降水的降落漏斗中心；

（6）地势低洼，地面水体附近。

对不利于建筑的地段规划时，应提出结构措施、地基基础措施和土洞处理等基本要求。

## 6 洪灾防御

**6.0.1** 提出小城镇防洪工程规划依据。

小城镇防洪工程规划是小城镇重要基础设施规划，是小城镇总体规划的组成部分；同时小城镇防洪工程又是所在河道水系流域防洪规划的一部分，小城镇防洪标准与防洪方案的选定，以及防洪设施与防洪措施都要依据小城镇总体规划和河道水系的江河流域总体规划、防洪规划。

**6.0.2** 我国大多数河流的洪水由暴雨形成，可以利用暴雨径流关系，推求出所需要的设计洪水。

条款规定编制小城镇防洪工程规划方案除调查相关基础资料外，应同时了解分析设计洪水、设计潮位的计算和历史洪水暴雨的调查考证。并重点调查考证历史洪水发生时间的洪水位、洪水过程、河道粗糙率及断面的冲淤变化，同时了解雨情、灾情、洪水来源，洪水的主流方向、有无漫流、分流、死水以及流域自然条件有无变化等。

**6.0.3～6.0.4** 阐明小城镇防洪工程规划的基本原则和要求。

小城镇河道水系的流域总体防洪规划是流域整体的防洪规划，兼顾了流域城镇的整个防洪要求；小城镇防洪规划不仅要与流域防洪规划相配合，同时还要与小城镇总体规划相协调，要统筹兼顾小城镇建设各有关部门的要求和所在河道水系流域防洪的相关要求，作出全面规划。

处于不同水体位置的小城镇有不同的防洪特点和防洪要求，小城镇防洪工程规划和防洪措施必须考虑其处于不同水体位置的防洪特点，因地制宜、因害设防并应以防为主、防治结合。

**6.0.5** 提出小城镇防洪规划按不同洪灾类型选用相应防洪标准，制定相应防洪措施的基本要求。

**6.0.6** 提出沿江河湖小城镇确定防洪标准和防洪工程措施的依据和基本要求。

从小城镇所处河道水系的流域防洪规划和统筹兼顾流域城镇的防洪要求考虑，小城镇防洪标准应不低于其所处江河流域的防洪标准。

**6.0.7** 大型工矿企业、交通运输设施、文物古迹和风景区受洪水淹没损失大、影响严重、防洪标准相对较高。本条款从统筹兼顾上述防洪要求，减少洪水灾害损失考虑，对邻近大型工矿企业、交通运输设施、文物古迹和风景区等防护对象的小城镇防洪规划，当不能分别进行防护时，应按就高不就低的原则，按其中较高的防洪标准执行。

**6.0.8** 阐明小城镇防洪规划防洪、防涝设施的主要组成。

**6.0.9** 对水流流态、泥沙运动、河岸、海岸的不利影响，将直接影响城镇防洪，本条款规定小城镇防洪设施选线应适应防洪现状和天然岸线走向，并与小城镇总体规划的岸线规划相协调，合理利用岸线。

对于生态旅游主导型的小城镇，还应强调沿岸防洪堤规划与岸线景观规划、绿化规划的结合与协调。

**6.0.10** 在进行洪灾影响评价时，小城镇建筑的抗洪能力可根据洪水对房屋的作用形式，按当地小城镇的建筑结构类型和洪水灾害破坏统计资料确定。小城镇基础设施的抗洪能力，可根据洪水流经沿途的地形地貌、土质以及水落的大小等评估其可能受到的冲刷破坏程度。

**6.0.11** 提出小城镇防洪专项规划设置救援系统有关要求。

**6.0.12** 从地震设防区小城镇地震对防洪工程影响考虑提出其防洪规划与设计的特殊要求和有关规定。

# 7 震灾防御

## 7.1 一般规定

**7.1.1** 提出小城镇抗震防灾规划编制依据。

小城镇的地震基本烈度应按国家规定权限审批颁发的文件或图件采用；地震动峰值加速度的取值根据现行《中国地震动参数区划图》确定；地震基本烈度按照《中国地震动参数区划图使用说明》中地震动峰值加速度与地震基本烈度的对应关系确定。

**7.1.2** 小城镇抗震防灾规划，对小城镇总体规划确定用地性质和规划布局具有指导作用，其中的抗震设防标准和抗震防灾措施对小城镇工程建设具有强制性。

**7.1.3** 提出小城镇抗震防灾应达到的基本防御目标。

地震是一种具有很大不确定性的突发灾害，因此规划编制时，对可能遭遇的不同概率水准的地震灾害提出不同的防御目标。这些目标是在总结以往抗震经验的基础上提出的，各地可根据实际情况，对整个小城镇或其局部地区、行业、系统提出不低于本标准的防御目标，必要时还可区分近期与远期目标。

**7.1.4~7.1.5** 提出处于抗震设防区小城镇规划建设选址和抗震评价的基本要求与规定。

## 7.2 建设用地抗震评价与要求

**7.2.1~7.2.3** 提出建设用地抗震评价相关要求。

由于在抗震防灾规划编制过程中掌握的钻孔资料不可能满足单体工程抗震设防所需要的场地分类要求，表7.2.3中的场地类别评估地质方法只是一种定性的划分，其结果只适用于规划，不宜作为抗震设计的依据。

**7.2.4~7.2.9** 地震地质灾害是指在特定的岩土地质环境下地震时而引起的地质灾害，主要包括：可液化地层出现的液化震害、软弱土层的震陷震害、非稳定斜坡出现的滑坡崩塌震害、活动构造引起的地表断错震害等。根据特定的岩土工程地质环境，预测地震地质灾害的发生、规模、强度和危害性的差异，是工作区地震地质灾害评价和区域划分的基础地震地质灾害评价主要包括场地液化、地表断错、地震滑坡和震陷等灾害的程度、分布和评价。根据工作区地震、地质、地貌和岩土特征，可采用定性和定量相结合的多种方法，评价其潜在危害性和圈定潜在地震地质灾害危险地段。

**7.2.10** 提出土地利用抗震适宜性规划的基本要求。

场地适宜性评价目的是指出今后建设用地适宜建设要求以及相应建议。

**7.2.11** 提出编制小城镇发展的用地选择意见。

## 7.3 地震次生灾害防御

**7.3.1** 提出抗震防灾规划研究次生灾害源种类分布危害估计的要求。

地震次生灾害是指由于地震造成的地面破坏、建筑和生命线系统等破坏而导致的其他连锁性灾害。发生于城镇附近的强烈地震表明，次生灾害可能会造成灾难性后果，因此地震次生灾害的分析是非常重要的。一般包括次生灾害源的地震破坏评价和造成的后果影响估计。抗震防灾规划的编制中主要针对布局要求、重点抗震措施等总体抗震防灾要求进行。

次生火灾的评估是地震次生灾害评估的重点，主要是确定高危险区和危害影响估计。高危险区的划定一般与结构物的破坏、易燃物的存在与可燃性、人口与建筑密度、引发火灾的偶然性因素等直接相关，因此应在调查资料和历史震害相结合基础上，进行火灾危险性评估。

次生水灾的发生与水利设施的容量等密切相关，重点是水灾影响范围的估计。专项研究时，可与相关的水库大坝、江河堤防的地震破坏危险性，发生次生水灾的可能性等评价相结合进行。

**7.3.2～7.3.3** 提出地震次生灾害防御的相关要求。

考虑到地震诱发的次生灾害与平时发生的相关灾害有较大区别，地震次生灾害规划的编制可考虑以下编制原则：

（1）地震次生灾害具有多样性、多发性、同时性和诱发性等特点。制定次生灾害对策，可考虑采取多种措施，争取多方配合、协同工作。

（2）应坚持预防为主的方针，统筹安排资源。

（3）因地制宜，根据各区域自身特点采取有针对性的对策。

（4）防御和处置次生灾害可从规划管理和工程技术两方面综合考虑。

# 8 防风减灾

## 8.1 一般规定

**8.1.1～8.1.4** 提出小城镇防风减灾规划相关的一般规定

风力是最具破坏性的自然力之一。由于它的难以预测和不可避免性，对人民的财产构成威胁。小城镇建筑需采取相应的对策和措施，从建房的选址，房屋结构的形式，房屋构件之间的连接等制定技术措施，从而保障人民生命和财产的安全，减少经济损失。

## 8.2 风灾危害性评价

**8.2.1～8.2.2** 提出小城镇风灾危害性评价的相关要求。

小城镇建筑的风灾易损性是反映基于灾前的建筑结构对于一旦发生风灾害的敏感状况，与建筑结构本身和风灾可能造成的后果有关。

风灾易损性指标通过以下三种方法综合而得：

（1）根据灾后损失评价体系反推确定；

（2）由风灾实例采用信息量法确定；

（3）对建筑物进行实体或模拟实验确定。

其中主要包括：区域风灾频数、风灾等级、破坏等级、可修复程度。前两项侧重于风灾发生频率和各等级次数的评价，反映建筑的易损程度，后两项侧重于风灾损失的评估，反映结构的受损强度。

## 8.3 风灾防御要求和措施

**8.3.1～8.3.4** 提出小城镇风灾防御规划的防御相关基本要求和措施。

## 9 火灾防御

**9.0.1** 规定小城镇消防规划主要内容。

**9.0.2～9.0.3** 提出结合消防,小城镇相关用地选择要求和消防安全布局规定。

**9.0.4** 提出小城镇消防给水相关规定。

**9.0.5** 提出小城镇消防站设置依据和相关规定。

**9.0.6** 提出小城镇消防车通道基本要求。

**9.0.7** 提出小城镇消防通信系统相关要求。

**9.0.8** 提出消防专项规划划定高危险区及制定其改造计划和措施的依据和要求。

# 小城镇燃气系统工程规划建设标准
## （建议稿）

## 1 总则

**1.0.1** 为规范小城镇规划中的燃气系统工程规划编制，提高其编制质量和相关建设技术水平，并为小城镇燃气系统工程规划设计和规划管理提供依据，制定本标准。

**1.0.2** 本标准适用于县城镇、中心镇、一般镇的小城镇燃气系统工程规划与相关建设。

**1.0.3** 小城镇燃气系统工程规划既应重视近期建设，又应满足长远发展的需要，近、远期规划相结合，统一规划分期实施。

**1.0.4** 小城镇的燃气系统工程规划应符合安全生产、保证供应、经济合理和保护环境的总体要求。

**1.0.5** 小城镇燃气系统工程规划除应依据国家能源政策外，同时应依据小城镇总体规划和详细规划，并与小城镇的能源规划、环境保护规划、消防规划相协调。

**1.0.6** 规划期内有条件成为中小城市的县城镇和中心镇的燃气系统工程规划，应比照《城市燃气工程规划规范》要求执行。

**1.0.7** 城市规划区内小城镇燃气系统工程设施应按所在地的城市相关规划统筹安排。

**1.0.8** 位于城镇密集区的小城镇燃气系统工程设施应结合其区域相关规划统筹安排，联建共享。

**1.0.9** 规划期内有条件成为建制镇的乡（集）镇燃气系统工程规划应比照本标准执行。

**1.0.10** 小城镇燃气工程规划应根据小城镇特点和实际情况，因地制宜，经济合理地开发利用燃气资源；积极采用行之有效的新工艺、新技术、新材料和新设备。

**1.0.11** 小城镇燃气系统工程规划除应执行本标准外，尚应符合国家现行的有关标准和规范的规定。

## 2 名词术语

**2.0.1** 小城镇燃气

指符合《城镇燃气设计规范》GB 50028—2006 规定质量要求的供给小城镇居民生活、商业和乡镇企业生产作燃料用的、公用性质的燃气。

**2.0.2** 小城镇居民生活用气

指小城镇居民住宅内做饭和热水的用气。

**2.0.3** 小城镇商业用气

指小城镇商业用户（含公共建筑）内生产和生活用气。

**2.0.4** 月高峰系数

计算月的平均日用气量和年的日平均用气量之比。

**2.0.5** 日高峰系数

计算月中的日最大用气量和该月日平均用气量之比。

**2.0.6 小时高峰系数**

计算月中最大用气日的小时最大用气量和该日平均小时用气量之比。

**2.0.7 门站和储配站**

指城镇燃气输配系统中，接受气源来气并进行净化、加臭、储存控制供气压力、气量分配、计量和气质检测的建筑物（构筑物）及其用地。

**2.0.8 储气站**

指城镇燃气输配系统中燃气储存设施及其用地。储气站包括天然气储气站、液化石油气储气站和人工煤气储气站。

**2.0.9 液化石油气储配站**

指液化石油气储存站和灌瓶站的统称，并兼有两者全部功能。

**2.0.10 调压站**

包括调压装置及调压室的建筑物（构筑物）等。调压站将调压装置放置于专用的调压室建筑物（构筑物）中，承担用气压力的调节。

**2.0.11 调压箱、调压柜**

包括调压装置和铁箱，放置调压装置的悬挂式箱称为调压箱，落地式箱称为调压柜。调压箱、调压柜设置于小城镇用气居住小区或公共建筑附近，承担用气压力的调节。

## 3 规划内容、范围、期限

**3.0.1** 小城镇燃气系统工程规划的主要内容包括：预测小城镇燃气用气量，进行小城镇燃气供用平衡分析，选择确定燃气气源，确定主要设施建（构）筑物［气源厂（站）、调压站等］的位置、用地，提出小城镇燃气供应系统布局框架，布置输气和供气管网。

**3.0.2** 小城镇燃气系统工程规划的范围与小城镇总体规划范围一致，当燃气气源在规划区以外时，规划范围内进镇输气管线应纳入小城镇燃气工程范围。

**3.0.3** 小城镇燃气系统工程规划期限应与小城镇总体规划期限一致。

## 4 燃气气源选择

**4.0.1** 小城镇燃气气源资源应包括符合国家城镇燃气质量要求的可供给居民生活、商业、工业生产等各种不同用途的天然气、液化石油气、煤制气、油制气、矿井气、沼气、秸秆制气、垃圾气化气，也包括有条件利用的化工厂的排放气。

**4.0.2** 小城镇燃气系统工程规划应根据国家有关政策，结合小城镇现状和气源特点，以及本地区燃料资源的情况，在合理开发利用本地燃气资源的同时，充分利用外部气源，通过远近期结合、多方案技术经济比较、选择确定气源。可选择的气源应主要包括：

**4.0.2.1** 天然气长输管道供气（NG）；

**4.0.2.2** 压缩天然气供气（CNG）；

**4.0.2.3** 液化天然气供气（LNG）；

**4.0.2.4** 液化石油气供气（LPG）；

**4.0.2.5** 液化石油气混空气供气（LPG & Air）。

**4.0.3** 小城镇燃气质量应符合附录 A 燃气质量指标相关要求。

**4.0.4** 当小城镇采用液化石油气作为主要气源时，小城镇用气集中中心区和居住小区宜采用集中的液化石油气混空气等供气，镇区人口低密度的边缘分散住宅可采用分散的液化石油气站（自然气化/强制气化，瓶组储气/地下罐储气）、沼气等供气。

**4.0.5** 当近期或远期小城镇有天然气供应计划时，应根据小城镇的年用气量，天然气长输管道的距离，调峰量的需求及调峰方式，对以下供气方案作经济技术比较选择：

**4.0.5.1** 天然气长输管道供气；

**4.0.5.2** 压缩天然气供气；

**4.0.5.3** 液化天然气供气。

## 5 用气量预测及供用气平衡

**5.0.1** 小城镇用气量应根据用气需求预测，并结合供气原则和当地的具体条件、供气对象确定。

**5.0.2** 小城镇燃气用气量应包括以下方面：

**5.0.2.1** 居民生活用气量；

**5.0.2.2** 商业、公建用户用气量；

**5.0.2.3** 工业企业生产用气量；

**5.0.2.4** 采暖通风和空调用气量；

**5.0.2.5** 燃气汽车用气量；

**5.0.2.6** 其他用气量。

**5.0.3** 小城镇各种用户的燃气用气量，应根据燃气发展规划和用气量预测指标确定。

**5.0.4** 小城镇居民生活和商业的用气量指标，应根据当地的居民生活和商业已有燃料消耗量的统计数据分析确定。当缺乏用气量的实际统计资料时，小城镇居民生活的用气量指标可根据小城镇具体情况，一般按 2000～2600MJ/（人·年），比较分析确定；商业用气指标可按总用气量为居民生活用气量的 1.25～1.75 倍，商业用气量为总用气量的 8%～25%分析比较确定；第三产业较发达的旅游、商贸型小城镇商业用气量占总用气量的合适预测比例应在实际调查及同类对比分析基础上确定。

**5.0.5** 小城镇工业企业生产的用气量，可根据实际燃料消耗量折算，或按同行业的用气量指标分析确定；当缺乏用气量的实际统计资料时，可根据小城镇具体情况，一般按工业企业生产的用气量占总用气量的 0～10%，分析预测；工业主导型小城镇应在实际调查及同类对比分析基础上预测，确定其工业企业生产用气量占总用气量的合适比例，并应按相关工业发展规划确定预留气量。

**5.0.6** 小城镇采暖和空调用气量指标，可按国家现行标准《城市热力网设计规范》CJJ34 或当地建筑耗热量指标确定。

**5.0.7** 小城镇燃气汽车用气量指标，应根据当地燃气汽车种类、车型和使用量的统计分析确定。当缺乏用气量的实际统计资料时，可根据小城镇具体情况，按以下燃气汽车的城镇用气量指标范围，分析比较确定：

富康或捷达燃气出租车用气负荷指标：300～350MJ/100km；

有空调燃气公交车用气负荷指标：1800～2000MJ/100 km；

无空调燃气公交车用气负荷指标：1000～1200MJ/ km。

**5.0.8** 小城镇其他燃气用气量可按总用气量的 5%～8%比较分析确定。

**5.0.9** 确定小城镇燃气管网、设备通过能力和储存设施容积时，应根据小城镇燃气的需用情况计算用量。

**5.0.10** 小城镇燃气管道的计算流量应按计算月的小时最大用气量计算。当采用不均匀数法确定小城镇燃气小时计算流量时，居民生活和商业用户用气的高峰系数，应根据小城镇各类用户燃气用量（或燃料用量）的变化情况，分析比较确定；当缺乏用气量的实际统计资料时，可根据小城镇具体情况，按以下指标范围，分析比较确定：

**5.0.10.1** 镇区人口 10000～50000 人的小城镇：

$K_m$——月高峰系数，1.20～1.40

$K_d$——日高峰系数，1.0～1.20

$K_h$——小时高峰系数，2.5～4.0

**5.0.10.2** 镇区人口 50000～100000 人的小城镇：

$K_m$——月高峰系数，1.25～1.35

$K_d$——日高峰系数，1.10～1.20

$K_h$——小时高峰系数，2.0～3.0

**5.0.11** 小城镇燃气气源资源和用气量之间应保持平衡，当小城镇应用外部气源时，应进行外部气源相关供需平衡分析，根据供需平衡分配的供气量，提出小城镇供用气平衡对策。

## 6 输配系统

**6.0.1** 小城镇的燃气输配管网压力级制可以采用一级系统或两级系统。

**6.0.1.1** 相应的一级系统应包括：

中压 A 一级系统；

中压 B 一级系统；

低压一级系统。

**6.0.1.2** 相应的两级系统应包括：

中压 A——低压两级系统；

中压 B——低压两级系统。

**6.0.2** 小城镇镇区燃气输配系统压力应小于 0.4 MPa（表压）。

**6.0.3** 小城镇燃气管网布置应遵循以下原则：

**6.0.3.1** 全面规划，分期建设，近期为主，远近期结合。

**6.0.3.2** 管网布置应在管网系统的压力级制原则确定后进行，并按压力高低，先布置中压管网，后布置低压管网。

**6.0.3.3** 镇区燃气管线宜采用直埋敷设，中压管线应尽量避开繁华街道。

**6.0.3.4** 燃气管道禁止在以下场所敷设：

（1）各种机械设备和成品、半成品堆放场地；

（2）高压线走廊；

（3）动力和照明电缆通道；

（4）易燃易爆材料和具有腐蚀性液体的堆放场所。

**6.0.3.5** 当燃气管线在建筑物两侧任一侧引入均满足要求时，燃气管线应布置在管线较少的一侧。

**6.0.4** 小城镇天然气管道应符合国家《天然气保护条例》的有关规定。

**6.0.5** 小城镇燃气管道材料应根据燃气的性质、系统压力、施工要求以及材料供应情况选用，同时应满足机械强度、抗腐蚀、抗震及气密性等各项基本要求。

**6.0.6** 地下燃气管道埋设的最小覆土厚度（路面至管顶）应符合下列要求：

（1）埋设在车行道下时，不得小于0.9m；

（2）埋设在非车行道（含人行道）下时，不得小于0.6m；

（3）埋设在庭院（指绿化地及载货能进入之地）内时，不得小于0.3m；

（4）埋设在水田下时，不得小于0.8m。

注：当采取行之有效的防护措施后，上述规定均可适当降低。

**6.0.7** 输送湿燃气管道应埋设在土壤冰冻线以下。

燃气管道向凝水缸的坡度不宜小于0.003。

# 7 输配主要设施及场站

**7.0.1** 小城镇燃气输配系统一般应由门站、燃气管网、储气设施、调压设施、管理设施、监控系统等组成。

**7.0.2** 小城镇燃气输配系统门站和储配站站址选择应符合以下要求：

（1）符合城镇规划、城镇安全的要求；

（2）站址应具有适宜的地形、工程地质、供电、给水排水和通信等条件；

（3）门站和储配站应少占农田、节约用地，并应注意与城镇景观等协调；

（4）门站站址应结合长输管线位置确定；

（5）根据输配系统具体情况，储配站与门站可合建；

（6）储配站内的储气罐与站外的建（构）筑物的防火间距应符合现行国家标准《建筑设计防火规范》GB 50016—2006的有关规定。

**7.0.3** 小城镇液化石油气供应基地按其功能可分为储存站、储配站和灌瓶站。

**7.0.4** 小城镇液化石油气供应基地的规模应以小城燃气总体规划为依据，根据供应用户类别、户数和用气量指标等因素确定。

**7.0.5** 液化石油气供应基地的布局应符合小城镇总体规划的要求，且应远离居住小区、学校、工业区和影剧院、体育馆等公共设施及人口集中的地区，选址应符合以下要求：

**7.0.5.1** 全年最小频率风向的上风侧；

**7.0.5.2** 地势较平坦、开阔、不宜积存液化石油气的地段；

**7.0.5.3** 避开地震带、地基沉陷、废弃矿井和雷区等地区。

**7.0.6** 小城镇液化石油气储配站的占地面积应符合表7.0.6规定。

**7.0.7** 小城镇调压站的布置应符合以下规定：

**7.0.7.1** 尽可能布置在负荷中心。

**7.0.7.2** 避开镇区繁华地段。

**7.0.7.3** 宜设在居住小区街坊、广场、公园、绿地的边缘地段。

**7.0.7.4** 调压站为二级防火建筑、调压站（含调压柜）与其他建筑物的水平净距应符合表7.0.7规定。

小城镇液化石油气储配站的占地面积                    表7.0.6

| 项目 | 单位 | 供应规模（t/年） | |
|---|---|---|---|
| | | 1000 | 5000 |
| 供应居民户数 | 万户 | 0.5 | 2.5 |
| 运输方式 | | 汽槽 | 铁槽为主，汽槽为辅 |
| 储存天数 | d | 19 | 17 |
| 储存容积 | $m^3$ | 100 | 480 |
| 占地面积 | $\times 10^4 m^2$ | 0.45 | 1.5 |
| 建筑面积 | $m^2$ | 500 | 2000 |

小城镇调压站（含调压柜）与其他建筑物、构筑物的水平净距（m）    表7.0.7

| 设置形式 | 调压装置燃气压力级制 | 建筑物外墙面 | 距重要公共建筑物 | 铁路（中心线） | 城镇道路 | 公共电力变配电柜 |
|---|---|---|---|---|---|---|
| 地上单独建筑 | 中压（A） | 6.0 | 12.0 | 10.0 | 2.0 | 4.0 |
| | 中压（B） | 6.0 | 12.0 | 10.0 | 2.0 | 4.0 |
| 调压柜 | 中压（A） | 4.0 | 8.0 | 8.0 | 1.0 | 4.0 |
| | 中压（B） | 4.0 | 8.0 | 8.0 | 1.0 | 4.0 |
| 地下单独建筑 | 中压（A） | 3.0 | 6.0 | 6.0 | — | 3.0 |
| | 中压（B） | 3.0 | 6.0 | 6.0 | — | 3.0 |
| 地下调压箱 | 中压（A） | 3.0 | 6.0 | 6.0 | — | 3.0 |
| | 中压（B） | 3.0 | 6.0 | 6.0 | — | 3.0 |

注：1. 调压装置露天设置时，则指距调压装置的边缘。
  2. 当建筑物（含重要公共建筑物）的某外墙为无门、窗洞口的实体墙，且建筑物耐火等级不低于二级时，燃气进口压力级制为中压（A）或中压（B）的调压柜一侧或两侧（非平行），可贴靠上述外墙设置。
  3. 当达不到上表净距要求时，采取有效措施，可适当缩小净距。

**7.0.8** 小城镇调压站应根据其建筑面积和安全距离的要求，预留用地面积，地上中低压调压站设1～3台调压器时，建筑面积应为15～40$m^2$。

**7.0.9** 小城镇液化石油气瓶装供应站宜设在居住小区内，并按表7.0.9预留用地。

小城镇液化石油气瓶装供应站用地面积                 表7.0.9

| 供应规模（户） | 5000～7000 |
|---|---|
| 建筑面积（$m^2$） | 160～200 |
| 其中瓶棚（$m^2$） | 60～80 |
| 用地面积（$m^2$） | 500～600 |

# 附录A 小城镇燃气质量指标

1. 小城镇燃气质量应符合下列要求：
（1）城镇燃气（应按基准气分类）的发热量和组分的波动应符合城镇燃气互换的

要求;

(2) 城镇燃气偏离基准气的波动范围宜按现行的国家标准《城市燃气分类》GB/T 13611 的规定采用,并应适当留有余地。

2. 采用不同种类的燃气做城镇燃气除应符合第 1 条外,还应分别符合下列第 1~4 款的规定。

(1) 天然气的质量指标应符合下列规定:

1) 天然气发热量、总硫和硫化氢含量、水露点指标应符合现行国家标准《天然气》GB 17820 的一类气或二类气的规定;

2) 在天然气交接点的压力和温度条件下:天然气的烃露点应比最低环境温度低 5℃;天然气中不应有固态、液态或胶状物质。

(2) 液化石油气质量指标应符合现行国家标准《油气田液化石油气》GB 9052.1 或《液化石油气》GB 11174 的规定;

(3) 人工煤气质量指标应符合现行国家标准《人工煤气》GB 13612 的规定;

(4) 液化石油气与空气的混合气做主气源时,液化石油气的体积分数应高于其爆炸上限的 2 倍,且混合气的露点温度应低于管道外壁温度 5℃。硫化氢含量不应大于 20mg/m³。

注:本条各款指标的气体体积的标准参比条件是 101.325kPa,0℃。

3. 城镇燃气应具有可以察觉的臭味,燃气中加臭剂的最小量应符合下列规定:

(1) 无毒燃气泄漏到空气中,达到爆炸下限的 20% 时,应能察觉。

(2) 有毒燃气泄漏到空气中,达到对人体允许的有害浓度时,应能察觉;对于以一氧化碳为有毒成分的燃气,空气中一氧化碳含量达到 0.02%(体积分数)时,应能察觉。

4. 城镇燃气加臭剂应符合下列要求:

(1) 加臭剂和燃气混合在一起后应具有特殊的臭味。

(2) 加臭剂不应对人体、管道或与其接触的材料有害。

(3) 加臭剂的燃烧产物不应对人体呼吸有害,并不应腐蚀或伤害与此燃烧产物经常接触的材料。

(4) 加臭剂溶解于水的程度不应大于 2.5%(质量分数)。

(5) 加臭剂应有在空气中能察觉的加臭剂含量指标。

## 附录 B 小城镇地下燃气管道、构筑物或相邻管道之间的水平净距见表 1、地下燃气管道与构筑物或相邻管道之间垂直净距见表 2、三级地区地下燃气管道与建筑物之间的水平净距见表 3。

地下燃气管道建筑物、构筑物或相邻管道之间的水平净距(m)　　　　表 1

| 项　目 | | 地下燃气管道 | | | | |
| --- | --- | --- | --- | --- | --- | --- |
| | | 低压 | 中压 | | 次高压 | |
| | | | B | A | B | A |
| 建筑物的 | 基础 | 0.7 | 1.0 | 1.5 | — | — |
| | (外墙面出地面处) | — | — | — | 4.5 | 6.5 |
| 给水管 | | 0.5 | 0.5 | 0.5 | 1.0 | 1.5 |

续表

| 项　目 | | 地下燃气管道 | | | | |
| --- | --- | --- | --- | --- | --- | --- |
| | | 低压 | 中压 | | 次高压 | |
| | | | B | A | B | A |
| 污水、雨水排水管 | | 1.0 | 1.2 | 1.2 | 1.5 | 2.0 |
| 电力电缆<br>（含电车电缆） | 直埋 | 0.5 | 0.5 | 0.5 | 1.0 | 1.5 |
| | 在导管内 | 1.0 | 1.0 | 1.0 | 1.0 | 1.5 |
| 通讯电缆 | 直埋 | 0.5 | 0.5 | 0.5 | 1.0 | 1.5 |
| | 在导管内 | 1.0 | 1.0 | 1.0 | 1.0 | 1.5 |
| 其他燃气管道 | $DN \leqslant 300mm$ | 0.4 | 0.4 | 0.4 | 0.4 | 0.4 |
| | $DN > 300mm$ | 0.5 | 0.5 | 0.5 | 0.5 | 0.5 |
| 热力管 | 直埋 | 1.0 | 1.0 | 1.0 | 1.5 | 2.0 |
| | 在管沟内（至外壁） | 1.0 | 1.5 | 1.5 | 2.0 | 4.0 |
| 电杆（塔）<br>的基础 | $\leqslant 35kV$ | 1.0 | 1.0 | 1.0 | 1.0 | 1.0 |
| | $>35kV$ | 2.0 | 2.0 | 2.0 | 5.0 | 5.0 |
| 通信照明电杆（至电杆中心） | | 1.0 | 1.0 | 1.0 | 1.0 | 1.0 |
| 铁路路堤坡脚 | | 5.0 | 5.0 | 5.0 | 5.0 | 5.0 |
| 有轨电车钢轨 | | 2.0 | 2.0 | 2.0 | 2.0 | 2.0 |
| 街树（至树中心） | | 0.75 | 0.75 | 0.75 | 1.2 | 1.2 |

**地下燃气管道与构筑物或相邻管道之间垂直净距（m）** 表2

| 项　目 | | 地下燃气管道（当有套管时，以套管计） |
| --- | --- | --- |
| 给水管、排水管或其他燃气管道 | | 0.15 |
| 热力管的管沟底（或顶） | | 0.15 |
| 电缆 | 直埋 | 0.50 |
| | 在导管内 | 0.15 |
| 铁路轨底 | | 1.20 |
| 有轨电车轨底 | | 1.00 |

注：1. 如受地形限制布置有困难，而又无法解决时，经与有关部门协商，采取行之有效的防护措施后，表1和表2规定的净距，均可适当缩小。
2. 表1和表2规定除地下燃气管道与热力管的净距不适用于聚乙烯燃气管道和钢骨架聚乙烯塑料复合管外，其他规定也均适用于聚乙烯燃气管道和钢骨架聚乙烯塑料复合管道。聚乙烯燃气管道与热力管道的净距应按国家现行标准《聚乙烯燃气管道工程技术规程》CJJ 63执行。

**三级地区地下燃气管道与建筑物之间的水平净距（m）** 表3

| 燃气管道公称直径和壁厚$\delta$（mm） | 地下燃气管道压力（MPa） | | |
| --- | --- | --- | --- |
| | 1.61 | 2.50 | 4.00 |
| A. 所有管径$\delta < 9.5$ | 13.5 | 15.0 | 17.0 |
| B. 所有管径$9.5 \leqslant \delta < 11.9$ | 6.5 | 7.5 | 9.0 |
| C. 所有管径$\delta \geqslant 11.9$ | 3.0 | 3.0 | 3.0 |

注：1. 如果对燃气管道采取行之有效的保护措施，$\delta < 9.5mm$的燃气管道也可采用表中B行的水平净距。
2. 水平净距是指管道外壁到建筑物出地面处外墙面的距离。建筑物是指供人使用的建筑物。
3. 当燃气管道压力与表中数不相同时，可采用直线方程内插法确定水平净距。
4. 管道材料钢级不低于现行的国家标准GB/T 9711.1或GB/T 9711.2规定的L245。

## 附录 C　城镇燃气管道地区的等级划分

（1）沿管道中心线两侧各 200m 范围内，任意划分为 1.6km 长并能包括最多供人居住的独立建筑物数量的地段，按划定地段内的房屋建筑密集程度，划分为 4 个等级。

注：在多单元住宅建筑物内，每个独立住宅单元按一个供人居住的独立建筑物计算。

（2）地区等级的划分：

1）一级地区：有 12 个或 12 个以下供人居住建筑物的任一地区分级单元。

2）二地地区：有 12 个以上，80 个以下供人居住建筑物的任一地区分级单元。

3）三级地区：介于二级和四级之间的中间地区。有 80 个和 80 个以上供人居住建筑物的任一地区分级单元；距人员聚集的室外场所 90m 内铺设管线的区域。

4）四级地区：地上 4 层或 4 层以上建筑物普遍且占多数的任一地区分级单元（不计地下室层数）。

（3）二、三、四级地区的长度可按如下规定调整：

1）四级地区的边界线与最近地上 4 层或 4 层以上建筑物相距 200m。

2）二、三级地区的边界线与该级地区最近建筑物相距 200m。

（4）确定城镇燃管道地区等级应为该地区的今后发展留有余地，宜按城市规划划分地区等级。

## 本标准用词用语说明

1. 为了便于在执行本标准条文时区别对待，对要求严格程度不同的用词说明如下：

1）表示很严格，非这样做不可的用词：

正面词采用"必须"；反面词采用"严禁"。

2）表示严格，在正常情况下均应这样做的用词：

正面词采用"应"；反面词采用"不应"或"不得"。

3）表示允许稍有选择，在条件许可时首先这样做的用词：

正面词采用"宜"；反面词采用"不宜"；

表示有选择，在一定条件下可以这样做的，采用"可"。

2. 标准中指定应按其他有关标准、规范执行时，写法为："应符合……的规定"或"应按……执行"。

# 小城镇燃气系统工程规划建设标准
## （建议稿）
## 条 文 说 明

## 1 总则

**1.0.1～1.0.2** 阐明本标准（建议稿）编制的目的、相关依据及适用范围。

本标准（建议稿）所称小城镇是国家批准的建制镇中县驻地镇和其他建制镇（根据城市规划法建制镇属城市范畴；此处其他建制镇，在《村镇规划标准》中又属村镇范畴），以及在规划期将发展为建制镇的乡（集）镇。

小城镇是"城之尾、乡之首"，是城乡结合部的社会综合体发挥上连城市、下引农村的社会和经济功能。县城镇和中心镇是县域经济、政治、文化中心或县（市）域中农村一定区域的经济、文化中心。我国小城镇量大、面广，不同地区小城镇的人口规模、自然条件、历史基础、经济发展、基础设施差别甚大。小城镇燃气系统工程规划建设既不能简单照搬城市相关规划标准，又无法依靠村镇相关规划标准的简单条款，编制其单独标准作为其规划依据是必要的，也是符合我国小城镇实际情况的。

本标准（建议稿）编制基于本课题大量调研分析论证研究的基础，根据任务书要求，编制除侧重规划标准外，还增加建设相关的部分标准条款；同时依据相关政策法规要求，考虑了相关标准的协调。本标准及其技术指标的中间成果征询了22个省、直辖市建设厅、规委、规划局和100多个规划编制、管理方面的规划标准使用单位的意见，同时标准建议稿吸纳了专家论证预审的许多好的建议。

**1.0.3** 我国小城镇规划建设基础比较薄弱，处理好近期建设与远期规划的关系十分重要，也非常现实。

本条款规定小城镇燃气系统工程近期、远期规划相结合、统一规划、分期实施的原则。

**1.0.4** 基于小城镇燃气特点提出小城镇燃气系统工程应符合安全生产、保证供应，经济合理和保护环境的总体要求。

燃气有易燃、易爆和一些燃气有毒等特性，强调安全生产十分必要，同时燃气安全生产又与保护环境密切相关。

**1.0.5** 提出小城镇燃气系统工程规划的相关依据和与相关规划的协调依据。

小城镇燃气工程规划是小城镇总体规划和详细规划的组成部分，燃气属于能源，燃气规划依据国家能源政策和小城镇总体规划及详细规划是完全必要的。

同时，燃气工程涉及能源、环境保护、消防等的全面布局，上述规划之间协调同样是完全必要的。

**1.0.6～1.0.9** 分别提出不同区位、不同分布形态小城镇燃气系统工程规划标准执行的原则要求。考虑到部分有条件小城镇远期可能上升为中、小城市，部分有条件的乡（集）镇远期有可能上升为建制镇，上述规划执行标准应有区别。但上述升级涉及到行政审批，规划不太好掌握，所以1.0.6、1.0.9条款强调规划应比照上一层次标准执行。

**1.0.10** 我国小城镇燃气基础很薄弱，因地制宜合理开发利用小城镇燃气资源，积极采用行之有效的新工艺、新技术、新材料、新设备对改变小城镇燃气落后的面貌、促进小城镇经济发展和人民生活水平提高很有必要。

**1.0.11** 本标准编制多有依据相关规范或有涉及相关规范的某些共同条款。本条体现小城镇燃气系统工程规划标准与相关规范间应同时遵循规范统一性的原则。

相关标准和规范主要有：

《城镇燃气设计规范》GB 50028—2006。

《建筑设计防火规范》GB 50016—2006；

《城市热力网设计规范》CJJ 34；

《城市燃气分类》GB/T 13611；

《天然气》GB 17820；

《油气田液化石油气》GB 9052.1或《液化石油气》GB 11174；

《人工煤气》GB 13612。

## 2 名词术语

**2.0.1～2.0.11** 对小城镇燃气工程规划中常用名词：小城镇燃气、小城镇居民生活用气、小城镇商业用气、月高峰系数、日高峰系数、小时高峰系数、门站和储备站、储气站、液化石油气储配站、调压站、调压箱、调压柜作出解释，以利对标准正确理解和运用。

名词术语中：

**2.0.1～2.0.3** 为小城镇燃气及其部分主要用气的名词解释；

**2.0.4～2.0.6** 为采用不均匀系数法计算小城镇燃气管道的计算流量时涉及的几个用气高峰系数。

**2.0.7～2.0.11** 为小城镇燃气系统工程规划涉及的主要燃气工程设施。

## 3 规划内容、范围、期限

**3.0.1** 提出小城镇燃气系统工程规划应包括的主要内容。

小城镇燃气系统工程规划内容既应考虑与城市、村镇燃气工程规划内容共同部分的一致性，同时又要突出小城镇燃气系统工程规划的不同特点和要求。小城镇燃气系统规划内容应在参照城市相关规划内容的同时，从小城镇实际出发，考虑区别于城市的一些内容，这些不同内容着重反映在以下方面：

1. 城镇密集地区燃气气源与高压输气管道等跨镇燃气设施的联建共享。

2. 不同地区、不同类别、不同条件小城镇的燃气气源资源利用、气源选择、供气方式。

**3.0.2** 提出小城镇燃气系统工程规划范围的要求。

当燃气气源在小城镇规划区外时，规划范围内进镇输气管线应纳入小城镇燃气系统工程规划范围，以便小城镇燃气系统工程规划与相关规划衔接；当超出小城镇辖区范围时，应和有关部门协调。

本条规定主要针对小城镇总体规划的燃气系统工程规划并主要依据《城市规划编制办

法实施细则》和其他相关规范的有关要求和规定。

**3.0.3** 规定小城镇燃气系统工程规划的期限。

参照和依据城市规划编制办法及相关规定,小城镇燃气系统工程规划的规划期限与小城镇总体规划的期限相同。

## 4 燃气气源选择

**4.0.1~4.0.2** 提出小城镇燃气气源资源的组成和气源选择要求。

燃气按其来源和生产方式可分为天然气、人工燃气、液化石油气和生物气(人工沼气)四大类。

除天然气、人工燃气、液化石油气等已开发和利用燃气外,还有一些待开发和利用的燃气如煤层气、矿井气、天然气水合物和生物气。小城镇生物资源比较丰富,合理利用这些资源有利于环境保护和生态平衡。生物能包括薪柴、秸秆及野生植物、水生植物等,将生物能气化或液化,可以提高生物能的能源品位和利用效率。小城镇将垃圾、工业有机废液、人畜粪便及污水,通过厌氧发酵,产生沼气是对城镇垃圾进行无害化处理、保护环境、提高经济效益的有效手段。工业化生产的人工沼气可在小范围内供一般小城镇居民及工业用户使用。

小城镇燃气气源选择主要考虑气源资源和小城镇条件。气源选择应遵循国家能源政策结合当地资源情况,一般应尽量选取高热值、低污染、洁净、卫生的燃料气作为气源。

同时,在合理开发利用本地燃气资源的同时,充分利用外部气源,并经多方案技术经济比较确定选择的气源是必要的。

**4.0.3** 规定小城镇燃气质量指标要求。

小城镇燃气质量指标要求同《城镇燃气设计规范》GB 50028—2006 相关要求。

**4.0.4** 提出小城镇采用液化石油气作为主要气源时,小城镇中心区和边缘区的不同供气方式的基本要求。

**4.0.5** 提出当近期或远期小城镇有天然气供气计划时,气源选择应根据小城镇的年用气量、长输管道距离、调峰量的需求及调峰方式对天然气长输管道供气、压缩供气和液化供应作相关经济技术方案比较确定。

## 5 用气量预测及供用气平衡

**5.0.1** 提出小城镇用气量确定的主要依据。

用气量需求预测是确定小城镇燃气的总需要量,但小城镇用气量确定还必须考虑供气的可能性,在当地条件不可能完全满足供气要求的情况下应依据供气原则,考虑供气对象。一般应优先满足居民生活用气、商业用气,同时兼顾工业用气。上述工业和民用用气比例应考虑燃料资源分配、环境保护和市场经济等多因素影响,不能简单做出统一规定。

**5.0.2** 提出小城镇用气量基本组成。

小城镇用气量除居民生活用气、商业公建用户用气、工业企业生产用气外,在气源充足下尚可考虑采暖通风和空调用气、燃气汽车用气量,其他用气量还包括管网漏损量和不可见情况用气量。

**5.0.3** 提出小城镇各种用户燃气用气量确定的基本依据。

小城镇各种用户用气量按预测指标预测，用气量确定尚应考虑燃气发展规划，考虑供气的可能。

**5.0.4** 提出小城镇居民生活和商业用气量预测指标的基本要求。

小城镇居民生活和商业用气量应根据当地居民生活和商业用气量的统计数据分析确定，以更切合当地实际情况。

按本条总用气量为居民生活用气量的1.25～1.75，换算成居民生活用气量占总用气量为57.1%～80%，商业用气量（主要包括宾馆、餐饮、学校、医院、职工食堂用气等）一般占总用气量的8%～25%，再加上小城镇工业用气量（一般占总用气0～10%）和空调、采暖用气量（比例较小）及未可见用气量（占总用气5%～8%），上述用气量相互间预测比例总体上是合适的。具体来说，由于不同类小城镇差别，如工业型小城镇工业用气量和旅游商贸型小城镇商业用气量较一般比例都会大一些。本条提出第三产业较发达旅游商贸型小城镇应在实际调查及同类对比分析基础上预测用气量是必要的。

**5.0.5** 提出小城镇工业用气量预测方法和规划预留必要工业发展需要用气量的相关要求。

小城镇工业企业用气量指标可按产品的耗气定额或其他燃料的实际消耗量进行折算，也可按同行业的用气量指标分析确定。

不同类别小城镇工业用气量差别很大，根据相关调查和比较分析，本标准提出一般情况工业企业生产的用气量占总用气的0～10%，工业主导型小城镇应在工业用气项目等实际调查及同类对比分析基础上确定上述比例，并按相关工业发展规划确定必要的预留气量。

**5.0.6** 提出小城镇采暖和空调用气量指标，可按国标《城市热力网设计规范》CJJ34或当地建筑物耗热量指标确定。

**5.0.7** 提出小城镇汽车用气量指标确定依据和相关技术指标。

**5.0.8** 提出小城镇其他燃气用气量预测要求。

小城镇其他燃气用气量主要指管网的燃气漏损量和发展过程中未预见到的供气量，一般可按5%计算，本条提出5%～8%主要考虑规划阶段为发展过程中未预见用气量多留一部分余地。

**5.0.9** 提出确定小城镇燃气管网、设备通过能力和储存设施容积的燃气计算用量依据。

**5.0.10** 为了满足小城镇燃气用户小时最大用气量的需要，燃气管道的计算流量，应按计算月的小时最大用气量计算。

本条参考城市用气高峰系数结合小城镇实际，提出小城镇用气高峰系数。

**5.0.11** 提出小城镇气源资源和用气量之间的平衡要求和对策。

# 6 输配系统

**6.0.1** 提出小城镇燃气输配管网的压力级制。

我国城镇燃气输配系统所采用压力级制可分为：
1) 单级管网系统：仅有低压或中压一种压力级别的管网系统；
2) 二级管网系统：由两种压力等级组成的管网系统；
3) 三级管网系统：由低压、中压和次高压三种压力级别组成的管网系统；
4) 多组管网系统：由低压、中压、次高压和高压多种压力级别组成的管网系统。

根据小城镇的用户规模和特点、小城镇燃气输配管网压力级制一般为上述1)、2) 两种。其中：

低压供气和低压一级制管网系统由于单一低压管网系统简单维护方便、省压缩费用，但对于供气量多的城镇、需敷较大管径的管道而不经济，一般只适用于供应区域小、供气范围在 2～3km² 的小城镇。

中压供气方式和中低压两级制管网系统：

中压供气和中—低两级主要因输气压力高于低压供气，输气能力较大，可用较小的管径输送较多数量燃气，但维护运行要求较高，适用于采用低压供气方式不经济的较大规模县城镇、中心镇和大型一般镇供气。

其他还有中压单级管网系统中压 A—低压二级管网系统、中压 B—低压二级管网系统。

**6.0.2** 提出小城镇镇区燃气输配系统压力要求。

我国城镇燃气管道按燃气设计压力 $P$（MPa）分为 7 级，如下表：

**城镇燃气设计压力（表压）分级**

| 名　称 | | 压力 $P$（MPa） | 名　称 | | 压力 $P$（MPa） |
|---|---|---|---|---|---|
| 高压管道 | A | $2.5<P\leqslant4.0$ | 中压管道 | A | $0.2<P\leqslant0.4$ |
| | B | $1.6<P\leqslant2.5$ | | B | $0.01<P\leqslant0.2$ |
| 次高压管道 | A | $0.8<P\leqslant1.6$ | 低压管道 | | $P<0.01$ |
| | B | $0.4<P\leqslant0.8$ | | | |

一般小城镇镇区燃气最高压力为中压管道 A 燃气压力，因此小城镇镇区燃气输配系统压力要求应小于 0.4MPa（表压）。

**6.0.3** 提出小城镇燃气管网布置的原则要求。

小城镇燃气管网布置，应考虑输配系统各级管网的输气压力不同，其设施和防火安全的要求也不同，而且各自的功能也有区别，因此应按各种特点考虑管道布置。

**6.0.4** 从管道安全与保护考虑，提出小城镇天然气管道应符合国家《天然气保护条例》的有关规定。

**6.0.5** 提出小城镇室外燃气管道材料选择基本要求。

小城镇室外燃气管道一般宜采用聚乙烯管、机械接口球墨铸铁管、防腐钢管或钢管架聚乙烯塑料复合管，并应符合下列要求：

（1）聚乙烯燃气管应符合现行国家标准《燃气用埋地聚乙烯管材》GB 15558.1 和《燃气用埋地聚乙烯管件》GB 15558.2 的规定；

（2）机械接口球墨铸铁管应符合现行国家标准《水及燃气管道用球墨铸铁管、管件和附件》GB/T 13295 的规定；

（3）钢管采用焊接钢管、镀锌钢管或无缝钢管时，应分别符合现行的国家标准《低压流体输送用焊接钢管》GB/T 3091、《输送流体用无缝钢管》GB/T 8163 的规定；

（4）钢骨架聚乙烯塑料复合管应符合国家现行标准《燃气用钢骨架聚乙烯塑料复合管》CJ/T 125 和《燃气用钢骨架聚乙烯塑料复合管件》CJ/T 126 的规定。

**6.0.6** 提出小城镇地下燃气管道埋深基本要求。

管道埋深规定主要为避免埋设过浅管道受到过大的集中轮压作用，超出管道负荷能力而损坏，以保护管道安全。

本条依据《城镇燃气设计规范》GB 50028—2006。

**6.0.7** 提出输送湿燃气管道埋设相关要求。

输送湿燃气的燃气管道埋设在土壤冰冻线以下，防止燃气中冷凝液被冻结堵塞管道，同时，当管道敷设在地下水位高于管线敷设高度时，应考虑地下水从管道不严密处或施工时灌入的可能，因此敷设应有坡度要求。

本条依据相关标准同 6.0.6 条。

## 7 输配主要设施及场站

**7.0.1** 提出小城镇燃气输配系统组成。

小城镇燃气输配系统一般应由（门站）、燃气管网、储气设施、调压设施、管理设施、监控系统等组成。

根据城镇燃气系统规划布局，城镇天然气门站也有可能设在供气城镇区域范围的某一小城镇镇郊。

**7.0.2** 提出小城镇燃气输配系统门站和储配站站址选择的基本要求。

根据《城市规划法》，门站和储配站站址首先要符合小城镇总体规划和城镇安全的要求，并应符合地形、地质、建站条件、节地、节资等要求和与景观协调的要求，以及符合国家相关防火间距要求。

**7.0.3** 提出小城镇液化石油气供应基地的功能划分。

液化石油气供应基地中各站功能：

储存站　主要储存液化石油气，并将其传输给灌瓶站、气化站和混气站。

灌瓶站　主要进行灌瓶作业并将液化石油气送至瓶装供应站或用户。同时也灌装汽车槽车，将液化石油气送至气化站和混气站。

储配站　兼有储存站和灌瓶站全部功能。

**7.0.4** 提出小城镇液化石油气供应基地规模确定的依据。

居民用户液化石油气用气量指标应根据当地小城镇居民用气量指标统计资料确定，也可根据当地其他燃料实际消耗指标、生活水平、习惯、气候条件等因素参考类似城镇居民用气量指标确定。总体规划阶段，一般北方地区可取 15kg/（月·户），南方地区可取 20kg/（月·户）。

**7.0.5** 提出液化石油气供应基地布局、选址的原则要求。

根据《城市规划法》液化石油气供应基地作为公用市政设施建设布局必须符合小城镇总体规划和燃气规划要求。布局和选址都应从保证小城镇安全，避免和减少保护对象的危害及其他相关条件考虑。

**7.0.6** 提出小城镇液化石油气储配站的预留用地规定。

本条依据城镇各种规模储配站的占地面积，结合小城镇情况提出。

**7.0.7** 提出小城镇调压站布置的基本要求。

小城镇调压站布置的基本要求侧重于满足便于燃气系统调压、安全、防火间距以及景观协调的要求。

**7.0.8** 提出小城镇调压站预留用地面积及其相关依据。

调压站的占地面积主要依据调压站的建筑面积和安全距离要求来确定,调压站的建筑面积与调压站的类别有关。

**7.0.9** 提出小城镇液化石油气瓶装供应站设置与预留用地要求。

参考城市液化石油气瓶装供应站供应规模一般在5000～10000户左右,从小城镇实际情况和安全考虑,小城镇液化石油气瓶装供应站一般要小一些,按供应规模5000～7000预留用地面积是可行的。

# 小城镇供热系统工程规划建设标准
## （建议稿）

## 1 总则

**1.0.1** 为规范小城镇规划中的供热系统工程规划编制，提高其编制质量和相关建设技术水平，并为小城镇供热系统工程规划设计和规划管理提供依据，制定本标准。

**1.0.2** 本标准适用于县城镇、中心镇、一般镇的小城镇规划中的供热系统工程规划与相关建设。

**1.0.3** 属国家供热地区区划范围的小城镇规划应包括供热系统工程规划；其他地区小城镇可根据生产、生活供热实际需求情况，确定是否编制供热系统工程规划。

**1.0.4** 小城镇供热系统工程规划既应重视近期建设，又应满足长远发展的需要，近、远期规划相结合，统一规划，分期实施。

**1.0.5** 小城镇供热系统工程规划应依据小城镇总体规划和详细规划，并应依据国家能源政策，与小城镇的电力工程规划、环境保护规划、燃气规划、排水规划相协调。

**1.0.6** 规划期内有条件成为中、小城市的县城镇和中心镇的供热系统工程规划，应比照《城市供热工程规划规范》要求执行。

**1.0.7** 城市规划区内小城镇供热系统工程设施应按所在地的城市规划统筹安排。

**1.0.8** 位于城镇密集区的小城镇供热系统工程设施应按其所在区域统筹规划，联建共享。

**1.0.9** 规划期内有条件成为建制镇的乡（集）镇供热工程规划可比照本标准执行。

**1.0.10** 小城镇供热系统工程规划应根据小城镇特点和实际情况，因地制宜，合理开发当地工业余热、地热、太阳能等热能资源，积极采用行之有效的新工艺、新技术、新材料和新设备。

**1.0.11** 小城镇供热系统工程规划除应执行本标准外，尚应符合国家现行的有关标准和规范的规定。

## 2 规划内容、范围、期限

**2.0.1** 小城镇供热系统工程规划内容应包括：预测小城镇热负荷，进行热源与热负荷供需平衡分析，选择供热方式和集中供热热源，确定集中供热规模和热网参数、热源位置和用地，提出供热系统布局框架，布置供热管网。

**2.0.2** 小城镇供热系统工程规划范围应与小城镇总体规划范围一致，当热源地在小城镇规划区以外时热源地到小城镇规划范围一段的输热管道应纳入小城镇供热系统工程规划范围。

**2.0.3** 小城镇供热系统工程规划期限应与小城镇总体规划期限一致。

## 3 热源及其选择

**3.0.1** 小城镇供热方式可分集中供热和分散供热，并应结合用户分布、供热条件和使用的燃料等相关因素确定，有条件采用集中供热的范围，应选择集中供热的方式，镇区边缘分散住宅可采用分散供热方式。

**3.0.2** 选择小城镇供热热源可包括热电厂、供热锅炉房、工业余热、地热、太阳能、风能、电力、垃圾焚化厂余热等。

**3.0.3** 大中城市规划区范围的小城镇热源应按城市总体规划统一考虑，城镇密集区的小城镇供热热源宜与相关区域统筹规划，联建共享。

**3.0.4** 有一定常年工业热负荷的城镇密集区小城镇和较大规模小城镇，宜选择热电厂集中供热，有条件地区的县城镇、中心镇供热规划可采取三联供模式。

**3.0.5** 附近无热电厂，以采暖热负荷为主的小城镇宜选择区域热水锅炉房供热。

**3.0.6** 只有较小工业蒸汽热负荷的小城镇工业园区宜建蒸汽锅炉房供汽、供热。

**3.0.7** 有条件的小城镇应尽可能采用工业余热、地热、太阳能、垃圾焚化厂等热源。

# 4 热负荷预测

**4.0.1** 小城镇集中供热的热负荷，应分为民用热负荷和工业热负荷两大类，民用热负荷应包括居民住宅和公共建筑采暖、通风、空调和生活热水负荷，工业热负荷应包括生产工艺热负荷、厂房采暖、通风热负荷和厂区的生活热水负荷。

**4.0.2** 小城镇供热系统工程规划可采用面积热指标法预测规划采暖热负荷，面积热指标应按表4.0.2规定，结合小城镇实际情况选定。

采暖热指标推荐值（W/m²）    表4.0.2

| 建筑物类型 | 多层住宅 | 学校办公楼 | 医院 | 幼儿园 | 图书馆 | 旅馆 | 商店 | 单层住宅 | 食堂餐厅 | 影剧院 | 大礼堂体育馆 |
|---|---|---|---|---|---|---|---|---|---|---|---|
| 未节能 | 58～64 | 58～80 | 64～80 | 58～70 | 47～76 | 60～70 | 65～80 | 80～105 | 115～140 | 95～115 | 116～163 |
| 节能 | 40～45 | 50～70 | 55～70 | 40～45 | 40～50 | 50～60 | 55～70 | 60～80 | 100～130 | 80～105 | 100～150 |

注：1. 严寒地区或建筑外形复杂、建筑层数少者取上限，反之取下限。
    2. 适用于我国东北、华北、西北地区不同类型的建筑采暖热指标推荐值。
    3. 近期规划可按未节能的建筑物选取采暖热指标。
    4. 远期规划要考虑节能建筑的份额，对于将占一定比例的节能建筑部分，应选用节能建筑采暖热指标。

**4.0.3** 小城镇供热系统工程规划可采用建筑物通风热负荷系数法，预测公共建筑和厂房等通风热负荷。

上述通风热负荷 $Q_V = K_V Q_h$

式中 $Q_V$——通风计算热负荷，kW；
    $Q_h$——采暖计算热负荷，kW；
    $K_V$——建筑物通风热负荷，一般可取 0.3～0.5。

**4.0.4** 小城镇供热系统工程规划可采用生活热水热指标法预测生活热水热负荷，并应符合下列要求：

**4.0.4.1** 生活热水平均热负荷

$$Q_{w \cdot a} = q_w A \times 10^{-3}$$

式中 $Q_{w \cdot a}$——生活热水平均热负荷，kW；

$q_w$——生活热水热指标,W/m²;

$A$——总建筑面积,m²。

**4.0.4.2** 小城镇住区生活热水热指标应根据建筑物类型,采用实际统计资料确定或按表4.0.4结合小城镇实际情况,分别比较选取。

居住区采暖期生活热水日平均热指标推荐值(W/m²)　　　　表4.0.4

| 用水设备情况 | 热指标 |
|---|---|
| 住宅无热水设备,只对公共建筑供热水时 | 2~3 |
| 全部住宅有沐浴设备,并供给生活热水时 | 5~15 |

**4.0.5** 小城镇供热系统工程规划预测夏季、冬季空调热、冷负荷时,空调热、冷指标应按表4.0.5规定,结合小城实际情况,分析比较选取。

空调热指标 $q_a$、冷指标 $q_c$ 推荐值(W/m²)　　　　表4.0.5

| 建筑物类型 | | 办公 | 医院 | 旅馆、宾馆 | 商店、展览馆 | 影剧院 | 体育馆 |
|---|---|---|---|---|---|---|---|
| 热指标 | 未节能 | 80~100 | 90~120 | 90~120 | 100~120 | 115~140 | 130~190 |
| | 节能 | 64~80 | 72~100 | 70~100 | 80~100 | 90~120 | 100~150 |
| 冷指标 | 未节能 | 80~110 | 70~100 | 80~110 | 125~180 | 150~200 | 140~200 |
| | 节能 | 65~90 | 55~80 | 65~90 | 100~150 | 120~160 | 110~160 |

注:1. 表中指标适用于我国东北、华北、西北地区;其他地区指标按实地调查和类比分析确定。
　　2. 近期规划可按未节能的建筑物选取空调热、冷指标。
　　3. 远期规划要节能建筑的份额,对于将占一定比例的节能建筑部分,应选用节能建筑空调热、冷指标。

**4.0.6** 小城镇工业生产工艺热负荷可采用小城镇工业企业热负荷规划资料、同类企业热负荷比较法以及相关调查预测。生产工艺预测热负荷应为各工业企业最大生产工艺热负荷之和乘以同时使用系数。

**4.0.7** 小城镇供热系统工程规划预测总热负荷应为采暖热负荷、通风热负荷或空调冷负荷的较大值、生活热水热负荷及生产工艺热负荷的总和。

# 5 供热管网及其布置

**5.0.1** 小城镇不同输送介质供热管网应包括蒸汽管网和热水管网。

**5.0.2** 小城镇供热管网布置方式应依据总体规划和热负荷分布、热源位置、地上及地下管线、水文、地质、地形条件、园林绿地等因素,经技术经济比较后确定。

**5.0.3** 小城镇供热管道布置、敷设应满足下列要求:

**5.0.3.1** 主干管道应先经过热负荷集中区,线路力求短直。

**5.0.3.2** 避开土质松软地区、地震断裂带、滑坡、地下水位高等地质不良地段。

**5.0.3.3** 避开主要交通干道,同一管道应沿街道一侧敷设。

**5.0.3.4** 地上敷设管道不影响镇容,不妨碍交通。

**5.0.4** 小城镇供热管道与其他地下管线和地上建(构)筑物的最小水平净距应符合表5.0.4规定。

热力管道与其他地下管线的最小水平净距和最小垂直净距　　表5.0.4

| | | 电力管线 | | 电信管线 | | 给水管线 | 污、雨水排水管线 | 燃气管线 | |
|---|---|---|---|---|---|---|---|---|---|
| | | 直埋 | 管沟 | 直埋 | 管沟 | | | 低压 | 中压 |
| 与热力管道最小水平净距（m） | 直埋 | ≥2.0* | | 1.0 | | 1.5 | 1.5 | 1.0 | 1.0 |
| | 地沟 | | | | | | | | 1.5 |
| 与热力管道最小垂直净距（m） | | ≥0.5* | | 0.15 | | 0.15 | 0.15 | 0.15 | 0.15 |

＊考虑感应电场、杂散电流对热力管道腐化，大于值系指有条件可适当加大的值。

**5.0.5** 小城镇供热管道敷设方式应包括地上敷设和地下敷设两类，并应主要采用地下敷设方式，工厂厂区可酌情采用地上敷设。

# 6 供热设施规模及其用地

**6.0.1** 小城镇供热设施应包括热源（主要为热电厂、热水锅炉房、蒸汽锅炉房）和热力站（民用热力站、工业热力站）。

**6.0.2** 小城镇集中供热锅炉房单台供锅炉容量不宜小于4t/h。

**6.0.3** 小城镇小型热电厂可按表6.0.3并结合小城镇实际情况，分析比较确定预留用地。

小城镇热电厂用地面积　　表6.0.3

| 规模（kW） | 2×1500 | 2×6000 | 4×6000 | 2×12000 | 2×2500 |
|---|---|---|---|---|---|
| 厂区占地面积（×10⁴m²） | 3～5 | 3.5～4.5 | 6～8 | 6.5～7.5 | 7.5～8.5 |

**6.0.4** 小城镇热水锅炉房可按表6.0.4并结合实际情况，分析比较确定用地。

小城镇热水锅炉用地面积　　表6.0.4

| 锅炉房规模（MW） | 5.8～11.6 | 11.6～35.1 | 35.1～58.0 | 58.0～116 |
|---|---|---|---|---|
| 预留用地面积（×10⁴m²） | 0.3～0.5 | 0.6～1.0 | 1.1～1.5 | 1.6～2.5 |

**6.0.5** 小城镇蒸汽锅炉房可按表6.0.5，结合小城镇实际情况，分析比较确定预留用地。

小城镇蒸汽锅炉房用地面积（×10⁴m²）　　表6.0.5

| 蒸汽锅炉房出力（t/h） | 锅炉房无汽水换热器 | 锅炉房有汽水换热器 |
|---|---|---|
| 10～20 | 0.25～0.45 | 0.3～0.5 |
| 20～60 | 0.5～0.8 | 0.6～1.0 |

**6.0.6** 小城镇新建居住小区热力站建筑面积可按表6.0.6确定。

小城镇热力站建筑面积　　表6.0.6

| 用户采暖面积（×10⁴m²） | 2.0～5.0 | 5.1～10.0 | 10.1～15.0 | 15.1～20.0 |
|---|---|---|---|---|
| 热力站建筑面积（m²） | 160 | 200 | 240 | 280 |

**6.0.7** 小城镇制冷站宜采用单独建设，其用地面积可按表6.0.7确定。

小城镇制冷站用地面积　　　　　　　　表6.0.7

| 制冷站规模 | 供冷建筑面积（×10⁴m²） | 3 | 5 | 10 | 15 |
|---|---|---|---|---|---|
| | 供冷规模（MW） | 2.7 | 4.5 | 9.0 | 13.5 |
| 制冷站用地面积（m²） | | 350 | 500 | 900 | 1200 |

## 本标准用词用语说明

1. 为了便于在执行本标准条文时区别对待，对要求严格程度不同的用词说明如下：

1) 表示很严格，非这样做不可的用词：
正面词采用"必须"；反面词采用"严禁"。

2) 表示严格，在正常情况下均应这样做的用词：
正面词采用"应"；反面词采用"不应"或"不得"。

3) 表示允许稍有选择，在条件许可时首先这样做的用词：
正面词采用"宜"；反面词采用"不宜"；

表示有选择，在一定条件下可以这样做的，采用"可"。

2. 标准中指定应按其他有关标准、规范执行时，写法为："应符合……的规定"或"应按……执行"。

# 小城镇供热系统工程规划建设标准
（建议稿）
## 条 文 说 明

## 1 总则

**1.0.1～1.0.2** 阐明本标准（建议稿）编制的目的、相关依据及适用范围。

本标准（建议稿）所称小城镇是国家批准的建制镇中县驻地镇和其他建制镇（根据城市规划法建制镇属城市范畴；此处其他建制镇，在《村镇规划标准》中又属村镇范畴），以及在规划期将发展为建制镇的乡（集）镇。

小城镇是"城之尾、乡之首"，是城乡结合部的社会综合体发挥上连城市、下引农村的社会和经济功能。县城镇和中心镇是县域经济、政治、文化中心或县（市）域中农村一定区域的经济、文化中心。我国小城镇量大、面广，不同地区小城镇的人口规模、自然条件、历史基础、经济发展、基础设施差别甚大。小城镇供热系统工程规划建设既不能简单照搬城市相关规划标准，又无法依靠村镇相关规划标准的简单条款，编制其单独标准作为其规划依据是必要的，也是符合我国小城镇实际情况的。

本标准（建议稿）编制基于本课题大量调研分析论证研究的基础，根据任务书要求，编制除侧重规划标准外，还增加建设相关的部分标准条款；同时依据相关政策法规要求，考虑了相关标准的协调。本标准及其技术指标的中间成果征询了22个省、直辖市建设厅、规委、规划局和100多个规划编制、管理方面的规划标准使用单位的意见，同时标准建议稿吸纳了专家论证预审的许多好的建议。

**1.0.3** 本条提出编制小城镇供热系统工程规划的主要依据。

本条强调属国家供热地区区划范围的小城镇规划应包括供热系统工程规划。其他地区可依据生产、生活供热实际需求，酌情考虑。

**1.0.4** 我国小城镇规划建设基础比较薄弱，处理好近期建设与远期规划的关系十分重要，也非常现实。

本条款规定小城镇供热系统工程近期、远期规划相结合、统一规划、分期实施的原则。

**1.0.5** 提出小城镇供热系统工程规划的相关依据和与相关规划的协调依据。

小城镇供热工程规划是小城镇总体规划和详细规划的组成部分，热力属于能源，小城镇供热系统工程规划依据国家能源政策和小城镇总体规划及详细规划是完全必要的。

同时，供热系统工程规划涉及电力、燃气等能源规划及环境保护规划的合理布局要求，小城镇供热系统规划与小城镇电力工程规划、环境保护规划、燃气供应规划、排水规划之间协调是完全必要的。

**1.0.6～1.0.9** 分别提出不同区位、不同分布形态小城镇供热系统工程规划标准执行的原则要求。考虑到部分有条件小城镇远期可能上升为中、小城市，部分有条件的乡（集）镇远期有可能上升为建制镇，上述规划执行标准应有区别。但上述升级涉及到行政审批，规划不太好掌握，所以 1.0.6、1.0.9 条款强调规划应比照上一层次标准执行。

**1.0.10** 我国小城镇供热基础薄弱，因地制宜合理开发利用小城镇当地工业余热、地热、太阳能等热能资源，积极采用行之有效的新工艺、新技术、新材料、新设备对改变小城镇供热落后的面貌、促进小城镇经济发展和人民生活水平提高很有必要。

**1.0.11** 本标准编制多有依据相关规范或有涉及相关规范的某些共同条款。本条体现小城镇供热系统工程规划标准与相关规范间应同时遵循规范统一性的原则。

相关标准和规范主要有：

《城市热力网设计规范》CJJ34；

《城市供热工程规划规范》）（待制定）

## 2 规划内容、范围、期限

**2.0.1** 提出小城镇燃气系统工程规划应包括的主要内容。

本条规定主要是针对小城镇总体规划的供热系统工程规划，编制内容侧重于宏观规划的考虑。小城镇供热系统工程规划内容既应考虑与城市、村镇供热工程规划内容共同部分的一致性，同时又要突出小城镇供热系统工程规划的不同特点和要求。小城镇供热系统规划内容应在参照城市相关规划内容的同时，从小城镇实际出发，考虑区别于城市的一些内容，这些不同内容着重反映在以下方面：

1) 城镇密集地区供热源与输热干管等跨镇供热设施的联建共享。

2) 不同地区、不同类别、不同条件小城镇的热力资源利用、热源选择、供热方式。

**2.0.2** 提出小城镇供热系统工程规划范围的要求。

当供热热源地在小城镇规划区外时，规划范围内进镇输热管道应纳入小城镇供热系统工程规划范围，以便小城镇供热系统工程规划与相关规划衔接；当超出小城镇辖区范围时，应和有关部门协调。

本条规定主要针对小城镇总体规划的供热系统工程规划，主要依据《城市规划编制办法实施细则》和其他相关规范的有关要求和规定。

**2.0.3** 规定小城镇供热系统工程规划的期限。

参照和依据城市规划编制办法及相关规定，小城镇供热系统工程规划的规划期限与小城镇总体规划的期限相同。

## 3 热源及其选择

**3.0.1** 根据我国小城镇特点，提出小城镇供热方式及其选择考虑的相关因素。

集中供热系指由分散锅炉房、小区锅炉房和城市热网等热源，通过管道向建筑物供热的采暖方式，我国能源政策实行开发与节约并重的方针，近期将节能放在首要地位，不论是近期还是中期，节能降耗的一个重要方面是集中供热。目前，北方地区有的小城镇规划的集中供热率已高达 70%～80%。

**3.0.2** 阐明小城镇供热可选择热源的内涵。

**3.0.3** 紧临大城市、中心城市，城市规划区范围的郊区小城镇的供热热源，应依托城市并在城市整体规划中一并考虑；距中心城市相对较近，沿主要交通干线等较集中分布的小城镇、城镇密集区的小城镇，应在城镇群区域范围，供热热源设施统筹优化规划的共上，联建共享。这是克服目前小城镇基础设施滞后、不配套、规模小、运行成本高、效益低、资源浪费、重复建设等弊病，有利于经营管理、资源共享、降低运行成本和生态环境保护的一条重要规划原则。

**3.0.4~3.0.7** 提出小城镇供热热源以及三联供模式的原则要求。

大力发展集中供热是我国城市供热的基本方针，本标准明确规定，小城镇的集中供热应以热电厂和区域锅炉房为主要热源，这是符合国家政策的。

目前我国热电厂的建设已从城市延伸到了乡镇工业区，如苏州地区的一些村镇办热电厂正在发挥着重要作用。热电厂的经济效益受到全年热负荷变化的影响，目前有些热电厂建设时对热负荷落实得不够，热负荷不足，热化系数大于或等于1，热价较高，热电厂的经济效益未充分发挥。因此在热电厂规划建设时，要发展多种供热负荷，提高热电厂年利用小时数。在有一定的常年工业热负荷而电力供应又紧张的地区，应建设热电厂。在主要供热对象是民用建筑采暖和生活用热水时，地区的气象条件，即采暖期的长短对热电厂的经济效益有很大影响。

在气候冷、采暖期长的地区，热电联产运行时间长，节能效果明显。相反，在采暖期短的地区，热电厂的节能效果就不明显，"热、电、冷"三联供技术在夏季对一些用户供冷，能延长热电联产时间，提高热电厂的效率。

工业余热、废热和可再生能源，都有可能转化为采暖热源，从而节约一次能源。

# 4 热负荷预测

**4.0.1** 提出小城镇供热系统工程规划集中供热热负荷的分类及其基本组成。

**4.0.2** 提出小城镇供热系统工程规划供热面积热指标预测规划采暖热负荷的方法，以及预测指标选定的基本要求。

没有建筑物设计热负荷资料时，各种热负荷可采用概略计算方法。对于热负荷的估算，采用单位建筑面积热指标法，这种方法计算简便，是国内经常采用的方法。本节提供的主要指标参考《城市热力网设计规范》（CJJ 34—2002），依据为我国"三北"地区的实测资料，南方地区应根据当地的气象条件及相同类型建筑物的热（冷）指标资料确定。

采暖热负荷主要包括围护结构的耗热量和门窗缝隙渗透冷空气耗热量。设计选用热指标时，总建筑面积大，围护结构热工性能好，窗户面积小，层数较多时采用较小值；反之采用较大值。

表4.0.2所列热指标中包括了大约5%的管网损失在内。因热损失的补偿为流量补偿，热指标中包括热损失，计算出的热网总流量即包括热损失补偿流量，对设计计算工作是十分简便的。

近年来，国家制定了一批技术法规和标准规范，通过在建筑设计和采暖供热系统设计中采取有效的技术措施，降低采暖能耗。本条采暖热指标的推荐值提供两组数值，按表中给出的热指标计算热负荷时，应根据建筑物及采暖系统是否采取节能措施分别计算。

**4.0.3** 提出小城镇供热系统工程规划公共建筑和厂房等的通风热负荷预测方法及要求。

通风热负荷为加热从机械通风系统进入建筑物的室外空气的耗热量。

**4.0.4** 提出小城镇供热系统工程规划生活热水热负荷预测方法及要求。

生活热水热负荷可按两种方法进行计算：一种是按用水单位数计算，这种方法适用于已知规模的建筑区域或建筑物，具体详见《建筑给水排水设计规范》；另一种计算生活热水热负荷的方法是热指标法，可用于居住区生活热水热负荷的估算。表4.0.4给出了居住区生活热水日平均热指标，如住宅无生活热水设备，只对居住区公共建筑供热水时，按居住区公共建筑千人指标，参考《建筑给水排水设计规范》热水用水定额估算耗水量，并按居住区人均建筑面积折算为面积热指标，取 $2\sim3W/m^2$；有生活热水供应的住宅建筑标准较高，人均建筑面积为 $30m^2$，$60℃$ 热水用水定额为每人每日 $85\sim130L$ 计算，并考虑居住区公共建筑耗热水量。因住宅生活热水热指标取 $5\sim15\ W/m^2$，以上计算中冷水温度取 $5\sim15℃$。

**4.0.5** 提出小城镇供热系统工程规划空调热、冷负荷预测指标（推荐值）及其选用要求。

空调冬季热负荷主要包括围护结构的耗热量和加热新风耗热量，因北方地区冬季室内外温差较大，加热新风耗热量也较大，设计选用时，严寒地区空调热指标应取较高值。

空调夏季冷负荷主要包括：围护结构传热、太阳辐射、人体及照明散热等形式的冷负荷和新风冷负荷。设计时需根据空调建筑物的不同用途，人员的群集情况，照明等设备的使用情况确定空调冷指标。表 4.0.5 所列面积冷指标应按总建筑面积估算，表中数值参考了建筑设计单位常用的空调房间冷负荷指标，考虑空调面积占总建筑面积的百分比为 $70\%\sim90\%$ 及室内空调设备的同时使用系数 $0.8\sim0.9$，当空调面积占总面积的比例过低时，应适当折算。

**4.0.6** 提出小城镇工业生产工艺热负荷的3种基本预测方法。

**4.0.7** 提出小城镇供热系统工程规划预测总热负荷的组成及其相关要求。

## 5 供热管网及其布置

**5.0.1** 提出小城镇不同输送介质热管网的组成。

小城镇供热介质主要为热水和蒸汽，因此供热管网包括蒸汽管网和热水管网。供热介质的选择，主要取决于热用户的使用特征和要求，同时也与选择的热源形式有关。

**5.0.2** 提出小城镇供热管网布置方式的基本依据及确定要求。

影响小城镇供热管网布置的因素是多种多样的。本条未给出具体规定，只给出考虑多种因素，通过技术经济比较确定管网合理布置方案的原则性规定。有条件时应对管网布置进行优化。

**5.0.3** 提出小城镇供热管道布置、敷设的基本要求。

本条提出小城镇供热管网布置、敷设的基本原则要求的出发点是：节约用地、降低造价、运行安全可靠，便于维修。

**5.0.4** 规定小城镇供热管道与其他地下管线和地上建（构）筑物的最小水平净距要求。

本条与相关规范基本相同。

**5.0.5** 提出小城镇供热管道敷设方式及其基本要求。

从小城镇镇容和其他供热管道地下敷设优点考虑，居住区和城镇街道上供热管道应采用地下敷设。工厂厂区一些地下敷设条件十分恶劣等不宜地下敷设的地段，供热管道可以采用地上敷设，但应在设计时采取措施，尽量使管道敷设与环境比较协调。

## 6 供热设施规模及其用地

**6.0.1** 提出小城镇供热设施的基本组成。

**6.0.2** 提出小城镇集中供热锅炉房单供锅炉容量的基本要求。

为避免锅炉房建设过程中存在的运行的锅炉单台容量小,负荷率低,能效高等问题。从集中供热的规模要求出发,本标准规定了集中锅炉房的最小单台容量。

**6.0.3** 提出小城镇小型热电厂用地面积要求。

**6.0.4~6.0.5** 分别提出小城镇热水锅炉房、蒸汽锅炉房用地面积要求。

**6.0.6** 提出小城镇新建居住小区热力站建筑面积确定的基本要求。

**6.0.7** 提出小城镇制冷站建设及用地面积确定基本要求。

# 小城镇环境卫生工程规划建设标准
## （建议稿）

## 1 总则

**1.0.1** 为规范小城镇环境卫生工程规划编制，提高规划编制质量与建设水平，落实相关环境保护要求，加强环境卫生工程设施建设，促进小城镇健康、可持续发展，制定本标准。

**1.0.2** 本标准适用于县城镇、中心镇、一般镇的小城镇环境卫生规划和相关建设。

**1.0.3** 规划期内有条件成为中小城市的县城镇和中心镇的环境卫生规划应比照《城市环境卫生设施规划规范》要求执行。

**1.0.4** 城市规划区内的小城镇环境卫生工程设施应按所在地的城市规划统筹安排。

**1.0.5** 位于城镇密集区的小城镇环境卫生工程设施应按其所在区域统筹规划，联建共享。

**1.0.6** 规划期内有条件成为建制镇的乡（集）镇环境卫生工程规划应比照本标准执行。

**1.0.7** 小城镇环境卫生工程规划，除应符合本标准外，尚应符合国家现行的有关标准规范和强制性标准要求。

## 2 术语

**2.0.1** 环境卫生工程设施
   具有生活固体废弃物转运、处理及处置功能的较大规模的环境卫生设施。

**2.0.2** 环境卫生设施
   具有从整体上改善环境卫生，限制或消除生活垃圾、粪便及其他固体废物危害功能的设备、容器、构筑物、建筑物及场地等的统称。

**2.0.3** 环境卫生公共设施
   设置在公共场所等处，为社会公众提供直接服务的环境卫生设施。

**2.0.4** 固体垃圾有效收集率
   有效收集的固体垃圾量占总固体垃圾量的比率。

**2.0.5** 垃圾无害化处理率
   无害化处理垃圾量占收运处理垃圾总量的比率。

**2.0.6** 资源回收利用率
   回收利用废物中的有用物质占其废物物质的比例。资源回收利用包括工矿业固体废物的回收利用，粪便、垃圾生产沼气回收的有用物质等。

**2.0.7** 公共厕所
   供社会公众使用，设置在道路旁或公共场所附近的厕所。公共厕所可分为独立式公共厕所和附属式公共厕所，附属式公共厕所是设置在其他建筑内，并向社会公众全天候开放的厕所。

## 3 规划内容与规划原则

**3.0.1** 小城镇环境卫生工程规划的主要内容应包括固体废弃物分析，污染控制目标，生活垃圾量、工业固体废物量和粪便清运量预测，垃圾收运，垃圾、粪便处理处置与综合利用，以及环境卫生公共设施规划和环境卫生工程设施规划。

**3.0.2** 小城镇环境卫生工程规划应依据小城镇总体规划、县（市）域城镇体系规划和小城镇环境保护工程规划。

**3.0.3** 小城镇环境卫生工程规划应按照以下原则：

1. "全面规划、统筹兼顾、合理布局、美化环境、方便使用、整洁卫生、有利排运"的原则；
2. 固体废物处理处置逐步实施"减量化、资源化、无害化"的原则；
3. "规划先行、建管并重"的原则；
4. "环卫设施建设与小城镇建设同步发展"的原则；
5. 与小城镇发展、生态平衡及人民生活水平改善相适应的原则。

## 4 生活垃圾量、工业固体废物量预测及粪便清运量预测

**4.0.1** 小城镇固体废物应区分生活垃圾、建筑垃圾、工业固体废物、危险固体废物。

**4.0.2** 小城镇生活垃圾量、粪便清运量预测主要采用人均指标法和增长率法，工业固体废物预测主要采用增长率法和工业万元产值法。

**4.0.3** 当采用人均指标法预测小城镇生活垃圾量时，生活垃圾预测人均指标可按 $0.9\sim1.4$ kg/（人·d）计算，并结合当地经济发展水平、燃料结构、居民生活习惯、消费结构及其季节和地域情况，分析比较确定。

**4.0.4** 当采用增长率法预测小城镇生活垃圾量时，应根据垃圾量增长的规律和相关调查，按不同时间段确定不同的增长率预测。

## 5 垃圾与粪便收运、处理及综合利用

**5.0.1** 小城镇垃圾收运、处理处置与综合利用规划应包括垃圾污染控制目标，废物箱、垃圾箱的布局要求，垃圾转运站、公厕、环卫管理机构的选择、选址及服务半径、用地要求；垃圾处理与综合利用方案选择及相关设施选址与用地要求。

**5.0.2** 小城镇固体废物应逐步实现处理处置"减量化、资源化、无害化"，清运容器化、密闭化、机械化的环境卫生目标。

**5.0.3** 小城镇垃圾收集应符合日产日清要求，生活垃圾应按表 5.0.3 要求，结合小城镇相关条件和实际情况分析比较选择收集方式；经济发达地区小城镇原则上应尽早实现分类收集，经济发展一般地区和经济欠发达地区小城镇远期规划应逐步实现分类收集。

**5.0.4** 小城镇生活垃圾分类收集应与分类处理方式相适应，与垃圾的整个运输、处理处置和回收利用系统相统一。

**5.0.5** 小城镇生活垃圾处理应禁止采用自然堆存的方法，而应采用以卫生土地填埋为主处理，有条件的小城镇经可行性论证也可因地制宜采用堆肥方法和焚烧方法处理；乡镇工业固体废物（固体危险废弃物外）应根据不同特点考虑处理方法，尽可能地综合利用。

**小城镇垃圾收集方式选择**　　　　　　　　　　　　　　　　　　　　　　表 5.0.3

| | | 经济发达地区 | | | | | | 经济发展一般地区 | | | | | | 经济欠发达地区 | | | | | |
|---|---|---|---|---|---|---|---|---|---|---|---|---|---|---|---|---|---|---|---|
| | | 小城镇规模分级 | | | | | | | | | | | | | | | | | |
| | | 一 | | 二 | | 三 | | 一 | | 二 | | 三 | | 一 | | 二 | | 三 | |
| | | 近期 | 远期 | 近期 | 远期 | 近期 | 远期 | 近期 | 远期 | 近期 | 远期 | 近期 | 远期 | 近期 | 远期 | 近期 | 远期 | 近期 | 远期 |
| 垃圾收集方式 | 混合收集 | | | | | ● | ● | | | ● | ● | ● | ● | ● | ● | ● | ● | ● | |
| | 分类收集 | ● | ● | ● | ● | △ | △ | ● | ● | ● | ● | △ | △ | ● | ● | △ | △ | △ | △ |

注：△—宜设；●—应设。

**5.0.6** 小城镇医疗垃圾等固体危险废弃物必须单独收集、单独运输、单独处理。

固体危险废弃物不得与生活垃圾混合处理，必须在远离镇区和城镇水源保护区的地点按国家有关标准和规定分类单独安全处理和处置，其中医院、卫生院的有毒有害医疗垃圾应集中焚烧或作其他无害化处理，同时在环境影响评价中重点预测分析对小城镇的影响，保证小城镇安全。

**5.0.7** 小城镇固体废物处理处置方法选择除依据方案经济技术比较外，尚应依据固体废物处理处置的有关法规与技术政策评价；生活垃圾处理技术方案比较可参照附录 B 小城镇垃圾处理综合比较进行；固体废物处理处置法规与技术政策评价应依据《固体废物污染环境法》、《城市生活垃圾处理及污染防治技术政策》等相关政策法规。

**5.0.8** 小城镇环境卫生工程规划的垃圾污染控制目标可按表 5.0.8 控制与评估指标，结合小城镇实际情况适宜制定。

**小城镇垃圾污染控制和环境卫生评估指标**　　　　　　　　　　　　　　表 5.0.8

| | 经济发达地区 | | | | | | 经济发展一般地区 | | | | | | 经济欠发达地区 | | | | | |
|---|---|---|---|---|---|---|---|---|---|---|---|---|---|---|---|---|---|---|
| | 小城镇规模分级 | | | | | | | | | | | | | | | | | |
| | 一 | | 二 | | 三 | | 一 | | 二 | | 三 | | 一 | | 二 | | 三 | |
| | 近期 | 远期 | 近期 | 远期 | 近期 | 远期 | 近期 | 远期 | 近期 | 远期 | 近期 | 远期 | 近期 | 远期 | 近期 | 远期 | 近期 | 远期 |
| 固体垃圾有效收集率（%） | 65~70 | ≥98 | 60~65 | ≥95 | 55~60 | 95 | 60 | 95 | 55~60 | 90 | 45~55 | 85 | 45~50 | 90 | 40~45 | 85 | 30~40 | 80 |
| 垃圾无害化处理率（%） | ≥40 | ≥90 | 35~40 | 85~90 | 25~35 | 75~85 | ≥35 | ≥85 | 30~35 | 80~85 | 20~30 | 70~80 | 30 | ≥75 | 25~30 | 70~75 | 15~25 | 60~70 |
| 资源回收利用率（%） | 30 | 50 | 25~30 | 45~50 | 20~25 | 35~45 | 25 | 45~50 | 25~30 | 40~45 | 15~20 | 30~40 | 20 | 40~50 | 15~20 | 35~40 | 10~15 | 25~35 |

**5.0.9** 有污水管网、污水处理设施的小城镇，粪便可直接或间接（经过化粪池）排入污水管道，进入污水处理厂处理；污水管网与处理系统不完善的小城镇，可由人工或机械清淘粪井或化粪池的粪便，再由粪车汇集到粪便收集站或储粪池，最后运至粪便处理站处理。

**5.0.10** 小城镇宜采用高温堆肥法、沼气发酵法、密封储存池处理、三格化粪池处理等方法，达到粪便无害化处理，资源化利用的目的。

# 6 环境卫生公共设施和工程设施

## 6.1 一般规定

**6.1.1** 小城镇环境卫生公共设施和工程设施规划应包括确定不同设施的布局、选址服务范围、设置规模、设备标准、用地指标等内容。同时，应对公共厕所、粪便储运站、废物箱、垃圾容器（垃圾压缩站）、垃圾转运站（垃圾码头）、卫生填埋场（堆肥厂）、环境卫生专用车辆配置及其车辆通道和环境卫生基地建设的布局、建设和管理提出要求。

**6.1.2** 小城镇环境卫生公共设施和工程设施，应满足小城镇卫生环境和景观环境及生态环境保护的要求；环境卫生公共设施应方便社会公众使用。

## 6.2 公共厕所

**6.2.1** 小城镇公共厕所应结合旧镇改造将旱厕逐步改造为水厕，小城镇公共厕所沿路设置可按表6.2.1要求，结合实际情况选择。

小城镇公共厕所沿路设置间距（m）　　　表6.2.1

| | 镇区干道 | | 支　路 |
|---|---|---|---|
| | 非繁华段 | 繁华段 | |
| 设置间距 | 600~800 | 500~600 | 800~1000 |

注：1. 公共厕所宜结合公共设施与商业网点设置。
　　2. 县城镇、中心镇、旅游型小城镇，商贸型小城镇宜按表6.2.1较高标准设置。
　　3. 结合周边用地，公共厕所设置标准和独立式公共厕所用地面积可按《城市环境卫生设施规划规范》的较低标准设置。

**6.2.2** 小城镇商业区、居住小区、市场、车站、码头、体育文化场馆、社会停车场、公园及景区等人流集散场所附近应设置公共厕所。

## 6.3 生活垃圾收集点与废物箱

**6.3.1** 小城镇生活垃圾应定点收集，方便使用；定点收集的垃圾容器、垃圾容器间应不影响镇区卫生和景观环境；生活垃圾收集点服务半径不宜超过70m，住区多层住宅每4幢设一垃圾收集点，市场、交通客运枢纽站应单独设置生活垃圾收集点。

**6.3.2** 小城镇人流道路两侧及交通客运设施、其他主要公共设施的出入口附近应设置废物箱。

**6.3.3** 小城镇废物箱应根据人流密度、沿路合理设置，其间距宜符合下列要求：
　　镇区中心繁华街道：50~100m；
　　其他干道：100~200m；
　　支路：200~400m。

## 6.4 垃圾转运站、垃圾填埋场、化粪池、贮粪池、粪便处理厂

**6.4.1** 小城镇宜设置小型垃圾转运站，选址应靠近服务区域中心，交通便利，不影响镇容的地方，并设置绿化隔离带。

**6.4.2** 小城镇采用非机动车收运生活垃圾方式时，生活垃圾转运站服务半径宜为0.4~1km；采用小型机动车收运方式时，其服务半径宜为2~4km。

**6.4.3** 小城镇生活垃圾转运站规划用地面积宜按每站200~1000m²，结合小城镇生活垃

圾转运站个数和转运量等具体情况，分析比较确定；生活垃圾转运站与相邻建筑间距应不小于8m，绿化隔离带宽度应不小于3m。

**6.4.4** 小城镇生活垃圾卫生填埋场选址，应最大限度地减少对生态环境和小城镇布局等的影响，减少投资，并应同时符合下列要求：
（1）距小城镇规划建成区2km外；
（2）距村庄居民点0.5km外；
（3）土地利用价值低，地质情况较稳定，取土方便；
（4）具备运输条件；
（5）非水源保护区、地下蕴矿区和地下文物区。

**6.4.5** 城镇密集地区小城镇生活垃圾卫生填埋场应统筹规划联建共享。

**6.4.6** 小城镇生活垃圾卫生填埋场绿化隔离带、防护绿地和使用年限等均应按《城市环境卫生设施规划规范》规定执行。

**6.4.7** 小城镇生活垃圾堆肥厂、焚烧厂应符合《城市环境卫生设施规划规范》要求。

**6.4.8** 没有污水管道的小城镇必须建化粪池，化粪池应设在建筑物背向大街一侧，靠近卫生间的地方，并应尽量隐蔽，不宜设在人们经常活动之处，化粪池距建筑物的净距应不小于5m，距地下取水构筑物距离应不小于30m。

**6.4.9** 小城镇贮粪池应设在镇郊，其周围应按有关规定设绿化隔离带。

**6.4.10** 小城镇粪便处理厂选址应进行综合技术经济比较与优化分析论证后确定，并应满足以下要求：
（1）少占、不占农田，同时留有适当扩建余地；
（2）在小城镇水体下游，主导风向下侧的镇郊；
（3）远离小城镇居住小区、工业区，并有一定卫生防护距离；
（4）不宜设在雨季受水淹的低洼处。靠近水体的处理厂，应选择在不受洪水威胁的地方，应有防洪措施。
（5）位于地下水位较低、地基承载力较大、湿陷性等级不高、岩石较少的工程地质条件较好的地方；
（6）有良好的排水条件，便于粪便、污水、污泥排放和利用。

**6.4.11** 小城镇粪便处理厂预留用地可按表6.4.11的用地指标，并根据小城镇粪便处理量和处理工艺确定。

小城镇粪便处理厂采用部分工艺的用地指标 [$m^2/(t \cdot d)$] 表6.4.11

| 粪便处理方式 | 厌氧—好氧 | 厌氧（高温） | 稀释—好氧 |
| --- | --- | --- | --- |
| 用地指标 | 12 | 20 | 25 |

## 6.5 其他环境卫生设施与环卫机构

**6.5.1** 小城镇环境卫生管理机构与环境卫生车辆应按有关规定设置与配备。

**6.5.2** 小城镇新建小区和旧镇区改建等道路规划应按《城市环境卫生设施规划规范》相关规定执行，满足环境卫生车辆通道的要求。

## 附录 A  小城镇环境卫生工程规划标准设定的三种不同经济发展地区、三个规模等级层次、两个发展阶段（规划期限）

三种经济发展不同地区为：

经济发达地区；

经济发展一般地区；

经济欠发达地区。

经济发达地区主要是东部沿海地区、京、津、唐地区，现状农民人均年纯收入一般大于 3300 元，第三产业占总产值比例大于 30%。

经济欠发达地区主要是西部、边远地区，现状农民人均收入一般在 1800 元以下，第三产业占总产值比例小于 20%。

经济发展一般地区介于经济发达地区和欠发达地区之间，主要是中部和中西部地区，现状农民人均年纯收入一般在 1800～3300 元左右，第三产业占总产值比例约 20%～30%。

三个规模等级层次为：

一级镇：县驻地镇、经济发达地区 3 万人以上镇区人口的中心镇、经济发展一般地区 2.5 万人以上镇区人口的中心镇；

二级镇：经济发达地区一级镇外的中心镇和 2.5 万人以上镇区人口的一般镇、经济发展一般地区一级镇外的中心镇和 2 万人以上镇区人口的一般镇、经济欠发达地区 1 万人以上镇区人口县城镇外的其他镇；

三级镇：二级镇以外的一般镇和在规划期将发展为建制镇的集镇。

两个规划发展阶段（规划期限）为：

近期规划发展阶段；

远期规划发展阶段（规划年限至 2020 年）。

## 附录 B  小城镇垃圾处理方法综合比较（见下表）

小城镇垃圾处理方法综合比较

| | 卫生填埋 | 焚烧 | 高温堆肥 |
| --- | --- | --- | --- |
| 技术可靠性 | 可靠 | 可靠 | 可靠、国内有一定经验 |
| 操作安全性 | 较大，注意防火 | 好 | 好 |
| 选址 | 要考虑地理条件，防止水体污染，一般远离小城镇，运输距离大于 20km | 可靠近城镇，运输距离小于 10km | 避开住宅密集区，气味影响半径小于 200m，运输距离 2～10km |
| 占地 | 大 | 小 | 中等 |
| 适用条件 | 适用范围广，对垃圾成分无严格要求，但无机含量大于 60%；征地容易，地区水位条件好，气候干旱、少雨的条件更为适用 | 要求垃圾热值大于 4000kJ/kg；土地资源紧张，经济条件好 | 垃圾中可降解有机物含量大于 40%；堆肥产品有较大市场 |
| 最终处置 | 无 | 残渣须作处置占初始量的 10%～20% | 非堆肥物须作处置占初始量的 25%～35% |

续表

|  | 卫生填埋 | 焚烧 | 高温堆肥 |
|---|---|---|---|
| 能源化意义 | 部分有 | 部分有 | 有 |
| 资源利用 | 恢复土地利用或再生土地资源 | 垃圾分选可回收部分物质 | 作农肥和回收部分物质 |
| 地面水污染 | 有可能，但可采取措施防止污染 |  | 无 |
| 地下水污染 | 有可能须采取防渗保护，但仍有可能渗漏 | 无 | 可能性较小 |
| 大气污染 | 可用导气、覆盖等措施控制 | 烟气处理不当时有一定污染 | 有轻微气味 |
| 土壤污染 | 限于填埋区域 | 无 | 须控制堆肥有害物含量 |
| 管理水平 | 一般 | 较高 | 较高 |
| 投资运行费用 | 最低 | 最高 | 较高 |

## 附录C 卫生填埋场用地面积计算参考

卫生填埋场用地面积可参考下式计算：

$$S = 365y\left(\frac{Q_1}{D_1} + \frac{Q_2}{D_2}\right)\frac{1}{Lck_1k_2}$$

式中　$S$——填埋场用地面积，$m^2$；

　　　365——一年的天数；

　　　$y$——填埋场使用年限，a；

　　　$Q_1$——日处理垃圾重量，t/d；

　　　$D_1$——垃圾平均密度，$t/m^3$；

　　　$Q_2$——日覆土重量，t/d；

　　　$D_2$——覆盖土的平均密度，$t/m^3$；

　　　$L$——填埋场允许堆积（填埋）高度，m；

　　　$c$——垃圾压实（自缩）系数，$c=1.25\sim1.8$；

　　　$k_1$——堆积（填埋）系数，与作业方式有关，$k_1=0.35\sim0.7$；

　　　$k_2$——填埋场的利用系数 $k_2=0.75\sim0.9$。

填埋场的面积布置除了主要生产区外，还应有辅助生产区：仓库、机修车间、调度室等；管理区：包括生产生活用房。填埋场的辅助建筑在满足使用功能能与安全条件下，宜集中布置。填埋场的辅助建筑面积指标不宜超过下表所列指标。

**垃圾填埋场附属建筑面积指标（$m^2$）**

| 日处理规模 | 生产管理用房 | 生活服务设施用房 | 日处理规模 | 生产管理用房 | 生活服务设施用房 |
|---|---|---|---|---|---|
| Ⅰ类 | 1200～2500 | 200～600 | Ⅲ类 | 300～1000 | 100～200 |
| Ⅱ类 | 400～1800 | 100～500 | Ⅳ类 | 300～700 | 100～200 |

注：1. 生产管理用房包括：行政办公、仓库、机修车间、调度室、化验室、变配电房、车库、门房等。
　　2. 生活服务设施用房：食堂、浴室和值班宿舍等。

## 本标准用词用语说明

1. 为了便于在执行本标准条文时区别对待,对要求严格程度不同的用词说明如下:
1) 表示很严格,非这样做不可的用词:
正面词采用"必须";反面词采用"严禁"。
2) 表示严格,在正常情况下均应这样做的用词:
正面词采用"应";反面词采用"不应"或"不得"。
3) 表示允许稍有选择,在条件许可时首先这样做的用词:
正面词采用"宜";反面词采用"不宜";
表示有选择,在一定条件下可以这样做的,采用"可"。
2. 标准中指定应按其他有关标准、规范执行时,写法为:"应符合……的规定"或"应按……执行"。

# 小城镇环境卫生工程规划建设标准
## （建议稿）
## 条 文 说 明

## 1 总则

**1.0.1～1.0.2** 阐明本标准（建议稿）编制的目的、相关依据及适用范围。

本标准（建议稿）所称小城镇是国家批准的建制镇中县驻地镇和其他建制镇（根据城市规划法建制镇属城市范畴；此处其他建制镇，在《村镇规划标准》中又属村镇范畴），以及在规划期将发展为建制镇的乡（集）镇。

小城镇是"城之尾、乡之首"，是城乡结合部的社会综合体，发挥上连城市、下引农村的社会和经济功能。县城镇和中心镇是县域经济、政治、文化中心或县（市）域中农村一定区域的经济、文化中心。我国小城镇量大、面广，不同地区小城镇的人口规模、自然条件、历史基础、经济发展、基础设施差别甚大。我国大多数小城镇环境卫生工程设施基础十分薄弱，整体现状水平相当落后。而长期以来，小城镇环境卫生规划中的环境卫生设施规划内容较为欠缺，规划实施缺乏依据，也是小城镇规划与管理中的一个薄弱环节，本标准为统一小城镇环境卫生规划编制技术，提高规划编制质量与建设技术水平，落实相关环境保护要求，加强环境卫生工程设施建设提供技术支撑，为相关规划编制审批与管理提供必要依据。

本标准（建议稿）是在中国城市规划设计研究院小城镇环境卫生工程规划标准研究和本课题大量补充调研、分析论证的基础上，根据任务书要求，编制除修改补充外，还增加建设相关的部分标准条款；同时依据相关政策法规要求，考虑了相关标准的协调。本标准及技术指标的中间成果征询了22个省、直辖市建设厅、规委、规划局和100多个规划编制、管理方面的规划标准使用单位的意见，同时，标准建议稿吸纳了专家论证预审的许多好的建议。

**1.0.3～1.0.6** 分别提出不同区位、不同分布形态小城镇及远期可能升级为中小城市的小城镇环境卫生工程规划和可能升级为小城镇的乡（集）镇环境卫生工程规划标准执行的原则要求。

强调城市规划区与城镇密集地区小城镇跨镇环境卫生工程设施区域统筹规划联建共享的必要性和重要性。

同时，考虑到部分有条件的小城镇远期规划可能上升为中、小城市，也有部分有条件的乡（集）镇远期规划有可能上升为建制镇，上述小城镇、乡（集）镇的环境卫生系统工程规划的执行标准应有区别。但上述升级涉及到行政审批，规划不太好掌握，所以1.0.3、1.0.6条款强调规划应比照上一层次标准执行。

**1.0.7** 本标准编制依据相关规范或有涉及相关规范的某些共同条款。本条款体现小城镇环境卫生系统工程规划建设标准与相关规范间应同时遵循规范的统一性原则。

本标准主要依据的相关专业标准规范和法规有：《城市环境卫生设施规划规范》、《中华人民共和国环境保护法》、《中华人民共和国固体废物污染环境防治法》、《城市环境卫生设施设置标准》、《城市排水工程规划规范》、《城市生活垃圾卫生填埋技术标准》。

## 2 术语

**2.0.1～2.0.7** 提出本标准小城镇环境卫生工程规划建设中涉及的主要术语。

上述条款中：

（1）2.0.1～2.0.3、2.0.7条款为方便使用引用的《城市环境卫生设施规划规范》的相关术语解释；

（2）2.0.4～2.0.6条款为小城镇环境卫生工程规划中常用但尚未明确定义的专用术语解释，本标准列出，以利对规范的正确理解和运用及规划编制。

## 3 规划内容与规划原则

**3.0.1** 规定小城镇环境卫生工程规划的主要内容。

小城镇环境卫生工程规划内容针对小城镇环境卫生实际，主要侧重于生活垃圾等固体废物和粪便的处理处置与综合利用、污染控制及相关小城镇环境卫生公共设施和环境卫生工程设施规划。其中主要内容中固体废弃物分析应包括分析其组成和发展趋势，并提出污染控制目标；各类环境卫生设施规划应确定服务范围，设置规模、设置标准、运作方式和预留用地等。

本条主要依据城市规划编制办法实施细则和相关规范规定，以及小城镇环境卫生工程及其相关规划的调查分析。

**3.0.2** 提出小城镇环境卫生工程规划与小城镇总体规划、县（市）域城镇体系规划及小城镇环境保护规划的关系。

小城镇环境卫生工程规划是小城镇总体规划的组成部分，小城镇环境卫生与小城镇镇容镇貌、社会经济发展、投资环境和人居环境的相关要求关系密切。

小城镇环境卫生系统工程规划建设应与小城镇总体规划确定的小城镇城镇性质、人口、用地规模、用地布局、社会经济发展相一致和相协调，也要与小城镇环境保护目标、规划建设相协调，垃圾填埋场等较大、重要环境卫生设施的区域共享，要求环境卫生设施工程尚要与县（市）域城镇体系规划或更大城镇密集地区区域规划相协调。

**3.0.3** 提出小城镇环境卫生系统工程规划应遵循体现"以为人本"的5条原则要求。

## 4 生活垃圾量、工业固体废物量预测及粪便清运量预测

**4.0.1** 提出小城镇固体废物的组成。

**4.0.2** 提出小城镇生活垃圾量和工业固体废物量预测主要采用的方法。

**4.0.3** 提出小城镇生活垃圾的预测人均指标，及其选择适宜值的相关考虑因素。

据有关统计，我国城市目前人均日生活垃圾产量为 $0.6\sim1.2$ kg/（人·d），由于小城镇的燃料结构、居民生活水平、消费习惯和消费结构、经济发展水平与城市差异较大，小城镇的人均生活垃圾量比城市要高；同时综合分析四川、重庆、云南、福建、浙江、广东等省市的小城镇实际和规划人均生活垃圾量及其增长的调查结果，分析比较发达国家生活垃圾的产生量情况和增长规律，提出小城镇生活垃圾量的规划预测人均指标为 $0.9\sim$

1.4kg/(人·d)。

**4.0.4** 提出采用增长率法预测小城镇生活垃圾量时,应采用按不同时间段选用不同增长率预测的原则和近期小城镇生活垃圾平均年增长率指标。

采用增长率法,可用下式预测:

$$W_t = W_0(1+i)^t$$

式中 $W_t$——预测段末年份小城镇生活垃圾产量;
 $W_0$——现状基年小城镇生活垃圾产量;
 $i$——预测段小城镇生活垃圾年均增长率;
 $t$——预测段预测年限。

规划年份小城镇生活垃圾产量可视需要逐段重复预测求得。

生活垃圾年均增长率随小城镇人口增长、规模扩大、经济社会发展、生活水平提高、燃料结构、消费水平与消费结构的变化而变化。分析国外发达国家城镇生活垃圾变化规律,其增长规律类似一般消费品近似S曲线增长规律,增长到一定阶段增长减慢直至饱和,1980~1990年欧美国家城市生活垃圾产量增长率已基本在3%以下。我国城市垃圾还处在直线增长阶段,自1979年以来年平均增长为9%。

根据小城镇的相关调查分析和推算,小城镇近期生活垃圾产量的年均增长一般可按8%~10.5%,应用中应结合小城镇实际情况分析,比较选取和适当调整。

## 5 垃圾与粪便收运、处理及综合利用

**5.0.1** 规定小城镇垃圾收运、处理处置与综合利用规划的基本内容要求。

垃圾处理处置与综合利用直接关系到小城镇的镇容镇貌和环境卫生水平,以及人居环境质量。垃圾处理是小城镇环境卫生存在严重问题之一,许多小城镇垃圾污染严重。本条款强调小城镇垃圾收运处理处置与综合利用规划从垃圾污染控制目标到垃圾处理与综合利用的相关内容。

**5.0.2~5.0.3** 提出小城镇环境卫生规划目标和垃圾收集方式要求。

小城镇生活垃圾应设置标准垃圾收集设施,逐步实现收集、清运容器化、密闭化、机械化和处理无害化,减少暴露垃圾,提高环境卫生质量。垃圾分类袋装收集,有利工矿企业固体废物等物资回收和可利用垃圾的综合利用。表5.0.3对不同地区不同类小城镇不同规划期小城镇垃圾收集方式提出相关的不同要求。

**5.0.4** 提出小城镇生活垃圾分类收集与分类处理方式相适应,与垃圾的运输处理处置和回收利用系统相统一的要求,以利生活垃圾的分类处理处置。

**5.0.5** 固体废物处理应先考虑减量化、资源化(从固体废物中回收有用物质和能源)减少资源消耗和加速资源循环,后考虑加速物质循环,对最后残留物质最终无害化处理。

小城镇生活垃圾的处理是固体废物处理的重点,生活垃圾处理方法,我国目前填埋占70%、堆肥20%、焚烧及其他处理方法10%。下表为填埋焚烧和堆肥三种处理方法的主要对比。

根据上述比较,考虑小城镇特点和实际情况,小城镇生活垃圾处理,应主要采用卫生填埋方法处理,有条件的小城镇经技术方案比较和可行性论证,也可采用堆肥方法处理。

本条款同时对乡镇工业固体废物（固体危险废弃物外）提出按不同类型和特点处理及综合利用的基本原则要求。

**三种垃圾处理方法主要比较**

| | 填　　埋 | 焚　　烧 | 堆　　肥 |
|---|---|---|---|
| 技术可靠性 | 技术可靠 | 可靠 | 可靠，国内有一定经验 |
| 选址要求 | 要考虑地理条件，防止水体污染，一般远离城镇，运输距离大于20km | 可靠近城镇建设，运输距离可小于10km | 须避开住宅密集区，气味影响半径小于200m，运输距离2～10km |
| 占地 | 大 | 小 | 中等 |
| 适用条件 | 适用范围广，对垃圾成分无严格要求；但无机物含量大于60%；征地容易，地区水文条件好，气候干旱、少雨的条件更为适用 | 要求垃圾热值大于4000kJ/kg；土地资源紧张，经济条件好 | 垃圾中生物可降解有机物含量大于40%；堆肥产品有较大市场 |
| 投资运行费用 | 最低 | 最高 | 较高 |

**5.0.6** 小城镇环境卫生管理监督比较薄弱，医疗垃圾处理和处置不严加管理容易混杂于生活垃圾，而极可能引起有害、有毒物质及病菌的污染和传播，危害人的健康，造成环境污染并由此对公共安全造成威胁，同《城市环境卫生设施规划规范》相关规定，小城镇也必须强调此条规定，对医疗垃圾等固体危险废弃物的收集、运输、处理环节进行封闭隔离式单独作业，这对避免交叉污染是必要的。

从小城镇安全和保护生态环境考虑，提出有毒、有害垃圾和固体废弃物处理处置原则要求。小城镇有毒有害的工业垃圾除医院、卫生院医疗卫生垃圾外，也包括可能有的有毒有害的工业垃圾、含放射性物质或其他危险性较大的垃圾以及病死牲畜等，固体危险废弃物对小城镇环境危害大，强调对其安全处理处置十分必要。

**5.0.7** 规定小城镇固体废物处理处置的法规和政策评价依据及生活垃圾处理技术方案的比较依据。

**5.0.8** 根据四川、重庆、湖北、福建、浙江、广东、山东、河南、天津等省、市小城镇的环境卫生有关调查，镇容镇貌脏、乱、差现象突出是小城镇基础设施存在的主要问题之一。特别是经济发展一般地区和欠发达地区许多小城镇以路为市，以街为市，污水未经有效处理排放甚至随意排放，垃圾露天堆放不能得到有效收集与处理，造成环境质量低下，河道水系污染严重。随着小城镇经济发展，各种固体垃圾将会大幅度增长，如继续得不到有效收集与处理，对小城镇的环境影响将更为严重并更难治理。

提出小城镇环境卫生污染控制目标宜主要通过小城镇环境卫生污染源头固体垃圾的有效收集和无害化处理来实现，并可采用其有效收集率和无害化处理率作为评估指标。

表5.0.8系根据上述省、市不同小城镇的大量相关调研与规划目标分析比较得出。

**5.0.9** 提出根据小城镇不同条件、小城镇粪便处理的基本要求。

**5.0.10** 提出小城镇粪便无害化处理资源化利用的途径和基本要求。

## 6 环境卫生公共设施和工程设施

### 6.1 一般规定

**6.1.1～6.1.2** 提出小城镇环境卫生公共设施和工程设施规划的基本内容要求。

环境卫生设施是指具有从整体上改善环境卫生，限制或消除生活垃圾、粪便及其他固体废物危害功能的设备、容器、构筑物、建筑物及场地等的统称。

环境卫生公共设施是指设置在公共场所等处，为社会公众提供直接服务的环境卫生设施。

环境卫生工程设施是指具有生活固体废弃物转运、处理及处置功能的较大规模的环境卫生设施。

环境卫生公共需设施和工程设施是小城镇基础设施主要组成之一，也是小城镇环境卫生系统规划的主要内容。

小城镇环境卫生公共设施在社会公众生活中不可缺少，应体现"以人为本"，方便社会公众使用。同时小城镇环境卫生公共设施和工程设施与小城镇卫生环境、景观环境及生态环境保护直接相关，规划应满足上述的相关要求。

### 6.2 公共厕所

**6.2.1** 提出小城镇公共厕所规划设置合理水平的一般要求。

公共厕所直接反映小城镇环境卫生面貌，根据调查多数小城镇公共厕所数量少，且多数为旱厕，水厕少，卫生条件差，建设缺乏规划。

本条款对小城镇公共厕所的规划设置的基本要求是在基于上述现状分析、并充分考虑小城镇发展，人口密度增加、居民生活水平提高，对改善小城镇环境卫生条件的迫切要求，同时考虑小城镇与城市差别，在分析比较城市有关标准基础上提出的。

**6.2.2** 提出小城镇人流集散场所及其附近设置公共厕所的基本要求。

### 6.3 生活垃圾收集点与废物箱

**6.3.1** 提出小城镇生活垃圾定点收集及其相关原则要求，同时参考相关标准和考虑小城镇特点，提出小城镇废物箱、生活垃圾收集点规划设置的一般要求。

**6.3.2～6.3.3** 根据小城镇人流的特点和实际情况，规定相关道路两侧和交通客运设施及主要公共设施的出入口附近设置废物箱的原则要求和参考相关标准，结合小城镇实际提出沿路设置的技术指标要求。

### 6.4 垃圾转运站、垃圾填埋场、化粪池、贮粪池、粪便处理厂

**6.4.1～6.4.3** 提出小城镇设置小型垃圾转运站选址、布局、规划用地面积及其他相关要求；提出小城镇不同收运生活垃圾方式，生活垃圾转运站服务半径基本要求。

**6.4.4～6.4.6** 提出小城镇生活垃圾卫生填埋场选址、绿化隔离带、防护绿地和使用年限等基本原则要求。

生活垃圾卫生填埋场在运行过程中产生的次生污染危害较大，对小城镇生态环境、景观和布局影响很大，且选址困难。因此应符合相关环境要求外，提出城镇密集区生活垃圾卫生填埋场区域联建共享的重要性。一般来说，生活垃圾填埋场要求距大城市建成区10km 以上，距中小城市 5km 以上，距小城镇 2km 以上，距村庄居民点 0.5km 以上是合适的。

**6.4.7** 规定小城镇生活垃圾堆肥厂、焚烧厂的基本要求。

**6.4.8~6.4.9** 根据小城镇实际，参考相关标准与规定提出小城镇化粪池、贮粪池的基本要求。

**6.4.10~6.4.11** 根据小城镇物点和实际情况，参考相关标准和规定，提出小城镇粪便处理厂选址及用地的基本要求。

**6.5 其他环境卫生设施与环卫机构**

**6.5.1~6.5.2** 提出小城镇环卫管理机构与环卫车辆的设置配备基本要求，以及环卫车辆通道的基本要求。

# 小城镇基础设施区域统筹规划与规划技术指标研究

## 1 我国小城镇基础设施区域统筹规划

### 1.1 我国小城镇基础设施的特点分析

我国地域辽阔,小城镇量大面广,至 2002 年底全国已有建制镇数量达到 20021 个［其中县城镇 1646 个,县(市)驻地城镇以外的建制镇 118375 个］,集镇数量为 22612 个。小城镇的分散性和不同地区、不同类别小城镇在区域地理位置、人口规模、自然条件、建设基础、经济发展诸方面的很大差异性,决定与上述诸因素直接相关的小城镇基础设施的分散性、区域差异性,以及小城镇基础设施的规划布局及其单项设施系统工程规划的特殊性。

小城镇基础设施工程规划应考虑小城镇基础设施的以下主要特点:

#### 1.1.1 小城镇基础设施的分散性

由于我国小城镇分布面很广,也很分散,特别是一些分布在山区、僻远地区的小城镇,分散、独立分布的小城镇依托区域和城市基础设施的可能性很小。小城镇基础设施的分散性是小城镇基础设施规划复杂性及区别于城市基础设施规划不同的主要因素之一。

小城镇基础设施的分散性给小城镇基础设施的规划布局、基础设施的合理规模和经济运行,以及建设资金的集中、有效投资等都带来许多困难。针对小城镇基础设施分散性,以及分散独立型小城镇规划,以县(市)域城镇体系规划为基础,强化县(市)域基础设施规划对小城镇基础设施的指导作用显得尤为重要。

#### 1.1.2 小城镇基础设施的明显区域差异性

小城镇基础设施的明显区域差异性主要包括小城镇基础设施现状和建设基础的差异、相关资源和需求的差异,设施布局和系统规划差异以及规模大小和经济运行的差异。

小城镇基础设施的区域差异性也是小城镇基础设施规划复杂性及与城市基础设施规划较大不同的主要因素之一。

小城镇基础设施的上述差异性要求小城镇基础设施规划,应按不同地区、不同类别、不同规模、不同发展时期的不同合理水平和定量化指标,结合小城镇实际选择和确定不同的规划标准。

小城镇基础设施的上述差异性还要求小城镇基础设施建设应因地制宜选择和确定相应的经济适用技术。

#### 1.1.3 小城镇基础设施的规划布局及其系统工程规划的特殊性

我国小城镇基础设施的规划布局及其单项设施的系统工程规划,就规划整体与方法而言,与城市基础设施的规划布局及其系统工程规划有较大不同。前者因不同分布、形态小城镇,有多种不同的规划布局与方法,采用单一的规划布局和单一的规划方法,小城镇基础设施配置不但投资、运行很不经济,而且资源也会造成很大浪费。前者的一些单项设施系统也因其小城镇的不同分布、形态而异。小城镇某项基础设施工程不一定是一个完整的系统,对于较集中分布的小城镇,一个小城镇某项基础设施往往是一个较大区域某项基础设施系统的组成部分,而不是一个完整的某项设施系统。如上述一个小城镇的给水设施,需要配置往往只是配水厂以下系统设施，而配水厂以上的给水设施则是在一个相邻区域范围统筹规划布局的共享设施。与前者不同，后者某项基础设施系统多为一个完整的组成系统，除区域大型电厂等重大基础设施在区域统筹规划布局外，主要系统设施多在城市规划区范围布局、配置。

#### 1.1.4 小城镇基础设施的规划建设超前性

城镇建设，基础设施先行。小城镇基础设施作为小城镇生存与发展必须具备的基本要素，无可置疑，在小城镇经济、社会发展中起着至关重要的作用。小城镇基础设施建设是小城镇经济社会发展的前提和基础。作为前提和基础，小城镇基础设施建设必须超前其社会经济的发展。

小城镇基础设施规划应结合小城镇实际充分并且考虑基础设施的超前发展，在需求预测上选择合理的超前系数，在规划建设上选择合理的水平，同时积极采用新技术、新工艺、新办法。

对于超常规发展的小城镇，更应重视小城镇基础设施更高的超前要求；对于目前基础设施建设和经济建设十分落后的小城镇，小城镇基础设施规划应充分考虑小城镇中、远期规划其经济社会发展变化与规划建设目标对基础设施超常发展的要求。

### 1.2 结合小城镇分布、形态，小城镇发展依托的基础设施条件分析

不同空间分布、形态小城镇可依托、共享的区域基础设施条件，以及区位条件不同，其经济发展各不相同。

我国小城镇按其不同空间分布划分，大体可分为三类：

第一类是位于大中城市规划区范围内，紧临其中心城区的郊区小城镇，即"近郊紧临型"小城镇。

第二类是距中心城市相对较近，沿主要交通干线等较集中分布的小城镇，即"远郊集中分布型"小城镇。

第三类距离中心城市相对较远或偏远，没有连片发展可能，相对独立、分散分布的小城镇，即"独立、偏远型"小城镇。

按不同空间形态划分，大体也可分为三类，即可分为"密集型"、"线轴型"及"点状（分散）型"三类小城镇。

前一分类的第一类小城镇多为"城镇密集型"，第二类小城镇多为"城镇线轴型"，也有"城镇密集型"，而第三类则为"小城镇点状（分散）型"。

（1）紧临大中城市中心城，城市规划区范围内的郊区建制镇一类小城镇，由于能依托和共享城市基础设施，以及具备城市发展的其他一些有利条件，小城镇经济、社会发展较快，特别是沿海经济发展地区这类小城镇发展更快，与城市差别较小，其中较多发展成为大、中城市的卫星镇。

（2）距中心城相对较近，沿主要交通干线等较集中分布的小城镇，如东部长江三角洲、珠江三角洲、京、津、唐、辽东半岛、山东半岛、闽东南和浙江沿海等城镇密集地区小城镇；中部江汉平原、湘中地区、中原地区等城镇密集区小城镇和长春-吉林、石家庄-保定、呼和浩特-包头等省域城镇发展核心区小城镇；西部四川盆地、关中地区等城镇密集区的小城镇，这类小城镇处于城镇发展核心区、密集区或连绵区，一般位于城镇发展历史较长、发育程度较高的沿海地区、平原地区，因能依托区域内重要综合交通走廊和水、

电、通信等重要区域基础设施，区位条件优越，本身基础设施也有一定基础，而小城镇经济、社会发展较快，其主要地带将逐步形成省、市农村区域经济发展中心，其东部地带将成为农村区域城镇化和现代化推进最快的地区。

（3）点状、独立、分散分布的一类小城镇，这类小城镇由于距中心城市较远或偏远，依托大、中城市交通、水、电等基础设施较困难，除可依托部分相关区域基础设施外，主要依靠县域基础设施和本身基础设施；除其中县城镇、中心镇和经济发达地区小城镇基础设施条件相对较好，经济、社会发展相对较快外，其他小城镇基础设施相对基础都较薄弱，小城镇经济社会发展相对较慢；其中位于偏远山区、西部边远地区小城镇可依托的县域基础设施和其本身基础设施基础则更为薄弱或很落后，经济发展缓慢，城镇化和现代化水平普遍较低。

**1.3 小城镇跨区基础设施的区域统筹规划与优化配置资源共享**

小城镇发展及其跨区基础设施优化配置、资源共享都应考虑区域统筹规划。通过区域统筹规划优化基础设施布局与配置，协调和达到基础设施资源共享，更好发挥基础设施对小城镇发展的促进作用。

**1.3.1 基础设施优化配置应考虑最佳的区域共享范围**

由于小城镇及基础设施都离不开区域的概念，反映在小城镇区域空间结构上的区域交通等基础设施及其相关的区位、地理和历史条件在小城镇经济发展中起重要作用；而每一小城镇都拥有各自的腹地和经济辐射面，小城镇发展的集聚和扩散活动不但与其镇域范围有关，而且也与临近城镇一个更大的区域范围密切相关，县城镇与县市域范围小城镇、中心镇与以其为中心的一定区域范围小城镇均密切相关。这就要求为其服务和促进其发展的基础设施要有最佳的区域共享范围，并结合最佳的区域共享范围考虑优化配置。

**1.3.2 城镇区域基础设施网络本身要求区域统筹规划合理布局**

交通、通信、供水、供电等区域基础设施的合理布局和建设，形成城镇发展联系的经济与基础设施的轴线、走廊与网络。正是因为世界上城镇间的集聚和扩散活动总是通过其间的交通、通信、供水、供电等联系的基础设施网络进行，依据城市间的交通、通信、供水、供电等联系勾画出城市间的网络线，按其重要程度划分节点和连线，分析城市间通过网络的集聚与扩散作用的网络法是城市地理的经典研究方法之一。而上述城镇间的区域基础设施网络，本身要求在相关城镇的大区域范围统筹规划、合理布局。

**1.3.3 统筹规划、优化配置、联合建设、资源共享是小城镇基础设施规划建设的一条重要原则**

国家小城镇重点研究课题《小城镇规划标准研究》中提出，小城镇基础设施区域统筹规划及其优化配置与联建共享是小城镇规划建设重要原则。

大量调查研究和实践证明，这是克服目前小城镇基础设施滞后、不配套、规模小、运行成本高、效益低、资源浪费、重复建设等弊病，有利经营管理、资源共享、降低运行成本和生态环境保护的一条重要规划原则。

以小城镇给水、排水主要工程设施为例，浙江省湖州市 23 个建制镇原来有 20 多个镇级自来水厂、规模都较小，其中最小仅 0.2 万 $m^3/d$，运行成本高、效益低，而水源也难以保护。而在市域范围城镇体系基础设施区域统筹规划优化基础上，只需建 7 个区域水厂，其余水厂均改成配水厂；排水工程规划各小城镇单独考虑污水处理，需建污水处理厂

27个,且每个规模小,最小仅0.3万 $m^3/d$,而统筹规划的区域污水处理厂仅需7个。由于小城镇区域基础设施规划科学、布局合理;不但做到优化配置、资源共享、投资和经营效益高,而且便于采用先进技术、提高基础设施水平,有利经营管理及与城市基础设施并网、接轨,同时避免重复建设,减小资源、资金浪费,有利于生态环境保护和可持续发展。

以电源电厂规划建设为例,改革开放后20世纪80年代末、90年代初珠江三角洲城镇密集区经济发展很快,乡镇企业蓬勃发展,电力供应紧张,由于缺乏区域统筹规划,不但每个城市都规划建设大电厂,而且每个镇、很多乡镇企业也都自建、自备小型电厂,包括许多柴油发电机自备电源。结果不但资源浪费,成本高、效益、效率低,而且更严重的是带来整个地区大气污染,造成这一地区酸雨十分严重。20世纪90年代中期广东加强区域基础设施统筹规划和区域整治、协调,电源建设严格审批、优化布局、合理配置,集中建设、区域共享,开始步入有序规划建设轨道,城镇环境污染得到有效控制,不但经济效益、社会效益、环境效益明显提高,而且确保基础设施和城镇建设的可持续发展。

### 1.4 小城镇跨区基础设施统筹规划的相关区域范围

小城镇跨区基础设施统筹规划的区域规划范围与小城镇的空间分布、空间形态密切相关;也和为城市与小城镇,小城镇与小城镇,小城镇与集镇、村庄之间经济集聚、扩散、辐射服务的区域基础设施系统与网络密切相关;同时也与基础设施不同专项的特点和要求有关。

#### 1.4.1 "近郊紧临型"小城镇基础设施统筹规划的区域范围

紧临大中城市中心城,位于大中城市规划区范围内的城市近郊小城镇,其发展依托城市基础设施,依托的城市基础设施条件较好,且小城镇基础设施本身是城市基础设施的组成部分,并在城市总体规划中一并考虑。其统筹规划区域范围即城市规划区范围。但其以下规划区内的工程基础设施应依据相关区域规划和城市总体规划,在相关区域规划范围中协调和统筹规划。如:

(1) 涉及的城市对外交通,机场、铁路、高速公路与其他过境交通;
(2) 涉及的大区电力系统的大型电站、500kV变电站、220kV变电站;
(3) 涉及的城市间长途通信干线,包括光缆与微波通信干线;
(4) 涉及的流域水资源城市规划区外供水水源及输水干管;
(5) 涉及的西气东输等天燃气长输高压管道;
(6) 涉及的相关流域防洪设施。

#### 1.4.2 "远郊、密集分布型"小城镇基础设施统筹规划的区域范围

这类小城镇基础设施统筹规划的区域范围讨论,包括空间分布形态划分的"密集型"和"线轴线"两类小城镇。

这类小城镇多处在距中心城相对较近,沿主要交通干线等较集中分布的城镇密集群之中,区域基础设施现状与规划联建共享条件较好,并在区域城镇群经济社会发展中起着重要作用。因为是较大区域和地区的经济发达、较发达城镇密集区、核心区,其区域基础设施规模较大、技术较先进,发展要求较高,因此,城镇基础设施区域统筹规划更有必要。其统筹规划的区域范围应按以下原则考虑:

(1) 涉及以下较大规模共享基础设施统筹规划的区域范围为相关城镇群所属大中城市

的行政区市域范围,并在市域城镇体系基础设施规划中统筹规划。

1) 涉及市域城镇体系规划主要道路交通的小城镇对外交通,包括公路、铁路、水路、机场、港口;

2) 涉及市域城镇体系规划基础设施规划的220kV以上变电站、电源电站(水、火电厂等)、220kV以上高压电力线路走廊;

3) 涉及市域城镇体系规划基础设施规划的城镇间长途通信干线,包括光缆与微波通信干线。

4) 涉及市域城镇体系规划基础设施规划的水源保护地、较大规模自来水厂;

5) 涉及市域城镇体系基础设施规划较大规模污水处理厂、垃圾卫生填埋场或其他垃圾处理站;

6) 涉及西气东输等的区域天然气长输高压管道;

7) 涉及市域城镇体系规划的防洪设施。

上述基础设施当涉及跨行政区域的相关城镇群时,其统筹规划范围应为划定跨行政区域的相关城镇群规划区范围。

(2) 涉及以下较小规模共享基础设施统筹规划的区域范围为相关城镇群所在中小城市行政区域或划定其中的相关区域范围,并在上述的区域城镇体系规划或在区域规划中统筹规划。

1) 上一层次相关规划指导下的镇际道路交通;

2) 上一层次相关规划指导下的110kV变电站、35kV变电站、35～110kV高压电力线路;

3) 10万$m^3/d$供水规模以下的水厂及输水管道;

4) 10万$m^3/d$处理水量以下规模的污水处理厂;

5) 较小规模热电厂;

6) 相关城镇群防洪设施及其他防灾设施;

7) 较小规模垃圾卫生填埋场。

### 1.5 小城镇基础设施规划的适宜共享范围

小城镇基础设施统筹规划的适宜共享范围有与其统筹规划区域范围相同的范围,而就空间不同分布、形态小城镇基础设施共享而言,主要考虑基础设施的不同专项特点和要求。共享的具体范围,应按规划范围的专项需求,在专项统筹规划设施布局与服务范围优化的基础上,根据项目技术要求,经项目技术经济论证确定。此外,从基础设施的配备经济和经营运作合理的角度分析,小城镇基础设施配备与共享,对小城镇本身也有一个合适规模的要求。

下表为小城镇与涉及小城镇的基础设施统筹规划资源共享范围。

**小城镇与涉及小城镇的基础设施统筹规划资源共享范围**

| 基础设施 | | 统筹规划的可共享范围 | |
| --- | --- | --- | --- |
| 分类 | 专项 | 近郊紧临型小城镇 | 远郊、密集分布型(密集型、线轴型)小城镇 |

续表

| 基础设施 | | 统筹规划的可共享范围 | |
|---|---|---|---|
| 道路交通系统工程 | 区域交通干线、综合交通走廊 | 以中心城区为核心的城镇核心区域、密集区域 | 含小城镇的城镇密集区域、核心区域 |
| | 县城镇际交通 | | |
| 电力系统工程 | 区域电力系统、区域大型电厂、500kV变电站 | 以中心城区为核心的城镇核心区域、密集区域、大中城市市域 | 含小城镇的城镇密集区域、核心区域、大中城市市域 |
| | 25万kW以下中、小型电厂、220kV变电站 | 城市规划区 | 城镇群的相邻镇、较大负荷的县城镇、中心镇、大型一般镇 |
| | 35~110kV变电站、小型水电站 | | |
| 通信系统工程 | 城市间骨干传输网（含光缆、微波等骨干传输网） | 以中心城区为核心的城镇核心区域密集区域 | 含小城镇的城镇密集区域、核心区域、大中城市市域 |
| | 本地网 | 大中城市规划区及其行政区域 | 大、中城市行政区域 |
| 给水系统工程 | 大、中型水厂及其输水工程 | 城市规划区 | 城镇密集区域、核心区域中的水厂供水区范围 |
| | 10万 $m^3/d$ 供水规模以下的小型水厂 | | |
| 排水系统工程 | 大、中型污水处理厂及排水工程 | 城市规划区 | 城镇密集区域、核心区域中的污水处理厂集污水范围 |
| | 10万 $m^3/d$ 处理水量以下规模污水处理厂及排水工程 | | |
| 供热系统工程 | 大中型热电厂及供热管网 | 城市规划区 | 距热电厂10km以内城镇密集区域、核心区域 |
| | 小型热电厂及供热管网 | | |
| 燃气系统工程 | 西气东输等的天然气长输高压管道、门站、储气站等设施 | 城市规划区 | 城镇密集区域、核心区域 |
| 防灾工程 | 流域防洪设施、区域消防设施等 | 流域防洪等可共享设施相关的城市规划区 | 流域防洪等可共享设施相关城镇密集区域、核心区域 |
| | 防洪、消防等防灾指挥中心 | 城市规划区 | 大中城市同一行政区域的城镇密集区域 |
| 环境卫生工程 | 大中型垃圾卫生填埋场 | 城市规划区 | 工程项目相关城镇密集区域、核心区域 |

## 2 小城镇基础设施规划技术指标研究

小城镇基础设施规划的合理水平和定量化指标，直接关系到小城镇基础设施规划的科学及其建设的投资合理、作用的大小、效益的好坏，也直接关系到小城镇基础设施与小城镇建设的可持续发展。

小城镇基础设施规划的合理水平和定量化指标研究是小城镇基础设施规划标准研究的重点和难点，也是小城镇基础设施规划标准制订的主要技术支撑之一。

## 2.1 合理水平和定量化指标的相关因素

小城镇基础设施规划合理水平与定量化指标的相关因素有共同相关因素和非共同相关因素。

水、电、通信等设施，共同相关因素主要是小城镇性质、类型、地理区域位置、经济与社会发展、城镇建设水平、人口规模，还有小城镇居民的经济收入、生活水平。其中水、电设施的共同相关因素还有气候条件。

小城镇基础设施规划合理水平与定量化指标也与下述各项设施的非共同相关因素相关：

1）给水设施供水规模与水资源状况、居民生活习惯相关；

2）排水和污水处理系统的合理水平与环境保护要求、当地自然条件和水体条件、污水量和水质情况相关；

3）电力设施电力负荷水平与能源消费构成、节能措施等相关；

4）电信设施电话普及率与居民收入增长规律、第三产业和新部门增长发展规律相关；

5）防洪设施防洪标准除主要与洪灾类型、所处江河流域、邻近防护对象相关外，还与受灾后造成的影响、经济损失、抢险难易，以及投资的可能性相关；

6）环卫设施生活垃圾量与当地燃料结构、消费习惯、消费结构及其变化、季节和地域情况相关。

综上所述，研究小城镇基础设施规划合理水平和定量化指标，应根据不同设施的不同特点，分析共同和非共同相关因素。

## 2.2 合理化水平和定量化指标探讨的小城镇分级

我国地域辽阔，不同地区小城镇自然条件、历史基础、产业结构不同，经济发展很不平衡，小城镇人口规模、基础设施差别很大。

小城镇基础设施规划标准研究目的为制订我国小城镇基础设施标准提供作为技术支撑的科学、详实的背景材料和有重要参考价值的参考依据及基础性文件。从小城镇基础设施差别很大和上述课题研究宗旨考虑，同时也充分考虑便于小城镇基础设施规划能在一个较合适的幅度范围内结合实际条件分析对比选取定量化指标，小城镇基础设施的合理水平和定量化指标，宜分\*三种经济发展不同地区、三个规模等级层次、两个发展阶段（规划期限）探讨。

三种经济发展不同地区为：

1）经济发达地区；

---

\* 经济发达地区主要是东部沿海地区，京、津、唐地区，现状农民人均年纯收入一般大于3300元左右，第三产业占总产值比例大于30%。

经济欠发达地区主要是西部、边远地区，现状农民人均年纯收入一般在1800元以下，第三产业占总产值比例小于20%。

经济发展一般地区主要是经济发展介于经济发达地区、欠发达地区之间的中、西部地区，现状农民人均年纯收入一般在1800～3300元左右，第二产业占总产值比例约20%～30%。

2) 经济发展一般地区；
3) 经济欠发达地区。

三个规模等级层次为：

1) 一级镇：县驻地镇、经济发达地区 3 万人以上镇区人口的中心镇、经济发展一般地区 2.5 万以上镇区人口的中心镇；
2) 二级镇：经济发达地区一级镇外的中心镇和 2.5 万人以上镇区人口的一般镇、经济发展一般地区一级镇外的中心镇、2 万人以上镇区人口的一般镇、经济欠发达地区 1 万人以上镇区人口县城镇外的其他镇；
3) 三级镇：二级镇以外的一般镇和在规划期将发展为建制镇的乡镇。

两个规划发展阶段（规划期限）为：

1) 近期规划发展阶段（规划年限至 2005 年）；
2) 远期规划发展阶段（规划年限至 2020 年）。

我国小城镇规模普遍过小，镇区人口少数超过 1 万人，多数在 5000 人以下，以经济发达的浙江省为例，全省建制镇中城镇人口规模在 1 万人以下的占 80%，5000 人以下的占一半。小城镇规模过小，集聚能力和辐射功能不强，基础设施也难发挥效益，严重影响小城镇健康发展，小城镇分级宜按有利小城镇健康发展，适当迁并、调整和发展的规模考虑。

县驻地镇一般都有一定规模基础，又是县域经济、政治、文化中心，基础设施合理水平应以一级规模镇要求，经济发达地区和经济发展一般地区应重点抓好中心镇建设，通过调查研究和分析比较并考虑不同经济发展地区的差别，把经济发达地区镇区人口 3 万人以上的中心镇、经济发展一般地区镇区人口 2.5 万人以上的中心镇基础设施合理水平划为一级规模小城镇要求，有利于促进中心镇建设，有利于选择和扶持经济发达地区一些条件好的中心镇逐步向小城市过渡，同时也比较符合中心镇发展的实际情况；经济欠发达地区，小城镇建设基础薄弱的县抓中心镇建设实际上就是抓县城建设，因此这里一级镇不含县城镇外的中心镇。

一个县（市）一般仅宜设 1～2 个中心镇，二级规模镇除少数规模较小的中心镇外，主要是具备条文规模的发展基础较好的一般镇。

三级镇为二级镇外的一般镇和在规划期将成为建制镇的乡镇。后者基础设施合理水平划为三级镇要求，有利其从乡镇向建制镇过渡。

## 2.3 主要编制与研究

小城镇基础设施的合理水平和定量化指标，两者是密切相关的。定量化指标主要反映设施规模的合理水平，此外，基础设施合理水平主要反映与小城镇发展相适应的设施技术的先进程度。

小城镇基础设施的合理水平主要依据前述相关因素和小城镇分级外，尚应根据基础设施自身特点及其在小城镇经济社会发展中的作用，并考虑规划建设中的适当超前，同时，小城镇基础设施的合理水平还应考虑以下两种情况：

1) 大中城市规划区范围内的郊区建制镇的基础设施合理水平应与一并考虑的城市基础设施水平相适应；
2) 较集中分布或连绵分布，相互间可依托的小城镇基础设施合理水平，应符合城镇区域考虑的规划优化基础上联建共享的设施合理水平。

按照小城镇规划标准研究课题任务的要求,主要对给水、排水、供电、通信、防洪与环境卫生 6 项基础设施规划的合理水平和定量化指标编制进行探讨。

### 2.3.1 给水、排水工程设施

（1）小城镇人均综合生活用水量指标（见表 1）

小城镇人均综合生活用水量指标（L/人·d）　　　　　表 1

| 地区区划 | 小城镇规模分级 | | | | | |
|---|---|---|---|---|---|---|
| | 一 | | 二 | | 三 | |
| | 近期 | 远期 | 近期 | 远期 | 近期 | 远期 |
| 一区 | 190～370 | 220～450 | 180～340 | 200～400 | 150～300 | 170～350 |
| 二区 | 150～280 | 170～350 | 140～250 | 160～310 | 120～210 | 140～260 |
| 三区 | 130～240 | 150～300 | 120～210 | 140～260 | 100～160 | 120～200 |

注：1. 一区包括：贵州、四川、湖北、湖南、江西、浙江、福建、广东、广西、海南、上海、云南、江苏、安徽、重庆；

二区包括：黑龙江、吉林、辽宁、北京、天津、河北、山西、河南、山东、宁夏、陕西、内蒙古河套以东和甘肃黄河以东的地区；

三区包括：新疆、青海、西藏、内蒙古河套以西和甘肃黄河以西的地区（下同）。

2. 用水人口为小城镇总体规划确定的规划人口数（下同）。

3. 综合生活用水为小城镇居民日常生活用水和公共建筑用水之和，不包括浇洒道路、绿地、市政用水和管网漏失水量。

4. 指标为规划期最高日用水量指标（下同）。

5. 特殊情况的小城镇，应根据实际情况，用水量指标酌情增减（下同）。

人均综合生活用水量指标在目前各地建制镇、村镇给水工程规划中作为主要用水量预测指标普遍采用。但除县级市给水工程规划可采用国标《城市给水工程规划规范》的指标外，其余建制镇规划无适宜标准可依，均由各规划设计单位自定指标；同时也缺乏小城镇这一方面的相关研究成果。

表 1 小城镇人均综合生活用水量指标是在四川、重庆、湖北、福建、浙江、广东、山东、河南、天津 89 个小城镇（含调查镇外，补充收集规划资料的部分镇）的给水现状、用水标准、用水量变化、规划指标及相关因素的调查资料收集和相关变化规律的研究分析、推算，以及对照《城市给水工程规划规范》、《室外给水设计规范》成果延伸的基础上，按全国生活用水量定额的地区区划（下称地区区划）、小城镇规模分级和规划分期设定。

表中地区区划采用《室外给水设计规范》城市生活用水量定额的区域划分；人均综合生活用水量系指城市居民生活用水和公共设施用水两部分的总水量，不包括工业用水、消防用水、市政用水、浇洒道路和绿化用水、管网漏失等水量。上述与《城市给水工程规划规范》完全一致，以便小城镇给水工程规划标准制定和给水工程规划使用的衔接。表值相关分析研究主要是：

1）根据按不同地区区划、小城镇不同规模分级，分析整理的若干组有代表性的现状人均综合生活用水量和时间分段的综合生活用水量年均增长率、逐步推算出规划年份的人均综合生活用水量指标，并分析比较相同、相仿小城镇的相关规划指标、选定适宜值。

2) 近期年段综合生活用水量年均增长率由调查分析近年年均增长率确定；2005～2020年的后期年段年均增长率由研究分析经济发展等相关因素相当的有代表性的城镇生活用水量增长规律和类似相关比较分析、分段确定。

3) 根据同一区划、同一小城镇规模分级的不同地区生活用水量相关因素差别影响的横向、竖向分析和推算，确定适宜值的幅值范围。

4) 县驻地镇人均综合生活用水量指标的远期上限对照与《城市给水工程规划规范》相关县级市时间延伸指标的差距得出。

5) 近期指标年限推算到2005年，远期指标年限推算或延伸到2020年。

（2）小城镇单位居住用地用水量指标（见表2）

单位居住用地用水量指标 [万 $m^3$/($km^2 \cdot d$)]　　　　　表2

| 地区区划 | 小城镇规模分级 | | |
|---|---|---|---|
| | 一 | 二 | 三 |
| 一区 | 1.00～1.95 | 0.90～1.74 | 0.80～1.50 |
| 二区 | 0.85～1.55 | 0.80～1.38 | 0.70～1.15 |
| 三区 | 0.70～1.34 | 0.65～1.16 | 0.55～0.90 |

注：表中指标为规划期内最高日用水量指标，使用年限延伸至2020年，即远期规划指标，近期规划使用应酌情减少，指标已含管网漏失水量。

表2是结合小城镇规划标准研究专题之四提出的用地标准，按小城镇的规模分级，在《城市给水工程规划规范》、《室外给水设计规范》相关成果和小城镇居民用水量等资料的调查分析基础上推算得出。宜结合小城镇实际选用和必要适当调整。

居住用地用水量包括居民生活用水量及其公共设施，道路浇洒用水和绿化用水。

小城镇公共设施用地、工业用地及其他用地用水量与城市相应用地用水量共性较大，可结合小城镇实际情况的分析对比，选用《城市给水工程规划规范》的相应指标，并考虑必要的调整。

（3）小城镇排水体制、排水与污水处理规划合理水平（见表3）

小城镇排水和污水处理的合理水平与量化指标　　　　　表3

| 分级分项 | 小城镇规划 | 经济发达地区 | | | | | | 经济发展一般地区 | | | | | | 经济欠发达地区 | | | | | |
|---|---|---|---|---|---|---|---|---|---|---|---|---|---|---|---|---|---|---|---|
| | | 一 | | 二 | | 三 | | 一 | | 二 | | 三 | | 一 | | 二 | | 三 | |
| | | 近期 | 远期 | 近期 | 远期 | 近期 | 远期 | 近期 | 远期 | 近期 | 远期 | 近期 | 远期 | 近期 | 远期 | 近期 | 远期 | 近期 | 远期 |
| 排水体制一般原则 | 1. 分流制 或；2. 不完全分流制 | △1 | ●1 | △1 | ●1 | ○1 | ●1 | △2 | ●1 | △2 | ●1 | ○2 | ●1 | △2 | ●1 | | △2 | | △2 |
| | 合流制 | | | | | | | | | | | | | ○ | | ○部分 | | | |
| 排水管网面积普及率（%） | | 95 | 100 | 90 | 100 | 85 | 95～100 | 85 | 100 | 80 | 95～100 | 75 | 90～95 | 75 | 90～100 | 50～60 | 80～85 | 20～40 | 70～80 |

续表

| 小城镇规划分级期分项 | 经济发达地区 | | | | | | 经济发展一般地区 | | | | | | 经济欠发达地区 | | | | | |
|---|---|---|---|---|---|---|---|---|---|---|---|---|---|---|---|---|---|---|
| | 一 | | 二 | | 三 | | 一 | | 二 | | 三 | | 一 | | 二 | | 三 | |
| | 近期 | 远期 | 近期 | 远期 | 近期 | 远期 | 近期 | 远期 | 近期 | 远期 | 近期 | 远期 | 近期 | 远期 | 近期 | 远期 | 近期 | 远期 |
| 不同程度污水处理率（%） | 80 | 100 | 75 | 100 | 65 | 90~95 | 65 | 100 | 60 | 95~100 | 50 | 80~85 | 50 | 80~90 | 20 | 65~75 | 10 | 50~60 |
| 统建、联建、单建污水处理厂 | △ | ● | △ | ● | | ● | | ● | | ● | | ● | △ | △ | | | | |
| 简单污水处理 | | | | | ○ | | ○ | | ○ | | ○ | | ○ | | ○ | | ○低水平 | △较高水平 |

注：1. 表中○—可设；△—宜设；●—应设。
2. 不同程度污水处理率指采用不同程度污水处理方法达到的污水处理率。
3. 统建、联建、单建污水处理厂指郊区小城镇、小城镇群应优先考虑统建、联建污水处理厂。
4. 简单污水处理指经济欠发达、不具备建设较现代化污水处理厂条件的小城镇，选择采用简单、低耗、高效的多种污水处理方式，如氧化塘、多级自然处理系统、管道处理系统，以及环保部门推荐的几种实用污水处理技术。
5. 排水体制的具体选择按上表要求外，同时应根据总体规划和环境保护要求，综合考虑自然条件、水体条件、污水量、水质情况、原有排水设施情况，技术经济比较确定。

表3是在全国小城镇概况分析的同时，重点对四川、重庆、湖北的中心城市周边小城镇、三峡库区小城镇、丘陵地区和山区小城镇、浙江的工业主导型小城镇、商贸流通型小城镇、福建的生态旅游型小城镇、工贸型等小城镇的社会、经济发展状况、建设水平、排水、污水处理状况、生态状况及环境卫生状况的分类综合调查和相关规划分析研究及部分推算的基础上得出来的，因而具有一定的代表性。

对不同地区、不同规模级别的小城镇按不同规划期提出因地因时而宜的规划不同合理水平，增加可操作性，同时表中除应设要求外，还分宜设、可设要求，以增加操作的灵活性。

（4）给水、排水设施用地控制指标

给水、排水设施的水厂用地、泵站用地、污水处理厂用地、排水泵站用地控制指标，一般结合小城镇实际、引用相关标准规范的有关规定。

### 2.3.2 供电、通信工程设施

（1）小城镇规划用电负荷指标

表4为小城镇规划人均市政、生活用电指标。

小城镇规划人均市政、生活用电指标［kWh/（人·a）］  表4

| | 经济发达地区 | | | 经济发展一般地区 | | | 经济欠发达地区 | | |
|---|---|---|---|---|---|---|---|---|---|
| | 小城镇规模分级 | | | | | | | | |
| | 一 | 二 | 三 | 一 | 二 | 三 | 一 | 二 | 三 |
| 近期 | 560~630 | 510~580 | 430~510 | 440~520 | 420~480 | 340~420 | 360~440 | 310~360 | 230~310 |
| 远期 | 1960~2200 | 1790~2060 | 1510~1790 | 1650~1880 | 1530~1740 | 1250~1530 | 1400~1720 | 1230~1400 | 910~1230 |

表4主要依据及分析研究：

1）四川、重庆、湖北、福建、浙江、广东、山东、河南、天津等省、市不同小城镇的经济社会发展与市政建设水平、居民经济收入、生活水平、家庭拥有主要家用电器状况、能源消费构成、节能措施、用电水平及其变化趋势的调查资料及市政、生活用电变化规律的研究分析。

2）中国城市规划设计研究院城市二次能源用电水平预测课题调查及其第一、第二次研究的成果。

3）《城市电力规划规范》中的相关调查分析。

4）根据调查和上述有关的综合研究分析，得出2000年不同地区、不同规模等级的小城镇人均市政、生活用电负荷基值及其2000～2020年分段预测的年均增长速度如表5所示。

**小城镇人均市政、生活用电负荷基值及其**
**2000～2020年各分段年均增长速度预测表**　　　　表5

| 人均市政生活用电负荷 | 经济发达地区 | | | 经济发展一般地区 | | | 经济欠发达地区 | | |
|---|---|---|---|---|---|---|---|---|---|
| | 小城镇规模分级 | | | | | | | | |
| | 一 | 二 | 三 | 一 | 二 | 三 | 一 | 二 | 三 |
| 2000年基值 [kWh/(人·a)] | 350～400 | 320～370 | 270～370 | 290～340 | 270～310 | 220～270 | 230～280 | 200～240 | 150～190 |
| 平均年均增长率（%） | | | | | | | | | |
| 2000～2005年 | 9.5～10.5 | | | 8.5～9.5 | | | 9.0～10.0 | | |
| 2005～2010年 | 8.8～9.4 | | | 9.2～9.8 | | | 9.5～10.5 | | |
| 2010～2020年 | 8.2～8.8 | | | 8.8～9.2 | | | 8.9～10.2 | | |
| 备注 | 人均市政生活用电负荷基值为有代表性的调查值或相关调查值的分析比较确定值 | | | | | | | | |

表6、表7为综合分析研究小城镇各类用地情况得出的小城镇规划单位建设用地负荷指标和单位建筑面积用电负荷指标。

**小城镇规划单位建设用地负荷指标**　　　　表6

| 建设用地分类 | 居住用地 | 公共设施用地 | 工业用地 |
|---|---|---|---|
| 单位建设用地负荷指标（kW/ha） | 80～280 | 300～550 | 200～500 |

注：表外其他类建设用地的规划单位建设用地负荷指标的选取，可根据当地小城镇实际情况，调查分析确定。

**小城镇规划单位建筑面积用电负荷指标**　　　　表7

| 建设用地分类 | 居住建筑 | 公共建筑 | 工业建筑 |
|---|---|---|---|
| 单位建筑面积负荷指标（W/m²） | 15～40W/m²（1～4kW/户） | 30～80 | 20～80 |

注：表外其他类建筑的规划单位建筑面积用电负荷指标的选取，可根据当地小城镇实际情况，调查分析确定。

（2）供电设施用地控制指标

供电设施的35～110kV变电所用地等控制指标，一般结合小城镇实际、引用相关标准规范的有关规定。

（3）小城镇电话普及率预测水平（表8）

**小城镇电话普及率预测水平**（部/100 人）　　　　　　　　表 8

| | 经济发达地区 | | | 经济发展一般地区 | | | 经济欠发达地区 | | |
|---|---|---|---|---|---|---|---|---|---|
| | 小城镇规模分级 | | | | | | | | |
| | 一 | 二 | 三 | 一 | 二 | 三 | 一 | 二 | 三 |
| 近期 | 38～43 | 32～38 | 27～34 | 30～36 | 27～32 | 20～28 | 23～28 | 20～25 | 15～20 |
| 远期 | 70～78 | 64～75 | 50～68 | 60～70 | 54～64 | 44～56 | 50～56 | 45～55 | 35～45 |

表 8 的主要依据和相关分析研究：

1）四川、重庆、湖北、福建、浙江、广东、山东、河南、天津等省、市不同经济发展地区，不同规模等级小城镇的现状电话普及率和有代表性的历年统计数据，以及相关因素。

2）结合上述调查和笔者《城市通信动态定量预测与主要设施用地研究》课题的相关电话普及率增长预测的成果，研究分析有代表性小城镇的电话普及率增长规律，据此比较分析得出不同小城镇各规划期的普及率年均增长速度和增长规律。

3）按不同经济发展地区、不同规模等级，根据上述 1、2 推算有代表性的不同规划期小城镇电话普及率预测指标，并对比分析确定其幅值范围。

4）上述指标与小城镇所在省、市电信部门电信规划相关普及率宏观预测指标分析比较，提出修正值作为标准推荐值。

（4）按单位建筑面积测算小城镇电话需求分类用户指标（表 9）

**按单位建筑面积测算小城镇电话需求分类用户指标**（线/m²）　　　表 9

| | 写字楼办公楼 | 商店 | 商场 | 旅馆 | 宾馆 | 医院 | 工业厂房 | 住宅楼房 | 别墅高级住宅 | 中学 | 小学 |
|---|---|---|---|---|---|---|---|---|---|---|---|
| 经济发达地区 | 1/25～35 | 1/25～50 | 1/70～120 | 1/30～35 | 1/20～25 | 1/100～140 | 1/100～280 | 1 线/户面积 | 1.2～2/200～300 | 4～8 线/校 | 3～4 线/校 |
| 经济一般地区 | 1/30～40 | 0.7～0.9/25～50 | 0.8～0.9/70～120 | 0.7～0.9/30～35 | 1/25～35 | 0.8～0.9/100～140 | 1/120～200 | 0.8～0.9 线/户面积 | | 3～5 线/校 | 2～3 线/校 |
| 经济欠发达地区 | 1/35～45 | 0.5～0.7/25～50 | 0.5～0.7/70～120 | 0.5～0.7/30～35 | 1/30～40 | 0.7～0.8/100～140 | 1/150～250 | 0.5～0.7 线/户面积 | | 2～3 线/校 | 1～2 线/校 |

表 9 主要依据《城市通信动态定量预测及主要设施用地的研究》课题的研究成果，结合表 8 说明中的一些省、市不同小城镇的相关调研究，比较分析推算得出。

（5）小城镇电信局所、邮电支局预留用地（表 10）

**小城镇电信局所预留用地面积**　　　　　　　　表 10

| 局所规模（门） | ≤2000 | 3000～5000 | 5000～10000 | 30000 | 60000 | 100000 |
|---|---|---|---|---|---|---|
| 预留用地面积（m²） | 1000～2000 | | 2000～3000 | 4500～5000 | 6000～6500 | 8000～9000 |

注：1. 用地面积同时考虑兼营业点用地。

2. 当局所为电信枢纽局（长途交换局、市话汇接局）时，20000～30000 路端用地为 15000～17000m²。

3. 表中所列规模之间大小的局所预留用地，可比较、酌情预留。

表10、表11主要依据小城镇电信局所的相关调查《城市通信动态定量预测和主要设施用地研究》课题研究成果及原邮电部的相关规范的有关建筑面积规定。

邮电支局预留用地面积（m²）　　　　　　　　　　　　　　　　表11

| 用地面积 / 级别 / 支局名称 | 一等局业务收入<br>1000万元以上 | 二等局业务收入<br>500万~1000万元 | 三等局业务收入<br>100万~500万元 |
|---|---|---|---|
| 邮电支局 | 3700~4500 | 2800~3300 | 2170~2500 |
| 邮电营业支局 | 2800~3300 | 2170~2500 | 1700~2000 |

（6）小城镇通信线路敷设方式规划合理水平（见表12）

小城镇通信线路敷设方式　　　　　　　　　　　　　　　　　　表12

| 敷设方式 | 经济发达地区 | | | | | | 经济发展一般地区 | | | | | | 经济欠发达地区 | | | | | |
|---|---|---|---|---|---|---|---|---|---|---|---|---|---|---|---|---|---|---|
| | 一 | | 二 | | 三 | | 一 | | 二 | | 三 | | 一 | | 二 | | 三 | |
| | 近期 | 远期 | 近期 | 远期 | 近期 | 远期 | 近期 | 远期 | 近期 | 远期 | 近期 | 远期 | 近期 | 远期 | 近期 | 远期 | 近期 | 远期 |
| 架空电缆 | | | | | ○ | | | | ○ | | ○ | | ○ | | | | | |
| 埋地管道电缆 | △ | ● | △ | ● | 部分△ | ● | 部分△ | ● | 部分△ | ● | △ | ● | △ | ● | | | 部分△ | |

注：表中○—可设；△—宜设；●—应设。

随着小城镇经济发展，通信用户的不断增加，考虑小城镇镇区景观和通信安全的要求，中远期小城镇镇区通信线路原则上都应考虑埋地管道敷设，考虑小城镇经济和通信发展相差较大，对经济发展一般地区三级镇和经济欠发达地区的二级、三级镇因地制宜选择适宜敷设方式，增加规划的可操作性和灵活性。

表12宜同时考虑小城镇不同类别的要求，如生态旅游主导型小城镇对小城镇景观要求高，通信线路规划宜及早考虑埋地敷设。

### 2.3.3 防洪和环境卫生工程设施

1) 小城镇防洪标准（见表13）

小城镇防洪标准　　　　　　　　　　　　　　　　　　　　　　表13

| | 河（江）洪、海潮 | 山洪 |
|---|---|---|
| 防洪标准<br>（重现期——年） | 50~20 | 10~5 |

小城镇防洪标准同时对沿江河湖泊和邻近大型工矿企业、交通运输设施、文物古迹和风景区等防护对象情况防洪标准作出规定。

小城镇防洪标准按洪灾类型区分，并依据现行行标《城市防洪工程设计规范》和国标《防洪标准》的相关规定。

从小城镇所处河道水系的流域防洪规划和统筹兼顾流域城镇的防洪要求考虑，小城镇防洪标准应不低于其所处江河流域的防洪标准。

大型工矿企业、交通运输设施、文物古迹和风景区受洪水淹没、损失大、影响严重、防洪标准相对较高。本条款从统筹兼顾上述防洪要求，减少洪水灾害损失考虑，对邻近大型工矿企业、交通运输设施、文物古迹和风景区等防护对象的小城镇防洪规划，当不能分别进行防护时，应按就高不就低的原则，按其中较高的防洪标准执行。

2）小城镇生活垃圾预测指标

当采用小城镇生活垃圾人均预测指标预测，人均预测指标可按 0.9～11.4kg/（人·d），结合相关因素分析比较选定；当采用增长率法预测，应根据垃圾量增长的规律和相关调查和分析比较，按不同时间段确定不同的增长率预测。

据有关统计，我国城市目前人均日生活垃圾产量为 0.6～1.2kg/（人·d），由于小城镇的燃料结构，居民生活水平，消费习惯和消费结构，经济发展水平与城市差异较大，小城镇的人均生活垃圾量比城市要高；同时综合分析四川、重庆、云南、福建、浙江、广东等省、市的小城镇实际和规划人均生活垃圾量及其增长的调查结果，分析比较发达国家生活垃圾的产生量情况和增长规律，提出小城镇生活垃圾量的规划预测人均指标为 0.9～1.4kg/（人·d）。

年均增长率随小城镇人口增长、规模扩大、经济、社会发展、生活水平提高、燃料结构、消费水平与消费结构的变化而变化。分析国外发达国家城镇生活垃圾变化规律，其增长规律类似一般消费品近似S曲线增长规律，增长到一定阶段增长减慢直至饱和，1980～1990 年欧美国家城市生活垃圾产量增长率已基本在 3% 以下。我国城市垃圾还处在直线增长阶段，自 1979 年以来平均为 9%。

根据小城镇的相关调查分析和推算，小城镇近期生活垃圾产量的年均增长一般可按 8%～10.5%，结合小城镇实际情况分析比较选取或适当调整。

3）小城镇垃圾污染控制和环境卫生评估指标（见表14）

**小城镇垃圾污染控制和环境卫生评估指标** 表 14

| 敷设方式 | 经济发达地区 | | | | | | 经济发展一般地区 | | | | | | 经济欠发达地区 | | | | | |
|---|---|---|---|---|---|---|---|---|---|---|---|---|---|---|---|---|---|---|
| | 小城镇规模分级 | | | | | | | | | | | | | | | | | |
| | 一 | | 二 | | 三 | | 一 | | 二 | | 三 | | 一 | | 二 | | 三 | |
| | 近期 | 远期 | 近期 | 远期 | 近期 | 远期 | 近期 | 远期 | 近期 | 远期 | 近期 | 远期 | 近期 | 远期 | 近期 | 远期 | 近期 | 远期 |
| 固体垃圾有效收集率（%） | 65~70 | ≥98 | 60~65 | ≥95 | 55~60 | 95 | 60 | 95 | 55~60 | 90 | 45~55 | 85 | 45~50 | 90 | 40~45 | 85 | 30~40 | 80 |
| 垃圾无害化处理率（%） | ≥40 | ≥90 | 35~40 | 85~90 | 25~35 | 75~85 | ≥35 | ≥85 | 30~35 | 80~85 | 20~30 | 70~80 | 30 | ≥75 | 25~30 | 70~75 | 15~25 | 60~70 |
| 资源回收利用率（%） | 30 | 50 | 25~30 | 45~50 | 20~25 | 35~45 | 25 | 45~50 | 20~25 | 40~50 | 15~20 | 30~40 | 20 | 40~45 | 15~20 | 35~40 | 10~15 | 25~35 |

注：资源回收利用包括工矿业固体废物的回收利用，结合污水处理和改善能源结构，粪便、垃圾生产沼气回收其中的有用物质等。

提出小城镇环境卫生污染控制目标宜主要通过小城镇环境卫生污染源头固体垃圾的有

效收集和无害化处理来实现,并可采用其有效收集率和无害化处理率作为评估指标。表 14 根据上述省市不同小城镇的大量相关调研与规划目标综合分析研究所得出。

4) 小城镇公共厕所、小型垃圾转运站设置合理水平

小城镇公共厕所、小型垃圾转运站设置合理水平的一般要求,在小城镇现状调查基础上,充分考虑小城镇发展,人口密度增加,居民生活水平提高,对改善环境卫生条件的要求,并考虑小城镇与城市差别,在城市有关标准基础上适当修改提出。

# 专题五 小城镇公共设施规划建设标准研究

# 小城镇公共设施规划建设标准研究

**专题负责人：王士兰　教授、院长**

一、小城镇公共设施规划建设标准（建议稿）
　　主要起草人：汤铭潭、王士兰、杜白操、游宏滔
二、研究报告
　　1. 小城镇公共设施配置与布局研究
　　　　执笔：游宏滔、孔德智、王士兰
　　2. 小城镇中心区公共建筑、空间形态与城市设计研究
　　　　执笔：游宏滔、钟惠华、王士兰
　　3. 小城镇公共设施用地控制及其指标研究
　　　　执笔：汤铭潭、郁枫、黄高辉、龚斌
**承担单位：浙江大学**
　　　　　　中国城市规划设计研究院

# 小城镇公共设施规划建设标准
（建议稿）

## 1 总则

1.0.1 为规范小城镇公共设施规划编制，提高规划编制质量及相关建设技术水平，优化小城镇公共设施服务功能及公共设施建筑整体布局，节约用地，促进小城镇可持续发展，制定本标准。

1.0.2 本标准适用于县城镇、中心镇、一般镇的小城镇规划中的公共设施、公共服务设施规划与相关建设。

1.0.3 规划期内有条件成为中小城市的县城镇和中心镇的公共设施规划应比照城市相关规划的要求执行。

1.0.4 城市规划区内的小城镇公共设施规划应按所在地城市规划统筹安排。

1.0.5 位于城镇密集区的小城镇公共设施规划应按其所在区域的统筹规划、共建共享。

1.0.6 规划期内有条件成为建制镇的乡（集）镇公共设施规划编制可比照本标准执行。

1.0.7 小城镇公共设施应包括小城镇行政管理、教育科技、文化体育、医疗卫生、商业金融、集贸市场和其他7类设施。

1.0.8 小城镇公共设施规划应遵循统一规划、合理布局、因地制宜、节约用地、经济适用、分级配置、分期实施、适当超前的原则。

1.0.9 小城镇公共设施规划应考虑城乡统筹，以人为本，为创造良好人居环境和构建和谐社会创造条件。

1.0.10 小城镇公共设施规划应考虑公共建筑的传统风貌和地方特色，与小城镇景观风貌规划及中心区城市设计相结合。

1.0.11 小城镇公共设施应按不同的小城镇类别分级配置，并应符合以下要求：

1.0.11.1 县城镇公共设施分县级公共设施和镇级公共设施，居住小区以下主要配置公共服务设施。

1.0.11.2 中心镇和一般镇公共设施主要为镇级公共设施，居住小区以下主要配置公共服务设施。

1.0.12 小城镇公共设施在统一规划，合理布局前提下，建设投资和经营方式可采取多种方式。

1.0.13 编制小城镇公共设施规划除执行本标准外，尚应符合国家现行的有关标准与规范要求。

## 2 名词术语

2.0.1 小城镇公共建筑

小城镇公共建筑也称公建，系指服务于小城镇镇区及其辐射区居民的物质生活和精神生活公用性建筑和行政与其他管理等公用性镇级建筑。小城镇公共建筑包括公共设施建筑和单独配置的公共服务设施建筑。

**2.0.2 小城镇公共设施**

小城镇公共设施是小城镇生存和发展必须具备的县级、镇级社会基础设施和社会服务设施。

**2.0.3 小城镇公共服务设施**

小城镇公共服务设施是为小城镇居住小区和住宅组群居民服务，独建或合建配置的配套公共建筑和设施。

**2.0.4 小城镇公共设施用地**

小城镇公共设施用地是小城镇公共设施建筑用地与其室外配套设施及绿化用地的总称。

**2.0.5 县城镇**

系指县政府驻地的建制镇。

**2.0.6 中心镇**

系指县（市）域内在其主要辐射区中位置相对居中，与周边村镇有密切联系并对其有较大经济辐射带动作用的建制镇。中心镇是起较大经济辐射带动作用和文化影响作用的农村经济、文化中心。

**2.0.7 一般镇**

系指县城镇、中心镇外的一般建制镇。

## 3 小城镇公共设施规划布局及优化

**3.0.1** 小城镇公共设施规划应为小城镇总体规划和小城镇中心区规划的重要组成部分，公共设施建筑布局、类型既应满足服务功能，又应成为体现小城镇风貌特色的靓点。

**3.0.2** 小城镇公共设施应根据小城镇总体规划的空间布局结构和公共设施不同项目的使用性质，采取相对集中与适当分散相结合的方式合理布局与安排。

**3.0.3** 较大规模县城镇、中心镇的行政管理、商业金融、教育科技、文化体育类公共设施，应结合新区规划和旧镇改造，按其功能划分，采取同类集中或相关的多类集中布置，形成不同特色的行政中心、商业中心、科教文体中心。

**3.0.4** 小城镇公共设施建设项目优化配置，应同时遵循以下原则和考虑以下因素：

**3.0.4.1** 依据远期总体规划统筹安排、合理布局、预留用地的原则；

**3.0.4.2** 依据实际需求配置，并与规划期经济社会发展水平相适应的原则；

**3.0.4.3** 按其服务人口配置的原则，县、镇级公共设施配置除依据县城区、镇区服务人口外，尚应根据不同公共设施的特点，考虑县、镇域及其邻区相关辐射范围的服务人口因素；

**3.0.4.4** 通勤人口和流动人口的公共设施需求量；

**3.0.4.5** 可共享或可部分共享的相邻城镇公共设施的类型、项目和规模。

**3.0.5** 小城镇公共设施建筑空间布局形态应突出时代性、特色性、显现性，并符合以下原则要求：

**3.0.5.1** 保护自然之美；

**3.0.5.2** 注重乡土特色；

**3.0.5.3** 强调以人为本；

**3.0.5.4** 坚持形成特色。

**3.0.6** 小城镇公共设施建筑规划建设应结合城市设计与景观风貌规划，突出地标、节点、路径、区域、边界。

**3.0.7** 小城镇集贸市场设施应根据小城镇产业和交易产品的不同特点，综合考虑交通、环境、景观与用地等因素合理布置，并应符合下列规定：

**3.0.7.1** 小城镇集贸市场的布局与选址应有利于人流和商品的集散，并应符合卫生、安全防护的要求；

**3.0.7.2** 集贸市场不应以路为市，以街为市，应在建筑内布置；

**3.0.7.3** 服务于辐射范围较大的定集的集贸市场应考虑大集时备用临时场地、非集时场地和设施的综合利用。

**3.0.8** 小城镇公共设施建筑群体布局，单体选址和规划建设应满足防灾、救灾的要求，有利人员疏散。

**3.0.9** 小城镇居住小区和住宅组群配建的公共服务设施应综合考虑相关小城镇住区布局结构及其人口分布、人口密度，并应满足不同设施服务半径的要求。

**3.0.10** 人流较多的小城镇公共设施建筑和集贸市场应配建相应公共停车场（库），并应符合下列规定：

**3.0.10.1** 公共停车场（库）的停车位控制指标应符合表3.0.10-1、表3.0.10-2规定；

公共停车场（库）停车位控制指标　　　　表3.0.10-1

| 公共设施或公共服务设施 | 公共停车场（库）停车位控制指标（停车位/100m²建筑面积） | | 公共设施或公共服务设施 | 公共停车场（库）停车位控制指标（停车位/100m²建筑面积） | |
|---|---|---|---|---|---|
| | 自行车 | 机动车 | | 自行车 | 机动车 |
| 公共活动中心建筑 | ≥7.5 | ≥0.45 | 医院、卫生院 | ≥1.5 | ≥0.30 |
| 商业中心建筑 | ≥7.5 | ≥0.45 | 饭店、餐馆 | ≥3.6 | ≥0.30 |
| 集贸市场 | ≥7.5 | ≥0.30 | | | |

注：1. 表中机动车停车位以小型汽车为标准当量表示；
　　2. 其他各型车辆停车位的标准应按表3.0.10-2相应的换算系数折算。

各型车辆停车位换算系数　　　　表3.0.10-2

| 车　型 | 换算系数 | 车　型 | 换算系数 |
|---|---|---|---|
| 微型客、货汽车、机动三轮车 | 0.7 | 中型客车、面包车、2～4t货运汽车 | 2.0 |
| 卧车、2t以下货运汽车 | 1.0 | 铰接车 | 3.5 |

**3.0.10.2** 公共停车场（库）应就近设置，大型公共设施建筑宜采用地下或多层车库。

# 4 小城镇公共设施公共服务设施的分级配置

**4.0.1** 小城镇公共设施、公共服务设施建筑配置，应以县级、镇级公共设施建筑为主，居住小区以下公共服务设施建筑为辅。

**4.0.2** 小城镇公共设施、公共服务设施项目应按行政管理、教育科技、文化体育、医疗卫生、商业金融、集贸市场、其他7类和县镇级、居住小区级、住宅组群级3级配置。

**4.0.3** 小城镇公共设施、公共服务设施项目配置应结合小城镇性质、类型、规模，经济社会发展水平、居民经济收入和生活状况，风俗民情及周边条件等实际情况，按照表 4.0.3-1 规定，分析比较选定。

小城镇公共设施、公共服务设施项目配置表　　　　表 4.0.3-1

| 设施类别 | 项目名称 | 项目配置 | | | | | | 配置方式与主要配置项的数量 |
|---|---|---|---|---|---|---|---|---|
| | | 一级配置 | | | 二级配置 | | 三级配置 | |
| | | 县城镇 | 中心镇 | 一般镇 | 居住小区（Ⅰ） | 居住小区（Ⅱ） | 住宅组群 | |
| 1. 行政管理 | 县委、人大、政府、政协机关及其职能办事机构 | ● | ● | ● | — | — | — | 除居委会、派出所在居住小区布置外，其余项目宜集中在行政中心布置 |
| | 县人武部、公、检、法及其派出机构 | ● | ● | ● | — | — | — | |
| | 镇政府及其职能办事机构 | ● | ● | ● | — | — | — | |
| | 城乡规划建设、土地行政主管部门及其派出机构 | ● | ● | ● | — | — | — | |
| | 工商、税务管理机构 | ● | ● | ● | — | — | — | |
| | 交通监理机构 | ● | ○ | ○ | — | — | — | |
| | *居委会 | ● | ● | ● | ● | ● | ○ | |
| 2. 教育科技 | 专科学校 | ● | ○ | — | — | — | — | 集中与分散相结合布置<br>县城镇、中心镇：专科学校 1~2 个，高中 1~3 个，初中 2~4 个，职业中学 1~2 个，科技站 1~2 处；一般镇：高中 0~1 个，初中 1~2 个，科技站 1 处 |
| | 高级中学 | ● | ● | ○ | — | — | — | |
| | 初级中学 | ● | ● | ● | ○ | — | — | |
| | 职业中学 | ● | ● | ○ | — | — | — | |
| | *完全小学 | ● | ● | ● | ● | ○ | — | |
| | *托儿所、幼儿园 | ● | ● | ● | ● | ● | — | |
| | 科技站、信息馆（站）培训中心、成人教育 | ● | ○ | ○ | ○ | — | — | |
| 3. 文化娱体 | 电视台、转播台、差转台 | ● | ○ | — | — | — | — | 集中与分散相结合布置<br>县城镇、中心镇：文化活动中心 1 处，影剧院 1~2 处，体育中心 1 个，展览馆、博物馆、广播站各 1 个，福利院 1 个，图书馆藏书 15 万~20 万册；一般镇：文化活动中心 1 处，影剧院 1 处，福利院 1 处，广播站 1 个 |
| | 广播站 | ● | ● | ● | — | — | — | |
| | 展览馆、博物馆 | ● | ● | ○ | — | — | — | |
| | 影剧院 | ● | ● | ● | — | — | — | |
| | *文化活动中心 | ● | ● | ● | ○ | — | — | |
| | 青少年宫 | ● | ● | ● | ○ | — | — | |
| | 福利院 | ● | ○ | ○ | — | — | — | |
| | *老年活动站 | ● | ● | ● | ● | ● | ○ | |
| | 体育场馆、体育中心 | ● | ● | ● | — | — | — | |
| | *儿童乐园 | ● | ● | ● | ● | ● | ○ | |

续表

| 设施类别 | 项目名称 | 项目配置 | | | | | | 配置方式与主要配置项的数量 |
|---|---|---|---|---|---|---|---|---|
| | | 一级配置 | | | 二级配置 | | 三级配置 | |
| | | 县城镇 | 中心镇 | 一般镇 | 居住小区（Ⅰ） | 居住小区（Ⅱ） | 住宅组群 | |
| 4. 医疗卫生 | 综合医院 | ● | ● | ● | — | — | — | 分散布置。县城镇、中心镇：综合医院1～2处，专科医院（诊所）1个，防疫站1个；一般镇：综合医院1个 |
| | 防疫站 | ● | ○ | ○ | — | — | — | |
| | 专科医院（诊所） | ● | ● | ● | — | — | — | |
| | 卫生所 | ● | ● | ● | — | — | — | |
| | *保健站 | ● | ● | ● | ○ | ○ | — | |
| 5. 商业金融 | 百货商场 | ● | ● | ● | — | — | — | 除小区与住宅组群布置公共服务设施外，其他宜集中布置于中心区商业中心。县城镇、中心镇：百货商场1处，购物中心1处，供销总社1处（县城镇），银行、信用社3～4处；一般镇：百货商场1处、供销社1处、银行、信用社1～2处 |
| | 购物中心 | ● | ● | ● | — | — | — | |
| | 商城、商业街 | ● | ● | ● | — | — | — | |
| | 银行、信用社 | ● | ● | ● | — | — | — | |
| | 保险公司 | ● | ● | ○ | — | — | — | |
| | 证券公司 | ● | ○ | — | — | — | — | |
| | 供销社 | ● | ● | ● | — | — | — | |
| | 宾馆 | ● | ● | ○ | — | — | — | |
| | 招待所 | ● | ● | ● | — | — | — | |
| | *超市 | ● | ● | ○ | ○ | ○ | — | |
| | *粮油副食店 | ● | ● | ● | ● | ● | ○ | |
| | *日杂用品店 | ● | ● | ● | ○ | ○ | — | |
| | *餐馆/茶馆 | ● | ● | ● | ○ | ○ | — | |
| | 酒吧/咖啡座 | ● | ○ | — | — | — | — | |
| | *照相馆 | ● | ● | ● | — | — | — | |
| | *美发美容店 | ● | ● | ● | ○ | ○ | — | |
| | *浴室 | ● | ● | ● | ○ | ○ | — | |
| | *洗染店 | ○ | ○ | ○ | — | — | — | |
| | *液化石油气站、煤场 | ● | ● | ● | — | — | — | |
| | *综合修理服务 | ● | ● | ● | — | — | — | |
| | *旧、废品收购站 | ● | ● | ● | ○ | — | — | |
| 6. 集市贸易 | 小商品批发市场 | ● | ● | ● | — | — | — | 集中与分散相结合布置 |
| | 产业批发市场 | ● | ● | ● | — | — | — | |
| | *禽、畜、水产市场 | ● | ● | ● | ○ | ○ | — | |
| | *蔬菜、副食市场 | ● | ● | ● | ○ | ○ | — | |
| | 各种土特产市场 | ● | ● | ○ | — | — | — | |

续表

| 设施类别 | 项目名称 | 项目配置 ||||| 配置方式与主要配置项的数量 |
| --- | --- | --- | --- | --- | --- | --- | --- |
| | | 一级配置 ||| 二级配置 || 三级配置 | |
| | | 县城镇 | 中心镇 | 一般镇 | 居住小区（Ⅰ） | 居住小区（Ⅱ） | 住宅组群 | |
| 7. 其他 | 汽车站、汽车保养 | ● | ● | ○ | — | — | — | 集中与分散相结合布置 |
| | 公交始末站 | ● | ● | ● | — | — | — | |
| | 出租汽车站 | ● | ● | ○ | — | — | — | |
| | 公共行车场库 | ● | ● | ○ | ○ | — | — | |
| | 消防站 | ● | ● | ○ | — | — | — | |
| | *市政公用设施 | ● | ● | ● | ● | ○ | ○ | |
| | *公共厕所 | ● | ● | ● | ● | ● | ● | |
| | 殡仪馆/火葬场 | ● | ○ | — | — | — | — | |

注：1. 表中"●"表示必需设置；"○"表示可能设置；"—"表示不设置；"*"表示该项可为小区和住宅组群的公共服务设施。
2. 表中镇小区Ⅰ级及Ⅱ级的划分按表4.0.3-2规定。

小城镇居住小区和住宅组群分级及规模　　　　表 4.0.3-2

| 分级单位 | 居住规模 || 分级单位 | 居住规模 ||
| --- | --- | --- | --- | --- | --- |
| | 人口数（人） | 住户数（户） | | 人口数（人） | 住户数（户） |
| 居住小区Ⅰ级 | 8000~12000 | 2000~3000 | 住宅组群Ⅰ级 | 1500~2000 | 375~500 |
| 居住小区Ⅱ级 | 5000~7000 | 1250~1750 | 住宅组群Ⅱ级 | 1000~1400 | 250~350 |

3. 表列7类公设项目视不同小城镇具体情况可以适当增减或变更。
4. 表中未列作为公共服务设施服务于住宅区并在其中配置的市政公用设施，包括10kV变电站、集中供热锅炉房、燃气调压站、垃圾转运站等。其中集中供热锅炉房和燃气调压站指有供热、供气的小城镇而言；镇级市政公用设施一般为市政基础设施。
5. 表4.0.3-1中可能设置项目可结合小城镇实际适当调整。

# 5　小城镇公共设施用地面积

**5.0.1**　小城镇公共设施规划应采用小城镇公共设施用地占建设用地比例和公共设施分类用地面积指标控制公共设施用地。

**5.0.2**　小城镇公共设施用地占建设用地比例应符合表5.0.2的规定。

公共设施用地占建设用地比例　　　　表 5.0.2

| 小城镇分类 | 县城镇 | 中心镇 | 一般镇 |
| --- | --- | --- | --- |
| 公共设施用地占建设用地比例（%） | 15~22 | 12~20 | 10~18 |

**5.0.3**　小城镇分类公共设施用地面积控制指标可采用镇区每千人平方米数表示；并应以省、直辖市、自治区地方标准或相关规定为主；在缺乏地方标准或相关规定时，应结合当地小城镇性质、类型、通勤人口和流动人口规模、经济社会发展水平、潜在需求、周边条件、服务范围及其他相关因素分析比较，选用表5.0.3中适宜的控制指标。

**分类公共设施用地面积参照控制指标** 表5.0.3

| 公共设施用地类别 | 用地面积指标（m²/1000人） | | |
|---|---|---|---|
| | 县城镇 | 中心镇 | 一般镇 |
| 1. 行政管理类用地 | 2100～3360 | 1440～2400 | 1200～2160 |
| 2. 教育科技类用地 | 3000～4800 | 1920～3200 | 1600～2560 |
| 3. 文化娱体类用地 | 2400～3840 | 1800～3000 | 1500～2700 |
| 4. 医疗卫生类用地 | 750～1200 | 480～800 | 400～720 |
| 5. 商业金融类用地 | 5100～8160 | 4320～7200 | 3600～6480 |
| 6. 集市贸易类用地 | 按集市贸易的经营、交易品类、销售和交易额大小、赶集人数，以及相关潜在需求和地方有关规定确定 | | |
| 7. 其他类用地 | 按其他类公建的实际需要确定 | | |

注：1. 表中指标主要适用于镇区远期规划人口规模：县城镇4万人～10（15）万人，中心镇3万人～8（10万人），一般镇1万人～4（6）万人的镇规模，按人口因素的考虑：人口规模低值应对应于指标高值，人口规模高值应对应于指标低值；在上述主要适用远期规划人口非括号上限值之外规模情况，小城镇表中指标宜结合小城镇实际适当调整。
2. 表中指标适当考虑了通勤人口、流动人口和辐射范围服务人口的因素。
3. 表中指标幅度值考虑了我国东中西部小城镇人口密度、地理条件及其社会经济发展水平等差异造成的公建需求差别和同一县城镇、中心镇、一般镇不同规模、不同功能分类小城镇对公建需求的差异，同时也考虑了教育科技类、文化娱体类有无较大规模的学校、体育运动场所、文化娱乐设施的较大差别。

**5.0.4** 小城镇分类公共设施用地面积参照指标，根据小城镇特点可侧重不同分类公共设施用地需求选择，并容许相关指标的适当调整，但公共设施用地总量控制应符合表5.0.2的要求。

**5.0.5** 小城镇公共设施的建筑面积控制参照指标，可在其用地面积控制参照指标选择的基础上，考虑不同类别公共设施的建筑容积率要求，结合小城镇实际确定。

**5.0.6** 小城镇公共设施的建筑容积率可按表5.0.6要求，结合小城镇和公共设施项目实际选取。

**小城镇公共设施的建筑容积率** 表5.0.6

| 公共设施类别 | 建筑容积率 | 公共设施类别 | 建筑容积率 |
|---|---|---|---|
| 行政管理 | 0.3～0.6 | 商业金融 | 1.1～1.5 |
| 教育科技 | 0.4～0.7 | 集市贸易 | 0.3～0.7 |
| 文化体育 | 0.5～0.6 | 其他 | — |
| 医疗卫生 | 0.7～0.8 | | |

## 本标准用词用语说明

1. 为了便于在执行本标准条文时区别对待，对要求严格程度不同的用词说明如下：
1) 表示很严格，非这样做不可的用词：
正面词采用"必须"；反面词采用"严禁"。
2) 表示严格，在正常情况下均应这样做的用词：
正面词采用"应"；反面词采用"不应"或"不得"。

3) 表示允许稍有选择,在条件许可时首先这样做的用词:

正面词采用"宜";反面词采用"不宜";

表示有选择,在一定条件下可以这样做的,采用"可"。

2. 标准中指定应按其他有关标准、规范执行时,写法为:"应符合……的规定"或"应按……执行"。

# 小城镇公共设施规划建设标准
## （建议稿）
## 条 文 说 明

## 1 总则

**1.0.1～1.0.2** 阐明本标准（建议稿）编制的目的及适用范围。

本标准（建议稿）所称小城镇是国家批准的建制镇中县驻地镇（县城镇）和其他建制镇，以及在规划期将发展为建制镇的乡（集）镇。根据城市规划法建制镇属城市范畴，此处其他建制镇，在《村镇规划标准》中又属村镇范畴。

小城镇是"城之尾、乡之首"，是城乡结合部的社会综合体发挥上连城市、下引农村的社会和经济功能。县城镇和中心镇是县域经济、政治、文化中心或县（市）域中农村一定区域的经济、文化中心。

我国小城镇量大、面广，不同地区小城镇的人口规模、自然条件、历史基础、经济发展差别很大。与上述相关的公共设施配套建设差别也很大。小城镇公共设施规划建设既不能简单照搬城市相关规划标准，又无法依靠村镇相关规划标准的简单条款，编制其单独标准作为其规划标准依据是必要的，也是符合我国小城镇实际情况的。

本标准（建议稿）是在中国建筑设计研究院、中国城市规划设计研究院小城镇公共建筑规划设计标准及优化研究和本课题大量补充调研、分析论证的基础上完成的。根据任务书要求，除规划标准外，还增加建设相关的部分标准条款；同时依据相关政策法规要求，考虑了相关标准的协调。本标准及技术指标的中间成果征询了22个省、直辖市建设厅、规委、规划局和100多个规划编制、管理方面的规划标准使用单位的意见，同时标准建议稿吸纳了高层专家论证预审的许多好的建议。

考虑小城镇规模较小，本标准编制和适用范围同时兼顾了公共服务设施规划和建设。

**1.0.3～1.0.6** 分别提出不同区位、不同分布形态小城镇公共设施规划建设标准执行的原则要求。

值得指出，城镇密集区的跨镇域公共设施联建共享，强调应按其区域相关规划统筹规划原则尤为重要。

同时，考虑到部分有条件的小城镇远期规划可能上升为中、小城市，也有部分有条件的乡（集）镇远期规划有可能上升为建制镇，上述小城镇相关规划的执行标准应有区别。但上述升级涉及到行政审批，规划不太好掌握，所以1.0.3、1.0.6条款强调规划应比照上一层次标准执行。

**1.0.7** 规定小城镇公共设施分类。

中国城市规划设计研究院和中国建筑设计研究院在2001年完成小城镇规划标准研究中，相关专题通过对四川、重庆、湖北、浙江、福建、广东、山东、河南、河北、天津、江苏、辽宁12个省、直辖市60多个小城镇实地调查，100多个小城镇规划资料分析研究，在原《村镇规划标准》提出相关分类公建类目基础上提出小城镇8类公建类目，将比较相关的科技与教育合为教育科技类，建筑形态与功能内涵相近的邮电与金融合为邮电金融类。

本标准研究在上述研究基础上，通过重点对我国东、中、西部，北京、广东、浙江、江苏、辽宁、福建、内蒙古、湖北、河南、河北、安徽、四川12个省、直辖市、自治区120多个有代表性小城镇及规划的相关补充调研、征询和分析、论证，在公共设施、公共服务设施分类、分级项目理顺的基础上，逆向思维针对小城镇规模较小的实际情况，提出把相近的商业和金融二类合为商业金融类，这样更有利公共设施建筑的优化组合和镇区商业金融中心的形成。

**1.0.8～1.0.10** 提出小城镇公共设施规划原则及基本要求。

我国小城镇公共设施与基础设施总的来说还是比较薄弱，许多小城镇公共设施配套尚不完善，更未形成完整的配套体系，强调小城镇公共设施规划遵循统一规划、合理布局、因地制宜、节约用地、经济适用、分级配置、分期实施、适当超前原则是必要的，同时，也符合我国小城镇实际和小城镇发展要求。

小城镇公共设施直接为小城镇公众服务，为社会服务，一些公共设施设置和服务跨镇域、地域，因此小城镇公共设施应考虑城乡统筹，体现以人为本，并为创造良好的人居环境、提高居民物质、文化水平和构建和谐社会创造条件。

同时，小城镇公共建筑，反映小城镇传统风貌和地方特色，小城镇公共设施主要公共建筑往往是小城镇的对外窗口和靓点。因此，小城镇公共设施建筑对于塑造小城镇风貌特色十分重要，小城镇公共设施规划应重视与小城镇景观风貌规划及中心区城市设计的结合。

**1.0.11** 提出小城镇公共设施按小城镇不同类别不同分级配置的基本要求。

应该指出，县级和镇级公共设施是小城镇公共设施规划中公共设施分级配置的重点。

**1.0.12** 小城镇公共设施建设投资和经营方式可采取公有、股份、民营等多种融资、集资和经营方式，但必须强调统一规划合理布局的前提要求。

本条提出上述相关的基本要求。

**1.0.13** 本标准编制多有依据相关规范或有涉及相关规范的某些共同条款。本条款体现小城镇公共设施规划建设标准与相关规范间应同时遵循规范的统一性原则。

目前城乡规划标准体系标准尚缺公共设施规划规范，以后会填补相关缺项，强调相关规范统一性原则和相关规划同时遵循有关标准与规范要求是必要的。

# 2 名词术语

**2.0.1～2.0.7** 为便于在小城镇公共设施规划建设中正确理解和运用本标准，对本标准涉及的主要名词作出解释。其中：

2.0.1～2.0.4分别对小城镇公共建筑、公共设施、公共服务设施、公共设施用地作出解释。

2.0.5～2.0.7对小城镇及其本规划标准中的3个主要适用载体县城镇、中心镇、一般镇作出解释。

# 3 小城镇公共设施规划布局及优化

**3.0.1～3.0.2** 提出小城镇公共设施规划布局及优化的基本原则要求。

小城镇公共设施建筑重要性除在于其服务功能外，还在于其建筑风格直接体现小城镇风貌特色。

3.0.2 条提出小城镇公共设施规划采取相对集中与适当分散相结合的方式合理布局，既有利于公共设施建筑形成规模，发挥其整体效益，又有利为公众提供方便的服务；同时，有利减少不同类别设施的干扰。

**3.0.3** 提出较大规模县城镇、中心镇公共设施分类和集中布局的基本要求。

一般小城镇镇级公共设施多集中在镇中心区布置，镇中心也是商业、行政、（科教文体）中心。

对于较大规模县城镇、中心镇结合新区规划和旧镇改造，采取同类集中或相关多类集中布置，形成行政、商业、科教文体1～3个中心，更有利小城镇发展和有条件小城镇远期向中小城市的过渡。

**3.0.4** 提出小城镇公共设施建设项目优化配置应遵循的原则和考虑因素。

本条在1999～2001年对12个省、直辖市100多个小城镇及规划资料调查分析比较，以及2003～2005年重点对12个省、直辖市120多个小城镇及规划补充调查分析基础上，从相关小城镇远期规划、规划期经济社会发展水平、服务人口、共享范围等角度，提出小城镇公共设施建设项目优化配置的原则要求和应考虑的相关因素。

**3.0.5** 提出小城镇公共设施建筑空间布局形态优化的相关原则要求。

**3.0.6** 提出小城镇公共设施建筑规划建设结合城市设计和景观风貌规划的基本要求。

**3.0.7** 规定小城镇公共设施规划集贸市场布局和选址的基本原则要求。

小城镇除农副产品集贸市场外，尚有与小城镇产业相关的产品交易集贸市场，并且一些小城镇集贸市场有相当规模和较大服务辐射范围。但由于长期来小城镇公共设施建设落后，许多集贸市场存在以路为市，以街为市，人流和商品集散以及环境卫生、安全防护问题不少，改变这种落后状况已成为当务之急。提出相关原则要求很有必要。

同时，在考虑集贸市场用地时，对于服务辐射范围较大的集贸市场应考虑大集时备用场地和非集时设施场地的综合利用。

**3.0.8** 规定小城镇公共设施建筑群体布局、单体选址和规划建设应满足防灾相关要求。

**3.0.9** 提小城镇公共服务设施布置的基本要求。

**3.0.10** 规定小城镇人流较多的公共设施建筑和集贸市场应配建相应公共停车场（库）及其相关要求。

本条依据《城市居住区规划设计规范》等有关规定，并结合小城镇实际情况提出。

# 4 小城镇公共设施公共服务设施的分级配置

**4.0.1** 提出小城镇公共设施规划建设公共设施建筑配置的主辅要求。

县城镇应以县级、镇级公共设施建筑为主，居住小区以下公共服务设施建筑为辅；其他小城镇公共建筑配置应以镇级公共设施建筑为主；居住小区以下公共服务设施建筑为辅。

**4.0.2～4.0.3** 提出小城镇公共设施、公共服务设施项目分类分级配置及其相关要求。

不同性质、不同类型、不同规模和经济社会发展水平的小城镇对公共设施、公共服务设施配置有不同要求。小城镇公共设施、公共服务设施配置应考虑上述因素，同时也要考虑居民经济收入和生活状况、风俗民情及周边条件等相关因素。

表 4.0.2-1 小城镇公共建筑分级配置是在 1999~2001 年中国建筑设计研究院、中国城市规划设计研究院完成小城镇公共建筑规划设计标准及优化研究的基础上,本课题重点对广东、北京、浙江、江苏、河北、河南、湖北、四川、内蒙古、辽宁、安徽 12 个省、直辖市 120 多个小城镇及其规划资料补充调查分析,并依据行政职能和公共设施功能,结合调整后的分类和分级配置小城镇公共设施项目实际需求,逐项分析调整,提出共 7 大类 63 项必需配置和选择配置项目,并总结以下几点研究分析:

1) 小城镇需配置的县镇级或镇级公共设施有许多是对应县城镇或其他镇相同的,主要是行政管理机构、教育科技、文化娱体、医疗卫生、商业金融、集市贸易 6 类公共设施,并且其他类公共设施也有多数相同,上述公共设施对应县城镇和中心镇多数为必设配置,一般镇的行政管理类、文化娱体、集市贸易公共设施也多数为必设配置。

2) 小城镇二级的居住小区公共服务设施配置和三级的组群公共服务设施配置的设施项目相对要少得多,且多数为可能配置。

3) 现状调查镇区人口规模 2 万人以上小城镇公共设施配置一般基础较好,1 万人口规模以下小城镇有许多公共设施和公共服务设施项目空缺或采取"三位一体",甚至"多位一体"配置(即同一公共设施建筑兼顾多种公共设施建筑用途),如只设综合商店,没有专业商店,青少年宫与老年活动站合并一处等。小城镇规模过小,不利发挥小城镇的辐射带动作用,也不利小城镇公共设施和基础设施配套建设。

4) 小城镇公共服务设施配置应结合住区实际需求和方便居民考虑,从小城镇住区结构和居民活动规律来看,小城镇组群级公共服务设施一般仅在组群规模大或组群相距公共服务设施较远时才考虑适当配置。

## 5 小城镇公共设施用地面积

**5.0.1** 提出控制小城镇公共设施用地的主要方法。

本条说明见《小城镇公共设施用地控制及其指标研究》的小城镇公共设施用地相关调查分析及其占建设用地比例控制。

**5.0.3** 提出小城镇公共设施用地面积控制应以省、直辖市、自治区地方标准为主,同时提出考虑全国层面的小城镇公共设施用地面积参照控制指标及参照选用的相关分析因素。

本课题在相关调研分析和综合高层专家意见的基础上,认为鉴于我国小城镇特点和实际情况,很难制定一个统一人均用地指标适用全国小城镇,提出以省、直辖市、自治区相关标准作为规划主要依据更能适合各地小城镇实际,同时各省、直辖市、自治区制订相关标准,除依据国家有关政策法规外,还必须有一个技术性的指导依据,因此课题在小城镇用地分类和规划用地标准中提出考虑全国层面的小城镇规划可参照的人均用地指标,也即上述的指导依据。

与上述对应,小城镇分类公共设施用地面积控制指标也应以省、直辖市、自治区相关标准为主。

表 5.0.3 比较中国建筑设计研究院和中国城市规划设计研究院 2001 年完成的小城镇公共建筑规划设计标准及优化研究提出的相关控制指标有较大修改,并说明如下:

(1) 本课题在对 12 个省、直辖市 120 多个有代表性小城镇及规划调研分析基础上,对小城镇公共设施用地面积指标主要适用远期人口幅度作了较大调整，以更适合我国小城镇实际情况；

（2）公共设施分类从原 8 类调整为 7 类；

（3）每类公共设施建筑用地由相应的大量调查统计综合分析和计算得出，其用地面积除对应人口数即可得出用地面积指标；

（4）以上述得出用地面积指标为基础，并综合考虑以下因素，提出分类公共设施建筑控制指标幅度范围：

1）通勤人口、流动人口和辐射范围服务人口的因素；

2）我国东中西部小城镇人口密度、地理条件及其社会经济发展水平等差异造成的公建需求差别；

3）同一县城镇、中心镇、一般镇的小城镇等级、不同规模、不同功能分类小城镇对公建需求的差异；

4）教育科技类、文化娱体类有无较大规模学校、体育运动场所、文化娱乐设施的较大差别。

小城镇公共设施用地面积参照控制指标分析比较选用的相关因素主要是指小城镇性质、类型、通勤人口和流动人口规模、经济社会发展水平、潜在需求、周边条件、服务范围等因素。

本条款详细说明见专题研究报告"小城镇公共设施用地控制及指标制定研究"。

5.0.4 提出小城镇公共设施用地总量控制应符合公共设施用地占建设用地比例的要求。但单项分类公共设施用地面积参照控制指标可根据相关因素分析有不同侧重的选择。

5.0.5 提出小城镇公共设施建筑面积控制参照指标选择的相关要求。

小城镇公共设施建筑面积控制指标也是小城镇公共设施主要控制指标之一。小城镇公共设施建筑面积控制指标可在其用地面积控制指标选择的基础上，同时考虑不同类公共设施的容积率要求，结合小城镇实际确定。

5.0.6 提出小城镇分类公共设施建筑容积率选取的要求。

小城镇公共设施建筑容积率要求，在 120 多个有代表性小城镇及规划调研和综合分析基础上得出。公共设施容积率应结合小城镇及其公共设施项目的实际情况比较分析选择确定。

# 小城镇公共设施配置与布局研究

## 1 小城镇公共设施配置标准研究背景及存在问题

### 1.1 宏观研究背景

城镇化是我国 21 世纪面临最大的挑战之一，随着我国经济的快速发展，原有的发展模式已经不能完全适应，工业化的推进及三农问题的解决需要以城镇化进程为支撑。鉴于我国的特殊国情，不能以片面发展大中城市为重点，党的十六大明确提出中国要坚持"大中小城市和小城镇协调发展"的城镇化道路。因此如何加快小城镇的发展是我国城镇化进程中的重要问题。充分发挥小城镇的集聚带动作用，建设好其服务城乡的公共设施又是关键。小城镇的公共设施建设首先要明确其分类、分级、配置标准，所谓不以规矩，不成方圆，没有一定的标准就无法对公共设施规划建设进行实际操作。

### 1.2 小城镇公共设施建设中不合理的因素

1) 目前城乡规划缺少单独公共设施标准，公共设施规划建设比较混乱，小城镇公共设施配套有按城市、有按村镇，也有自行定义分类标准，这种自行选择分类标准并不能说就是符合了实际情况。

2) 公共设施配置不太合理。规划不能很好的考虑当地实际情况，现状又没有注入规划的合理内容。很多公共设施的配置要么是超出了一个小城镇应有的水平，要不就是没有达到小城镇应有的标准。规划建设后的公共设施还是不合理，增加了下一轮规划建设工作的难度。

3) 镇区公共设施建设无序。未能优化布局，从而难以实现公共设施应有的功能。当前大多数小城镇的公共设施布局还是以自发形成为主，虽然有些能够达到比较理想的布局，但更多的还是无序的发展。旧的城镇中心充满活力，而新开发的城镇中心依旧难以繁荣。

4) 我国各地经济发展水平差异很大，公共设施建设不能以一个标准予以解决。东、中、西部发展极不平衡，东部如珠三角和长三角等经济发达地区一些小城镇规模较大，为 2.5 万~3 万人以上，规模大的达 10 万人口以上，相当于一个城市，因此其公共设施配置类型较多；中部地区小城镇较大规模多在 5000~20000 人，也配置了一定的公共设施，但达不到规模效应，基本上满足不了居民城镇化生活的需要；西部地区小城镇规模普遍过小，一般均在 3000~5000 人，不少镇在 3000 人以下。其公共设施配置奇缺，离城镇化标准相差甚远。

5) 小城镇公共设施体系尚未形成。层次不清，制式不定，从而满足不了均衡服务于小城镇居民生活的要求。因为我国小城镇数量众多，其应该配置什么样的项目，以及如何进行配套设施建设等需要有一个系统的研究，制订出一整套标准体系。

## 2 小城镇公共设施配置标准研究的意义

### 2.1 对我国解决宏观层次方面问题的意义

透析目前小城镇公共设施配置与布局的现状。鉴于我国积极发展小城镇的目标，因此需要研究当前小城镇公共设施存在的各种问题。可以说，我国小城镇类型千变万化，其存在的问题也是千差万别。目前，我国小城镇发展相对缓慢，这与小城镇公共设施配置与布局的不合理原因是分不开的。因此，只有在掌握小城镇现状大局的基础上，对小城镇公共设施进行深入的研究，才能得以使小城镇的发展健康而有序。同样，这项工作的开展对我国宏观层次问题的研究也是具有重要意义的。小城镇的发展直接影响到我国城市化、统筹城乡发展以及三农问题的解决。做好小城镇公共设施配置和布局的标准体系研究，使其合理、合法化也会进一步拉动农村地区人口的城镇化，增加农村地区就业人口并提高当地的生产、生活水平。

## 2.2 对小城镇公共设施建设方面的意义

为小城镇公共设施建设提供一定的参考价值。我国专门针对小城镇公共设施建设起指引作用的研究成果、著作暂时还比较少，公共设施建设也没有一个很好的参照模式，各地虽然相继出台了一些建设实施办法，但仍难以满足日益增长的建设需求，加强对小城镇公共设施建设的研究工作已迫在眉睫，本研究有助于指导小城镇公共设施建设往科学的方向发展。

## 2.3 对小城镇公共设施规划方面的意义

为小城镇公共设施规划提供一定的研究价值。很多做过小城镇规划的人都经常困惑于找不到一本切合城镇规划实际的规范，因此只能在村镇规划和城市规划的基础上，再加上自己的理论知识及经验形成各式各样的规划成果。这些成果中当然不乏优秀实例存在，但大部分内容都不能很好的符合小城镇的发展规律，这项工作的展开将对规划有一定的研究价值。

# 3 小城镇公共设施配置标准研究的内容、方法和框架

## 3.1 研究内容

（1）相关概念及研究范畴

本研究小城镇界定为县城镇、中心镇、一般镇。小城镇公共设施应按不同的小城镇类别不同分级配置，并应符合以下要求：1）县城镇公共设施分县级公共设施和镇级公共设施，居住小区以下主要配置公共服务设施；2）中心镇和一般镇公共设施主要为镇级公共设施，居住小区以下主要配置公共服务设施。

小城镇公共设施是小城镇生存和发展必须具备的县级、镇级社会基础设施和公共社会服务设施。

小城镇公共服务设施是为小城镇居住小区和住宅组群居民服务，并在其中独建或合建配套公共建筑和设施。

（2）研究内容

1）小城镇公共设施需求分析，全面系统掌握和了解目前我国小城镇公共设施需求情况，为公共设施配置研究做好研究基础和铺垫；

2）小城镇公共设施分级、分类标准与优化组合研究，形成一个比较合理的公共设施建设体系，从而更系统的对小城镇公共设施进行配置；

3）小城镇公共设施配置标准研究，分级、分类、分城镇性质地研究小城镇公共设施配置项目的取舍，是本研究的核心内容；

4）小城镇公共设施的优化组合与合理布局，对各类公共设施布局之间的关系优化处理，达到一种合理的格局，并理出对公共设施布局具有较大影响的不同城镇性质和城镇环境，分条编类以进一步优化组合。

## 3.2 研究方法

1）综合分析、横向对比法：通过对不同地域、不同性质和不同规模的城镇进行横向比较，综合分析各类城镇对公共设施项目的不同需求，分类得出比较全面的小城镇公共设施配置情况。

2）一般和特殊相结合的方法：在根据小城镇公共设施配置一般规律的基础上对各类具有典型特征的城镇进行分门别类的研究，具体问题具体分析，在共性中寻找个性，使研究成果更具有操作性。

3）系统分析法：把小城镇公共设施作为一个系统来研究，因此小城镇公共设施的配置不仅要受到其内在因素的影响，也要受到外部环境的影响，同时其配置的发展变化又要影响到外部的环境。

4）比较类推法：比较法是地理学认识区域特征和规划学进行方案论证、择优方案的基本方法。比较的对象应具有内在的联系性，具有可比性。针对不同时代、不同国家、不同地区、不同时期的小城镇公共设施配置中与本次课题研究具有内在联系的已有成果，确定其比较标准，吸收其有效成分并得出研究结果。各个地区的小城镇发展多少具有一些相似性，比较类推法可以最大限度的吸收别人的经验。

## 3.3 研究框架

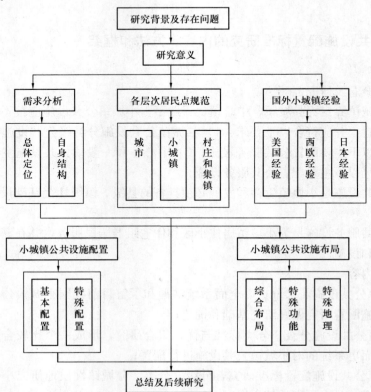

# 4 小城镇公共设施需求分析

## 4.1 按城镇总体定位进行需求分析

### 4.1.1 中心职能型

这是我国各地小城镇普遍都具有的功能，因此其公共服务需求大致都来自社会对包括经济、政治、文化服务等在内的多方面功能需求；而且这些需求在各地没有内容上多少的区别，只有功能上强弱的区别。发达地区的需求可能更丰富一些，欠发达地区的需求相对来说简单一些，形式上大抵都是一致的。这些城镇一般分为县城镇、中心镇和一般镇。目前，我国城镇经济发展呈现梯度推进形态，即东部地区城镇最为发达，中部地区次之，西部地区更次之。因此，可将三种地区中心职能型城镇的公共设施需求分别研究。

### 4.1.2 大城市近郊小城镇

这种类型的公共设施不仅要充分考虑其作为城乡纽带的作用，还要体现和母城的统筹关系；一些基本生活需求需要在小城镇解决，而大量的更优质服务的需求可能还要依托城市。此类小城镇也包含各式各样复杂的类型，有功能单一型、半独立型以及完全独立型等，不同类型的此类小城镇有不同的公共设施需求，但不论是单一型、半独立型还是完全独立型都脱不了和母城的关系，或多或少的都须依托母城。

### 4.1.3 旅游服务型

本身或周围有着丰富的旅游资源，其公共设施中旅游服务项目将占很大比例。外地旅游者的需求在整体需求中占有重要地位，所以这类主要研究的是外来者的公共设施需求。这些需求概括起来就是食、住、行、游、娱、购等，该类城镇应加强这些方面的服务功能。

### 4.1.4 工业开发型

某些工业区城镇，特别是东部沿海大量的先发城镇，其工业占有很重要的地位，由于工业的发展，人口的集聚，导致其公共服务项目须配套发展；有的城镇工业人口比户籍人口还要多，服务于工业人口已成为小城镇的主导功能。因此结合工业开发的公共设施需求将直接成为这类小城镇公共设施需求研究的主要内容。

### 4.1.5 历史文化名镇

国家级、省级等各级别的历史文化名镇中其文物遗迹占有举足轻重的地位，由此产生的公共服务需求也有所不同。这些城镇最重要的职责是要保护该镇的历史文化风貌，使之不遭受各种破坏，包括形象破坏和实质破坏；另一方面，由历史文化景观旅游吸引的旅游者是该镇需要重点利用的对象。公共设施的需求也主要是围绕这两项内容而形成。

### 4.1.6 交通枢纽型

地处交通要塞，水陆交通便利，为货物集散枢纽的交通枢纽城镇的外来途经人口很多，人流量也很大，而且大多不是以其为终点的流动人口。因此在车站、码头、仓库等地所需公共设施就要较其它城镇多些。针对人口的短时间驻留，调查其对公共服务项目的需求成为研究的重要内容。

## 4.2 按小城镇自身结构进行需求分析

### 4.2.1 小城镇体系

从宏观的角度分析某一小城镇公共设施需求，依据相邻城镇公共设施的类型、项目和规模及辐射服务范围等相关公共设施利用条件作适当调整。为了集约充分利用公共设施资源，大型和服务面很广的公共设施应由整个区域统一考虑，不需城镇单独设置，因此城镇应在整个区域的公共设施规划的基础上再对自身公共设施进行取舍。与城镇密切相关、基本的公共设施需求虽然必不可少，但并不是都需要设置，这与该设施的服务半径以及可共享程度有关。比如专业市场、高级中学、社会福利院、火葬场等，可以充分利用周围城市、城镇已有的公共设施。

**4.2.2　小城镇本级**

依据城镇的外部职能定位以及对内服务功能得出相应的需求内容。镇级公共设施依据镇区人口外，尚应根据不同公共设施的服务特点，适当考虑服务相关的腹地人口。小城镇公共设施需求不仅仅是体现了该镇区人口的需求，还应当照顾其辐射地区的人口需要。县城镇以及在城镇体系中被定为重点城镇或中心城镇的小城镇更应如此。依据小城镇实际需求配置，并应与规划期小城镇经济发展水平相适应，不能超越小城镇规划期经济实力和实际需求盲目建设。小城镇公共设施配置应考虑暂住人口因素，根据暂住人口对公共设施需求量和对需求影响，作出配置规模调整。此外依据小城镇公共设施远期规划统筹安排、合理布局，用地按远期规划预留。

**4.2.3　小城镇次级**

相当于居住小区或居住组团一级，其需求可参照城市居住区规划设计规范。严格来说我国大部分小城镇，尤其是西部欠发达的小城镇，由于人口少、经济薄弱，其中心都还在形成之中，基本没有更次一级的公共设施。但从长远来说，经济的进一步发展其公共设施的等级结构最终还是会形成，就像目前沿海发达地区的城镇一样已有较为合理的等级。这一级别的公共设施的设置都是为了满足人类最基本日常生活需求，因此各地差别不大，与城市中的居住小区或组团相比也差不多。应综合考虑小城镇居住小区布局和服务人口分布、人口密度，并应满足不同设施服务半径和方便居民生活需求的要求。

## 5　小城镇公共设施的分类、分级

### 5.1　小城镇公共设施分类、分级原则及依据

1) 实地调查。选择若干具有典型和普遍意义的城镇进行实地调查并收集相关资料。在此基础上逐项筛选，由个案推广到一般情况。调查的对象应经过慎重的选择，其得出的结果也不仅仅是针对该对象所特有的，至少应在一定范围内具有广泛的代表性。

2) 理论推导。根据城市规划界一些经过实践检验符合小城镇公共设施发展规律的经典理论进行推导，在符合小城镇的实际情况下转化为小城镇公共设施的发展理论。这些理论经过若干年发展后具有一定的可靠性和前瞻性，应用到小城镇公共设施领域不失为一种很好的选择。

3) 成功经验。广大基层长期从事小城镇规划、建设和管理的人员因长期和小城镇的公共设施领域打交道，他们的经验在解决小城镇特殊问题上的见地是非常独到并且可靠的。他们当中的很大一部分技术人员能够提供非常有建设性的真知灼见。

4) 已有成果。各级规划单位在规划工作中接触过各种各样不同形式的小城镇，其规划成果中也有不少精品，并形成了自己特有的工作思路。本课题在调研全国112个小城镇与小城镇总体规划的基础上，筛选出46个可以借鉴的规划成果，同时征询了22个省

（市）自治区建设厅、规划局、100多个本规划标准使用部门和单位意见。应用到本次小城镇公共设施研究工作中，这些有一定参考价值的实证，使我们的研究做到事半功倍。

### 5.2 小城镇公共设施公共建筑分类

本标准公共设施公共建筑分为7类，即行政管理、教育科技、文化娱体、医疗卫生、商业金融、集市贸易、以及其他设施。作为公共服务设施的市政公用设施，主要指服务于住宅区并在其中配置的市政公用设施，列于其他设施之中。

### 5.3 小城镇公共设施公共建筑项目内容

小城镇公共设施公共建筑项目内容按前述7类划分，详见小城镇公共设施规划建设标准（建议稿）表4.0.3-1。上述项目既考虑到我国小城镇现状实际，又充分考虑不同小城镇社会经济发展和人们生活水平提高对小城镇各级公共设施公共建筑配置的潜在需求和更高要求，为区分不同类别不同小城镇以及小城镇结构不同分级对公共设施、公共建筑的不同需求，标准中区分"必设"、"可设"、"不设"3种情况，更好考虑标准应用的原则性、灵活性和可操作性。

## 6 我国各个层次居民点的公共设施配置规范

### 6.1 城市公共设施配置的相关规范

城市公共设施用地分为8个小类，分别是行政办公用地（C1），商业金融业用地（C2），文化娱乐用地（C3），体育用地（C4），医疗卫生用地（C5），教育科研设计用地（C6），文物古迹用地（C7）和其他公共设施用地（C9）。

1）行政办公用地包括市属办公用地和非市属办公用地；

2）商业金融业用地包括商业用地、金融保险业用地、贸易咨询用地、服务业用地、旅馆业用地、市场用地；

3）文化娱乐用地包括新闻出版用地、文化艺术团体用地、广播电视用地、图书展览用地、影剧院用地、游乐用地；

4）体育用地包括体育场馆用地和体育训练用地；

5）医疗卫生用地包括医院用地、卫生防疫用地、休疗养用地；

6）教育科研设计用地包括高等学校用地、中等专业学校用地、成人与业余学校用地、特殊学校用地、科研设计用地；

7）文化古迹用地为具有保护价值的古遗址、古墓葬、古建筑、革命遗址等用地，不包括已作其他用途的文物古迹用地；

8）其他公共设施用地除以上之外的公共设施用地，如宗教活动场所、社会福利院等用地。

### 6.2 村镇公共设施配置的相关规范

村镇公共设施用地分为6小类，分别是行政管理用地（C1），教育机构用地（C2），文体科技用地（C3），医疗保健用地（C4），商业金融用地（C5），集贸设施用地（C6）。

1）行政管理用地为政府、团体、经济贸易管理机构等用地；

2）教育机构用地为幼儿园、托儿所、小学、中学及各类高、中级专业学校、成人学校等用地；

3）文体科技用地为文化图书、科技、展览、娱乐、体育、文物、宗教等用地；

4）医疗保健用地为医疗、防疫、保健、修养和疗养等机构用地；

5）商业金融用地为各类商业服务业的店铺，银行、信用、保险等机构，及其附属设施用地；

6）集贸设施用地为集市贸易的专用建筑和场地，不包括临时占用街道、广场等设摊用地。

**6.3 城市居住区公共设施配置的相关规范**

城市公共设施分为 8 小类，分别是教育设施、医疗卫生设施、文化体育设施、商业服务设施、金融邮电设施、社区服务设施、市政公用设施、行政管理及其他设施。

1）教育设施包含托儿所、幼儿园、小学、中学；

2）医疗卫生设施包含医院、门诊所、卫生站、护理院；

3）文化体育设施包含文化活动中心、文化活动站、居民运动场馆；

4）商业服务设施包含综合食品店、综合百货店、餐饮、中西药店、书店、市场、便民店、其他第三产业设施；

5）金融邮电设施包含银行、储蓄所、电信支局、邮电所；

6）社区服务设施包含社区服务中心、养老院、托老所、残疾人托养所、治安联防站、居（里）委会、物业管理；

7）市政公用设施包含供热站或热交换站、变电室、开闭所、路灯配电室、燃气调压站、高压水泵房、公共厕所、垃圾转运站、垃圾转运站、垃圾收集点、居民存车处、居民停车场（库）、公交始末站、消防站、燃料供应站。

8）行政管理及其他设施包含街道办事处、市政管理机构（所）、派出所、其他管理用房、防空地下室。

# 7 探索我国小城镇公共设施项目配置模式

## 7.1 小城镇公共设施项目的基本配置

小城镇公共设施公共建筑项目的基本配置，主要分为县级和镇级；居住小区以下公共建筑项目主要是为辅的公共服务设施建筑。

（1）县级公共设施的配置

1）党政、人大、政协、直属机构及司法机构；

2）高级中学、职业学校、专科学校、特殊教育学校：应设置 400m 环行跑道的运动场；教学楼应满足冬至日不小于 2h 的日照标准；

3）社会娱乐活动场地、社会福利院、体育场馆、各类展馆、电台、图书馆、广播站、书店；

4）医院、防疫站、保健站：宜设于交通方便，环境较安静地段；10 万人左右应设一所 300~400 床位的医院；病房楼应满足冬至日不小于 2h 的日照标准；

5）电信局、邮政局、消防站、殡仪馆/火葬场、消防站；

6）银行及信用社、保险公司、证券公司、宾馆、各类大型商店

7）专业及批发市场应满足专业商贸的需要及市场布点的合理服务半径。

（2）镇级公共设施的配置

1）镇党委、政府及其直属部门、机构、居民委员会；

2）托儿所、幼儿园：设于阳光充足，接近公共绿地，便于家长接送的地段；托儿所每班按 25 座计；幼儿园每班按 30 座计；服务半径不宜大于 300m；层数不宜高于 3 层；三班和三班以下的托儿所、幼儿园，可混合设置，也可附设于其他建筑，但应有独立院落和出入口，四班和四班以上的托、幼园所，其用地均应独立设置；建筑宜布置于可挡寒风的建筑物的背风面，但其生活用房应满足底层满窗冬至日不小于 3h 的日照标准；活动场地应有不少于 1/2 的活动面积在标准的建筑日照阴影线之外；

3）完全小学：学生上下学穿越城镇道路时，应有相应的安全措施；服务半径不宜大于 500m；教学楼应满足冬至日不小于 2h 的日照标准；

4）初级中学：镇区内有三所或三所以上初级中学，应有一所设置 400m 环行跑道、教学楼应满足冬至日不小于 2h 的日照标准；

5）儿童活动场地/游乐场、老年活动中心、敬老院、影剧院、体育场馆；

6）防疫站、卫生所、计生站：1 万～1.5 万人设一处；

7）邮电支局、邮电营业所、汽车出租站、公交始末站、公共机动车场库、公共厕所；

8）小商店、超市、茶馆、美容美发店、浴室、洗染店、综合修理服务、旅馆、饭店、收购站、信用社及储蓄所、菜市场；

9）专业及批发市场应满足专业商贸的需要及市场布点的合理服务半径。

公共设施配套项目应该加以完善，较大型的公共设施项目单独配建停车场，小型集中的公共设施也要集中配建停车场。

由于我国幅员辽阔，各地人文、经济、社会条件有很大的差别，因此根据我国三大经济区的划分，将基本公共设施配置的研究也划分为三块，即东部地区、中部地区和西部地区，使之能够更好的贴近实际情况。

（1）东部地区小城镇基本公共设施的配置

这些地区可以说是中国经济腾飞的动力机，长期的高速发展使得其小城镇公共设施配置的规模日益庞大，内容日益丰富。其中绝大多数县城已逐步建设成小城市，因此其公共设施完全按照小城镇规模来配置将不能满足人们的需求，必须有建设成小城市规模的配置要求。本研究的小城镇概念主要针对的是非县城镇的建制城镇以及规划期内将发展为建制镇的乡。

（2）中部地区小城镇基本公共设施的配置

随着东部地区劳动密集型产业的大转移，中部地区已经迎来了新一轮前所未有的发展机遇。大量沿海地区工业企业内迁必将直接带动这些地区的小城镇发展，目前已有这种趋势。因此其小城镇公共设施的配置项目内容上应有所丰富和提高。

（3）西部地区小城镇基本公共设施的配置

进入 21 世纪以来国家一直倡导开发大西部，并给予相当的优惠政策，使得西部地区有了长足的发展。体现在小城镇公共设施方面为在原来的非常匮乏几乎没有形成的面貌上，发展到目前的有了一定基础，并日臻完善。

西部地区少数民族区域众多，其不同的风俗也会体现在公共设施的配置上。典型的如穆斯林教区的小城镇需要设置集中的寺庙、教堂及附属设施以形成当地民族文化活动中心。

这种分区也不是很绝对的，发达地区也有较为落后城镇，落后地区也有较为发达的城镇。因此关键是明确自身的定位，找对自己在3个分区中的位置。

## 7.2 小城镇特殊公共设施项目的配置

小城镇类型千变万化，在表现形式上也是五花八门。根据小城镇不同的城镇性质、定位和其承担的特殊功能，将小城镇分为以下几种类型，并对其公共设施配置情况的特殊性予以补充。

### 7.2.1 大城市近郊小城镇

（1）第2居所小城镇

这些城镇基本上是高收入阶层在大城市周围居住别墅所形成，公共设施项目的配置需要满足其收入及消费条件。除生活所需之设施外不需各专业服务设施，居民一般都是到母城享受专业服务。但须增设高档文化、体育游乐设施，如网球场、高尔夫球场等。

（2）工矿小城镇

因为工矿企业的发展而形成的城镇，基本上工人的生活物质要依托母城。其居民也主要是工人，应结合工矿区服务中心配置公共服务设施，并集约利用。

（3）科教小城镇

很多大学及科研基地都设在距离大城市不远的郊区，带来了当地经济的发展，从而逐渐形成了初具规模的小城镇。为此，除保证当地居民的基本生活设施之外，应增设为科教园区服务的商业服务设施及文化体育设施。

（4）城市规划区范围独立小城镇

由于距离繁华城市比较近，对比那些比较偏远的城镇，居民更容易享受城市公共设施的辐射功能。所以应相对减少教育机构设施、文化体育设施以及商业服务设施。

### 7.2.2 风景旅游小城镇

由于游客常年不断，第三产业必然占据主导地位，其旅店、商店和娱乐场所必然大大增加，当地一些土特产和传统工艺品也会得到进一步开发和销售，故服务行业类公建要比其他类型小城镇为多。增设旅游景点设施、特色商品店、超市、宾馆、旅社、餐馆、娱乐活动场所。

### 7.2.3 工业开发小城镇

不同于工矿小城镇，工业开发城镇本身有一个独立的居民生活系统，只不过是由于工业的开发带来了城镇的进一步发展，应妥善处理好两者之间的关系。反映到城镇公共设施配置上应增设工业区管理机构、娱乐活动场所、餐馆、旅社、体育场馆。

### 7.2.4 历史文化名镇

这类城镇实质上是风景旅游城镇的特例，不同的是其公共设施的配置还要考虑到对历史文化遗产的继承和保护。和一般城镇相比较，应增设历史遗迹、保护及衬景设施、保护机构、特色商品店、宾馆、餐馆、旅社、娱乐。

### 7.2.5 交通枢纽小城镇

交通的便利可以繁荣商业贸易，而商业贸易要以公共设施的配置为载体，为了更突出其交通枢纽的职能以及使本镇获得最大限度的受益，应增设车站、码头、货栈仓库外围的公共设施，包括旅店、餐饮等。

# 8 小城镇公共设施的优化组合与合理布局

小城镇的行政管理、商业服务、文化体育等公共设施，宜按其功能同类集中或多类集中布置，从而形成代表小城镇形象的行政中心、商业中心和公共活动中心等具影响和活力的建筑群体，以增加小城镇的凝聚力和吸引力。

## 8.1 小城镇公共设施组合形式与综合布局

我国大部分小城镇主要是呈点状或线状来布置公共设施；这也符合人类的基本活动规律。但其布局和城市专业化布局有所不同，小城镇公共设施布局是以综合化布局为特征。例如在许多小城镇商业街上，店铺大都是杂货、发廊、餐馆。在功能分区上，小城镇的各部分差异也不那么明显，很少会出现和大城市一样的集中的商业区、住宅区的情况，而多功能的下店上居、前店后坊的形式较为普遍。其规划应根据公共设施不同项目的使用性质和不同功能区的规划布局形式，采取相对集中与适当分散相结合的方式合理布局，并应有利于发挥设施整体效益，方便使用与经营管理，减少不同类别设施干扰（见文后彩图1）。

行政管理、商业金融、教育科技、文化体育类公共设施，应按其功能划分，结合新区规划和旧城改造，形成不同特色的行政中心、商业中心、科教中心、文体中心或将它们组合成综合中心。

小城镇集贸市场设施应根据小城镇产业和交易产品的不同特点，以及不同分类集贸市场的作用和特点，综合考虑交通、环境、景观与用地等因素，合理布置，并应符合下列规定：集贸市场的布局与选址应有利于人流和商品的集散，并应符合卫生、安全防护的要求；集贸市场不应以路为市，以街为市，应引入到街区内；辐射作用范围较大的集贸市场用地既应考虑大集时备用临时场地，又宜考虑非集时设施和用地的综合利用。

小城镇的商业服务设施应根据享受商业服务居民的合理辐射半径以及人流量来合理布局。通常，商业服务设施在城镇公共设施布局中占有最大的比重，一般是采用集中和分散相结合的原则进行布置。在城镇中心区以集中为主，表现为成片状或者沿线状发展的方式；在居民生活区则以考虑最大限度的方便居民生活为主，以点状方式布局。现实中，大多数乡镇的公共设施都是沿城镇对外交通道路以及河流延伸的。

小城镇的市政服务设施是非常专业的公共设施项目，每种市政服务设施的布局所应满足的条件在该行业内都有一定的规定，如邮电所、公交站、消防站、加油站、公共厕所等，必须严格执行。但无论其如何布局，都需要与城镇其他建设项目相协调，不能发生冲突。原则上是以行业规定为准，也可以从城镇总体布局的角度予以适当调整。

小城镇的医疗卫生设施也是非常专业的公共设施项目，关于其布点，医疗系统有其自身的要求，既应方便服务于居民，又有一定的隔离措施。在总体布局上，主要考虑服务两级，即为镇区医院和居住区卫生站，其布点设计也应围绕这两项内容而展开。除此之外还应考虑与其他建设项目的关系。而医院由于本身功能的要求，宜布置在比较安静和交通比较方便的地段，以便居民使用和避免对居民不必要的干扰。

小城镇的文化体育设施应结合商业服务设施而布置，在商业活动集中的地方，文化活动应该也很活跃。文化体育活动也有动、静之分，如社会娱乐活动场地、儿童游乐场、影剧院等属于动态文化活动，应注意其对周围设施的影响；而图书馆、老年活动中心、书店、博物馆等属于静态文化活动应注意周围设施对他的影响。

小城镇的教育机构设施布置的情况有点类似于医疗卫生设施，应组成一个独立的系统。一般布置在居住区或小区的边缘，沿次要道路比较僻静的地段，不宜在交通频繁的干道或者铁路附近布置，以免噪声干扰。但同时也应注意学校本身对居民和其他公共设施的干扰，可以与一些不发出什么噪声也不怕吵闹的公共设施相邻布置。

小城镇的行政办公设施一般来说是小城镇形象的标志，其布局应能起到对整个镇区实现控制的目的。可以与商业服务设施集中布置，也可以单独布置，必须设在对外交通便利对内联系方便的地段。

小城镇公共设施建筑群体布局，单体选址和规划建设应满足防灾、救灾的要求，有利人员疏散。在内部设施和配套设施建设方面，也应做到合理布局，在满足功能要求的原则下方便使用。

## 8.2 具有特殊功能的小城镇公共设施组合与布局

（1）大城市近郊小城镇公共设施布局形式：这类小城镇受到的城市辐射作用较大，公共设施布局也有特殊的地方，城镇很多功能都需要依托城市，包括日常上班、购物、交易等，大量人流都将涌向城市，在城镇靠城市一带有着大量的商机及便利所在，因此大部分公建会选择配置在靠近城市一侧，形成偏心核效应。根据城市规划理论，在一个社区至少有一个服务中心，即商业街区的典型中心，研究显示，如果附近有城市强力的吸引作用，这个核心的位置将是偏心的，且往往位于社区朝向较大城市中心的那个点上，并坐落于社区的边界。

（2）旅游小城镇公共设施布局形式：风景优美是旅游城镇的一大特色，因此，公共设施的布局应很好的融入这一特色之中。公共设施的布局要始终围绕着城镇的风景特色而展开，做到你中有我，我中有你。以安徽省巢湖市中庙镇为例，规划形成"一园两线"、"一中心两片区"的空间布局结构。公共设施和风景旅游做到了相辅相成，"一园"（中心绿地公园）和"一中心"对应，"两线"（滨湖景观线和景观大道轴线）和"两片"（旅游服务区和生活服务区）对应。旅游服务接待设施按功能、建筑规模和标准分为三级服务网，形成连锁网络式服务系统（见文后彩图2）。

（3）工业小城镇公共设施布局形式：以福建省长乐市漳港镇为例，其公共设施的布置充分考虑到了不仅要服务于城镇居民还要服务于整个工业区，因此该镇中心布置在距离居住用地和工业用地的恰当位置。居住区与工业区呈扇状而公共服务中心就位于该扇状的几何中心位置（见文后彩图3）。

（4）历史名镇公共设施布局形式：以浙江省湖州市南浔镇为例，古镇保护区与城镇中心公共设施不混杂在一起，保持一定距离，同时又能服务于古镇保护区。该镇的行政办公用地、商业服务用地、旅游服务用地及文化娱乐用地等主要布置在南端，形成一个中心，而古镇保护区位于北面，虽处于不同的两个方向，但其间联系却是很方便。

（5）交通枢纽小城镇公共布局形式：大量以服务短暂停留人口为目的的公共设施围绕布置在车站、码头、货栈仓库周围，形成城镇的另一个服务中心。这些公共设施的布置一方面不能影响城镇的交通枢纽职能；另一方面还要尽量便捷的服务于这些对外交通用地。

## 8.3 具有特殊地理环境的小城镇公共设施组合与布局

（1）山地小城镇布局形式：由于受其地形的影响整个城镇都呈带状或破碎状发展，因此其公共设施布置也基本是沿等高线布局；以深圳市南澳镇为例，该镇绝大多数为山地，其公共设施基本沿等高线呈破碎型带状布置，这些用地包括行政办公用地、商业金融用地、旅游度假用地等。又如还地桥镇镇区地形受山地的影响，其公共设施的布局呈组团式，且公共设施基本设置在延等高线上。

（2）水乡小城镇布局形式：江南水乡具有特殊的地理环境，传统的商业布局依托错综复杂的水系扩展，保留传统的公建布置格局对其今后的发展有重要意义；以江苏省兴化市戴南镇为例，该镇水资源非常丰富，是典型的江南水乡。其公共设施的布置基本是沿河道而行，形成了两处中心，特别是其商贸中心就是位于数条河流的交汇处的小岛上。河流的汇集正是其中心形成的基础，这种布局形式，不仅丰富了城镇景观，而且符合其功能需要（见文后彩图4～彩图6）。

城市规划规范中《居住区公共服务设施分级配建表》　　　　附表1

| 类　别 | 项　目 | 居住区 | 小　区 | 组　团 |
|---|---|---|---|---|
| 教育 | 托儿所 | — | ▲ | △ |
| | 幼儿园 | — | ▲ | — |
| | 小学 | — | ▲ | — |
| | 中学 | ▲ | — | — |
| 医疗卫生 | 医院（200～300床） | ▲ | — | — |
| | 门诊所 | ▲ | — | — |
| | 卫生站 | — | ▲ | — |
| | 护理院 | △ | — | — |
| 文化体育 | 文化活动中心（含青少年、老年活动中心） | ▲ | — | — |
| | 文化活动站（含青少年、老年活动站） | — | ▲ | — |
| | 居民运动场、馆 | △ | — | — |
| | 居民健身设施（含老年户外活动场地） | — | ▲ | △ |
| 商业服务 | 综合食品店 | ▲ | ▲ | — |
| | 综合百货店 | ▲ | ▲ | — |
| | 餐饮 | ▲ | ▲ | — |
| | 中西药店 | ▲ | △ | — |
| | 书店 | ▲ | △ | — |
| | 市场 | ▲ | △ | — |
| | 便民店 | — | — | ▲ |
| | 其他第三产业设施 | ▲ | ▲ | — |
| 金融邮电 | 银行 | △ | — | — |
| | 储蓄所 | — | ▲ | — |
| | 电信支局 | △ | — | — |
| | 邮电所 | — | ▲ | — |
| 社区服务 | 社区服务中心（含老年人服务中心） | — | ▲ | — |
| | 养老院 | △ | — | — |
| | 托老所 | — | △ | — |
| | 残疾人托养所 | △ | — | — |
| | 治安联防站 | — | — | ▲ |
| | 居（里）委会（社区用房） | — | — | ▲ |
| | 物业管理 | — | ▲ | — |

续表

| 类别 | 项目 | 居住区 | 小区 | 组团 |
|---|---|---|---|---|
| 市政公用 | 供热站或热交换站 | △ | △ | △ |
| | 变电室 | — | ▲ | △ |
| | 开闭所 | ▲ | — | — |
| | 路灯配电室 | — | ▲ | — |
| | 燃气调压站 | △ | △ | — |
| | 高压水泵房 | — | — | △ |
| | 公共厕所 | ▲ | ▲ | ▲ |
| | 垃圾转运站 | △ | △ | — |
| | 垃圾收集点 | — | — | ▲ |
| | 居民存车处 | — | — | ▲ |
| | 居民停车场、库 | △ | △ | △ |
| | 公交始末站 | △ | △ | — |
| | 消防站 | △ | — | — |
| | 燃料供应站 | △ | △ | — |
| 行政管理及其他 | 街道办事处 | ▲ | — | — |
| | 市政管理机构（所） | ▲ | — | — |
| | 派出所 | ▲ | — | — |
| | 其他管理用房 | ▲ | △ | — |
| | 防空地下室 | △ | △ | △ |

注："▲"为配建的项目；"△"为宜设置的项目；"—"为不设置的项目。

**村镇规划规范中《公共设施项目配置表》** 附表2

| 类别 | 项目 | 中心镇 | 一般镇 |
|---|---|---|---|
| 一、行政管理 | 人民政府、派出所 | ● | ● |
| | 法庭 | ○ | — |
| | 建设、土地管理机构 | ● | ● |
| | 农、林、水、电管理机构 | ● | ● |
| | 工商、税务所 | ● | ● |
| | 粮管所 | ● | ● |
| | 交通监理站 | ● | |
| | 居委会、村委会 | ● | ● |
| 二、教育机构 | 专科院校 | ○ | — |
| | 高级中学、职业中学 | ● | ○ |
| | 初级中学 | ● | ● |
| | 小学 | ● | ● |
| | 幼儿园、托儿所 | ● | ● |
| 三、文体科技 | 文化站（室）、青少年之家 | ● | ● |
| | 影剧院 | ● | ○ |
| | 灯光球场 | ● | ● |
| | 体育场 | ● | ○ |
| | 科技站 | ● | ○ |

续表

| 类别 | 项目 | 中心镇 | 一般镇 |
|---|---|---|---|
| 四、医疗保健 | 中心卫生院 | ● | — |
| | 卫生院（所、室） | — | ● |
| | 防疫、保健站 | ● | ○ |
| | 计划生育指导站 | ● | ● |
| 五、商业金融 | 百货店 | ● | ● |
| | 食品店 | ● | ● |
| | 生产资料、建材、日杂店 | ● | ● |
| | 粮店 | ● | ● |
| | 煤店 | ● | ● |
| | 药店 | ● | ● |
| | 书店 | ● | ● |
| | 银行、信用社、保险机构 | ● | ● |
| | 饭店、饮食店、小吃店 | ● | ● |
| | 旅馆、招待所 | ● | ● |
| | 理发、浴室、洗染店 | ● | ● |
| | 照相馆 | ● | ● |
| | 综合修理、加工、收购店 | ● | ● |
| 六、集贸设施 | 粮油、土特产市场 | ● | ● |
| | 蔬菜、副食市场 | ● | ● |
| | 百货市场 | ● | ● |
| | 燃料、建材、生产资料市场 | ● | ○ |
| | 畜禽、水产市场 | ● | ○ |

注："●"表示必须设置；"○"表示可能设置；"—"表示不设置。

# 小城镇中心区公共建筑、空间形态与城市设计研究

## 1 我国小城镇中心区分类

### 1.1.1 按功能分类

（1）综合性中心区

以政府机关为主体形成的中心区，具有对称、严肃、气派的特征，一般适合于规模较大的建制镇。

（2）文化性中心区

以文化建筑（如影剧院、文化中心区等）为主体形成的中心区，具有一定的文化气息，有时附有市民广场。

（3）商业性中心区

以集中的商业、娱乐建筑为主体形成的中心区，具有热闹，自由的特征。

（4）交通性中心区

以汽车站、码头为主体形成的中心区，具有空间开敞、交通发达、来往人员多的特征。

（5）传统性中心区

以传统建筑（如老街、寺庙、园林等）或仿古建筑为主体形成的中心区，具有中国传统乡镇空间特征。

（6）旅游性中心区

在一些以旅游产业为主的小城镇，可能构成双中心区，其中在古镇区或名胜风景区是以旅游服务为主的旅游性中心区，以特色商品和特色服务为主。如昆山市周庄镇在全功路以北的新镇区有镇级综合中心区，古镇区内中市街、北市街、后港街等则构成了另一旅游性中心区。

### 1.1.2 按形态分类

如果按构成小城镇中心区的空间形态特征，则大致可分为：

（1）十字形

以河道或道路交叉口为中心区展开，前者多见于江南水乡的传统小城镇，后者则在现代许多沿路发展起来的新建小城镇中时有表现，其基本特征都为依附交通而出现并发展，由贸易而成为中心区（见下图）。

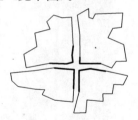
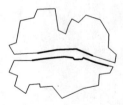

（2）一字形

与十字形的产生及特征基本相同，当骨干道路交通量很少或无机动车辆时较为合适，同时要求规模较小，控制在一定的长度内。一字形还分为单侧和双侧两种，单侧发展受道路条件影响较小，而双侧则较大（见右图）。

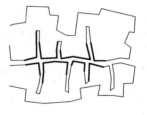

（3）枝状形

沿主干线由多枝分叉伸展，呈鱼骨状。空间丰富多层次，一般在较大规模的小城镇中心区才采用（见右图）。

## 2 小城镇中心区公共建筑、空间形态与城市设计的现状

### 2.1 我国小城镇中心区公共建筑的定义及现状

#### 2.1.1 小城镇中心区公共建筑的定义

小城镇中心区公共建筑包括小城镇中心区公共建筑和小城镇中心区公共设施。

小城镇中心区公共建筑也称公建，系指服务于小城镇镇区及其腹地居民的物质、精神等公用性建筑和行政及其他管理的镇级公用性建筑。小城镇公共建筑包括公共设施建筑和单独配置的公共服务设施建筑。

小城镇中心区公共设施是小城镇中心区生存和发展必须具备的县级、镇级公共社会服务设施和社会基础设施。

#### 2.1.2 我国小城镇中心区公共建筑设施的现状

目前的小城镇中心区公共建筑设施的建设多是在政府行政干预和专家规划研究两方面影响下进行的，这中间矛盾和争论是避免不了的，但有几点似已取得了共识：

（1）集中化的倾向

小城镇的日益繁荣加速了生产、人口、消费向其集中的趋势，使得越来越多的人进镇。为了使小城镇中心区在城镇建设中占有首要的地位，大部分的公共建筑和福利设施都集中建造到中心区，形成综合性或中心区类建筑，如将各类、各级办公楼合并建成行政中心区；将电影院、展览馆、图书馆等合并建成文化中心区，以及商业中心区，医疗中心区等。

（2）功能完善、多元化的要求

小城镇中心区的多元化主要包括内容和风格上的多元化要求，收入水平的提高促进了镇域那居民对衣食住行及文化生活的更高要求，并逐步向城市生活方式和价值观念转变。因此小城镇中心区的功能在发展中日趋丰富、完善。原有的内容像餐饮、旅馆等服务业要求增加各种不同的档次，另加入了一些原来根本没有的功能，如各类休闲类的娱乐建筑——歌舞厅、电子游戏厅等，IT产业的商店、门市部等，较特殊的还增加了旅游业等。为使小城镇的形象鲜明，最能体现城镇个性的小城镇中心区更要求风格多元，以区别于其他城镇，构成视觉景观上的唯一性。

（3）规划的重要性得到共识

现代小城镇的发展功能内容越来越复杂，因此，规划的重要性也逐渐被基层领导、房地产开发商及使用者所接受。在新的中心区建设中，已能初步做到过境公路外迁、市政管线下地、综合布线等。一些重要的小城镇中心区已尝试开始进行城市设计的工作。在经济

发达地区，已初步形成了由镇域规划、城镇总体规划、控制性详细规划等构成的规划指导体系，小城镇建设正向科学化的目标发展。小城镇中心区的城市设计是进一步加强建设科学化、合理化的有力措施。

（4）一批具有很高历史价值的古镇中心区得到了有效的保护

保护古镇区和建设新镇区同时并进的方针成为一种被广泛接受的建设模式。传统历史的无形价值重新被认识，并首先体现在有形的旅游产业中，一些走在前面的小城镇从中尝到了甜头，传统已经不是一种负担，而是一笔宝贵的财富。在这些小城镇，古镇中心区已经成为旅游和生活的中心区。

## 2.2 我国小城镇中心区空间形态与城市设计的现状

（1）小城镇中心区城市设计的理论研究在我国还是一个空白点

首先，众多的小城镇规划与建设主要集中在对小城镇建设的历史，建设中存在的问题，建设原则及需要协调的关系，建设内容，规划管理与发展战略等方面的研究，对具体城镇的规划设计重点在城镇功能建设和用地布局上。而对小城镇中心区城市设计的研究还是一个空白点，小城镇的规划仅停留在对具体区域或实践项目的分析与介绍上，没有形成比较全面系统的关于小城镇中心区城市设计的理论与方法。

1989年颁布的《城市规划法》，对城市规划的制定、审批和实施等做了明确规定，但未提及城市设计。这使得人们对城市设计的编制一直抱有可有可无的态度，或者即使抱着良好的愿望进行了城市设计的编制，但由于其成果不具备法律效应，多数得不到实施和运用，更没有再深入的对小城镇中心区进行城市设计的研究。

（2）目前城镇总体规划阶段缺乏中心区城市设计

从规划过程来看，由于小城镇规模小，规划程序比较大、中城市简单，一般情况下总体规划直接指导城市建设活动，这也就要求在总体规划阶段就要以相应的深度建立城市设计的基本框架。这种基本框架与城市总体规划的其他各项内容一样，应能够作为城镇建设活动的指导与约束，这样才有利于城镇整体特色的建立。目前城镇总体规划阶段缺乏城市设计，尤其是中心区的城市设计，事实上已经使小城镇中心区的城市设计无法提到议事日程上考虑，造成建设活动在城镇中心区城市设计方面无据可依，导致城镇面貌或单调乏味或花里胡哨。

（3）不少小城镇不具备中心区的城市设计技术力量

不少小城镇的总体规划编制通常是委托外来规划设计单位。对规划设计单位而言，小城镇规划通常采用程式化规划工作方法并且速战速决，而这样很难深入研究城市设计问题，更不用说中心区的城市设计问题。此外，城市设计应贯穿于整个规划过程的观点虽已得到规划界不少人的认同，但在城镇总体规划层次上，城市设计工作的内容与要求尚欠研究，可以说规划者尚无据可依。实际上，城市设计在小城镇总体规划中成了可做可不做，最后不做的工作。

（4）中心区城市设计的认识存在误区

城镇有关部门对中心区城市设计的认识存在误区从而限制了小城镇中心区城市设计。

其一，片面的认识城市设计工作，认为做几条中心区的街景设计就可以代表城镇中心区的城市设计了，因而它与总体规划关系不大。

其二，城镇整体空间景观的问题被通俗地理解为好看不好看的问题，而好看与否又是在建筑设计上做文章,求新求异、变化多端则是城镇面貌好。

其三,向大中城市看齐,或号称超前意识,盲目求大,做大手笔。

其四,在建设中东施效颦,置山水特色与历史文化遗产于不顾,割裂富有特色和个性风貌的自然景观,造成了建设性破坏。

其五,缺乏整体性,建筑风格杂乱无章,建筑视觉上的单调和严峻感成为小城镇中的消极因素。

其六,过分强调经济发展和城镇建设,而忽视整体空间环境及区域功能,有些甚至造成对自然的破坏。

## 3 小城镇中心区公共建筑研究

建筑物、构筑物、道路、广场、绿化……构成了城镇中心区的物质环境。由这些实体围合的空间形成了外部空间。在研究公共建筑设施空间形态的同时,其外环境也是不可忽视的,因为建筑与环境在一起才形成了完整的空间形态,本课题研究的重点是公共建筑设施。

公共建筑设施可以细分为几类:主体,道路,绿化,公共空间四个大类。

主体指公共建筑的主体部分,以及其附属设施。包括建筑红线之内的所有面积。

道路指道路和停车场。包括道路红线内的所有用地,包括街道和停车场的绿化。绿化指用以观赏的绿地

公共空间包括人群的活动广场,可以进人的草坪,和主体建筑物所属的公园。

(1) 行政及经济管理

包括各级党政管理机构,各级经济管理机构,各级专业单位管理机构的办公建筑。其历来是小城镇中心区的重要功能之一。这类建筑如能较集中地布置,将能提高办公效率,便于老百姓查询各项公共事务。

历史上城镇建设多把官府放在正中轴线上,以显示其权威和主体的作用。现代一些城镇规划建设,认为其和一般人们生活联系较少,工作联系较多,布置宜偏离城镇几何中心区,安排在较为安静的场所。但从另一个角度看,随着我国民主制度的进一步健全,政府办公机关的透明度增加,老百姓参政议政意识的加强,行政办公中心区未尝不可成为城镇的中心区建筑,以政府建筑为主体,组成市政广场建筑群。实际这样建造的例子也不在少数。

银行金融财政、工商税务等经济建筑和行政办公建筑可合可分。银行等经济建筑长远来看将会有进一步的发展,与中心区也有日益密切的联系,小城镇中心区建设时应留有适当的余地以适应经济发展的需要。

(2) 商业服务

包括农贸市场、专业市场、百货商店、超市、餐饮、理发、照相、旅馆等。生活服务业时与居民生活密切相关的行业,其中商业零售业是小城镇中心区重要的组成部分,这类建筑

带骑廊和踏步的老商业街

的布置要能方便人们购买、选择，吸引购物者，同时，要求供货线路通畅，人流和车流应避免或减少交叉、干扰。如能布置成步行商业街、饮食街的形式，将更能吸引顾客。有些重点开发旅游产业的小城镇，与此配套的服务设施也在小城镇中心区中占有一席之地，一些手工艺的制作过程也能作为一种展示商品。

农贸市场和居民的日常生活关系十分密切，以前的农贸市场选址多是自然形成，采用路边摆摊的形式，人车混杂。高峰时交通常常易于堵塞，目前农贸市场更多地倾向单独建设，场院式布置，这样既易于管理，不影响城镇道路交通，也不影响路边商店的营业，对居民干扰也少。

一般小城镇中的农贸市场都设有固定摊位，地面要考虑便于刷洗，内部畅通。设棚架，可防雨、通风、采光。内场按分区布置，将蔬菜类、豆制品类、水产类、肉类、家禽等分类集中，便于人们选购，并保证各类商品之间互不干扰。并设上、下水系统管线，保障环境卫生。

专业市场是一些小城镇发展的重要支柱产业，人流、货流量大，尤其是对外交通依赖性强，一般宜放置在中心区的边缘，交通方便处较为合适。

(3) 文、体、教、卫设施

包括文化图书室、俱乐部、影剧院、文化中心区、公园绿地、体育场馆；农科所、中小学、农牧职业学校、托儿所和幼儿园；医院、防疫站、敬老院等。小城镇的文化娱乐场所普遍缺乏，有的城镇虽设有文化室，但它的服务范围小，管理方式落后，不能吸引群众参与。南方一些城镇有书场茶座，就很受老年人的欢迎。从关爱老年人和下一代的角度出发，不少小城镇已开始兴建老年活动中心区、青少年活动中心区。在小城镇中心区的发展中，文化娱乐功能的地位会越来越重要，而且作为地方性文化的代言者和传播者其具有独特的价值，特别是一些与民风民俗相关的文化建筑，更有强化的必要。体育设施在许多小城镇是空白，一般利用中小学的体育场馆。随着全民健身运动普及率的提高，独立的镇级小型体育设施的建设是必要的，在现阶段小城镇人口普遍较少的现实条件下，为了使用合理，建造文体合用的多功能场馆是提高使用效益的一种方式。

为了各自得到合理的环境，教育设施宜与中心区保持一定的距离，或通过其他手段形成分隔而不分区。

一般小城镇达不到"医疗卫生中心区"这个标准，但相对来说，建成一组设备较好、科目齐全的医院，成为以城镇为中心区，以周围四乡数万人口为服务对象的医疗中心区是很必要的，它有利于提高我国基层及广大农村的医疗卫生水平。

(4) 居住

居住是小城镇中心区的传统职能，传统小城镇中心区的住宅多为大户住宅，往往还附有私家园林，保存、改造这一类建筑，既能继承城镇历史的文脉，又提供了很好的旅游资源，中心区内的居住建筑一定程度上也身兼公共建筑职能，因此一并进行研究。部分新建的住宅可使小城镇中心区更具活力，特别对中心区的夜间景观和人气有很大的作用。中心区的居住建筑很多配合商业，商住两用居多，有前店后宅、下店上住等多种模式，适合各种手工艺、小加工作坊等工商业模式。

(5) 邮电信息

邮政、邮电、广播、电视等信息建筑设施，在我国目前的城镇建设中是相当落后的，随着信息产业的发展，特别对居于电信区域中心区的城镇来说，这类建筑将会有较大的发展，可成为小城镇中心区的主体建筑或标志性建筑。网络信息可能导致城市和小城镇空间形态的大演变，重新构建人际关系，还会带来对交流场所的新要求。

（6）对外交通枢纽

小城镇一般均有长途汽车站，有的城镇有火车站，水乡地区有客运码头。在未来几十年，我国有望像欧美一样，几个邻近的城镇，共用一座航空站。通畅快速、安全的对外交通是城镇发展的基础设施之一，它和邮电信息、金融设施等一起，将会对改变小城镇的落后状况起到很大的作用。传统的小城镇中心区有以车站、码头为主体建筑的，但随着小城镇交通的日趋复杂，从城镇规划分区上看，这类建筑已不宜再布置在城镇的核心位置。

相反，小城镇中心区的内部交通将会有大的变化，随着私人汽车拥有量的不断增加，以及小城镇公共交通的发展，机动车已部分代替步行或非机动车，成为小城镇重要的交通工具。小城镇中心区必须适应这种变化带来的新要求，着力解决新的交通矛盾。

（7）宗教建筑

寺庙、道观，是宗教信仰者的活动中心区，尤其是在少数民族地区，如回族、藏族、维吾尔族居住地区，宗教建筑的清真寺、喇嘛庙等在城镇中占有重要的地位。大多数历史上遗留下来的宗教建筑，亦是人们旅游参观的场所。一些供地方神的庙宇，如土地庙、关帝庙、妈祖庙等，是当地居民传统集会庆典的中心区。小城镇中心区的这类建筑，目前多见于修复旧建筑，新建的较少，今后在民族地区会逐渐增多，台湾地区近年来在城镇建设中，就有不少地方兴建这类庙宇。它有利于体现地区民族特色，并给民俗活动提供了相应的场所。

（8）商务建筑

商务办公是部分小城镇需要考虑的新内容，特别是发达地区大城市边缘的小城镇，将有一定数量的商务用房的需求，并且会形成规模。商务办公不同于行政办公，有较高的环境及服务要求，特别对交通和信息通信的依赖性更高，对管理效率也提出了新的要求。

进行小城镇中心区的城市设计不是为了时髦而对热点的城市设计的影响，而是根据我国小城镇建设的特殊性和合适性的要求提出的一种认识，希望通过城市设计使小城镇中心区建设更为合理和成功，使人居环境更为美好。

## 4 小城镇中心区公共建筑设施的空间形态和城市设计研究

### 4.1 现代城市设计理论相关内容研究

现代城市设计的方法由其概念引起而充满了多样性，包括观念方法和行动方法两个层次的理解。

（1）观念方法

观念方法实际上是一种价值取向，是社会利益和权利的反映。包括"自上而下"、"自下而上"和综合的方法。

1）"自下而上"的方法。

"自下而上"的方法是在社会集团相对权利平衡的基础上，遵循社会共同认识，有机生长而展开的建设。与自然保持着亲和的倾向，没有人为而又统一的设计思想，以功能合理，适应经济，融合自然为标志，呈现出渐进式的发展倾向，地域特征明显，反映了当地的地方文化和生活习俗。在自然经济模式下的小城镇建设中尤为明显，如江南地区由"市"而成"镇"的吴江盛泽、震泽，昆山的周庄等镇，都带有明显的按客观自然建设的模式。时间的延续由于同一性的地方文化影响而协调，并叠合成生动的空间景观。

2）"自上而下"的方法。

"自上而下"的方法是按某一阶层的人为意愿来设计和建设的方法，在古代依赖于礼仪和宗教及政治权利，现代则更多是政治和经济权利的体现，反映了严格的等级制观念，形态整体完整，规则有序，与地区文化观念的关联不强，而受更高等级的如国家、民族文化的影响较大，经济成为重要因素，建设周期相对较短，规模一般较大，如国都、大中城市及少量的小城镇，近代则在一些个别的受技术支配下的新城建设也具有这种特点。

3）综合的方法

事实上今天我们所见到的城市和城镇，大多是上述两种方法叠加的结果，在各个历史阶段都有所反映，而至近代以后则形成了"自上而下"的城市设计控制主题以保障城市的有序发展，统一规划设计和经济发展成了同义词，但20世纪60年代以来，单一"自上而下"方法带来的机械性和价值单一及权利经济干预造成了城市生命活力的衰竭，日益偏离了人的情感世界和自然朴实的生气。因此，现代城市设计都趋向于综合的方法，即"上下结合"的设计思想，追求经济的、技术的、社会文化的和心理的多价平衡，发展城市的个性和生活性。

(2) 行动方法

城市设计的行动方法是实际操作方法，特别是物质设计的行动纲领，从各自的着眼点出发，演化成多种操作过程。以城市空间分析开始，到城市设计的最终实现。而分析方法的完善对最终设计的质量和可靠性至关重要，从中可以找到过去"自然力"的影响，综合现在和将来"自然力"的可能作用，把"自下而上"的思想和要求揉合到"自上而下"的指导观念中，所有的行动方法是在主观的（规划设计者）和客观者（使用者）及主客观结合的三种层次上进行的，各种方法又对城市设计的某一项内容进行强调并作为着眼点，也受观念方法的支配。

1）物质空间分析方法

这类方法注重物质空间环境的美学研究，建立视觉秩序的完善，反映规划设计者及其支配者的思想理念和审美情趣，或者是通过城市实体和外部空间的关系研究建立城市实与空的空间结构；也反映城市的"肌理"和城市结构的演变，把握错综复杂的城市空间结构。另外的物质空间分析则注重空间关系的内外结构线构成的网络和运动体系，寻找其中不变的耦合关系。简言之，物质空间分析法注重物质形体的分析，从视觉的、图底的或结构的不同层面着手设计物质空间和建筑形体。

2）行为空间分析法

强调城市的使用主体并解决人的活动需要，同时满足人对城市环境的要求是行为空间分析法的主要内容。把物质空间和人及其社会结合起来，更关心构成要素之间的关系及其隐性的联系，而不仅仅是要素本身。具体地看，包括结合着人、空间、时间的场所结构理论；强调了城市多样性活力和人人平等的责任性城市活力分析；以及具有实证意义的城市认知意象分析。

3）文化生态分析法

这一理论借鉴了人文科学的成果，从研究文化生态的变化与城市物质环境的变化的关联中寻找探求层次的空间组织规则和构造方式，实际上，这种分析主要讨论人与环境的共存方式和影响方式，并最终在城市设计表达的物质环境上表现这种文化的特征和变化，反映这种文化的跨越时空尺度的连续性，最终达到人与环境的和谐。

4）系统综合分析法

以上各种方法由于均从各自视点选择着眼点，常常片面而不完整。系统综合方法就是力求采用整体的分析方法，获得较为全面的认识，从而使城市设计具有生命力。综合方法一般采用分项叠合的方式，将物质、心理、行为和人为的各个子项分析叠合重组，叠合过程是合并并修正的过程，其决策过程仍具有一定的主观性。但相对面言，各种重要的特征被客观地包含进来，形成相对系统综合的体系，且分子项进行的方法具有实际的可操作性和科学性。

（3）分析设计手段

在以上两个层次的方法上都侧重于较为宏观的观念，而在具体实践操作中还依赖于具体的操作手段，特别是对空间的认知，不管是物质的还是文化的、生态的，都依赖于一定的量化概念，特别是共同认知的确立才能为设计展开提供有力的依据。从现代城市设计的发展来看，可用大量的分析设计手段来完成这一过程。

1）环境认知

这是对城市设计的场地环境通过区位、地段（块）等分级分析，考虑到文化、经济、生态、功能等子项的定位定量分析，从而形成整体环境认知的方法，如林奇的《基地规划》（Site Planning）一书中所提出的整套方法。除了这种程序方法以外也包括对场地环境的直观设计和下意识的认识。总之，这一方法基本是由设计者操作完成的一种"主观性"途径，有效而又被设计者广泛采用。

2）心智地图

这是"客观的"城市分析技术，以使用者为主进行，设计者据此进行分析成图。"被试"作为当地环境体验者从另一侧面反映了对城市空间环境的认识，可以为设计提供更多的和更深的城市信息，包括空间结构和环境特色，也为设计者提供了一定的依据，是参与性设计的一种方法。从实施来看，可以大至一个街区或一座城市，小至广场或单个建筑。"被试"的直观体验表达出最广泛的感觉，使预期更接近于实际。这一方法尤为适合已建地段的更新改造，使更新设计具有更可靠的群众基础。

3）空间注记

把空间体验以图画、照片和文字的方式记录下来，设计者和使用者都可进行，只要设计一套约定的注明法就可获得两者间的广泛交流。大多用于给定路径的分析，通过重叠分析和抽样分析可以表达时间的变化造成的影响。从结果看，有直观的图像也有客观的描述，并可设计一套量化指标进行抽样调查。空间注记一般都是城镇景观的动态体验，因而更符合城镇空间的理解特性，已被广泛应用于城市设计的分析过程。

4）计算机辅助技术

随着计算机技术的广泛应用，对城市设计已起到了很大的作用。目前的计算机辅助工作主要用于数据分析、方案优化和动画模拟技术上，通过计算机的计算功能分析大量的数据并优化或通过计算机的图形功能预览各种建成效果并进行比较,特别是其运动景观的模拟提供了全面准确的表现,在交流中也发挥了很大的作用。从未来来看,计算机技术可进一步用于专家系统和优化技术,特别是虚拟技术的发展将使城市设计在分析时更具真实感,有利于城市设计的连续决策过程的进行,使交流更为方便可靠。

(4) 实施方法

上述现代城市设计的各种理论方法和辅助手段在具体实施中必须有赖于一个完整的实施过程,包括设计成果、实施管理等内容。现代城市设计在方法上的本质特征是设计过程和实施过程中的协调,包括经常性的和制度化的商洽,城市设计也包括实施过程设计。这样,设计的概念就被大大扩展了,设计者也必须从专业人员变为全体使用者和专业人员的集合体。城市设计的框架由法律保障、一定的机构组织管理、意向性的形体规划成果、弹性的设计准则、实施过程的政策设计和动态跟踪、城市设计的维护程序所组成。因此,城市设计的实施方法更重要的是组织过程和决策机制,其客观基础是最大的"同感"和透明度的获得,即参与性决策过程。

## 4.2 小城镇中心区城市设计的特点与设计定位

小城镇不是城市的简单缩小,也可以说,小城镇不应是"小而全的个体",而应是协调发展的群体网络,是依托城市辐射农村的地域中心区。小城镇中心区的建设同样区别于城市中心区的发展,具有协同发展和特色发展的倾向。在进行城市设计时同样必须从小城镇中心区的特殊性出发,才能真正成为有益有效的指导纲领,才能真正发挥城市设计的作用。

(1) 群体协调的特殊性

小城镇的区域特征表现为城乡结合、城乡一体的特色,是我国城乡化进程的基层和重点,也是我国产业结构调整,特别是第一产业布局调整的中心区,城乡人口分布调整的中心区。城市设计应充分考虑到这种特殊性,在区域群体的高度来进行,注意到各小城镇间分工合作、协调配合的可能,在中心区设计中充分考虑到规模效益和聚集效益,研究职能特征和辐射范围,既满足本镇的基本要求,又以最佳规模的原则指导统一部署,达到各显其能、相互促进的目标,特别在小城镇密集地区,城市设计更要注重区域宏观决策的作用。

(2) 产业结构的特殊性

小城镇具有第一、二、三产业并存的产业结构特征,特别是第一产业的存在和向集约化、"三高"型、特色型的产业转化的倾向,使城市设计必须考虑到这种特殊存在的利用和引导。在中心区的城市设计中利用产业特点,培育这种第一产业产品的特色,形成拳头产品,使之明确区别于大中城市的产业特征,直接促进产品的市场化。如大中城市只能培植以加工、服务等为特色的产业商业,而小城镇可直接用种植产品、养殖产品形成产业商业,这种产业结构的特殊性对小城镇中心区设计的制订具有一定的启迪意义。

(3) 城镇规模的特殊性

小城镇规模具有不确定性和相对有限的特殊性。城市设计必须注意到这种特点,对前者,必须考虑到发展需求的阶段规模,具有应变能力,对后者,必须既注意规模效益,又具有尽可能多的便利性,把同样人口规模的小城镇与居住区两者的中心区予以区分,提高小城镇的辐射影响能力。从城市设计过程来看,这种小规模为城市设计的参与性提供了可能，小城镇相对密切的人际关系易于培育对公共决策的关心和市民意识的唤起，调查分析、交流协调、修正评价，应当广泛地进入小城镇中心区的城市设计过程，成为持续地寻求用于参与地连续性过程，变技术决策、政府决策等相对个人行为成为社会性决策，提高决策的客观性。

（4）生活模式的特殊性

小城镇在生活模式上存在有一定数量的产、销、居一体的方式，特别在传统小城镇中心区，这也形成了小城镇的一种特殊性。城市设计如果能把握这种特殊性并予以适当提倡，将会形成一定的特色，并在空间、功能、景观等方面组织出多样形态，避免简单搬用其他城市设计的做法，体现灵活性的特征。生产、生活相结合的传统模式曾对"街"的形式起到了相当重要的作用，而这种模式的改进、延续，不论对保持传统"线"形空间组织还是对促进经济发展都具有积极的意义，在实施组织上也具有灵活性和连续性。

（5）经济差异的特殊性

小城镇的镇级财政与城市相比差异是显而易见的，因此政府的调控在经济上较弱，更多依赖集体、私人和外来多渠道的投资。城市设计应当注意到这种特殊性，并制定相应的城市设计准则，使实施管理在各种利益和原则之间能保持原则而又具有灵活性。否则，中心区的城市设计很容易在投资商的要求下被无理改动，特别对中心区公共开放空间的建设必须在城市设计中从资金政策到实施政策都予以保证，同时也要尽力调控相邻相接地块之间的协调合作，以保证全局。

（6）实施组织的特殊性

小城镇中心区建设的实施组织与城市相比，表现在机构、技术人才等各方面的缺陷和政府领导干涉大的局面。因此，一方面应完善镇级建设管理只能机构，培养和引进技术人才；另一方面以法制化的方式限定城市设计成果，减少随意变更，把小城镇中心区的建设成绩与政府主要领导的"政绩"相区分，以减少干涉。并且，在职能机构之外，组建由居民参加的咨询组织以传达和协调普通居民的意愿。城市设计必须考虑到这样的特殊性，为实施组织提供有约束力的意见，尽量听取尽可能多的居民的一件，而不唯领导是从。

（7）文化素质的特殊性

小城镇居民中有相当数量是从农村人口转化而来的，由于教育普及程度及其他因素，我们不能回避平均文化教育水平相对较低的现实，但也不可低估传统文化的深厚性。所以，小城镇中心区的城市设计应当是相互学习、相互教育的过程，把传统文明的学习和现代文明的传播相结合，以共同提高文化素养；创造和保护小城镇中心区的良好面貌，树立良好的公共意识。总之，小城镇中心区的城市设计应当和文化规划相结合，是社会进步的标志设计。

## 4.3 小城镇中心区城市设计理论与方法

（1）小城镇中心区历史文化传承与城市机理认知

小城镇中有相当数量具有一定历史的古镇，具有极高的历史文化价值，堪称社会发展历史的活化石，尤其是小城镇中心区所拥有的那种宜人、方便的商业空间模式，为人喜闻乐见，提供了现代小城镇中心区空间形式的极好蓝本。

经过文化大革命的反文化、反传统破坏和近20年经济的急速增长，传统小城镇尤其是中心区核心区的建成环境已出现了很大变化，虽然经国家和部分地方政府的努力，一些有识之士的奔走呼吁，已保护了一些城镇的基本环境形态和许多城镇的局部传统空间，但也有部分城镇的传统环境形态已经被严重破坏。总体而言，除了全面保护的极少数城镇以外，小城镇的绝大部分都面临着如何发展，如何处理保护和发展的矛盾等问题。

对已经失去传统特色的城镇或新建城镇，创造新时代的地区城镇特色已经形成共识；对于具有较高历史文化内涵、环境形态相当完整的传统城镇，全面保护也成为明确的政策；而对绝大多数具有历史遗留又已开发建设的小城镇来说，必须坚持"有机更新"的原则，努力寻求历史传统的信息，在现代生活中得到继承和发扬。

"有机更新"的原则就是要在更新中注意把已被分散的点、中断的线和不协调的面组织成一个系统的有机整体，特别是保护传统的空间特色，包括街道空间和历史地段的整体性，进而塑造城镇的完整特色环境。

小城镇中心区作为城镇生活的核心，大量地传达了地区的历史文化信息，特别是昔日街市生活的情趣和场景都在中心区得到最充分的展示，具有相当的典型意义。而在更新中，由于土地的高附加值和保护与生活的矛盾不如旧街坊内部改造那样突出，有机更新的实施较为实际可行。具体来看，有机更新包括以下各方面：

1）认知和"有机更新"

"有机更新"是建立在认知基础上的策略，通过对特定城镇中心区这一客体建立主观角度的认识，进而展开设计活动，认知综合了社会、经济和人文各个方面，是一种整体城镇意象。大到对地区文化的把握，小到对每一建筑物细部的理解，甚至一草一木，残砖断瓦，所获得的应是各部分形象和内容的整合，物质和精神的整合，由此展开的城市设计才能把握整体空间形态的持续意义。

认知是心理学所研究的重要概念，认知是信息加工过程和心理上的符号处理，认知是思维和相关活动下的问题解决，包括感觉、知觉、记忆、判断、思维、想像等。对传统城镇中心区的认知是一个分析加整合的过程，只有建立了充分的认识，有机更新才有了方向。因此，也可以说，认知是有机更新的基础组成部分。

2）保护和"有机更新"

对所有物质环境而言，更新是绝对的，除了文物以外，就是全面保护的小城镇也必然或早或晚面临更新的要求。小城真中心区不可能保持特定历史时期空间形态的恒定，而只能在生活的延续中发展。但更新也离不开保护，保护是有机更新的重要组成部分。小城镇中心区的有机更新中的保护主要分为三个层次，在低层次上需保护历史建筑的单体和群落；在中间层次上保护传统空间特色和环境特色；在高层次上则要保护这种物质环境中所隐含的文化特质和生活情趣，兵器使三个层次的保护构成一个整体而融入有机更新的原则之中，这样的有机更新才是完整的。

当然，保护和更新总是一对矛盾，除了在专业上的协调外，更需要社会政策和经济政策的支持和导向，使之获得广泛的认同，重新获得现实价值和研究价值兼具的目的，使永恒价值融入时代价值之中。

3）创新和"有机更新"

除了保护以外，大量的小城镇中心区面临的主要工作是改造和发展，而有机更新原则指导下的创新应针对不同小城镇中心区的现状区别实施，总体表现为在吸收传统空间布局手法、自然环境认识、社会文化影响等方面的基础上，注重现代技术材料的运用和现代生活要求的适合，使小城镇中心区出现适度的变异、有机的更新。

创新离不开特色的保持，因而特定地区的城镇中心区的主要构成要素应当在创作中继承并得到强化，而对传统继承的程度则可通过对对象城镇中心区的认知而得到度量，从而赋予各城镇中心区不同的新时代风貌。

城市和建筑都从属于"开放性"文化，通过吸收而得到进步。因此，小城镇中心区的有机更新应当在创新中更加重视与开放的工业社会的联系，更加重视与自然环境和人工环境的和谐，更加重视技术的进步和新经济价值观，在尊重地区文化演进的基础上，发掘创新，不断追求。

创新具有很高的要求，在无法反复论证的时候和敏感的场所，更新慎言创新。

"有机更新"不但是针对传统小城镇中心区，也通过"有机更新"而适合于新建小城镇中心区，这是每个小城镇中心区地域文化坐标系中找到正确定位的理想道路。审慎的"有机更新"是建立新的"有机秩序"的保证。

（2）小城镇中心区建筑形态及其组合研究

1）小城镇中心区建筑形态及其组合

建筑作为城镇中的最小的单元构成，对于城镇机体量变累积过程和最终的质变都起着重要的作用，从这一点看，建筑形态及其组合的研究有着十分现实的意义，用"城市中的建筑"观点来提升对建筑的理解，从而完成对整个建筑概念的转换。城镇空间环境中的建筑形态与气候、日照、风向、地形地貌、开放空间都有着密切关系，具有支持城市运转的功能，具有表达特定环境和历史文化特点的美学含义，与人们的社会和生活活动行为相关，与环境一样，具有文化的延续性和空间关系的相对稳定性。

2）小城镇中心区建筑形态及其组合对城市设计提出的要求

小城镇中各种建筑物的体量、尺度、比例、空间、功能、造型、用色、材质等对城镇具有极其重要的影响。建筑师极富创造力的建筑设计可以成为城镇空间环境中的一个亮点，给人一种耳目一新的感受，带来视觉冲击。但是，种种独特的建筑物集中在一起的时候，难免会带来一种杂乱无章、毫无特色的无所适从感。如同在一个乐队中，任何一个乐器演奏者都是很出色的表演家，可是将所有表演家融合在同一环境中的时候，就需要有一个指挥家来进行总的协调，这个过程总也许忽略了很多单独乐器的亮点，但乐队整体表演出来效果将远远大于单独乐器表演效果的叠加。

同样的，城市设计在控制小城镇建筑空间环境总也是起到了一个乐队指挥家的作用，它考虑的是建筑形态和组合的整体性，对建筑设计提供了一定客观控制，具体内容包括建筑体量、高度、外观、色彩、风格、物质、容积率、沿街后退等，城市设计可以对建筑设计明确鼓励怎么设计，不鼓励怎么设计以及反对什么。通过整合设计，不仅控制了单体建筑形态的科学性，也把握住了建筑组合体宏观效果，从而更好地构建城镇风貌，整体性能更好地延续下去，这就组成了一种有机生长的小城镇。

3）小城镇中心区小城镇建筑形态及组合

落实在小城镇建设中，其建筑形态及其组合设计更具有现实性和明确性，考虑到小城镇的特色，建筑形态设计应该把握以下原则：

①保护自然之美

小城镇不同于大中城市。小城镇建筑形态之有别于城市并可能稍胜于城市，就看是否在城市设计上充分利用了自然之美。自然之美是每一个小城镇都可以找到的。

小城镇建筑形态之间借助和发扬自然之美，就是不要一味地用堆砌水泥，不要盲目建设人造景点，而要多利用本镇周围已经拥有的自然风光、自然景点，与周围的农村大环境相协调。对大自然的一草一木都要爱护、保留、配植。其实，自然风光要比人造景观宝贵得多和优美得多。

②注重乡土特色

小城镇毕竟不同于大中城市，其建筑形态应求具有乡土气息。这就是扬长避短，展美藏拙。要注意营造小城镇周围农村大环境的自然之美，注意对独有的点景、构筑物的保留；对建筑物内部改造也是要把握好突出特色的要求，做好特色风貌与时代发展的融合。

③强调"以人为本"

"以人为本"应放在重要位置。设计任何一座小城镇，都应把人的需要放在第一位，避免本末倒置。这里的"人"，主要指本镇居民，包括本镇的常住人口和流动人口，当然也包括外来打工者。本镇居民是城镇的主人，优美的小城镇空间环境可以让本镇居民实实在在的享受到。

④坚持形成特色

小城镇单体或整体的建筑形态，都可以采用比较灵活的形式，逐步形成。小城镇的建筑形态，有其自身的价值。我们应该认识到，小城镇的建筑形态改造，可以在总体城市设计的指导下，逐步实施，城市设计可以引导城市建设科学地、合理地展开。

(3) 小城镇中心区路网设计与交通流线

小城镇中心区在交通组织上，比城市的复杂交通问题要简单得多，但仍需着力贯彻以人为本的基本思想和为公共空间组织创造有利条件这一原则。

小城镇中心区的交通组织，主要通过交通现状调查以确定交通组织的基本形式，并密切配合中心区的功能区划分和使用。

1) 交通调查

交通现状调查一般在总的设计调查中已进行，专项交通调查主要针对中心区的交通量和居民出行等状况作进一步的了解，侧重于道路设施质量、使用强度以及居民往返中心区的交通手段等。从中分析现状矛盾，提出具体解决方案和手段，包括改造或改变道路性质的可能性，为中心区城市设计的总体构思提供交通可行性的保证。同时，调查现状还需要与交通量预测和交通发展方向相结合，从而最终确定中心区的交通组织形式。

2) 设计组织

小城镇中心区的交通现状普遍采用混合式，特别是发展历史不长的小城镇更是沿过境公路来发展中心区的。当然，也有许多江南古镇由于历史形成的中心区街尺度小，无法提供机动车运行，而保持了分离式的特点。因此，对大多数小城镇中心区的交通组织来说，首先要绝对避免过境交通和主干道交通的干扰，但又要有一定的联系方便，一般这一工作已由总体规划完成，城市设计所注重的主要是中心区内部交通的模式，包括人行、机动车客运和货运的相互关系。其次从已有经验来看，步行是中心区商业区的首选交通方式，采用平面分离使车、人完全分开，有利于购物环境的舒适性和方便性的结合，而对中心区的其他内容构成需结合实际进行设计，对用于行政、商务、文体的建筑则都需保证有一面与机动车道直接连接，这样更为合理，可提高使用效率。小城镇中心区的规模容量决定了步行交通系统可成为中心区的主要交通，而步行系统的空间组织也正是城市设计所注意的重要方面，城市设计通过步行系统的定位、必要的辅助道路、接近的停车场地及相应的休息服务设施和绿色环境来整体创造中心区宜人的特色活动空间环境。

中心区的交通组织也应当与中心区各构成内容的布局形态相配合，针对小城镇人口规模在将来的普遍提升，布局上形成街区需要一定的进深度，可通过有计划的，外围向纵深发展的次序，适应各阶段的需要，同时又保证交通模式的完整性及空间分区分期的完整性。

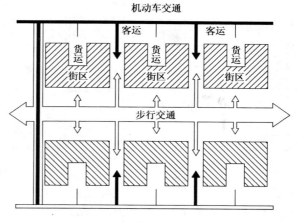

分离式交通系统组织的理想模式

小城镇中心区交通设计的核心正如前述是步行系统的综合设计，城市设计需要深入到整个公共空间和界面、铺装、绿地、设施等多种要素的设计。步行系统本身尚需满足消防和无障碍设计的要求。

（4）小城镇中心区开放空间设计

小城镇中心区的开放空间主要由步行道路、硬质广场、休闲绿地、睡眠和路灯、指标牌、广告牌等城市家具和相应的服务设施所组成。开放空间也是组织建筑群的结构核心，中心区人流的集散地。这类空间以步行作为交通方式，界面清晰，与生态景观相联系，满足人们的行为要求，集中了中心区的特色，是中心区的核心活动空间。

人们在中心区活动的一次性延续时间，一般在一两个小时，有的可长达三小时以上，因而在公共中心区设置较完善的服务性设施和可休息的空间是非常必要的。

小城镇中心区的基本服务设施包括：

1）停车场地

在留出自行车停车场地时要适当留出场地作备用的机动车停车场，尤其在经济发达地区，今后用作城乡间交通工具的摩托车、私人小汽车将会有较大的增长，近期这些备用发展地可安排广场绿地。

2）存物处

供携带物品后，活动不方便的人存放。

3）公共电话

便于人们相互信息、及时联系。

4）公共厕所

小城镇中心区，应有较高标准的公厕，做到清洁、卫生，提高城镇中心区环境的卫生水平。

5）资讯设备

包括各种指路牌、地图等，要求位置合适，表达清晰。

小城镇中心区公共空间从其形态看主要有线装和点状两种，从类型看主要包括街、景观带（如河道、绿带等）、广场类及桥、河埠等特色空间以及组织关系。

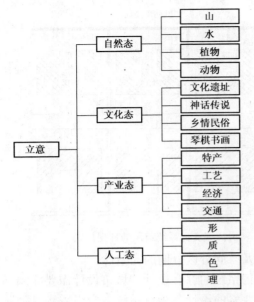

1) 立意

公共空间设计首先通过城镇特色和基地条件的把握形成设计的总构思。这一概念是场所和文脉意义融合其他因素而形象化的过程，作为一个概念应具有必须的特色性和可形象性。很多时候是以小城镇的自然风貌中的主要构成或长期形成的人工物的一种，也可以城镇性质或产业特征作为立意的出发点。立意必须得到验证，在提出一论证的反复循环中才能成为城市设计和使用者的共识。

2) 结构

在立意的基础上可以转入对公共空间的结构分析，即通过空间形态学和空间视觉分析建立公共空间的关系，包括层次、序列和网络。这种关系可以是轴线或对景，可以是手法上的连续或断裂转折，也可以是体验上的渐进或对比，也包括每个结点的性质地位和组成要素。从性质看可以是起、承、转、合等。组成要素可以最符合结构关系原则的一切自然或人工景观来确定。结构界定了使用对公共空间的体验，可以是街、路，更重要的是视觉或其他感官体验的过程线，成了公共空间的基准线，这是空间与行为的主要联系关系。结构的确定过去是一种设计者个人的经验体验，而现在则通过使用者感受而具有更多的实证性，也通过动画和虚拟现实而具有更多的真实性。

3) 类型

在结构形成的过程中，每个结点或线都凸现出来，围绕着主构思和结构中的位置被确定各自的形态、尺度和主题。特色同样是每个结点空间必备的性质，其中高潮性的主题结点空间更应完整地

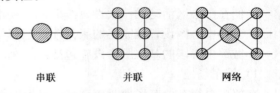

公共空间组织的结构模式

表现构思概念。在中国传统小城镇中心区的空间形态中，街市和封闭形态较为发达，而大型结点如广场类则相对稀少，结点主要集中在桥头、码头、水埠等少量类型上，而随着小城镇中心区综合功能的加强，主要用于公共交往的大型结点成为必然的需要，广场成为中心区公共空间的组成部分已成事实。但是，目前城市的广场风吹到小城镇时，必须掌握适度的原则。每个广场空间都有与中心区规模和使用人群匹配的问题，当然也与广场的使用性质和功能设置乃至边界尺度相关。作为小城镇中心区的广场设计首先要考虑到使用容量，动辄数公顷至十几公顷的城市广场在小城镇中心区可能会成为一块敞地而非广场，特别是没有相应的广场界面时更失去了向心性和聚集性。据国外经验数据，广场的大小每 30m² 有一个人，才得以维护最低限度的生气感，另一组调查则提出环境感觉从自由、不干扰、干扰到约束感的统计分别为每个人 50m² 到每个人 2.2m²，因此从中我们可以通过小城镇中心区的人流量来确定广场的基本尺度，当然，在界面要求与人流量要求出现矛盾时，广场空间可以通过再划分形成的二次空间来与人流相适应，广场与界面的关系则一般

可通过视距三角形得到，一般采用 $D/H=1\sim3$ 之间，对小城镇而言，$H$ 值一般在 $2\sim4$ 层，由此可得到相应的 $D$ 值。

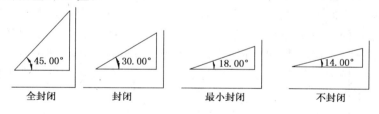

空间与界面的围合关系

桥头、河埠作为传统的结点空间是由于交通、贸易和生活而自发形成的，也是重要的交往空间，表现了很强的地区特色，并且是动静交融的，充满了生活的情趣，是水乡城镇的重要中心区景观。在现代小城镇中心区的城市设计中，仍需着力发掘这类空间的意义，保持城镇中心区生活的连续性。

街是中心区公共空间的另一大类型。也是中国古代最重要的城市和城镇公共空间，连续性、尺度感在运动中表现出来，而空间的变化同样在运动中展示出一个个场景。街道设计更多的时候被赋予观念的象征意义，或者是秩序感，或者是情趣性，总是体现着社会和自然的哲学思想。而现代小城镇中心区的街道应当首先是人的使用空间，满足人的心理和生活需要。从这点来看，传统小城

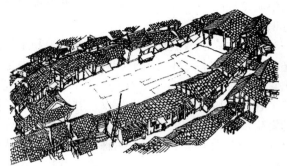

四川罗城镇中心的戏台广场

镇中心区街道空间的比例、尺度虽具有极强的亲切感和生气感，在小城镇这一特定环境中仍能符合部分的要求，但6m以下的尺度在小城镇中心区的发展中与容量产生了一定的矛盾。所以，辅助性的或次一级街道可通过小尺度这里这里营造这种气氛，但主要性的街道仍有加阔的趋势。小城镇中心区建筑一般不高，10~20m 的尺度是较为适宜的不拥挤又有亲密感的街道尺度。这样的街道同时也成为一种带型广场，可行、可坐、可游，通过节点的串接和自身形态方向的转变达到连续而又具有区段变化的要道。

街道空间的活力可以通过多方面的设计来达到，在自身形态上，主要通过转折、局部拓宽和串联来实现，在内部设计上，主要通过城市家具或城市绿化来二次设计，在视觉上通过对景、图案、色彩来表现，而最终依靠人的活动来达到。城市设计的目标就是把城镇中心区的公共空间营造成城镇的"客厅"空间。

结点也可以是一系列的自然景观及其影响区域，构成公共空间的第三种类型，常见的有公园、绿地、大树、水面等。以其优美、舒展、闲静的绿色意象而成为公共开放空间的有机组成部分，以其丰富生动和鲜明特色参与城镇中心区的特色意象

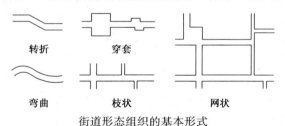

街道形态组织的基本形式

构成，让中心区融入山、水、绿色的自然中。

（5）小城镇中心区夜景设计

城镇夜景观是小城镇景观的重要组成部分，它是由小城镇自然及人文诸元素共同构成的夜间综合景象，即可视化的形式信息综合。随着生活水平的提高，人们对生活环境质量的要求也越来越高，不仅需要昼间环境适宜，而且对夜间环境也愈加关注。当前在许多小城镇蓬勃推进的小城镇形象工程都把"亮起来工程"或"灯光工程"等列为比选项目，并取得实效，获得了市民百姓的认同与赞誉。

1）小城镇夜景观的使用背景

小城镇夜景观的形成一般是建立在已形成小城镇景观基础上的，是小城镇景观第二生命的体现。小城镇夜景观因涉及到小城镇的现状，所以它是一种对不同时间、空间使用及对所需活动的重新调整，它或者增强现有小城镇景观特性，或者减弱它。

小城镇自然形体的利用对于小城镇景观而言常常是小城镇特色所在，在夜晚更成为活跃小城镇夜间景观气氛的要素之一，是表现力极强的夜间标志点，最能增强小城镇夜间的可识别性。

但是在对小城镇自然形体进行夜景观利用的同时，还要综合考虑到生态保护，要避免光污染的发生，另外，由于小城镇自然环境中生存着许多动植物，过度的夜景观建设会影响它们的生存。

在对小城镇自然形体进行夜景利用的同时，还要综合考虑到生态保护，要避免光污染的发生，另外，由于小城镇自然环境中生存着许多动植物，过度的夜景建设会影响他们的生存。加拿大温哥华毗邻原始森林，当地政府从生态保护角度出发，仅对森林边缘的街道进行了夜景建设，越接近森林，景观意味越淡化。有许多野生动物甚至可以大胆地在街道上漫步，而街道的另一侧则是灯火通明、繁华热闹的小城镇中心区，这一独特的夜景成为当地的一大特色，成为市民的骄傲。

2）建筑形态及其组合的再塑造

建筑是小城镇空间最主要的决定因素，即使到了夜晚也是如此。建筑及其群体在夜晚小城镇空间中的组合方式的质量优劣直接影响着人们对小城镇夜环境的评价，尤其就视觉这一基本感知途径而言。夜景观规划设计主要通过光对小城镇空间进行二次设计，要考虑到建筑的文脉，从弹性驾驭小城镇夜空间的管理法规和艺术要求入手，其具体内容包括建筑体量、高度、外观、色彩、风格、材料质感及沿街后退等二次表现。夜景观规划设计为建筑物在夜间专门的表现和所有其他被光授形的物质要素的表达提供了"存在的理由"。

小城镇夜景观规划与以往的小城镇景观照明相比，在处理夜间建筑物形态及其组合方式的根本差别在于前者更注重物质形态背后隐含着的深层文化底蕴。不同的设计手法、不同的建造年代形成了多彩的小城镇建筑形态及空间，古典与现代、丰富与简洁并存，有处理成功的典范，但也不可避免地存在着失败之笔。由于日光具有不可选择性，因此许多小城镇空间难以协调，而在夜晚，可以利用灯光，通过改变建筑色彩、质感、体量、形态等手段，使建筑组合更精彩、协调。

建筑群体构成了不同性质的小城镇区域。以往的景观照明只注重空间亮度，而忽略了小城镇空间性质的要求，例如：小城镇的商业区以繁华热闹为特色；居住区舒适安静；文化区则应高雅纯净；行政区庄严肃穆。建筑群体夜空间环境应与小城镇中心区的性质相适宜，在小城镇中形成特色。

3）行为活动对夜空间的特殊要求

空间与行为之间具有相互依存性。小城镇夜生活有公共性和私密性两大类，前者是一种社会的、公共的、外向的街道或广场生活；后者则是内向的、个体的、自我取向的生活，它要求宁静、私密和有隐蔽感。这两者对小城镇空间有不同的要求。但是，由于夜晚人的群聚意识、自我保护意识、安全意识增强，所以要求夜晚的私密空间又带有公共的色彩。在夜间，有安全性的私密空间不宜设于小城镇偏僻、隐蔽感强的地方，而公共活动场所相对安静处是人们夜晚私密生活的最理想地点，空间组织应对此作出相应的支持。

4）开放空间夜景设计

开放空间意指小城镇的公共外部空间，包括自然风景、硬质景观、公园、娱乐空间以及室内化的小城镇公共空间等。由于小城镇居民消闲、娱乐时间逐渐向夜间推移，因此开放空间在夜晚比白天显示出更多的使用性、功能性、标志性。抛开时间因素的影响，开放空间作为小城镇设计客体要素，有5个基本特征，他们在夜晚的表现与作用各不相同，缺一不可。

①边缘

出现在水面和土地交接或建筑物开发与开放空间的接壤处。

②连接

可以是一个广场和其他组合开放空间体系及要素的焦点，河道和主干道也可成为主要的起连接功能的开放空间。

③绿楔

提供自然景观要素与人工环境之间的一种均衡。

④焦点

可以是广场、纪念碑或重要建筑物前的开放空间。

⑤连续性

自然河道、一组公园道路或相连接的广场空间序列都可形成连续性

这5个特征中，连接与焦点往往是小城镇夜空间的主要渲染对象，而边缘、连续性却常常被忽视。其实，由于小城镇在夜间失去了太阳这个参照点，人的方向感、尺度感相对降低，模糊的小城镇开放空间易引起人的恐慌，从而会引起人们在空间中的滞留时间及其实用性的降低。因此增强特征的表现力，使开放空间在人们的视觉中更加明晰，使组织好小城镇夜晚开放空间的关键。在这五个特征中，边缘与焦点是特征中的重点，人们往往在夜间以二者为坐标原点，记忆小城镇并强调自己所在的方位。

另外，步行街、交通与停车、标志是开放空间夜景设计的重点

步行街（区）：

步行街是小城镇开放空间的一个分支，它在小城镇夜环境中有着越来越重要的地位。步行街的繁荣是现代人对日渐稀少的生机勃勃的街道生活现象怀旧情节的体现，人们对步行购物条件的关注已经转到了对交往条件的关注。

步行街不只是丰富夜景观规划的构成要素，而且是支持小城镇夜间商业活动和有机活力的重要构成，它甚至还影响到整个小城镇的生活形态。

交通与停车

交通与停车是决定人们夜间活动走向的前提条件，有活力的、最易形成小城镇夜间景观的区域必定与交通、停车便捷分不开。今天的小城镇交通问题多由小城镇结构性失调引起，解决问题的最好方式也是从整体小城镇结构入手，与小城镇规划密切配合，这也是进行小城镇夜景观规划设计的意义所在。

标志

标志由公益性和广告性两种。

公益性标志一般比较有规律性、有公性，包括路标、方向性、停车场标志、人性穿越标志、某些特殊场所标志（公厕、广场等）、区域地图以及公益性质的广告等等。这种性质的标志指向性较强，简洁明晰，是市民在夜间活动的重要参照点，一般集中设置在道路交叉口。令人遗憾的是，这一类性质的标志并未引起人们的足够重视，职能依靠路灯或广告的光线勉强标识出它们存在而已。解决这一问题的方法并不难，只需在规划设计时多为市民的活动考虑，把它们设置在明亮、显而易见之处，或对它们进行单独的照明设计。

与公益性标志相比，带有广告性质色彩的标志无论是白天或晚上都精彩，抢眼的多。由于这一类性质的标志极大地影响到小城镇空间在白天的景观效果，因此已经引起了人们的关注，但同样也只是局限于它们在白天的形态，对于其在夜晚所反映的照度、色彩、方式、密度对于行人的视觉影响没有做必要的引导。当然，过于统一，有序的标志符号也会引致小城镇夜空间环境的单调与乏味，但目前多数小城镇面临的问题是过于杂乱，广告性质、形式与场所性质，气氛不符。所以有必要对夜间标志的形态在小城镇设计导则中作出详细规定，使之规范化、秩序化，减少视觉负效应。

### 4.4 小城镇中心区公共建筑设施的城市设计成果

城市设计报告

城市设计工作主要在三方面展开：城市设计体系、城市设计准则和城市设计图则。

（1）城市设计体系

城市设计体系是把小城镇中心区的研究报告中所确定的城市设计目标转化为解决的结果。城市设计体系通过一定的构思，把目标在土地使用、交通体系、公共空间、景观系统、中心区建筑控制这样的完整体系中表述出来，制定各分项的总体把握尺度和明确的设计战略定位，并且有理有据地提供这种决策的依据，把目标结构化并成为构思，同时，这一过程也是一个不断修正、参与决策的过程。

（2）城市设计准则

准则的编制是把城市设计体系变成具体操作的控制原则和规定的过程，也是可以法制化据以执行的纲要。城市设计准则包括总体准则和分地块设计准则，并应制定相应的图则以形象化。城市设计准则以文字语言和具体数字表述，文字语言设计到控制程度、一般共识或必须加以规范化的说明。如"规定"、"必须"、"不得"属刚性规定，工程设计时需完全遵守，业主无自主权；"允许"、"允许"、"可以"属柔性规定，业主和设计者有一定的自主权，政府规划主管部门对业主有一定的约束性；"建议"属弹性规定，给业主提供参考，业主和设计者有自主权。具体数字表述则属刚性规定，不许变更，其中容积率、建筑密度、层数均为上限，绿地率、停车位为下限控制。

1）总体准则

一般按内容分别说明，每一部分均提出设计目标和设计准则。在小城镇中心区的城市设计中，总体准则要求控制以下几个方面：地块划分、使用性质、开发强度、建筑退线控制、道路交通控制、景观控制、开放空间、建筑设计、城市小品、城市家具、市政设施、管理条例等。

地块划分主要明确划分准则与目标的关系，同时说明划分的一系列标准。如对道路、河流之类的计算方式，对建设的次序和地块的再划分或合并建设也需制定明确的实施细则，尽可能给开发建设提供灵活性。

土地使用要求明确土地使用性质和开发强度指标，指标的确定必须考虑到多方面的社会、经济因素和城市公共空间的完整性，并在分地块准则中强化控制。

建筑退线控制的目标是协调建筑与城市空间的密切关系，创造小城镇中心区的整体城镇景观。退线包括退线值要求和压线规定，退线值要求有退线范围内的设计，而压线，分全部压线、部分压线和不可逾越三种情况。根据城镇公共空间界面的需要性来制定，其中部分压线必须明确压线率以确保必要的连续界面。

道路交通控制是小城镇中心区环境质量的重要影响因素。在可能的条件下，尽量保证机动车出行方便，尽量减少对中心区交通系统的干扰，并且在定点、地块出入口就货运模式、停车车位等方面分别加以控制，确保交通的顺畅和安全。对步行系统更需要周密考虑到安全便利性，从人体工程学出发制定步行尺度等数据，考虑无障碍设计和适宜的休息区。步行区域作为城市公共空间的重要组成部分是小城镇中心区城市设计的重点之一，可以通过对色彩、材质、布置、经营的统一设计而获得最佳效果。

景观控制可以通过对绿地、水体等自然景观的合理配置或强化，获得小城镇中心区在生态上的目标，同时也成为景观的重要特色。绿地的树种、间距、方式布置和水体及其边界的设计是景观效果获得的手段。

开放空间是小城镇中心区的核心公共空间，它的结构、形态、尺度、肌理等直接影响到小城镇特色空间的形成和空间的质量，开放空间的形态研究和意义是城市设计的重中之重，开放空间同时还包括活动的设计，包括空间群落的关系设计，和城市设计准则中的所有其他部分都有密切的关联性，需要在明确的目标下采用适宜的手段来表达。

建筑设计准则主要在界面上提出对建筑设计的要求，如形式上的骑楼或过街楼，材质的选用，色彩的定义以及基本的形式定位和组合方式，同时也通过限高等一系列数据加以量化，一般要提出意向性的形态设计和立面形式设计图则加以形象化。

城市小品用以控制入口、转折、核心等一系列城镇中心区公共空间中的选用标准，提出每个城市小品的意义和形式，明确位置和尺度，以期进一步设计时能纳入城市设计的统一构思中。

城市家具是对广告、指示牌、电话亭、垃圾箱等资讯及服务设施在形式、位置和布置方式上的限定，为了完整性，最好在城市设计中直接定位和确定选用形式。

市政设施控制是对小城镇中心区范围内涉及到的变配电所、公厕、公交站点等设施的定位和设计要求。

管理条例的限定主要是通过建立奖惩制度促进小城镇中心区的建设，使其在执行中具有一定的弹性，又能保证中心区的公共空间的完整性。管理条例也包括对各种变更涉及到的决策机构的等级和处理时间、程序等作出明确的建议性政策，提供给管理部门决策。管理条例作为城市设计的一部分，反映了城市设计作为公共政策的一个方面，它的制定有赖于各方面的协调和磋商，应充分反映各层次、各利益集团的利益。

城市设计的总体准则必须配合总体图则一起完成，其中准则是刚性的，而图则的部分内容是拟议的，可供单项设计参考并最终由单项设计完成。

2) 分地块准则

这是在总体准则的指导下按地块拟定的细则，就每个地块的内容，按总体准则设定的各方面要求，进行规范和说明，分地块准则必须严格按总体准则的要求编制，在三维各向作出刚性或弹性的制约标准，并提供拟议的体量和形式参考图则。分地块准则可与图则分别表示，也可合并后分地块一起说明，提供更强的直观效果，是各地块实施建设中批租土地、立项、单项设计的城市设计指导意见书，具有法规性意义。

(3) 城市设计图则

小城镇中心区城市设计的成果在很大部分上依赖于清晰完整的图则来表达，图则部分相应地由分析图则、总体图则和分地块图则三部分组成。从性质上分为控制性和拟议性两种，控制性图则是城市设计准则的形象化表达，而拟议性图则是在准则控制下的可能设计之一，或属于建议性设计。

①分析图则

主要是对现状资源和问题的图示式描述，需要从中找到一定的结构逻辑关系，为决策设计提供依据。分析图则应根据项目城镇中心区的不同情况决定编制类别数量，主要从中心区本身的各个条件和中心区与全镇及镇域的关系两个方面来考察。分析图则是城市设计的重要组成部分，但不一定全部作为设计的最后结果，更多的作用在于讨论和设计决策时作依据。

②总体图则

对应于总体准则进行编制，内容包括了总体准则涉及到的各个方面，并在开放空间控制等方面强化设计表达，达到修建性详细规划的深度，而在总体三维意向设计中提出建议性体量控制设计，可通过模型、重要视点效果图等直观表现方式，还可以通过动画、虚拟现实等更多真实的手段来描述模型建成效果。总体图则的编制应贯穿城市设计是设计城市而不是设计建筑这一主线，把设计和控制设计有机地结合在一起，达到设计与建设可能的一致性。

③分地块图则

既可以独立成图也可以与分地块设计准则结合成图。详尽的分地块图则不仅是建筑设计的依据，也是建筑可行性研究的重要资料，是使每一地块有机地纳入中心区整体空间的保障。分地块图则不但要提供每个地块地基本规划参数，还要在建筑界面上进行限定，即二维和三维地多重控制，提供意向性地平面和三维形态，有尽可能详细的城镇对建筑的要求，对分期实施则提出建设的先后次序和各阶段的使用保障，体现过程设计的特征。

最后，城市设计成果的最终表达仍是一个阶段性的成果，仅仅是提出了战略和部分的战术原则，需要在不断的修正中得到完善。

## 4.5 小城镇中心区公共建筑设施的评价和实证

一个小城镇中心区的城市设计的完成是在实施中最终得到的，对设计评价和管理是城市设计成败的重要方面，通过评价进行调整和修改，通过管理贯彻意图和完善设计。

(1) 城市设计评价

城市设计的评价一直没有公认的标准，而城市设计的过程性使评价时间的选择至关重要，其结果当然也相去甚远，从基本点上，城市设计的评价标准应当是优化、是适住的空间环境质量，但具体来看，寻求一套共同的标准是不现实的，也是不可取的，无法适合城市设计的综合性和复杂性。但是，城市设计的评价方法是多种多样的，代替共同的标准，因地制宜的进行城市设计的评价。

城市设计评价的方法如下：

判别法

判别法是主要基于主观感觉的评价方法，用来粗略评价项目可能产生影响的范围和这些影响的一般性质，可以说，判别法是在进一步的定量评价之前进行的定性判别。利用判别法可以在进行细致的研究评选之前进行初评，确定是否有必要继续评价过程，排除掉明显不利的方案，减少无意义的消耗。

叠置法

叠置法常将项目地段内功能的、美学的、社会的、经济的、生态的等各类特征进行叠置，得出该地段的环境组合特征，然后标明地段内环境受影响的情况，得到表示影响类型、影响范围及其相对地理位置的图形。

叠置法的优点是综合了社会、经济、环境等因素的考虑，把总的社会价值和社会损失显示出来，尽管这种方法不够精确，但是可以保证操作的可能性。

列表法

列表法就是列出影响评价过程中需要考虑的潜在影响面，并对各种影响进行逐个评价。由于这种方法能保证列出的范围都在评价过程中予以考虑，因而被许多公共机构所采用，列表法实际上是判别法的一个变形，它也是在潜在影响开始，接着用有利或有害，短期或长期，没有影响或有显著影响等术语来表示影响的性质。

矩阵法

矩阵法基本上是同时列出各种计划行动和可能受影响的环境条件或特征，用矩阵的形式表示出特定的活动与其影响之间的因果关系，矩阵的元素可以是这些因果关系的定性估计值，也可以是它们的定量计算值，后者在多数情况下是与加权相结合而得到的总的"影响尺度"。

(2) 实证分析

某城镇中心区中山中路城市设计。

1) 项目概况

中山中路恰好位于某城镇中心区老城区的中心地段，纵贯自萧甬铁路北侧的子陵路起穿越铁路后跨越三条江，东侧有凤山、蛇山，并与三条城市干道相交，全长约 3.4km。中心区的设计范围为中山中路两侧 100～200m 范围，局部地段扩展至 400～500m，面积为 $142.6hm^2$。

中山中路的城市设计可作为小城镇中心区公共建筑设施、空间形态与城市设计研究的代表性实证。

2) 设计定位

中山中路位于某城镇中心区地段，中山中路向北延伸（中出北路）至姚北工业区，东侧为城东新区，西侧为工业区、工业产品商贸区，向南延伸至远东工业城等；按总体规划的功能和用地布局，中山中路应以居住为主，兼有商贸、文化娱乐等休闲功能。设计依据任务书提出的要求，定位为某区内体现当地文化和历史，富有生活情趣的集休闲、文化、娱乐、旅游、居住、商贸于一体的综合性中心区街区。

其核心区块凤山地区应为整个市区的向心聚合点，远景规划中向西有轴线与龙泉山打通，向北有轴线与龟山遥相呼应，东南与乌龟山，南与蛇山有实轴相通。意图拉开山水城市的框架，构筑中心区七大组团之间的空间有机联系（见文后彩图7、彩图8）。

3）设计理念

①多样性是城市的天性

现代城市规划理论将田园城市运动与柯布西埃倡导的功能主义学说杂糅在一起，在推崇区划的同时，贬低了高密度、小尺度街坊和开放空间的混合使用，从而破坏了城市的多样性。功能纯化的地区实际往往是机能不良的城市地区。而一个生动的城镇景象主要来自于小元素的丰富多彩，这对小城镇更需要。环境差异和时间积累形成了城镇环境与空间的特征，而大规模城市建设抹杀了丰富多彩的客观世界形成的本源，使城市成为兵营式的，千篇一律的缺乏自身特点的死去的躯壳。其最终结果不能不花很大的代价炸掉重新建设恢复原来的多样性面貌。因此城市必须保持其多样性的天性，才能显现小城镇强有力的生命力（见文后彩图9）。

②城市肌理

某城镇中心区经过历史沿革变迁现留存的商业、居住等空间肌理大致为半围合、围合和条式三种，其中围合、半围合的空间肌理，其建筑大多以2~3层为主，条形空间肌理的建筑为多层，以5~6层为主。城市设计以原有的空间肌理为基础，结合路两侧各地块的用地十生质。对传统街市的休闲中心区采取围合和半围合的空间肌理特点，进行较自由的组合，并与步行街、小广场，构成一个宜人和颇具活力的街区；居住小区基本上采用条式并少量采用围合、半围合点缀的空间肌理，具有空间生动、使用方便，且容易扩展的优点。

③水是城市的灵魂

三条江河横跨中山中路，同时还保留着部分湿地的宝贵资源。目前市区内水系存在着砌石扩堤衬底、河道截弯取直、盲目填埋湿地等不利于创造优美水环境的问题，应予以重视并研究妥善解决。主要对策应采取自然河流和软质扩堤，恢复水生和湿生种植台，为水际植物群种创造生存环境；市区外围规划建设有效的行洪、泄洪水利系统工程，改变市区河道行洪功能为景观功能。对现存的湿地应予以保护，停止蚕食行为。使城市河道和湿地尽显自然形态之美，为人们提供富有诗情画意的感知与体验空间。

某城镇水环境现状

设计水环境

④山是城市的韵律

某城镇山体的形态玲珑剔透，中心区四山合抱，奠定了其特定的中心区空间方位，构成了"天人合一"的山水文化。但是，现状山体受到严重破坏，损害了城镇的风貌特色。设计着力恢复山体原貌，巧妙整治，为景观环境增添新的风采。

某城镇山体破坏现状

4）设计指导思想

①在中心区充分展示某城镇独有的山水特色，显现山水城市特有的自然要素和城市空间要素的有机融合。

②在中心区充分认识城市多样性与传统空间混合使用之间的相互支持的必要，城市肌理上以差异性为原则，城镇空间上以整合为原则，通过分区控制、尺度控制等设计手法达到城市多样性与城市特色性的完美结合。

设计整治后的山体

③既是空间序列的组合，也是时间序列的嵌套，试图对于"人与自然协调发展"、"城市可持续发展"观念在整个街区的应用作出人性化的诠释。

归纳起来设计指导思想："山水、和谐、人性"。

5）总体设计

设计形成"一核一轴三带四片"的功能分区结构和富有节奏韵律的空间形态。以中山中路为主轴线，三条江河的自然生态绿带，将整个路段分成一核四个片区：核心文化商业区、北部仓储居住过渡区、中部休闲居住区和南部生态居住区（见文后彩图 10～彩图 17）。

①核心文化商业区

以凤山为中心的东侧地块，规划建设低层、高密度，缩小街坊尺度，人工建造河道形成小桥流水人家的江南水乡风格的传统节场式文化商业区。

②北部仓储、居住过渡区

候青江两侧地块，铁路北规划为仓储用地，铁路南保留现状居住小区，成为中山中路衔接中山北路工业及其商贸区的过渡地段。

③中部居住休闲区

中山中路西侧的中部地块，规划为居住休闲区。除保留并改造现状居住小区外，其余均拆除旧房新建居住小区。小区住宅建筑以多层（5～6 层）为主，适当安排少量小高层（12 层）住宅，沿阳明东路街面为商住楼；凤山传统街市和蛇山休闲中心区西侧地块的现状小区近期沿街拆除40～50m住房建筑，改造建设部分商住楼、小区出入口，中期和远期对地块内部的住宅建筑拆除改建和包装改建，以加绿化面积，完善道路系统，营造小区景观。

④南部生态居住区

中山中路南端地块规划新建居住小区和生态湿地公园。其中路东侧白云小区二期已规划，设计略加以调整，小区内增加一条河道；在交叉口西北转角处保留现有湿地，并建成生态湿地公园；南部地块规划建设生态型居住小区。

⑤公共设施设计

设计凤山西侧和蛇山北侧建设传统街市和文化娱乐休闲中心区，以传承城镇特色风貌，形成既有文化内涵，又富时代特色的现代小城镇中心区。

6）道路与交通系统

① 根据某城镇交通系统规划，中山中路既是生活性干道，又是城镇中心区的主干道，当地政府决定在凤、蛇、龟山地块建设文化休闲中心区，因此该路段功能要做好生活休闲道路的功能需求，以保证文化休闲区足够的开敞空间，并有利营造景观。

② 车行与步行系统

该中心区要做好步行与步行系统的设计，道路间距较小，非常适合人们5～15min步行距离（400～800m），因此中山中路的人行道加上凤山传统街市步行街、蛇山休闲中心区步行街，以及各居住小区的步行路径和三江滨江道路构成了较完整的步行网络系统。

③ 停车设施和公交车站

规划设置两个集中的社会停车场，为去街市的车辆停放服务，停车形式课采取地面、地下停车方式，停车后人们可步行至街市和休闲中心区。近期设三个公交车站，远期建成最良江桥后将公交延伸至南面。

7）水系绿化规划

① 水系规划和塑造

中山中路有最大的三条江自东向西流过，其中有一块水网密布的湿地，并有河道与之相通。这些水体是本区块十分宝贵的景观资源，应倍加保护并充分利用加以塑造，以体现山水城镇的特色。

规划水系应进一步强化截污措施，河岸除已建的砌石等硬质扩岸工程外，采取正常水位以下建硬质扩岸，水位以上采取建软质扩岸方式以保持自然状态；四明东路北面的湿地最近大部分被平整填埋，应立即停止破坏行为。对现存的湿地经整理后建设生态湿地公园；在被平整填埋的地块上，恢复部分河道。恢复中山中路西侧沿路原有河道，并加以美化。

规划在凤山西侧传统街市地块结合步行街，人工开挖一条宽8～10m河道自北向南再折向东回流入侯青江，以形成小桥流水人家的江南水乡特色，河流与步行街走向一致，岸边采取软质材料与步行街硬质铺地形成对比，为传统街市增色。

② 绿化系统

充分利用中山中路现有的三江二山的资源优势，营造点、线、面相结合、丰满、多彩的绿化景观系统。精心打造一座较大型的出水生态休闲公园，成为余姚市区重要公园和景点之一。

规划中山中路两侧的人行道和建筑后退地块，种植行道树、灌木、花景和花坛，和横穿中山中路的三条江两侧分别建造30～50m不等的绿带，共同组成四条绿色走廊，以形成中心区的绿化景观带（见文后彩图18）。

8）空间形态设计

中山中路区块空间形态设计以二山三水为核心，山水绿化系统为主基调，以中出中路为轴线，并串联主要空间节点，精心构筑山、水、城、市、绿色相协调的中心区城镇空间。整个区块以中出中路为景观主轴，以江河、道路、铁路等自然界线，由北向南划分成入口过渡区，文化、娱乐、商业、休闲核心区，生态居住区。其中传统街市、休闲中心区、生态湿地公园及道路入口节点、三江自然生态轴等主要景观节点，协调一起，构筑成整体的中心区空间景观结构（见文后彩图19）。

9）城市设计导则

中山中路城市设计为中心区描绘了一幅山水城市的美景，对城镇形象和空间环境要素进行了重新安排，旨在转化为政府对中心地块开发控制的管理依据，同时又使建筑师、景观设计师、工程师们创作时应予遵循的设计原则。

①沿街商铺

设计规定商铺地坪标高比人行道至少高30cm，其门前为建筑后退和人行道组成的空间，店面至人行道侧面的距离至少在16m以上，除种植行道树、点块：花坛、花镜以外，其余全部为硬质铺地，铺地呈坡状，坡度为20‰，商店至铺地至少设一级15cm高台阶。

②传统街市商铺与铺地、河道

内街商铺门前均为硬质铺地，存在较宽的空间，除适当设置地块花坛外，全部铺地，并设20‰坡度以利排水，商铺地坪标高与铺地间设一级15cm台阶；临河道商铺应适当提高地坪标高，与铺地间设两步15cm高台阶，防止雨水倒灌；临中山中路商铺地坪标高比门前铺地及人行道高30cm，商店与铺地间设一级高15cm台阶，铺地与人行道以20‰坡度向外排水。

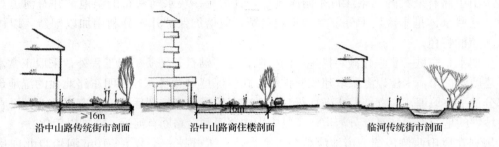

沿中山路传统街市剖面　　沿中山路商住楼剖面　　临河传统街市剖面

10）建筑设计导则

中山中路中心区城市设计对建筑实行控制。控制内容包括建筑后退红线、建筑密度和层数、建筑屋面形式和建筑材料、照明等引导。

①建筑后退线和街墙控制

沿街建筑尤其是建筑高度16m以下的墙面是街道公共活动空间的界限，术语称街墙。要求街墙整齐、界面基本一致。设计规定建筑必须严格按照建筑后退红线建设；在居住小区的沿街面，围墙应通透，住宅的山墙距围墙不小于3m，居住小区主入口应比住宅后退适当距离。传统街市和休闲中心区沿中出中路的建筑必须严格后退红线，在店铺外设置太阳伞、休憩桌椅的建筑，应在建筑红线位置再后退适当距离，以留足空间供人们休憩之用。

②建筑高度和层数控制

中山中路区块的建筑要求以低层、多层为主，可建设少量小高层。规划凤山至蛇山路段东侧的传统街市和休闲中心区建筑最高不超过3层，高度控制在12m以内，其他地块居住小区均为多层住宅建筑，高度控制在20m以内；商场（主要指阳明路和四明路交叉口）可建造25m以内，其余公共建筑包括居住小区的会馆等均控制在20m以内；蛇山南麓规划为2～3层联立式别墅，高度控制在10m以内。

③建筑屋顶形式

中山中路区块的建筑主要采用坡顶屋顶形式；商场、会馆等公共建筑可考虑平屋顶或平坡结合。

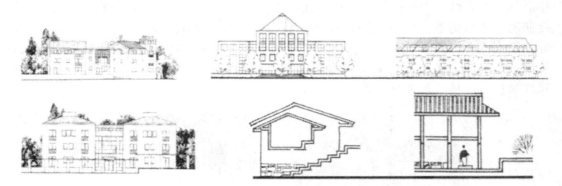

④裙房与出墙的控制处理

由于中山中路系南北向道路，两侧建筑大部分是出墙朝路，有碍景观，设计要求根据商业需要尽量设置临街商铺，临街的住宅出墙必须后退红线 5m，并建设通透围墙，围墙内种植较高耸的树种。

⑤色彩

某城镇建筑色彩明快清新，基调朴素，又不失局部的活泼鲜亮。中山中路的建筑色彩宜延续这种风格。整体色彩以低饱和度柔的色调为主，不要大面积地使用亮色，尤其是与人体尺度相接近的部分更应避免使用亮色。核心区内街以突出传统风貌为宗旨，色彩以明、陕的白色、冷色调为主；墙面以浅灰色、白色为主、屋顶以黑色为主。过渡区仓储建筑以冷色调的蓝色系为主。休闲居住区与生态居住区以明快活泼的暖色调为主。

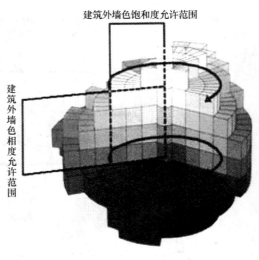

11) 城市夜景规划导则

城市夜景概念是对城镇景观概念的补充，它使城镇景观的范畴更加合理，含义更加明确。

①街道轮廓线：夜景街道轮廓线包括两个层次：第一轮廓线与第二轮廓线。第一轮廓线内由屋顶轮廓构成；第二轮廓线即附加在建筑实体上虚而不定的物体轮廓线，如：霓虹灯、招牌、灯具等。第一轮廓线表现宜结构化、秩序化，清晰成图；第二轮廓线宜无序，非结构化，应：曙第二轮廓线尽可能组合到第一轮廓线中。

②沿街建筑立面：夜景照明条件、街道空间受到压缩，呈现出低平向远处延伸的空间感。在这种环境下夜景照明应针对建筑沿街立面的不同部分作不同的处理：重点突出表现建筑底部（地面到地面以上 10m 左右的部分）。对作为街道衬景的建筑中断进行适当照明，以增加在街道宽度大大超过低层建筑高度的不利背景下的空间舒适度；通过泛光灯照明精心勾勒出生动、丰富的轮廓线。

③商业街区外部环境中的灯具主要有：一般街道照明灯具、局部重点照明灯具、小品灯、聚光灯。为保持环境柔和、宜人的气氛，防止产生眩光，一般不宜设置高亮度照明，步行街沿街建筑立面照明面积较大，其反射光具有散射特点，照明效果较好，街道的一般照明多用庭园灯，尺度宜人，光线柔和，不同于城市道路照明。局部空间，如室外楼梯选用照度大，造型突出，高度较大灯具，休息空间则采用照度小，尺度亲切的灯具（见文后彩图20）。

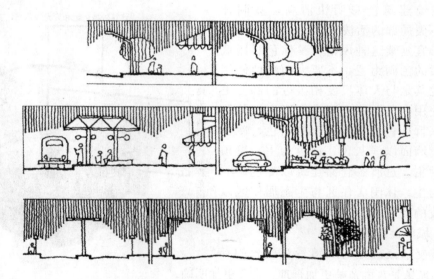

# 小城镇公共设施用地控制及其指标研究

小城镇公共设施是小城镇赖以生存和发展必须具备的社会基础设施。我们在本课题研究中提出小城镇公共设施按其功能可划分为行政管理、教育科技、文化体育、医疗卫生、商业、金融、集贸市场及其他 7 大类。上述 7 大类公共设施涵盖了为公众服务的小城镇公共设施的全部社会功能。

我国小城镇量大、面广。不同地区小城镇的人口规模、自然条件、历史基础、经济发展差别很大,与上述相关的公共设施现状配套建设基础差别也很大。根据我们对广东、浙江、上海、福建、北京、河北、河南、湖北、四川、内蒙古、辽宁等省、直辖市、自治区 80 多个小城镇实地现状调查、分析,镇区人口规模 2 万人以上小城镇公共设施配置一般基础较好,1 万人口规模以下一些小城镇有许多公共设施和公共服务设施项目空缺或只能是"三位一体",甚至"多位一体"配置(即同一公共设施、公共服务设施建筑兼顾多种设施建筑用途),如只设综合商店,没有专门商店,青少年宫与老年活动站合并一处等。另一方面不同地区、不同性质、不同规模、不同类别小城镇对一些公共设施需求侧重不同,甚至差别很大。辟如教育科技、集贸市场等类公共设施。这些都给小城镇公共设施用地控制指标统一制定带来很大难处。小城镇公共设施用地控制指标制定既是小城镇公共设施规划标准制定的重要技术支撑,又是公共设施配置标准研究的主要难点所在。

我国小城镇规划公共设施等研究基础比较薄弱,相关研究成果也不多见,小城镇公共设施用地面积及建筑面积控制指标制定研究主要基于不同地区、不同规模、不同类别小城镇的相关调查研究和小城镇各类公共设施用地需求和规划设计优化的相关综合分析。

## 1 小城镇公共设施用地相关调查分析及其占建设用地比例控制

根据中国城市规划设计研究院、中国建筑设计研究院 1999~2001 年完成小城镇规划标准研究课题对四川、重庆、湖北、浙江、福建、广东、山东、河南、河北、天津、江苏、辽宁 12 个省、直辖市不同地区、不同规模有代表性的 42 个小城镇镇区用地现状和规划的调查统计与分析,镇区公共设施用地占建设用地的现状和规划比例及人均公建用地见表 1-1。

**42 个小城镇公共设施用地相关调查分析** 表 1-1

| | ①公建用地占建设用地比例(%) | ②人均公建用地(m²/人) | 备 注 |
|---|---|---|---|
| 现 状 | 3.3~8.7 | 3.02~10 | 部分镇①最小为山东文登葛家镇,②最小为福建南平太平镇 |
| | 11.96~19.6 | 10.34~20.1 | 较多数镇 |
| | 21.4~24.1 | 25.5~31.6 | 部分镇①最大为河南禹州方家镇,②最大为山东威海初林镇 |
| 规 划 | 3.1~8.0 | 5.08~7.6 | 部分镇①最小为山东文登葛家镇,②最小为福建南平太平镇 |
| | 11.4~22.9 | 11.55~23.3 | 多数镇 |

对照《村镇规划标准》中心镇、一般镇公共建筑用地占建设用地比例分别为12%～20%和10%～18%的规定，目前尚有调查中的一些小城镇现状和规划的上述比值都明显偏低，分析主要是经济发展一般地区和经济欠发达地区的一些镇区1万人口规模以下小城镇，公共设施基础薄弱，规划建设滞后；而调查中的较多数镇区2万人口规模以上或接近2万人口小城镇现状与规划的上述比值大多符合标准要求，也有部分小城镇现状与规划的上述比值都已超过标准。

上述超过标准，一是由于现《村镇规划标准》适用范围不包括县城镇、对县城镇而言，小城镇（县）镇级公建多含了县级公建部分，且小城镇县级教育科技类、商业金融类公共设施规模尚应适当考虑辐射服务范围的人口因素；二是反映了经济发达地区和经济发展一般地区，近年小城镇公共设施的实际需求与发展。

值得指出，小城镇规模过小，其集聚能力弱，辐射功能不强，公共设施不能高效利用，上述42个小城镇选择考虑小城镇规模合理发展趋向，也从远期规划要求考虑，较多选择现状镇区人口2万人以上或接近2万人规模的小城镇，但由于目前我国小城镇规模普遍过小，镇区人口超过1万人小城镇比例较小，多数在1万人以下，所以目前公建用地占建设用地比例偏低，公共设施配套基础薄弱的小城镇区尚有较大比例。

为有利小城镇健康发展，小城镇应通过适当迁并调整，增加人口规模。小城镇公共设施用地控制指标，应按迁并调整与远期规划的人口规模考虑，即既考虑现在情况，也考虑小城镇人口规模增加，公共设施建筑利用率提高的因素，以及不同性质、不同规模小城镇公共设施需求的差别，对照现行《村镇规划标准》和上述调查分析，提出小城镇公共设施用地占建设用地比例控制的适宜范围如表1-2所示。

小城镇公共设施用地占建设用地的比例控制　　　　　　　　　表1-2

|  | 县城镇 | 中心镇 | 一般镇 |
|---|---|---|---|
| 公共设施用地占建设用地的比例（%） | 15～24 | 12～20 | 10～18 |

## 2 小城镇公共设施用地控制方法及其用地面积控制指标制定分析

### 2.1 小城镇公共设施用地控制的主要方法

小城镇规划及相关技术标准研究在120多个有代表性小城镇及规划调研分析基础上，提出采用小城镇公共设施用地占建设用地比例和公共设施分类用地面积控制指标互配互补，宏观控制、中观调控的控制小城镇公共设施用地方法。前者通过控制建设用地及公共设施用地占建设用地比例控制公共设施用地总量；后者通过公共设施用地千人用地面积控制指标，控制分类公共设施用地。

同时，提出通过小城镇公共设施建筑项目的合理选址与布局，及其分类和同类项目中观、微观层面的优化组合，达到小城镇公共设施的合理配置、高效利用和控制用地、节约用地的目的。

根据不同地区、不同等级、不同规模、不同类别小城镇对分类公共设施需求的差别，在确保小城镇公共设施用地总量控制的前提下，小城镇可侧重不同分类公共设施用地需求选择，并允许相关指标适当调整。

## 2.2 小城镇分类公共设施用地面积控制指标制定的相关因素分析

小城镇分类公共设施用地指标取决于小城镇分类公共设施建筑配建项目及其配建项目的基本用地面积要求。由于不同小城镇对上述配建项目规模要求有较大差别，因此，分类公共设施用地指标应有一定幅度。并且小城镇分类公共设施用地指标制订首先要基于上述的综合研究分析，同时在相关综合分析中，应考虑以下因素影响：

(1) 小城镇性质、类型因素；
(2) 小城镇经济社会发展水平因素；
(3) 通勤人口、流动人口和辐射范围服务人口的因素；
(4) 我国东中西部小城镇人口密度、地理条件及其社会经济发展水平等差异造成的公共设施需求差别；
(5) 同一县城镇、中心镇、一般镇的小城镇等级、不同规模、不同功能分类小城镇对公共设施需求的差异；
(6) 教育科技类、文化娱体类有无较大规模学校、体育运动场所、文化娱乐设施的较大差别；
(7) 小城镇民俗风情与周边共享设施条件的因素；
(8) 潜在需求和因素。

## 2.3 小城镇分类公共设施用地面积指标的制定及分析

### 2.3.1 小城镇分类公共设施用地面积指标的制定

本课题在相关调研分析和综合高层专家意见的基础上，认为鉴于我国小城镇特点和实际情况，很难制定一个统一人均用地指标适用全国小城镇，提出以省、直辖市、自治区相关标准作为规划主要依据更能适合各地小城镇实际，同时各省、直辖市、自治区制订相关标准，除依据国家有关政策法规外，还必须有一个技术性的指导依据，因此课题在小城镇用地分类和规划用地标准中提出考虑全国层面的小城镇规划可参照的人均用地指标，也即上述的指导依据。

与上述对应，小城镇分类公共设施用地面积控制指标也应以省、直辖市、自治区相关标准为主，并在课题相关调研分析基础上提出考虑全国层面的小城镇公共设施规划可参照的分类公共设施用地面积指标（表2-1），同时作为制定地方标准的技术性的指导依据。

小城镇公共设施用地面积控制指标　　　　　表2-1

| 公共设施用地类别 | 用地面积指标（$m^2$/每1000人） | | |
| --- | --- | --- | --- |
| | 县城镇 | 中心镇 | 一般镇 |
| 1. 行政管理类用地 | 2100～3360 | 1440～2400 | 1200～2160 |
| 2. 教育科技类用地 | 3000～4800 | 1920～3200 | 1600～2560 |
| 3. 文化娱体类用地 | 2400～3840 | 1800～3000 | 1500～2700 |
| 4. 医疗卫生类用地 | 750～1200 | 480～800 | 400～720 |
| 5. 商业金融类用地 | 5100～8160 | 4320～7200 | 3600～6480 |
| 6. 集市贸易类用地 | 按集市贸易的经营、交易品类、销售和交易额大小、赶集人数，以及相关潜在需求和地方有关规定确定 | | |
| 7. 其他类用地 | 按其他类公建的实际需要确定 | | |

必须说明，表2-1指标系基于适用小城镇远期规划人口：县城镇4万～10（15）万人，中心镇3万～8（10）万人，一般镇1万～4（6）万人的基本考虑。其中非括号值是指标适用基本段人口，括号值为指标适当考虑的上限人口规模。上述选用指标按人口因素的考虑：一般人口规模低值应对应于指标高值，人口规模高值应对应于指标低值；小城镇规模在上述主要适用远期规划人口非括号上、下限值之外的情况，小城镇表中指标宜结合小城镇实际适当调整。

### 2.3.2 小城镇分类公共设施用地面积指标的主要制定分析

1) 行政管理类用地

小城镇行政管理机构主要是镇政府（包括镇党委、人大），及其办事机构，其中城乡规划和土地管理部门、工商、税务、交通监理机构可能在政府大楼，也可能分开设置，县城镇还有县一级的行政管理机构含县委、人大、政府、政协机关及其职能办事机构，县人武部、公检法及其派出机构，后者县一级机构多为分开设置。

小城镇行政管理机构设置是每个相对应一级小城镇基本相同的。其用地面积控制指标根据按与适用人口规模对应的有代表性的小城镇政府等用地面积调查分析得出的县城镇、中心镇、一般镇行政管理类用地及其不同规模上述用地的差别的综合分析，推算出对应千人用地指标的幅度范围。

根据行政管理类职能等特点，其公共设施用地千人指标尚可以每机关工作人员的平均建筑面积指标为考虑基点，结合各地有代表性实际用地调查综合分析推算出千人用地指标。根据调查，小城镇行政机关工作人员，规模较大的镇一般在80～100人左右，规模较小的镇在40～60人左右，同时综合各地实际情况适当考虑编外人数。

2) 教育科技类

不同地区、不同规模等级小城镇的教育科技类公建现状差别较大，但是一个共同点是需求正在较大增长。这主要基于：

(1) 农村中学教育普及、贫困地区希望工程实施；

(2) 知识经济时代到来，县城镇、中心镇对规划设立各类高、中级专科院校，成人学校和少部分条件较好县城镇民办大学有较迫切要求；

(3) 科技致富、知识扶贫，使小城镇科技站、信息馆（站）、培训中心、成人教育等应运而生，并在小城镇经济发展中起到了积极作用。

根据相关调查分析，远期规划县城镇、中心镇一般设置专科学校1～2个、高中1～3个、初中2～4个、职业中学1～2个、科技站1～2处；一般镇按高中0～1个、初中1～2个、科技站1处。按照上述规划配置项目及每一项对应用地预留面积调查分析，同时考虑对应镇人口规模范围即可推算出对应不同规模、等级小城镇的教育科技类公共设施用地千人控制指标幅度范围。

值得指出不同镇教育科技类公共设施用地因诸如有无较大影响力和较大规模的较高一级学校等不同情况会有较大差别，指标制定除考虑这一因素外，尚应允许在应用中结合实际情况的指标适当调整。

3) 文化娱体类

小城镇文化娱体公共设施与小城镇精神文明建设直接相关，文化娱体公共设施的完善是社会进步的象征。

近些年来，随着小城镇经济、社会发展和居民生活水平提高，小城镇对文化、文艺、体育、娱乐等方面的需求也在明显增加。不仅是中央组织的"三下乡"活动很受欢迎，而且是小城镇自身文化、艺术、体育、娱乐活动，也正处在普及和较大发展当中，并各具特色。

此外，近年小城镇文物、古迹，以及文化旅游资源的挖掘也普遍开始重视，据浙江、福建、四川、重庆等省、直辖市小城镇有关调查，文化古迹保护和文化旅游资源的挖掘是生态旅游型小城镇相关规划的重要内涵。在小城镇总体规划中，加强这方面的用地统筹规划更为重要，同时在文化娱体类用地指标的幅值确定中，应适当考虑潜在需求的发展余地。

根据相关调查分析，远期文化娱体类项目配置一般按县城镇、中心镇文化活动中心1处、影剧院1~2处、体育中心1个、展览馆、博物馆、广播站各1个、福利院1个、藏书15万~20万册图书馆1个；一般镇文化活动中心1处、影剧院1处、福利院1处、广播站1个考虑，推算其用地控制指标方法基本同前。

4）医疗卫生类

医疗卫生类布局的特点是分散布置。

医疗卫生设施规模直接与其服务人口、当地经济社会发展水平、周边有无共享设施等有关。

根据小康社会建设目标和随着农民医疗保险制度的逐渐建立小城镇医疗卫生类公共设施改善更为迫切。

小城镇医疗卫生类用地控制指标基于远期基本相关项目配置：县城镇、中心镇综合医院1~2处、专科医院（诊所）1个、防疫站1个；一般镇综合医院1个，并依据不同小城镇上述配建项目的用地综合分析，推算对应镇医疗卫生类用地控制千人指标的幅度范围。

5）商业金融类

小城镇商业金融类公共设施公共服务设施建筑涉及项目很多，除小区与住宅组群布置的公共服务设施外，其他宜集中布置于镇商业中心。随着小城镇居民生活水平提高和第三产业发展，这方面需求增长也很快，且有较大的潜在需求。

小城镇商业金融类用地控制指标，不仅与其需求预测分析有关，而且与其合理选址和布局，及其性质相近、服务同类的项目采取综合楼和商城等个体、群体建筑的增大建筑体量、合理配置、高效利用相关，也与位于不同街区地段，采用不同的适宜容积率有关。

根据调查分析，小城镇远期规划商业金融类主要项目配置按以下考虑：县城镇、中心镇百货商场1处、购物中心1处、供销总社1处（县城镇）、银行、信用社3~4处；一般镇百货商场1处、供销社1处、银行、信用社1~2处、商业金融类公共设施用地指标，基于上述配置及其不同小城镇配建项目用地综合分析，推算对应镇商业金融类用地控制千人指标的幅度范围。

6）集市贸易类

小城镇集市贸易在促进我国广大农村地区商品流动、城镇经济繁荣中起到了桥梁和纽带作用。

近些年来随着改革开放和小城镇发展，集市贸易需求普遍增长，尤其是商贸、工贸、边贸一类小城镇、集市贸易更呈较大增长趋势。

小城镇产业产品类或资源产品（如木材）集市贸易主要相关因素不在于镇区人口，而在于小城镇类型、区位、交通、经商基础等的优势,因此集市贸易类用地宜按其经营、交易的品类、销售和交易额大小、赶集人数、以及相关潜在需求和地方有关规定确定。上述集市贸易用地不同类别小城镇有较大差别。

小城镇农副产品集贸市场与镇区、小区人口有关。

## 3 小城镇公共设施建筑面积控制指标

小城镇公共设施建筑面积控制指标和用地控制指标一样,是具有多种影响因素的综合性指标,对小城镇分类公共设施建筑用地及其建筑面积有较高总体控制作用。

小城镇公共设施的建筑面积控制指标可在其用地面积控制指标确定的基础上,按不同类别公共设施的建筑容积率要求,结合小城镇实际确定。

小城镇公共设施建筑容积率可参照表3-1要求。

小城镇公共设施的参照建筑容积率　　　　　表3-1

| 公共设施类别 | 建筑容积率 | 公共设施类别 | 建筑容积率 |
| --- | --- | --- | --- |
| 行政管理 | 0.4~0.8 | 商业金融 | 1.1~1.5 |
| 教育科技 | 0.4~0.7 | 集市贸易 | 0.3~0.7 |
| 文化体育 | 0.5~0.6 | 其他 | — |
| 医疗卫生 | 0.7~0.8 | | |

上述建筑容积率根据相关调查综合分析提出,以行政管理类为例,行政管理类用地多为公益性机构用地,配套一般比较齐全,政府大院环境条件较好,调查容积率较低,多为0.4~0.7左右,其他政府外设置的行政管理机构多为0.6~0.8左右。调查中也有少数镇容积率过低,只有0.009~0.176,占用面积过大,如山东威海温泉镇、荣成邱家镇等;也有面积偏小,但主要指建筑面积。在该类用地面积和建筑面积需求中,国土规划、建设管理机构和工商税务管理机构需要加强,以适应小城镇建设和市场经济的快速发展。

## 4 小城镇公共服务设施用地控制

小城镇公共服务设施主要指居住小区级和住宅组群级公共服务设施,其单独设置的建筑用地面积和建筑面积控制可结合小城镇公共服务设施配置项目,参考《城市居住区规划设计规范》和地方有关规定相关要求确定。

表4-1是小城镇住区公共服务设施项目配置表,表4-2是小城镇居住小区和住宅组群分级及规模,表4-3是主要工作量表。

小城镇住区公共服务设施项目配置表　　　　　表4-1

| 公共服务设施类别 | 公共服务设施项目名称 | 公共服务设施项目配置 | | |
| --- | --- | --- | --- | --- |
| | | 二级配置 | | 三级配置 |
| | | 居住小区（Ⅰ） | 居住小区（Ⅱ） | 住宅组群 |
| 1. 行政管理 | *居委会 | • | • | ○ |
| 2. 教育科技 | 初级中学 | ○ | — | — |
| | *完全小学 | • | ○ | — |
| | *托儿所、幼儿园 | • | • | |
| | 科技站、信息馆（站）培训中心、成人教育 | | ○ | |

续表

| 公共服务设施类别 | 公共服务设施项目名称 | 公共服务设施项目配置 | | |
|---|---|---|---|---|
| | | 二级配置 | | 三级配置 |
| | | 居住小区（Ⅰ） | 居住小区（Ⅱ） | 住宅组群 |
| 3. 文化娱体 | ＊文化活动中心 | o | o | — |
| | ＊青少年宫 | o | — | — |
| | ＊老年活动站 | • | • | o |
| | ＊儿童乐园 | • | • | o |
| | ＊保健站 | o | o | — |
| 4. 医疗卫生 | ＊保健站 | o | o | — |
| 5. 商业金融 | ＊超市 | o | o | — |
| | ＊粮油副食店 | o | o | — |
| | ＊日杂用品店 | o | o | — |
| | ＊餐馆/茶馆 | o | o | — |
| | ＊照相馆 | o | o | — |
| | ＊美发美容店 | o | o | — |
| | ＊浴室 | o | o | — |
| | ＊洗染店 | o | o | — |
| | ＊液化石油气站、煤场 | o | — | — |
| | ＊综合修理服务 | o | o | — |
| | ＊旧、废品收购站 | o | o | — |
| 6. 集市贸易 | ＊禽、畜、水产市场 | o | o | — |
| | ＊蔬菜、副食市场 | o | o | — |
| 7. 其他 | 公交始末站 | o | o | — |
| | 公共行车场库 | — | o | — |
| | ＊市政公用设施 | • | • | — |
| | ＊公共厕所 | • | • | • |

注：1. 表中"•"表示必需设置；"o"表示可能设置；"—"表示不设置；"＊"表示该项可为小区和住宅组群的公共服务设施。
2. 表中镇小区Ⅰ级及Ⅱ级的划分按表 4-2 规定。

### 小城镇居住小区和住宅组群分级及规模　　　　表 4-2

| 分级单位 | 居住规模 | | 分级单位 | 居住规模 | |
|---|---|---|---|---|---|
| | 人口数（人） | 住户数（户） | | 人口数（人） | 住户数（户） |
| 居住小区Ⅰ级 | 8000～12000 | 2000～3000 | 住宅组群Ⅰ级 | 1500～2000 | 375～500 |
| 居住小区Ⅱ级 | 5000～7000 | 1250～1750 | 住宅组群Ⅱ级 | 1000～1400 | 250～350 |

3. 表中未列作为公共服务设施的市政公用设施，包括 10kV 变电站、集中供热锅炉房、燃气调压站、垃圾转运站等，主要指服务于住宅区并在其中配置的市政公用设施。其中集中供热锅炉房和燃气调压站指供热、供气小城镇而言；镇级市政公用设施一般作为市政设施或基础设施。
4. 可能设置项目可结合小城镇实际适当调整。

主要工程量表  表4-3

| 序号 | 名称 | | 单位 | 数量 | 工程做法 | 备注 |
|---|---|---|---|---|---|---|
| 1 | 土方量 | 填方 | m³ | 80万 | | 未含植被种植土和上游蓄水池土方量 |
| | | 挖方 | m³ | 50万 | | |
| 2 | 道路 | 车行道（含停车场） | m² | 290280 | 沥青路面 | |
| | | 人行道 | m² | 205000 | 透水砖面层 | |
| | | 广场 | m² | 116000 | 广场砖面层 | |
| 3 | 植被 | 常绿乔木 | m² | 5万 | | 种植土7.5万 m³ |
| | | 落叶乔木 | m² | 40万 | | 种植土60万 m³ |
| | | 观赏灌木 | m² | 40万 | | 种植土40万 m³ |
| | | 耐旱灌木 | m² | 30万 | | 种植土30万 m³ |
| | | 观赏草本植物 | m² | 60万 | | 种植土30万 m³ |
| | | 耐旱草本植物 | m² | 40万 | | 种植土20万 m³ |
| | | 湿生草本植物 | m² | 20万 | | 种植土10万 m³ |
| 4 | 水系 | 上游蓄水池 | m³ | 120万 | 钢筋混凝土堤岸 | 挖方130万 m³ |
| | | 引洪渠首 | 个 | 1 | 钢筋混凝土 | |
| | | 引洪输水渠 | km | 1.2 | | |
| | | 防渗 | m² | 30万 | 土工布防渗 | |
| | | 池岸 | m | 223000 | 生态护岸 | |
| | | 桥梁 | 个 | 4 | 钢筋混凝土 | 平均跨度50m |
| | | 景观桥 | 个 | 6 | 钢、木结构 | 平均跨度20m |
| | | 涵洞 | 个 | 32 | | 平均跨度20m，管径1m |
| | | 滚水坝 | 个 | 8 | 钢筋混凝土 | 平均跨度30m，高2~3m |
| 5 | 景观 | 雕塑 | 组 | 6 | | |
| | | 景观小品 | 个 | 8 | | |

# 专题六 小城镇生态环境规划建设标准研究

# 小城镇生态环境规划建设标准研究

**专题负责人：** 谢映霞

一、小城镇生态环境规划建设标准（研究稿）

**主要起草人：** 汤铭潭、谢映霞

二、研究报告

小城镇生态环境建设标准研究报告

**执　　笔：** 王宝刚　谢映霞

**承担单位：** 中国城市规划设计研究院

**协作单位：** 中国建筑设计研究院

# 小城镇生态环境规划建设标准
## （研究稿）

## 1 总则

1.0.1 为规范小城镇生态建设和环境保护技术要求，科学编制小城镇生态环境规划，合理利用小城镇生态资源，促进小城镇可持续发展，特制订本标准。

1.0.2 本标准适用于县城镇、中心镇、一般镇的小城镇生态环境规划与生态建设、环境保护。

1.0.3 城市规划区内小城镇生态建设和环境保护应按所在地城市相关规划统筹协调考虑。

1.0.4 位于城镇密集区的小城镇生态环境规划应按所在区域相关规划统筹协调。

1.0.5 规划期内有条件成为建制镇的乡（集）镇生态环境规划应比照本标准执行。

1.0.6 小城镇生态规划总体思想、理念应贯穿和体现在小城镇各项相关规划中。

1.0.7 编制小城镇生态环境规划除执行本标准外，尚应符合国家现行的有关标准与规范要求。

## 2 术语

2.0.1 小城镇生态环境容量

小城镇生态环境容量可定义为在不损害生态系统条件下，小城镇地域单位面积上所能承受的资源最大消耗率和废物最大排放量。

小城镇生态环境容量涉及土地、大气、水域和各种资源、能源等诸多因子。

2.0.2 小城镇环境容量

小城镇环境容量可定义为在不损害生态系统条件下，小城镇地域单位面积上所能承受的污染物排放量。

2.0.3 小城镇资源承载力

小城镇资源承载力是小城镇地区的土地、水等各种资源所能承载人类活动作用的阈值，也即承载人类活动作用的负荷能力。

2.0.4 小城镇土地利用的生态适宜性

指小城镇规划用地的生态适宜性，即从保护和加强生态环境系统的角度对土地使用进行评价的用地适宜性。

2.0.5 小城镇土地利用的生态合理性

指从减少土地开发利用与生态系统冲突的角度考虑和分析的小城镇土地利用的合理性。

小城镇土地利用的生态合理性可基于小城镇土地利用的生态适宜性评价，对小城镇的土地利用现状和规划布局进行冲突分析，确定小城镇的土地利用现状和规划布局是否具有生态合理性。

2.0.6 小城镇生态可持续性

指保护和加强小城镇生态环境系统的生产和更新能力。

小城镇生态可持续性强调小城镇自然资源及其开发利用程序间的平衡以及不超越环境系统更新能力的发展。

## 3 生态规划内容与基本要求

**3.0.1** 小城镇生态规划应包括生态资源分析、生态质量评价与远期生态质量预测、生态功能区划分、生态安全格局界定以及生态保护及生态建设对策。

**3.0.2** 小城镇生态规划中的生态功能区划分、生态安全格局与生态保护及生态建设应落实到绿色空间（绿化）规划、蓝色空间规划、环境污染防治规划及循环经济、生态化交通等规划中。

**3.0.3** 小城镇生态规划应根据小城镇镇域生态环境要素、生态环境敏感性、生态适宜性与生态服务功能空间分异规律划分生态功能区，指导生态保护和规范生态建设，避免无度使用生态系统。

**3.0.4** 小城镇生态环境规划应按照生态规划技术指标体系进行生态质量预测和生态质量评价，生态质量评价标准在缺乏国家、行业和地方标准情况下，可酌情参考类比相关标准或科研成果技术指标。

**3.0.5** 小城镇生态规划的生态质量辨析、环境容量、环境（资源）承载力、用地生态适宜性与合理性应为小城镇规划用地性质、人口和用地规模、用地布局提供依据。

## 4 生态规划主要技术指标

**4.0.1** 小城镇生态规划技术指标，除环境容量、资源承载力、生态适宜性、生态合理性、可持续性外，应主要为小城镇生态评价指标，主要包括：森林覆盖率、建成区人均公共绿地、受保护地区占国土面积比例、小城镇空气质量（好于或等于2级标准的天数）、集中式饮用水水源地水质达标率、水功能区水质达标率、地下水超采率、小城镇生活污水集中处理率、气化率、生活垃圾无害化处理率、工业固体废物处置利用率、噪声达标区覆盖率。

**4.0.2** 小城镇生态评价指标体系，应包括生态环境质量评价指标群和社会经济发展调控指标群。

**4.0.3** 小城镇生态环境质量评价量化指标，应结合小城镇实际按表4.0-1选择。

小城镇生态环境质量评价量化指标　　　　表 4.0-1

| 类　型 | 指　　标 | | 单　位 | 备　注 |
|---|---|---|---|---|
| 绿　地 | 人均公共绿地面积 | | m²/人 | ▲ |
| | 绿化覆盖率 | | % | ▲ |
| | 绿地率 | | % | ▲ |
| 林木植被 | 乔木 | 地下水位 | m | △ |
| | | 盐份含量 | % | △ |
| | 灌木 | 地下水位 | m | △ |
| | | 覆盖度 | % | △ |

续表

| 类型 | 指标 | | 单位 | 备注 |
|---|---|---|---|---|
| 镇郊（域）草场植被 | 草场等级 | 载畜量 | 头羊/hm² | △ |
| | | 产青草量 | kg/hm² | △ |
| | 草场退化 | 植被覆盖度 | % | △ |
| 河湖生态 | 水体矿化度 | | mg/L | ▲ |
| | 富营养化指数 | （无量纲） | | ▲ |
| 水环境 | pH 值 | （无量纲） | | ▲ |
| | 高锰酸盐指数 | $COD_{Mn}$ | mg/L | ▲ |
| | 溶解氧 | DO | mg/L | ▲ |
| | 化学需氧量 | COD | mg/L | ▲ |
| | 五日生化需氧量 | $BOD_5$ | mg/L | ▲ |
| | 氨氮 | $NH_3-N$ | mg/L | ▲ |
| | 总磷 | 以 P 计 | mg/L | ▲ |
| | 六价铬 | $Cr^{6+}$ | mg/L | △ |
| | 挥发酚 | $\Phi-OH$ | mg/L | △ |
| 地下水 | 超采率 | | % | △ |
| 大气环境 | 二氧化硫 | $SO_2$ | mg/m³ | ▲ |
| | 氮氧化物 | $NO_x$ | mg/m³ | ▲ |
| | 总悬浮颗粒物 | TSP | mg/m³ | ▲ |
| | 漂尘 | 漂尘 | mg/m³ | ▲ |
| 土地环境（含镇域） | 土地肥力 | 有机质含量 | % | △ |
| | | 全氮含量 | % | △ |
| | 盐化程度（0～30cm） | 总盐含量 | % | △ |
| | | 缺苗率 | % | △ |
| | 碱化程度 | 钠碱化度 | % | △ |
| | | pH (1:2.5) | | △ |
| | 土地沙化 | 沙化面积扩大率 | % | △ |
| | 水土流失 | 水土流失模数 | t/(km²·a) | △ |

注：表中▲为必选指标；△为选择指标。

**4.0.4** 小城镇生态评价的社会经济发展调控量化指标应结合小城镇实际，按表 4.0-2 选择。

**小城镇生态评价社会经济发展调控指标** 表 4.0-2

| 分类 | 指标 | | 单位 | 备注 |
|---|---|---|---|---|
| 人口发展 | 现状 | 人口总数 | 人 | ▲ |
| | | 人口密度 | 人/km² | ▲ |
| | 趋势 | 人口增长率 | % | ▲ |
| 经济发展 | 现状 | 人均 GDP | 万元/人 | ▲ |
| | 趋势 | GDP 增长率 | % | ▲ |
| | | 一、二、三类工业比例 | % | ▲ |
| | | 一、二、三产业比例 | % | ▲ |
| | | 绿色产业比重 | % | ▲ |
| | | 高新技术产业比重 | % | △ |

续表

| 分类 | 指标 | | 单位 | 备注 |
|---|---|---|---|---|
| 社会发展 | 居民人均可支配收入 | | 元 | ▲ |
| | 恩格尔系数 | | % | △ |
| | 人均期望寿命 | | 岁 | △ |
| | 饮用水卫生合格率 | | % | ▲ |
| | 清洁能源使用率 | | % | ▲ |
| | 人均资源占有量 | 人均耕地面积 | hm²/人 | △ |
| | | 人均水资源量 | t/人 | ▲ |
| | 资源利用量 | 耕地面积 | hm² | △ |
| | | 水资源利用量 | t | ▲ |
| 科技进步 | 中水回用 | | | △ |
| | 工业用水重复利用率 | | % | ▲ |
| | 单位GDP能耗 | | kWh/万元 | ▲ |
| | 单位GDP水耗 | | m³/万元 | ▲ |

注：表中▲为必选指标；△为选择指标。

## 5 环境保护规划内容与基本要求

5.0.1 小城镇环境保护规划内容应包括大气、水体、噪声三方面的污染调查、环境保护现状分析，演化趋势预测、环境功能区划、环境规划目标、环境治理与环境保护对策。

5.0.2 小城镇环境保护规划应在基础资料调查和对未来预测的基础上，根据小城镇的环境功能、环境容量和经济技术条件，确定环境发展目标。

5.0.3 小城镇环境污染防治规划除5.0.1条款相关内容外，尚应包括固体废物处理和电磁辐射防护的相关内容。

5.0.4 小城镇大气环境保护规划目标包括大气环境质量、气化率、工业废气排放达标率、烟尘控制区覆盖率等方面内容。

5.0.5 小城镇水体环境保护的规划目标包括水体质量、饮用水源水质达标率、工业废水处理率及达标排放率、生活污水处理率等方面内容。

5.0.6 小城镇噪声环境保护规划目标应包括小城镇各类功能区环境噪声平均值与干线交通噪声平均值的要求。

5.0.7 对于污染严重的工业型、工矿型小城镇应作环境污染调查，环境污染调查项目、污染物排放量调查及污染治理情况调查按附录表1、表2、表3的规定。

5.0.8 对于小城镇面源污染的调查，主要应针对畜禽养殖、生活污水排放等方面进行调查。

5.0.9 污染较大的工业型、工矿型小城镇，其住宅区与工业区之间应根据不同工业区和工业项目的防护要求，规划200m以上防护林隔离带。

5.0.10 邻近较大范围自然保护区和风景名胜区的旅游型小城镇，大气环境规划目标应执行一级标准。

## 6 环境质量技术标准选择

**6.0.1** 小城镇大气环境质量标准应按附录表四环境空气质量标准（GB 3095—1996）要求。

**6.0.2** 小城镇地表水环境质量标准应按附录表五地表水环境质量标准（GB 3858—2002）要求。

**6.0.3** 小城镇声环境保护应参照城市区域环境噪声标准要求，符合表6的规定

附录：

表1 小城镇环境污染调查项目。
表2 小城镇污染物排放量调查表。
表3 小城镇污染治理情况调查表。
表4 空气污染物的三级标准浓度限值。
表5 地表水环境质量标准基本项目标准限值。
表6 小城镇各类功能区环境噪声标准值等效率级。

小城镇环境污染调查项目　　　　　　　　　　　　表1

| | 污染物名称 | 浓度（平均值） | 单位 | 选项 |
|---|---|---|---|---|
| 大气 | 总悬浮颗粒物 TSP | | mg/m³ | ▲ |
| | $SO_2$ | | mg/m³ | ▲ |
| | 降尘 | | t/月·km² | ▲ |
| | $PM_{10}$ | | mg/m³ | △ |
| | 氮氧化物 $NO_x$ | | mg/m³ | ▲ |
| | CO | | mg/m³ | △ |
| | $O_3$ | | mg/m³ | △ |
| | 氟并氢 HF | | mg/m³ | △ |
| | 苯并（a）芘 | | mg/m³ | △ |
| | $H_2S$ | | mg/m³ | △ |
| 水体 | 生化需氧量（50）$BOD_5$ | | mg/L | ▲ |
| | 化学需氧量 COD | | % | ▲ |
| | 饮用水源水质达标率 | | mg/L | ▲ |
| | 氨氮 $NH_3-N$ | | mg/L | ▲ |
| | 总磷（以P计） | | mg/L | ▲ |
| | 硝酸盐氮 $NO_2-N$ | | mg/L | △ |
| | 亚硝酸盐氮 $HNO_2-N$ | | mg/L | △ |
| | 重金属（铅、汞、镉） | | mg/L | ▲ |
| | 溶解氧 | | mg/L | △ |
| | 酚 | | mg/L | △ |
| | 氰 | | mg/L | △ |
| | 油 | | mg/L | △ |
| | 难降解有机物 | | mg/L | ▲ |
| 噪声 | 区域环境噪声 | | dB（A） | ▲ |
| | 交通干线噪声 | | dB（A） | ▲ |

注：选项中▲—应做；△—选做。

## 小城镇污染物排放量调查表　　表2

| | 污染物名称 | 排放量 | 单 位 | 选 项 |
|---|---|---|---|---|
| 大 气 | 燃煤烟尘排放量 | | t/a | △ |
| | 燃料燃烧 $SO_2$ 排放量 | | t/a | △ |
| | 工业粉尘排放量 | | t/a | △ |
| | 工业生产 $SO_2$ 排放量 | | t/a | △ |
| | 燃料燃烧废气排放量 | | $m^3/a$ | ▲ |
| | 工业生产废气排放量 | | $m^3/a$ | ▲ |
| 水 体 | 废水排放总量 | | t/a | ▲ |
| | 工业废水排放总量 | | t/a | ▲ |
| | 工业废水 COD 排放量 | | t/a | △ |
| | 生活废水 COD 排放量 | | t/a | △ |
| 固体废物 | 镇区生活垃圾排放量 | | t/a | ▲ |
| | 工业固体废物排放总量 | | t/a | ▲ |
| | 危险固体废物总量 | | t/a | ▲ |

注：选项中▲—应做；△—选做。

## 小城镇污染治理情况调查表　　表3

| | 项 目 | 数 值 | 单 位 | 选 项 |
|---|---|---|---|---|
| 大 气 | 镇区气化率 | | % | ▲ |
| | 镇区热化率 | | % | ▲ |
| | 废气处理率 | | % | ▲ |
| | 烟尘控制覆盖率 | | % | △ |
| 水 体 | 工业废水处理率 | | % | △ |
| 水 体 | 工业废水排放达标率 | | % | ▲ |
| | 生活污水处理率 | | % | ▲ |
| | COD 去除率 | | t/a | △ |
| 噪 声 | 交通干线噪声达标率 | | % | ▲ |
| | 噪声控制小区覆盖率 | | % | △ |
| 固体废物 | 工业固体废物处置利用率 | | % | ▲ |
| | 工业固体废物处理率 | | % | ▲ |
| | 生活垃圾无害化处理率 | | % | ▲ |

注：选项中▲—应做；△—选做。

## 空气污染物的三级标准浓度限值　　表4

| 污染物名称 | 取值时间 | 浓度限值/($Mg·m^{-3}$) | | |
|---|---|---|---|---|
| | | 一级标准 | 二级标准 | 三级标准 |
| 总悬浮微粒 | 日平均 | 0.15 | 0.30 | 0.50 |
| | 任何一次 | 0.30 | 1.00 | 1.50 |
| 飘 尘 | 日平均 | 0.05 | 0.15 | 0.25 |
| | 任何一次 | 0.15 | 0.50 | 0.70 |
| 氮氧化合物 | 日平均 | 0.05 | 0.10 | 0.15 |
| | 任何一次 | 0.10 | 0.15 | 0.30 |

续表

| 污染物名称 | 浓度限值/(Mg·m$^{-3}$) | | | |
|---|---|---|---|---|
| | 取值时间 | 一级标准 | 二级标准 | 三级标准 |
| SO$_2$ | 年日平均 | 0.02 | 0.06 | 0.10 |
| | 日平均 | 0.05 | 0.15 | 0.25 |
| | 任何一次 | 0.15 | 0.50 | 0.70 |
| CO | 日平均 | 4.00 | 4.00 | 6.00 |
| | 任何一次 | 10.0 | 10.0 | 20.0 |
| 光化学氧化剂（O$_3$） | 1h平均 | 0.12 | 0.16 | 0.20 |

注：日平均——任何一日的平均浓度不许超过的限值；

年日平均——任何一年的日平均浓度；

任何一次——任何一次采样测定不许超过的限值，不同污染物"任何一次"采样时同见有关规定。

**地表水环境质量标准基本项目标准限值（mg/L）** 表5

| 序号 | 分类 标准值 项目 | | Ⅰ类 | Ⅱ类 | Ⅲ类 | Ⅳ类 | Ⅴ类 |
|---|---|---|---|---|---|---|---|
| 1 | 水温（℃） | | 人为造成的环境水温变化应限制在：周平均最大温升≤1，周平均最大温降≤2 | | | | |
| 2 | pH值（无量纲） | | 6～9 | | | | |
| 3 | 溶解氧 | ≥ | 饱和率90%（或7.5） | 6 | 5 | 3 | 2 |
| 4 | 高锰酸盐指数 | ≤ | 2 | 4 | 6 | 10 | 15 |
| 5 | 化学需氧量（COD） | ≤ | 15 | 15 | 20 | 30 | 40 |
| 6 | 五日生化需氧量（BOD$_5$） | ≤ | 3 | 3 | 4 | 6 | 10 |
| 7 | 氨氮（NH3—N） | ≤ | 0.15 | 0.5 | 1.0 | 1.5 | 2.0 |
| 8 | 总磷（以P计） | ≤ | 0.02（湖、库0.01） | 0.1（湖、库0.025） | 0.2（湖、库0.05） | 0.3（湖、库0.1） | 0.4（湖、库0.2） |
| 9 | 总氮（湖、库，以N计） | ≤ | 0.2 | 0.5 | 1.0 | 1.5 | 2.0 |
| 10 | 铜 | ≤ | 0.01 | 1.0 | 1.0 | 1.0 | 1.0 |
| 11 | 锌 | ≤ | 0.05 | 1.0 | 1.0 | 2.0 | 2.0 |
| 12 | 氟化物（以F计） | ≤ | 1.0 | 1.0 | 1.0 | 1.5 | 1.5 |
| 13 | 硒 | ≤ | 0.01 | 0.01 | 0.01 | 0.02 | 0.02 |
| 14 | 砷 | ≤ | 0.05 | 0.05 | 0.05 | 0.1 | 0.1 |
| 15 | 汞 | ≤ | 0.00005 | 0.00005 | 0.0001 | 0.001 | 0.001 |
| 16 | 镉 | ≤ | 0.001 | 0.005 | 0.005 | 0.005 | 0.01 |
| 17 | 铬（六价） | ≤ | 0.01 | 0.05 | 0.05 | 0.05 | 0.1 |
| 18 | 铅 | ≤ | 0.01 | 0.01 | 0.05 | 0.05 | 0.1 |
| 19 | 氰化物 | ≤ | 0.005 | 0.05 | 0.02 | 0.2 | 0.2 |
| 20 | 挥发酚 | ≤ | 0.002 | 0.002 | 0.005 | 0.01 | 0.1 |
| 21 | 石油类 | ≤ | 0.05 | 0.05 | 0.05 | 0.5 | 1.0 |
| 22 | 阴离子表面活性剂 | ≤ | 0.2 | 0.2 | 0.2 | 0.3 | 0.3 |
| 23 | 硫化物 | ≤ | 0.05 | 0.1 | 0.2 | 0.5 | 1.0 |
| 24 | 粪大肠菌群（个/L） | ≤ | 200 | 2000 | 10000 | 20000 | 40000 |

注：小城镇地表水域依据相关标准分为5类：

Ⅰ类：主要适用于源头水源保护区和国家自然保护区；

Ⅱ类：主要适用于集中式生活饮用水水源的一级保护区、珍贵鱼类保护区、鱼虾产卵场等；

Ⅲ类：主要适用于集中式生活饮用水水源的二级保护区、一般鱼类保护区及旅游区；

Ⅳ类：主要适用于一般工业用水区及人体非直接接触的娱乐用水区；

Ⅴ类：主要适用于集中农业用水区及一般景观要求水域。

## 小城镇各类功能区环境噪声标准值等效率级 [Leq (dB)]　　表 6

| 适用区域 | 昼间 | 夜间 | 适用区域 | 昼间 | 夜间 |
|---|---|---|---|---|---|
| 特殊居民区 | 45 | 35 | 二类混合区 | 60 | 50 |
| 居民、文教区 | 50 | 40 | 商业中心区 | | |
| 工业集中区 | 65 | 55 | 交通干线 | 70 | 55 |
| 一类混合区 | 55 | 45 | 道路两侧 | | |

注：特殊住宅区：需特别安静的住宅区；

　　居民、文教区：纯居民区和文教、机关区；

　　一类混合区：一般商业与居民混合区；

　　二类混合区：工业、商业、少量交通与居民混合区；

　　商业中心区：商业集中的繁华地区；

　　交通干线道路两侧：车流量每小时 100 辆以上的道路两侧。

## 本标准用词用语说明

1. 为了便于在执行本标准条文时区别对待，对要求严格程度不同的用词说明如下：

1）表示很严格，非这样做不可的用词：

正面词采用"必须"；反面词采用"严禁"。

2）表示严格，在正常情况下均应这样做的用词：

正面词采用"应"；反面词采用"不应"或"不得"。

3）表示允许稍有选择，在条件许可时首先这样做的用词：

正面词采用"宜"；反面词采用"不宜"；

表示有选择，在一定条件下可以这样做的，采用"可"。

2. 标准中指定应按其它有关标准、规范执行时，写法为："应符合……的规定"或"应按……执行"。

# 小城镇生态环境规划建设标准
## （研究稿）
## 条 文 说 明

## 1 总则

**1.0.1~1.0.2** 阐明本标准（研究稿）编制的目的与适用范围。

本标准（研究稿）所称小城镇是国家批准的建制镇中县驻地镇（县城镇）和其他建制镇，以及在规划期将发展为建制镇的乡（集）镇。根据城市规划法建制镇属城市范畴；此处其他建制镇，在《村镇规划标准》中又属村镇范畴。

小城镇是"城之尾、乡之首"，是城乡结合部的社会综合体发挥上连城市、下引农村的社会和经济功能。县城镇和中心镇是县域经济、政治、文化中心或县（市）域中农村一定区域的经济、文化中心。

我国早些年城乡规划只有环境保护规划，没有生态规划，现在城乡规划都越来越重视生态规划了，但城市、小城镇生态规划基础都很薄弱，生态规划研究成果更不多见。为规范小城镇生态建设和环境保护技术要求，科学编制小城镇生态环境规划，合理利用小城镇生态资源，促进小城镇可持续发展，编制小城镇生态环境规划建设标准是必要的。但鉴于小城镇生态规划尚属起步阶段，现在制订标准（建议稿）条件尚未成熟。经课题和专家论证并取得主管部门同意，确定本标准编制为研究稿，这样是必要的，也是合适的。

本标准（研究稿）根据任务书要求，除规划标准外，还增加建设相关的部分标准条款；同时依据相关政策法规要求，考虑了相关标准的协调。本标准及技术指标的中间成果征询了22个省、直辖市、自治区建设厅、规委、规划局和100多个规划编制、管理方面的规划标准使用单位的意见，同时标准（研究稿）吸纳了高层专家论证预审的许多好的建议。

**1.0.3~1.0.6** 分别提出不同区位、不同分布形态小城镇生态环境规划建设标准执行的原则要求。

值得指出，城市规划区和城镇密集区的小城镇生态环境规划建设强调应按其所在城市或区域相关规划统筹协调，有利于在较大区域范围考虑和划分生态环境功能区划，有利于在较大区域范围生态规划建设的统筹、协调与一致。

同时，考虑到部分有条件的小城镇远期规划可能上升为中、小城市，也有部分有条件的乡（集）镇远期规划有可能上升为建制镇，上述小城镇相关规划的执行标准应有区别。但上述升级涉及到行政审批，规划不太好掌握，所以1.0.3、1.0.6条款强调规划应比照上一层次标准执行。

**1.0.7** 提出小城镇生态规划总体思想、理念应贯穿和体现在小城镇各项相关规划中。

基于生态学理论基础的生态思想、理念，也即生态意识是强调用生态与生态系统思想来思考问题，并强调以生态循环系统的方式全面思考问题。小城镇生态环境与小城镇规划建设在许多方面会产生相互影响，小城镇规划建设以科学发展观统领，也与生态规划思想密切相关，强调生态规划的思想与理念应该贯穿和体现在包括小城镇规划的城乡规划各项规划中已成为规划界的共识。

**1.0.8** 本标准编制多有依据相关规范或有涉及相关规范的某些共同条款。本条款体现小城镇生态环境规划建设标准与相关规范间应同时遵循规范的统一性原则。

目前城乡规划标准体系标准尚缺生态环境规划规范，以后会填补相关缺项，强调相关规范统一性原则和相关规划同时遵循有关标准与规范要求是必要的。

## 2 术语

**2.0.1~2.0.6** 为便于在小城镇生态环境规划建设中正确理解和运用本标准，对本标准涉及的主要名词作出解释。其中：

**2.0.1~2.0.3** 是对衡量小城镇生态安全标准的主要名词：小城镇生态环境容量、小城镇环境容量、小城镇资源承载力作出解释。

小城镇生态安全直接关系到小城镇可持续发展，削弱生态安全意味着经济社会发展承载能力下降，直接影响经济发展能力和人民生活质量。

衡量小城镇生态安全的标准主要基于生态承载力理论、方法，上述名词在生态规划标准中占有重要一席。

**2.0.4~2.0.6** 对衡量小城镇生态安全标准的延续生态适宜性、合理性、可持续性评价的主要名词小城镇土地利用的生态适宜性、小城镇土地利用的生态合理性、小城镇生态可持续性名词作出解释。

小城镇规划的核心是土地开发利用，对小城镇的土地利用现状和规划布局进行冲突分析，确定小城镇的土地利用现状和规划布局是否具有生态合理性，直接反映了规划布局的科学合理性，而小城镇土地利用的生态适宜性是基于从保护和加强生态环境系统对土地使用进行土地利用生态适宜性评价。

而小城镇生态可持续性强调小城镇自然资源及其开发利用程序间的平衡以及不超越环境系统更新能力的发展。

因此，上述名词也是生态规划标准与生态安全标准的主要名词。

## 3 生态规划内容与基本要求

**3.0.1** 规定小城镇生态规划的主要内容。

城镇是人与生态环境关系最密切而又矛盾最为突出的场所。城镇生态系统是人类在改造和适应自然环境基础上建立的人工生态系统，是一个自然、经济、社会复合的生态系统。而城镇规划本身也是基于对城镇自然、经济、社会的研究与规划。因此城镇生态规划与城镇规划有密切的关系是城镇规划的重要组成部分。

基于上述原因，城镇生态规划一方面应依据城镇总体规划；另一方面更重要的是反馈城镇总体规划，并在每一项城镇规划中贯穿生态规划思想理念。

不同学科生态规划内容有不同的侧重点，例如园林规划中的生态规划与城镇规划中的生态规划内容就有较大不同，前者侧重植物、绿化方面的；后者立足于解决城镇规划建设中生态安全格局和经济社会的可持续发展。

综上考虑，提出小城镇规划主要内容应包括小城镇生态资源分析、生态质量评价与远期生态质量预测、生态功能区划分、生态安全格局界定以及生态保护及生态建设对策是合适的。

**3.0.2** 提出小城镇生态保护及生态建设规划、绿色、蓝色空间规划、环境污染防治、循环经济、生态化交通等规划与生态功能区划分、生态安全格局之间的一致、协调关系。上述规划本身都是与生态安全相一致的，而且依据生态功能划分和生态安全格局的具体要求，强调上述规划间的一致协调关系是必要的。

**3.0.3** 提出划分小城镇生态功能区的相关要素和依据。

小城镇生态功能区划分用以指导小城镇生态保护和规范小城镇生态建设，避免无度使用生态系统。

小城镇镇区范围较小，而其生态功能区及其相关生态环境要素往往需要在一个较大范围内统一协调考虑。本条提出根据小城镇镇域生态环境要素、生态环境敏感性、生态适宜性与生态服务功能空间分异规律划分生态功能区是合适的。

**3.0.4** 提出小城镇生态环境规划生态质量预测和生态质量评价的依据。

小城镇生态质量预测和生态质量评价应按照生态规划技术指标体系。由于生态规划研究基础薄弱，相关标准制定滞后，目前尚无国家、行业和地方相关标准，本条根据我国上述实际情况，提出小城镇生态质量预测和评价可酌情参考同类比较相关标准或科技成果的技术指标。

**3.0.5** 提出小城镇规划人口规模、用地规模、用地性质、用地布局的生态相关依据。

从生态学的观点来看，小城镇生态系统的调节功能能否维持其人工生态系统的良性循环，主要取决于人类的经济活动和生活活动是否与环境相协调，生态规律和经济规律是否得到统一，小城镇规划人口规模、用地规模、用地性质与布局是否合理。

而作为衡量小城镇生态安全的标准主要基于生态承载力的相关理论方法，包括生态质量辨析、环境容量、环境（资源）承载力、用地生态适宜性与合理性，这些应该为小城镇人口规模、用地规模、用地性质与布局提供规划和计算的依据。

## 4 生态规划主要技术指标

**4.0.1** 提出小城镇生态规划技术指标组成。

小城镇生态规划技术指标是与小城镇规划内容紧密相关的。根据本标准3.0.1条款规定的小城镇生态规划内容，小城镇生态规划技术指标主要是小城镇生态质量评价指标与衡量小城镇生态安全的标准技术指标。

本条列出相关主要规划技术指标，应用中可结合小城镇实际适当调整、取舍。

**4.0.2** 规定小城镇生态评价指标体系的基本组成。

小城镇生态系统改造和适应自然环境基础上建立的人工生态系统是一个自然、经济、社会复合的生态系统。作为小城镇生态评价指标体系，包括生态环境质量评价指标群和社会经济发展调控指标群是必要的。

**4.0.3～4.0.4** 规定小城镇生态环境质量评价量化指标和生态评价的社会经济发展调控量化指标及其选择依据。

小城镇生态环境质量评价量化指标侧重于自然生态环境包括土地环境、大气环境、水环境、绿化相关主要生态环境质量评价指标。

小城镇生态评价的社会经济发展调控量化指标侧重于社会经济发展调腔主要指标，包括人口发展、经济发展、社会发展、科技进步四个方面指标。

考虑评价可操作性和小城镇实际情况，上述两个指标都不宜太多，本标准从相关指标中筛选出更切合小城镇实际的主要指标，其中又分为必选指标和选择指标。表4.0.3、表4.0.4是在本课题重点对广东、北京、浙江、江苏、河北、河南、湖北、四川、内蒙古、辽宁、安徽12个省、直辖市、自治区120多个小城镇及其规划资料补充调查分析和相关课题研究基础上提出来，并征询22个省、直辖市、自治区建设厅、规委、规划局和100多个规划编制、管理方面的标准使用单位意见和高层专家论证预审意见。

## 5 环境保护规划内容与基本要求

**5.0.1** 规定小城镇环境保护规划内容。

小城镇环境保护规划内容应侧重于大气、水体、噪声三方面环境保护现状分析，演化趋势预测，功能区划、规划目标、环境治理与保护对策。上述内容基本与城市环境保护规划要求内容相同。

**5.0.2** 提出确定小城镇环境发展目标的相关要求与依据。

基础资料调查与未来环境预测是规划基础，也是确立环境发展目标规划基础。在此基础上，应主要依据环境发展的相关因素、小城镇的环境功能、环境容量和经济技术条件确定环境发展目标。

**5.0.3** 提出小城镇环境污染防治规划内容的基本要求。

小城镇环境污染防治规划除大气、水体、噪声三方面治理内容外，尚应包括固体废物处理和电磁辐射防护相关内容。

**5.0.4~5.0.6** 分别提出小城镇大气环境、水体环境、噪声环境保护规划目标内容要求。

上述基本参照城市相关要求。

**5.0.7** 提出污染严重的工业型、工矿型小城镇环境污染调查、环境污染调查项目、污染物排放量调查及污染治理情况调查的基本要求。

对于环境污染严重的工业型、工矿型小城镇必须重视环境保护规划。相关污染调查附录表1、表2、表3调查项目结合小城镇实际作应做、选做区分，以在满足基本要求前提下增加可操作性。

**5.0.8** 提出小城镇面源污染调查的基本要求。

20世纪90年代以来，我国许多地区城镇化和城镇化建设趋于快速增长和高速发展时期，建设中的大规模和高频度的土地利用和开发，不但造成一些城镇点源污染严重而且非点源污染也不断加剧。

小城镇环境保护规划，开展面源污染调查特别是对面源污染严重的小城镇来说更有必要。小城镇面源污染调查主要针对畜禽养殖（结合预防禽流感）、生活污水排放等方面进行调查。

**5.0.9** 提出污染较大工业型、工矿型小城镇，其住宅区与工业区之间的防护林隔离要求。

**5.0.10** 规定邻近自然保护区和风景名胜的旅游型小城镇与相邻较大范围自然保护区、风景名胜区大气环境规划目标一致的要求。

## 6 环境质量技术标准选择

**6.0.1~6.0.2** 提出小城镇大气环境质量标准和地表水环境质量标准的基本要求。

上述标准应分别执行现行国标环境空气质量标准（GB 3095—96）和地表水环境质量标准（GB 3858—2002）。

**6.0.3** 提出小城镇声环境保护应参照城市区域环境噪声标准要求。

# 小城镇生态环境建设标准研究报告

## 1 小城镇自然生态与人文生态规划研究

### 1.1 概述

近年来,中央政府高度重视小城镇生态环境保护工作,制定了采取了一系列生态环境保护法规并采取了相应的措施,在植树造林、草原建设、生态农业示范区建设和国土整治等重点生态工程方面取得令人瞩目的进展,使我国一些地区小城镇的生态环境得到了有效保护和改善。但是,小城镇社会经济发展与资源环境的矛盾依然相当突出,全国小城镇这生态环境退化的趋势尚未得到遏制。新一届政府及时提出了"五个统筹"、"五个坚持"为主要内容的新的科学发展观,为新时期小城镇生态环境保护工作提供了强有力的政策保障。科学发展观的内涵非常丰富,其中一个重要内容就是处理好经济增长与环境保护的关系。深入贯彻落实科学的发展观,就必须坚持经济、社会、环境协调发展的方针,尊重经济规律和自然规律,把生态建设与小城镇经济发展结合起来,寓生态建设于各项事业的发展之中,保护好小城镇的生态环境,为小城镇居民创造良好的生产生活环境。如何把科学发展观落实到小城镇生态环境保护中,是一个非常重要而紧迫的问题。

小城镇生态环境问题主要体现在各种资源破坏严重、环境污染加剧、农业生态环境恶化、环境污染加剧、城镇建设规模失控、生物多样性面临威胁等方面。各种资源的乱采滥伐导致森林和草原等植被破坏,加快了水土流失、湿地减少、土壤荒漠化的进程;化肥农药的过度依赖导致土地功能衰退,土壤污染加剧,生物多样性面临威胁;高耗能、高污染、低效益的粗放型工业生产方式更是全面破坏了小城镇的生态环境,加剧了水资源、土地资源及大气环境的污染。小城镇生态环境问题已经成为制约小城镇社会、经济及环境可持续发展的瓶颈。

### 1.2 小城镇分类综述

由于自然地理条件、社会经济条件的差异以及各种生产、生活的需要,我国的小城镇表现出千姿百态的特征。要想深入认识我国小城镇发展的状况、特征,准确把握小城镇发展的规律,就必须从小城镇的分类分析入手。

从国内已有的各种对小城镇的分类研究结果来看,基本上都是通过对小城镇的某个特征的分析,从而进行归纳,得出分类结果,属于归纳型思维模式。这种分类方法一般从以下视角和层面进行。

(1) 从小城镇的自然地理特征出发,一般分为:平原小城镇、山地(丘陵)小城镇、滨水小城镇、水网地区小城镇等。

(2) 从小城镇的主要职能出发,分为两个层次约十几种类型。从大的层面上,分为社会功能型小城镇、生产功能型小城镇、物流功能型小城镇和综合功能型小城镇和其它类型。其中社会功能型小城镇主要包括行政中心小城镇;生产功能型小城镇包括矿业型小城镇、工业型小城镇、农林牧渔型小城镇、旅游服务型小城镇等;物流功能型小城镇包括交通枢纽型小城镇、港口型小城镇、仓储型小城镇等;综合型小城镇指上述各种功能发展相对均衡、非单一主导功能的小城镇；其他类型主要指一些历史文化名镇等。

（3）从小城镇的规模和行政级别出发，一般分为：市属镇、县城镇、中心镇、一般建制镇和各级农村集镇等。

（4）从小城镇的历史演变过程和发展模式出发，可分为两个层次近10种类型。从历史演变过程来看，我国的小城镇主要分两种：传统型小城镇，新兴小城镇。其中第二种是我国小城镇的主体。进一步根据发展模式细分，传统型小城镇主要包括历史名镇、文化名镇；新兴小城镇主要包括地方驱动型、城市辐射型、外贸推动型、外资推动型、科技带动型、交通推动型、产业集聚型等。

（5）从小城镇的空间形态出发，主要分为两种类型：以"城镇密集区"形态存在的小城镇，以完整、独立形态存在的小城镇。

（6）摆脱"就小城镇论小城镇"的束缚，从小城镇所处的区域城镇体系的结构出发，通过对区域城镇体系结构特征的分析，对小城镇进行归类。主要分为：均匀型区域小城镇、中心型区域小城镇（包括作为中心地的小城镇和次级小城镇）、网络型区域小城镇等。

上述这些分类方式因为都是从小城镇的某个方面出发，不能反映小城镇的全面特征，所以在实际应用中，往往从研究对象出发，分析需要涉及的因素，再综合多因素，对分因素的分类结果进行排列组合，以达到深入全面认识小城镇特征的目的。

## 1.3 体现小城镇生态环境特点的分类方式

### 1.3.1 基于演绎思维模式的分类思路

为了研究我国小城镇的生态环境特点，需要对我国的小城镇进行分类，以区分具有不同生态环境特点的小城镇，这有利于对症下药，有效地解决我国小城镇生态环境的问题。整体来看，我国的小城镇生态环境特点具有许多共性，总结区分相对困难。同时在缺乏足够样本的条件下，要想通过一般的归纳思维，科学地总结归纳出我国小城镇按照其生态环境特点的分类方式，是几乎不可能的。

演绎思维是指由理论和原则出发，结合研究的具体问题，寻找其影响要素，然后从这些要素出发，确定要素值，对不同要素进行组合，得出分类结果。

小城镇的生态环境属于人类活动影响下的自然生态系统环境，所以其特征的形成必然受两个方面的影响。一是小城镇所处地区的自然条件；另一个就是小城镇人类活动的强度。所以要想按照生态环境特点对小城镇进行分类，就需要对小城镇的这两个因素进行分析、分类。

### 1.3.2 因素指标确定及分类

为了深入认识影响小城镇生态环境特点的两种因素，必须选取可以定性或定量描述的指标对其进行测度并进而进行分类分析。

小城镇所处地区的自然条件主要反映在气候、水文、地质、地貌等自然属性上，这些自然属性的特征决定了小城镇所处地区原始生态系统的组成结构。对这些自然属性，若按照量化指标进行细化分类，全国分成的类型数量过多，对于人类活动强度已经较大的小城镇地区来说，这样细致的分类反而使问题复杂化了。所以为了简化问题，同时又能相对客观地反映自然条件的特征，我们选择相对综合的地形作为分类的指标，将全国的小城镇分为三种类型：

（1）平原小城镇（A1）：平原大都是沉积或冲积地层，具有广阔平坦的地貌特征，便于开发建设，我国小城镇中较大部分属于这一类型。

（2）山地小城镇（A2）：这类小城镇多数布置在低山、丘陵地区，地形起伏较大，往往会影响该地区的气温、降水等气候特征以及植被构成等。

（3）滨水小城镇（A3）：主要指布置在河谷地带、河流、湖泊沿岸、滨海的小城镇。这类小城镇在气流、降水等方面有相似的特征。

至于小城镇地区人类活动强度的测度，可以从人类活动的结果来反推。小城镇人类活动主要是生产和生活，其中生产是影响生态环境的主要方面。对于生产活动的测度，主要通过结构和产值来表现。所以对人类活动的分析可以转而变为对小城镇经济发展水平的分析。通过对小城镇人均国民生产总值和三次产业结构的分析，我国的小城镇可以分为以下三种类型：

（1）农业型小城镇（B1）：人均GDP小于全国平均水平，三次产业在国民经济中所占的比重的顺序依次为一、二、三或二、一、三。居民主要从事传统的农业生产，农业产值在国民总产值中所占的比重显著，农业的机械化和集约化程度不高，工业以传统手工业为主。这类小城镇人类活动的强度最低。

（2）资源加工型小城镇（B2）：人均GDP小于东部沿海发达地区平均水平而大于等于中部地区，三次产业在国民经济中所占的比重依次为二、三、一或者是二、一、三。工业产值所占比重较大，但以开掘、开采自然资源为主，对农产品或矿产品进行初加工，劳动密集性产业占主导，制造业在工业生产中所占比重较小，第三产业发展滞后。这类小城镇人类活动强度较高。

（3）综合工业型小城镇（B3）：人均GDP和三次产业结构以东部沿海发达地区为准，人均国内生产总值大于等于东部沿海发达地区的平均水平，三次产业在国民经济中所占的比重的次序依次为二、三、一或三、二、一。居民主要从事第二和第三产业，第二产业内部制造业所占比重较大，第一产业机械化和集约化程度高。这类小城镇人类活动强度最大，对原始自然生态系统的改造最剧烈。人类活动在该地区生态环境的形成中起了决定性的作用。

### 1.3.3 分类结果

上述的指标及分类，分别从影响小城镇生态环境特点的两要素出发，只要将这两要素分类结果进行组合，就可以得到全面体现小城镇生态环境特点差异的分类方式，如下表所示。

**体现小城镇生态环境特点的分类结果**

|  | 平原小城镇（A1） | 山地小城镇（A2） | 滨水小城镇（A3） |
| --- | --- | --- | --- |
| 农业型小城镇（B1） | A1B1 | A2B1 | A3B1 |
| 资源加工型小城镇（B2） | A1B2 | A2B2 | A3B2 |
| 综合工业型小城镇（B3） | A1B3 | A2B3 | A3B3 |

根据这种演绎的分类方法，可以将全国的小城镇分为上表中的九种类型，这九种类型的小城镇具有不同的自然条件特征和不同的人类活动强度，从理论上来说就具有不同的生态环境特征。对于一个特定的小城镇，通过这两个要素的分析，就可以确定其类型，根据其类型，就可以对其生态环境问题有一个本质的认识，也就可以提出一个相对科学的方法

来解决该小城镇的生态环境问题。

## 1.4 小城镇建成区生态环境特点

小城镇建成区是小城镇中工业、商贸、居住等多种功能混合的地区,是小城镇中最复杂、人类活动最为密集的地区,其生态环境的特点对整个小城镇地区生态环境起决定作用。整体来看,我国小城镇建成区生态环境的特点主要有以下几个方面。

### 1.4.1 用地布局不合理引发生态环境问题

改革开放以来,我国小城镇发展十分迅速,许多小城镇在农村居民点基础上发展起来,大部分小城镇没有总体规划,或者规划水平比较低,导致小城镇的用地布局不合理,引发了大量的生态环境问题。比如有的小城镇工业污染用地布置在居住用地的上风、水源的上游,或与居住用地混杂布置,影响了居民的生活质量和身体健康;大部分小城镇沿过境道路"一层皮"发展,导致对外交通穿越小城镇内部,干扰小城镇的正常运转和居民生活;绿地极少,污染源附近缺少防护绿地,公共绿地趋近于零,无法形成可以调节小城镇环境的生态绿化系统等。

### 1.4.2 工业企业污染严重

由于城市工业结构的调整,那些污染严重而又不宜在城市中发展的工业,被陆续迁移到小城镇中。另外乡镇企业日趋增多,也加重了对小城镇环境的污染。乡镇企业是小城镇生态环境的主要污染源。目前,乡镇工业废水、粉尘和固体废物的排放量占全国工业污染物排放总量的比重已超过50%。许多乡镇企业是高耗能、高耗水、高污染的企业,生产方式较为落后和粗放,环保设施不配套。特别是乡镇企业80%以上的污水未经任何处理而直接排入水域,对水体、水系造成的污染是极其严重的。再加上认识水平、经济水平及管理水平三方面的限制,很多环境问题得不到有效地控制和解决。

### 1.4.3 基础设施发展滞后引发生态环境问题

基础设施落后,是我国绝大部分小城镇共同面临的问题。即便像苏南这样经济条件较好、小城镇发育比较成熟的地区,70%的建制镇没有工业废水专门处理装置,超过50%的建制镇不能及时清运居民生活垃圾。由于基础设施发展滞后引发环境问题,具体表现为:给水设施大都直接饮用地下水,水质难以保证;排水设施极其简陋,只有简单的排水明沟或暗沟,有的甚至没有排水设施,生活污水不经处理随地排放,工业污水处理率极低,很难保证达标排放,使水体受到污染;环卫设施也比较短缺,生活垃圾不经任何处理随意堆放,对环境的影响极大;供热设施也很落后,大部分小城镇尚未采用集中统一的供热方式,冬季取暖采用一家一户的土暖气,能源以燃煤为主,加剧了环境污染。

## 1.5 小城镇分系统生态环境特点

从整个小城镇地区来看,从构成生态环境的各种生态要素分析,其生态环境可以分为多个分系统,各个分系统的生态环境特点即反映了整个小城镇生态环境的特点。

### 1.5.1 农业生态环境特点

小城镇农业生态环境整体呈现恶化趋势。主要表现为三个特点,耕地锐减,土质恶化,水土流失严重。我国现有人均耕地约1.2亩,为世界人均的1/4。1981~1985年,全国耕地减少3689万亩,这相当于54个中等县的耕地面积。特别近十年来,随着农村产业结构的调整、城镇化速度的加快,更加加剧了耕地的减少。化肥、农药和塑料薄膜的大量使用,导致了土壤环境的质量下降,土质恶化。据粗略估计,全国现有高产田只占耕地面积的 20%～30%，中产田占 40%～50%，低产田占到 30%左右。另外由于森林覆盖率下降，土地尤其是旱地长期裸露，地面侵蚀强烈，土壤流失严重。农业生态环境的恶化导致了农业抵抗自然灾害的能力下降，全国近几年来各种洪涝灾害、旱灾、虫灾不断，也从侧面说明了这个问题。

### 1.5.2 大气环境特点

小城镇的大气环境状况也是不容乐观，甚至有些小城镇大气污染已经严重影响了人民的生产生活。大气环境的影响主要来自镇区的工业企业，所以小城镇的主导功能是其大气环境的首要影响因素。机动车辆的尾气和二次扬尘对小城镇的大气环境的影响一般处于次要的位置，这主要与小城镇的机动车辆数量不多有关，但对于沿过境交通布局的小城镇而言，这种影响也是不容忽视的。

### 1.5.3 水环境特点

小城镇的水环境包括地表水和地下水两个部分。由于水系统的自循环，我国小城镇的地表水和地下水系统都出现不同程度的污染，水环境出现逐渐恶化的趋势。由于工业企业的污水排放，化肥、农药的使用，使得我国大部分小城镇地表河流、湖泊的水质在三级以下，有的甚至是Ⅳ～Ⅴ级，既不能作为生活用水，也不能作为工业用水、灌溉用水。小城镇水环境污染除了自身工农业生产的影响之外，外来污染即整个大区域的污染也是重要的影响因素，有一些小城镇其外来污染甚至起主导作用。所以对水环境特点的认识，必须从区域、流域的角度出发，不能就城镇论城镇。

### 1.5.4 声环境特点

随着机动车数量的增加、工业企业的发展、城镇居民生活水平的提高、社会服务行业的不断完善，我国小城镇的噪声环境污染也日趋严重。我国小城镇的噪声污染由于其非延续性的特点，没有像水环境、大气环境那样受到重视，但其对城镇居民的生活影响已是日趋明显。小城镇噪声污染根据其污染源主要分为交通噪声、工矿企业噪声、建筑施工噪声、社会生活噪声等几种。不同类型的小城镇，其噪声源的主体也不同。比如，沿交通线布局的小城镇，交通噪声是主要的噪声源；工矿型小城镇，工矿企业噪声则是主要的噪声源。

### 1.5.5 公共卫生环境特点

小城镇的公共卫生环境主要指生活固体废物、工业固体废物和农业固体废物等固体废弃物处理情况及公共厕所等环卫设施配置情况。其中生活垃圾是影响我国小城镇公共卫生环境质量最主要的因素。固体废弃物的妥善处理关系到居民的身体健康及日常工作、生活。我国大多小城镇没有垃圾处理场地，城镇生活垃圾基本未作处理，大多集中堆放，镇区垃圾箱及垃圾清运设备陈旧落后，无法满足垃圾处理要求。按照小城镇人均日产垃圾 1.1kg，垃圾运转站每座 2 万～2.5 万人，公共厕所每万人 3.5 座，环卫专用车每万人 2 台（参考城镇规划有关标准）测算，我国小城镇现有环卫设施远达不到规划要求，垃圾处理滞后，加之不良的生活习惯，严重影响了小城镇的公共卫生。

## 2 小城镇生态环境的主要影响因素及评价方法研究

### 2.1 小城镇生态环境的主要问题

#### 2.1.1 资源的滥采乱伐破坏了小城镇的生态环境

在资源及能源的开发利用方面，缺乏长期的、可持续利用的开发管理机制。一些地区小城镇为追求一时的利益和经济效益，对各种矿产资源、森林资源及草场资源等进行掠夺式开采，不但不能维持资源的可持续利用，而且破坏了原有的生态循环系统。

水资源的过渡开采导致江河断流、湖泊干涸、地下水位下降严重，加剧了洪涝灾害的危害和植被退化、土地沙化；草原地区的超载放牧和森林资源的乱砍滥伐，致使林草植被遭到破坏，生态功能衰退，水土流失加剧；矿产资源的乱采滥挖，直接导致小城镇防灾减灾能力减弱，水土流失加剧及各种地质灾害频繁发生。

资源的无节制开采和资源的综合利用效率低一直是制约我国经济可持续发展的瓶颈，也是制约小城镇经济发展主要问题。粗放式、低层次、数量型的资源开发利用模式，弱化了区域资源开发利用的潜力，破坏了原有的小城镇赖以生存和可持续发展的生态循环系统。

### 2.1.2 小城镇生态环境污染加剧

随着我国乡镇企业的迅猛发展，小城镇生态环境面临的压力愈来愈大，小城镇生态环境污染正由点及面、由局部向整体蔓延。目前，全国乡镇企业约有2200万个，由于这些企业技术水平落后，没有配套的环保处理设备，再加上乡镇管理体制不完善，三废的排放量要远远高于采用当前先进技术的国有企业。我国因固体废弃物堆弃而被占用和毁损的农田已达200万亩以上；8000万亩以上的耕地遭受不同程度的大气污染；许多河流水体严重污染，利用污水灌溉的农田面积已占灌溉总面积的7.3%，是10年前的1.6倍。三废的大量排放严重破坏了小城镇生态环境，以往小城镇的蓝天碧水已经变成了灰天黑水，致使广大农民的生存环境日趋恶化。

### 2.1.3 农业生态环境脆弱，人均资源占有量逐渐缩小

目前，全国水土流失面积达356万$km^2$，约占国土面积的37%，平均每年新增水土流失面积1万$km^2$；全国荒漠化土地已占国土面积的27.9%，并且每年还以2460平方公里的速度扩展，1/3的国土受到风沙威胁；全国发生盐渍化的耕地面积已逾1.2亿亩；农业每年缺水300亿$m^3$、受旱4亿亩，全国每年旱涝灾害造成1000万t粮食损失和300亿美元的经济损失。据国土资源部发布的全国土地利用变更调查结果显示，全国人均耕地面积由1996年的1.59亩降为2004年的1.41亩，不足世界人均水平的45%；人均水资源由1995年的2400$m^3$下降为2004年的2220$m^3$，相当于世界人均水资源占有量的1/4，预计到2030年我国人均水资源量将下降为1760$m^3$，逼近国际公认的1700$m^3$严重缺水警戒线；人均森林占有面积为1.9亩，仅为世界人均占有量的1/5，人均森林蓄积量为9.048$m^3$，仅为世界人均蓄积量的1/8；至于人均矿产资源占有量更是远远低于国际人均水平，石油、天然气、铁矿石、铜和铝土矿等重要矿产资源人均储量，分别为世界人均水平的11%、4.5%、42%、18%和7.3%。资源匮乏且浪费严重所引发的一系列生态环境问题，已成为严重制约小城镇农业、经济、社会可持续发展的瓶颈。

### 2.1.4 小城镇居民的生态环境仍未改善

随着人口的增长和经济的快速发展，城镇规模不断扩大，基础设施建设用地、住宅建设用地、产业用地等需求量急剧增加，小城镇建设速度明显加快，城镇面貌也大有改观。但是，随着城镇规模的无限扩张，小城镇基础设施建设跟不上城镇发展的需要，全国很多小城镇无系统排污管渠，绝大多数小城镇没有集中污水处理厂，城镇污水大多是未经处理

就近排放；小城镇生活垃圾的收集、运输设施数量少、不配套，多数小城镇生活垃圾主要采用露天堆放等简单的处理方式，未经处理的污水和随意堆放固体垃圾，对溪流、池塘、水洼等小城镇的水体和周围生态环境造成了严重破坏。有的山区小城镇建设不结合当地地形地貌及地质条件，追求规模，开山造地，破坏了原有的地势地貌及植被，阻断了原有的自然生态循环系统，结果导致洪水、山体滑坡及泥石流等灾害频繁发生。小城镇规模的盲目扩张破坏了小城镇居住区的生态环境，也危及了居民的公共安全，成为群众日益关注的社会问题。

### 2.1.5 生物多样性面临威胁

我国是世界上生物多样性最丰富的国家之一，但由于许多小城镇建设缺乏合理规划，管理人员生态环境保护意识淡薄，滥砍乱伐树木、乱建乱占耕地、随意开垦沟河塘坝、过度使用农药、化肥等破坏生态环境的现象普遍存在，致使城镇周围水环境的破坏，城乡生态失衡，小城镇动植物能够生存繁衍的范围急剧萎缩，一些优良农林、畜禽、野生动植物资源逐年减少，很多有益的野生物种（如猫头鹰、黄鼠狼、蛙、蛇等）已濒临灭绝，品种资源锐减，野生种源大量流失，生物多样性正在受到前所未有的威胁。而且随着人口的不断增长，生态环境管理的松弛，这种威胁将继续增大。生物资源的减少导致了农林病虫害经常发生，使生态环境变得更加脆弱，抗御自然灾害能力大为下降，制约了小城镇经济、社会及资源环境的可持续发展。

## 2.2 小城镇生态环境的主要影响因素分析

### 2.2.1 资源因素

资源是小城镇经济建设的物质基础；资源的科学利用则是维持可持续发展战略的实施，全面建设和谐社会的保证。正因为资源可以带来巨大的经济效益，所以资源也成为牟取暴利的目标。资源是一把双刃剑，如果缺乏科学管理和长期利用规划，也会给小城镇生态环境带来破坏和污染，而且这种破坏和污染的严重后果甚至会持续几十年或上百年，所带来的经济损失会远远超过经济效益。许多资源丰富的小城镇之所以成为生态环境破坏严重的小城镇，就是因为没有认识到资源的两面性，没有正确处理好资源的开发与保护的关系的缘故。植被破坏、土地沙漠化、地表沉陷、农田损失和污染、水和空气污染等一系列小城镇生态环境问题都是由于对各种资源的掠夺性开采所造成的后果。因此，资源的滥采乱伐和粗放型消耗已经成为影响小城镇生态环境质量的主要因素之一。其中，森林资源、矿产资源、水资源及土地资源的储量减少更是左右小城镇生态环境质量的基本因素。

(1) 森林资源

当前我国森林资源保护管理面临的形势不容乐观。一是林地非法流失严重。在1999～2003年的5年间，全国有1010.68万 $hm^2$ 林地被改变用途或被征占用为非林地。二是超限额采伐林木问题突出。一些地方超限额采伐屡禁不止，无证采伐也相当严重，盗伐、滥伐现象大量存在。一些地方的农村基层组织以办公益事业、为村民谋福利为名，少批多砍，不批也砍。在1999～2003年的五年间，全国年均超限额采伐的数量高达7554.21万 $m^3$。近年来，虽然国家加大了管理力度，但是，小城镇乱砍滥伐林木、乱征滥占林地、乱捕滥猎野生动物等问题依然十分严重，重大破坏森林资源案件呈上升趋势。森林资源的过度砍伐破坏了自然生态循环系统，降低了土地的蓄水保墒功能，最后导致水土流失，土地沙漠化现象发生，直接危及小城镇生态环境。

(2) 矿产资源

矿产资源是不可再生的资源，是维持可持续发展的重要物质基础，矿产资源的保有量、利用效率和保护现状反映着一个国家的经济发展水平。我国虽然是位居世界前列的矿产资源生产大国和消费大国，但资源的相对不足和综合利用效率低也是我们的基本国情，由于小城镇矿产资源管理体制的不完善，掠夺性开采、粗放型开采现象在全国各地屡见不鲜，因采矿造成植被破坏、大气及水质污染等已成为破坏小城镇生态环境的主要因素。

(3) 水资源

国际上，把人均水资源占有量低于 $1700m^3$ 的国家称为用水紧张国家，低于 $1000m^3$ 的国家列为缺水国家。1995 年，我国水资源总量占世界水资源总量的 7%，居第 6 位，但人均占有量仅有 $2400m^3$，为世界人均水资源占有量的 25%。目前，我国人均水资源占有量下降为 $2220m^3$，今后，即使降水不减少，预计到 2030 年我国人均水资源量将下降为 $1760m^3$，逼近国际公认的 $1700m^3$ 用水紧张警戒线。水资源是人类赖以生存的必要条件，也是小城镇可持续发展的基本条件。本来水资源就很贫乏的我国，因为水资源污染和粗放式利用变得更加紧张。我国地面水环境质量标准分五类，一类水最好，源头没有任何污染，三类以上的可作饮用水源，最差的五类可以用于农业灌溉。2003 年七大水系 407 个监测断面中一至三类的水仅占 38.1%，劣五类的水占 29.7%，即近 1/3 的水用于农业灌溉都不合格，水资源系统受到了严重的破坏。甚至在水资源极为丰富的江南水乡由于水环境受到不同程度的污染，导致有限的地表水资源不能利用，水质性缺水严重制约了当地小城镇社会经济的发展。目前我国农村 3 亿多人饮水不安全，其中有 1.9 亿人饮用水有害物质含量超标；6300 万人饮高氟水；有 200 多万人饮用高砷水；3800 万人饮用苦咸水；血吸虫病流行病区有 1100 万人饮水不安全。

(4) 土地资源

2004 年我国耕地减少量为 1422.0 万亩，全国耕地面积由 2003 年 10 月底的 18.51 亿亩降为 2004 年 10 月底的 18.37 亿亩，人均耕地由 1.43 亩降为 1.41 亩，不到世界平均水平的一半。从当年耕地变化的情况来看，虽然生态退耕是耕地减少的主要因素，但建设占用耕地（217.6 万亩）和灾毁耕地（94.9 万亩）仍占减少耕地的近 20%，这说明乱占滥用耕地的问题依然比较突出。土地资源破坏主要表现在水土流失、土地荒漠化，特别是后者，目前面积仍在扩大。人均耕地逐年减少，而且耕地环境质量不断下降，土壤污染问题突出，已成为制约农业和农村经济发展的重要因素。因固体废弃物堆存而被占用和毁损的农田面积已达 200 万亩以上，8000 万亩以上的耕地遭受不同程度的大气污染；不同程度遭受农药污染的农田面积也已达到 1.4 亿亩；全国利用污水灌溉的面积已占全国总灌溉面积的 7.3%，比 20 世纪 80 年代增加了 1.6 倍。

## 2.2.2 资源及再生资源的开发利用

(1) 资源综合利用率低

资源消耗高、浪费大、综合利用率低是我国乡镇企业资源利用的现状，也是造成小城镇生态环境污染的主要原因。小城镇资源综合利用低主要体现在：资源产出率低、资源利用效率低、资源综合利用水平低、再生资源回收和循环利用率低。中国发展研究基金会 2005 年 6 月 14 日公布的一份资源综合利用报告显示，目前，我国矿产资源总回收率约为 30%，比国外先进水平低 20 个百分点；再生资源回收利用率低，每年有大量的废旧家电和电子产品，废钢、废有色金属、废纸、废塑料、废玻璃等没有实现循环利用。2003年我国GDP约占世界的4%，但重要资源消耗占世界的比重却很高，石油为7.4%、原煤31%、钢铁27%、氧化铝25%、水泥40%。即使剔除一些不可比因素，我国资源综合利用率与世界先进水平仍有较大差距，而与大中城市相比，我国小城镇的资源综合利用率和再生资源回收利用率就更低了。在制砖、炼焦、铸造、水泥等产业，全国乡镇企业的产量占全国总产量的一半以上，但由于乡镇企业的技术水平低，污染严重，能源消耗要比采用当前先进技术的国有企业高出30%或60%。目前，我国工业固体废弃物综合利用率不到60%，累计堆存量已达几十亿吨，占用了城市周边小城镇的大量土地。实践证明，较低的资源利用水平，已经成为乡镇企业降低生产成本、提高经济效益和竞争力的重要障碍，也是导致小城镇采用掠夺式资源开采的主要原因之一。

（2）秸秆综合利用率低

种植业废弃物（秸秆）是农业废弃物的主要来源，也是小城镇农业生态环境的主要面源污染源之一。我国每年产生各类农作物秸秆约6.5亿t，其中约50%用作肥料和饲料，30%用作燃料和工业原料，还有约20%的秸秆没有得到有效利用。随着农村经济的发展和广大农民生活水平的提高，农村生产和生活方式发生了较大转变，对秸秆的传统利用方式也随之发生了变化，秸秆在一些地区出现大量剩余，特别是经济发达地区和大城市周边的小城镇，秸秆剩余量高达70%~80%。这些剩余的大量秸秆由于得不到及时和妥善的处置，大都采用随处堆放或就地焚烧的简单处理方式，既浪费了宝贵的资源，严重污染了小城镇生态环境。

（3）畜禽粪便综合利用率低

据统计，2000年我国畜禽粪便产生量达到19亿t，是当年我国工业废弃物产生量的2.4倍。畜禽粪尿含有丰富的植物营养物质，而且在改善土壤理化性状、培肥土壤方面具有化肥所不能代替的作用，但未经处理的粪尿含有的恶臭成分、有害微生物以及所产生的大量硫化氢、醇类、酚类、醛类、氨、酰氨类等污染物，如果流进江河湖泊，会使水质污浊，散发恶臭，并且造成水体富营养化，威胁鱼类和贝类的生存。农业用水如受到粪尿的污染，过量的氨及其他营养物质会引起水稻徒长、倒伏，危害很大。由于地面的渗漏使用，还会造成地下水污染，尤其是岩性粗、砂性强、保水力弱的土壤条件下。此外，粪尿中还含有大量病原菌，极易传播疾病，细菌和有害气体随风扩散，使污染范围扩大；粪尿聚集地区，易于蚊蝇等昆虫滋生，严重影响周围地区的卫生状况。随着养殖业不断发展，一些地区养殖总量已经超过当地土地负荷警戒值，大多数养殖场粪便、污水的贮运和处理能力不足，90%以上的规模化养殖场没有污染防治设施，大量粪便、污水不经任何处理直接排入水体，加速了水体富营养化趋势，严重破坏了小城镇和农村居民的生活环境。

### 2.2.3 社会经济因素

（1）人口因素

人口过剩、资源危机和环境污染是当代世界三大社会问题，也是制约我国小城镇社会经济发展的三大障碍。中国是一个资源大国，但从人均占有量来说是却是一个资源短缺的国家。这种短缺主要表现为：一是重要资源的人均占有量远远低于世界平均水平。如人均耕地面积仅相当于世界平均水平的1/3，人均森林面积不足1/6，人均草原面积不足1/2，人均矿产资源也只有1/2。随着人口增长，人均资源占有量将会继续下降，有些资源已接近资源承载极限，同时环境污染也迅速蔓延，自然生态环境日趋恶化。"人口增长——资源紧缺——环境恶化"的这种恶性循环使我国小城镇未来面临着生存和发展的双重压力。可以说，人口数量长期持续增长已直接威胁着当代以及子孙后代的生存条件，成为制约小城镇影响经济和社会发展的主要因素。

（2）科技因素

科学技术是第一生产力，实现经济发展与资源环境协调发展必须依靠科学技术。但是，与大中城市相比，小城镇整体科技发展还处于较低的水平。主要表现以下几个方面：一是专业技术人员较少，总体素质不高，尚未形成有利于小城镇科技人才市场和科技人才流转机制，一些科技优惠倾斜政策尚未全面落实，不利吸纳引进高科技人才和高新技术成果引进、推广；二是科技推广服务体系不够健全，工业技术工艺落后、设备陈旧、清洁生产技术推广缓慢，科技进步对工业、农业生产的贡献率不高；三是科技经费投入不足，不能满足小城镇科技事业发展的需要。由于这些不利因素的存在，小城镇资源综合利用率及可再生资源利用率低都处于较低的水平，这也加重了小城镇的资源环境的负荷，使原本脆弱的小城镇生态环境更加脆弱。

（3）经济因素

农业比重偏大，工业尚不发达，第三产业发展相对滞后是我国小城镇经济发展的基本特征，这也说明我国小城镇经济发展主要依赖于土地资源、水资源及各种矿产林草资源等，属于资源依赖型经济发展模式，即"资源－产品－废弃物"的单向经济发展模式。前期课题调查结果表明，第一产业占据主导地位的小城镇占总数 31.33%、第二产业占主导地位的小城镇占总数的 50.66%、第三产业占主导地位的小城镇仅为 18%，由此可见，小城镇经济总量随第一、二产业为主，一、二产业仍是我国小城镇发展的支柱产业。这种传统的经济发展增长模式意味着创造的财富越多，消耗的资源就越多，产生的废弃物也就越多，对生态资源环境的负面影响就越大。

## 2.2.4 城镇建设

许多小城镇没有按规划进行建设，城镇建设缺乏有效的诱导性和限制性措施，宽大道路、大型广场及威严的政府办公大楼等盲目性、随意性、政绩性建设项目随处可见，而关系到小城镇生态环境的环卫设施、垃圾污水处理设施等的建设却没有得到应有的重视，脏乱差现象普遍存在。在城镇建设方面，影响小城镇生态环境的主要问题有以下四点：一是城镇空间布局混乱，工业区与居民区、商业区混杂，镇容脏、乱、差现象比较突出，以路为市，以街为市，车流、物流、人流混杂的场面在许多小城镇都可见到；二是小城镇的住宅建设在高度、样式及色彩等方面几乎没有任何限制，居民可根据自己的意愿随意建造。许多居民在建造住宅时，不是根据自己的生活需要，而是盲目攀比，住宅越建越大，越建越高，越建越"洋"。虽然居住面积增加了，可是整体居住环境却并没有改善，有的甚至可以说是"改恶"了；三是基础设施建设跟不上城镇发展的需要，全国很多小城镇无系统排污管渠，绝大多数小城镇没有集中污水处理厂，城镇污水大多是未经处理就近排放；小城镇生活垃圾的收集、运输设施数量少、不配套，多数小城镇生活垃圾主要采用露天堆放等简单的处理方式，未经处理的污水和随意堆放固体垃圾，对溪流、池塘、水洼等小城镇的水体和周围生态环境造成了严重破坏；四是有的山区小城镇建设不结合当地地形地貌及地质条件，追求规模，采用削山填沟、高边坡深开挖方式建设，破坏了原有的地势地貌及植被,导致滑坡和泥石流等灾害频繁发生。

### 2.2.5 工农业生产

乡镇企业已成了国民经济的重要支柱,是国家财政收入的重要来源,也是小城镇建设资金的重要来源。但是,乡镇企业的发展也给小城镇生态环境带来了巨大的负面影响。由于乡镇企业布局混乱,产业结构不合理,技术设备落后,绝大部分没有防治污染措施,使污染危害变得更为突出和难以防范。污染源多、污染面广是小城镇环境污染的特征之一。如乡镇企业发展迅速的江浙一带是全国有名的'鱼米之乡',由于受到小印染、电镀、造纸厂等工业废水的影响,使遍布各地的水网水质受到严重污染,不但致使农产品、水产品不能食用,而且还污染了地下水,造成了水乡缺水的尴尬局面。再加上不少地区的大中型工厂,把自己不愿生产或加工的有毒有害产品委托或转给乡镇企业去生产,导致有毒物质'下乡',这种转嫁污染的做法,进一步加剧了小城镇生态环境的破坏。同时,环境污染也给城镇居民的身体健康带来很大影响,全国各地因受工矿企业污染而成为癌症村镇的事例屡见报端,小城镇人居生态环境成为群众日益关注的社会问题。

无处理排放的工业"三废"、过度使用的农药和化肥以及畜禽粪尿是污染小城镇农业生态环境主要因素。农业部日前公布的一系列数据表明,我国小城镇农业生态环境污染问题日趋严重。工业"三废"对农业生态环境的污染正在由局部向整体蔓延。畜禽粪便也是农业生态环境的一大污染源。畜禽粪尿含有丰富的植物营养物质,而且在改善土壤理化性状、培肥土壤方面具有化肥所不能代替的作用,但未经处理的粪尿含有的恶臭成分、有害微生物以及所产生的大量硫化氢、醇类、酚类、醛类、氨、酰氨类等污染物,如果流进江河湖泊,会使水质污浊,散发恶臭,并且造成水体富营养化,威胁鱼类和贝类的生存。农业用水如受到粪尿的污染,过量的氨及其他营养物质会引起水稻徒长、倒伏,危害很大。由于地面的渗漏使用,还会造成地下水污染,直接危及人畜用水的安全。

随着农药、化肥、农膜的使用量的不断增加,农用水体与土壤污染日趋严重。目前我国化肥使用量达4124万吨,按播种面积计算,平均每公顷化肥用量达400kg以上(现农村大多在种"卫生田",不用人畜粪,不种绿肥,而专用化肥),已远远超过发达国家的防止化肥对水体污染而设置的每公顷225kg的安全上限;现我国不同程度遭受农药污染的农田面积已逾1.4亿亩(约70%的化肥、农药施用量流失或残存在土壤和农产品中,并最终进入水体),农产品中有害物质超标已成为一个带有普遍性的问题。化肥和农药的大量使用导致野生动植物资源急剧减少,农作物病虫草鼠害愈加严重,尽管各级政府投入了大量的财力和物力开展生态环境建设与保护,但全国农业生态环境恶化的趋势尚未得到有效的遏制。

### 2.2.6 生态环境建设

(1) 生态农业推广力度不大

生态农业是按照生态学和生态经济学原理,应用系统工程方法,把传统农业技术和现代农业技术相结合,充分利用当地自然和社会资源优势,因地制宜地规划和组织实施的综合农业生产体系。它以发展农业为出发点,按照整体、协调的原则,实行农林水、牧副渔统筹规划,协调发展,并使各业互相支持,相得益彰,促进农业生态系统物质、能量的多层次利用和良性循环,实现经济、生态和社会效益的统一。生态农业具有综合性、多样性、高效性以及持续性,强调发挥农业生态系统的整体功能,通过物质循环和能量多层次综合利用和系列化深加工，实现经济增值，实行废弃物资源化利用，降低农业成本，提高效益，为农村大量剩余劳动力创造农业内部就业机会，保护农民从事农业的积极性。发展生态农业能够保护和改善生态环境，防治污染，维护生态平衡，提高农产品的安全性，把农业和农村经济的常规发展变为持续发展，把环境建设同经济发展紧密结合起来，在最大限度地满足人们对农产品日益增长的需求的同时，提高农业生态系统的稳定性和持续性，增强农业发展的后劲。

经过十多年的努力，全国已基本形成了国家、省、试点县三级生态农业管理和推广体系，初步建立起生态农业的理论体系，颁布了全国生态农业建设技术规范，生态农业建设逐步走上了制度化、规范化的轨道。但是，据统计，目前全国开展生态农业建设的县、乡、村仅有2000多个，生态农业推广面积为1亿多亩，仅占全国耕地面积5.29%左右，还远远不能满足生态农业建设，保护农业生态环境的要求。

(2) 森林覆盖率低

国家林业局发布的统计数据（2005.1）显示，中国目前森林面积1.75亿$hm^2$，森林覆盖率由上次统计的16.55%增加到18.21%，增长了1.66个百分点。但是，与世界其他国家相比，我国的森林覆盖率仅相当于世界平均水平的61.52%，居世界第130位；人均森林面积为0.132$hm^2$，不到世界平均水平的1/4，居世界第134位；人均森林蓄积为9.421$m^3$，不到世界平均水平的1/6，居世界第122位，由此可见我国还是属于森林覆盖率较低的国家。

(3) 水土流失控制率低

由于特殊的自然地理和社会经济条件，我国水土流失严重，生态环境脆弱，全国水土流失面积356万$km^2$，占国土面积的37%，每年流失的土壤总量达50亿t。水土流失导致土地退化，造成大量泥沙下泄，淤塞江河湖库，影响人们的生产生活和生存环境。我国目前水土流失总的情况是：点上有治理，面上有扩大，治理赶不上破坏。全国水土流失面积由解放初期为17.4亿亩扩大到22.5亿亩，约占国土总面积的1/6，涉及近千个县。全国山地丘陵区有坡耕地约4亿亩，其中修梯田约1亿亩，而另外3亿亩坡地正遭受水土流失的危害。

### 2.2.7 管理机制

(1) 缺乏有效的管理机构

小城镇生态环境建设管理体系不完善，政出多门、条块分割、各行其是，结果导致管理的权、责、利不明，不能实施有效管理；缺乏促进公众参与环保的机制。因而，急需建立适合小城镇的专门协调机构，统一负责生态环境保护工作。

(2) 缺乏科学、有效的生态环境保护规划

小城镇生态环境保护规划的制定与出台往往比较仓促，缺少强有力的数据支撑与科学论证，规划编制过程中缺乏科学性、可行性和务实性；实施过程中则具有盲目性、随意性。尽管很多生态环境建设保护的重点地区也是贫困地区，但是，在这些小城镇的生态环境保护建设规划中仍然没有充分认识到环境保护建设应与扶贫工作相结合的重要性，致使生态环境保护规划与扶贫工作相脱节，无法得到小城镇居民的理解和支持。

(3) 生态环境建设缺乏有效的技术保障

目前生态环境建设投资效益差，生态环境建设不能达到预期效果的主要原因在于生态

环境建设缺乏有效的技术保障制度。如：干旱地区植被建设成活率低、保存率低的重要原因就在于没有充分考虑水分条件等技术问题，没有解决好科学植树种草及其管护问题，使得几十年来造林不成林，种草不见草，人工植被结构单一，水土保持效益低下。

（4）生态环境建设缺乏资金保障

目前，生态环境建设主要靠国家及地方政府投资建设，由于国家资金有限，生态环境保护建设经费投入不足，无法控制生态环境持续恶化的趋势。

（5）生态环境建设缺乏政策法规支撑

生态环境保护工作缺乏相应的政策法规支撑，生态环境保护工作处于消极、被动、盲目应付的阶段，未能将生态环境保护工作纳入法制建设的主渠道，对生态环境保护工作的开展缺乏有效的监督约束机制，难以保障项目的顺利实施。

## 3 小城镇生态环境功能区划研究

### 3.1 生态环境功能区划的概念与目的

生态环境功能区划是根据生态环境要素、生态环境敏感性与生态服务功能空间分异规律将区域划分成不同生态功能区，并对在各功能区内的开发、建设提出具体保护措施的过程。生态环境功能区划应根据生态规律、经济规律、社会经济发展趋势、产业结构调整方向及生态环境保护规划对不同区域的功能要求，结合小城镇总体规划和其他专项规划，划分不同类型的生态环境功能分区。

生态功能区划也是从整体空间观点出发，根据特定区域生态系统的结构特征及其空间分布规律，结合自然生态系统和社会经济发展的实际条件，按照一定的准则和指标体系把该区域的环境空间划分为若干不通功能地域单元的一项综合性技术过程。也指通过对规划区域的分区划片揭示出不通功能环境在形成、演变、本底、容量、承载力、敏感性和建设、保护等方面的异同之处，为因地制宜进行不通区域的资源开发、经济建设和环境保护的优化设计、制定环境规划目标和强化环境管理提供科学的依据。

根据土地、水域及森林等生态环境的基本状况和利用功能，应按照生态环境保护对不同区域的功能要求，科学划分生态环境功能分区，并制定相应的保护措施，明确各区的控制标准。划分生态环境功能分区的目的就是分类控制开发强度，控制土地用途，防止非农用地的无序蔓延，促使功能区生态环境要素向良性方面发展，保护小城镇生态环境，提高小城镇生态环境功能质量，维持小城镇生态环境对社会经济发展的可持续承载能力。通过生态环境功能分区建设，大力发展生态效益型经济，促进生态优势向经济优势转变，全面实施可持续发展战略。

由于小城镇的镇域范围内自然条件、生态环境特点、人为利用方式不同，其具体表现为镇域为非均质的区域，各个不同区域内所执行的环境功能不同，对环境的影响不同，因而对不同区域的制定的标准也应有所不同。因此，考虑到社会经济发展对生态环境的影响及环境投资效益两方面因素，在确定环境规划目标前需要先对工作区域进行功能区的划分，然后根据各功能区的性质和承载能力分别制定各自的环境目标和发展方向。

制定这种小城镇的生态功能区划即可作为城镇总体发展规划的依据，也是实施环境分区管理和污染物总量控制的前提和基础。尤其在小城镇环境规划的实践工作中，各环境要素如大气、水、噪声等功能区和环境目标的确定都是以生态功能区划为基础，根据各环境要素的性质、特征和功能分别确定的。

因此，生态功能区划的目的主要体现在以下两个方面：一是深入分析和认识区域生态系统类型的结构、过程及其空间分异规律的基础上，进一步明确生态环境特点、功能及开发利用方式上具有相对一致性的空间地域，为因地制宜制定生态环境规划和区域发展决策提供依据；二是研究不通环境单元的环境特点、结构与人们经济社会活动间的规律，从生态环境保护要求出发，提出不同环境单元的社会经济发展方向和生态保护要求。生态功能分区是城镇区域经济、社会与环境的综合性功能分区，对于引导城镇化发展方向非常重要，特别是对未建成区或新开发区、新兴城市等来说，环境功能区划对其未来环境状态具有决定性的影响。

## 3.2 生态环境功能区划的原则

生态功能保护区规划是通过分析区域生态环境特点和人类经济、社会活动，以及两者相互作用的规律，依据生态学和生态经济学的基本原理，制定区域生态环境保护目标，以及实现目标所要采取的措施。根据生态功能区划的目的，区域生态服务功能与生态环境问题形成机制与区域分异规律，生态功能区划应遵循以下原则：

（1）可持续发展原则：生态功能区划的目的是促进资源的合理利用与开发，避免盲目的资源开发和生态环境破坏，增强区域社会经济发展的生态环境支撑能力，促进区域的可持续发展。

（2）发生学原则：根据区域生态环境问题、生态环境敏感性、生态服务功能与生态系统结构、过程、格局的关系，确定区划中的主导因子及区划依据。

（3）相似性原则：自然环境是生态系统形成和分异的物质基础，虽然在特定区域内生态环境状况趋于一致，但由于自然因素的差别和人类活动的影响，使得区域内生态系统结构、过程和服务功能存在某些相似性和差异性。生态功能区划是根据区划指标的一致性与差异性进行分区的。但必须注意这种特征的一致性是相对一致性。不同等级的区划单位各有一致性标准。

（4）特殊生态功能区优先保护和保育优先原则：在区域生态系统中，特殊生态功能区指重要生态功能区和生态良好区（如：集中饮用水水源地、自然保护区、脆弱生态系统、历史文化遗产和遗迹、旅游度假胜地、风景名胜等），它们对于建立区域生态功能平衡，保障社会－经济－环境的良性运行可持续发展，维系和发扬地区特色文化，具有关键性的支撑作用，需要优先保护；区划过程中应优先保证这些特殊生态单元的保育用地。

（5）确保城市发展空间原则：合理划分生态功能区，确保城市未来合理的生长空间，控制城市合理的成长规模，避免城市无序发展。

## 3.3 小城镇生态环境功能区划的依据

小城镇生态功能区划的划分依据应考虑到现状及未来的自然环境状况并符合社会经济发展状况，同时应充分利用已经完成的相关规划，这样才能做出合理的小城镇生态功能区划。区划依据主要依照以下三方面进行。

### 3.3.1 自然环境的客观属性

生态功能区划的对象是由土地的地质地貌、气候、水文、土壤以及动植物群落等构成，是占据地表一定空间范围的自然综合体，这个自然综合体的各项自然属性是进行生态功能区划的首要依据。这些属性特征主要通过以下环境要素特征得到反映：

(1) 气候条件：指工作区的气候特点及区内分异。主要包括温度、湿度、降水、蒸发、风向、风速、日照、冰冻等方面内容。

(2) 地貌类型：指工作区的地貌特征及空间分异。

(3) 地址特征：指工作区的工程地质、地震地质、水文地质特征及空间分布。

(4) 土壤类型：指工作区的土壤属性特征及空间分布。

(5) 水文特征：指工作区的流域分布和水文特征。主要包括江河湖海水位、流速、水量、洪水淹没界线等。大河两岸城市应收集流域情况、流域规划喝道整治规划、现有防洪措施。山区城市应收集山洪、泥石流等方面内容。

(6) 动植物资源：指工作区内的动植物资源特征及空间分布规律。

### 3.3.2 社会经济发展需求

生态功能区划除要满足城镇的自然环境的客观属性，还要满足社会经济的发展需求，从而达到生态功能区划与社会经济发展需求相和谐。对于社会经济发展需求的依据主要包括以下几方面内容：

(1) 交通区位：指工作区所处的地理区位及其在背景区域中的战略地位。

(2) 城镇土地利用：指工作区现状土地资源利用的结构及空间分异，历年城镇土地利用分类统计，各类用地增减情况。

(3) 人口情况：工作区内人口、劳动力组成、人口增长与地区差异。

(4) 经济发展水平：指工作区现状经济发展水平及地区差异，包括城镇国民经济和社会发展现状等内容。

(5) 产业结构特征：指工作区内产业结构、空间分布及调整走向等特征。

(6) 城镇历史状况：包括城镇的形成，历史变迁、建成区扩展等方面内容城镇历史状况：包括城镇的形成，历史变迁、建成区扩展等方面内容。

### 3.3.3 相关规划或区划

由于各城镇都有相关的区划或规划，这些规划和区划是在多年调查和统计的基础上进行的，具有一定的科学性，也比较符合当地社会经济发展需求和自然环境的客观属性，这些规划或区划对于小城镇的生态功能区划具有一定的指导意义，应该作为小城镇生态功能区划的依据。

1.《全国生态环境保护纲要》，国务院，2000.11.26 日发，国发 [2000] 38 号
2.《生态功能保护区规划编制大纲》（试行），国家环保局，环办 [2002] 8 号
3.《生态功能区划技术规范》（建议稿），全国自然生态保护工作会议文件，2002.3
4.《中国 21 世纪议程》，1994.3.25，国务院常务会议通过
5.《全国生态示范区建设规划纲要》，国家环保局，1995.7.19，环然 [1995] 444 号
6. 各省、市生态功能区划及相关文件

(1) 相关区划主要包括：《行政区划》、《综合自然资源区划》、《综合农业区划》、《植被区划》、《土壤区划》、《地貌区划》、《气候区划》、《水资源和水环境区划》等。

(2) 相关规划主要包括：《城镇总体发展规划》、《城镇土地利用规划》、《自然保护区建设规划》、《交通道路规划》、《绿地系统规划》等。

(3) 应参考其他已有的国家及地方有关调查资料、规划、标准和技术规范等，如《环境空气质量标准》、《地表水环境质量标准》、《城市区域环境噪声标准》、《城市区域环境噪

声适用区划分技术标准》及区域地质调查资料等。

在上述提及规划中，有些规划是相互包含的，如《综合自然资源区划》包含《地貌区划》、《气候区划》等；《城镇总体发展规划》包含《交通道路规划》、《绿地系统规划》等；同时有些地区可能缺少其中部分规划的成果资料，因而收集资料应视情况而定。

### 3.4 生态环境功能区划的方法及类型

#### 3.4.1 生态环境功能的确定

生态环境功能是指生态系统及其生态过程所形成或所维持的人类赖以生存的自然环境条件与效用，主要包括水源涵养、调蓄洪水、防风固沙、水土保持、维持生物多样性等功能。

1. 主导生态功能的确定

一个重要生态环境功能区同时具有多种生态功能。主导生态功能是指在维护流域、区域生态安全和生态平衡，促进社会、经济与资源环境持续健康发展方面发挥主导作用的生态功能，也是建立生态环境功能保护区的根本依据。

2. 辅助生态功能的确定

辅助生态功能是指其他与主导生态功能相伴而存的生态功能。辅助生态功能的保护必须服从主导生态功能保护的需要。

#### 3.4.2 小城镇生态功能区划要尊重自然生境特点，保持生态系统的完整性

小城镇的生态功能区划要以自然生境特点作为划分的最为主要的依据，根据自然特征合理安排土地使用功能，尽量保持结构与功能的一致性，然后考虑满足现实生产生活的需要。尊重自然生境特点的主要表现为保持生态系统的多样性与完整性。小城镇的生态系统由于人为的干扰，人工技术的大量输入，使自然生态系统趋于单一化，原有生态系统受到破坏，现存的生态系统是一种不稳定的脆弱的生态系统。因此，城市生态功能区划要坚持保护城市生态系统结构多样性原则，以求提高城市生态功能的稳定性。生态系统的完整性则维持生态结构的完整性与生态过程的完整性。生态系统的完整是保持生态系统的空间格局，生态系统稳定，维持生态功能服务得以延续的基础，是进行小城镇功能区划需要尊重的必要条件。

某种角度讲，小城镇生态功能区划是对小城镇生态系统的维持与再认识，因而在进行小城镇生态功能区划时必须要根据小城镇的自然生境特点进行划分，而划分的科学基础则是保持生态系统的多样性与完整性。

#### 3.4.3 小城镇生态功能区划与经济发展相结合

生态功能区划的目的是促进资源的合理利用与开发，防止重要自然资源的开发对生态环境造成新的破坏，增强区域社会经济发展的生态环境支撑能力，促进区域的可持续发展。地方经济的发展是实现生态保护目标的保证，因而小城镇生态功能区划在注重自然生态功能保护的同时，充分体现地方社会经济发展的需求。在小城镇生态功能区划中，要给城镇发展、经济建设留有足够的发展空间，并适当保障土地的供给量，为小城镇经济发展提供必要保证；同时要从长远角度关注小城镇的环境承载力，尽量提高生态环境功能级别，使其环境质量不断得到改善，充分合理地利用自然资源和环境容量，避免有限的环境容量在某些地区处于超负荷状态。要充分将经济功能与生态功能结合起来，只有保持生态系统的平衡，在较长时间里保持生态系统各部分的功能处于相互适应、协调和平衡的状

态，生态系统的自我调节能力得到稳定，不断增长有机体的种类和数量，人类才有可能永续利用自然资源并有一个良好的生存环境。忽视生态系统的生态功能，也就从根本上损害了其经济功能。

### 3.4.4 小城镇生态功能区划要满足居民的生活生产需求

小城镇生态功能区划的目的是为小城镇的总体规划作出引导并提供依据，并引导城镇正确的发展方向，而小城镇的总体规划归根结底是为城镇中的居民的生产生活所服务，因而小城镇的生态功能区划要满足居民生活生产需求。在生态区划过程中，在尊重城镇自然生境特点的同时，要避免各类经济活动对居民造成的不良影响，避免工业、生活污染对居民身体健康的威胁，同时也要保证工业区、商业区与居住区的适当联系以及居民生活娱乐、休闲等生活需求。

### 3.4.5 坚持理论与实践相结合

在生态功能区划中，要有科学的理论作为功能区划的基础，并对不同性质的区划问题采用相应的解决方法和手段。这样的区划结果才具有可实施性，并能为今后的城镇发展做出指导。但是在注重理论方法的同时，同样要注重其理论实施的可操作性，要坚持理论与实践相结合的原则。否则，只是一味的坚持理论，往往会将区域划分为零散的状态，也会将不同地段的同一经济活动单位全部分开，从而无法体现出其内部的相互联系，这与经济发展的要求不相符，给城镇经济的发展、行政管理和环境管理造成较大困难或不便，此时便需要根据城镇的经济发展灵活的调整生态功能分区。因而，在生态功能区划过程中要既坚持科学严谨性同时又紧密的与实践结合在一起，不失划分的灵活性，充分体现理论与实践相结合的原则。

### 3.4.6 区划指标选择应强调其可操作性

在选取区划指标时，应注意区划指标完整、准确、通俗，数据容易获取等特点，并且在同类地型中应具有可比性。同时应尽量采用国家统计部门规定地数据，以利于今后加强信息交流和扩大应用领域。

由于对象、主要目的等不同，生态环境功能分区的方法也有所不同。如从环境质量控制的角度进行功能区划分，可分为饮用水源保护区、烟尘控制区、噪声达标区等；如从自然条件（地理条件）的角度划分，则可分某某湖（河）生态功能区、某某丘陵山区生态功能区、某某水网平原生态功能区等；如从分区性质的角度划分则可分为，自然保护区、生态敏感区、风景名胜保护区、生活居住区、农牧业控制区、工业区、商业区等。本课题根据小城镇的生态环境的特点和社会经济发展的需要，认为采用后者，即从分区性质的角度划分小城镇生态环境功能分区更能有利于小城镇生态环境建设，提高小城镇生态环境质量。

制定生态敏感区的规划标准，严格控制管理措施。生态敏感区是指对区域整体生态环境起决定性作用的大型生态要素和生态实体，主要包括江河源头区、江河洪水调蓄区、重要水源涵养区、防风固沙区、重要渔业水域、水土保持的重点预防保护区和重点监督区、动植物保护区等在内的、对人类活动及自然灾害反应敏感的环境区域。生态敏感区内的开发建设应该按照规划确定的开发建设空间管制要求进行，在保护措施能够得以落实的基础上，进行适度的开发，确保本地区可持续发展。

## 4 小城镇生态环境规划实施的保障措施

小城镇生态环境规划能够发挥效用，需要通过规划的实施。一个规划能够有效地实施，需要有各方面条件的保障。这些保障措施包括相关的法律法规，组织机构和管理制度，资金和技术等。

### 4.1 法律和制度保障
#### 4.1.1 法律法规保障

小城镇生态环境规划是小城镇生态环境保护和建设的指导性文件，其实施既要以现行的法律法规为基础，同时规划本身也是小城镇法律法规体系的重要组成部分。

从法律法规角度对小城镇生态环境规划的实施提供保障，主要从两个方面出发。

第一，明确规划的法律基础。

小城镇生态环境规划是通过对小城镇生态环境系统的认识来重新安排人与环境关系的复合生态系统规划，其最终目的是为了保护小城镇生态环境，建设和谐的小城镇生态系统。目前，我国已经有比较健全的生态环境保护的法规体系，这既是小城镇生态环境规划的依据和前提，同时也是规划实施的法律基础。

我国现行的关于生态环境保护的法规体系主要由以下几部分组成：

（1）《宪法》

《宪法》是我国一切法律法规立法的根本和依据。其多条款项明确规定要保护和改善生态环境，保护自然资源，合理利用土地。这些规定是我国生态环境保护立法的依据，也是小城镇生态环境规划实施的根本依据。

（2）《中华人民共和国环境保护法》

《中华人民共和国环境保护法》是于1989年12月在七届人大常委会上通过并开始实行的，它规定了国家的环境政策、环境保护的方针、原则和措施，是我国所有环境保护法律和规章的基础。

（3）环境保护专门法

环境保护专门法是为防治污染和其他公害，以及开发、利用和保护生态环境和自然资源而制定的。它在环境规划中起到具体的指导作用。为环境规划提供了技术保证。《中华人民共和国水污染防治法》、《中华人民共和国大气污染防治法》等都属于环境保护专门法。

（4）国家相关法律、法规

在民法、刑法、经济法、劳动法、行政法等法律中含有大量有关保护环境的法律规范，它们也是环境保护法体系的组成部分。

（5）地方性法律、法规

地方环境保护法规是环境保护法规体系的一个重要组成部分。全国大多数省、直辖市、自治区根据《宪法》和《环境保护法》陆续颁布了大量的环境保护法规，其中有综合性的在全地区范围内适用的环境保护条例，也有专管某地区某一方面环境因素和污染源的单行法规，还有各种地方性的环境质量补充标准和污染物排放标准等。此外，还有跨越数省的环境保护条例。地方性法律、法规是小城镇生态环境规划实施最直接的依据和保障。

（6）其他相关法律、法规

环境标准是环境保护法规体系的重要依托,包括大气和水等环境质量标准、污染物排放标准、环境保护基础标准、环境样品标准和环境保护方法标准五部分。它们都是为了执行各种专门的环境保护法律、法规而制定的,是环境保护法中的技术规范。

第二,进一步完善相关法律法规体系。

目前我国的法律和法规尚不健全,有许多地方尚有待进一步的完善。许多地方法规、部门规章与国家法律之间衔接也存在问题,甚至有相互矛盾的地方。另外,小城镇生态环境规划有一定的特殊性,各地的规划又由于具体情况不同而各有特点。因此,针对某些具体化的特点所需要的法律支持有些还未确定,有些虽然已经存在,但有待进一步的细化或具体化,才能够适应各地不同的需要。

因此,各地应根据自身的不同情况,针对生态环境规划的实施,可对目前一些已有的法律、法规作必要的补充和完善,以满足规划实施的要求。对于规划的实施确实需要而目前还没有的法规,应提请当地政府和法制部门制定相应的新的规章和地方性法律。生态环境规划的实施,应严格执行上述有关的法律、法规,同时依照有关法律、法规,制定城镇环境规划实施办法,建立和完善环境规划的实施管理制度和政策体系。

### 4.1.2 政策制度保障

除了国家的法律、法规外,为了确保规划的贯彻落实,各地方还要建立相应的制度支撑体系。生态环境规划实施的政策制度支撑体系是多方面的,既包括生态环境方面的政策和管理制度,也包括其他部门和行业的管理政策和制度。

从生态环境保护的角度来看,由于城镇生态环境规划涉及到各个环境要素,包括水、气、声、渣、生态等各个方面,因此各地环境保护部门应根据各自环境保护的重点,有针对性地提出上述各方面的地方性管理政策和规章,尤其是在生态保护方面,这方面目前国家和地方的法规和管理政策较少,而同时也是城镇生态环境保护的重点之一,各地应重视加强这方面的法律、法规建设,完善有关的规章、政策和管理制度,形成有效的政策制度体系,来保障规划的实施。

保证生态环境规划的实施,城市建设部门和环保部门本身的政策和管理框架体系是至关重要的,其他重点部门和重点行业的环境管理制度和政策也是十分必要的。从国家的层次上来讲,发改委、经贸委等也是制定有关环境保护法规的部门,其他部门和行业管理机构也都有自己的环境管理规章和政策。地方各级有关部门,为了配合环境质量的改善和环境规划的实施,也应制定具有地方特色的行业环境管理制度和政策,从行业和部门的角度加强生态环境规划的实施,保障规划的贯彻落实。

## 4.2 组织和管理保障

小城镇生态环境规划的实施要靠对规划实施过程的全面监督、检查、考核、协调以及调整来进行,这些都离不开有效的组织和管理。因此,建立环境规划实施的组织机构、制定完善的管理体系来组织和管理,是规划实施的根本保障之一。

组织机构和管理体系是规划贯彻落实在机构方面的基本要素,也是规划贯彻落实的根本。没有高效的组织和管理,没有科学的管理规章和行政管理制度,任何一个好的规划都是难以实施的。

### 4.2.1 建立与完善规划的组织机构

规划的实施组织涉及到各个不同的部门,包括:计划部门、城市建设部门、环保部门、财政部门和工业管理部门等,因此,规划实施的组织是一个技术性很强的问题,形式也可以有多种。针对生态环境规划的特点,各地可以选择不同的组织机构模式,但其最终的目的都应该是保证规划的顺利实施。

在城镇经济和社会条件较好的情况下,可以建立专门的实施生态环境规划的组织机构。考虑到生态环境规划的内容和实施特点,这种组织机构可以由城建、环保部门牵头与其他政府有关部门及产业部门共同组成,负责规划的分解、执行、检查、考核、协调和调整。下设具体办事机构,负责处理日常事务。

没有条件建立上述这种专门组织的小城镇,其生态环境规划实施的组织机构主要由当地政府的城建与环保部门构成。两部门之间的配合与协调程度关系着规划实施效果的好坏。相对于前面的专门机构,这种组织形式结构较为简单,便于操作和构架,适合于城镇规模不大,规划内容不十分复杂的生态环境规划的实施。由于其组织的相对简单和直接,往往会产生较好的实施效果和较高的实施效率。

### 4.2.2 健全规划实施的管理体系

健全和完善的机构为规划的贯彻实施提供了必要的前提,但好的组织机构必须要有健全的管理体系与之相适应,才能够实现规划的有效管理和高效运作。生态环境规划实施的管理体系包括行政管理、监督管理和协调管理等三个方面。

（1）行政管理

行政管理是发挥组织作用的基本和重要保证。它的特点是:在民主集中制的原则下,各级政府凭借上下级之间的权力和从属关系,自上而下地对各种经济活动和生态环境保护工作进行行政干预,使各方面的经济活动符合规划的原则,达到既发展经济又保护环境的目的。它可以保证生态环境规划纳入城乡总体发展规划和年度工作计划中,增强生态环境规划的权威性；协调部门与行业之间的关系,避免权力分散或各行其是。

在行政管理中。各级政府是规划实施的主要领导者、组织者和责任承担者；城建、环保部门是对规划实施行使监督检查和进行各种组织、沟通、协调和服务的机构；各种企事业单位是规划的具体执行者；人民代表大会是对当地生态环境规划行使决策与监督管理的最高权力机构,负责组织和拟定有关环境保护的议案和法规,审议规划、法规、经费预算,调查重大环境问题和环境案件并提出相关意见和建议,监督政府的生态环境规划和计划的执行情况等。

（2）监督管理

小城镇生态环境规划实施的监督管理主要由环境保护职能部门进行,依据法律和环境保护管理制度来实施规划。通过加强环保系统的自身建设,完善环境法制,加强环境监测、环境统计等基础工作,完善管理制度,提高管理干部素质。

由于生态环境规划涉及的内容比较广泛,规划监督管理的内容也非常丰富,除了环境保护职能部门和各地环境监察部门担负起主要的规划实施监督管理的职能外,城市建设部门等与规划实施有关的其他部门的队伍建设也对规划实施的监督和管理发挥着重要的作用。

因此,规划实施的监督管理应调动各方面的积极性,各有关部门相互配合,各司其职,共同对生态环境规划的实施状况,包括实施进度、实施质量、存在问题等进行高质量的监督和管理。确保规划的顺利实施,发挥规划改善生态环境质量的指导作用。

### （3）协调管理

由于小城镇生态环境规划的广泛性和跨域性等特点，在规划实施过程中必须注重各部门和各地区间的行动协调，在任务分配、资金筹集与投放，环保设施的建设与运行等方面更要注意，其总的目的是为保证规划目标的实现。

协调管理的方法包括经济手段、行政手段、法律手段和思想协调工作等。在协调管理的同时，要不断地发现规划的不足并及时调整，做出必要的修正和补充。

## 4.3 资金和技术保障

资金和技术是小城镇生态环境规划能否有效实施的关键。资金是规划所及项目实施的基本前提，一旦资金脱节，规划预期目标就很难实现。技术是规划实施效果的保证，技术既包括硬件的，如各种污染治理技术等，也包括软件的，如 GIS 在生态环境监测、规划、管理上的应用等，技术水平越高，规划实施的效果就越好。

### 4.3.1 规划实施的资金保障

目前，我国与生态环境相关的资金渠道主要来源于环境保护方面，包括以下部分：

1. 新建项目防治污染的投资。法律规定，凡属产生污染物的新建项目，其防治污染设施必须与主体生产设施同时设计、同时施工、同时投产（即所谓的"三同时"制度）。这部分投资是污染治理投资的重要组成部分。

2. 老企业污染治理投资。产生污染物的老企业，结合技术更新改造和清洁生产，投入一定的资金用于污染防治。

3. 城市基础设施建设的投资。指用于城市污水管道铺设、城市污水集中处理厂建设、城市集中供热、燃气、城市生活垃圾处理等的投资。也就是说，我国目前关于生态环境的投资主要集中于工业污染防治和城市环境基础设施方面。

随着改革开放、市场经济的深化，小城镇应当善于利用经济手段，培育和引导市场，促使各种渠道的资金进入生态环境保护事业。

目前，可拓展的新型的生态环境保护投资渠道主要有：

1. 政府在财政预算中每年有一定数额的拨款，专款专用，作为环境保护基金，一般用于地区计划中最有改善环境现状效果的项目。

2. 环保投资公司。通过市场化运作，在投入环保事业的同时，公司可以得到一定的收益。多用于有收益的污水处理、垃圾处理，生态农业等项目。

3. 国外环保贷款或赠款。这种来源具有很大的不确定性。用途较广，可以是科研、环境改善项目，生态恢复项目等，但多用于有环境问题比较严重的地区。

4. 社会捐助资金，多用于生态恢复、自然资源保护等方面。

5. 生态环境补偿费，用于生态环境恢复。

6. 上级拨款，多用于解决重大生态问题或城市污染处理项目。

7. 通过一定的政策，如相应的税费调整等，采取资金、技术、物资，人力投入相结合的方式集纳所需的资金，用于工业企业、城市等污染处理项目。

随着我国市场经济体制的建立，环境污染治理和生态环境规划的投融资方式和渠道越来越走向市场化。在生态环境规划的实施过程中，各地政府和城建、环保部门，在发挥现有资金渠道的同时，应积极培育和拓展新的环境保护投融资渠道，充分利用社会资金促进规划的实施。

### 4.3.2 新技术手段在规划实施中的应用

小城镇生态环境规划实施过程中的新技术手段包括规划管理、监督以及具体项目实施的技术等。

近年来,公众参与在我国城市规划编制、实施、管理过程中越来越被重视,这与城市规划以城市公共利益为出发点的初衷是一致的。随着我国小城镇居民素质的不断提高,公众参与的规划手段也应该及时地引入。在小城镇生态环境规划过程中,公众参与的途径主要包括以下几个方面:

1. 积极参加环境建设,努力净化、绿化,美化环境。
2. 坚持做好本职工作中的环境保护,为环境保护尽职尽责。
3. 参与对污染环境行为和破坏生态环境行为的监督,支持环境执法,促进污染防治和生态环境保护。
4. 参与对环境执法部门的监督,使其严格执法,保证环境保护法律、法规、政策的贯彻落实,杜绝以权代法,以言代法和以权谋私。
5. 参与生态环境文化建设,普及生态学知识,努力提高全社会的生态环境道德水平,形成有利于生态环境保护的良好社会风气。

规划管理部门应利用公众监督机制,定期公布规划实施的进展情况,定期召开规划实施听证会,供公众参与和监督,促进小城镇生态环境规划的实施。

信息技术的发展,对城市规划的实施与管理起了很大的促进作用。在小城镇生态环境规划的实施过程中应该迅速引入先进的信息管理系统,达到精确、实时管理的水平。地理信息系统(GIS)是基于空间数据库的信息管理系统,随着这一技术的日臻成熟,其在城市规划、环境保护、资源保护等领域已有了广泛的应用。将 GIS 技术引进小城镇生态环境规划,必将大大提高规划实施、监控和管理的效率。

在生态环境规划实施过程中,涉及到具体污染项目的治理等技术问题时,会遇到很多实际问题。这些问题多是规划中必须解决而又尚未成熟的内容,因此,必须加强规划实施过程中对相关技术问题的研究,及时采用新技术,提高规划实施的效率。

## 5 小城镇生态环境规划指标体系与生态环境标准研究

### 5.1 小城镇生态环境规划指标体系

小城镇生态环境规划指标体系见下表。

**小城镇生态环境规划指标体系**

| 领 域 | 类 别 | 序号 | 评价指标 | 单 位 |
|---|---|---|---|---|
| 资源与资源利用 | 土地资源 | 1 | 基本农田比例 | % |
| | | 2 | 人均耕地面积 | $hm^2$ |
| | | 3 | 人均建设用地 | $m^2$ |
| | 水资源 | 4 | 人均水资源占有量 | $m^3$ |
| | 资源利用 | 5 | 万元产值能耗 | 万吨标准煤 |
| | | 6 | 万元产值耗水量 | $m^3$ |
| | | 7 | 秸秆综合利用率 | % |
| | | 8 | 工业固体废物综合利用率 | % |

续表

| 领域 | 类别 | 序号 | 评价指标 | 单位 |
|---|---|---|---|---|
| 生态环境保护 | 土壤保护 | 9 | 化肥利用达标率 | % |
| | | 10 | 农药利用达标率 | % |
| | 环境治理 | 11 | 城镇污水处理率 | % |
| | | 12 | 城镇生活垃圾处理率 | % |
| | | 13 | "三同时"制度执行率 | % |
| | | 14 | 环保投资占GDP的比重 | % |
| | 生态建设 | 15 | 生态农业种植面积比例 | % |
| | | 16 | 森林覆盖率 | % |
| 人居环境建设 | 居住环境质量 | 17 | 空气污染指数（API）年度平均值 | — |
| | | 18 | 水质综合合格率 | % |
| | | 19 | 居住生活区噪声（昼） | [dB（A）]分贝 |
| | | 20 | 人均住房建筑面积 | m$^2$ |
| | | 21 | 人均公共绿地面积 | m$^2$ |
| | | 22 | 公厕卫生合格率 | % |
| | 基础设施 | 23 | 自来水普及率 | % |
| | | 24 | 城镇居民燃气化率 | % |
| | | 25 | 城镇排水管网面积普及率 | % |
| 经济发展水平 | 经济规模 | 26 | GDP总量 | 亿元 |
| | | 27 | 人均GDP | 元 |
| | 产业结构 | 28 | 二、三产业增加值占GDP比重 | % |

## 5.2 小城镇生态环境规划标准

小城镇生态环境规划标准见下表。

**小城镇生态环境规划标准**

| 领域 | 类别 | 序号 | 评价指标 | 标准值 | 依据 |
|---|---|---|---|---|---|
| 资源与资源利用 | 土地资源 | 1 | 基本农田比例（%） | ≥90 | 全国小城镇可持续发展技术评价指标体系 |
| | | 2 | 人均耕地面积（hm$^2$） | ≥0.12 | 科技部《中国小城镇调查分析报告》的现状值外推 |
| | | 3 | 人均建设用地（m$^2$） | <100 | 全国小城镇可持续发展技术评价指标体系 |
| | 水资源 | 4 | 人均水资源占有量（m$^3$） | ≥2220 | 全国人均水资源占有现状值 |
| | 资源利用 | 5 | 万元产值能耗（万吨标准煤） | <1 | 全国小城镇可持续发展技术评价指标体系 |
| | | 6 | 万元产值耗水量（m$^3$） | <100 | 全国小城镇可持续发展技术评价指标体系 |
| | | 7 | 秸秆综合利用率（%） | ≥85 | 国家环境保护总局等《秸秆禁烧和综合利用管理办法》 |
| | | 8 | 工业固体废物综合利用率（%） | ≥70 | 国家环保模范城市考核指标 |

续表

| 领域 | 类别 | 序号 | 评价指标 | 标准值 | 依据 |
|---|---|---|---|---|---|
| 生态环境保护 | 土壤保护 | 9 | 化肥利用达标率（%） | 100 | 农业部基本农田保护区环境保护规程化肥质量控制标准 |
| | | 10 | 农药利用达标率（%） | 100 | 农药安全使用标准（GB 4285—89） |
| | 环境治理 | 11 | 城镇污水处理率（%） | >35 | 现状值外推、建设部《国家园林城市标准》 |
| | | 12 | 城镇生活垃圾处理率（%） | >80 | 现状值外推、建设部《国家园林城市标准》 |
| | | 13 | "三同时"制度执行率（%） | 100 | 中华人民共和国环境影响评价法 |
| | | 14 | 环保投资占GDP的比重（%） | >1.5 | 全国小城镇可持续发展技术评价指标体系 |
| | 生态建设 | 15 | 生态农业种植面积比例（%） | >30 | 全国小城镇可持续发展技术评价指标体系 |
| | | 16 | 森林覆盖率（%） | >30 | 国际公认指标 |
| 人居环境建设 | 居住环境质量 | 17 | 空气污染指数（API）年度平均值 | <100 | 国家环保模范城市考核指标 |
| | | 18 | 水质综合合格率（%） | 100 | 建设部《国家园林城市标准》 |
| | | 19 | 居住生活区噪声（昼）[dB(A)] | <55 | 国家环保局《城市区域环境噪声标准》 |
| | | 20 | 人均住房建筑面积（m²） | >25 | 现状值外推 |
| | | 21 | 人均公共绿地面积（m²） | >8 | 建设部《国家园林城市标准》 |
| | | 22 | 公厕卫生合格率（%） | >80 | 建设部《国家园林城市标准》 |
| | 基础设施 | 23 | 自来水普及率（%） | 100 | 全国小城镇可持续发展技术评价指标体系 |
| | | 24 | 城镇居民燃气化率（%） | >80 | 建设部《国家园林城市标准》 |
| | | 25 | 城镇排水管网面积普及率（%） | >60 | 全国小城镇可持续发展技术评价指标体系 |
| 经济发展水平 | 经济规模 | 26 | GDP总量（亿元） | >4 | 现状值外推 |
| | | 27 | 人均GDP（元/人） | >6000 | 现状值外推 |
| | 产业结构 | 28 | 二、三产业增加值占GDP比重（%） | >85 | 国际城市现代化指标体系 |

## 5.3 小城镇生态环境规划指标体系及生态环境标准说明

1. 基本农田比例

《土地管理法》、《基本农田保护条例》规定，基本农田是指在"土地利用总体规划"的规划期内，不得建设占用的土地。根据我国人多地少的基本国情，保护基本农田是我国的一项基本国策。基本农田比例反映了土地中可耕地的保存情况，也间接地反映了土地质量情况。基本农田比例＝县（镇）域基本农田总面积/县（镇）域农田总面积×100%。

采用《全国小城镇可持续发展技术评价指标体系》中的指标标准，以大于 90 为标准值。

### 2. 人均耕地面积

耕地是小城镇可持续发展不可代替的重要资源，人均耕地是评价耕地资源的一个基本指标。当人均耕地低于某一临界值时（联合国粮农组织规定为 $0.04hm^2$），小城镇的发展就会受到严重制约。2000 年中国耕地面积 12823.31 万 $hm^2$，人均耕地面积 $0.106hm^2$，不足世界人均耕地的一半。另外，根据科技部《中国小城镇调查分析报告（2002）》的统计数据换算，小城镇人均耕地面积为 $0.112hm^2$，其中最小的是天津，为 $0.035hm^2$；最大的是内蒙古，为 $0.484hm^2$。参照上述调查统计数据，本指标体系采用 0.12 为标准值。

### 3. 人均建设用地

人均建设用地包括城镇建成区居民地、公共设施、工矿、仓储、对外交通、道路广场、市政公用设施及绿地。该指标反映了小城镇土地的使用情况。目前，我国小城镇普遍存在人均建设用地过高的现象，据 2002 年全国村镇统计年报统计，建制镇人均建设用地为 $148.75m^2$。由于我国土地资源短缺，本指标体系以小于 100 为标准值。

### 4. 人均水资源占有量

国际上，把人均水资源占有量低于 $1700m^3$ 的国家称为用水紧张国家，低于 $1000m^3$ 的国家列为缺水国家。1995 年，我国水资源总量占世界水资源总量的 7%，居第 6 位，但人均占有量仅有 $2400m^3$，为世界人均水资源占有量的 25%。目前，我国人均水资源占有量下降为 $2220m^3$，今后，即使降水不减少，预计到 2030 年我国人均水资源量将下降为 $1760m^3$，逼近国际公认的 $1700m^3$ 用水紧张警戒线。水资源是人类赖以生存的必要条件，也是小城镇可持续发展的基本条件，当人均水资源占有量低于 $100m^3$ 时，已经很难满足人们生产和生活的需求，当然，环境质量也就无从谈起了。

采用全国人均水资源占有量 $2220m^3$ 为标准值。

### 5. 万元产值能耗

万元产值能耗是指每万元国内生产总值所消耗的能源数量，是衡量能源利用效益的重要指标。提高能源利用效率不仅可以节约资源、能源，而且还可以减少环境污染，有利于小城镇社会、经济及资源的可持续发展。我国万元生产总值能耗 2000 年为 2.77t 标准煤，计划 2001 年下降到 2.65t 标准煤。国内先进水平万元产值能耗为 0.22t 标准煤。我国能源利用效率低、节能潜力巨大。目前我国的能源利用效率只有 32% 左右，比发达国家低 10 个百分点，至于小城镇的能源利用效率则会更低，因此，亟需改变粗放型生产模式，提高能源利用效率。参照《全国小城镇可持续发展技术评价指标体系》的指标体系，以小于 1 为标准值。

### 6. 万元产值耗水量

一方面，我国是人均水资源占有量极为贫乏的国家；另一方面我国又是一个水资源浪费严重的国家。2000 年，我国万元产值耗水量为 $340m^3$，为世界平均水平的 10 倍，因此为了有效利用水资源，加强对工农业生产用水定额的管理是势在必行的。

参照《全国小城镇可持续发展技术评价指标体系》的指标体系，以小于 100 为标准值。

### 7. 秸秆综合利用率

我国农作物秸秆产量每年约 7 亿 t，可用作能源的资源量约为 2.8 亿～3.5 亿 t，通过推广机械化秸秆还田、秸秆饲料开发、秸秆气化、秸秆微生物高温快速沤肥和秸秆工业原料开发等多种形式的综合利用成果，不但可以充分利用秸秆资源，也是保护环境的一项重要措施。在国家环境保护总局等相关部门制定的《秸秆禁烧和综合利用管理办法（1999）》中，明确提出到2002年，各直辖市、省会城市和副省级城市等重要城市的秸秆综合利用率达到60%；到2005年，各省、自治区的秸秆综合利用率达到85%。参照此标准，以＞85为标准值。

8. 工业固体废物综合利用率

我国资源综合利用存在的主要问题之一是固体废弃物综合利用率低。据统计，2003年，全国工业固体废物产生量为10.0亿t，比上年增加6.3%；工业固体废物排放量为1941万t，比上年减少26.3%。工业固体废物综合利用量为5.6亿t，综合利用率为55.8%，比上年增加3.8个百分点。据估算，每年产生的固体废弃物可利用而未利用的资源价值已达250亿元。提高工业固体废物综合利用率，既可以促进资源的再生利用，又可以减少固体废物排放量，是实现工业生产走向循环经济模式，保护城镇生态环境系统的前提条件。

参照《国家环保模范城市考核指标》，以＞70为标准值。

9. 化肥利用达标率

参照《农业部基本农田保护区环境保护规程化肥质量控制标准（1996）》要求，严格控制化肥的使用，使用的化肥品种的质量控制标准按已颁布的国家标准或行业标准执行。化肥利用达标率的标准值应为100。

10. 农药利用达标率

根据中华人民共和国《农药管理条例（1997）》、《农药管理条例实施办法》、《农药安全使用标准（GB 4285—89 1990）》等相关法律规定，农药利用达标率的标准值应为100。

11. 污水处理率

建设部《2003年城市建设统计公报》显示，2003年全国城市污水处理量147亿 $m^3$，城市污水处理率42.12%，比上年提高2.15个百分点。但是，与大中城市相比，小城镇的污水处理率还有很大差距，据有关调查显示，目前，城关镇污水处理率为27%；非城关镇废水处理率仅为26%。根据全国城镇污水处理率的现状值和促进小城镇环境建设的需要，认为小城镇污水处理率的评价标准值以＞35为宜。

12. 生活垃圾处理率

2003年，全国生活垃圾清运量为14857万t，比上年增加8.8%；其中生活垃圾无害化处理量为7550万t，比上年增加2.0%，生活垃圾无害化处理率为50.8%。虽然小城镇城市垃圾处理率与大中城市相比，还有一定的差距，但从环境保护和发展的角度看，应将标准值定得高一些。在2000年制定的国家环保模范城市考核指标中，当时将生活垃圾处理率的指标定为80%，我们认为这一指标目前仍可以适应小城镇生活垃圾处理率的指标。

13. "三同时"制度执行率

环境影响评价和"三同时"制度是建设项目环境管理的基本法律制度，即对新建、扩建、改建和技术改造以及区域开发等建设项目必须执行环境保护申报登记制度、环境影响评价制度和环境保护设施与主体工程同时设计、同时施工、同时投产使用的"三同时"制度。"三同时"制度执行率的高低可以反映各级环境保护行政主管部门的环境管理水平。根据中华人民共和国环境影响评价法的规定，"三同时"制度执行率应达到100%。

### 14. 环保投资占 GDP 的比重

环保投资是指用于环境保护方面的投资，包括环境治理费用、环境管理费用及环境建设费用等。《国家环保模范城市考核指标》的考核要求环境保护投资占 GDP 的比重要大于 1.5%；科技部《全国小城镇可持续发展技术评价指标体系》将标准值设定为大于 2，本指标体系采用大于 1.5 作为标准值。

### 15. 生态农业种植面积比例

生态农业是指积极采用先进实用的生产技术，使用生态肥、有机肥，减少化肥、农药及生产调节素等化学药品的施用量，推广农作物秸秆和畜禽粪便的综合利用的农业生产模式。积极促进小城镇引进和推广先进的农业生产技术，扩大生态农业种植面积对保护农业生态环境和发展农业经济都是极为重要的。计算公式为：生态或绿色农业种植面积比重＝生态或绿色农业种植面积/耕地面积。参照《全国小城镇可持续发展技术评价指标体系》，设标准值为大于 30。

### 16. 森林覆盖率

根据第五次全国森林资源调查结果，全国林业用地面积为 26329.5 万 $hm^2$，森林面积 15894.1 万 $hm^2$，森林覆盖率为 16.55%。国际上认为，一个国家或地区的森林覆盖率达到 30% 以上，且分布合理，就能有效地调节气候，减少自然灾害。故本指标体系以大于 30 为标准值。

### 17. 空气污染指数（API）

空气质量是决定城镇人居环境好坏的主要因素之一，良好的空气质量不但有益于人们的身体健康，而且也是发展技术密集型产业的重要条件之一。

我国空气质量采用了空气污染指数进行评价。空气污染指数是根据环境空气质量标准和各项污染物对人体健康和生态环境的影响来确定污染指数的分级及相应的污染物浓度值。我国目前采用的空气污染指数（API）分为五个等级，API 值小于等于 50，说明空气质量为优，相当于国家空气质量一级标准，符合自然保护区、风景名胜区和其它需要特殊保护地区的空气质量要求；API 值大于 50 且小于等于 100，表明空气质量良好，相当于达到国家质量二级标准；API 值大于 100 且小于等于 200，表明空气质量为轻度污染，相当于国家空气质量三级标准；API 值大于 200 表明空气质量差，称之为中度污染，为国家空气质量四级标准；API 大于 300 表明空气质量极差，已严重污染。

国家环境保护总局发布的《2003 年中国环境状况公报》显示，大气环境全国城市空气质量总体上有所好转，监测的 340 个城市中，142 个城市达到国家环境空气质量二级标准，占 41.7%，比上年增加 7.9 个百分点；空气质量为三级的城市有 107 个，占 31.5%，比上年减少 3.5 个百分点；劣于三级标准的城市有 91 个，占 26.8%，比上年减少 4.4 个百分点。113 个大气污染防治重点城市中，37 个城市空气质量达到二级标准，40 个城市空气质量为三级，36 个城市空气质量劣于三级，分别占 32.7%、35.4% 和 31.9%。空气质量达到二级标准城市的居住人口占统计城市人口总数的 36.4%，比上年增加 10.3 个百分点。

根据我国空气质量评价方法和空气质量的现状，在本评价指标体系中以空气污染指数（API）＜100 为标准值，这也是国家环保模范城市考核指标的标准值。

### 18. 饮用水水质综合合格率

目前，我国地表水和浅层地下水资源污染比较普遍，全国浅层地下水大约有50%的地区遭到一定程度的污染，约有一半城市市区的地下水污染比较严重，水质污染直接威胁到城镇居民的身体健康，世界各地因饮用水污染而造成的各种恶性事件不胜枚举。因此，饮用水水质与空气质量同样，是评价环境的一个重要指标。建设部《国家园林城市标准》（2000）要求国家园林城市的饮用水水质综合合格率应达到100%。本指标体系以该标准为标准值。当饮用水水质综合合格率小于30%时，这说明大多数人的饮用水水质不合格，人的基本生存条件受到了危害，已无环境质量可言。

19. 居住生活区噪声

随着城镇规模的扩大、交通运输车辆的激增以及人口密度的增加，环境噪声的问题日益严重，已经成为危害城镇人居环境的一大公害，被称为"致人死命的慢性毒药"。

据统计，我国重点城市区域环境噪声总体平均水平1993年为57.8dB（A），1996年为56.8dB（A），超过国家一类区标准55dB（A），处于中等污染水平。区域环境噪声平均值超过60dB（A）的城市占10%。有70%左右的城市处于中等污染水平，处于轻度污染的城市不超过20%。有2/3的城市人口生活在高噪声的环境中。在影响城市环境的各种噪声来源中，工业噪声占8%～10%，建筑施工噪声占5%，交通噪声占30%，社会生活噪声占47%。其中，社会生活噪声影响面最广，是干扰人居环境的主要噪声污染源。

本指标以《城市区域环境噪声标准》中的1类噪声标准［昼间小于55dB（A）］为标准值。

20. 人均住房建筑面积

建设部发布的《2003年城镇房屋概况统计公报》显示，目前全国城镇人均住宅建筑面积23.67$m^2$，其中东部地区25.06$m^2$，中部地区21.99$m^2$，西部地区23.05$m^2$。

参照这些数据，从近年发展趋势看，认为标准值应略高于全国平均值为宜，故本指标体系以25$m^2$作为标准值。

21. 人均公共绿地面积

人均公共绿地面积是反映城镇环境建设状况的重要指标之一，人均公共绿地拥有量的越多，说明当地环境建设的投入力度越大，人居环境的质量也会越好。据建设部2003年城建公报统计，2003年末，全国拥有城市公共绿地面积22.0万$hm^2$，比上年增加3.1万$hm^2$，城市人均拥有公共绿地6.49$m^2$，比上年增加1.13$m^2$。按照2000年《国务院关于加强城市绿地建设的通知》精神，到2005年建成区绿化覆盖率达到35%以上，人均公共绿地面积达到8$m^2$以上；此外，《国家园林城市标准》也规定，小城市绿化覆盖率不低于39%，人均公共绿地面积不低于8$m^2$。参照上述数据，以人均绿地大于8$m^2$为标准值。

22. 公厕卫生合格率

在小城镇，尤其是在卫生间没有入户的地区，公厕卫生合格率是评价人居环境建设的一个基础指标，公厕卫生状况的好坏体现了一个国家、一个地区的生活文明程度。全国爱卫会1993年5月6日发布的《农村卫生厕所建设先进县和普及县标准及考评办法（试行）》要求，"中小学校、公共场所公厕（含水冲、沼气、旱式等类型）卫生合格率：小康、宽裕、温饱、贫困地区分别达到100%、90%、80%、70%以上"。因为这一指标的制定时间是1993年，经过十多年的发展，国内的环境卫生设施建设已经有了长足的发展，所以认为采用小康标准的100%为好。

### 23. 自来水普及率

自来水普及率是评价现代城镇居民文明生活程度的最基本指标之一,既可以反映城镇居民使用自来水的便利程度,也可以体现出居民生活质量的改善程度。参照全国小城镇可持续发展技术评价指标体系的指标,以 100 为标准值。

### 24. 城镇居民燃气化率

居民燃气化率是衡量城镇生活现代化的基本指标之一,燃气的普及不但可以使居民摆脱"家家生火、户户冒烟"的烦琐劳动,而且还可以大量减少排入大气中的二氧化硫、二氧化碳、烟尘及灰渣等,为改善城镇大气环境做出贡献,同时还可以促进新能源的开发利用。据建设部 2003 年城建公报统计,2003 年末,城市用气人口 25929 万人,燃气普及率 76.7%,比上年增加了 9.5 个百分点。

参照建设部《国家园林城市标准》和现状值,将小城镇居民燃气化率的标准值定为大于 80。

### 25. 城镇排水管网面积普及率

排水管网系统是保护城镇人居环境的重要基础设施之一,是解决污水处理和水资源再生利用的前提条件。排水管网面积普及率是衡量小城镇基础设施建设水平和能否维持小城镇可持续的重要指标之一。据有关调查,目前我国小城镇的排水管网面积普及率约为 40%~60%,在《中国 21 世纪议程》中,将 2000 年城市排水管网面积普及率的目标定为 70%。参照上述有关数据和全国小城镇可持续发展技术评价指标体系的评价标准,本评价体系将排水管网面积普及率的标准值定为大于 60。

### 26. GDP 总量(亿元)

GDP 总量指标反映了小城镇的经济规模和经济发展的水平,也是评价小城镇可持续发展的重要指标。我国小城镇的规模差别很大,其经济总量也存在较大的差异。

我国小城镇的规模差别很大,其经济总量也存在较大的差异。根据我们前期研究中对全国 16 个省份 1000 多个中心镇和重点镇所做的调查(2003),我们发现南方的一些沿海地区的小城镇经济较为发达。例如,浙江省小城镇的 GDP 在全国名列第一,平均为 24.04 亿元,排在第二位的为深圳市,其小城镇的 GDP 平均为 16.39 亿元,排在第三位的江苏省,其小城镇的 GDP 平均为 15.80 亿元。相比之下,内地的一些省份的小城镇经济发展相对落后。例如,排在最后的甘肃省其小城镇的 GDP 平均仅为 1.56 亿元,倒数第二的为新疆,其小城镇的 GDP 平均为 1.96 亿元,并且其中有的小城镇的 GDP 连 5000 万元都不到。全国小城镇 GDP 总量均值为 3.75 亿元。这一数据可以大致反映当前全国小城镇经济总量的平均水平。

根据上述统计数据,认为以略高于现状平均值的 4 亿元为标准值,较为适宜。

### 27. 人均 GDP(元/人)

人均 GDP 是衡量一个国家或地区经济发达水平的一个核心指标,人均 GDP 反映了人们的实际生活水平,也反映了经济与人口之间的关系。根据上述前期调查结果,全国小城镇人均 GDP 为 0.74 万元。另外据国家统计部门统计,2002 年度,全国县(市)域小城镇人均 GDP 为 5900 元。在人均 GDP 分布曲线中,曲线的峰值在 3000 元左右,在县域平均值(5900 元)以下的县(市)有 65.3%,在当年全国平均值(8100 元)以下的县、市有 80.5%。

通常认为人均 GDP800 美元是进入小康社会的标志，人均 GDP3000 美元是基本实现现代化的指标之一，虽然我国人均 GDP 已经超过了 800 美元这一指标，但离 3000 美元的指标还相差甚远，只有少数几个省份才能达到这个指标，所以很难将这两个指标作为本评价指标体系的标准值。参照我们前期调查结果和国家统计部门统计的现状值，我们认为以人均 GDP6000 元作为标准值比较妥当。

### 28. 第二、第三产业增加值占 GDP 比重

小城镇第一、第二、第三产业的结构比例这一指标主要反映小城镇的产业结构是否合理以及经济处于什么样的发展阶段。据前项调查，全国小城镇的第一、第二、第三产业产值比重值平均为 18%、57%、25%，其中广东深圳市的第一产业所占比重最低，第三产业所占比重最高，其第一、第二、第三产业比重为 2%、13%、85%，表明第三产业以成为经济发展的支柱产业；而江苏、浙江的第一、第二、第三产业产值比重分别为 9%、74%、17% 和 12%、70%、18%，呈中间高两头低的态势，这说明这两个省份第一、第三产业所占比例也是较低的，而主要靠发展第二产业来促进经济增长。而西部地区的甘肃、新疆的第一、第二、第三产业产值比重为 40%、34%、26% 和 59%、25%、16%，这说明这些省份还主要依靠第一产业的发展。

通常认为第二、第三产业增加值占 GDP 比重的现代化标准是 90%，而我国第二、第三产业增加值占 GDP 比重的平均值应为 80% 左右。根据国际标准和我国小城镇的实际情况，认为这一比例的较为理想的标准值应在 85%。

## 5.4 小城镇生态环境质量评价方法与评价指标体系研究

### 5.4.1 研究目的

新一届中央政府提出了"树立以人为本的政府管理思想，坚持全面、协调和可持续的发展观。要注意统筹兼顾，促进经济与社会、城市与农村、东部地区与中西部地区、人与自然的协调发展，全面提高人民的物质文化生活水平和健康水平"，同时强调"按照统筹城乡发展、统筹区域发展、统筹经济社会发展、统筹人与自然和谐发展、统筹国内发展和对外开放的要求"，来推进改革和发展。这种新的科学发展观，对于全面建设和谐社会，具有重要的指导意义，为新时期城镇环境建设工作提供了强有力的政策保障。

衣食足，而思住；衣食住足，而思环境。随着生活水平的提高，人们对环境，尤其是对生态环境的关注意识也不断增强。小城镇生态环境建设已经成为我国城镇建设的主要任务之一。近年来，我国城镇的环境建设虽然有了显著的改善，但是，与发达国家相比还有很大的差距，还存在着很多亟需改善的问题，而要想了解问题的所在和问题的实质，开展一系列相关的调查研究是必不可少的前提。小城镇生态环境质量评价指标体系研究的目的就是为了通过建立小城镇生态环境质量评价指标体系，为客观地把握我国小城镇生态环境质量现状和问题提供必要的科学手段。而且还可以为小城镇环境规划建设提供客观、翔实的基础资料。

小城镇生态环境系统是一个以人为中心的环境系统，其结构包括自然环境、人工环境及社会环境等。小城镇生态环境质量是反映小城镇生态环境建设状况、发展潜力及能否维持可持续发展的主要指标之一，因此，建立小城镇生态环境质量评价指标体系就是为了深入贯彻落实新的科学发展观，为评价和监控小城镇环境规划建设提供定量参考标准。建立生态环境质量评价指标体系的目的不是为了排名次、评序位，而是为了通过生态环境质量评价，找出小城镇在发展过程中存在的环境问题、与评价标准指标和与其他小城镇之间的

差距,从而促进小城镇生态环境建设质量的改善,实现小城镇社会、经济、环境的全面、协调、可持续发展。

**5.4.2 小城镇生态环境质量评价指标体系的总体设计**

(1) 原则

建立小城镇生态环境质量评价指标体系,是评价我国小城镇环境的一个核心和关键的环节。指标体系涵盖的是否全面、层次结构是否清晰合理,直接关系到评估质量的好坏。因此,为了建立一个可行的评价指标体系,首先要明确设计原则,并依据设计原则合理地设计小城镇生态环境质量评价指标体系的框架结构和指标内容,最后根据这一框架结构和指标内容确定具体的指标计算方法和数据的获取方式。建立小城镇生态环境质量评价指标体系的原则具体可以归纳为以下几点:

1) 客观性:生态环境质量评价指标的选择,必须能客观地反映小城镇生态环境质量的涵盖内容和基本特征,应尽量减少或避免需要人为主观判断的评价指标。

2) 系统性:评价指标的设计应从小城镇环境系统整体出发,在单项指标的基础上,构建能全面、科学地反映小城镇生态环境质量状况的综合指标。

3) 代表性:与错综复杂的大中城市不同,小城镇生态环境系统结构有其自身的独特性,因此,要求选用的指标能反映小城镇生态环境系统的主要性状,并具有针对性。

4) 层次性:根据评价内容的需要和详尽程度,设立不同层次的指标体系,应避免同样指标在其他层次中重复出现。

5) 可比性:既要考虑小城镇发展的阶段性和环境问题的演变,使确定的指标符合小城镇发展的阶段性要求,同时又要考虑指标的相对稳定性和可比性。

6) 可操作性:所选择的指标应概念完整、意义明确,相关数据有案可查,在较长时间和较大范围内都能适用,并能为小城镇的发展和生态环境建设提供依据。

(2) 指标体系的构成

小城镇生态环境质量评价指标体系采用层次分析方法。采用层次分析法的优点是不但可以全面地把握生态环境质量的综合状况,而且还可以具体了解每个分项的环境质量状况,从而可以发现问题所在,明确今后需要重点解决的问题。基于上述原则和小城镇的特点,首先确定构成小城镇生态环境的主要领域(一级指标),然后将各个领域分解成若干分项(二级指标),最后确定单项评价因子(三级指标)。评价指标体系整体框架的构成如下图所示。

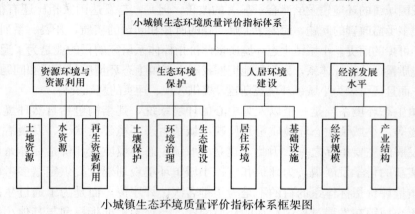

小城镇生态环境质量评价指标体系框架图

本指标体系没有按照通常的生态环境分类方法来构建小城镇生态环境质量评价指标体系的框架，而是根据小城镇的特点和基于上述指标体系的确定原则，从影响小城镇生态环境主要因素的角度，首先将小城镇生态环境系统分成了由资源环境与资源利用、生态环境保护、人居环境建设及经济发展水平 4 个领域构成的框架。然后又将 4 个领域分为 10 个分项，最后再将 10 个分项细分为 28 个单项评价因子，组成了一个内容全面，各个领域、分项内容既相对独立，又彼此相连的评价指标体系。

这一指标体系基本上涵盖了小城镇生态环境及与小城镇生态环境相关的主要方面，可以说，基本上能比较全面地反映小城镇的生态环境质量状况。

1）资源环境与资源利用

资源环境的范围比较广泛，包括土地资源、水资源、森林资源、矿物资源以及观光旅游资源等，考虑到评价指标的可操作性、可比性及促进节约资源、能源和可再生资源的利用，在本指标体系中设置了土地资源、水资源及再生资源利用三个分项。长期以来，保护基本农田一直是我国的一项基本国策，将基本农田比例控制在一定的比例范围内是维持我国国民经济建设可持续发展的重要基础；人均耕地面积可以反映耕地资源区域分布状况；而控制人均建设用地也是保护土地资源的重要指标之一，控制基本农田比例、人均耕地面积及人均建设用地是各级政府义不容辞的使命。我国是水资源和各种能源人均占有量极为贫乏的国家，同时又是一个水资源和能源浪费极为严重的国家。2000 年，我国万元产值耗水量为 340$m^3$，为世界平均水平的 10 倍；能源利用效率只有 32% 左右，比发达国家低 10 个百分点，至于小城镇的能源利用效率则会更低，因此，亟需改变粗放型生产模式，提高水资源和能源的利用效率，加强对工农业生产用水定额、资源利用定额的管理是势在必行的。

我国资源再生利用存在的主要问题之一是固体废弃物综合利用率低。据统计，2003 年，全国工业固体废物产生量为 10.0 亿 t，工业固体废物综合利用量为 5.6 亿 t，综合利用率为 55.8%，而发达国家则在 80% 以上。尽管秸秆的综合利用途径很多，但秸秆综合利用率还是较低的。因此，本指标体系之所以将其作为评价指标之一，目的就是为了提高工业固体废物和秸秆综合的利用率，减轻环境污染。

2）生态环境保护

生态环境设置了土壤保护、环境治理及生态建设 3 个分项、8 个指标。在土壤保护分项中，考虑到化肥和农药的使用对土壤影响较大，直接关系到万物赖以生存的最基本的生态环境，所以将其列入指标体系，这也是为了促进达标化肥和农药的利用率，保护土壤免受污染。环境治理采用了污水处理率、生活垃圾处理率、"三同时"制度执行率、环保投资占 GDP 的比重 4 个指标，污水处理率、生活垃圾处理率是说明环境治理状况的基本指标；而"三同时"制度执行率、环保投资占 GDP 的比重则反映了政府对环境保护的重视程度和环境治理力度。在生态环境建设分项，通过生态农业种植面积比例、森林覆盖率来反映其建设程度。

3）人居环境建设

人居环境建设子系统分为居住环境和基础设施 2 个分项、13 个单项评价因子。用城镇空气污染指数、水质综合合格率、居住生活区噪声（昼）、人均住房建筑面积、人均绿地面积、公厕卫生合格率 6 项指标反映居住环境质量；用自来水普及率、城镇居民燃气化率、城镇排水管网服务面积普及率反映基础设施的建设水平。

4）经济发展水平

经济发展水平主要包括经济规模和产业结构比例等。经济规模是对经济总量的测度，小城镇的经济规模主要是通过小城镇的国内生产总值来反映。尽管对 GDP 总量指标存在着许多争议，但是，在其他可以代替 GDP 总量的评价指标确立之前，目前，GDP 总量仍是反映小城镇的经济规模和经济发展水平的主要指标，也是评价小城镇可持续发展的重要指标之一。从经济发展的一般规律看，随着经济的发展，产业结构的层次将不断升级，二、三产业增加值占 GDP 比重将会逐渐增加，因此，产业结构比例不但可以判断产业结构的构成是否合理，还可以衡量经济发展水平和产业化技术层次。虽然产业政策也是影响经济发展水平的主要内容之一，但是，由于产业政策的评价易于受到主观因素的影响，缺乏客观评价的可操作性，故没有列入本指标体系（见下表）。

**小城镇生态环境规划指标体系**

| 领域 | 类别 | 序号 | 评价指标 | 单位 |
| --- | --- | --- | --- | --- |
| 资源与资源利用 | 土地资源 | 1 | 基本农田比例 | % |
| | | 2 | 人均耕地面积 | hm² |
| | | 3 | 人均建设用地 | m² |
| | 水资源 | 4 | 人均水资源占有量 | m³ |
| | 资源利用 | 5 | 万元产值能耗 | 万 t 标准煤 |
| | | 6 | 万元产值耗水量 | m³ |
| | | 7 | 秸秆综合利用率 | % |
| | | 8 | 工业固体废物综合利用率 | % |
| 生态环境保护 | 土壤保护 | 9 | 化肥利用达标率 | % |
| | | 10 | 农药利用达标率 | % |
| | 环境治理 | 11 | 城镇污水处理率 | % |
| | | 12 | 城镇生活垃圾处理率 | % |
| | | 13 | "三同时"制度执行率 | % |
| | | 14 | 环保投资占 GDP 的比重 | % |
| | 生态建设 | 15 | 生态农业种植面积比例 | % |
| | | 16 | 森林覆盖率 | % |
| 人居环境建设 | 居住环境质量 | 17 | 空气污染指数（API）年度平均值 | — |
| | | 18 | 水质综合合格率 | % |
| | | 19 | 居住生活区噪声（昼） | [dB（A）] 分贝 |
| | | 20 | 人均住房建筑面积 | m² |
| | | 21 | 人均公共绿地面积 | m² |
| | | 22 | 公厕卫生合格率 | % |
| | 基础设施 | 23 | 自来水普及率 | % |
| | | 24 | 城镇居民燃气化率 | % |
| | | 25 | 城镇排水管网面积普及率 | % |
| 经济发展水平 | 经济规模 | 26 | GDP 总量 | 亿元 |
| | | 27 | 人均 GDP | 元 |
| | 产业结构 | 28 | 第二、第三产业增加值占 GDP 比重 | % |

## 小城镇生态环境规划标准

| 领域 | 类别 | 序号 | 评价指标 | 标准值 | 依据 |
|---|---|---|---|---|---|
| 资源与资源利用 | 土地资源 | 1 | 基本农田比例（%） | >90 | 全国小城镇可持续发展技术评价指标体系 |
| | | 2 | 人均耕地面积（hm²） | >0.12 | 科技部《中国小城镇调查分析报告》的现状值外推 |
| | | 3 | 人均建设用地（m²） | <100 | 全国小城镇可持续发展技术评价指标体系 |
| | 水资源 | 4 | 人均水资源占有量（m³） | >2220 | 全国人均水资源占有量现状值 |
| | 资源利用 | 5 | 万元产值能耗（万t标准煤） | <1 | 全国小城镇可持续发展技术评价指标体系 |
| | | 6 | 万元产值耗水量（m³） | <100 | 全国小城镇可持续发展技术评价指标体系 |
| | | 7 | 秸秆综合利用率（%） | >85 | 国家环境保护总局等《秸秆禁烧和综合利用管理办法》 |
| | | 8 | 工业固体废物综合利用率（%） | >70 | 国家环保模范城市考核指标 |
| 生态环境保护 | 土壤保护 | 9 | 化肥利用达标率（%） | 100 | 农业部基本农田保护区环境保护规程化肥质量控制标准 |
| | | 10 | 农药利用达标率（%） | 100 | 农药安全使用标准（GB 4285—89） |
| | 环境治理 | 11 | 城镇污水处理率（%） | >35 | 现状值外推、建设部《国家园林城市标准》 |
| | | 12 | 城镇生活垃圾处理率（%） | >80 | 现状值外推、建设部《国家园林城市标准》 |
| | | 13 | "三同时"制度执行率（%） | 100 | 中华人民共和国环境影响评价法 |
| | | 14 | 环保投资占GDP的比重（%） | >1.5 | 全国小城镇可持续发展技术评价指标体系 |
| | 生态建设 | 15 | 生态农业种植面积比例（%） | >30 | 全国小城镇可持续发展技术评价指标体系 |
| | | 16 | 森林覆盖率（%） | >30 | 国际公认指标 |
| 人居环境建设 | 居住环境质量 | 17 | 空气污染指数（API）年度平均值 | <100 | 国家环保模范城市考核指标 |
| | | 18 | 水质综合合格率（%） | 100 | 建设部《国家园林城市标准》 |
| | | 19 | 居住生活区噪声（昼）[dB(A)] | <55 | 国家环保局《城市区域环境噪声标准》 |
| | | 20 | 人均住房建筑面积（m²） | >25 | 现状值外推 |
| | | 21 | 人均公共绿地面积（m²） | >8 | 建设部《国家园林城市标准》 |
| | | 22 | 公厕卫生合格率（%） | >80 | 建设部《国家园林城市标准》 |
| | 基础设施 | 23 | 自来水普及率（%） | 100 | 全国小城镇可持续发展技术评价指标体系 |
| | | 24 | 城镇居民燃气化率（%） | >80 | 建设部《国家园林城市标准》 |
| | | 25 | 城镇排水管网面积普及率（%） | >60 | 全国小城镇可持续发展技术评价指标体系 |

续表

| 领域 | 类别 | 序号 | 评价指标 | 标准值 | 依据 |
|---|---|---|---|---|---|
| 经济发展水平 | 经济规模 | 26 | GDP总量（亿元） | >4 | 现状值外推 |
| | | 27 | 人均GDP（元/人） | >6000 | 现状值外推 |
| | 产业结构 | 28 | 二、三产业增加值占GDP比重（%） | >85 | 国际城市现代化指标体系 |

## 5.5 小城镇生态环境质量评价方法

该指标体系也可以用来评价小城镇生态环境质量的优劣，通过加权法、综合指数评判等方法进行评价，详细方法介绍如下。

### 5.5.1 评价指标计算的数学模型

（1）三级指标指数的计算

1）当指标数值越大越好时，其计算公式为：

$$Q_i = \frac{C_i}{S_{ii}}$$

2）当指标数值越小越好时，其计算公式为：

$$Q_i = \frac{S_{ii}}{C_i}$$

其中，$Q_i$——某一三级指标的指数值；
$S_{ii}$——某一三级指标的标准值；
$C_i$——某一三级指标的现状值。

（2）二级指标指数的计算

二级指标指数的计算是根据所属各三级指标数值的算术平均值计算而得（视二级所属各三级指标的重要性相同），其计算公式为：

$$V_i = (\sum_{i=1}^{m} Q_i)/m$$

其中，$V_i$——某一二级指标的指数值；
$Q_i$——某一三级指标的现状值；
$m$——某一二级指标所属三级指标的项数。

（3）一级指标指数的计算

一级指标的计算是将其所属的二级指数乘以各自的权重后，进行加和。其计算公式为：

$$U_i = \sum_{i=1}^{n} W_i V_i$$

其中，$U_i$——某一级指标的指数值；
$V_i$——该一级指标下某一二级指标的指数值；
$W_i$——该一级指标下某一二级指标的权重；
$n$——该一级指标下所属二级指标的项数。

（4）综合指标指数（EQCI）计算

综合指标指数（EQCI）的计算方法是将各一级指标指数乘以各自的权重，再进行求和，得出生态环境质量综合指数值（EQCI），其计算公式为：

$$EQCI = \sum_{I=1}^{n} W_I U_I$$

其中，$U_I$——某一级指标的指数值；

$W_I$——某一级指标的权重；

$n$——一级指标的项数。

（5）单项指标实现程度的计算

单项指标的实现程度是该指标的现状值减去下限值（2000年统计值）之差，除以上限值（标准值）减去下限值之差。

$$实现程度 = \frac{现状值 - 下限值（2000年统计值）}{上限值 - 下限值（2000年统计值）}$$

（6）权值的确定

权值的确定通常采用特尔斐法和语义变量分析法等来计算权值，本指标体系中的权值计算采用了特尔斐专家咨询法。具体权值如下表所示。

**一级指标和二级指标权重表**

| 一级指标名称 | 一级指标权重 | 一级指标名称 | 一级指标权重 | 一级指标名称 | 一级指标权重 | 一级指标名称 | 一级指标权重 |
|---|---|---|---|---|---|---|---|
| 资源与资源利用 | 0.26 | 生态环境保护 | 0.278 | 人居环境建设 | 0.236 | 经济发展水平 | 0.226 |
| 二级指标名称 | 二级指标权重 | 二级指标名称 | 二级指标权重 | 二级指标名称 | 二级指标权重 | 二级指标名称 | 二级指标权重 |
| 土地资源 | 0.323 | 土壤保护 | 0.305 | 居住环境质量 | 0.53 | 经济规模 | 0.435 |
| 水资源 | 0.333 | 环境治理 | 0.355 | 基础设施 | 0.47 | 产业结构 | 0.565 |
| 资源利用 | 0.345 | 生态建设 | 0.340 | | | | |

注：因四舍五入的关系，有的指标权重之和可能大于1。

（7）评价结果综合分析

对通过上述计算公式得出的综合指数进行分析，以确定小城镇的生态环境质量状况。根据评价需要，设置了五段分级标准，并确定了分级评语（见下表）。

**小城镇生态环境质量状况评级分级表**

| 分级 | 评价指数值 | 评语 | 分级 | 评价指数值 | 评语 |
|---|---|---|---|---|---|
| 一级 | >0.75 | 生态环境质量好 | 四级 | 0.20～0.35 | 生态环境质量较差 |
| 二级 | 0.50～0.75 | 生态环境质量较好 | 五级 | <0.20 | 生态环境质量差 |
| 三级 | 0.35～0.50 | 生态环境质量一般 | | | |

（8）总结

本研究在阐明了研究小城镇生态环境质量评价指标体系的目的和建立生态环境质量评价指标体系的原则基础上，根据小城镇的特点，确定了小城镇生态环境质量的内涵、评价指标体系的层次结构、各级评价指标、评价指标计算数学模式以及评价结果综合评级方法。本评价指标体系主要以下几点特色：第一，根据小城镇的特点，从广义上界定了小城镇独特的生态环境质量内涵，并依此构架了由人居环境、社会环境、产业环境、生态环境及资源环境五个领域（一级指标）、14个分项（二级指标）、40个单项评价因子（三级指标）构成的评价指标体系，基本上涵盖了小城镇环境及主要方面，可以比较全面、客观地反映小城镇的生态环境质量状况；第二，本评价指标体系采用层次分析法，由三级评价指标构成，即可以全面地把握生态环境质量的综合状况，也可以具体了解每个分项、单项的环境质量状况；第三，本评价指标体系以2000年的统计数据为基准值（下限值），便于动态把握小城镇生态环境质量的改善状况；第四，本评价指标体系计算方法简单，易于操作。当然，本评价指标体系研究在体系内容构成、标准值确定等方面还存在着不足之处，尚需要不断进行调整并进行深入探讨。

**附表：小城镇生态环境质量评价调查表**

| 领 域 | 类 别 | 序 号 | 评价因子 | 标准值（上限值） | 现状值 | 2000年统计值（下限值） |
|---|---|---|---|---|---|---|
| 资源与资源利用 | 土地资源 | 1 | 基本农田比例（%） | >90 | | |
| | | 2 | 人均耕地面积（hm²） | >0.12 | | |
| | | 3 | 人均建设用地（m²） | <100 | | |
| | 水资源 | 4 | 人均水资源占有量（m³） | >2220 | | |
| | 资源利用 | 5 | 万元产值能耗（万吨标准煤） | <1 | | |
| | | 6 | 万元产值耗水量（m³） | <100 | | |
| | | 7 | 秸秆综合利用率（%） | >85 | | |
| | | 8 | 工业固体废物综合利用率（%） | >70 | | |
| 生态环境保护 | 土壤保护 | 9 | 化肥利用达标率（%） | 100 | | |
| | | 10 | 农药利用达标率（%） | 100 | | |
| | 环境治理 | 11 | 城镇污水处理率（%） | >35 | | |
| | | 12 | 城镇生活垃圾处理率（%） | >80 | | |
| | | 13 | "三同时"制度执行率（%） | 100 | | |
| | 生态建设 | 14 | 环保投资占GDP的比重（%） | >1.5 | | |
| | | 15 | 生态农业种植面积比例（%） | >30 | | |
| | | 16 | 森林覆盖率（%） | >30 | | |
| 人居环境建设 | 居住环境质量 | 17 | 空气污染指数（API）年度平均值 | <100 | | |
| | | 18 | 水质综合合格率（%） | 100 | | |
| | | 19 | 居住生活区噪声（昼）[dB（A）] | <55 | | |
| | | 20 | 人均住房建筑面积（m²） | >25 | | |
| | | 21 | 人均公共绿地面积（m²） | >8 | | |
| | | 22 | 公厕卫生合格率（%） | >80 | | |
| | 基础设施 | 23 | 自来水普及率（%） | 100 | | |
| | | 24 | 城镇居民燃气化率（%） | >80 | | |
| | | 25 | 城镇排水管网面积普及率（%） | >60 | | |
| 经济发展 | 经济规模 | 26 | GDP总量（亿元） | >30 | | |
| | | 27 | 人均GDP（元/人） | >6000 | | |
| | 产业结构 | 28 | 二、三产业增加值占GDP比重（%） | >85 | | |

小城镇生态环境建设标准研究报告　**423**

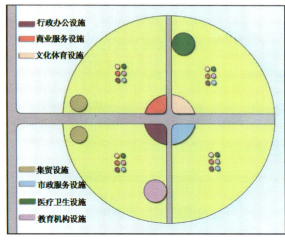

彩图 1　公共设施综合布置示意图　　　　彩图 2　偏心核示意图

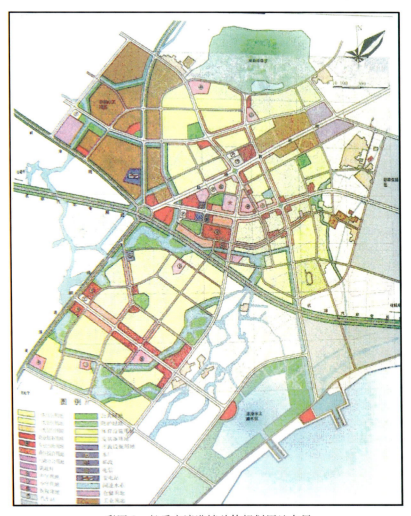

彩图 3　长乐市漳港镇总体规划用地布局

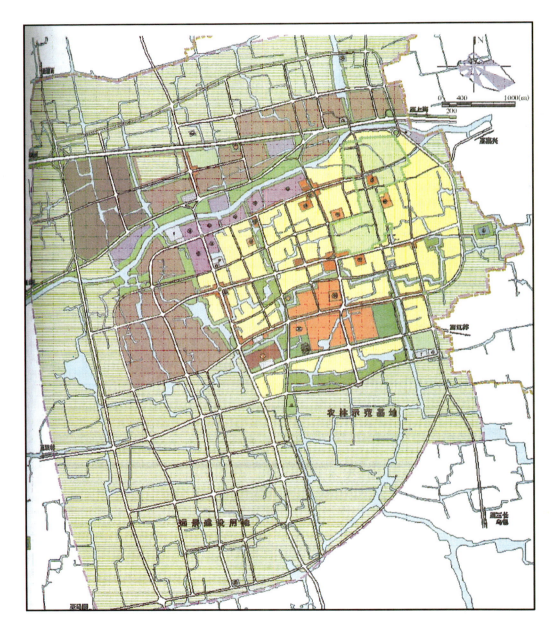

彩图 4　湖州市南浔镇总体规划用地布局

彩图 5　还地桥镇总体规划用地布局

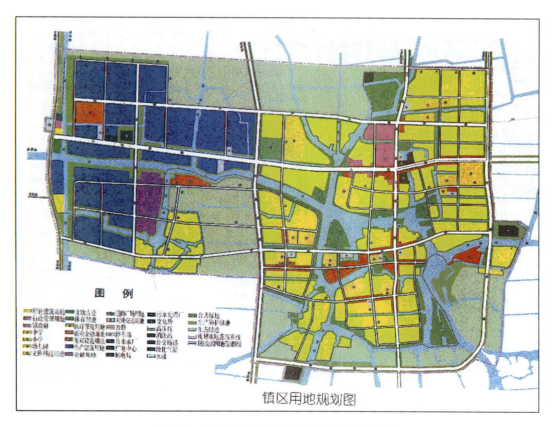

彩图 6　江苏省兴化市戴南镇总体规划用地布局

彩图7　某城镇中心区规划设计

彩图8　设计定位

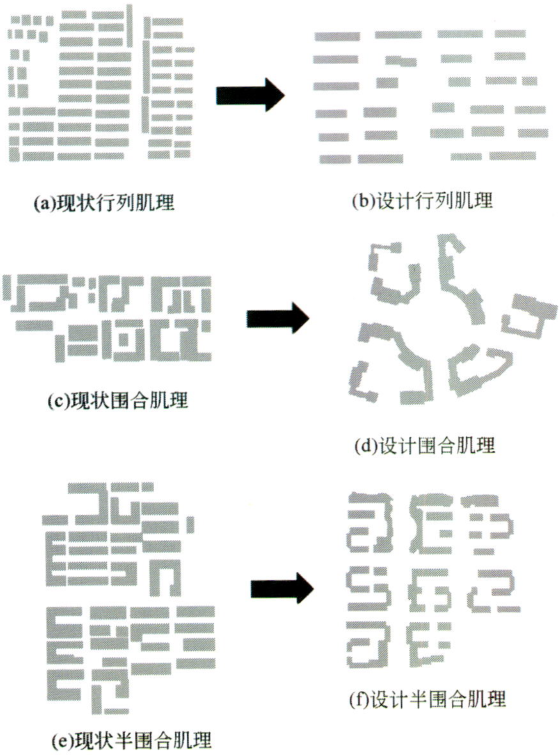

彩图9　设计肌理

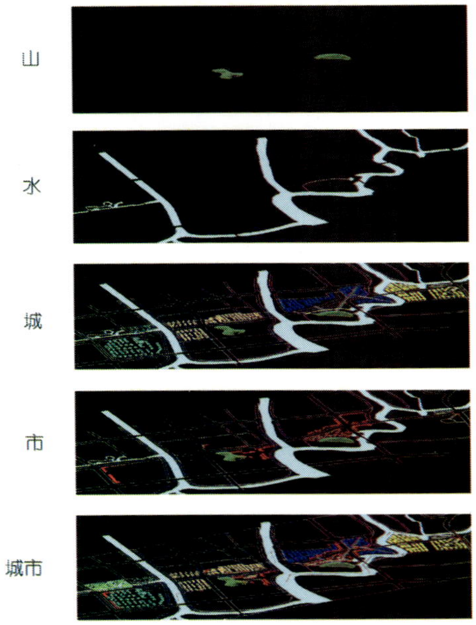

彩图10　生态设计

小城镇生态环境建设标准研究报告 427

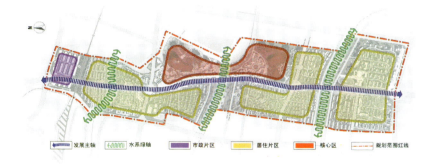

彩图 11 功能分区结构图

彩图 12 中部休闲居住区

彩图 13　南部生态居住区

彩图 14　公共设施设计

彩图 15　道路结构图

彩图 16　步行系统图

彩图 17　停车设施和公交车站布局

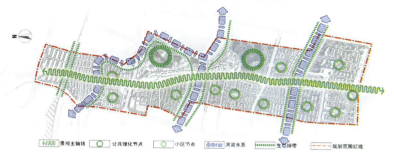

彩图 18　水系绿化图

彩图 19　空间形态结构图

彩图 20　效果图

# 参 考 文 献

1 中国建筑设计研究院等.全国可持续发展技术评价指标体系研究.2004：13～19
2 《全国生态环境保护"十五"计划》，国家环境保护总局，2000年
3 国家环境保护总局、农业部、财政部、铁道部、交通部、国家民航总局联合制定了《秸秆禁烧和综合利用管理办法》，环发〔1999〕98号
4 中华人民共和国环境影响评价法，中华人民共和国主席令第七十七号 2003.9
5 《国家环保模范城市考核指标》，国家环境保护总局，2003
6 国家科技部公益性项目《全国小城镇可持续发展技术评价指标体系》，2004
7 全国爱卫会《农村卫生厕所建设先进县和普及县标准及考评办法》，1993
8 建设部《2002、2003年城市建设统计公报》
9 国务院《基本农田保护条例》，1994
10 国家环境保护总局发布的《2003年中国环境状况公报》
11 中华人民共和国《农药管理条例》，1997
12 《农药管理条例实施办法》，1997